微型计算机原理及应用

——理论、实验、课程设计

主　编　贾金玲
副主编　陈光建　彭　龑

重庆大学出版社

内 容 提 要

本书包括三部分，第一部分是微型计算机原理及应用的理论教学内容，共分为 14 章：微型计算机概述，Intel 8086/8088 微处理器，8086/8088 的寻址方式与指令系统，MASM 汇编语言基础，8086/8088 汇编语言程序设计，总线技术与 I/O 接口技术基础，内存储器及其管理，并行接口与串行接口，中断技术与中断控制器，定时/计数技术与接口，DMA 技术与 DMA 控制器，数/模和模/数转换，人机接口技术，高档微型计算机。第二部分是微型计算机原理及应用的实验指导，分为软件实验和硬件实验。第三部分是微型计算机原理及应用的课程设计指导，包括 CPU 系统与存储器扩展设计，接口技术应用设计，以及课程设计实例等。

本书既可作为大学电类专业（包括计算机专业）本科教材，又可作为相关专业技术人员进行微机开发应用的参考书，还可作为等级考试和考研的参考书。

图书在版编目(CIP)数据

微型计算机原理及应用：理论、实验、课程设计/贾金玲主编.—重庆：重庆大学出版社，2006.8(2023.1 重印)
(计算机科学与技术专业本科系列教材)
ISBN 978-7-5624-3782-6

Ⅰ.微…　Ⅱ.贾…　Ⅲ.微型计算机—高等学校—教材　Ⅳ.TP36

中国版本图书馆 CIP 数据核字(2006)第 095178 号

微型计算机原理及应用
——理论、实验、课程设计

主　编　贾金玲
副主编　陈光建　彭　龚
责任编辑：彭　宁　　版式设计：彭　宁
责任校对：李小君　　责任印制：张　策

*

重庆大学出版社出版发行
出版人：饶帮华
社址：重庆市沙坪坝区大学城西路 21 号
邮编：401331
电话：(023) 88617190　88617185(中小学)
传真：(023) 88617186　88617166
网址：http://www.cqup.com.cn
邮箱：fxk@cqup.com.cn (营销中心)
全国新华书店经销
POD：重庆新生代彩印技术有限公司

*

开本：787mm×1092mm　1/16　印张：33.75　字数：842 千
2001 年 12 月第 1 版　2006 年 8 月第 2 版　2023 年 1 月第 8 次印刷
ISBN 978-7-5624-3782-6　定价：79.00 元

修订版前言

本书第一版为《微型计算机原理与接口技术》，与配套的《微型计算机原理与接口技术课程设计指导》单独成册，属计算机本科系列教材。经多届学生使用，得到了师生的好评。由于其他电类专业师生也在配合汇编语言讲义使用这套教材，同时考虑到计算机技术的迅速发展和各电类专业的微机原理教学需要，为充分发挥教材的作用，经系列教材主编会议讨论，确定了本书的修订目标。

基于注重原理、强化实践、兼顾先进的基本理念，本次修订的主要内容有：增加了 8086/8088 寻址方式与指令系统和汇编语言程序设计部分；调整和补充了高档微机及其新技术的内容；增加了软、硬件实验内容；将理论教学、实验指导和课程设计指导集成为一册。

另外，编写组对修订后的教材进行了立体开发，出版了配套的《微型计算机原理及应用习题、测试题与解答》，制做了配套的教学课件(光盘)。

本书理论部分共分 14 章，包括微型计算机概述、Intel 8086/8088 微处理器，8086/8088 的寻址方式和指令系统，MASM 汇编语言基础，8086/8088 汇编语言程序设计，总线技术与 I/O 接口基础，内存储存及其管理，并行接口与串行接口，中断技术与中断控制器，定时/计数技术及接口，DMA 技术与 DMA 控制器，数/模和模/数转换，人机接口技术，高档微型计算机。

本书的编写分工如下：

第 1，2，3 章由贾金玲编写，第 4、5 章由彭龚编写，第 6，7，12 章以及实验部分由陈光建编写，第 8 章由朱文忠编写，第 9 章由何邵荣编写，第 10 章由蒋华龙编写，第 11 章由何华平编写，第 13 章以及附录由杨维剑编写，第 14 章由凌军编写，课程设计指导由居锦武编写。

配套的《习题、测试题与解答》由何绍荣主编，多媒体课件由蒋华龙、何华平制作。朱文忠、凌军承担了大量的图形绘制工作。

全书由贾金玲教授统稿，陈光建、凌军、朱文忠校对。由于编者水平有限，疏漏之处在所难免，敬请广大读者提出宝贵意见。

编著者

2006 年 7 月

第1版前言

本书兼顾了微型计算机知识的系统性与先进性，介绍了微型计算机的基本组成，从 Intel 8086/8088 开始介绍了 80X86 系列（包括 Pentium）微处理器的组成及工作原理，并以 8086/8088 和 80386、Pentium 为重点介绍了 IBM PC/XT 主机系统、80386 和 Pentium 机系统结构以及多媒体个人计算机。由于微型计算机与外界的信息交换均是通过接口进行的，所以本书花了较大篇幅讲述微型计算机接口技术，并根据现代计算机的特点直接讲述接口与总线的连接（包括与 8 位接口总线以及与高档微机总线的连接），并列举了实例，还介绍了 32 位微机的存储器管理等相关技术。

同时，本书注重实验教学，通过实验使学习者形成对微型计算机的整体认识，掌握常用接口的设计与分析方法，从而具备初步的微机硬件开发能力。

《微型计算机原理与接口技术》的课程定位、培养目标以及主要内容分述如下：

一、《微型计算机原理与接口技术》课程定位

《微型计算机原理与接口技术》研究微型计算机的硬件组成与结构、工作原理及与外部设备的接口技术，它是计算机专业本科继“计算机组成原理”之后的一门主要硬件课程。本书在讲透基本原理的同时，紧跟微机的发展，注意介绍现代高档微机及其先进技术。

二、《微型计算机原理与接口技术》培养目标

（一）理论教学应达到的目标

《微型计算机原理与接口技术》是计算机专业一门主要的技术基础课。该课程主要介绍微型计算机的基本组成，并以 Intel 8086/8088、80386、Pentium 微处理器为重点，着重介绍 IBM PC/XT 主机系统、80386 系统结构、Pentium 机及多媒体微机系统，特别是以 PC/XT 机器系统为例讲透微型计算机的工作原理及其与外设的接口技术，此外，还对高档微机，特别是 32 位 CPU 的相关技术做了适当介绍。

学习该课程后应使学生基本掌握微型计算机的组成及工作原理,常用接口芯片的使用方法,建立微型计算机的整机概念,并对现代高档微机及其先进技术有所了解和认识。

(二)实验教学应达到的目标

《微型计算机原理与接口技术》是一门实践性较强的技术基础课,通过实验应使学生加深对微型计算机工作原理的理解,熟悉接口的工作原理及常用可编程接口芯片的应用,进一步掌握 A/D、D/A 转换器、存储器、键盘及 LED 器件等在微机系统中的应用。通过实验应形成对微机系统的整体认识,掌握常用接口的设计和分析方法,具备最初步的微机硬件开发能力。

三、《微型计算机原理与接口技术》主要内容

(一)微型计算机的组成和工作原理部分

微型计算机概述,Intel 8086/8088 微处理器,存储器,IBM PC/XT 主机系统结构和工作原理,微机总线,32 位微机。

(二)接口技术部分

接口技术概述,常用可编程接口芯片,A/D、D/A 转换技术在微机系统中的应用,键盘、LED 及其外设接口。

根据课程内容,全书共分 12 章:微型计算机概述、Intel 8086/8088 微处理器、总线技术、微型计算机接口技术概述、并行接口技术、串行通信与串行接口技术、中断技术、定时/计数技术及接口、DMA 技术与 DMA 控制器、内存储器及其管理、人机接口技术、32 位高档微型计算机。另有配套的课程设计指导书。该书讲述了"微型计算机原理与接口技术"课程设计的目标、设计步骤和设计报告的要求,并给出了大量实际的课程设计题目,每一题目都包括题目名称、内容、要求及所需设备器材。同时还配有课程设计实例,包括 CPU 系统设计、存储器扩展设计以及几种类型的接口技术应用设计。

本书既可作为大学计算机本科专业以及相关电子专业的教材,又可作为相关专业技术人员硬件开发与等级考试或考研的参考书。建议学时数 80 学时,其中理论教学 60 学时,实验教学 20 学时。

编著者

2001 年 4 月

目录

第1部分 微型计算机原理及应用

第 2 部分　实验指导

第 3 部分　课程设计指导

第1部分

微型计算机原理及应用

第 1 章 微型计算机概述

20 世纪科学技术对人类的最大贡献之一就是电子计算机的发明。自 1946 年第一台电子计算机问世以来,经过几十年的发展与变革,使计算机逻辑部件经历了电子管时代,晶体管时代,集成电路时代,大规模、超大规模集成电路时代,超大规模、超高速集成电路时代。同时,计算机内存的容量不断增加,软、硬件不断丰富,特别是多媒体、超媒体技术的发展,使计算机的使用越来越得心应手,在当今的信息化社会、网络时代,它已成为人们工作和生活中不可缺少的基本工具,充当了改变人类社会生产和生活方式的主角。而在计算机中人们接触最多的是微型计算机。本书以 16 位微处理器 Intel 8086/8088 及 16 位微型计算机 IBM PC/XT 系统为例,对微型计算机的组成、工作原理、接口技术及现代高档微机的组成结构和相关技术等做较为全面的介绍。本章作为全书的引导介绍微机的发展、特点、分类、应用,并给出实例,以建立对微机的初步认识。

1.1 微型计算机发展简史与展望

微型计算机是第四代计算机向微型化方向发展的一个重要分支,它的发展是以微处理器的发展为标志的。自 1971 年出现微处理器开始到 1993 年,仅 20 多年的时间,推出了 5 代微处理器产品。

第 1 代微处理器是以 Intel 公司 1971—1972 年推出的,以 4004、4040 和 8008 作为典型代表,其集成度为 2 000 ~ 3 300 个晶体管/片。

第 2 代微处理器是 1974—1977 年由几家公司分别推出的产品,以 Intel 的 8080/8085, Motorola 的 M6800, Rockwell 的 R6502 和 Zilog 的 Z80 作为典型代表,其集成度达 9 000 个晶体管/片。

20 世纪 70 年代后期,超大规模集成电路投入使用,进一步推动微型计算机向更高层次发展。1978—1980 年出现了第 3 代微处理器,以 Intel 的 8086/8088, Motorola 的 M68000 和 Zilog 的 Z8000 作为典型代表相继问世,其集成度高达 29 000 个晶体管/片,成为当时国内外市场上最流行的三种微处理器。它们采用 HMOS 高密度工艺,运算速度比 8 位机快 2 ~ 5 倍,赶上和超过了 70 年代小型机的水平。

20 世纪 80 年代以后，微处理器进入第 4 代产品，向系列化方向发展，Intel 公司相继推出了性能更高、功能更强的 80186 和 80286，它们与 8086 向上兼容。到 1985 年 Intel 公司又率先推出了 32 位微处理器 80386，它们与 8086、80186 和 80286 向上兼容，它们逐步形成了 80X86 系列微处理器。与此同时，Motorola 公司推出了 32 位微处理器 M68020，集成度高达 68 000 个晶体管/片。HP 公司推出的 μp 32 位微处理器芯片，集成度高达 45 万个晶体管/片，时钟频率达到 18 MHz，速度之快，性能之高，足以同高档的小型机乃至中型机相匹敌。

进入 20 世纪 90 年代以后，Intel 公司在开发新一代微处理器方面继续领先，1993 年 3 月，Intel 公司发布了第 5 代微处理器产品 Pentium，其使用亚微米级的 CMOS 技术，使集成度高达 310 万个晶体管/片。

微处理器的工作频率不断提高，特别是在 2000 年底达到 733 MHz，2001 年进一步上升到 766 MHz。而作为 Pentium Ⅲ 后续产品的 Willaette 的工作频率达 1.5 GHz 以上。目前 Pentium 4的工作频率为几个 GHz。在 1965 年，美国化学家，现为 Intel 公司名誉董事长的戈登·摩尔(Gordon Moore)就在一篇论文中宣布，他通过对 1959—1965 年实际生产的集成电路的考察，发现在集成电路芯片上集成的晶体管数量每隔 18 个月会翻一番，芯片的性能也随之提高一倍，30 多年中微处理器的发展进一步证实了这一规律，因而被人们称为“摩尔定律”。随着 DNA(Deoxyribonucleic Acid，脱氧核糖核酸)技术的应用，将会使计算机的速度进一步提升，不仅如此在其他性能和功能方面也成指数规律的上升，可以预计，微处理器今后的发展将会突破“摩尔定律”。

在过去几十年内，电脑创造的信息远远超过人类五千年历史所留下的文化。今天，微处理器已经遍布我们生活的每一个角落，甚至在衣服和身体中都可以嵌入 CPU。可以肯定，在未来的 30 年内，计算机领域将发生一场革命，光通信、广泛互联、普遍计算、传感器、全球公用信息设施建设等技术的突破性发展，将对信息领域，特别是计算机领域产生广泛而深远的影响，从而出现神经网络计算机、光计算机、量子计算机、生物计算机、超导计算机。它们除性能成数万倍，甚至数百万倍的提高以外，结构将完全改变。随着卫星通信技术的发展，世界范围的高速宽带网在实质上改变着人们的生活。每台电脑 24 h 在线，共享所有电脑资源，并完成我们每天要做的工作。

未来微处理器的 3 个发展方向是：更强大的处理能力、人工智能和网络，即性能超强化、系统微型化、功能智能化、通信网络化、媒体多样化。微机的发展如此之快，我们实在无法确切地知道未来将会怎么样。

1.2　微型计算机的特点及其分类

1.2.1　微型计算机的特点

微型计算机的发展之所以如此迅速，主要取决于其独具的特点。

(1)形小、体轻、功耗低

经过大规模集成化的电路，尺寸小，重量轻，功耗低。如拥有 6 800 个晶体管的 M6800 的

芯片尺寸是 $5.2 \times 5.4\ mm^2$,16 位的 M68000 的芯片尺寸是 $42.25\ mm^2$,最初的 Pentium 机拥有 310 万个晶体管,其芯片尺寸是 $13.94\ cm^2$,现在的 Pentium 处理器尺寸更小,功耗更低。外壳形状有长方形的双列直插式,有方形的针筒形和贴片形。使用为数不多的片子,在一块印制板上就可组成一台微机的主板,其功耗:小型的只有几瓦,一台通用的 IBM PC 系列微机也只有 200 W 左右。

(2)价格廉

一般的微处理器芯片只要十几～几十元,组成的主板也不过几百元。而且随着大规模集成电路工艺的日趋成熟和生产批量的加大,价格还会继续向下浮动。微型计算机正像电视和手机一样地普及开来。

(3)结构简单、性能可靠

由于微型计算机采用超大规模集成电路芯片集组成,使系统内的组件数目大幅度下降,印制板上的接插件和焊接点比采用中、小规模集成电路的机器减少若干个数量级,加之新型的制造工艺使芯片功耗低、发热量小,使微机的可靠性大大提高。大规模集成电路的失效率一般好于 0.000 5/kh,因而微机易做到数千小时不出故障。

(4)灵活性好、适应性强

由于微型计算机结构采用总线形式,因而结构非常灵活,易于构成满足各种需要和利用形态的应用系统,也易于进一步扩展。而且,由于微型计算机基本部件的系列化、标准化,更增强了微机的通用性。另外,微型计算机具有可编程和软件固化的特点,使得同一系列的机器,仅通过改变程序就可适应不同的任务,加之标准化的总线结构,让微机适应性强,应用系统的研制周期也大大缩短。

1.2.2 微型计算机的分类

微型计算机有多种分类方法,常用的有以下几种:

(1)按字长分类

字长是计算机的中央处理单元(CPU)能直接处理的二进制数的位数。微型计算机的性能很大程度上取决于 CPU 的字长。到目前为止,微型计算机按字长可分为:

• 4 位微型计算机:字长为 4 位,其 CPU 的典型代表为 Intel 4004。

• 8 位微型计算机:字长为 8 位,其 CPU 的典型代表为 Intel 8080/8085,Motorola 的 M6800 和 Zilog 的 Z80。

• 16 位微型计算机:字长为 16 位,其 CPU 的典型代表为 Intel 8086/8088,Motorola 的 M68000 和 Zilog 的 Z8000。

• 32 位微型计算机:字长为 32 位,其 CPU 的典型代表为 Intel 80386,Intel 80486。Pentium 微处理器的内部结构为 32 位,而外部数据总线为 64 位。

• 64 位微型计算机:字长为 64 位。这里要多说几句,当 32 位微处理器逐渐成为个人计算机的主流芯片时,以图形工作站的服务器为代表的高档微机就开始走向 64 位 CPU。近几年来较有影响的 64 位芯片有 Sun 公司的 Ultrasparc,HP 公司的 PA-RISC 8000 系列,DEC 公司的 Alpha 21164,Intel 公司的 Itanium,以及由 Motorola 加盟的 Power PC 620 等。

(2)按利用形态分类

按微机的利用形态可分为以下几类:

• 单片机:将 CPU、存储器、外设接口等集成到一块芯片上所形成的微机。如 MCS—51 系列单片机等。

• 单板机:将 CPU 、存储器、外设接口等做到一块印制电路板上所形成的微机。如 TP801-Z80。

• 多板机:由多块插件板组成的一台微机。如 STD 总线结构的工业控制计算机。

• 微机套件:针对特定的用途,选用合适的微机组件(如 CPU、存储器、接口电路或芯片等)专门设计的微型计算机。

• 微机系统:购买现成的通用微机系统。如 IBM PC 及其兼容机系统。

(3)按应用环境分类

随着微机用途的不断拓展,其应用环境有了较大的差异,对微机的结构和要求也有所不同,按应用环境分类可使用户对不同场合使用的微机有较全面的理解,从而按照自己的需要选择相应的微机。

• 单片机:已如前述。

• 个人计算机:简称 PC(Personal Computer),它是 20 世纪后期一种最重要的计算机模式。随着市场的发展,个人计算机现已形成商用 PC 机、便携式 PC 机和多媒体 PC 机等 3 个重要分支。目前 PC 机的主流仍为 32 位机。

• 工作站/服务器:工作站(Workstation)在这里泛指供工程技术人员使用的工程工作站或图形工作站。服务器(Server)则通指在计算机网络中使用的各类服务器。工作站/服务器通常使用 32 位和 64 位机。

• 网络计算机:网络计算机(Network Computer 简称 NC)是一种依赖于网络的微型计算机,它不具备 PC 的高性能,但实现了较简单的操作和较低的购买与维护价位。1965 年,美国 Oracle 公司首席执行官埃里森(L. Ellison)率先提出了用 NC 来代替 PC 的主张,迅速获得了 Sun、IBM 等公司的响应。随即联合制订了一个《NC 参考规范》,针对当时 PC 机的弱点提出了 NC 的 5 项基本特征,即硬件的平台无关性、购置成本低于 PC、总体拥有成本大大低于 PC、使用和管理明显的容易和有效的安全功能。

(4)按制造工艺分类

微型计算机按其制造工艺可分为:

• MOS 型微机:

PMOS 型微机——P 沟道 MOS 电路制造而成;

NMOS 型微机——N 沟道 MOS 电路制造而成;

CMOS 型微机——P、N 互补 MOS 电路制造而成;

HMOS 型微机——混合 MOS 电路制造而成。

• 双极型微机:

STTL 型微机——肖特基 TTL 电路制造而成;

ECL 型微机——射极耦合电路制造而成;

I^2L 型微机——集成注入式电路制造而成;

I^3L 型微机——平面集成注入式电路制造而成。

1.3 微处理器、微型计算机和微型计算机系统

微机的一般用户和微机硬件的初学者往往对微处理器、微型计算机、微型计算机系统等概念以及对微机软、硬件的界定存在模糊认识，本节以图、文并茂的形式阐明了这些概念和它们的相互关系。

1.3.1 微处理器、微型计算机和微型计算机系统

微处理器、微型计算机和微型计算机系统，这是三个含义不同但又有着密切依存关系的基本概念。

(1)**微处理器**

微处理器简称 μP 或 MP(Microprocessor)，是指由一片或几片大规模集成电路组成的具有运算器和控制器功能的中央处理器部件，又称为微处理机。它本身并不等于微型计算机，而只是其核心部分。有时为区别大、中、小型计算机的中央处理器 CPU(Central Processing Unit)与微处理器，而称后者为 MPU(Microprocessing Unit)。但通常在微型计算机中直接用 CPU 表示微处理器(在写法上并没有区分)。

(2)**微型计算机**

微型计算机(Microcomputer)，简称 μC 或 MC，是指以微处理器为核心，配上内存储器、输入/输出接口电路及系统总线所组成的计算机(又称主机或微电脑)。当把微处理器、存储器、输入/输出接口电路统一组装在一块或几块电路板上或集成在单个芯片上，则分别称之为单板、多板或单片微型计算机。

(3)**微型计算机系统**

微型计算机系统(Microcomputer System)，简称 μCS 或 MCS，是指以微型计算机为核心，配以相应的外围设备、电源和辅助电路(统称硬件)以及指挥微型计算机工作的系统软件所构成的系统。

1.3.2 微型计算机系统的组成

只有硬件的计算机称为裸机，人们是通过软件使用计算机的，因此，当将其配上系统软件时才成为真正可以使用的计算机系统。由微处理器、微型计算机和微型计算机系统的概念可知，我们平时使用的微机实际上是微机系统。

(1)**微型计算机系统的组成**

微型计算机系统的组成如图 1.1 所示。

图 1.2 也清楚地表明了 μP、μC、μCS 三者的含义及相互关系。

(2)**微机系统硬件的组成及结构**

微型计算机系统硬件的组成及其结构如图 1.2 所示。图中，微处理器是微机的运算、控制核心，用来实现算数、逻辑运算，并对全机进行控制。存储器(简称主存或内存)用来存储程序和数据。输入/输出接口是主机与外设之间的界面，协调二者的工作。

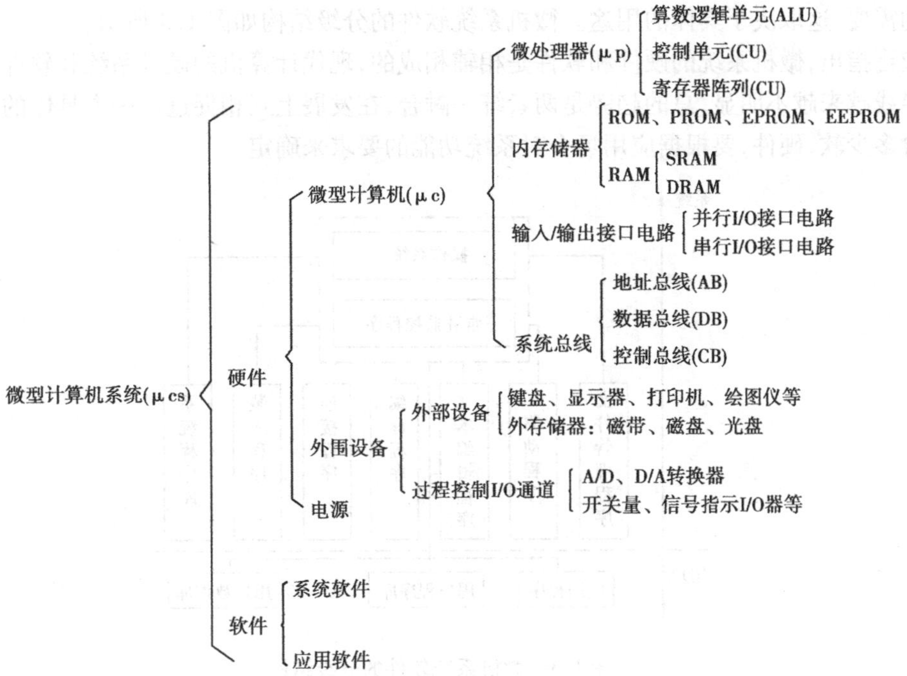

图1.1　微型计算机系统的组成

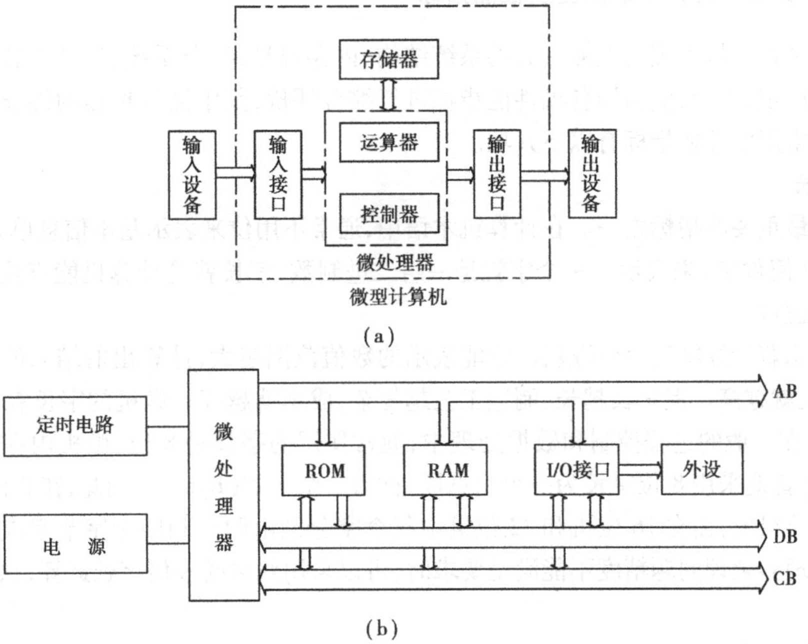

(a)微机系统的硬件组成　(b)微机系统的硬件结构

图1.2　微机系统的硬件组成及结构

(3)微机系统的软件结构

计算机软件通常分为两大类:系统软件和应用软件。系统软件是指不需要用户干预的能生成、准备和执行其他程序所需的一组程序。究竟应配置多少系统软件才能满足特定计算机系统的需要，这取决于具体的用途。微机系统软件的分级结构如图 1.3 所示。

应当指出，微机系统的硬件和软件是相辅相成的，现代计算机的硬件系统和软件系统之间的分界线越来越不明显，总的趋势是两者统一融合，在发展上互相促进。一个具体的微机系统应包含多少软、硬件，要根据应用场合对系统功能的要求来确定。

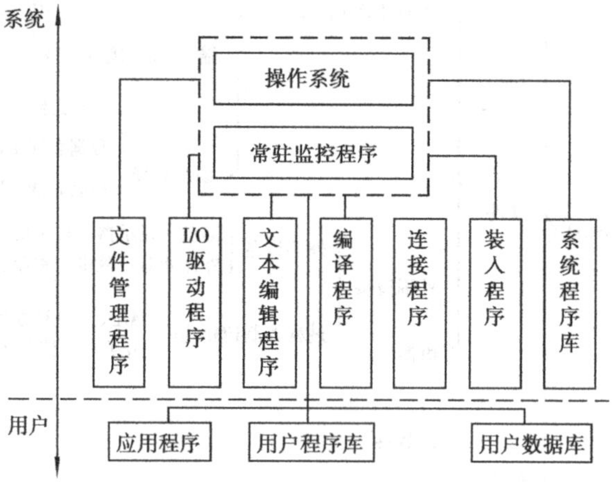

图 1.3　微机系统软件的分级结构

1.3.3　微型计算机系统的主要性能指标

一个微型计算机系统的性能由它的系统结构、内存容量、指令系统、外设及软件的配置等多种因素所决定，因此，应当用各项性能指标进行综合评价，其中微处理器的性能是一个主要的因素。最常用的性能指标有以下几项。

(1)字长

字长是最重要的指标之一。在计算机术语中，通常不用位来表示基本信息单元，而是用一个计算机字（简称字）来表示。一个字就是一组二进制数，字长就是计算机能直接处理的一组二进制数的位数。

字长标志着计算精度，字长越长，它能表示的数值范围越大，计算出的结果的有效数位就越多，精度也就越高。但字长越长，制造工艺越复杂，成本就越高。微机的字长有 4、8、16、32、64 等多种。在一般的过程控制和数据处理中，通常使用的字长是 8 位，微机内存也以 8 位为一单元，因此普遍采用 8 位字长为一个信息段，称为一个字节（Byte）。如此，在 8 位机中，每个字由一个字节组成，而在 16 位机和 32 位机中每个字分别由两个和四个字节组成。当用字长较短的微处理器处理问题精度不能满足要求时，可以采用双倍或多倍字长运算，只是速度要慢一些。

(2)内存容量

内存容量是指计算机系统的内部存储器能存储的二进制信息总量。通常以字节为单位来度量，例如：1 k 内存为 2^{10} 个字节 = 1 024 个字节，1 M 内存为 2^{20} 个字节 = 1 048 576 个字节等等。现代微机软件越来越大，运行这些软件所需要的内存容量也就越来越大，80286 构成的系统只有 16 M，而一台 Pentium 机可能有 256 M 或 512 M 的内存，当然这里所说的内存不是 CPU 能直接寻址的内存，而是由基本内存和扩展内存两部分组成的。可见，微机系统的内存容量越大,可运行的软件就越多,使用起来越方便。

(3)指令系统

每一种微处理器都有自己的指令系统,所谓指令系统就是微机所能执行的所有指令的集合。一般来说,指令的条数愈多,其功能就愈强。例如,同样是8位机,Intel 8080 CPU有78条指令,而Z80 CPU在它的基础上扩大到158条,显然,Z80处理数据的能力比Intel 8080要强。有的微处理器是用增加寻址方式的办法来改善性能的,如在16位机中,Z8000 CPU有8种寻址方式,而Intel 8086/8088 CPU可由7种基本寻址方式派生出24种寻址方式,所以Intel 8086/8088的功能比Z8000更强。

(4)运算速度

运算速度是微机结构性能的综合表现,它是指微处理器执行指令的速率。由于执行不同的指令所需的时间不同,这就产生了如何计算速度的问题,目前有3种方法:①根据不同类型指令在计算过程中出现的频率,乘上不同的系数,求得统计平均值,这是平均速度;②以执行时间最短的指令或某条特定指令为标准来计算速度;③直接给出每条指令的实际执行时间和机器的主频。

(5)容许配置的外设数量

容许挂接的外设数量越多,微机的功能就越强。例如,Z80微机能直接实现对256个输入/输出通道的寻址,也就是说,它容许配置近百台外设。而Intel 8086/8088能直接实现对64 k个输入/输出端口的寻址,因此,若按每台设备平均占用4个端口计算,则以Intel 8086/8088为CPU的微机系统可以挂接16 K个外设。

(6)系统软件的配置

系统软件的配置主要是指微机系统配置了什么样的操作系统、及其他系统软件和实用程序等,这决定了计算机能否发挥高效率。

1.4　数制与编码

计算机的重要基础之一是数据的进位计数制和常用编码,因为计算机内采用的是二进制数值或编码系统,而在各种汇编语言中习惯使用十六进制,也可使用八进制、二进制和十进制,在C语言中同样可使用八进制、十六进制和十进制,特别是调试程序时更要与进制和码元换算打交道。所以掌握进制和码元换算的快速方法,对学好有关计算机课程,特别是汇编语言、微机原理及接口技术非常重要。

1.4.1　数制及其相互转换

(1)常用数制

现实生活中除了最常用的十进制外,还有秒分之间的六十进制、月年之间的十二进制以及古代钱两斤之间的十六进制等,在计算机内主要采用的是二进制(后缀B,Binary)、八进制(后缀O或Q,Octal,O易与0混淆,所以一般用Q替代O)、十进制(后缀D,Decimal,或不要后缀)和十六进制(后缀H,Hex)。

N进制的数,每个数据位取值范围为0~N-1,N进制的数,其算术运算规则同十进制,只不过是逢 N 进一、借一等于 N 而已。例如,二进制数的数位取值只有 0 和 1,逢 2 进 1,借 1 等于 2;十六进制有 0 ~ 9、A ~ F(分别代表 10 ~ 15)16 个数字,逢 16 进 1,借 1 等于 16。

(2)数制转换的一般方法

数制转换的一般方法如图 1.4 所示。

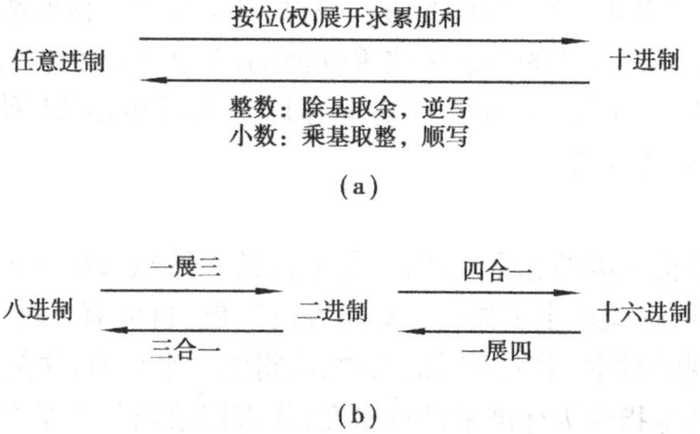

(a)任意进制与十进制之间转换关系图 (b)二、八、十六进制之间转换关系图

图 1.4 数制之间的转换关系

例 1.1 $(101100)_2 = 101100B = 1\times2^5 + 0\times2^4 + 1\times2^3 + 1\times2^2 + 0\times2^1 + 0\times2^0 = 44$

例 1.2 $116.5Q = 1\times8^2 + 1\times8^1 + 6\times8^0 + 5\times8^{-1} = 78.625$

例 1.3 234 = 11101010B = 352Q = EAH

(3)数制计算

数制计算主要有加减乘除等算术运算和与或非等逻辑运算。其他进制加减乘除等算术运算的运算方法与十进制的运算方法类似,要点是逢 N 进一、借一等于 N。与或非等逻辑运算一般是指二进制的逻辑运算,将 1 当成真,将 0 当成假。

(4)二进制数据的表示范围

二进制数据的表示范围要分有符号数还是无符号数。无符号数的所有二进制位(bit)均作为数值位;有符号数的最高位代表符号位,1 代表负、0 代表正,其余位才是数值位。n 位二进制无符号数的表示范围为 $0 \sim (2^n - 1)$。n 位二进制有符号数的表示范围还要再看其用的是什么编码方案,补码为 $-2^{n-1} \sim +(2^{n-1} - 1)$;原码、反码的表示范围为 $-(2^{n-1} - 1) \sim +(2^n - 1 - 1)$。原码、反码、补码的概念在下一节介绍。计算机中存储器容量以字节(B,Byte)为单位,一个字节由 8 个二进制位构成(即 1B = 8b)。8 位二进制数(1 字节)的无符号数表示范围为 0 ~ 255,有符号数补码表示范围为 -128 ~ +127;16 位二进制(2 字节)的无符号数表示范围为 0 ~ 65 535,有符号数补码表示范围为 -32 768 ~ +32 767。

1.4.2 码制及其转换

(1)BCD 码

常见的 BCD 码有 8421 码、2421 码以及余 3 码等,一般使用 8421 码,它又分为压缩 BCD 码和非压缩 BCD 码。压缩 BCD 码是用 4 位二进制代码表示一位十进制数,一个字节可以表示两位十进制数(00 ~ 99);而非压缩 BCD 码是用 8 位二进制代码表示一位十进制数,高 4 位无效,一个字节只能表示一位十进制数(0 ~ 9),高 4 位为 0 时则叫标准非压缩 BCD 码。例如,十进制数 35 的压缩 BCD 码为 35H,其标准非压缩 BCD 码为 0305H。

(2) ASCII 码

现在计算机中通常采用的字符编码是 ASCII 码。基本 ASCII 码使用 7 位二进制编码，占一个字节，最高位为 0。常用的 7 个字符的 ASCII 码值如表 1.1 所示。

表 1.1　常用的 7 个字符的 ASCII 码值

字符	ASCII 码十进制值	ASCII 码十六进制值
LF（换行）	10	0AH
CR（回车）	13	0DH
SP（空格）	32	20H
'$'	36	24H
'0'	48	30H
'A'	65	41H
'a'	97	61H

'0'～'9' 的 ASCII 码依次加 1，'A'～'Z' 的 ASCII 码依次加 1，'a'～'z' 的 ASCII 码也是依次加 1，所以记住 '0'、'A' 以及 'a' 的 ASCII 码，也就记住了 62 个字符的 ASCII 码。'0'～'9' 的 ASCII 码是一种特殊的非压缩 BCD 码。例如引号括起来的数据 '35' 代表的是十进制 35 的非压缩 BCD 码即 3335H。

(3) 汉字内码

汉字在计算机及相关设备内存储、处理以及传输所用的编码称为汉字内码。目前，我国主要采用的是国际内码（GB2312），它在计算机内占用两个字节，每个字节的最高位为 1，最多可表示 $2^{14}=16\ 384$ 个可区别代码。

(4) 原码、反码和补码

原码、反码和补码用于将二进制有符号数的正、负号也用二进制编码来表示，它们所代表的实际数值称为"真值"。

原码是直接在真值的绝对值之前增加一个符号位，并取正数的符号为 0，负数的符号为 1。正数的反码、补码与原码相同；负数的反码为原码的符号位不变其他位变反而得，负数的补码为原码的符号位不变其他位变反加 1 而得。负数的三种编码之间的关系如图 1.5 所示：

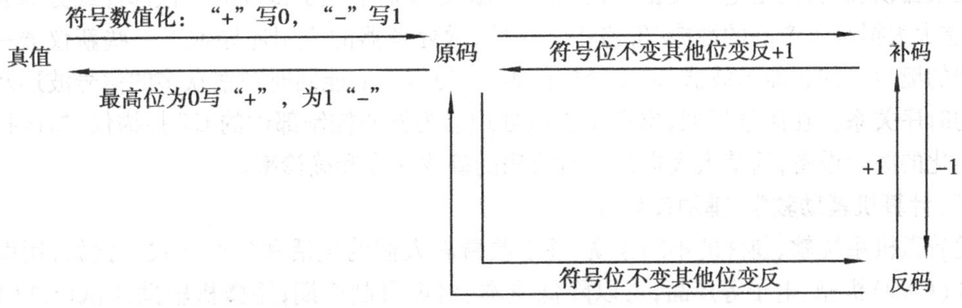

图 1.5　负数三种编码之间的转换关系

例 1.4　求 8 位二进制数的原码、反码和补码。

$+97 = +61H = +1100001B = (01100001)_{原码} = (01100001)_{反码} = (01100001)_{补码}$
$-97 = -61H = -1100001B = (11100001)_{原码} = (10011110)_{反码} = (10011111)_{补码}$

1.5 微型计算机的应用及实例

1.5.1 微型计算机的应用

微型计算机的发展很大程度上是由其广泛的应用所推动的,正是微机的普及将普通人与计算机联系起来,从而使人类步入信息时代。以下仅是微机应用中的几个主要方面。

(1)科学计算

许多现代微型计算机系统具有较强的运算能力,这是在过去只有大、中、小型机才具有的。特别是多个微处理器构成的系统,其功能往往可与大型机相匹敌,而成本却低到足以使大型机趋于淘汰。比如,美国 Seguent 公司用 30 个 Intel 80386 集合起来,构成 Symmetry 计算机,速度为 120 MIPS,达到 IBM 3090 系列最高档大型机的性能,价格却不到后者的十分之一。用更多的微处理器构成的并行处理机甚至可以超过大型机的速度和性能。比如,Intel 公司用 128 个微处理器构成的 IPSC 机,速度达 512 MIPS,这比任何一种商用大型机的速度都高。Intel 公司用一台 32 个微处理器构成的 IPSC 机运行一个广泛使用的科学计算程序,结果比 Cray 公司的大型机 X-MP/2 快 40%。

(2)信息处理和事务管理

短时间内完成对大量信息的处理是信息时代的必然要求。微型计算机配上数据库管理软件以后,可以很灵活地对各种信息按不同的要求进行分类、检索、转换、存储和打印,加上一些专用部件(如传感器)后,还可以处理光、热、力、声等物理信号。

(3)过程控制

过程控制是微机系统应用最多,也是最有效的方面之一。现在,在制造工业和日用品生产厂家中都可以看到微机控制的自动化生产线,微机在这些部门的应用为生产能力和产品质量的迅速提高开辟了广阔前景。

(4)仪器仪表控制

在仪器仪表,特别是电子设备中,已逐步用微处理器取代了传统的机械部件或分离的电子部件,这大大提高了产品的性能/价格比。此外,微处理器的应用还导致了一些新仪器——智能仪器的诞生。如智能示波器、逻辑分析仪等,它使得人们能同时观察众多的信号波形及它们之间的时序关系。在医学领域,出现了以微处理器为核心控制部件的 CT 扫描仪、超声扫描仪等智能化的医疗设备,这就大大提高了对疾病的确诊速度和确诊率。

(5)计算机辅助教学、辅助设计等

随着微机系统软、硬件的不断丰富,逐步改善着人们的生活和生产方式。比如,用微机辅助设计(CAD)机械、电子等产品,可以降低成本、缩短研制周期;用微机辅助测试(CAT)数字设备、集成电路性能指标或检查设备故障等,可以节约测试时间、提高测试准确率及避免重大事故的发生;用微机辅助教学(CAI),可提高学习者的学习兴趣和学习效率。目前各高校都在建设越来越多的多功能教室,改变着传统的教育方法;此外,在日常生活中也在不断涌现辅助服装设计(客体服装设计)、电脑选发型等用微机提供的各种全新的服务项目。

(6)计算机网络与通信

计算机网络是指把若干台地理位置不同,且具有独立功能的计算机通过通信设备和线路互连起来,以实现信息传输和资源共享的一种计算机系统。

计算机技术和通信技术的迅速发展与紧密结合使计算机不仅用于科学计算、工业控制等,也更多的用于信息的收集、加工、处理和传输。计算机网络使人们能将计算机"群集"起来,快速而有效的发挥系统的整体效益。Internet 功能的不断增加和用户的不断扩充,使地球变为一个村庄。微机作为信息高速公路(一种高速信息网络体系)的终端其功能是电话、电视、多媒体电脑汇集而成的"家庭信息中心",它是一个新的高技术浪潮,在它的冲击下,我们的生活方式和工作方式都将改变。

(7)家用电器和民用产品控制

用微电脑控制的洗衣机、电冰箱、空调等已经是很普遍的民用电器了。此外,用微处理器控制的自动报时、自动报警系统已进入发达国家的家庭。装有微处理器的娱乐产品将智能融于娱乐之中,以微处理器为核心的盲人阅读器则能自动扫描文本,读出文本的内容,为盲人带来了福音。确切地讲,微处理器在人们日常生活中的应用所受到的主要限制不是技术问题,而是创造力和技巧上的问题。

1.5.2　微型计算机的应用实例

如上所述,微型计算机已渗透到各个领域,其应用实例不胜枚举,下面仅举一个简单的例子。

基于 PC 机的函数发生器:所谓函数发生器是指能产生正弦波、三角波、脉冲波、锯齿波等多种波形,并且频率和幅度可变的信号源。它是电子技术领域最常用的仪器设备之一。传统的函数发生器是由普通的电子器件构成的,一旦做成产品,其功能就不能扩展,性能不能提高。而且,由于它完全由硬件组成,随着器件的老化,性能会不稳定或有所下降。在微机如此普及的今天,只要在通用的微机上增加少量软、硬件即可使其具有函数发生器的功能。一种简单的设计方案如图 1.6 所示。

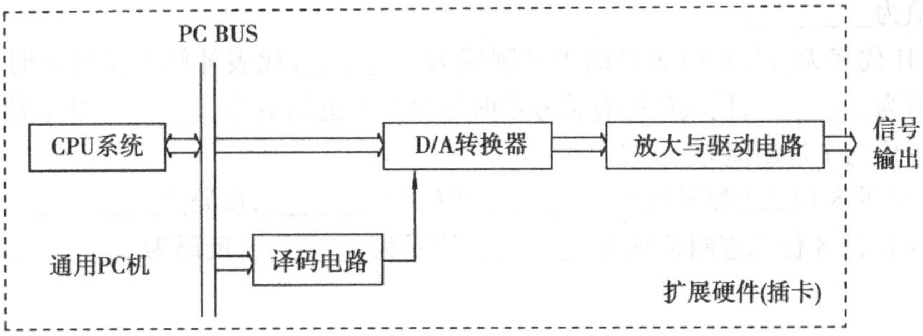

图 1.6　基于 PC 机的函数发生器原理框图

将需要扩展的硬件做成标准插卡,直接插入通用 PC 机的主机板扩展插槽中;编程实现信号的生成、输出以及频率和幅度的调节;定义 PC 机键盘上的不同按键实现输出波形的选择、频率和幅度的改变等;在 PC 机系统的 CRT 上显示频率、幅度、波形等信息;输出的信号由主机后面板引出。

这样构成的函数发生器,量程可随意改变,可靠性高,升级容易。

习题与思考题

1. 什么是字长?什么是内存容量?
2. 简述微型计算机系统的组成及其软、硬件的层次结构。
3. 简述微处理器、微型计算机和微型计算机系统的区别与联系。
4. 单片微处理器和单片微型计算机的区别是什么?
5. 数制转换(无符号数)

   10111100B = ________ Q = ________ D = ________ H

   126 = ________ H = ________ B = ________ Q

   1234 = ________ H = ________ B = ________ Q

   4EH = ________ B = ________ Q = ________ D

   345Q = ________ B = ________ H = ________ D
6. 数制计算(无符号数)

   101101B + 1101001B = ________ B

   3FC9H - 0FFFH = ________ H

   7 AND 8 = ________ D

   7 OR 8 = ________ D
7. 数据表示范围

   一个字节的无符号数表示范围为________,有符号数表示范围为________。一个字的无符号数表示范围为________,有符号数表示范围为________。N 位二进制的无符号数表示范围为________,有符号数表示范围为________。
8. 30H 代表的 ASCII 字符为________,代表十六进制数时等价的十进制值为________,代表压缩 8421BCD 码等价的十进制值为________,代表非压缩 8421BCD 码等价的十进制值为________。
9. 0FFH 代表无符号数时等价的十进制值为________,代表补码有符号数时等价的十进制值为________,代表反码有符号数时等价的十进制值为________,代表原码有符号数时等价的十进制值为________。
10. -27 的 8 位二进制补码为________,原码为________,反码为________。

    +127 的 8 位二进制补码为________,原码为________,反码为________。

第2章 Intel 8086/8088 微处理器

Intel 公司 1978 年推出 16 位微处理器 8086，继而为了与当时的 8 位外设配套使用又推出了与 8086 几乎完全兼容的 8088 微处理器，它们一问世就显示了强大的生命力，其优越的性能使得在当时销量居全球首位。以它们为核心组成的微机系统，性能已达到中、高档小型机的水平。它们有丰富的指令系统、采用多级中断技术、多重寻址方式、多重数据处理形式、段式存储器结构、硬件乘除法电路等，与早期的微型计算机相比，处理能力提高了约 10 倍以上，运行速度快了 7～12 倍，相同任务编制的源程序缩短了 20%。这种微处理器的一个突出特点就是其多重处理能力，用 8086/8088 CPU 与 8087 协处理器以及 8089 I/O 处理器组成的多处理器系统，可大大提高数据处理和输入/输出能力。

8086/8088 与后来不断推陈出新的 80286、80386、80486 以及 Pentium 机形成一个系列，并保持向上兼容，它们的指令系统是 8086/8088 的母集，这个系列一直是世界主流。我们选择 Intel 系列，并选择 16 位微处理器有很好的承上启下的作用，在最后一章将在此基础上介绍该系列的高档微机。在学习中应注意基本的设计思想和技术手段的了解和掌握。

8086/8088 的主要特性：

Intel 8086/8088 采用高速运算性能的 HMOS 工艺制造，内含 29 000 个晶体管，封装在标准的 40 引脚双列直插式塑封管壳内。采用单一的 +5 V 电源供电。

- 外部数据总线：8086：16 位，8088：8 位。
- 地址总线：20 位，其中 8086 的低 16 位与数据总线分时复用；8088 的低 8 位与数据总线分时复用。
- 内存空间：20 位地址线可直接寻址 1 MB 存储空间。
- 端口地址：16 位端口地址线可寻址 64 K 个 8 位 I/O 端口或 32 K 个 16 位 I/O 端口。
- 寻址方式：7 种基本的寻址方式（细分为 24 种）提供了灵活的操作数存取方法。
- 指令系统：100 条基本指令除能完成数据传送、算数运算、逻辑运算、控制转移和处理器控制功能外，内部还设有硬件乘除法与串处理指令电路，可以对位、字节、字节串、字串、压缩和非压缩型 BCD 码等多种数据类型进行处理。
- 时钟频率：8088：4.77 MHz；8086：5 MHz；8086-2：8 MHz。
- 中断功能：可处理内部软、硬件和外部硬件中断，可管理的中断源多达 256 个。

• 工作模式:支持单处理器、多处理器两种工作模式。

2.1 8086/8088 的编程结构

所谓编程结构是指从程序员和使用者的角度看到的 CPU 的结构,它与 CPU 内部的物理结构和实际布局是有区别的。图 2.1 给出了 8086 的编程结构图,从图中可见,8086 被分为两大功能单元(部件):总线接口单元 BIU(Bus Interface Unit)和执行单元 EU(Execution Unit)。

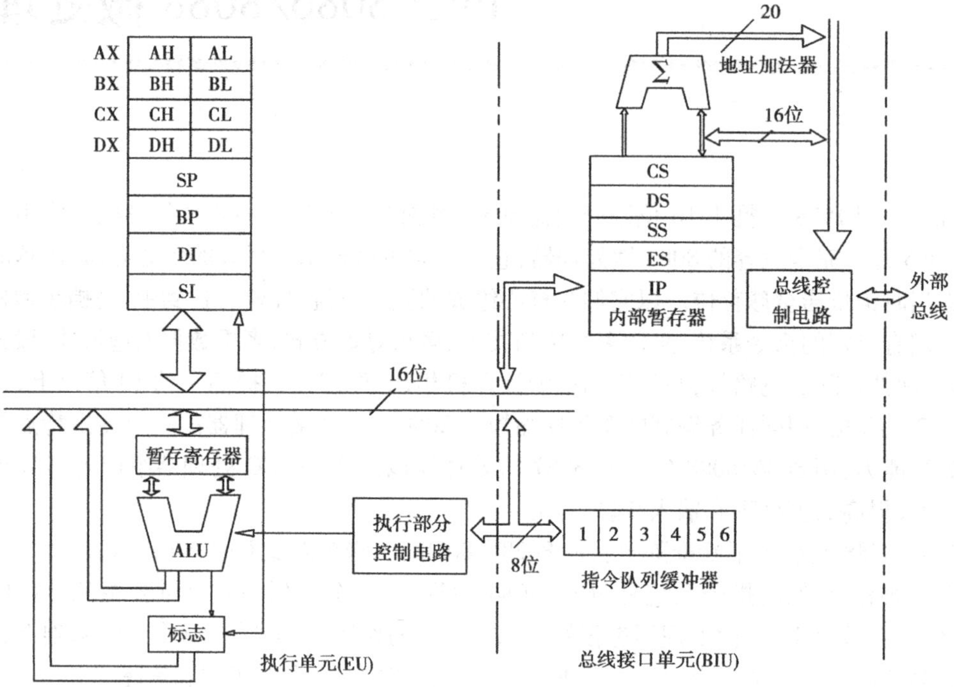

图 2.1　8086 的编程结构

2.1.1　总线接口单元 BIU

总线接口单元 BIU 是负责与总线打交道的接口部件,具体讲它负责从内存单元取指令装入指令队列,并根据 EU 的要求,从内存单元或 I/O 端口取数据参与运算,以及将运算或处理的结果存入内存单元或从 I/O 端口输出。BIU 由下列几部分组成:

(1)**指令队列缓冲器**

8086 的指令队列缓冲器由 6 个 8 位的寄存器组成(而 8088 的指令队列缓冲器由 4 个 8 位的寄存器组成,这是 8088 和 8086 在编程结构上唯一的区别),用来暂存指令代码,遵循"先进先出"原则,顺序存放,顺序地被取到 EU 中去执行。

(2)**指令指针寄存器** IP(Instruction Pointer)

IP 为一个 16 位的寄存器,其中总是存放着 EU 将要执行的下一条指令的偏移地址。

IP 不能由程序进行存取,但可以进行修改,其修改发生在下列情况:

• 程序运行中自动修改,使之指向要执行的下一条指令的偏移地址;

• 程序发生转移、调用、中断和返回时，改变 IP 的值。其中，转移是通过指令装入目的地址，其余三种情况通过堆栈操作改变 IP 的值。

(3)地址加法器 Σ 和段寄存器

8086/8088CPU 可直接寻址 1 M 字节的存储空间，直接寻址需要 20 位地址编码，而其所有内部的寄存器均为 16 位，只能直接寻址 64 k 字节，因此采用分段技术来解决。将 1 M 字节的存储空间分为若干逻辑段，每段最长 64 k 字节，每一个段首地址的高 16 位都存放在相应的段寄存器中。为了用 16 位寄存器寻址 1 M 的内存空间就需要设置一个能产生 20 位物理地址 PA 的机构，8086/8088CPU 采用了地址加法器。

段寄存器是用来存放每个段的首地址的高 16 位的，首地址的低 4 位均为 0，8086/8088 有 4 个段寄存器：CS 为代码段寄存器，DS 为数据段寄存器，SS 为堆栈段寄存器，ES 为附加段寄存器。

内存单元的物理地址 PA 的产生过程如图 2.2 所示。

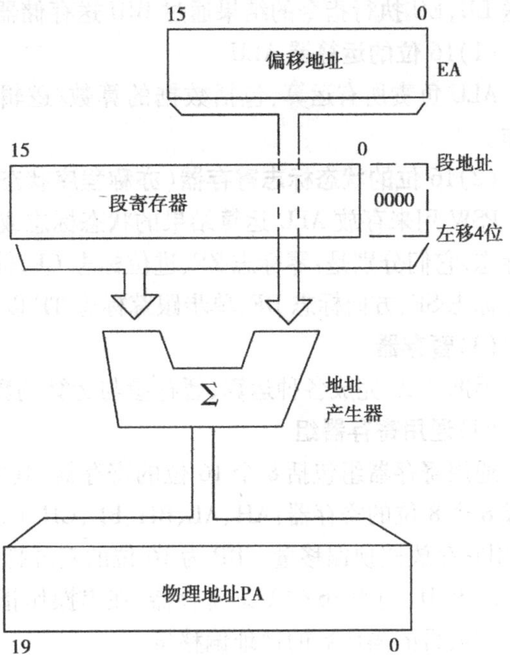

图 2.2　20 位物理地址的产生过程

(4)总线控制逻辑

由于 8086/8088 的引脚线比较紧张，20 位地址信息、16 位(或 8 位)数据信息和 4 位状态信息只分配 20 条线来传送，因此，必须分时复用，总线控制器的功能就是根据指令的操作，用逻辑控制的方法实现这些信息对总线的分时复用的。分时复用的具体情况见总线操作和时序。

总线接口部件的工作过程如下：

首先由地址加法器 Σ 利用 CS 和 IP 的值形成 20 位的物理地址，并将该地址直接送往地址总线，然后通过总线控制逻辑发出存储器读信号启动存储器，按给定的地址从存储器中取出指令，送到指令队列中等待执行，在指令代码装入指令队列输入端后，自动调整指令输入端指针。在指令队列缓冲器中当存满一条指令时，EU 就从指令队列中取出指令开始执行；EU 从指令队列输出端取出一字节指令代码后，自动调整指令输出端指针。当指令队列中有 2 个字节(8088 中 1 个字节)为空，BIU 便自动执行取指令操作，直到填满指令队列；当指令队列已满，而且 EU 又没有对 BIU 提出访问总线的请求时，BIU 进入空闲状态。

EU 从指令队列取走指令，经指令译码后，如需要读写数据，则向 BIU 申请从存储器或 I/O 端口读写操作数。只要收到 EU 送来的逻辑地址，BIU 又通过地址加法器形成 20 位的物理地址，在当前取指令周期完成后，启动存储器或 I/O 端口的总线周期，完成读/写操作。最后 EU 执行指令，由 BIU 将运算结果读出。当 EU 执行中断、转移、调用和返回指令时，将要执行的指令就不是在程序中紧接着排列的那条指令了，指令队列中已装入的后续字节就没有用了。这时，BIU 指令队列中的原有字节被自动清除，BIU 会接着往指令队列装入另一个程序段的指令。

2.1.2 执行单元 EU

EU 负责指令的译码和执行。它从 BIU 的指令队列中顺序取得指令并执行,执行过程中若需要操作数,则由 EU 向 BIU 发出请求,由 BIU 通过总线操作从内存单元或 I/O 端口读取数据送 EU,EU 执行指令的结果通过 BIU 送存储器或 I/O 端口。EU 包括以下几部分:

(1)**16 位的运算器 ALU**

ALU 负责所有运算,包括数据的算数/逻辑运算和偏移地址的运算,通用寄存器协助其工作。

(2)**16 位的状态标志寄存器(亦称程序状态字 PSW)**

PSW 用来存放 ALU 运算结果的状态标志或存放一些控制标志。8086/8088 中共定义了 9 个标志,它们分别是:零标志 ZF、进位标志 CF、辅助进位标志 AF、奇偶标志 PF、溢出标志 OF、符号标志 SF、方向标志 DF、单步跟踪标志 TF 以及中断允许标志 IF。

(3)**暂存器**

辅助 ALU 完成各种运算,暂存参与运算的数据。

(4)**通用寄存器组**

通用寄存器组包括 8 个 16 位的寄存器,其中 AX、BX、CX、DX 为数据寄存器,它们又可以分成 8 个 8 位的寄存器:AH、AL、BH、BL、CH、CL、DH、DL。SP 为 16 位的堆栈指针,堆栈操作时,用它存放栈顶偏移量。BP 为 16 位的基址指针,用于存放堆栈段中一个数据区的基址偏移量。SI 和 DI 均为 16 位变址寄存器,在串操作指令中 SI 用于存放源操作数的地址偏移量,DI 用于存放目的操作数的地址偏移量。

(5)**控制电路**

接收从 BIU 指令队列来的指令码,经过译码,形成完成该指令所需的各种控制信号,控制 EU 的各个部件,使它们在规定时间完成规定动作。

指令执行部件工作过程如下:

EU 从 BIU 的指令队列输出端取得指令,进行译码,若执行指令需要访问存储器(或 I/O 端口)去取操作数,则 EU 将操作数的偏移地址通过内部 16 位的总线送给 BIU,与段地址(I/O 端口不涉及段地址)一起,通过地址加法器形成 20 位的物理地址,申请访问存储器(或 I/O 端口),取得操作数送给 EU,根据指令要求由 EU 控制电路向 EU 内部各个部件发出控制命令,完成执行指令的功能。

需要指出的是,传统的计算机在执行指令时,总是相继地进行提取指令和执行指令的动作,即指令的提取和执行是串行进行的。而 8086/8088 中指令的提取和执行是分别由总线接口部件 BIU 和执行部件 EU 完成的,它们的控制逻辑和指令执行逻辑之间既相互配合又相对独立。正是这种紧密配合但又非同步的工作方式,使得 CPU 在执行指令的同时进行后续指令的提取,这样的并行工作方式提高了工作效率,这是 8086/8088 成功的原因之一,这种设计思想被用于更高档的 CPU 设计中。

2.1.3 寄存器

寄存器在计算机中起了重要的作用,它的存取速度比存储器快得多,相当于高速存储单元,用来存放运算过程中所需要的操作数地址、操作数及中间结果。8086/8088 微处理器中共有14个16位寄存器。

(1)**通用寄存器**

8086/8088CPU 在指令执行单元中有8个16位的通用寄存器,分为通用数据寄存器和通用地址寄存器。

通用数据寄存器分别是AX、BX、CX和DX,它们通常可以用来存放16位的数据。这4个寄存器又可以分为8个8位寄存器来使用,分别是AH、AL、BH、BL、CH、CL、DH和DL,只能存放8位数据。虽然AX、BX、CX和DX具有通用性,但是有时也有专门用途。例如,CX寄存器主要用于循环计数、串操作计数和移位计数(CL)等,故它也被称为计数器。同样AX、BX、DX也因为其特殊用途被分别称为累加器、基址寄存器及数据寄存器。

通用地址寄存器分别是BP、SP、SI和DI,也因为其特殊用途被分别称为基址指针、堆栈指针、源变址寄存器、目的变址寄存器。这组寄存器主要存放的内容是某一段内偏移量,通常用来形成操作数地址。BP和SP与SS联用,为访问当前堆栈段提供方便。通常BP在间接寻址中使用,操作数在堆栈段中,由堆栈段寄存器SS与BP组合形成操作数地址。SP寄存器在堆栈段中使用,用于指向堆栈段的栈顶,PUSH和POP指令则是从SP寄存器中得到当前堆栈段的段内偏移量。SI和DI通常与DS联用,为访问当前数据段提供段内偏移量。在串操作指令中,源操作数在当前数据段(DS)中的偏移量存放在SI中,目的操作数在当前附加段(ES)中的偏移量存放在DI中,这时,SI和DI的作用不能互换。

表2.1列出了8086/8088通用寄存器的特殊用途。

表2.1 寄存器的特殊用途

寄存器名	特殊用途	隐含性质
AX,AL	在I/O指令中作数据寄存器 在乘法指令中存放被乘数或乘积,在除法指令中存放被除数或商	不能隐含 隐含
AH	在LAHF和SAHF指令中,分别作目的和源操作数寄存器	隐含
AL	在XLAT指令作变址寄存器	隐含
BX	在间接寻址中作基址寄存器 在XLAT指令作基址寄存器	不能隐含 隐含
CX	在循环指令和串操作指令中作计数器	隐含
CL	在移位指令中作移位次数寄存器	不能隐含
DX	在字乘法/除法指令中存放乘积高位/被除数高位或余数 在I/O指令中作间接寻址寄存器	隐含 不能隐含
SI	在间接寻址中作变址寄存器 在串操作指令中作为源变址寄存器	不能隐含 隐含
DI	在间接寻址中作变址寄存器 在串操作指令中作为目的变址寄存器	不能隐含 隐含
BP	在间接寻址中作基址指针	不能隐含
SP	在堆栈操作中作堆栈指针	隐含

(2)**段寄存器**

CS:代码段寄存器,用于存放正在或正待处理的一般代码段的起始地址的高 16 位,即一般代码段的段基址。

DS:数据段寄存器,用于存放正在或正待处理的一般数据段的起始地址的高 16 位,即一般数据段的段基址。

ES:附加数据段寄存器,用于存放正在或正待处理的附加数据段的起始地址的高 16 位,即附加数据段的段基址。

SS:堆栈数据段寄存器,用于存放正在或正待处理的堆栈数据段的起始地址的高 16 位,即堆栈数据段的段基址。

段基址与段内偏移量通过 CPU 内部的地址加法器 Σ 组合形成内存单元的 20 位物理地址。

(3)**指令指针** IP

IP 指令指针,它的内容始终是下一条待执行指令的起始偏移地址,与 CS 一起形成下一条待执行指令的起始物理地址。“CS:IP”的作用是控制程序的执行流程。IP 一般会自动加 1(逻辑加 1、实际随指令长度变化)移向下一条指令实现顺序执行;若通过指令修改 CS 或 IP 的值,则可实现程序的转移执行。

(4)**程序状态字** PSW

16 位程序状态字 PSW,它有 3 个控制标志(IF、DF、TF)和 6 个状态标志(SF、PF、ZF、OF、CF、AF)。控制标志是用于控制 CPU 某方面操作的标志,状态标志是部分指令执行结果的标志。PSW 寄存器的具体格式如图 2.3 所示。

15				11	10	9	8	7	6		4		2		0
				OF	DF	IF	TF	SF	ZF		AF		PF		CF

图 2.3　标志寄存器格式

IF:中断允许标志,用于控制 CPU 能否响应可屏蔽中断请求,IF = 1 能够响应,IF = 0 不能响应。

DF:方向标志,用于指示串操作中变址寄存器是增量变化还是减量变化,DF = 1 向地址减小的方向变化,DF = 0 向地址增加的方向变化。

TF:单步跟踪标志,TF = 1 程序执行当前指令后暂停,TF = 0 程序执行当前指令后不暂停。

SF:符号标志,用于指示指令执行结果的最高二进制位是 0 还是 1,为 0,则 SF = 0。代表正数;为 1,则 SF = 1,代表负数。

PF:奇偶校验标志,用来表示指令执行结果的低 8 位中 1 的个数是奇数还是偶数,若为奇数个“1”则 PF = 0,若为偶数个“1”则 PF = 1。

ZF:零标志,用来表示指令执行结果是否为 0,若为 0 则 ZF = 1,否则 ZF = 0。

OF:有符号数的溢出标志,用来表示指令执行结果是否超出有符号数的表示范围,若超出则 OF = 1,否则 OF = 0。我们可以通过是否出现以下四种情况之一来判断溢出:正加正得负,正减负得负,负加负得正,负减正得正。若出现以上情况则 OF = 1,否则 OF = 0。

CF:进位/借位标志(无符号数的溢出标志),用来表示指令执行结果的最高位是否有向更高位进位或借位,若有则 CF = 1,同时也代表无符号数溢出;若无则 CF = 0,也代表无符号数无溢出。

AF:辅助进位/借位标志,用于指示低4位二进制是否有向高位进位或借位,若有则 AF = 1,否则AF = 0,其主要用于 BCD 修正运算。

例 2.1　58H + 3CH = 94H　　SF = 1, PF = 0, ZF = 0, OF = 1, CF = 0, AF = 1

例 2.2　0039H-FCE8 = 0351H　　SF = 0, PF = 0, ZF = 1, OF = 0, CF = 1, AF = 0

例 2.3　35H + CBH = 00H　　SF = 0, PF = 1, ZF = 1, OF = 0, CF = 1, AF = 1

在调试程序 DEBUG 中,提供了测试标志位的方法,它用符号来表示标识位的值。表 2.2 说明了各标志位在 DEBUG 中的符号表示。(TF 在 DEBUG 中不提供符号)

表 2.2　PSW 中标志位的符号表示

标志位	标志名	表示 1	表示 0
CF	进位/借位标志	CY	NC
PF	奇偶校验标志	PE	PO
AF	辅助进位/借位标志	AC	NA
ZF	零标志	ZR	NZ
SF	符号标志	NG	PL
IF	中断允许标志	EI	DI
DF	方向标志	DN	UP
OF	溢出标志	OV	NV

2.2　8086/8088 的工作模式和引脚功能

2.2.1　8086/8088 的工作模式

为了尽可能适应各种应用场合,Intel 公司为 8086/8088 设计了两种工作模式(也称工作方式),即最大模式和最小模式。

最小模式是指系统中只有 8086 或 8088 一个微处理器,所有总线控制信号均由 CPU 直接产生,因此,系统的总线控制逻辑被减到最少。最小模式用在规模较小的 8086/8088 系统中。最大模式是指系统中包含两个或多个微处理器,其中主处理器是 8086 或者 8088,其余处理器称为协处理器,系统的总线控制信号主要由总线控制器产生,系统的总线控制逻辑相对复杂一些,最大模式用于中、大型的 8086/8088 系统。

所谓协处理器就是协助主处理器工作的微处理器。通常与 8086/8088 配合的协处理器有两个,一个是数值运算协处理器 8087,一个是输入/输出协处理器 8089。8087 能实现多种类型的数值操作,如高精度的整数和浮点运算、超越函数的计算等。系统中使用 8087 会大幅度提高数值运算速度。8089 有一套专用于输入/输出操作的指令系统,可以直接为输入/输出设备服务,使 8086/8088 不再承担这类工作。所以,系统中使用 8089 会显著地提高主处理器的工作效率,尤其是在输入/输出频繁的场合。

究竟应使 8086/8088 工作在最大模式还是最小模式,要根据应用场合由硬件决定。

2.2.2 8086/8088 的引脚功能

8086 和 8088 的引脚见图 2.4，其中带括号的引脚功能为最大模式下的功能。

这里先介绍 8086 的引脚功能，然后再指出 8088 与它的不同之处。8086 是 40 引脚双列直插式(DIP)封装，其引脚可分为 5 类：

(1)**地址线**(20 位)

$AD_0 \sim AD_{15}$，$A_{16} \sim A_{19}$。其中，$AD_0 \sim AD_{15}$为地址/数据复用引脚，故为双向、三态；$A_{16} \sim A_{19}$为地址/状态复用引脚，输出、三态。

此外，AD_0还作为低 8 位数据选通信号使用，具体规定见表 2.6。

(2)**数据线**(16 位)

$AD_0 \sim AD_{15}$，与低 16 位地址分时复用，双向、三态。

(3)**状态线**

• QS_1、QS_0：指令队列状态信息(用于最大模式)，输出。

这两个信号的不同组合指出了本总线周期的前一个时钟周期中指令队列的状态，以便外部对 CPU 内部指令队列动作的跟踪。QS_1、QS_0的代码组合及对应的含义见表 2.3。

表 2.3 QS_1、QS_0的代码组合及对应的含义

QS_1	QS_0	含 义
0	0	无操作
0	1	从指令队列的第一个字节取走代码
1	0	队列空
1	1	除第一字节外，还取走了后续字节的代码

• $\overline{S_2}$、$\overline{S_1}$、$\overline{S_0}$：总线周期状态信息(用于最大模式)，输出。

这 3 个信号的不同组合指出了本总线周期所进行的数据传输过程的类型。最大模式系统中的总线控制器就是利用这 3 个状态信号来产生对存储器和 I/O 端口的控制信号的。$\overline{S_2}$、$\overline{S_1}$、$\overline{S_0}$的代码组合及对应的总线操作类型见表 2.4。

表 2.4 $\overline{S_2}$、$\overline{S_1}$、$\overline{S_0}$的代码组合及对应的总线操作类型

$\overline{S_2}$	$\overline{S_1}$	$\overline{S_0}$	总线操作类型
0	0	0	发中断响应信号
0	0	1	读 I/O 端口
0	1	0	写 I/O 端口
0	1	1	暂停
1	0	0	取指令
1	0	1	读内存
1	1	0	写内存
1	1	1	无源状态

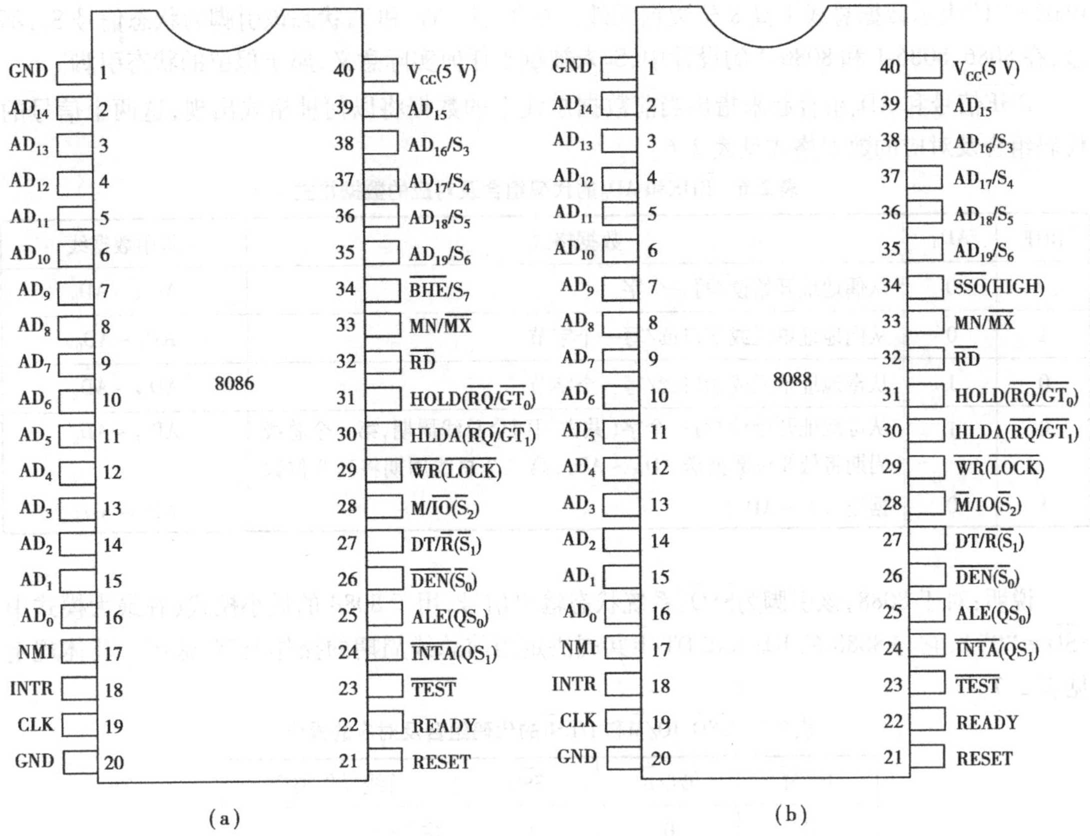

(a)8086 引脚图　(b)8088 引脚图

图 2.4　8086 和 8088 的引脚图

• $S_6 \sim S_3$:地址/状态复用引脚,输出。

其中,S_6用于表示当前 8086 是否与总线相连,S_6 = "0"表示当前 8086 连在总线上,由于在 8086 总线操作其间,它总是与总线相连的,故在每个总线周期的 T_2、T_3、T_w和 T_4状态 S_6 ≡ "0"。S_5表明中断允许标志的当前设置,若 S_5 = "0",表示当前禁止响应可屏蔽中断请求,若 S_5 = "1",表示当前允许响应可屏蔽中断请求。S_4、S_3的组合指出当前正在使用哪个段寄存器,具体规定见表 2.5。

表 2.5　S_4、S_3的代码组合及对应的含义

S_4	S_3	含　义
0	0	当前正在使用 ES
0	1	当前正在使用 SS
1	0	当前正在使用 CS 或未使用任何段寄存器
1	1	当前正在使用 DS

• $\overline{BHE}/S_7$:高 8 位数据总线允许/状态复用引脚,输出。

在总线的 T_1状态,该引脚为$\overline{BHE}$功能,若$\overline{BHE}$ = "0"表示数据总线上高 8 位数据有效,若

$\overline{BHE}$ =“1”表示数据总线上高 8 位数据无效。在 T_2、T_3、Tw 和 T_4状态该引脚为状态信号 S_7，不过，在 8086、8086-1 和 8086-2 的设计中，S_7未被赋予任何实际意义，属于保留的状态引脚。

$\overline{BHE}$信号和 AD_0组合起来指出当前数据总线上的数据将以何种格式出现，这两个信号的代码组合及对应的数据格式见表 2.6。

表 2.6　$\overline{BHE}$和 AD_0的代码组合及对应的数据格式

$\overline{BHE}$	AD_0	数据格式	所用数据线
0	0	从偶地址开始读/写一个字	$AD_{15} \sim AD_0$
1	0	从偶地址单元或端口读/写一个字节	$AD_7 \sim AD_0$
0	1	从奇地址单元或端口读/写一个字节	$AD_{15} \sim AD_8$
0 1	1 0	从奇地址开始读/写一个字（共占用两个总线周期，第一个总线周期将低 8 位数据送 $AD_{15} \sim AD_8$，第二个总线周期将高 8 位数据送 $AD_7 \sim AD_0$）	$AD_{15} \sim AD_8$ $AD_7 \sim AD_0$

说明：对于 8088，该引脚为$\overline{SSO}$：系统状态输出信号，用于 8088 的最小模式（在最大模式中$\overline{SSO}$≡“0”），它与 8088 的 IO/$\overline{M}$和 DT/$\overline{R}$共同决定当前总线周期的操作类型，输出。具体规定见表 2.7。

表 2.7　$\overline{SSO}$、IO/$\overline{M}$和 DT/$\overline{R}$的代码组合及对应的操作

IO/$\overline{M}$	DT/$\overline{R}$	$\overline{SSO}$	总线操作类型
0	0	0	取指令
0	0	1	读内存
0	1	0	写内存
0	1	1	无源状态
1	0	0	发中断响应信号
1	0	1	读 I/O 端口
1	1	0	写 I/O 端口
1	1	1	暂　停

（4）**控制线**

- ALE：地址锁存信号，输出，用于最小模式。
- $\overline{RD}$：读控制信号，输出，三态，用于最小模式。
- $\overline{WR}$：写控制信号，输出，三态，用于最小模式。
- $\overline{DEN}$：数据允许信号，输出，三态，用于最小模式。
- M/$\overline{IO}$：存储器或 I/O 操作选择信号，输出，三态，用于 8086 最小模式。

当 M/$\overline{IO}$ =“1”时表明该总线周期是对存储器进行读/写操作，反之，当 M/$\overline{IO}$ =“0”时表明该总线周期是对 I/O 端口进行读/写操作。

- DT/$\overline{R}$：数据收/发控制信号，输出，三态，用于最小模式。

当 DT/$\overline{\text{R}}$ =“0”时,CPU 从总线读入数据,反之,当 DT/$\overline{\text{R}}$ =“1”时,CPU 向总线写出数据。

- $\overline{\text{INTA}}$:中断响应信号,输出,用于最小模式。
- RESET:复位信号,输入。
- READY:准备好信号,输入。
- NMI:非屏蔽中断请求信号,输入。
- INTR:可屏蔽中断请求信号,输入。
- MN/$\overline{\text{MX}}$:工作模式选择信号,输入。若使 8086 工作在最小模式,则 MN/$\overline{\text{MX}}$应接“1”,否则,MN/$\overline{\text{MX}}$接“0”。
- CLK:时钟信号,输入。
- $\overline{\text{TEST}}$:测试信号,输入,用于多处理器系统。

该信号与 WAIT 指令配合使用,当 CPU 执行 WAIT 指令时,处于空转状态,并检测$\overline{\text{TEST}}$引脚,只要$\overline{\text{TEST}}$ =“0”则立即结束等待,继续执行后续指令。

- HOLD:总线请求信号,输入,用于最小模式。
- HLDA:总线响应信号,输出,用于最小模式。

这两个信号总是配对使用,当其他总线主设备要占用总线时,通过 HOLD 向 8086 发出一个高电平的总线请求信号,若这时总线未被封锁,则 8086 通过 HLDA 线输出一个高电平表示响应,然后,把总线控制权交予该设备。当该设备使用完总线时,将 HOLD 线变为低电平,表示撤消总线请求信号,则 8086 也将 HLDA 线变为低电平,收回总线控制权。

- $\overline{\text{RQ}}/\overline{\text{GT}}_1$:总线请求/总线允许信号,双向,三态,用于最大模式。
- $\overline{\text{RQ}}/\overline{\text{GT}}_0$:总线请求/总线允许信号,双向,三态,用于最大模式。

这两个信号的作用完全相同,其中每一个信号都相当于最小模式下的 HOLD 和 HLDA 一对信号的作用,即外部设备请求时为输入,CPU 响应时为输出。

- $\overline{\text{LOCK}}$:总线锁定信号,输出,三态,用于最大模式。

该信号由$\overline{\text{LOCK}}$前缀指令产生,有效时其他设备不能占用总线。

(5)**供电线**

- V_{CC}: +5 V 直流工作电压。
- GND:接地端。

说明:8088 与 8086 除了内部指令队列长度不同外,在引脚上还有 3 点区别:

①外部数据总线的宽度不同。8086 的外部数据总线为 16 位(AD_{15}—AD_0);8088 的外部数据总线为 8 位(AD_7—AD_0)。

②第 28 引脚不同。8086 的第 28 引脚为 M/$\overline{\text{IO}}$,即该引脚信号为高电平,表示对存储器操作,为低电平则是对 I/O 端口操作;8088 的第 28 引脚为$\overline{\text{M}}$/IO,即该引脚信号为高电平,表示对 I/O 端口操作,为低电平则是对存储器操作。

③第 34 引脚不同。8086 的第 34 引脚为$\overline{\text{BHE}}/S_7$,其功能已如前述;8088 的第 34 引脚为$\overline{\text{SSO}}$,在最小模式下的功能已如前述,在最大模式该引脚恒为“1”。

除以上内部指令队列长度和引脚上的三点区别外,8088 与 8086 在软、硬件上完全相同,这就是我们将两者一起介绍的理由。

2.2.3 8086/8088 的最小模式

(1)8086/8088 最小模式的典型配置

当 8086/8088 的第 33 引脚 MN/$\overline{MX}$接高电平时,系统工作于最小模式,即单处理器模式,它适用于较小规模的应用。以 8086 为例,其最小模式的典型 CPU 系统结构如图 2.5 所示。

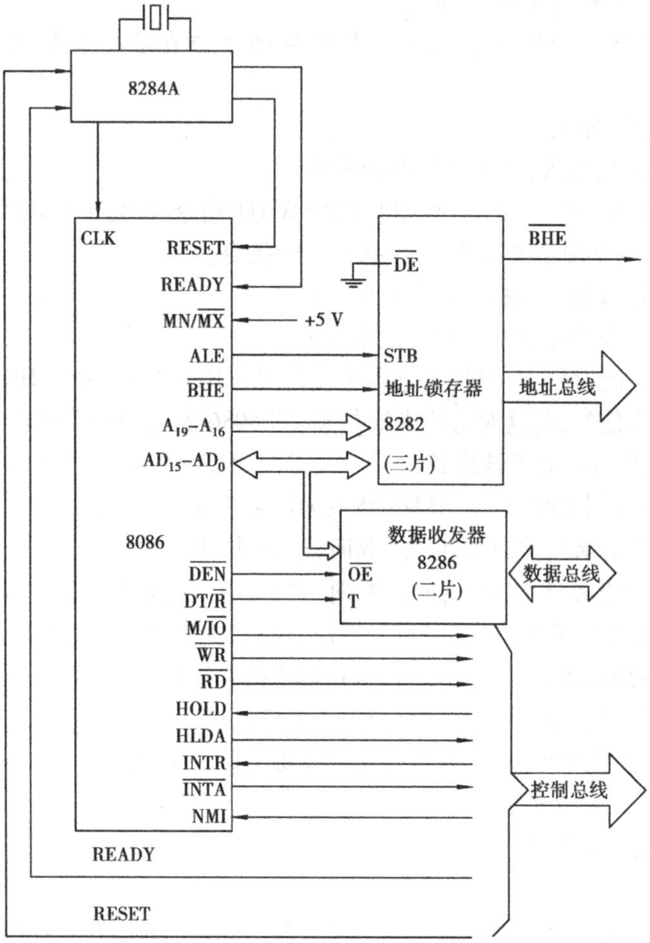

图 2.5 8086 最小模式的典型 CPU 系统结构

图 2.5 中 8284A 为时钟发生器,8282 为地址锁存器,8286 为数据总线收/发器。

工作原理说明:该 CPU 系统以 8086 为核心,外部晶体振荡器产生的振荡信号经 8284 分频后,作为主频信号 CLK 提供给 8086,同时,外部来的准备好信号 READY 和复位信号 RESET 也经 8284A 整理后送往 8086。8086 的 20 位地址信号 A_{19} ~ A_{16},AD_{15} ~ AD_0,以及高位字节允许信号$\overline{BHE}$,在地址锁存信号 ALE 控制下经 8282 锁存后输出,即为地址总线。8086 的 16 位数据线 AD_{15} ~ AD_0在 8286 的控制下可以进行双向数据传送,即为数据总线。传送方向由数据收/发控制信号 DT/$\overline{R}$来选择,是否允许传送由数据允许信号$\overline{DEN}$控制。其他控制信号均由 8086 直接输出,即为控制总线。如此,就形成了以 8086 为核心的三总线结构的 CPU 系统。

(2)主要外围芯片的功能

- 时钟发生器及其与 CPU 的连接:

时钟发生器 8284A 的引脚功能及其与 8086/8088 的连接如图 2.6 所示。

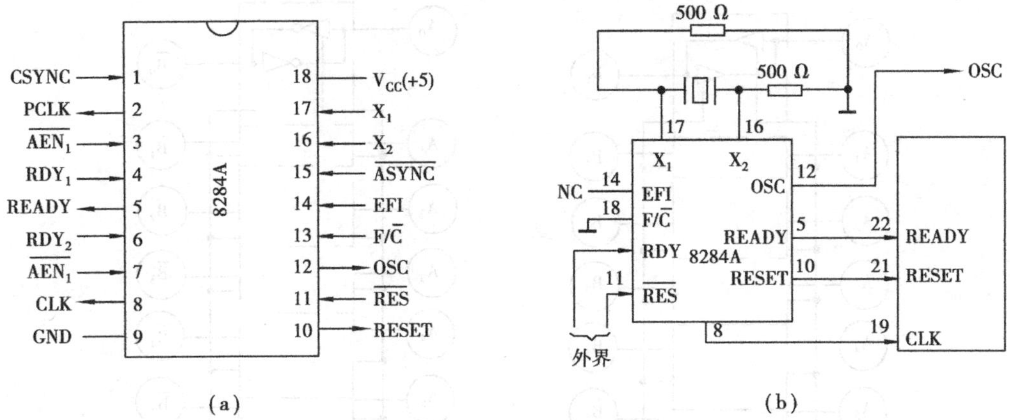

(a)8284A 引脚图　(b)8284A 与 8086/8088 的连接

图 2.6　8284A 的引脚功能及其与 8086/8088 的连接

● 地址锁存器及其与 CPU 的连接:

地址锁存器可使用 8282、8283 或 74LS244、74LS273、74LS373 等,它们的内部逻辑及引脚特性如图 2.7 所示。与 8086/8088 的连接见最大、最小模式 CPU 系统结构图。

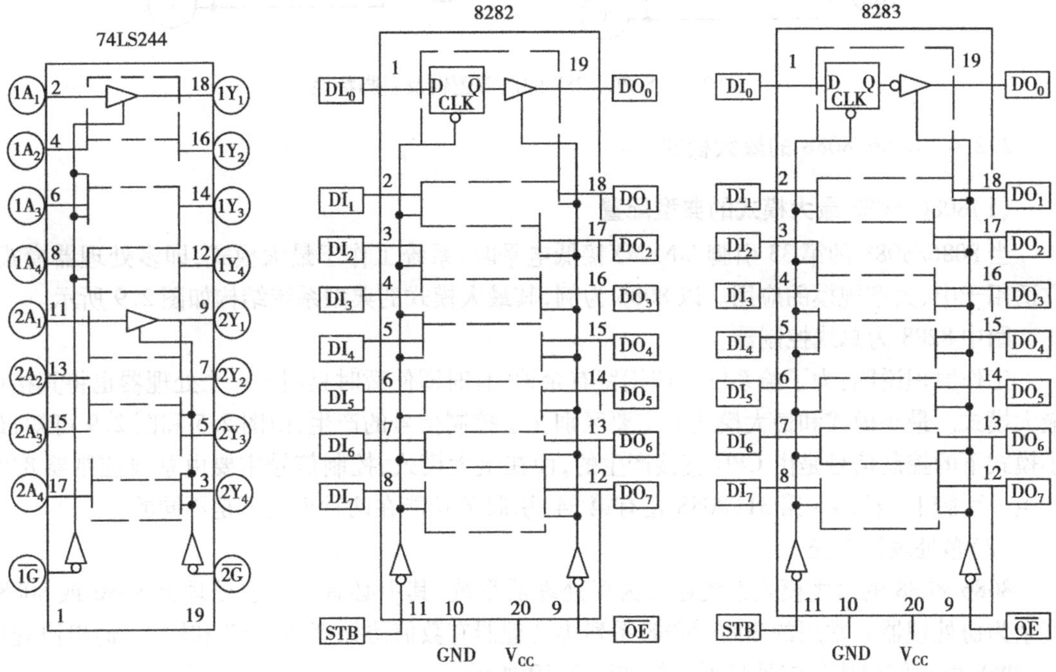

图 2.7　8282、8283、74LS244 的内部逻辑及引脚特性

● 数据总线收/发器及其与 CPU 的连接:

数据总线收/发器可使用 8286、8287(或 74LS245),它们的内部逻辑及引脚特性如图 2.8 所示。与 8086/8088 的连接见最大、最小模式 CPU 系统结构图。

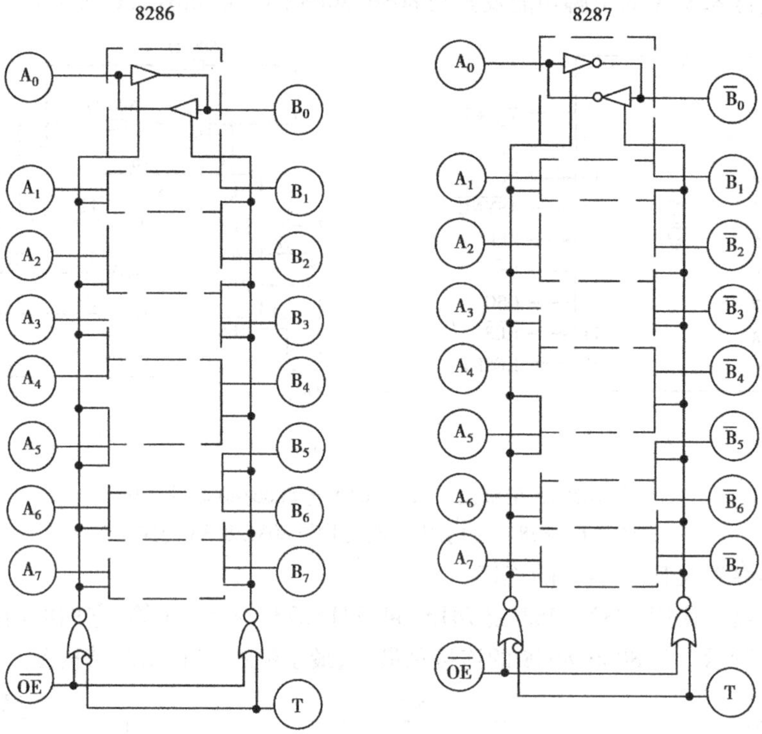

图 2.8　8286、8287 的内部逻辑及引脚特性

2.2.4　8086/8088 的最大模式

(1)8086/8088 最大模式的典型配置

当 8086/8088 的第 33 引脚 MN/$\overline{MX}$接低电平时，系统工作于最大模式，即多处理器模式，它适用于中、大型规模的应用。以 8086 为例，其最大模式的典型系统结构如图 2.9 所示。

图中 8288 为总线控制器。

工作原理说明：为了给系统的应用留有余地，有时即使暂时只用了一个处理器也将其接成最大模式。最小模式和最大模式的主要区别在于控制信号的产生，由图 2.5 和图 2.9 可知，最小模式下的控制信号是由 CPU 直接产生的，而在最大模式，控制信号主要由总线控制器 8288 产生。引脚上，第 24 ~ 第 31(8088 还有第 34)引脚的功能在两种模式下是不同的。

(2)多处理器系统

8086/8088 的最大模式系统通常为多处理器系统，其中必有一个主处理器 8086 或 8088，其余为协处理器。常用的 8086/8088 系列协处理器有数值协处理器 8087 和输入/输出协处理器 8089，由它们组成的多处理器系统如图 2.10 所示。

(3)总线控制器、协处理器及其与 8086/8088 的连接

8288 是 20 引脚的 DIP 芯片，采用 TTL 工艺，其内部结构及外部引脚见图 2.11。8288 的引脚信号分为三组：一组为输入状态和控制信号，二组为命令输出信号，三组为输出的总线控制信号。现分别介绍如下。

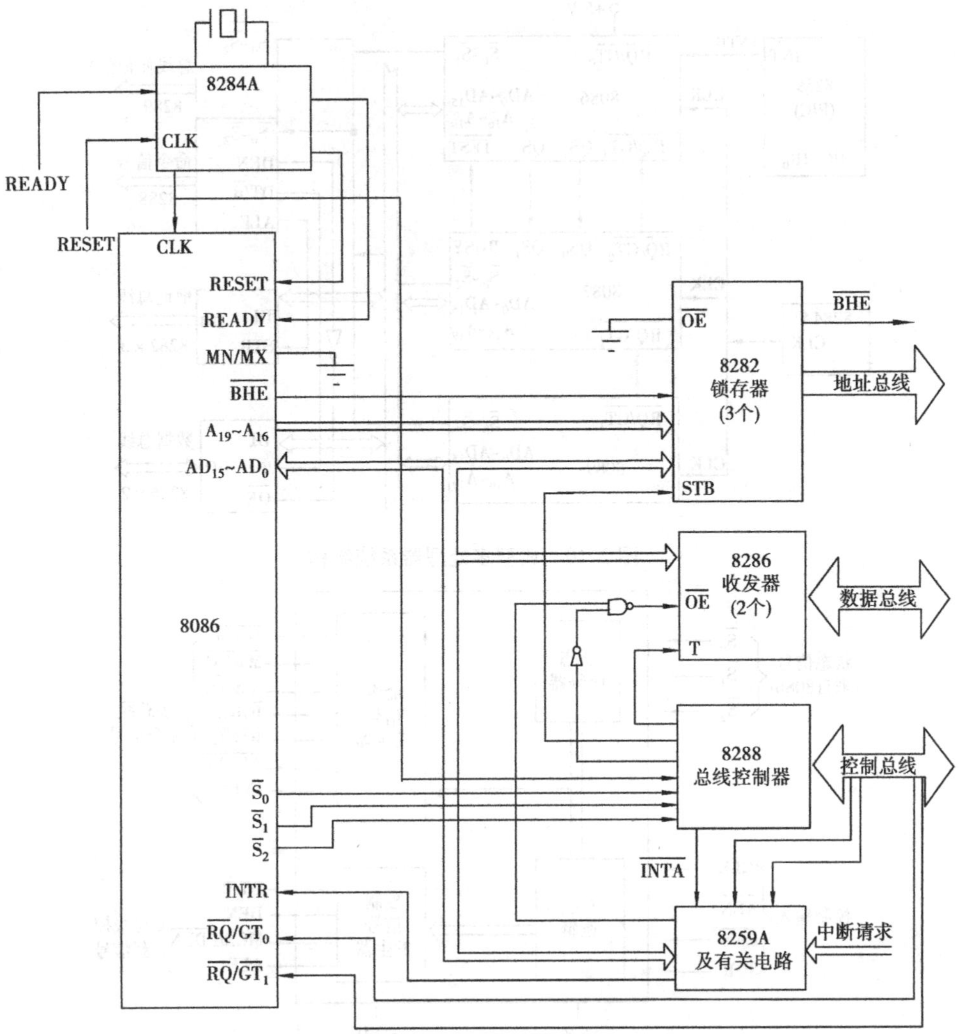

图 2.9　8086 最大模式的典型系统结构

- $\overline{S_2}$、$\overline{S_1}$、$\overline{S_0}$:总线周期状态,输入,来自 CPU。
- CLK:时钟信号,输入,来自 8284A。
- $\overline{AEN}$:总线允许信号,输入,来自总线仲裁逻辑。
- CEN:控制信号允许,输入,来自总线仲裁逻辑。
- IOB:总线方式控制端,输入,来自外部硬件。IOB ="0"时,8288 工作在适合于单处理器的系统总线方式;IOB ="1"时,8288 工作在适合多处理器系统的局部总线方式。
- ALE:地址锁存信号,输出,去锁存器。
- MCE/$\overline{PDEN}$:总线主模块/局部总线允许控制信号,输出,去系统其他部件。这是一个双功能引脚,当 IOB ="0"时,输出 MCE(总线主模块允许)信号;当 IOB ="1"时,输出$\overline{PDEN}$(局部总线允许)信号。
- DEN:数据允许信号,输出,去数据总线收/发器。
- DT/$\overline{R}$:数据收/发控制信号,输出,去数据总线收/发器。

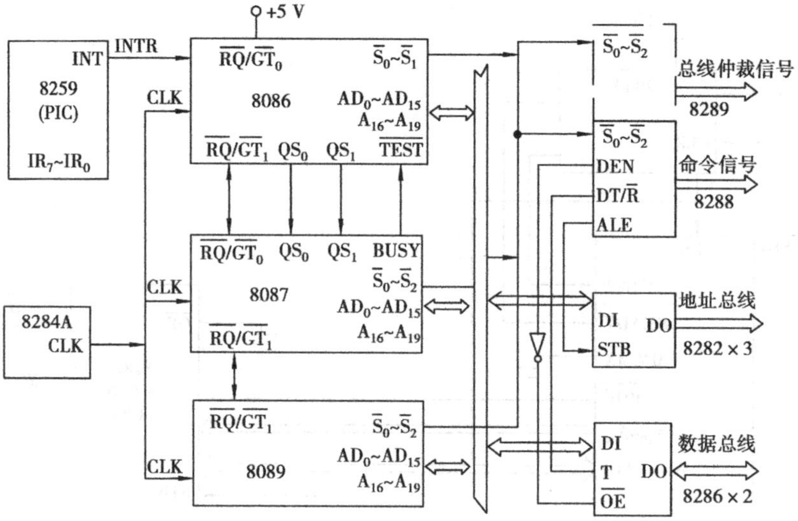

图 2.10 典型多处理器系统结构

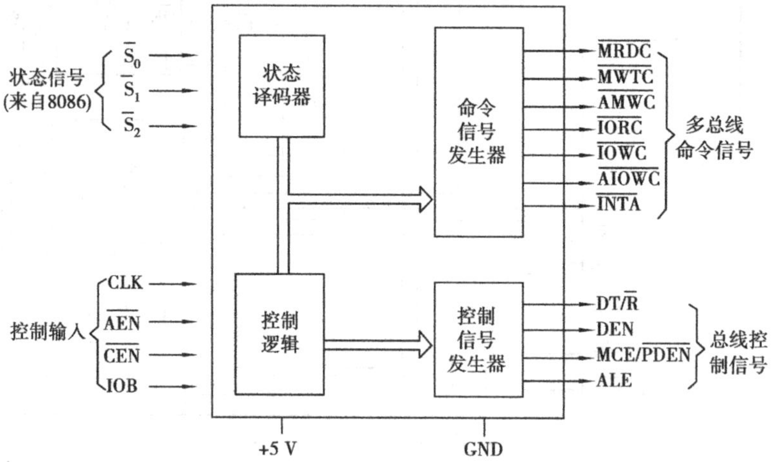

图 2.11 8288 的内部结构与外部引脚

- $\overline{\text{INTA}}$:中断响应信号,输出,去中断控制器。
- $\overline{\text{AIOWC}}$:I/O 端口提前写信号,输出,去 I/O 接口。
- $\overline{\text{IOWC}}$:I/O 端口写信号,输出,去 I/O 接口。
- $\overline{\text{IORC}}$:I/O 端口读信号,输出,去 I/O 接口。
- $\overline{\text{AMWC}}$:存储器提前写信号,输出,去存储器。
- $\overline{\text{MWTC}}$:存储器写信号,输出,去存储器。
- $\overline{\text{MRDC}}$:存储器读信号,输出,去存储器。

8288 与 8086 的连接关系见 8086/8088 最大模式典型系统结构图。

8087 引脚图见图 2.12,它们在 8086 系统中的连接见图 2.10。

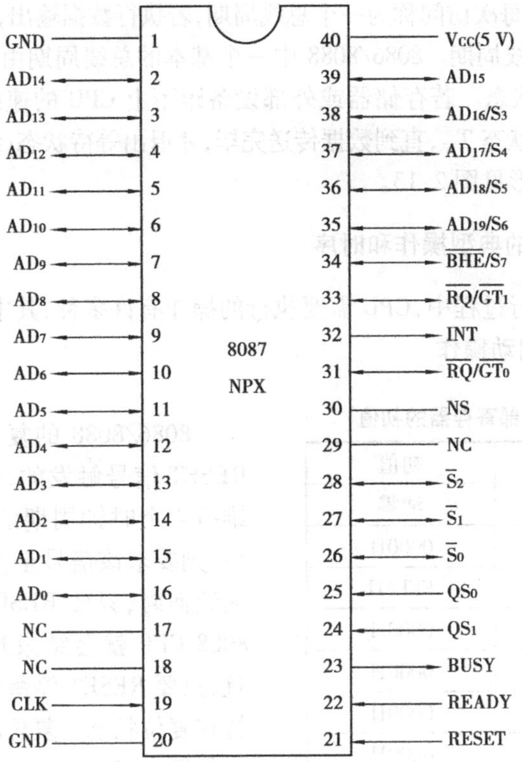

图 2.12　8087 引脚图

2.3　8086/8088 的总线操作和时序

2.3.1　8086/8088 总线周期的概念

计算机是数字电子设备，所有工作都是在时钟的控制下通过一步一步顺序执行指令来完成的。因此，时钟周期是 CPU 执行指令的最小时间刻度。执行指令过程中凡需访问总线时就交由

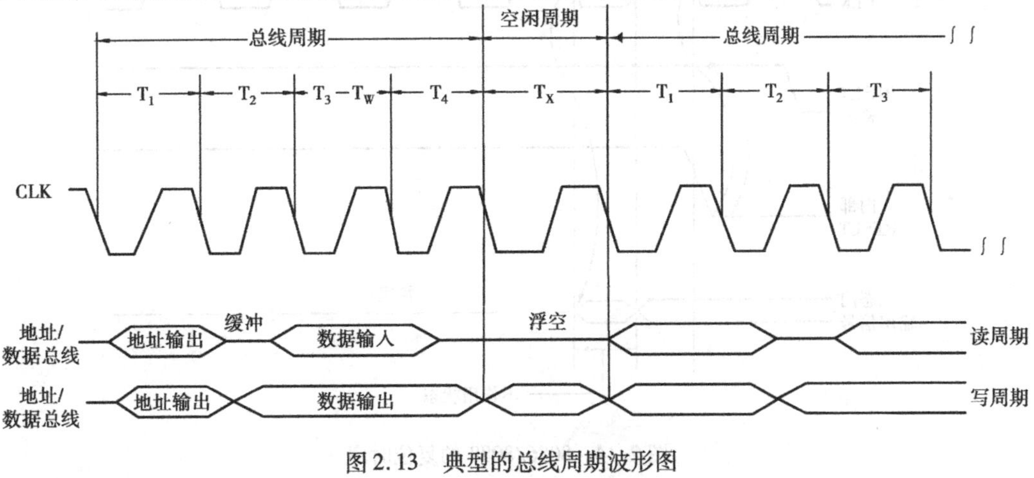

图 2.13　典型的总线周期波形图

总线接口部件 BIU 完成，每次访问称为一个总线周期，若执行数据输出，则称为写总线周期，若执行数据输入，则称为读总线周期。8086/8088 中一个基本的总线周期由 4 个时钟周期组成，每一个时钟周期称为一个 T 状态。若存储器或外部设备跟不上 CPU 的速度，则在第三个时钟周期（称为 T_3）之后插入等待状态 T_W，直到数据传送完毕，才退出等待状态，结束总线周期。

典型的总线周期波形见图 2.13。

2.3.2 8086/8088 的典型操作和时序

一个微机系统在运行过程中，CPU 需要执行的操作有许多种，其中比较典型的操作有：

(1) 系统的复位和启动操作

表 2.8 复位时各内部寄存器的初值

寄存器名称	初值
标志寄存器(PSW)	清零
指令指针(IP)	0000H
CS 寄存器	FFFFH
DS 寄存器	0000H
SS 寄存器	0000H
ES 寄存器	0000H
其他寄存器	0000H
指令队列	空

8086/8088 的复位和启动是由引脚上的 RESET 信号触发的，触发时要求该信号至少维持 4 个时钟周期的高电平，如果是上电复位，则要求该信号至少维持 50 μs 的高电平。无论何时，只要 RESET 一进入高电平，8086/8088 CPU 就会结束现行操作，开始复位，并且，只要 RESET 停留在高电平状态，CPU 就维持在复位状态。复位时，各内部寄存器被设置为如下初值：

由表 2.8 可见，复位时，代码段寄存器 CS 和指令指针 IP 的值分别被初始化成 FFFFH 和 0000H。因此，8086/8088 启动后从内存的 FFFF0H 处开始执行指令。一般在 FFFF0H 处放一条无条件转移指令，转移到系统程序的入口处，这样，系统一旦被启动，就会自动进入系统程序。

复位时，标志寄存器被清零，即清除了所有标志位，这屏蔽了所有从 INTR 引脚上来的可屏蔽中断请求。因此，系统在适当时候要通过指令来设置中断允许标志。

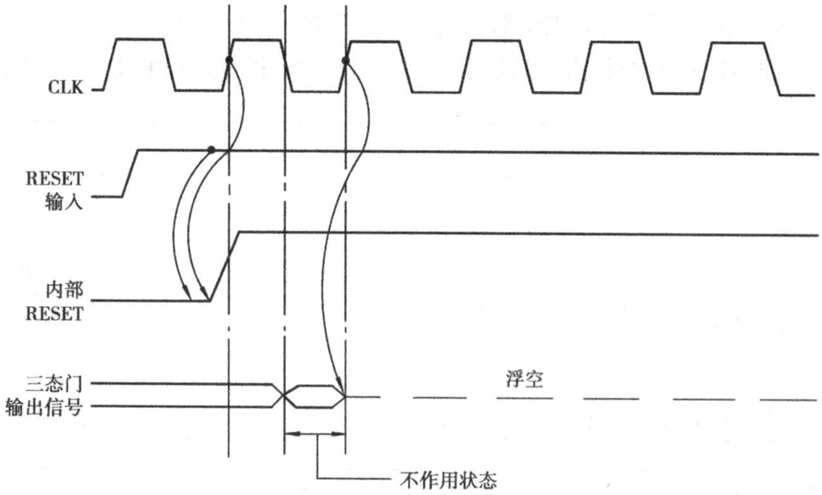

图 2.14 8086/8088 的复位时序

在时序上，RESET 信号从高到低的跳变会触发 CPU 内部的一个复位逻辑电路，经过 7 个时钟周期之后，CPU 就被启动而进入正常工作，即从 FFFF0H 处开始执行程序。复位时序见图 2.14。

8086/8088 复位时，有关信号线的状态如表 2.9 所示。

表 2.9 8086/8088 复位时总线信号的状态

信 号	状 态
$AD_{15} \sim AD_0$ $A_{19}/S_6 \sim A_{16}/S_3$ $\overline{BHE}/S_7$ $S_2(M/\overline{IO})$ $S_1(DT/\overline{R})$ $S_0(\overline{DEN})$ $\overline{LOCK}(\overline{WR})$ $\overline{RD}$ $\overline{INTA}$	先置成不作用状态，再进入三态。
ALE	低
HLDA	低
$\overline{RQ}/\overline{GT}_0$	高
$\overline{RQ}/\overline{GT}_1$	高
QS_0	低
QS_1	低

(2) 总线操作

8086/8088 在与存储器或 I/O 端口交换数据时至少需要执行一个总线周期，这就是总线操作。按照数据传输的对象，可分为存储器操作和 I/O 操作；按照数据传输的方向，可分为读操作和写操作。下面以 8086 为例分别讲述最大模式和最小模式的这几种操作，为节省篇幅，分别将存储器读和 I/O 读操作、存储器写和 I/O 写操作画在一个时序图中。

● 最小模式下总线操作的典型时序：

图 2.15 和图 2.16 分别为 8086 最小模式下的总线读操作时序和总线写操作时序，现说明如下。

前面已经说过，一个基本的总线周期包含 4 个 T 状态，分别称为 T_1、T_2、T_3、T_4，在存储器和外设速度较慢时，要在 T_3之后插入一个或几个等待状态 T_W。

图中，若是对存储器操作，$M/\overline{IO}$为高电平，若是对 I/O 端口操作则 $M/\overline{IO}$为低电平，$M/\overline{IO}$在整个总线周期一直维持有效电平。如果 CPU 是 8088，那么该信号电平正好相反。

T_1状态：CPU 输出存储器单元或 I/O 端口的地址信息，并且从 ALE 引脚输出地址锁存信号，在 ALE 的下降沿将 20 位地址锁存到地址锁存器的输出端。$\overline{BHE}$信号也在 T_1状态有效，表

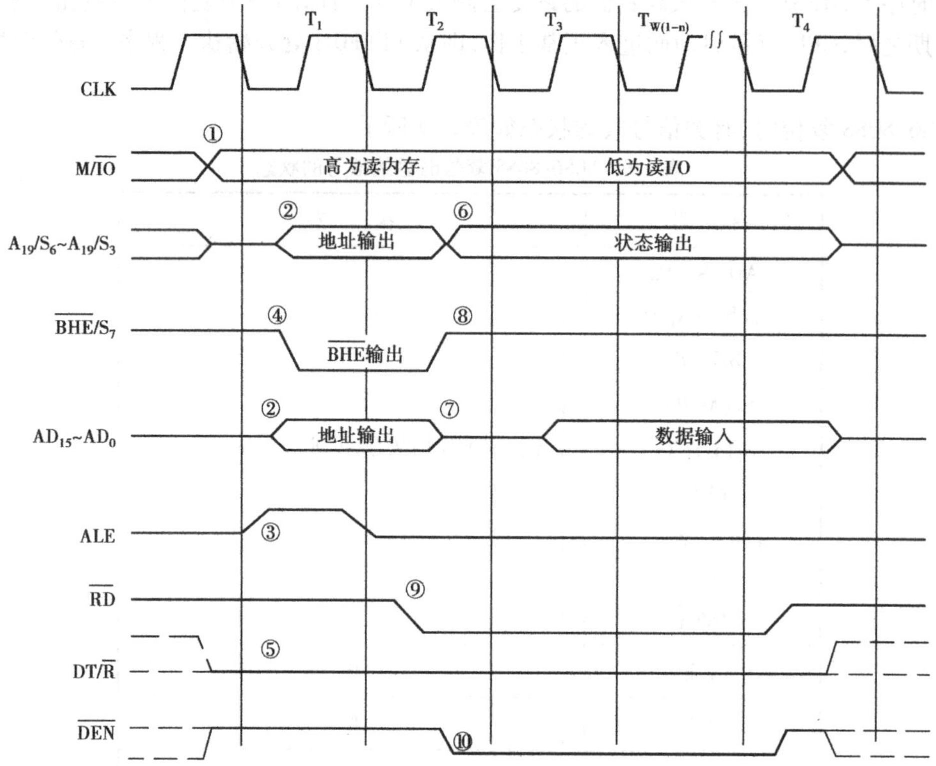

图 2.15　8086 最小模式下的总线读周期时序

示高 8 位数据总线上的信息可以使用,该信号与地址一起被锁存。DT/$\overline{R}$输出低电平,表示本总线周期为读周期。

T_2状态:地址信号消失,AD_{15} ~ AD_0变为高阻状态(也叫浮空),为读入数据做准备;A_{19}/S_6 ~ A_{16}/S_3以及$\overline{BHE}/S_7$ 切换为状态信息;$\overline{DEN}$引脚输出有效的低电平,使数据线选通;$\overline{RD}$引脚输出低电平的读信号,送到被地址信息选中的存储器或 I/O 接口芯片。

T_3状态:被选中的内存单元或 I/O 端口将数据送到数据总线上,CPU 通过 AD_{15} ~ AD_0接收数据。

T_W状态:当存储器或外设的工作速度较慢,从而不能用基本的总线周期完成读操作时,系统自动插入等待状态。具体实现方法为:系统用一个等待电路来产生 READY(准备好)信号,该信号通过时钟发生器 8284A 传送给 CPU。CPU 在 T_3状态的前沿(下降沿处)对 READY 信号线进行采样,若这时 READY =“0”就会自动在 T_3之后插入 T_W。CPU 在每个 T_W状态的前沿(下降沿处)继续对 READY 信号线进行采样。若这时 READY =“0”会继续插入 T_W。直到 CPU 采样到 READY =“1”,再把当前的 T_W状态执行完,便脱离 T_W而进入 T_4。

T_4状态:在 T_4和前一个状态交界的下降沿处,CPU 对数据总线进行采样,从而读入数据,同时撤消有关控制信号。至此,一个完整的读总线周期结束。

8086 最小模式下的总线写操作的过程与最小模式下的总线读操作的过程基本相同,所不同的是:在地址信息发出之后的 T_2状态,CPU 立即向地址/数据复用引脚 AD_{15} ~ AD_0输出数据,并且,数据信息会保持到 T_4状态的中间;由于是写操作,故在 T_2状态写信号$\overline{WR}$有效;写操作的数据传输方向与读操作相反,所以,DT/$\overline{R}$线在 T_1状态变高而不是变低。

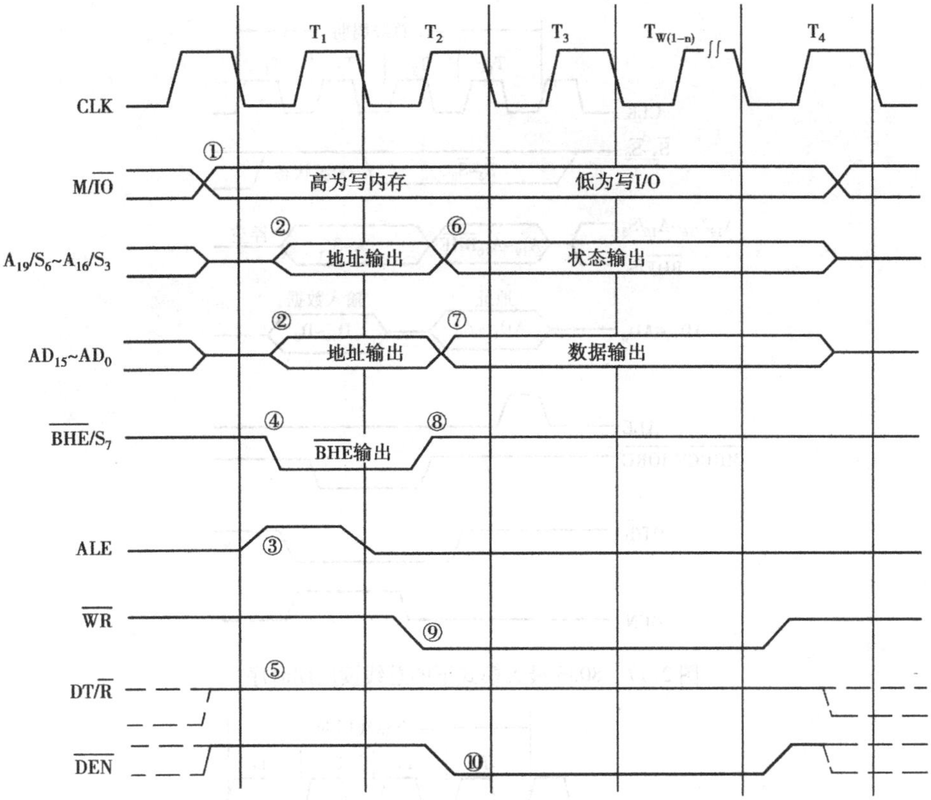

图 2.16　8086 最小模式下的总线写周期时序

- 最大模式下总线操作的典型时序：

图 2.17 和图 2.18 分别为 8086 最大模式下的总线读操作时序和总线写操作时序，现说明如下。

最大模式下，8086/8088 的总线读操作在逻辑上和最小模式下的读操作一样，但在时序上要考虑 CPU 与总线控制器两者产生的信号。

与最小模式下的读时序不同之处在于：由 CPU 输出读操作的状态信号给总线控制器 8288，即若为存储器读$\overline{S_2}$、$\overline{S_1}$、$\overline{S_0}$代码为 101，若是读 I/O 端口，则$\overline{S_2}$、$\overline{S_1}$、$\overline{S_0}$代码为 001；控制信号 ALE、DT/$\overline{R}$、$\overline{MRDC}$、$\overline{IORC}$及 DEN 均由 8288 输出；特别要注意的是，这时的存储器读和 I/O 读是独立的两条信号线，并且，数据允许信号 DEN 是高电平有效，系统中需经反相后接到数据总线收/发器的使能端。

与最小模式下的写时序相比，最大模式的写时序中，由 CPU 输出写操作的状态信号给总线控制器 8288，即若为存储器写$\overline{S_2}$、$\overline{S_1}$、$\overline{S_0}$代码为 110，若是写 I/O 端口，则$\overline{S_2}$、$\overline{S_1}$、$\overline{S_0}$代码为 010；控制信号 ALE、DT/$\overline{R}$、$\overline{MWTC}$、$\overline{IOWC}$及 DEN 均由 8288 输出；特别要注意的是，这时的存储器写和 I/O 写是独立的两条信号线，并且，数据允许信号 DEN 是高电平有效，系统中需经反相后接到数据总线收/发器的使能端；还有一点需要说明，在最大模式下，8288 输出的写信号有 4 个，除了正常写信号$\overline{MWTC}$、$\overline{IOWC}$外，还有提前写信号$\overline{AMWC}$、$\overline{AIOWC}$，它比普通的写信号超前了一个时钟周期，这样，速度较慢的设备或存储器就可以得到一个额外的时钟周期提前执行写操作。

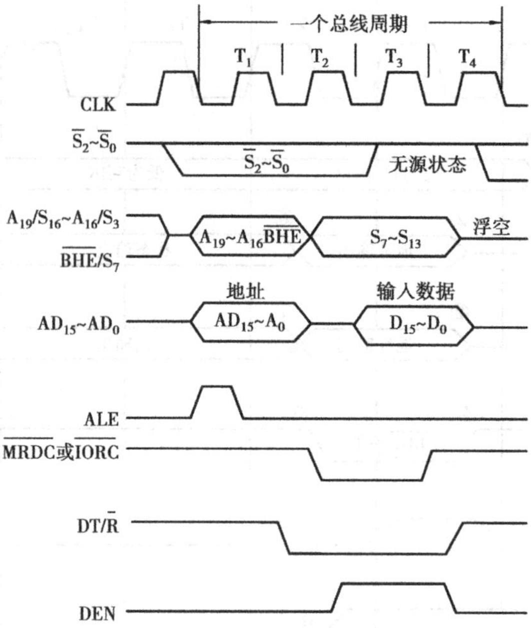

图 2.17　8086 最大模式下的总线读周期时序

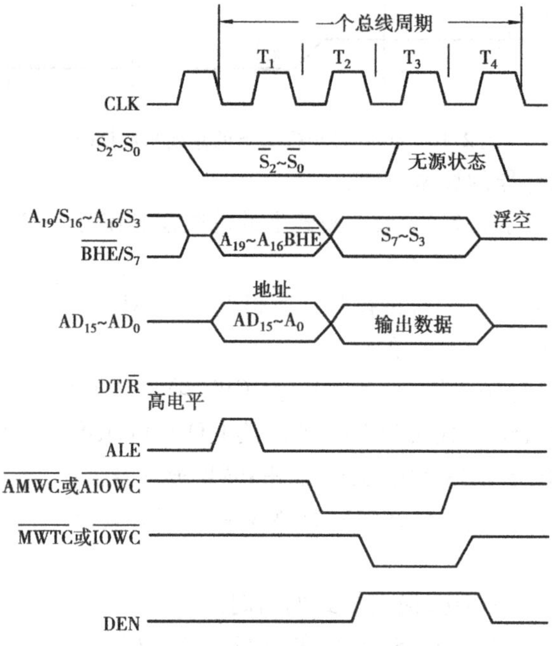

图 2.18　8086 最大模式下的总线写周期时序

(3) **中断操作和时序**

8086/8088 有一个强有力的中断系统，能管理 256 种中断源，每个中断源对应一个中断类型码，所以 256 种中断对应的中断类型码为 0～255。CPU 响应中断时，通过中断类型码取得对应的中断向量，从而找到中断服务程序入口。由于中断类型码也是通过数据总线传输的，因此，响应中断的操作也是总线操作。

8086/8088 的中断响应占用连续的两个总线周期，如图 2.19 所示。其中前一个总线周期通知接口准备好类型码，后一个总线周期接口将中断类型码通过数据总线传送给 CPU。

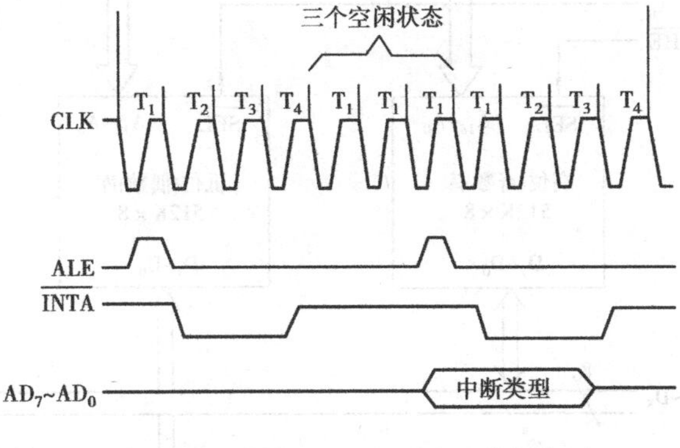

图 2.19　8086 的中断响应总线周期

应当指出，8088 与 8086 在总线操作上有两点差别。第一，在最小模式下，用于区别存储器读写还是 I/O 读写的信号线不同。8086 用 $M/\overline{IO}$，而 8088 则用 $\overline{M}/IO$，二者电平正好相反。第二，8088 只有 8 条线为地址/数据复用，因此，A_{15} ~ A_8 在每个总线周期的 T_1 到 T_4 其间都传送地址信息。

2.4　8086/8088 的存储器和 I/O 组织

2.4.1　8086/8088 的存储器组织

(1)存储器的标准结构

8086/8088 CPU 有 20 条地址线，可直接寻址 1 MB 的存储空间。微机的存储器通常按字节组织排列成一个个单元，每个单元有一个唯一的地址码，这称为存储器的标准结构。内存是如何存放数据的呢？如图 2.20 所示，若存放一个 8 位的数据（称为一个字节），则可放在偶地址单元，也可放在奇地址单元；若存放一个 16 位的数据（称为一个字），这时有两种情况，低位字节放在较低的偶地址单元，高位字节放在较高的奇地址单元，称为规则字；相反，若将高位字节放在较高的偶地址单元，低位字节放在较低的奇地址单元，则称为非规则字。对于 8086 而言，存取一个规则字，只需要一个总线周期，而存取一个非规则字，就需要两个总线周期才能完成。

8086 系统中，1 MB 的存储空间实际上被分成两个 512 KB 的存储体或称为存储库，分别叫做高位库和低位库。高位库的数据线与 8086 CPU 系统的高 8 位数据总线 AD_{15} ~ AD_8 相连，库中每个单元的地址均为奇数；低位库的数据线与 8086 CPU 系统的低 8 位数据总线 AD_7 ~ AD_0 相连，库中每个单元的地址均为偶数。$\overline{BHE}$ 信号作为高位库的选择信号接到高位库的选择端 $\overline{SEL}$；地址线 A_0 作为低位库的选择信号接到低位库的选择端 $\overline{SEL}$。如图 2.20 所示。所以，高 8 位数据总是对应奇地址，而低 8 位数据总是对应偶地址。

(2)存储器的分段

8086/8088 系统中 1 MB 的存储单元按照 00000H ~ FFFFFH 来编址。但 CPU 的内部寄存

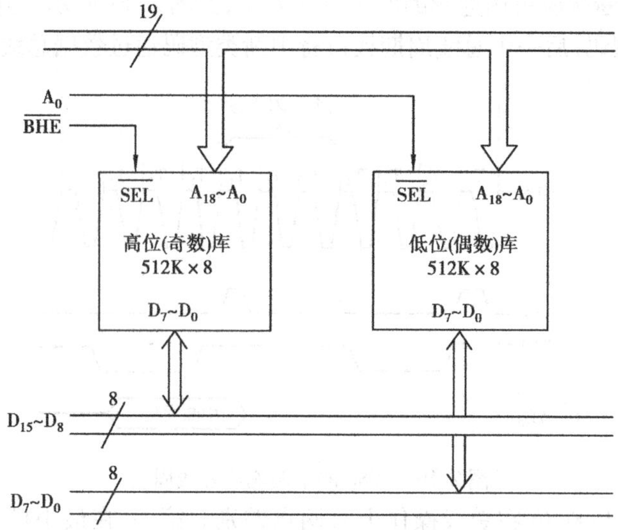

图 2.20　8086 系统中存储器与总线的连接

器都是 16 位的,显然用寄存器不能直接对 1 MB 字节的内存空间进行寻址,为此引入了分段、实际地址和逻辑地址的概念。

● 分段的实现:

8086/8088 中将 1 MB 内存分为若干个段(称为逻辑段),每个段最多包含 64 KB。段与段之间是相互独立的,可以分别寻址。规定每个段的首地址是一个可以被 16 整除的数(即段起始地址的低 4 位为 0)。因此,可以取 20 位地址码中的高 16 位来表示段地址。前已指出,8086/8088 CPU 设置了 4 个段寄存器(CS、DS、SS、ES)。在给定的程序可以访问 4 个段中的任意一个单元。段的位置不受任何限制,段与段之间可以是连续的,可以是间断的,也可以是部分重叠的,甚至可以是完全重叠的。一个具体的存储单元可以只属于一个逻辑段,也可以同时属于几个逻辑段。只要给出它的段基址和段内的偏移地址就可以对它进行访问。图 2.21 是这种分段的一个例子。

● 实际地址和逻辑地址:

实际地址(也称物理地址)是指 CPU 和存储器进行数据交换时所用的地址,对 8086/8088 来说,是用 20 位二进制或 5 位十六进制表示的地址码,是唯一能代表存储空间每个单元的地址。

逻辑地址是指产生实际地址所用到的两个地址分量:段地址和偏移量,它们都是用无符号的 16 位二进制或 4 位十六进制表示的地址码。段地址就是段寄存器的内容,即段起始地址的高 16 位;偏移量是段内某单元相对于段起始地址的距离。

● 实际地址的形成:

当 CPU 访问任何一个存储单元时,可由下式计算该单元的实际地址:

$$实际地址 = 段地址 \times 10H + 偏移量$$

这个地址的计算工作由 CPU 内部总线接口部件中的 20 位地址加法器来完成。如图 2.2 所示。例如,某存储单元的段寄存器内容为 2400H,段内偏移量为 0053H,则其实际地址为:

$2400H \times 10H + 0053H = 24053H$

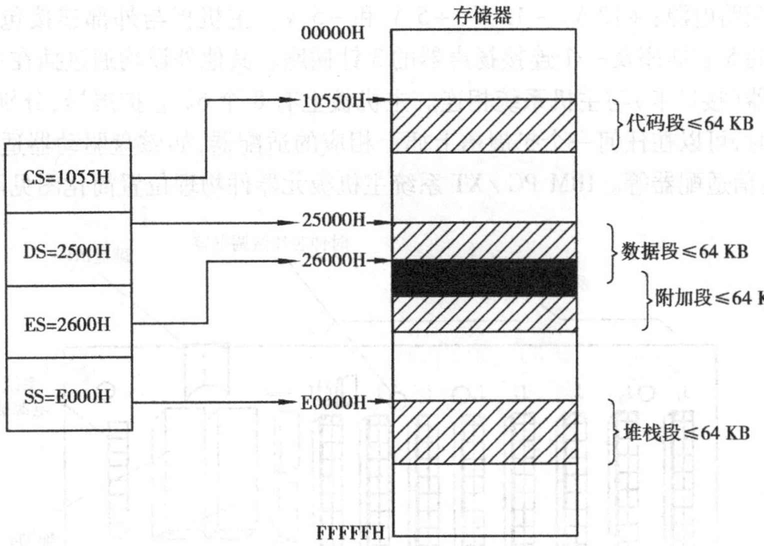

图 2.21　8086/8088 的存储器分段示例

2.4.2　8086/8088 的 I/O 组织

CPU 与外部设备之间是通过 I/O 接口电路或接口芯片进行联络从而传递信息的。每个接口芯片上都有一个或几个用于寄存信息的寄存器，称为端口，这些寄存器和存储单元一样都有唯一确定的地址，称为端口地址。

对 I/O 端口有两种编址方式：

- 统一编址：指将 I/O 端口地址置于存储器空间中，和存储单元统一编址。其特点是可使用的指令多、寻址方式灵活，凡适用于存储单元的寻址方式都适用于 I/O 端口；但要占用存储空间，凡已编为 I/O 端口的地址，存储单元就不能再使用。
- 覆盖编址：也称单独编址或独立编址。指将 I/O 端口单独编为一个地址空间，指令系统中设置专门的输入/输出指令。其特点是不占用存储空间，但寻址方式不如统一编址灵活。

Intel 8086/8088 的 I/O 端口就是采用覆盖编址方式，它使用 20 位地址中的低 16 位地址 $A_{15} \sim A_0$ 对 I/O 端口进行寻址，因此，最多可访问 64 K 个 8 位 I/O 端口或 32 K 个 16 位 I/O 端口，任何两个相邻的 8 位端口可以组成 1 个 16 位的端口。

I/O 端口的寻址方式也有两种：即直接寻址和 DX 间接寻址方式，详见指令系统部分。

2.5　IBM PC/XT 主机系统结构和工作原理

IBM PC /XT 是 16 位机时代最流行的微机系统，它以 Intel 8088 CPU 为核心。如前所述，8088 是 8086 微处理器的 8 位外部数据总线的变形，它不仅与 8086 兼容，而且与 80286、80386、80486 及 Pentium 都有较好的向上兼容性。

IBM PC/XT 微机系统的硬件是一块约 8.5 英寸 ×12 英寸的四层印刷电路板（主机板）、接口卡及其连接的外部设备。

主板上有四路电源：+12 V、-12 V、+5 V和-5 V。主机板与外部连接包括电源插头、一个连接键盘的5芯插座及一个连接扬声器的3针插座。其他外设均通过插在主机板扩展槽上的I/O适配器(接口卡)与主机系统相连。主机板上有8个62芯扩展槽，分别为$J_1 \sim J_8$，当系统需要扩展时，可以在任何一个扩展槽上插上相应的适配器，如磁盘驱动器适配器、打印机适配器、串行通信适配器等。IBM PC /XT系统主机板元器件物理位置简化图见图2.22。

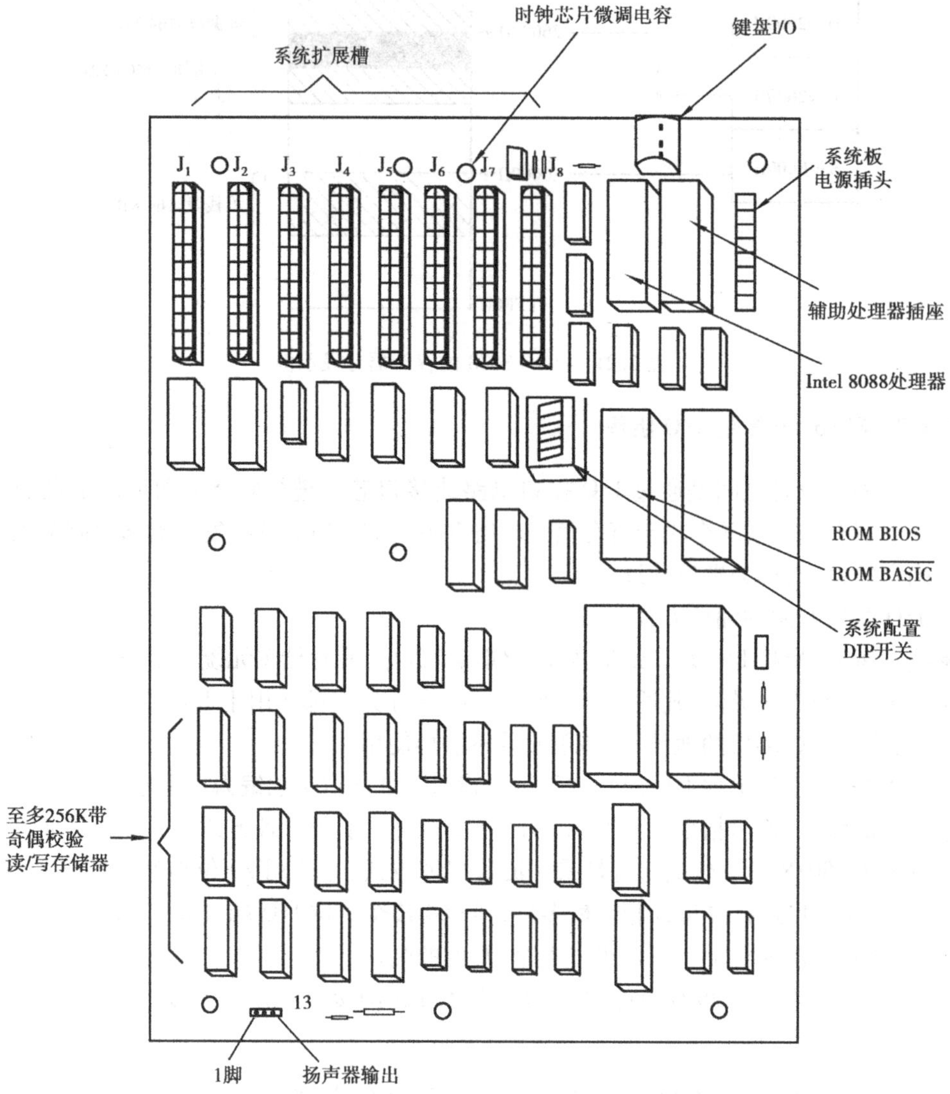

图2.22　IBM PC /XT系统主机板元器件物理位置简化图

IBM PC /XT系统主机板上的电路可划分为四大功能子系统：CPU子系统、I/O接口子系统、存储器子系统和PC总线子系统，主板的电路原理框图如图2.23所示。

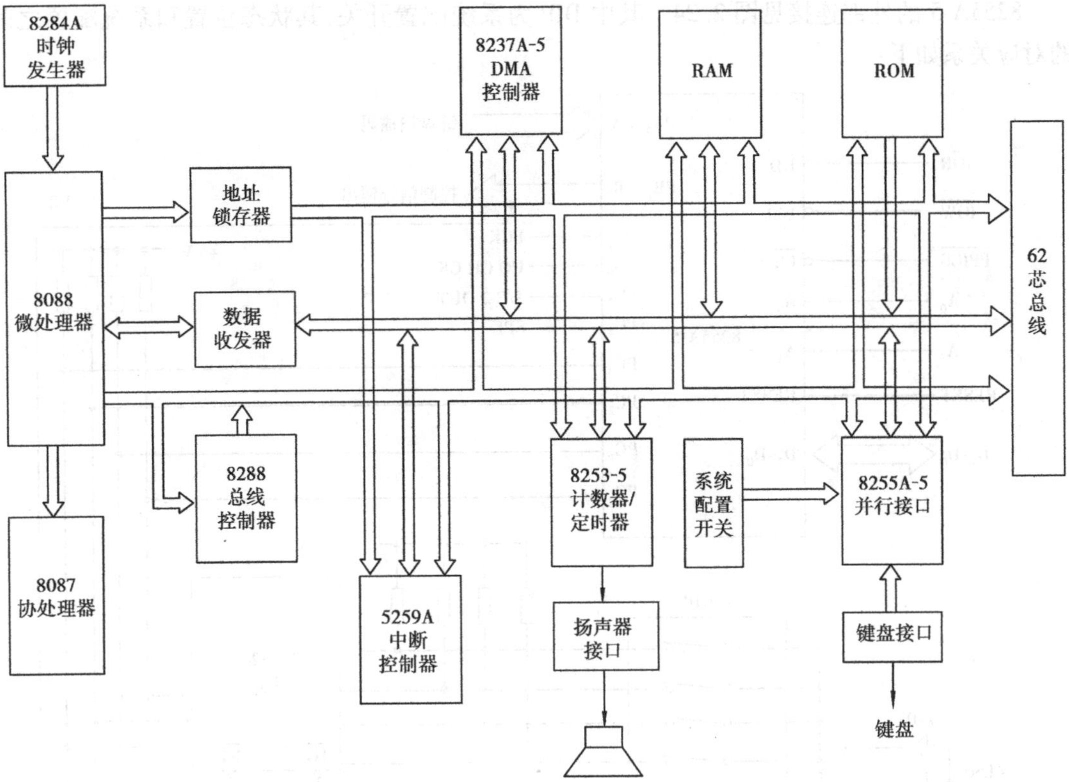

图 2.23　IBM PC/XT 系统主机板电路原理框图

2.5.1　CPU 子系统

CPU 子系统是整个机器系统的控制核心，负责管理全部的软、硬件资源，按规定时序完成要求的任务。它以 8088 微处理器为核心，配接必要的外围器件，它们包括时钟发生器 8284A、地址锁存器 74LS244、数据总线收/发器 74LS245、总线控制器 8288，需要时还可插入协处理器 8087。

其中，地址锁存器使用两片 74LS373 和一片 74LS244 对 20 位地址进行锁存，数据总线收/发器使用 74LS245 对数据读/写进行控制，并起到提高负载能力的作用。8088 工作在最大模式，用 Intel 8288 总线控制器对 CPU 执行指令时提供的状态信号建立相应的控制时序，产生控制命令的输出。

2.5.2　I/O 接口子系统

I/O 接口子系统是 CPU 子系统与相应外设的界面，负责管理键盘、扬声器、可屏蔽中断源等设备与 CPU 之间的协调工作。它包括以下接口芯片和接口电路。

(1)接口芯片

- 可编程并行接口芯片 8255A-5：是一个具有 3 个 8 位并行端口的芯片，3 个端口的作用分配为：端口 A(PORT A)用作读取键盘的扫描码；端口 B(PORT B)用作输出系统内部的一些控制信号；端口 C(PORT C)用作读取系统配置开关的状态。

8255A-5 的外部连接见图 2.24。其中 DIP 为系统配置开关,其状态位置和系统配置之间的对应关系如下:

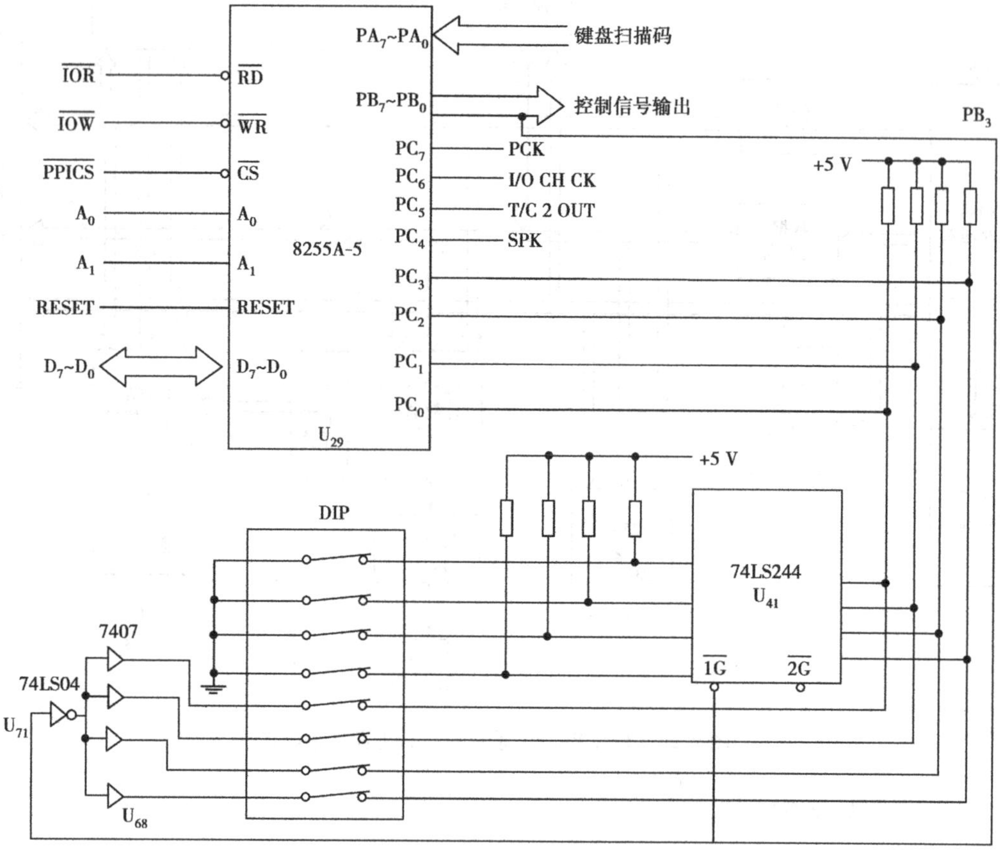

图 2.24　8255A-5 的外部连接

开关 1:OFF——普通工作方式,ON——循环自检方式。

开关 2:OFF——系统中有 8087,ON——系统中无 8087。

开关 4	开关 3	系统板上的 RAM 容量
ON	ON	64K
ON	OFF	128K
OFF	ON	192K
OFF	OFF	256K

开关 6	开关 5	显示器适配板的类型
ON	ON	未插显示器适配板
ON	OFF	40×25 型的彩色图形适配板
OFF	ON	80×25 型的彩色图形适配板
OFF	OFF	单色显示器适配板

开关 8	开关 7	系统配备软盘驱动器个数
ON	ON	1 个软盘驱动器
ON	OFF	2 个软盘驱动器

OFF　　ON　　　3 个软盘驱动器
OFF　　OFF　　　4 个软盘驱动器
以后的高档微机系统已经取消了 DIP 开关。

• 中断控制器 8259A：可管理 8 个中断源。在 IBM PC /XT 系统中，8259A 用于管理可屏蔽中断。8 个中断请求的使用情况如表 2.10。

表 2.10　IBM PC/XT 系统中，8259A 各中断请求输入端的使用情况

中断请求端	中断类型码	中 断 源	中断请求端	中断类型码	中 断 源
IRQ_0	08H	系统时钟计时请求	IRQ_4	0CH	串行异步通信
IRQ_1	09H	键盘中断请求	IRQ_5	0DH	硬盘中断请求
IRQ_2	0AH	为用户保留	IRQ_6	0EH	软盘中断请求
IRQ_3	0BH	网络通信	IRQ_7	0FH	并行打印机中断请求

• 定时器/计数器 8253-5：是一个含有 3 个 16 位定时器/计数器的集成芯片。这 3 个通道的作用分别为：

通道 0（CH_0）：作定时用，为系统实时时钟提供恒定的时间基准；

通道 1（CH_1）：为 DMA 的 CH_0 产生 DRAM 刷新的定时信号；

通道 2（CH_2）：用作产生扬声器的基音调。

图 2.25 表示出了 8253-5 在 IBM PC /XT 系统中的连接和使用情况。

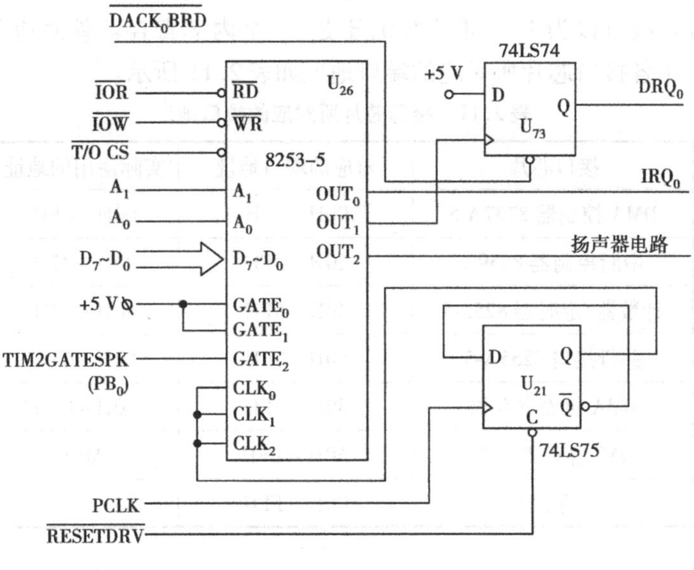

图 2.25　8253-5 在 IBM PC /XT 系统中的连接和使用

• DMA 控制器 8237A-5：是一片可以管理 4 个 DMA 通道，实现 CPU 不干预的 I/O 设备和内存之间进行直接高速数据传送的大规模集成电路芯片。4 个通道的作用分配如下：

通道 0（CH_0）：用作 DRAM 刷新；

通道 1（CH_1）：为用户保留；

通道 2（CH_2）：给软盘驱动器使用，控制软盘与内存之间的数据传输；

通道 3(CH_3):给硬盘驱动器使用,控制硬盘与内存之间的数据传输。

以上接口芯片的片选信号是由一个以 74LS138 为核心的译码电路产生的,如图 2.26 所示。

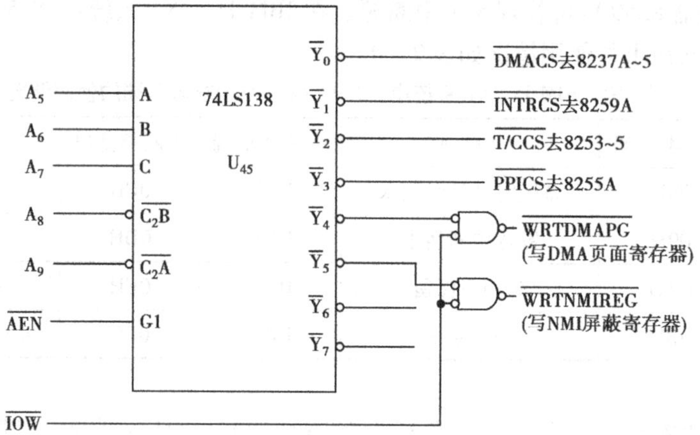

图 2.26　接口芯片的译码电路

由图可见,当 CPU 控制总线时,$\overline{AEN'}$,若此时 $A_9 = A_8 = 0$,则 74LS138 处于允许状态,它根据地址信号 A_7、A_6、A_5进行译码,在$\overline{Y_7} \sim \overline{Y_0}$的某一端输出一个低电平信号,从而选中某一个接口芯片。地址低 5 位 $A_4 \sim A_0$作为对接口电路内部寄存器的选择信号。一般情况下,对接口电路内部寄存器的选择不需要用 5 位地址,这时在硬件连接上将较高位地址线悬空,而只用较低位,由于悬空的地址线可以为 1 也可以为 0,于是,一个内部寄存器就对应了多个端口地址。IBM PC /XT 系统中各接口芯片所对应的端口地址如表 2.11 所示。

表 2.11　接口芯片所对应的端口地址

接口芯片	对应的端口地址	实际使用的地址
DMA 控制器 8237A-5	00H ~ 1FH	00H ~ 0FH
中断控制器 8259A	20H ~ 3FH	20H ~ 21H
计数器/定时器 8253-5	40H ~ 5FH	40H ~ 43H
并行接口 8255A-5	60H ~ 7FH	60H ~ 63H
DMA 页面寄存器	80H ~ 9FH	80H ~ 83H
NMI 屏蔽寄存器	A0H ~ BFH	A0H
保留	C0H ~ FFH	

(2)**接口电路**

IBM PC /XT 系统中只有键盘和扬声器的接口在主板上,其余外设均通过插在扩展槽中的适配卡(适配器)与主机连接。

• 键盘接口电路:它通过主板后方的 5 芯 DIN 插座与键盘相连。该接口每当接收到一个完整的键盘扫描码时,就通过中断控制器 8259A 的中断请求端口向 CPU 发一次中断请求,以使 CPU 执行相应功能。

• 扬声器接口：在主板上有一个 4 芯的连接器（CN8），其中的两条线是扬声器的连接线，另外两条与电源指示灯相连。

2.5.3　存储器子系统

Intel 8086/8088 有 20 位地址线，因此直接寻址空间为 1 MB。

在以 8088 为 CPU 的 IBM PC/XT 系统中，存储空间分为 3 个区域：RAM 区、ROM 区和保留区，如图 2.27 所示。

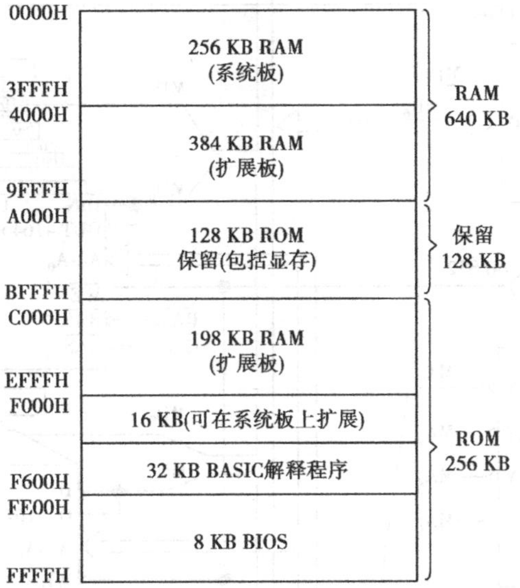

图 2.27　IBM PC/XT 系统的内存分配

（1）RAM 存储区

IBM PC/XT 系统中，RAM 最大容量为 640 KB。系统板上安装的 RAM 只有 256 KB，分为 4 个体，每个体由 9 片 64K × 1 的动态 RAM4164 构成，其中 8 片用于组成每个单元的 8 位数据，第 9 片是奇偶校验位。系统板上也可以安装 64 KB、128 KB 或 192 KB 的动态 RAM，这些变动都可以按手册规定通过对 DIP 开关（SW_4、SW_3）的设置和系统板上的跨接线的设置来实现。4164 存储器将在存储器一章介绍。IBM PC/XT 系统板上的 RAM 结构如图 2.28 所示。

图 2.28 中，74LS245 为数据总线收/发器，74LS158 为 4 路 2 选 1 数据选择器，74S280 为奇偶位发生/校验器，D 触发器 74LS74 作为奇偶校验触发器。$\overline{RAMADDRSEL}$是 RAM 数据选通信号，$\overline{XMEMR}$和$\overline{XMEMW}$分别为存储器读信号和存储器写信号，$\overline{ENBRAMPCK}$是 RAM 校验允许信号，ADDRSEL 是地址选通信号。$\overline{RAS_0}$ ~ $\overline{RAS_3}$、$\overline{CAS_0}$ ~ $\overline{RAS_3}$分别为 4164 的行地址选通和列地址选通信号，它们由专门的电路产生。

（2）ROM 存储区

前已述及，8086/8088 加电后从 FFFF0H 开始执行程序，在 IBM PC/XT 系统中，FE000H ~ FFFFFH 范围存放基本 I/O 驱动程序 ROM BIOS，从 F6000H ~ FDFFFH 范围存放固化的 BASIC 解释程序，这两者构成 40 KB 的基本 ROM。该空间由两块 ROM 芯片组成，一块为 8 KB，内装 BASIC 解释程序的前 8K 字节，另一块为 32 KB，内装 BASIC 解释程序的后 24K 字节和 8K 字节的 BIOS。图 2.29 是 IBM PC/XT 系统板上 ROM 的连接图。

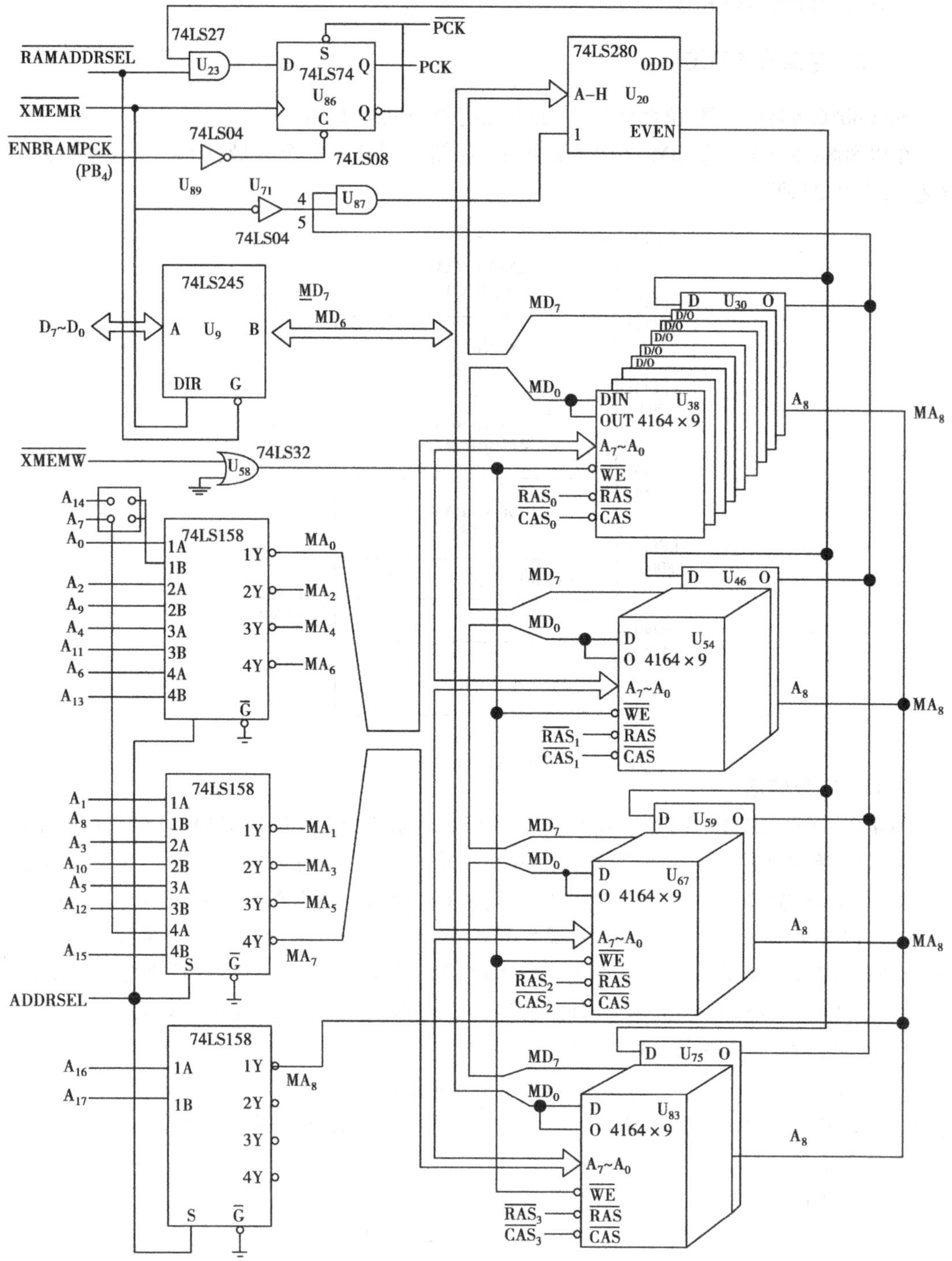

图 2.28　IBM PC/XT 系统板上的 RAM 结构

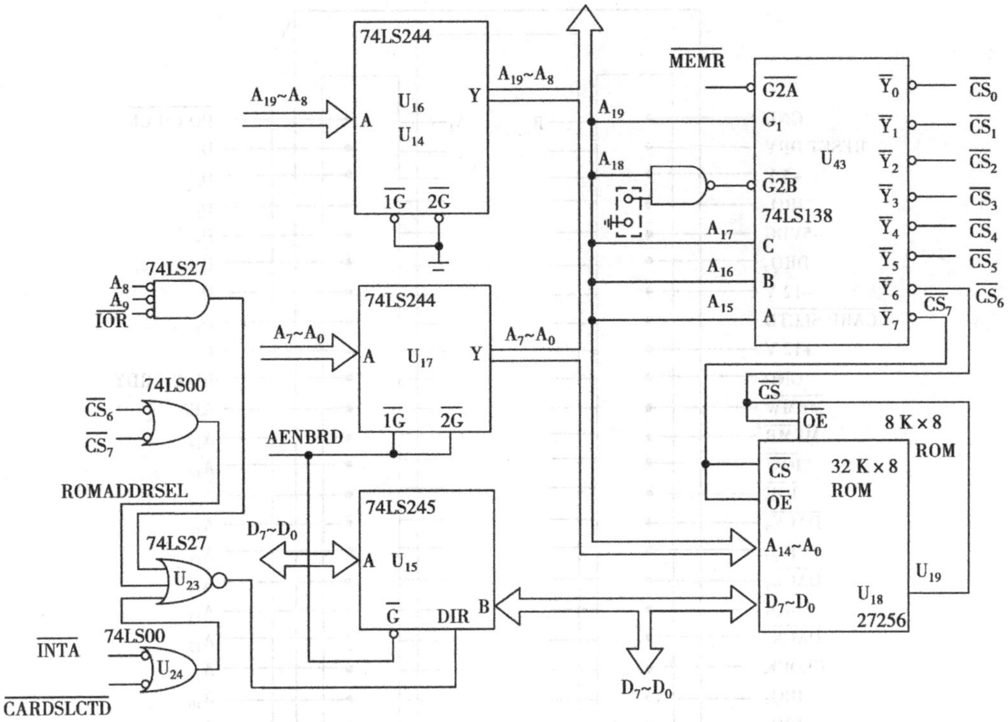

图 2.29　IBM PC/XT 系统板上 ROM 的连接

各片选信号对应的地址范围见表 2.12。

表 2.12　各片选信号对应的地址范围

片选信号	地址范围	片选信号	地址范围
$\overline{CS_0}$	C0000H ~ C7FFFH	$\overline{CS_4}$	E0000H ~ E7FFFH
$\overline{CS_1}$	C8000H ~ CFFFFH	$\overline{CS_5}$	E8000H ~ EFFFFH
$\overline{CS_2}$	D0000H ~ D7FFFH	$\overline{CS_6}$	F0000H ~ F7FFFH
$\overline{CS_3}$	D8000H ~ DFFFFH	$\overline{CS_7}$	F8000H ~ FFFFFH

2.5.4　IBM PC/XT 总线

在 IBM PC/XT 系统板上有 5 ~ 8 个 62 引脚的扩展槽，也称 ISA 扩展槽，连接扩展槽的 62 根线组成 IBM PC/XT 系统总线，也称 ISA 总线。如图 2.30 所示。

其引脚信号分为以下 5 类：

(1)数据线(8 根)

D_7 ~ D_0，双向。它们为 CPU、存储器和 I/O 设备提供数据信息传输通道。每次传输一个字节。

(2)地址线(20 根)

A_{19} ~ A_0，由 CPU 或 DMA 控制器产生。若传输 I/O 地址，则 A_{19} ~ A_{16} 无效。

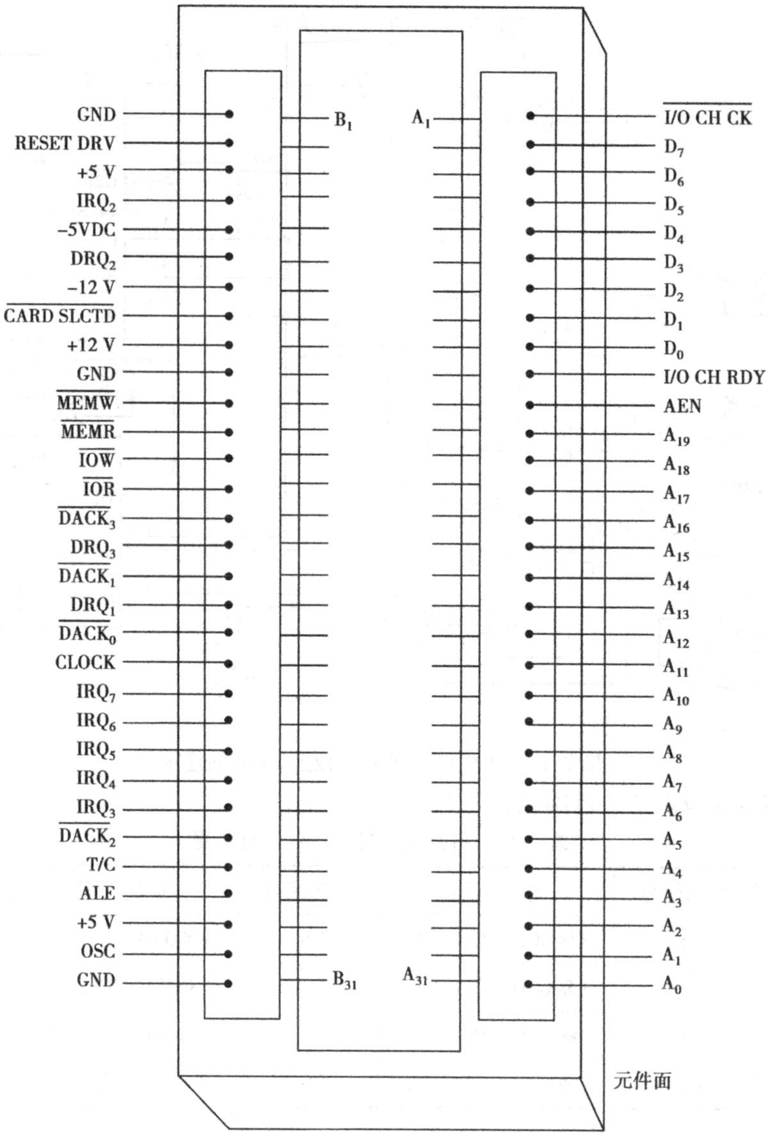

图 2.30　IBM PC/XT 系统总线(ISA 扩展槽)

(3)**控制线(21 根)**

• ALE:地址锁存允许信号,由总线控制器 8288 产生。在其下降沿处对地址进行锁存。

• $IRQ_7 \sim IRQ_2$:中断请求输入信号,由 I/O 设备产生,送入中断控制器 8259A 的中断请求输入端 $IR_7 \sim IR_2$,而 IR_1 和 IR_0 被系统占用(未引到总线上)。

• $\overline{MEMR}$:存储器读信号,由总线控制器 8288 或 DMA 控制器产生。有效时,将所选中的存储单元的数据读到数据总线上。

• $\overline{MEMW}$:存储器写信号,由总线控制器 8288 或 DMA 控制器产生。有效时,将数据总线上的数据写到所选中的存储单元。

• $\overline{IOR}$:I/O 读信号,由总线控制器 8288 或 DMA 控制器产生。有效时,将所选中的 I/O 端口的数据读到数据总线上。

• $\overline{IOW}$:I/O 写信号,由总线控制器 8288 或 DMA 控制器产生。有效时,将数据总线上的数据写到所选中的 I/O 端口。

• $DRQ_3 \sim DRQ_1$:DMA 控制器 8237A-5 的通道 3 ~ 通道 1 的 DMA 请求输入信号。由外设接口发出,送 8237A-5 的通道 3 ~ 通道 1。DRQ_0为系统占用。

• $\overline{DACK_3} \sim \overline{DACK_0}$:DMA 控制器 8237A-5 的通道 3 ~ 通道 0 的 DMA 响应输出信号。由 8237A-5 的通道 3 ~ 通道 0 发出,送外设接口。

• AEN:地址允许信号,由 8237A-5 产生。该信号用来切断 CPU 对总线的控制,总线交由 8237A-5 管理,从而允许 DMA 传送。

• T/C:计数结束信号,由 8237A-5 产生。当 8237A-5 任一通道计数结束时,此引脚输出正脉冲。

• RESET DRV:系统总清信号。该信号使系统各部件复位。

(4)**状态线**(2 根)

• $\overline{I/OCHCK}$:I/O 通道奇/偶校验信号。此信号用来向 CPU 提供 I/O 通道上的设备或存储器的奇/偶校验信息。

• $\overline{I/OCHRDY}$:I/O 通道准备好信号。慢速设备可以通过将该信号设置为低电平在 CPU 读/写操作或 DMA 操作的总线周期中插入等待状态,从而延长总线周期,保证数据传输正确。

(5)**辅助线**(3 根)

• OSC:晶体振荡信号。频率为 14.318 18 MHz,占空比为 50%。

• CLK:系统时钟信号,由晶体振荡电路产生的 OSC 信号经三分频得到的系统主频,频率为 4.77 MHz,占空比为 33%。

• $\overline{CARDSCTD}$:插件板选中信号,与主板上 8 个扩展插槽 $J_1 \sim J_8$连在一起,但只用于 J_8。有效时,表示 J_8中的扩展板被选中。

(6)**电源线**(8 根)

• +5 V:使用 2 个插脚。

• −5 V:使用 1 个插脚。

• +12 V:使用 1 个插脚。

• −12 V:使用 1 个插脚。

• GND:地线,使用 3 个插脚。

习题与思考题

1. Intel 8086/8088 CPU 有哪些主要特性?
2. 微机系统中,I/O 端口的编址方式有哪两种? 在 8086/8088 系统中采用什么方式对 I/O 端口进行编址?
3. Intel 8086/8088 CPU 在编程结构上分为哪两个功能单元? 它们的主要任务分别是什么?
4. Intel 8086/8088 CPU 有哪两种工作模式? 工作在不同模式时,在引脚上有哪些区别?
5. 什么是时钟周期(状态周期)、总线周期(机器周期)和指令周期? Intel 8086/8088 的一个基本的总线周期包含几个状态周期？以存储器读操作为例，说明在每一个状态周期分别完成什么操作？

6. 试述 8086 和 8088 的主要区别。
7. Intel 8086/8088 CPU 的地址线有多少位？据此它们的直接访存空间有多大？
8. 在什么情况下 8086/8088 的总线周期中需要插入等待状态 T_W？在哪插入？怎样插入？
9. 8086/8088 的启动地址为多少？CPU 启动时有哪些特征？
10. Intel 8086/8088 CPU 是怎样解决地址线和数据线的分时复用问题的？
11. 8086/8088 系统中在对存储器和 I/O 设备进行读/写操作时，要用到 $\overline{IOR}$、$\overline{IOW}$、$\overline{MEMR}$ 和 $\overline{MEMW}$ 信号，在最大模式下是怎样得到这几个信号的？在最小模式下能否得到这几个信号？怎样得到（画图说明）？
12. 在 8086/8088 系统中怎样用 16 位寄存器实现对 20 位物理地址存储单元的寻址？
13. 什么是实际地址？什么是逻辑地址？有一个由 20 个字组成的数据区，其起始地址为 610AH:1CE7H，试写出该数据区首末单元的实际地址 PA。
14. 指出 8086/8088 系统中 8284A、8282/8283、8286/8287、8288 几个芯片的作用。
15. 8086/8088 寻址 I/O 端口时，使用多少条地址总线？可寻址多少个字端口或多少个字节端口？在 IBM PC/XT 系统中实际使用多少条地址线对 I/O 端口进行寻址？
16. 在 8086/8088 中断响应过程中，CPU 向 8259A 发出的两个 $\overline{INTA}$ 信号分别起什么作用？
17. 怎样用 $\overline{BHE}$ 信号和 A_0 信号读/写存储器和 I/O 端口的奇/偶地址的数据？存储器偶地址体和奇地址体之间应该用什么信号区分？怎样区分？
18. IBM PC/XT 系统主机板上的电路分为哪几个功能子系统？它们的作用分别是什么？

第 3 章

8086/8088 的寻址方式和指令系统

3.1 8086/8088 的寻址方式

计算机通过执行指令序列来解决问题,每种计算机都有一组指令集提供用户使用,这组指令集就称为计算机的指令系统。一般微型计算机的指令系统包含几十条或者上百条指令。本章将介绍 8086/8088 的寻址方式及指令系统。

对于计算机,我们知道它只能识别二进制代码,所以机器指令是由二进制代码组成的。用机器指令编写程序,就是从所使用的 CPU 的指令系统中挑选合适的指令,组成一个指令序列。这种程序虽然可以被机器直接理解和执行,却由于它们不直观,难记、难认、难理解、不易查错,只能被少数专业人员掌握。为便于人们使用而采用汇编语言来编写程序,汇编语言是一种符号语言,它用助记符来表示操作码,用符号或符号地址来表示操作数或操作数地址,与机器指令是一一对应的。

计算机中指令由操作码字段和操作数字段两部分组成,因此指令的一般格式如下:

操作码	操作数

操作码字段——指示计算机要执行的操作;

操作数字段——指出在指令执行操作过程中所需要的操作数;可以是操作数本身;可以是操作数地址或是地址的一部分;可以是指向操作数地址的指针;或其他有关操作数的信息。操作数字段可以有一个、两个,当然还可以没有操作数。当指令中没有操作数时,称为无操作数指令,例如 NOP(空操作指令);当指令中只有一个操作数时,称为单操作数指令,例如 INC CX(加 1 指令);当指令中有两个操作数时,称为双操作数指令,此时分别称两个操作数为源操作数和目的操作数,例如 ADD AX,BX(加法指令,AX 为目的操作数,BX 为源操作数)。

8086/8088 的指令中,某些操作数是显示规定的,有些是指令中隐含的,虽然如此,操作数在计算机中的存放也就不外乎以下 4 种情况:

①操作数包含在指令中:即指令的操作数字段包含操作数本身。这种操作数为立即操作数(简称立即数),比如:MOV AL,08H;

②操作数包含在 CPU 的一个内部寄存器中:指令中的操作数字段是 CPU 内部寄存器的一个编码。比如:INC CX;

③操作数存放在 I/O 端口中:I/O 端口可以用立即操作数或在 DX 寄存器中的值寻址。用立即数寻址,只能用 8 位立即数,可寻址 I/O 地址空间的前 256 个端口;用 DX 寄存器间接寻址,可寻址全部 I/O 地址空间。比如:IN AL,21H;

④操作数在内存中:即操作数字段包含着此操作数的地址。比如:MOV AL,[21H]。

实际上在计算机中有两种情况涉及寻址方式:一种是用来对操作数进行寻址(可简称为与数据有关的寻址方式);另一种是对转移地址和调用地址进行寻址(可简称为与地址有关的寻址方式)。故所谓寻址方式就是指:寻找操作数或者操作地址的各种方法。下面首先要讨论的是针对操作数的寻址方式:

3.1.1 与数据有关的寻址方式

(1)立即数寻址

定义:操作数直接存放在指令中,作为指令的一部分存放在代码段里,这种操作数称为立即操作数,这种寻址方式就是立即数寻址方式。寻址方式如图 3.1 所示:

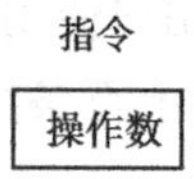

图 3.1 立即数寻址

说明:

①立即数可以是 8 位或 16 位的。如果是 16 位立即数,则高 8 位放在高地址,低 8 位放在低地址。

②使用场合:由于立即数用来表示常数,所以立即数寻址方式经常用于给寄存器赋初值。

③它只能用于源操作数字段,不能用于目的操作数字段。

④由于立即数可以从指令中直接取得,因此 CPU 不需要另外占用总线周期去取操作数,故立即数寻址方式显著的特点就是速度快。

例 3.1

(a)MOV AX,1234H

则指令执行后,(AX)=1234H,可用下图 3.2(a)表示指令的执行情况。图中指令存放在代码段中,OP 表示操作码部分,1234H 为操作数部分(立即数)。

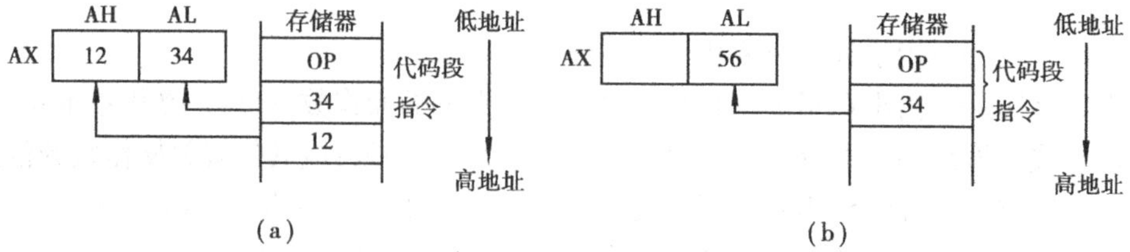

(a)MOV AX, 1234H (b)MOV AL, 56H

图 3.2 例 3.1 的执行情况

(b)MOV AL,56H

指令执行后,(AL)=56H,可用图 3.2(b)表示指令的执行情况。

(2)寄存器寻址

定义:操作数在指定的寄存器中,指令中指定寄存器号。寻址方式如图 3.3 所示:

说明:

①对于 16 位操作数,可以用字寄存器,比如:AX、BX、CX、DX、SI、DI、SP、BP 以及段寄存器;

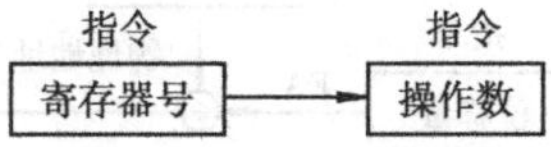

图 3.3　寄存器寻址

②对于 8 位操作数,可以用字节寄存器,比如:AH、BH、CH、DH、AL、BL、CL、DL;

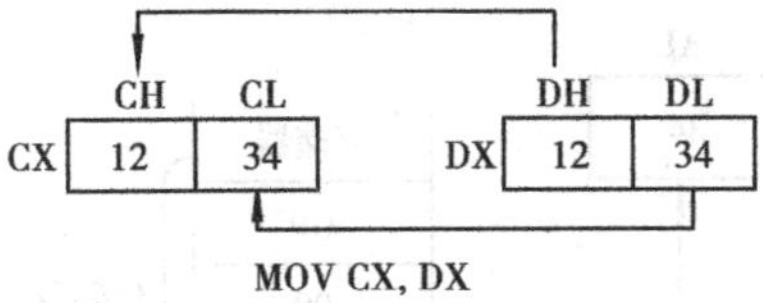

图 3.4　例 3.2 的执行情况

③这种寻址方式因为操作数在寄存器中,不需要访问存储器,所以运算速度较高。

例 3.2　MOV　CX,DX

假设指令执行前:(CX)=5678H、(DX)=1234H,则指令执行后:(CX)=1234H(DX)保持不变。指令的执行情况如图 3.4 所示:

* *

以下各种寻址方式,操作数都在内存中,因此下面首先讨论如何确定存储器操作数的地址。在指令中,表达任何一个内存单元的地址都是采用逻辑地址形式,即:

段基址:段内偏移量

其中段基址是指:某内存单元所在段的起始地址。对于内存操作数,一般都默认存放在数据段,所以段基址一般都默认由 DS 提供(当然要除去一些特殊情况,比如允许添加段跨越前缀等);段内偏移量是指:某内存单元在段内相对于段基址的偏移值,也称为有效地址 EA(Effective　Address),通常它可以由以下 3 个地址分量构成:

①位移量:它是指令中的一个 8 位或 16 位数,在源程序中,它可能以符号的形式出现,也可能直接以常数的形式出现;

②基地址:它由基址寄存器 BX 或基址指针 BP 提供;

③变地址:它由源变址寄存器 SI 或目的变址寄存器 DI 提供;

有效地址 EA 通常可能由以上 3 个地址分量构成,但并不代表它必须同时包含 3 个地址分量,即它可以只包含其中某 1 个地址分量,也可以包含其中某 2 个地址分量,也可以同时包含 3 个地址分量。用排列组合的方式,构成有效地址 EA 的组合有以下 7 种:

①、②、③、①+②、①+③、②+③、①+②+③

EA 构成的不同就造成内存操作数寻址方式的不同,既然 EA 有 7 种不同的构成方式,那么也就是说操作数在内存数据区中时,至少也应该有 7 种不同的寻址方式,而实际上只有以下 5 种:

直接寻址　　　　寄存器间接寻址　　　　寄存器相对寻址

基址变址寻址　　相对基址变址寻址

出现这种不一致的原因,就是构成 EA 的不同组合被归类为了同一种寻址方式(即 EA 由②或③构成时都统称为寄存器间接寻址;EA 由①+②或①+③构成时都统称为寄存器相对寻址),当然结果就少了两种寻址方式!

* *

(3)直接寻址

定义:在指令中直接给出位移量,它存放在代码段中指令操作码之后,它可能是一个数值地址,也可能是符号地址。寻址方式如图 3.5 所示:

说明:

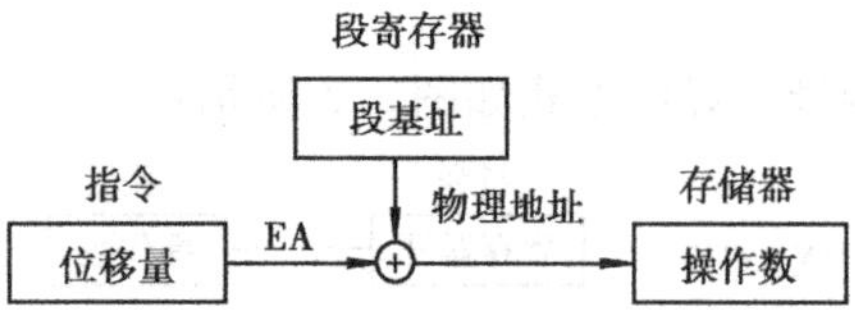

图 3.5　直接寻址

①当操作数在内存中,必须先求出操作数的物理地址,然后再根据物理地址访问存储器从而取得操作数。物理地址 PA 的计算方法如下:

PA = 16D ×(段寄存器)+ EA

②操作数一般存放在内存数据段中,因此计算物理地址就应该把 DS 的值作为段基址即:

物理地址 PA = 16 ×(DS)+ EA = 16 ×(DS)+ 位移量

例 3.3　MOV　AX,[1000H]

假设指令执行前(DS)= 2000H,那么 PA = 16 ×(DS)+ EA = 20000H + 1000H = 21000H,执行情况如图 3.6 所示,则指令执行后(AX)= 1234H。

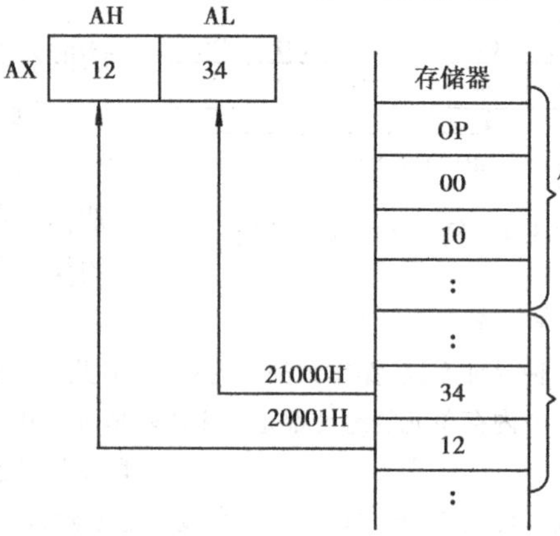

图 3.6　例 3.3 的执行情况

③汇编语言中可以用变量名(符号地址)代替数值地址,但要注意变量的属性,在计算其物理地址时也默认以 DS 来提供段基值。当用变量名时,有以下两种格式(注意其中的 VAR 是任意字节变量名):

如:MOV　　AH,VAR

或　MOV　AH,[VAR]

④IBM PC 机允许数据存放在数据段以外的其他段中(可以是 CS,SS,ES),但必须在指令中指定段跨越前缀。如在附加段中,则物理地址 PA = 16D ×(ES)+ EA,则指定的段跨越前缀是 ES;假设上述变量 VAR 在附加段中,则上述指令应当改为:

如:MOV　AH,ES:VAR

或　MOV　AH,ES:[VAR]

(4)**寄存器间接寻址**

定义:操作数的有效地址 EA 在基址寄存器(BX/BP)或变址寄存器(SI/DI)中,而操作数在内存中。寻址方式如图 3.7 所示:

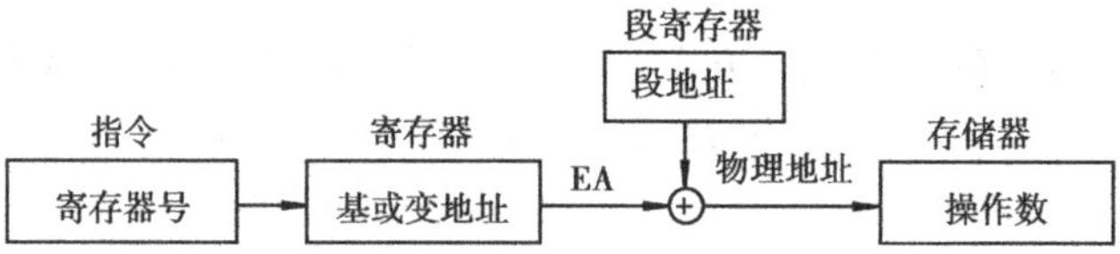

图 3.7　寄存器间接寻址

说明:

①若选择 BX 或 SI 或 DI 寄存器提供的间址,则操作数一般在数据段区域中,用 DS 提供段基址,即操作数物理地址为:

物理地址 PA = 16 ×(DS)+ EA
= 16 ×(DS)+(BX)或(SI)或(DI)

例 3.4　MOV　AX,[DI]

假设指令执行前:(DS)= 3000H、(DI)= 2000H,则物理地址 PA = 16 ×(DS)+(DI)=

30000H + 2000H = 32000H，指令执行情况如图 3.8 所示，指令执行后：(AX) = 5678H

②若选择 BP 寄存器提供的间址，则操作数在堆栈段区域中，用 SS 提供段基址，即操作数物理地址为：

物理地址 PA = 16 × (SS) + EA

= 16 × (SS) + (BP)

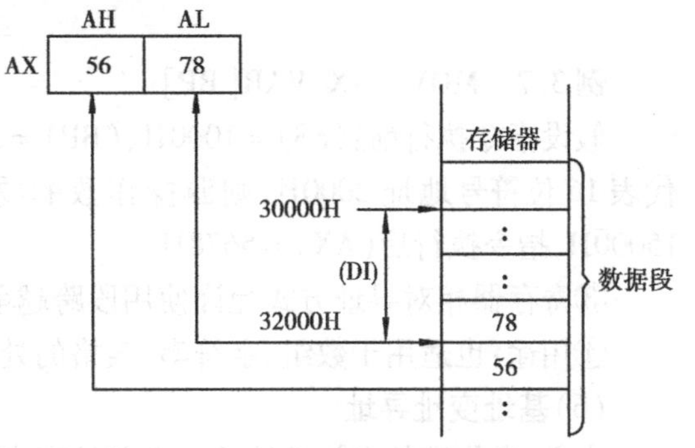

图 3.8　例 3.4 的执行情况

例 3.5　MOV　[BP],AX

假设指令执行前：(SS) = 1000H、(BP) = 3000H、(AX) = 1234H，(13000H) = 5678H，则目的操作数的物理地址 PA = 16D × (SS) + (BP) = 10000H + 3000H = 13000H，指令执行后(13000H) = 1234H。

③用 SI、DI、BX、BP 作为间接寻址时允许使用段跨越前缀，从而实现对其他段中数据的存取。

如：MOV　AX,ES:[SI]

④用途：这种寻址方法适用于数组、字符串、表格的处理。

(5)**寄存器相对寻址**

定义：操作数的有效地址是一个基址或变址寄存器的内容和指令中指定的 8 位或 16 位位移量之和。寻址方式如图 3.9 所示：

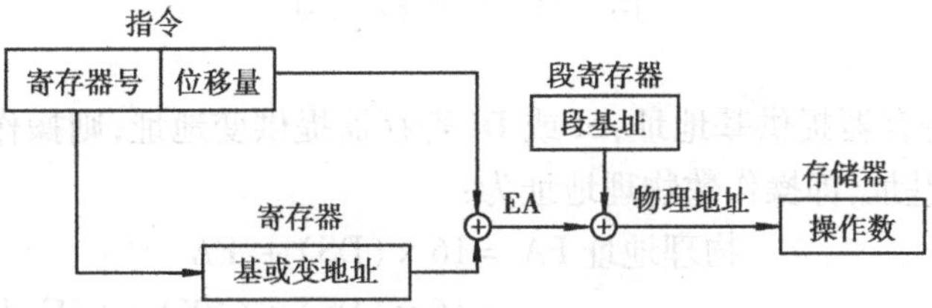

图 3.9　寄存器相对寻址方式

说明：

①若选择 BX 或 SI 或 DI 寄存器提供的基地址或变地址，则操作数一般在数据段区域中，用 DS 提供段基址，即操作数物理地址为：

物理地址 PA = 16 × (DS) + EA

= 16 × (DS) + 位移量 + (BX)或(SI)或(DI)

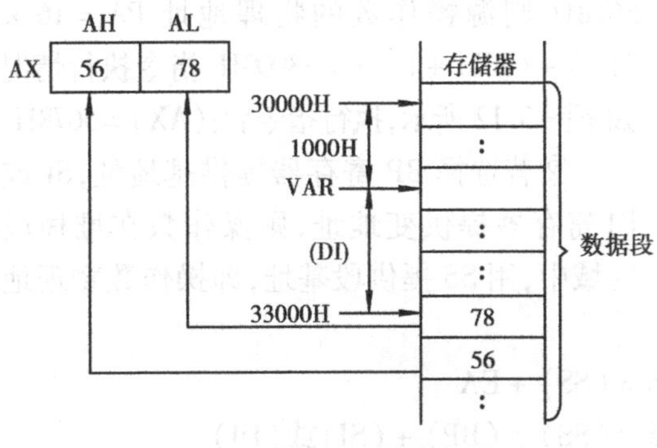

图 3.10　例 3.6 的执行情况

例 3.6　MOV　AX,VAR[DI](或写成 MOV　AX,[VAR + DI])

假设指令执行前：(DS) = 3000H、(DI) = 2000H，VAR 代表 16 位符号地址 1000H，则物理地址 PA = 16 × (DS) + 位移量 + (DI) = 30000H + 2000H + 1000H = 33000H，指令执行情况如图 3.10 所示，指令执行后：(AX) = 5678H。

②若选择 BP 寄存器提供的基地址，则操作数在堆栈段区域中，用 SS 提供段基址，即操作数物理地址为：

$$\begin{aligned}物理地址\ PA &= 16D \times (SS) + EA \\ &= 16D \times (SS) + 位移量 + (BP)\end{aligned}$$

例 3.7　MOV　AX,VAR[BP]

假设指令执行前：(SS) = 1000H、(BP) = 3000H、(AX) = 1234H、(15000H) = 5678H，VAR 代表 16 位符号地址 2000H，则源操作数的物理地址 PA = 16D × (SS) + 位移量 + (BP) = 15000H，指令执行后(AX) = 5678H。

③寄存器相对寻址方式允许使用段跨越前缀。如：MOV　AX,ES:VAR[DI]

④用途：也适用于数组、字符串、表格的处理。

(6)基址变址寻址

定义：操作数的有效地址是一个基址寄存器和一个变址寄存器的内容之和，基址寄存器名和变址寄存器名均由指令指定。寻址方式如图 3.11 所示：

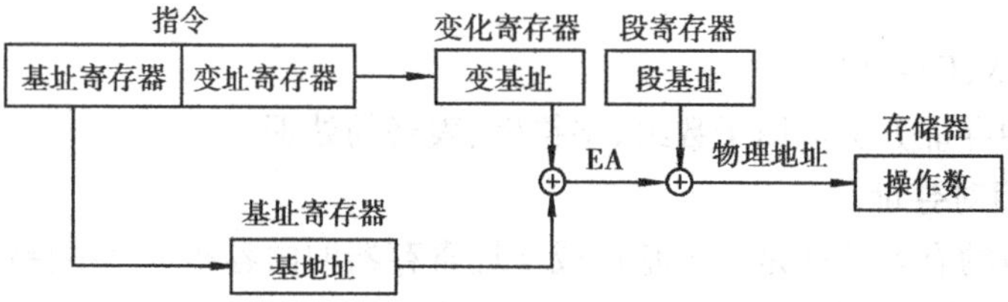

图 3.11　基址变址寻址

说明：

①若选择 BX 寄存器提供基地址，SI 或 DI 寄存器提供变地址，则操作数一般在数据段区域中，用 DS 提供段基址，即操作数物理地址为：

$$\begin{aligned}物理地址\ PA &= 16 \times (DS) + EA \\ &= 16 \times (DS) + (BX) + (SI)或(DI)\end{aligned}$$

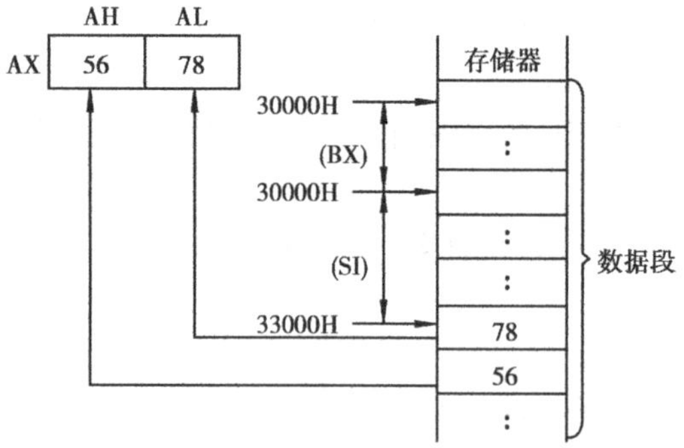

图 3.12　例 3.8 的执行情况

例 3.8　MOV　AX,[BX][SI](或写成 MOV　AX,[BX + SI])

假设执行指令前：(DS) = 3000H、(BX) = 1000H、(SI) = 2000H、(33000H) = 5678H，则源操作数的物理地址 PA = 16 × (DS) + (BX) + (SI) = 33000H，指令执行情况如下图 3.12 所示，执行指令后：(AX) = 5678H。

②若选择 BP 寄存器提供基地址，SI 或 DI 寄存器提供变地址，则操作数在堆栈段区域中，用 SS 提供段基址，即操作数物理地址为：

$$\begin{aligned}物理地址\ PA &= 16 \times (SS) + EA \\ &= 16 \times (SS) + (BP) + (SI)或(DI)\end{aligned}$$

例 3.9　MOV　AX,[BP][SI]

假设指令执行前：(SS)＝1000H、(BP)＝3000H、(15000H)＝5678H，(SI)＝2000H，则源操作数的物理地址 PA＝16×(SS)＋(BP)＋(SI)＝15000H，指令执行后(AX)＝5678H。

③必须是一个基址寄存器和一个变址寄存器的组合。

④寄存器相对寻址方式允许使用段跨越前缀，适用于数组、字符串、表格的处理。

(7)相对基址变址寻址

定义：操作数的有效地址是一个基址寄存器和一个变址寄存器的内容和 8 位或 16 位位移量之和。寻址方式如图 3.13 所示：

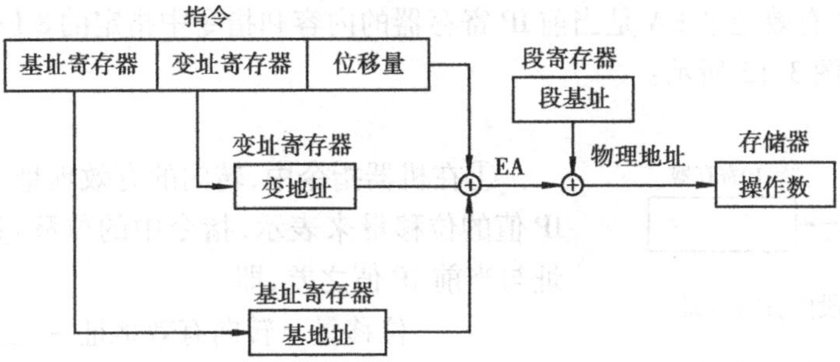

图 3.13　相对基址变址寻址

说明：

①若选择 BX 寄存器提供基地址，SI 或 DI 寄存器提供变地址，则操作数一般在数据段区域中，用 DS 提供段基址，即操作数物理地址为：

物理地址 PA ＝16×(DS)＋ EA

＝16×(DS)＋位移量＋(BX)＋(SI)或(DI)

例 3.10　MOV　AX,VAR[BX＋DI]

(或写成 MOV　AX,VAR[BX][DI]或写成 MOV　AX,[VAR＋BX＋DI])

假设指令执行指令前：(DS)＝3000H、(BX)＝1000H、(DI)＝2000H、VAR 代表 16 位符号地址 1000H、(34000H)＝5678H，则源操作数物理地址 PA＝16×(DS)＋位移量＋(BX)＋(DI)＝34000H，指令执行情况如图 3.14 所示，执行指令后：(AX)＝5678H。

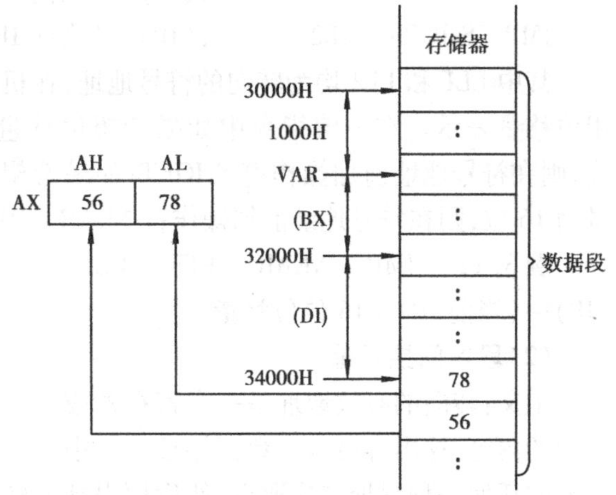

图 3.14　例 3.10 的执行情况

②若选择 BP 寄存器提供基地址，SI 或 DI 寄存器提供变地址，则操作数在堆栈段区域中，用 SS 提供段基址，即操作数物理地址为：

物理地址 PA ＝16×(SS)＋EA

＝16×(SS)＋(BP)＋(SI)或(DI)

③这种寻址方式为处理堆栈中的数组提供方便：用 BP 可指向栈顶，位移量表示数组第一个元素到栈顶的距离，变址寄存器指向数组元素。

3.1.2 与转移地址有关的寻址方式

这类寻址方式用于确定条件转移指令、无条件转移指令及 CALL 指令的转向地址。它可以分为段内转移和段间转移。对于段内转移只需修改指令指针(IP),它可进一步细分为段内直接寻址、段内间接寻址;而对于段间转移则需同时修改代码段寄存器(CS)和指令指针(IP),它可进一步细分段间直接寻址、段间间接寻址。

(1)段内直接寻址

定义:转向的有效地址 EA 是当前 IP 寄存器的内容和指令中指定的 8 位或 16 位位移量之和。寻址方式如图 3.15 所示:

说明:

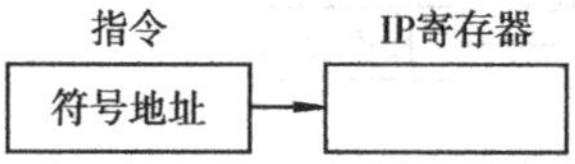

图 3.15 段内直接寻址

①在机器指令中,转向的有效地址 EA 用相对于当前 IP 值的位移量来表示,指令中的位移量是转向的有效地址与当前 IP 值之差,即

位移量 = 转向有效地址 - (当前 IP)

②对于 16 位的位移量,它可正可负,取值范围是 -32 768 ~ +32 767;对于 8 位的位移量,它也可正可负,取值范围是 -128 ~ +127。

③这种寻址方式适用于条件转移、无条转移指令及调用指令 CALL。对于条件转移指令,只能用段内直接转移,并且位移量只允许 8 位;对于无条件转移指令,当位移量为 8 位时称为短跳转,当位移量为 16 位时称为近跳转。

④指令汇编语言格式:

```
JMP  NEAR  PTR  LL1   ;(IP)←(当前 IP) +16 位位移量
JMP  SHORT  LL2       ;(IP)←(当前 IP) +8 位位移量
```

其中 LL1 和 LL2 均为转向的符号地址,在机器中用位移量表示。在汇编指令中如果希望位移量为 8 位,则在符号地址前加操作符 SHORT;如果希望位移量为 16 位,则在符号地址前加操作符 NEAR PTR。

例 3.11 JMP NEAR PTR LL1 ;(IP)←(当前 IP) +16 位位移量

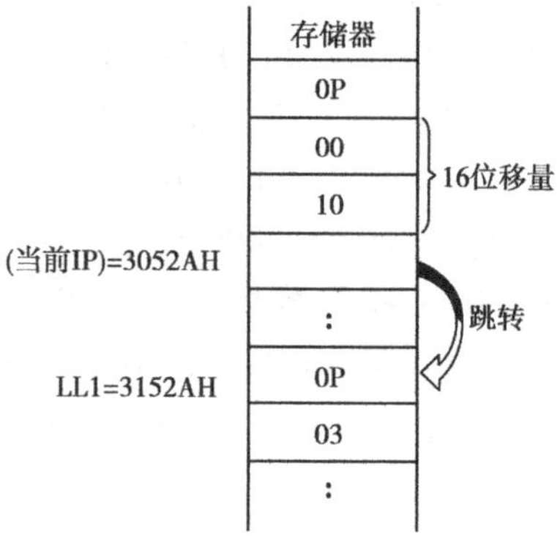

图 3.16 例 3.11 的执行情况

(2)段内间接寻址

定义:转向的有效地址是一个寄存器或一个存储单元的内容,这内容可以用数据寻址方式中除立即数以外的任何一种寻址方式取得,然后用得到的转向有效地址来取代 IP 寄存器的内容。寻址方式如图 3.17 所示:

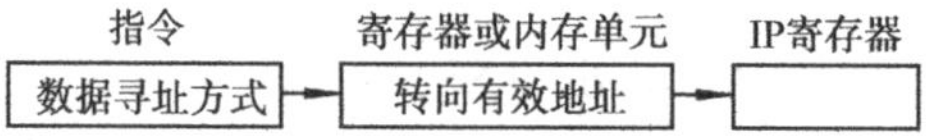

图 3.17 段内间接寻址

说明:

①这种寻址方式和以下两种段间寻址方式都不能用于条件转移指令(即条件转移指令只能使用段内直接寻址的8位位移量),而无条件转移指令JMP和调用指令CALL则可用4种寻址方式中的任意一种。

②汇编格式:JMP　BX

JMP　WORD　PTR　[BX]

其中:WORD　PTR用以指出[BX]寻址所取得转向地址是一个字的有效地址。

③以上两种寻址方式都是段内转移,所以直接把求得的有效地址送到IP寄存器就可以了。如需计算转移的物理地址,计算公式为:

物理地址:PA = 16 × (CS) + EA

或　物理地址:PA = 16 × (CS) + (IP)

例3.12　假设指令执行前:(CS) = 2000H,(DS) = 1000H,(BX) = 0100H,(10100H) = 0200H,试计算下列转移指令转移的有效地址以及物理地址:

①JMP　BX

指令执行后,转移的有效地址 EA = (IP) = 0100H

转移的物理地址 PA = 16 × (CS) + (IP) = 20000H + 0100H = 20100H

② JMP　WORD PTR [BX]

指令执行后,因为[BX]的物理地址 PA = 16 × (DS) + (BX) = 10100H,所以有

转移的有效地址 EA = (IP) = (10100H) = 0200H

转移的物理地址 PA = 16 × (CS) + (IP) = 20000H + 0200H = 20200H

(3)**段间直接寻址**

定义:指令中直接提供转向段基址和偏移地址,从而实现从一段转移到另一段的操作。寻址方式如图3.18所示:

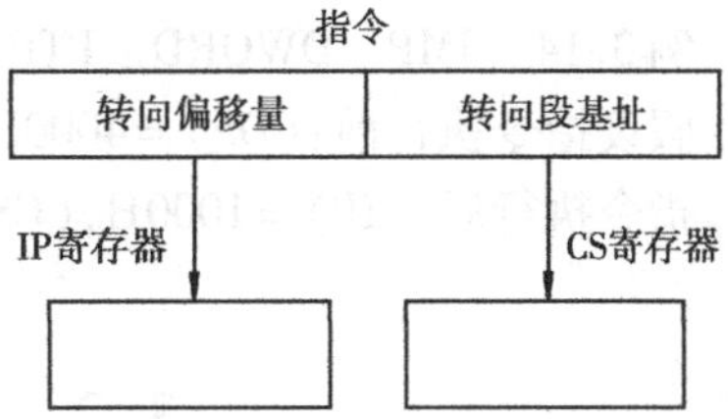

图3.18　段间直接寻址

说明:

①用指令中指定的偏移地址→IP,用指令中指定的段地址→CS。

②指令的汇编语言格式。

JMP　FAR　PTR　LLL

其中,LLL是转向的符号地址,FAR　PTR是段间转移操作符,执行的操作:取LLL的偏移地址送IP(即OFFSET　LLL→IP);取LLL的段基址送CS(即SEG　LLL→CS)。

例3.13　JMP　FAR　PTR　CCC

该指令执行过程如图3.19所示:

(4)**段间间接寻址**

定义:用内存中两个相继字的内容取代IP、CS以达到段间转移目的。内存单元的地址是由紧跟在操作码之后除立即数方式和寄存器方式以外的任何一种寻址方式取得。寻址方式如图3.20所示:

说明:

①用内存中两个相继字(即双字)的低字取代IP,高字取代CS。

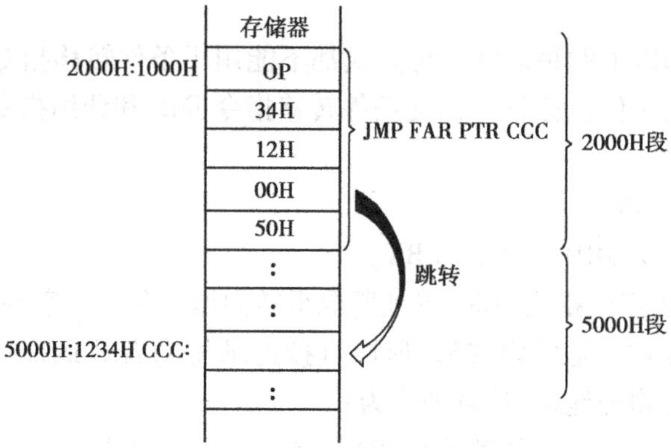

图 3.19　例 3.13 的执行情况

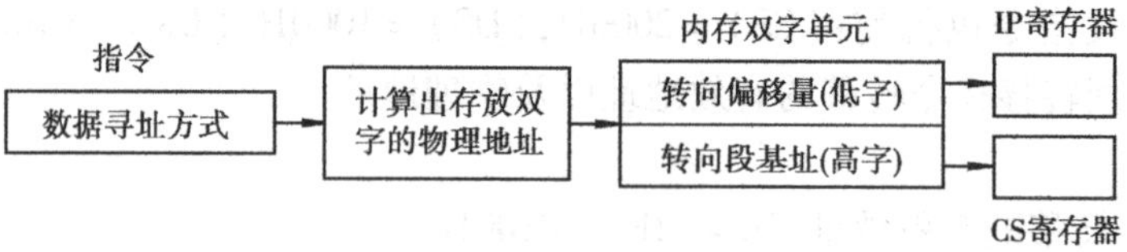

图 3.20　段间间接寻址

②指令汇编语言格式。

JMP　DWORD　PTR　[BX]

其中,DWORD　PTR 是双字操作符,转向地址双字(段间转移),[BX]是数据寻址方式的寄存器间接寻址。

例 3.14　JMP　DWORD　PTR　[BX]

假设指令执行前:(DS) =4000H,(BX) =1212H,(41212H) =1000H,(41214H) =4A00H

指令执行后:(IP) =1000H,(CS) =4A00H

3.2　8086/8088 的指令系统

Intel 8086/8088 CPU 指令系统(Instruction set)包含 133 条指令,按照指令的功能可划分为 6 大类:

- 数据传送指令(Data transfer Instruction)
- 算术运算指令(Arithmetic Instuction)
- 逻辑运算和移位指令(Logic & Shift Instruction)
- 串操作指令(String manipulation Instruction)
- 控制转移指令(Control Transfer Instruction)
- 处理器控制指令(Processor Control Instruction)

按照指令格式划分,通常分为三种:

- 无操作数指令:OPR
- 单操作数指令:OPR　dest
- 双操作数指令:OPR　dest,src

其中,OPR代表指令的操作码字段,表示指令的功能。对于无操作数指令,该类指令本身并未指出操作数在哪里,但该指令却规定了隐含操作数所在的地方;对于单操作数指令,它既不是源操作数,又不是目的操作数;对于双操作数指令,该类指令要指定两个操作数,一个是源操作数src,一个是目的操作数dest,它们的位置不能交换。IBM PC机规定双操作数指令除立即数寻址外必须有一个操作数使用寄存器寻址。

3.2.1 数据传送指令(Data transfer Instuction)

8086数据传送指令用于实现CPU的寄存器之间、CPU与存储器之间以及CPU与I/O端口之间的数据传送。在实际中,它使用的频率是最高的,所以数据传送是否灵活,速度是否又快,是编程时要考虑的重要问题。数据传送指令又可分为以下四种:

- 通用传送指令
- 累加器专用传送指令
- 地址传送指令
- 标志传送指令

(1)通用传送指令

8086提供方便灵活的通用的传送操作,适用于大多数操作数。通用传送指令(除了XCHG以外)是唯一允许以段寄存器为操作数的指令。

1)MOV (Movement)传送指令

格式:MOV dest,src

执行的操作:(dest)←(src)

即把源操作数的内容传送给目的操作数,目的操作数原有的内容消失。它对标志位没有影响;它可以完成字节(或字)之间的传送,不过源操作数和目的操作数之间的长度要匹配。

MOV指令的数据传送方向如图3.21所示:

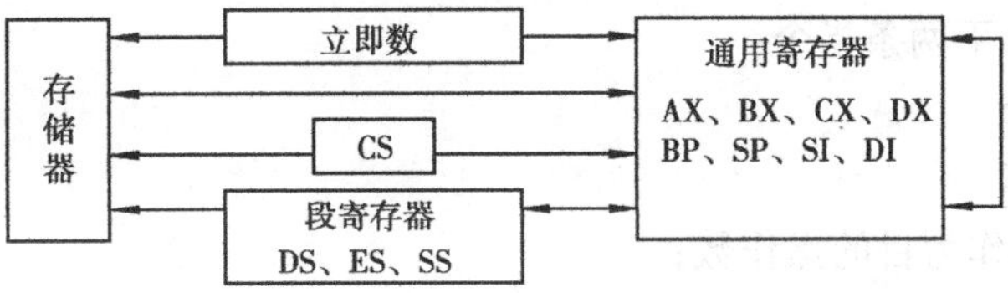

图3.21 MOV指令数据传送方向

具体说,MOV指令能实现以下操作:

①CPU内部寄存器之间的数据的任意传送(除了代码段寄存器CS和指令指针IP以外),段寄存器之间不能直接传送。

```
如: MOV    DL,CH          ;8位寄存器→8位寄存器
    MOV    AX,DX          ;16位寄存器→16位寄存器
    MOV    DS,BX          ;通用寄存器→段寄存器
    MOV    AX,CS          ;段寄存器→通用寄存器
```

②立即数传送至CPU内部通用寄存器组(AX、BX、CX、DX、BP、SP、SI、DI),用于给寄存器赋初值,不能直接给段寄存器赋值;立即数也可传送给存储器。

如:

```
MOV    CL,04H       ;立即数→8位寄存器
MOV    AX,03FFH     ;立即数→16位寄存器
```

```
MOV     WORD PTR [SI],057BH    ;立即数→存储器字单元
MOV     MEM,5                  ;立即数→存储器字节变量
```

③CPU 内部寄存器(除 CS 和 IP 外)与存储器之间的数据传送,可以实现一字节或一个字的传送,存储单元之间不能直接传送。

如:

```
MOV     MEM,AX                 ;寄存器→存储器
MOV     MEM,DS                 ;段寄存器→存储器
MOV     DISP[BX],CX            ;寄存器→存储器
MOV     AX,DISP[SI]            ;存储器→寄存器
MOV     DS,MEM                 ;存储器→段寄存器
MOV     CX,DISP[BX][SI]        ;存储器→寄存器
```

对于 MOV 指令使用,应注意以下几点:

①两个存储单元之间不能直接传送数据。如果要把一个存储单元(如 MEM1)的内容传送给另一个存储单元(如 MEM2),可以通过如下两条指令:

```
MOV     AX,MEM1
MOV     MEM2,AX
```

②立即数不能直接传送给段寄存器;如果要把立即数传送给段寄存器(如 DS),可以通过如下两条指令:

```
MOV     AX,2000H
MOV     DS,AX
```

③段寄存器之间不能直接传送数据。如果要把段寄存器(如 DS)传送给另一个段寄存器(如 ES),可以通过如下两条指令:

```
MOV     AX,DS
MOV     ES,AX
```

④CS 和 IP 不能作为目的操作数;

```
MOV     CS,AX          ;(非法)
```

* *

在介绍堆栈操作指令(PUSH 进栈指令、POP 出栈指令)之前,大家首先要了解堆栈的以下相关知识。

• 堆栈的构造

现在通常采用软件堆栈,由程序设计人员在存储器中划出一块存储区作为堆栈。该存储区的一端是固定的,另一端是浮动的,所有信息的存取都在浮动的一端进行。

堆栈——按照先进后出原则组织的一个特定的内存区域。

栈底(Bottom):这个存储区最大地址的字存储单元,栈底是固定不变的,它是固定端头。在堆栈中存放数据或断点信息从这里开始,逐渐向地址小的方向堆积。

栈顶(Top):在任何时候,存放最后一个信息的存储单元(即已存放信息的最小地址单元)。栈顶是随着存放信息的多少而改变的,它是堆栈的浮动端头。

堆栈指针:由于堆栈顶部是浮动的,为了指示现在堆栈中存放数据的位置所设置的指针。这样堆栈中的数据的进出都由 SP 来指挥。

先进后出(First—In Last—Out 简称 FILO):它是在堆栈中存取数据的规则。就是说最先进入堆栈的数据

(在堆栈的底部),最后才能取出来;相反最后送入堆栈的数据(在堆栈的顶部),最先取出。

一般堆栈构造如图 3.22 所示:

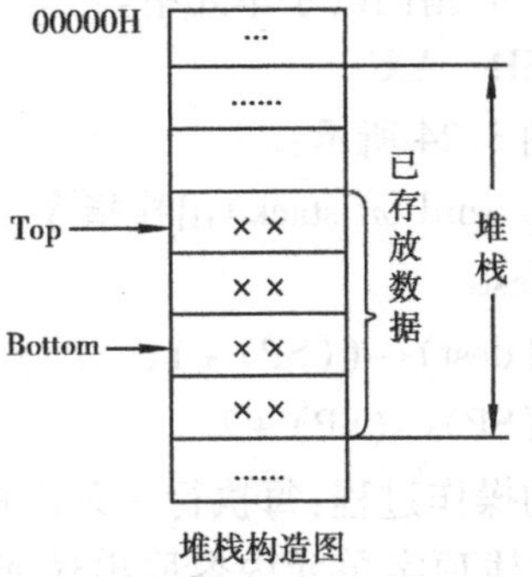

图 3.22　堆栈构造图

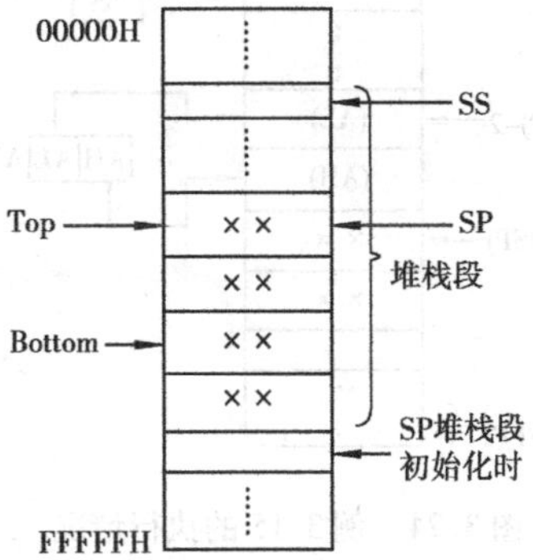

图 3.23　8086/8088 堆栈构造图

• 8086 堆栈的组织

在 8086 系列微机中,堆栈是由堆栈段寄存器 SS 指定的一段存储区域(见 8086/8088 堆栈构造图 3.23。

堆栈深度:即堆栈的长度,指堆栈段中所包含的存储单元的字节数;

堆栈底部:是堆栈段的最大字单元地址;

堆栈顶部:(栈顶)由堆栈指针 SP 指向,SP 始终包含段基址与栈顶之间的字节距离;当 SP 初始化时,它的值就是堆栈深度(即栈底 +2 单元)。由于 SP 是 16 位的寄存器,因此堆栈深度最大为 64 K 个字节,至多存放 32 K 个字数据。

在 8086 系列微机中,堆栈是按字组织,即每次在堆栈中存取数据均是两个字节,数据在堆栈中存放的格式是:高地址存放高 8 位,低地址存放低 8 位;

• 堆栈操作

设置堆栈:主要是对堆栈段寄存器 SS 和堆栈指针 SP 赋初值。在用户源程序中通常安排一个段为堆栈段,如

```
STACK1 SEGMENT PARA STACK
        DB  100  DUP(0)
STACK1 ENDS
```

当程序经过汇编、连接、装入内存,系统自动分配一个存储区为堆栈段,并把这个段的段基址的高 16 位送入 SS 中,段的深度 100(即 64H)赋值给 SP,作为 SP 的初值。

进栈:PUSH 指令把数据压入堆栈,可以将通用寄存器、段寄存器、字存储单元的内容压入堆栈的顶部。

出栈:通过 POP 指令从堆栈顶部弹出一个字送回通用寄存器、段寄存器或字存储单元。

• 堆栈用途

存放 CPU 寄存器或存储器中暂时不使用的数据,使用数据时将其弹出;

调用子程序或发生中断时保护断点地址,子程序或中断返回时恢复断点地址。

* *

2)PUSH (Push word onto stack)进栈指令

格式:PUSH　src

执行的操作:(SP)←(SP) -2

((SP) +1,(SP))←(src)

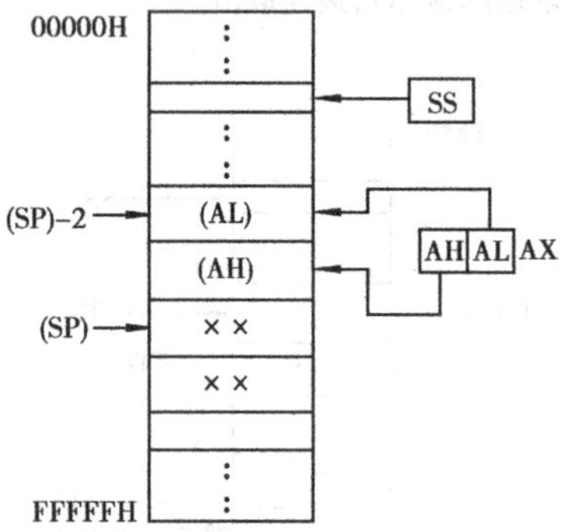

图 3.24　例 3.15 的执行情况

即压入堆栈的操作过程:每执行一条进栈指令,堆栈指针 SP 先减 2,然后将 src(字寄存器或字存储单元)的内容送入 SP 指向的字单元中。

例 3.15　PUSH　AX

执行过程如图 3.24 所示:

3)POP　(Pop word off stack)出栈指令

格式:POP　dest

执行的操作:(dest)←((SP)+1,(SP))

(SP)←(SP)+2

即弹出堆栈的操作过程:每执行一条出栈指令,就先把 SP 指向的栈顶字单元内容取出送回给 dest(字寄存器/字存储单元),然后将堆栈指针 SP 加 2。

例 3.16　POP　AX

执行过程如图 3.25 所示:

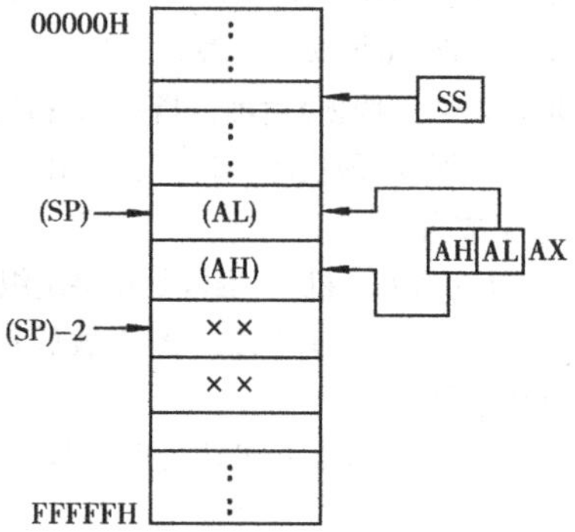

图 3.25　例 3.16 的执行情况

使用堆栈操作指令需注意以下几点:

①堆栈操作都按字操作,(PUSH　AL 非法、POP　AL 非法);

②PUSH,POP 指令的操作数可能有三种:通用寄存器(数据寄存器,地址指针,变址寄存器)、段寄存器(CS 除外,PUSH　CS 合法,POP　CS 非法)、存储器;

③当字数据进栈时,将它的低字节放到低地址,将它的高字节放到高地址;当字数据出栈时,注意它的低字节在低地址,它的高字节在高地址;

④堆栈的最大容量就是 SP 的初始化值;

⑤堆栈工作原则是"后进先出"。因此,保存和恢复字数据时,PUSH、POP 指令应该成对使用,以保证数据的正确性和保持堆栈原有状态。如:

```
……
PUSH        AX;进栈保存(AX)
PUSH        BX;进栈保存(BX)
……
POP         BX;出栈恢复(BX)
POP         AX;出栈恢复(AX)
……
```

4)XCHG(Exchange)交换指令

格式:XCHG　　dest,src

执行的操作:(dest)⟷(src)

即源操作数与目的操作数相交换。它可以实现字节交换,也可以实现字交换。交换的过程可以在通用寄存器之间,也可以在通用寄存器与存储器之间。

如:XCHG　　BL,DL

　XCHG　　AX,SI

　XCHG　　COUNT[DI],AX

使用交换指令,注意以下两点:

①两个存储单元之间不能直接交换,两个操作数中必须有一个在寄存器中;

如:XCHG　　[BX],[DI]　　;(非法)

②段寄存器(CS、DS、SS、ES)和指令指针 IP 不能作为它的源操作数,也不能作为它的目的操作数。

如:XCHG　　DS,AX　　;(非法)

(2)累加器专用传送指令

8086 和其他微处理器一样,累加器 acc(即 AX 或 AL)仍然是数据传送的核心。8086 的指令系统中,有三条指令是专门通过累加器 acc 来执行的。

* *

在 IBM PC 机里,所有的 I/O 端口与 CPU 之间的数据传送都是由输入指令 IN 和输出指令 OUT 来完成的。而 CPU 只能用累加器 acc(即 AX 或 AL)发送和接收数据。外部设备最多有 65 536 个 I/O 端口,由于每一个端口都有一个端口号(即端口地址),相应的也就应该有 65 536 个端口号(即 0000H ~ 0FFFFH)。其中前面 256 个端口号(即 00 ~ 0FFH)可以直接在 I/O 指令中使用,称为直接的 I/O 指令,也就是 I/O 指令长格式中的 PORT8;当端口号≥256 时,就必须先把端口号放到 DX 寄存器中(当然 00 ~ 0FFH 也可以),然后再用 I/O 指令传送数据。所以 DX 中的内容是端口地址,而传送的是该端口地址中的数据。

对于外设端口,连续两个字节端口可以构成一个字端口,并且用低字节端口的地址作为这个字端口的端口地址(即字端口号)。所以,当传送字端口的数据时,应该用 AX;当传送字节端口的数据时,应采用 AL。

注意 I/O 指令不影响标志位。

* *

1)IN (Input byte or word)输入指令

长格式:　　IN　　AL,port(字节端口)

　　　　　　IN　　AX,port(字端口)

执行的操作:　　(AL)←(port)

　　　　　　(AX)←(port +1,port)

短格式:　　IN　　AL,DX(字节端口)

　　　　　　IN　　AX,DX(字端口)

执行的操作:　　(AL)←((DX))

　　　　　　(AX)←((DX) +1,(DX))

如:从端口 16H 读入一个字节,并将它送到存储单元 VAR_BYTE 中:

　　　　　　IN　　AL,16H

　　　　　　MOV　　VAR_BYTE,AL

2)OUT (Output byte or word)输出指令

长格式:　　OUT　　port,AL(字节端口)

　　　　　　OUT　　port,AX(字端口)

执行的操作:　　(port)←(AL)

　　　　　　　　(port+1,port)←(AX)

短格式:　　　　OUT　DX,AL(字节端口)

　　　　　　　　OUT　DX,AX(字端口)

执行的操作:　　((DX))←(AL)

　　　　　　　　((DX)+1,(DX))←(AX)

如:将立即数16AH的送到字端口16AH中:

```
MOV    AX,16AH
MOV    DX,16AH
OUT    DX,AX
```

3)XLAT(Trans late)换码指令

格式:XLAT　str_table　　　或　　XLAT

str_table——表格符号地址(首地址),只是为了提高可读性而设置,是可有可无的,而指令执行时只会使用预先已经存入BX中的表格首地址。该指令不影响标志位。

执行的操作:(AL)←((BX)+(AL))

XLAT指令使用方法:

①先建立一个字节表格,表格的内容就是所要换取的代码;

②然后将表格首地址存入BX;

③再将需要换取的代码的序号(即相对与表格首地址的位移量)存入AL;

④最后再使用XLAT,它执行指令后,转换后的代码就在AL中。

XLAT指令应用场合:

比如把字符的扫描码转换成ASCII码或将数字0~9转换成7段数码LED显示所需要的段码等就需要使用XLAT指令。

例3.17　欲将0~9的数字转换成它的ASCII码,试编写程序段。

分析:首先要在内存的数据段中建一张0~9的数字的ASCII码表,然后将该表的首地址送给BX,再将待转换数字的ASCII码在表中的位移量送给AL,最后在使用XLAT。转换后的ASCII码就保存在AL中。

程序段如下:

```
……
Hex_table   DB 30H,31H,32H,33H,34H,35H,36H,37H,38H,39H
……
MOV    BX,OFFSET Hex_table
MOV    AL,7
XLAT
……
```

(3)地址传送指令

8086/8088提供三条将地址指针写入指定寄存器或寄存器的指令,如下:

1)LEA(Load Effective Address)有效地址送寄存器指令

格式:LEA　　　reg16,mem16

执行的操作:(reg16)← EA

该指令把源操作数的有效地址装入指定的寄存器。通常用于加载有效地址,写近地址指针。

使用 LEA 指令,注意以下两点:

①LEA 指令中的目标寄存器必须是 16 位的通用寄存器,源操作数必须是一个存储器操作数。

例 3.18　LEA　SI,[BX + DI + 2H]

假设(BX) = 0400H,(DI) = 0030H,则源操作数有效地址:EA = (BX) + (DI) + 2H = 0400H + 0030H + 2H = 0432H

执行指令后:(SI) = 0432H

②LEA 指令与 MOV 指令注意比较使用:

例 3.19　假设 BUFFER 的位移量是 0040H,内容是 1000H,则

```
LEA   BX,BUFFER              ;执行后(BX) = 0040H
MOV   BX,BUFFER              ;执行后(BX) = 1000H
```

可以用 MOV 指令实现 LEA 指令的功能,即

```
LEA   BX,BUFFER              ;执行后(BX) = 0040H
MOV   BX,OFFSET BUFFER       ;执行后(BX) = 0040H
```

2) LDS (Load pointer using DS) 地址指针送寄存器和 DS 指令

格式:LDS　reg16, mem32

执行的操作:(reg16)←(EA)

　　　　　　(DS)←((EA) + 2)

该指令是将源操作数四个相继的字节分别送给指令指定的寄存器和 DS。即将指令指定 mem32 单元的前两个字节单元内容(16 位偏移量)装入指定通用寄存器,把后两个字节单元内容(段地址) 装入到 DS 段寄存器。它用于写远地址指针。

例 3.20　LDS　SI, [1000H]

假设:(DS) = 1000H,(11000H) = 0100H, (11002H) = 2000H,则源操作数的物理地址 PA = 10000H + 1000H = 11000H

执行指令后:(SI) = (11000H) = 0100H,(DS) = (11002H) = 2000H

3) LES (Load pointer　using ES)地址指针送寄存器和 ES 指令

格式:LES　reg16, mem32

执行的操作:(reg16)←(EA)

　　　　　　(ES)←((EA) + 2)

该指令是将源操作数四个相继的字节分别送给指令指定的寄存器和 ES。即将指令指定 mem32 单元的前两个字节单元内容(16 位偏移量)装入指定通用寄存器,把后两个字节单元内容(段地址) 装入到 ES 段寄存器。它用于写远地址指针。

例 3.21　LES　DI, [BX]

假设:(DS) = 3000H,(BX) = 0400H,(30400H) = 0200H,(30402H) = 4000H,则源操作数的物理地址 PA = 30000H + 0400H = 30400H

执行指令后:(DI) = (30400H) = 0200H,(ES) = (30402H) = 4000H

(4)**标志寄存器传送指令**

8086/8088 指令系统中提供了对标志寄存器的传送指令,通过这些指令可以读出当前标志寄存器的内容,也可以对标志寄存器重新设置新值。8086/8088 指令系统中有以下四条标志传送指令:

1)LAHF(Load AH flags flags)标志位送 AH

格式:LAHF

执行的操作:(AH)←(标志寄存器 PSW 的低字节)

2)SAHF(Store AH into flags)AH 送标志寄存器

格式:SAHF

执行的操作:(标志寄存器 PSW 的低字节)←(AH)

3)PUSHF(Push flags onto stack)标志寄存器进栈指令

格式:PUSHF

执行的操作:(SP)←(SP) -2

((SP) +1,(SP))←(PSW)

4)POPF(Pop flags off stack)标志寄存器出栈指令

格式:POPF

执行的操作:(PSW)←((SP) +1,(SP))

(SP)←(SP) +2

使用标志位传送指令,注意以下两点:

①LAHF、PUSHF 不影响标志位,SAHF、POPF 由装入的值确定标志位的值,即影响标志位。

②PUSHF 和 POPF 一般分别用于子程序或中断服务程序的首尾,起保护主程序标志和恢复主程序标志的作用。

3.2.2 算术运算指令(Arithmetic)

8086/8088 指令系统提供了加、减、乘、除四种基本算术操作。这些操作都可以用于字节或字的运算,也都可以用于带符号数与无符号数的运算,若是带符号数,则用补码表示。

8086/8088 指令系统还提供了各种校正指令,从而可以实现组合的(即用一个字节表示两个 BCD 码)或非组合的(即用一个字节表示一个 BCD 码,其中高四位为 0)十进制的算术运算。算术运算指令又可分为以下五种:

- 加法指令
- 减法指令
- 乘法指令
- 除法指令
- 十进制调整指令

(1)**加法指令**

8086/8088 具有 3 种加法操作指令:

1)ADD(Addition)加法指令

格式:ADD dest,src

执行的操作:(dest) ←(dest) + (src)

如:

```
ADD   CL,10                        ;寄存器操作数+立即数
```

```
ADD  VAR,30H              ;存储器操作数+立即数
ADD  DX,SI                ;寄存器操作数+寄存器操作数
ADD  AX,VAR               ;寄存器操作数+存储器操作数
ADD  VAR[BX], AL          ;存储器操作数+寄存器操作数
```

使用 ADD 指令,注意以下三点:

①它可以进行 8 位、16 位的无符号数和带符号数的加法运算;

②它的源操作数和目标操作数不能同时为存储器操作数;

③该指令影响标志位 SF,ZF,AF,PF,OF,CF。

如:ADD　AL,BL

假设(AL)=7EH,(BL)=5BH,则(AL)=7EH+5BH=D9H,标志位的情况如下:

SF=1(结果最高位=1)

ZF=0(结果不等于 0)

AF=1(D3 位向 D4 有进位)

PF=0(1 的个数为奇数)

CF=0(无进位)

OF=1(相加和超过+127 即两个正数相加,结果为负,溢出)

2)ADC(Add with carry)带进位加法指令

格式:ADC　dest,src

执行的操作:(dest)←(dest)+(src)+CF

其中 CF 为进位位标志的现行值。

如:

```
ADC   CX, 300          ;寄存器操作数+立即数+CF
ADC   VAR,6            ;存储器操作数+立即数+CF
ADC   AL, BL           ;寄存器操作数+寄存器操作数+CF
ADC   DX, VAR[SI]      ;寄存器操作数+存储器操作数+CF
ADC   VAR[DI], BX      ;存储器操作数+寄存器操作数+CF
```

使用 ADC 指令,注意以下两点:

①它与 ADD 指令相似,只是在两个操作数相加时,要把进位位标志 CF 的现行值加上去,结果送给目的操作数;

②主要用于多字节运算中。

例 3.22　试编程实现 74AC60F8H+259E36C1H=?

分析:要完成两个双字数的加法,需进行两次加法,先进行低字相加,然后再进行高字相加,只不过在进行高字相加时,要把低字相加以后的进位位标志加进去(即高字相加用 ADC 指令)。

假设题目中的两个双字已分别存放在自 VAR1,VAR2 开始存储单元,存放时最低字节都分别存放在最低处,结果存放到 VAR3 开始存储单元,则可通过以下程序段完成题目要求:

```
……
CLC                    ;清 CF
MOV   AX,VAR1
```

```
ADD   AX,VAR2             ;完成低字相加
MOV   VAR3,AX             ;低字相加结果保存到 VAR3
MOV   AX,VAR1 +2
ADC   AX,VAR2 +2          ;完成高字相加
MOV   VAR3 +2,AX          ;高字相加结果保存到 VAR3 +2
……
```

3)INC(Increment by 1)加 1 指令

格式:INC　dest

执行的操作:(dest)←(dest) +1

使操作数的内容加 1,然后再送回该操作数。该操作数可以是寄存器操作数、存储器操作数。

如:

```
INC   DL                       ;8 位寄存器 +1
INC   SI                       ;16 位寄存器 +1
INC   BYTE  PTR  [BX][SI]      ;存储器操作数 +1(字节操作)
INC   WORD  PTR  [DI]          ;存储器操作数 +1(字操作)
```

使用 INC 指令,注意以下两点:

①标志位影响情况:它影响 SF,ZF,AF,PF,OF,不影响 CF;

②主要用于在循环程序中修改地址指针和循环次数。

以上三条指令,它们都可以完成字节加法和字加法;而且对状态标志位都有影响(除 INC 指令对 CF 没有影响外)。对于状态标志位 SF,ZF,AF,PF,OF,CF,在前面我们都已经作过介绍,而由于 CF,OF 两个标志位的设置相对比较复杂,在这里我们再进一步给大家分析一下它们设置情况。

执行加法指令时,CF 是根据最高有效位是否向前有进位,如果有进位,则 CF =1,反之 CF =0;而 OF 是根据操作数的符号及其变化情况来设置的:如果两个操作数的符号相同,而结果的符号与之相反,则 OF =1,反之 OF =0。显然 OF 是用来表示带符号数的补码溢出的。那么,用什么来表示无符号数的溢出呢?答案就是我们可以用 CF 来表示。由于无符号数的最高有效位只有数值意义而无符号意义,所以从该位产生的进位应该是结果的实际进位值,但是在有限数位的范围内则就说明了结果溢出的情况。

(2)**减法指令**

8086 有 5 条减法指令,如下:

1)SUB(Subtraction)减法指令

格式:SUB　dest,src;

执行的操作:(dest)←(dest) -(src)

如:

```
SUB   AL,37H              ;寄存器操作数 - 立即数
SUB   VAR,512H            ;存储器操作数 - 立即数
SUB   BX,DX               ;寄存器操作数 - 寄存器操作数
SUB   CX, VAR1            ;寄存器操作数 - 存储器操作数
```

SUB　ARRAY[SI], AX　　　　;存储器操作数 - 寄存器操作数

使用 SUB 指令,注意以下 3 点:

①它可以进行 8 位、16 位的无符号数和带符号数的减法运算;

②它的源操作数和目标操作数不能同时为存储器操作数;

③该指令影响标志位 SF,ZF,AF,PF,OF,CF。

2)SBB(Subtraction with borrow)带借位减法指令

格式:SBB　dest,src

执行的操作:(dest)←(dest) - (src) - CF

其中 CF 表示进位标志位 CF 的现行值。

如:

```
SBB   BX,100H              ;寄存器操作数 - 立即数 - CF
SBB   VAR,96H              ;存储器操作数 - 立即数 - CF
SBB   CX,DX                ;寄存器操作数 - 寄存器操作数 - CF
SBB   AL, DATA1[SI]        ;寄存器操作数 - 存储器操作数 - CF
SBB   DISP[BP], BL         ;存储器操作数 - 寄存器操作数 - CF
```

使用 SBB 指令,注意以下两点:

①它与 SUB 指令相似,只是在两个操作数相减时,要把进位位标志 CF 的现行值减出去,结果送给目的操作数;

②主要用于多字节运算中。

3)DEC(Decrement by 1)减 1 指令

格式:DEC　dest

执行的操作:(dest)←(dest) - 1

使操作数的内容减 1,然后再送回该操作数。该操作数可以是寄存器操作数、存储器操作数。

使用 DEC 指令,注意以下两点:

①标志位影响情况:它影响 SF,ZF,AF,PF,OF,不影响 CF;

②主要用于在循环程序中修改地址指针和循环次数。

4)NEG (Negate)求补指令

格式:NEG　dest

执行的操作:(dest)←0 - (dest)

即把操作数按位求反后末位 +1,因此该操作可以表示为

(dest)←0FFFFH - (dest) + 1

该指令要影响标志位:SF,ZF,AF,PF,OF,CF,特别要注意 CF 和 OF:

CF:只有操作数为 0 时求补,CF = 0;否则 CF = 1;

OF:只有对操作数 -128 或 -32 768 求补,OF = 1;否则 OF = 0。

5)CMP(Compare)比较指令

格式:CMP　dest,src

执行的操作:(dest) - (src)

CMP 比较指令是执行两个数的相减操作,但不送回相减的结果,只是使结果影响标志位:

SF,ZF,AF,PF,OF,CF。

如:

```
CMP   AL,0AH              ;寄存器操作数与立即数比较
CMP   VAR1,100H           ;存储器操作数与立即数比较
CMP   CX,  DI             ;寄存器操作数与寄存器操作数比较
CMP   AX, AREA1           ;寄存器操作数与存储器操作数比较
CMP   [BX+5], SI          ;存储器操作数与寄存器操作数比较
```

CMP 比较指令,主要是通过比较来设置状态标志位,然后再通过状态标志位来判断比较的结果。具体分以下三种情况讨论:

①根据 ZF 标志,判断两个数据是否相等;

例 3.23 CMP AX, BX

如果 ZF=1, 则表示(AX)=(BX), 即两者相等;

如果 ZF=0, 则表示(AX)≠(BX), 即两者不相等。

结论:即两个数相减后,如果 ZF=1,则表示比较的两个操作数相等;如果 ZF=0,则表示比较的两个操作数不相等;

②根据 CF 标志,判断两个无符号数的大小;

例 3.24 CMP AX,BX

假设 AX、BX 存放的都是无符号数,则有:

当 CF=0,则表示(AX)≥(BX);

当 CF=1,则表示(AX)<(BX)。

结论:即两个无符号数相减后,如果 CF=1,则表示被减数小,减数大;如果 CF=0,则表示被减数大,减数小。

③根据 SF、OF 标志,判断两个带符号数的大小。

对于有符号数的比较操作,如果得到溢出标志位 OF 和符号标志位 SF 的值相同(均为 0 或者均为 1),则说明被减数比减数大;如果得到溢出标志位 OF 和符号标志位 SF 的值不同(一个为 0 另一个为 1),则说明被减数比减数小;

例 3.25 若从 BLOCK 开始的内存缓冲区中,有 100 个带符号数(字)。试编程找出其中的最大值,并存放到 MAX 内存单元中。

分析:

第一个数取出送给 AX 寄存器;

取出第二个数(第二个字单元内容)与(AX)比较。如果(AX)大于第二个数,不做交换,否则,(第二个字单元内容)送给 AX。

再取第三个数,……

经过 99 次比较,在(AX)中得到最大数。编写实现该功能的程序段如下:

```
      ……
      LEA    BX,BLOCK     ;将 BLOCK 偏移量送 BX
      MOV    AX,[BX]      ;将 BLOCK 的第一个字数据送 AX
      INC    BX
      INC    BX           ;修改偏移量,指向下一个字数据
```

```
        MOV     CX,99           ;设置比较次数
AGAIN:  CMP     AX,[BX]         ;比较
        JG      NEXT            ;(AX)>(16D×(ds)+(BX))转 NEXT,否则顺序执行
        MOV     AX,[BX]
NEXT:   INC     BX
        INC     BX
        DEC     CX              ;修改比较次数
        JNE     AGAIN           ;CX≠0 转 AGAIN,否则顺序执行
        MOV     MAX,AX          ;将最大值存放到 MAX 单元
        ……
```

(3)**乘法指令**

8086/8088 中有两条乘法指令。

1)MUL(Unsigned multiple)无符号数乘法

格式:MUL　src

执行的操作:

(src)为字节操作数:　(AX)←(AL)×(src)

(src)为字操作数:(DX,AX)←(AX)×(src)

如:MUL　BL

MUL　CX

MUL　VAR_BYTE[SI]

MUL　VAR_WORD[SI]

2)IMUL(Signed multiple)带符号数乘法

格式:IMUL　src

执行的操作:

(src)为字节操作数:　(AX)←(AL)×(src)

(src)为字操作数:(DX,AX)←(AX)×(src)

如:IMUL　CL

IMUL　BX

IMUL　VAR1_BYTE[SI]

IMUL　VAR1_WORD[SI]

MUL 和 IMUL 指令执行的操作是一样的,只不过 MUL 的运算对象是无符数,而 IMUL 的运算对象是带符号数。显然 MUL 和 IMUL 指令的使用条件是由数的格式来决定的。

在乘法指令里面,目的操作数必须是累加器,字运算时为 AX,字节运算时为 AL。当进行字节乘法时,两个 8 位数相乘得到的 16 位乘积保存在 AX 中;当进行字乘法时,两个 16 位数相乘得到的 32 位乘积存放在 DX、AX 寄存器对中,其中 DX 存放高位字,AX 存放低位字。该指令的源操作数可以使用除立即数寻址以外的任何一种寻址方式。

乘法指令只影响 CF 和 OF,而对 AF、SF、ZF、PF 未定义。对于 MUL 指令,如果乘积的高一半为 0(即字节操作时的(AH)或字操作时的(DX)为 0),则 CF 和 OF 均为 0;否则 CF 和 OF 均为 1。这样的条件码设置可以用来检查字节相乘的结果是字还是字节,或者可以用来检查字

相乘的结果是字还是双字。对于 IMUL 指令,如果乘积的高一半是低一半的符号扩展则 CF 和 OF 均为 0,否则 CF 和 OF 均为 1。

(4)**除法指令**

8086/8088 中有两条除法指令,另外还有两条符号扩展指令,以支持带符号数的除法运算。

1)DIV(Unsigned division)无符号数除法指令

格式:DIV　src

执行的操作:

(src)为字节操作数:　　(AL)←(AX)/(src)的商

　　　　　　　　　　　(AH)←(AX)/(src)的余数

(src)为字操作数:　　(AX)←(DX,AX)/(src)的商

　　　　　　　　　　　(DX)←(DX,AX)/(src)的余数

即当进行字节操作时,16 位被除数在 AX 中,8 位除数为源操作数,结果的 8 位商在 AL 中,8 位的余数在 AH 中。当进行字操作时,32 位被除数在 DX、AX 寄存器对中,16 位除数为源操作数,结果的 16 位商在 AX 中,16 位的余数在 DX 中。该指令所对应的被除数、除数、商以及余数均为无符号数。

2)IDIV(Signed division)带符号数除法指令

①格式:IDIV　src

②执行的操作:

(SRC)为字节操作数:　　(AL)←(AX)/(src)的商

　　　　　　　　　　　(AH)←(AX)/(src)的余数

(SRC)为字操作数:　　(AX)←(DX,AX)/(src)的商

　　　　　　　　　　　(DX)←(DX,AX)/(src)的余数

IDIV 指令与 DIV 指令的不同在于,它的操作数必须是带符号数,商和余数也为带符号数,且余数的符号和被除数的符号相同。

除法指令和乘法指令中源操作数 SRC 的寻址方式相同,可以是除立即数寻址以外的任何一种寻址方式。而其目的操作数则必须存放在 AX 或 DX、AX 寄存器对中。

除法指令对状态标志位没有定义。

在使用除法指令时,值得注意的一个问题:除法指令要求字节操作时商为 8 位,字操作时商为 16 位。如果是字节操作时被除数的高 8 位的绝对值大于除数的绝对值或字操作时被除数的高 16 位的绝对值大于除数的绝对值,商就会产生溢出。而在 8086/8088 系统中,这种溢出是由系统直接转入 0 型中断(即除法出错中断)处理的,而非进行溢出中断处理,所以为了避免出现这种情况,必要时程序应进行溢出判断及处理。

由于除法指令在字节操作时要求被除数为 16 位放在 AX 中,在字操作时要求被除数为 32 位放在 DX、AX 寄存器对中,因此往往在使用上述除法指令时,必须首先取得除法指令所需要的被除数格式。为此介绍 8086 的指令系统中 2 条专门用于符号扩展的指令如下:

3)CBW(Convert byte to word)字节转换为字指令

格式:CBW

执行的操作:将 AL 的内容符号扩展到 AH。即如果(AL)的最高有效位 0,则(AH)=00;

否则(AH)=0FFH。

4)CWD(Convert word to double word)字转换为双字指令

格式:CWD

执行的操作:将AX的内容符号扩展到DX。即如果(AX)的最高有效位0,则(DX)=0000;否则(AH)=0FFFFH。

上述两条符号扩展指令都不影响状态标志位。

(5)**十进制调整指令**

前面提到的所有算术运算指令都是二进制数的运算指令、但是人们常用的是十进制数,这样当计算机进行运算时,必须先把十进制数转换成二进制数,然后再进行二进制数的运算,运算结果又转换为十进制数输出。为了便于十进制数的运算,计算机还专门提供了一组十进制数调整指令,这组指令在二进制计算的基础上,给予十进制调整,可以直接得到十进制的结果。在说明这组指令之前,我们首先介绍计算机中常用的表示十进制数的BCD码。

BCD是一种用二进制编码的十进制数,又称为二—十进制数。它是用4位二进制数表示一个十进制数码的,由于这4位二进制数的权为8421,所以BCD码又称为8421码。十进制数码所对应的BCD码如表3.1所示:

表3.1 十进制数所对应的BCD码

十进制数码	0	1	2	3	4	5	6	7	8	9
BCD码	0000	0001	0010	0011	0100	0101	0110	0111	1000	1001

通常十进制数的BCD码又可以用压缩的BCD码和非压缩的BCD码来表示。压缩的BCD码用4位二进制数表示一个十进制数位,整个十进制数形式为一个顺序的4位为一组的数串。例如十进制数8765的压缩的BCD码表示为:

1000 0111 0110 0101

非压缩的BCD码则以8位为一组表示一个十进制数位,8位中低4位表示8421的BCD码,而高4位没有意义。例如十进制数8765的非压缩的BCD码表示为:

00001000 00000111 00000110 00000101

显然数字的ASCII码就是一种非压缩的BCD码。因为数字的ASCII码的高4位为0011而低4位是以8421码表示的十进制数,这正好符合非压缩BCD码的定义。既然BCD码分为压缩的和非压缩的,那么其十进制调整指令下面也分为两组进行说明:

压缩的BCD码调整指令:

1)DAA(Decimal adjust for addition)加法十进制调整指令

格式:DAA

执行的操作:把AL中的和调整为压缩的BCD码格式并保存到AL中,这条指令之前必须执行ADD或ADC指令,加法指令必须把两个压缩的BCD码相加,并把结果存在AL寄存器中。该指令的调整方法如下:

如果AF标志为1或者AL的低4位是十六进制的A~F,则AL的内容加06H,且将AF位置1;

如果CF标志为1或者AL的高4位是十六进制的A~F,则AL的内容加60H,并将CF位置1。

DAA 指令对 OF 标志没有定义,但影响其他所有状态标志。

例 3.26　ADD　AL,CL

DAA

假设指令执行前,(AL) =37,(CL) =29,则

ADD 指令执行后(AL) =60H,AF =1,CF =0;

DAA 指令执行后,因为 AF =1,所以(AL) =(AL) +06H 得到(AL) =66H,AF =1,CF =0,结果正确。

2)DAS(Decimal adjust for subtraction)减法十进制调整指令

格式:DAS

执行的操作:把 AL 中的差调整为压缩的 BCD 码格式并保存到 AL 中,这条指令之前必须执行 SUB 或 SBB 指令,减法指令必须把两个压缩的 BCD 码相减,并把结果存在 AL 寄存器中。该指令的调整方法如下:

如果 AF 标志为1 或者 AL 的低4 位是十六进制的 A ~ F,则 AL 的内容减 06H,且将 AF 位置1;

如果 CF 标志为1 或者 AL 的高4 位是十六进制的 A ~ F,则 AL 的内容减 60H,并将 CF 位置1。

DAS 指令对 OF 标志没有定义,但影响其他所有状态标志。

例 3.27　SUB　AL,CL

DAS

假设指令执行前,(AL) =37,(CL) =29,则

SUB 指令执行后(AL) =0EH,AF =1,CF =0;

DAS 指令执行后,因为 AF =1,所以(AL) =(AL) -06H 得到(AL) =08H,AF =1,CF =0,结果正确。

非压缩的 BCD 码调整指令:

3)AAA(ASCII adjust for addition)加法 ASCII 调整指令

格式:AAA

执行的操作:

(AL)←把 AL 中的和调整为非压缩的 BCD 码格式

(AH)←(AH) + 调整产生的进位值

该指令执行之前必须执行 ADD 或 ADC 指令,加法指令必须把两个非压缩的 BCD 码相加,并把结果放在 AL 中。该指令的调整方法如下:

①如 AL 的低4 位在0 ~9 之间,且 AF 位为0,则跳过第②步,执行第③步;

②如 AL 的低4 位在十六进制数 A ~ F 之间或 AF 位为1,则 AL 的内容加6,AH 的内容加1,并将 AF 位置1;

③清除 AL 的高4 位;

④AF 位的值送 CF 位。

AAA 指令除了影响 AF 和 CF 标志外,其余标志均无定义。

例 3.28　ADD　AL,CL

AAA

假设指令执行前,(AX) = 3234H,(CX) = 3637H,可见AL、CL的内容分别为4、7的ASCII。

ADD指令执行后(AL) = 6BH,AF = 0;

AAA指令执行后,因为AL的低4位是十六进制数B,所以(AL) = (AL) + 6H = 71H,(AH) = (AH) + 1 = 33H,AF置1;清除AL的高4位(AL) = 01H;CF = AF = 1。结果(AX) = 3301H。

4)AAS(ASCII adjust for subtraction)减法ASCII调整指令

格式:AAS

执行的操作:

(AL)←把AL中的差调整为非压缩的BCD码格式

(AH)←(AH) - 调整产生的借位值

该指令执行之前必须执行SUB或SBB指令,减法指令必须把两个非压缩的BCD码相减,并把结果放在AL中。该指令的调整方法如下:

①如AL的低4位在0~9之间,且AF位为0,则跳过第②步,执行第③步;

②如AL的低4位在十六进制数A~F之间或AF位为1,则AL的内容减6,AH的内容减1,并将AF位置1;

③清除AL的高4位;

④AF位的值送CF位。

AAS指令除了影响AF和CF标志外,其余标志均无定义。

例3.29 SUB AL,CL

AAS

假设指令执行前,(AX) = 3234H,(CX) = 3637H,可见AL、CL的内容分别为4、7的ASCII。

SUB指令执行后(AL) = 0FDH,AF = 1;

AAS指令执行后,因为AL的低4位是十六进制数D,所以(AL) = (AL) - 6H = 0F7H,(AH) = (AH) - 1 = 31H,AF置1;清除AL的高4位(AL) = 07H;CF = AF = 1。结果(AX) = 3107H。

5)AAM(ASCII adjust for multiplication)乘法ASCII调整指令

格式:AAM

执行的操作:

(AX)←把AL中的乘积调整为非压缩的BCD码格式

该指令执行之前必须执行MUL指令,乘法指令必须把两个非压缩的BCD码相乘(此时要求高4位为0),并把结果放在AL中。该指令的调整方法是:把AL的内容除以0AH,商放到AH中,余数放到AL中。该指令根据AL的内容设置SF、ZF、PF,对OF、CF、AF没有定义。

例3.30 MUL CL

AAM

假设指令执行前,(AX) = 0004H,(CL) = 07H

MUL指令执行后(AL) = 1CH

AAM 指令执行后,(AH) = (AL)/0AH = 2H,(AL) = (AL)%0AH = 08H。

6) AAD(ASCII adjust for division)除法 ASCII 调整指令

格式:AAD

前面介绍的加法、减法、乘法的 ASCII 调整指令都是在对两个非压缩的 BCD 码进行运算以后,再使用它们(即 AAA、AAS、AAM 指令)来调整运算结果的。而除法的情况则不同,它是针对下述情况专门设置的:如果被除数是存放在 AX 中的二位非压缩 BCD 数(即 AH 中存放十位数,AL 中存放个位数,而且要求 AH 和 AL 中的高 4 位均为 0);除数是一位非压缩的 BCD 数,同样要求其高 4 位为 0。在把两个数用 DIV 指令相除以前,必须先用 AAD 指令把 AX 中的被除数调整为二进制数,并存放在 AL 中。因此 AAD 指令执行的操作是:

$$(AL) \leftarrow (AH) \times 0AH + (AL)$$

$$(AH) \leftarrow 0$$

该指令根据 AL 的内容设置 SF、ZF、PF,对 OF、CF、AF 没有定义。

例 3.31 AAD

```
AAD
DIV   CL
```

假设 AAD 指令执行前(AX) = 0204H,(CL) = 08H

则 AAD 指令执行后(AL) = 2H × 0AH + 4H = 18H,(AH) = 0

DIV 指令执行后(AL) = 3H,(AH) = 0H

3.2.3 逻辑运算和移位指令(Logic & Shift)

8086/8088 指令系统提供了对 8 位数和 16 位数的逻辑操作指令。这些指令分为两类:一类是逻辑运算指令;另一类是逻辑移位指令。

(1)逻辑运算指令

1) AND(Logical and)逻辑"与"指令

格式:AND　　dest, src

执行的操作:(dest)←(dest) ∧ (src)

该指令对指定的两个操作数按位进行逻辑"与"运算,即只有相与的两位全为 1,"与"运算的结果才为 1;否则"与"运算的结果才为 0。

如:

```
AND    AL, 0FH                     ;寄存器操作数∧立即数
AND    WORD PTR [BX][SI],0FFFEH    ;存储器操作数∧立即数
AND    CX, DI                      ;寄存器操作数∧寄存器操作数
AND    SI, MEM_NAME                ;寄存器操作数∧存储器操作数
AND    ALPHA [DI], AX              ;存储器操作数∧寄存器操作数
```

使用 AND 指令,注意以下三点:

①"与"指令中操作数不能同时为存储器;

②该指令执行后 CF = OF = 0,AF 未定义,SF、ZF、PF 根据运算结果设置;

③"与"指令一般用来对一个数据的指定位清 0,而其余位保持不变。具体方法就是要使操作数中保持不变的位与"1"相与;要使操作数中置为"0"的位与"0"相"与"。

例 3.32 要求屏蔽(清 0)AL 寄存器的高 4 位,低 4 位保持不变。假设(AL) = 53H,则:

AND　AL, 0FH

该指令执行后,(AL) = 03H。

2) TEST(Test or non_destructive logical and)测试指令

格式:TEST　dest, src

执行的操作:(dest) ∧ (src)

本指令完成 AND 指令同样的操作,但不送回“与”操作结果(即不改变操作数的值),只是使结果反映在标志位上(对标志位的影响同 AND 指令)。

如:

```
TEST   BH, 7                    ;寄存器操作数∧立即数
TEST   WORD PTR[BX],6ACEH       ;存储器操作数∧立即数
TEST   SI, BP                   ;寄存器操作数∧操作数寄存器
TEST   DI,TABLE[BX]             ;寄存器操作数∧操作数存储器
TEST   [SI],CH                  ;存储器操作数∧操作数寄存器
```

TEST 指令常常用来检测指定位是 1 还是 0(在不改变原有数据的情况下),而且这个指定位往往对应一个物理量。比如,某一个外设的状态寄存器的最低位反映的是该外设的状态,为 1 表示该外设忙,为 0 表示该外设空闲,那么我们可以先通过 IN 输入指令都回状态到 AL,然后再通过 TEST 指令测试 AL 的最低位,最后通过判断 ZF 就能够了解该外设当前是忙还是空闲。

例 3.33　判断 AL 中的数据是否为偶数,如果为偶数,则转移到标号 LL 处,可用程序段如下:

```
TEST    AL,01H      ;检测(AL)的最低位是否为0
JZ      LL          ;结果 ZF = 1,则转 LL
```

3) OR(Lgical inclusive or)逻辑“或”指令

格式:OR　dest, src

执行的操作:(dest) ←(dset) ∨ (src)

该指令对指定的两个操作数按位进行逻辑“或”运算,即进行“或”运算的两位中的任一位为 1(或两位都为 1),则“或”的结果为 1,否则为 0。

如:

```
OR    BL,0F6H               ;寄存器操作数∨立即数
OR    BYTE PTR VAR,80H      ;存储器操作数∨立即数
OR    AH, BL                ;寄存器操作数∨寄存器操作数
OR    CL,BETA[BX][DI]       ;寄存器操作数∨存储器操作数
OR    VAR1[SI],DX           ;存储器操作数∨寄存器操作数
```

使用 OR 指令,注意以下三点:

①“或”指令中操作数不能同时为存储器;

②该指令执行后 CF = OF = 0, AF 未定义, SF、ZF、PF 根据运算结果设置;

③“或”指令一般用来对一个数据的指定位置 1,而其余位保持不变。具体方法就是要使操作数中保持不变的位与“0”相“或”;要使操作数中置为“1”的位与“1”相“或”。

例 3.34　要求使 AL 寄存器的高 4 位置 1,低 4 位保持不变。假设(AL) = 03H,则:

OR AL, 0F0H

该指令执行后,(AL) =0F3H。

4)XOR(Logical exclusive or)逻辑“异或”指令

格式:XOR dest, src

执行的操作:(dest)←(dest)⊕(src)

该指令对指定的两个操作数按位进行逻辑“异或”运算,即进行“异或”运算的两位不相同时(即一个为0,另一个为1),“异或”的结果为1,否则为0。

如:

```
XOR   DI, 23F6H              ;寄存器操作数⊕立即数
XOR   TABLE[BP][SI],3DH      ;存储器操作数⊕立即数
XOR   SI, DX                 ;寄存器操作数⊕寄存器操作数
XOR   CL, BUFFER             ;寄存器操作数⊕存储器操作数
XOR   VAR1[BX],AX            ;存储器操作数⊕寄存器操作数
```

使用XOR指令,注意以下三点:

①“异或”指令是使操作数初值清0的有效方法;

例3.35 比较下面三条使AX清“0”的指令:

```
XOR   AX, AX      ;清AX,清CF,占2个字节,执行3个时钟周期T
SUB   AX, AX      ;清AX,清CF,占2个字节,执行3个时钟周期T
MOV   AX, 0       ;清AX,不影响标志位,占3个字节,执行4个时钟周期T
```

②该指令执行后CF=OF=0,AF未定义,SF、ZF、PF根据运算结果设置;

③“异或”指令一般用来对一个数据的指定位变反,而其余位保持不变。具体方法就是要使操作数中保持不变的位与“0”相“异或”;要使操作数中变反的位与“1”相“异或”。

例3.36 将(AL)中的第1、3、5、7位求反,0、2、4、6位保持不变。假设(AL) =0FFH,则:

XOR AL,10101010B

该指令执行后,(AL) =01010101B

5)NOT(Logical not)逻辑“非”指令

格式:NOT dest

执行的操作:

字节求反:(dest)←0FFH-(dest)

字求反:(dest)←0FFFFH-(dest)

对操作数按位求反,操作数中原来是0的位变成1,原来是1的位变成0。它对标志位没有影响。NOT指令常用来将某个数据取成反码,再加上1,就得到补码。

如:

```
NOT   AH                ;8位寄存器操作数求反
NOT   CX                ;16位寄存器操作数求反
NOT   BYTE PTR [BP]     ;8位存储器操作数求反
NOT   WORD PTR VAR      ;16位存储器操作数求反
```

逻辑运算指令小结:

①特点

- 逻辑运算指令可以对字或字节操作数执行逻辑运算；
- 逻辑运算是按位操作，因此一般说来，其操作数应该是位串而不是数；
- 对标志位的影响：NOT 指令不影响标志位，其他 4 种指令将使 CF = OF = 0，AF 未定义，而 SF、ZF、PF 根据运算结果设置。

②应用

- AND 指令用来对指令的指定位清“0”；
- OR 指令常用来对某些位置 1；
- XOR 指令用在程序开头，使某个寄存器清“0”；
- NOT 指令对某个数据取反，再加 1 变成补码；
- TEST 指令用来检测指定位为 1，还是 0。

(2)**移位指令**

8086 移位指令可以分为两大类，一类是算数逻辑移位指令，另一类是循环移位指令。

1) SHL(Shift　logical　left)逻辑左移指令

格式：SHL　dest,cnt

执行的操作如下图 3.26 所示：

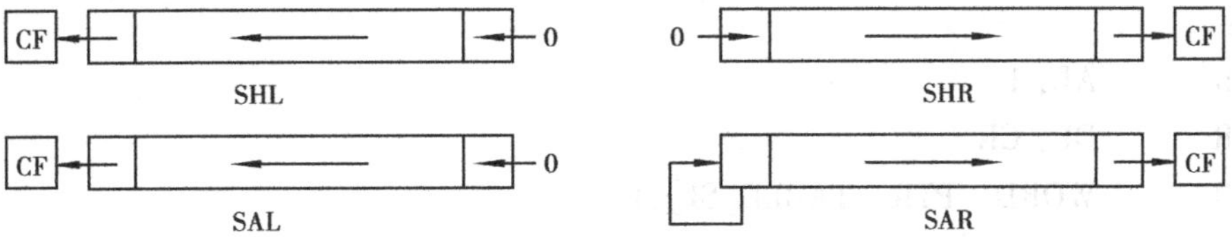

图 3.26　移位指令执行的操作

如：

```
SHL        AH,1
SAL        SI, CL
SAL        WORD  PTR  [BX+5],1
SHL        VAR, CL
```

使用 SHL 指令，注意以下三点：

①SHL 指令格式中 dest 可以是除立即数以外的任何寻址方式，可以是字或字节操作数。cnt 表示移位次数，当 cnt = 1 时，1 可直接写在指令中；当 cnt > 1 时，必须在移位指令前把移位次数置于 CL 寄存器中，而移位指令中的 cnt 写为 CL 即可。有关 dest 和 cnt 的规定适用于后面的所有移位指令；

②该指令执行后要影响标志位，CF 根据各条指令的规定设置；OF 只有当 cnt = 1 才有效，移位前后最高位发生变化时(即移位之前最高位为 0，移位之后最高位为 1；或移位之前最高位为 1，移位之后最高位为 0) OF = 1，否则 OF = 0；SF、ZF、PF 要根据移位后的结果来设置，AF 没有定义。有关 SHL 移位指令对标志位的影响规定也适用于后面的算术移位指令；

③逻辑移位指令在执行时，实际上把操作数看成无符号数进行移位；算术移位指令在执行时，实际上把操作数看成有符号数进行移位。所以进行逻辑左移时，最低位补 0；进行逻辑右移时，最高位添 0。

2)SAL(shift arithmetic left)算术左移指令

格式:SAL　dest,cnt

执行的操作图与 SHL 指令一样,见图 3.26,实际上 SAL 和 SHL 指令的功能完全一样,每移位一次,最低位补 0,最高位进入 CF。

3)SHR (Shift logical right)逻辑右移指令

格式:SHR　dest, cnt

执行的操作如图 3.26 所示:

如:

```
SHR      BL, 1
SHR      AX, CL
SHR      BYTE  PTR  [DI+BP],1
SHR      VAR,CL
```

4)SAR (Shift arithmetic right)算术右移指令

格式: SAR　dest,cnt

执行的操作如图 3.26 所示:

如:

```
SAR      AL, 1
SAR      DL, CL
SAR      WORD  PTR  TABLE[SI],1
SAR      BYTE  PTR  VAR,CL
```

算术逻辑移位指令常常用来做乘以 2 或除以 2 的操作。其中算术移位指令适用于带符号数运算,SAL 用来乘以 2,SAR 用来除以 2;而逻辑移位指令则适用于无符号数运算,SHL 用来乘以 2,SHR 用来除以 2。

例 3.37

```
MOV      CL,2
SHL      BX,CL
```

假设指令执行前:(BX) =1450H

则指令执行后:(BX) =5140H, 相当于 5 200 ×4 =20 800

例如:

```
MOV     CL,5
   SAR     ES:[SI],CL
```

假设指令执行前:(ES) =2000H,(SI) =0100H,(20100H) =0064H

则指令执行后:(20100H) =0003H, 相当于 100/32 =3

5)ROL (Rotate left)不含 CF 循环左移指令

格式: ROL　dest,cnt

执行的操作如图 3.27 所示:

如:

```
ROL      BH, 1
ROL      DX, CL
```

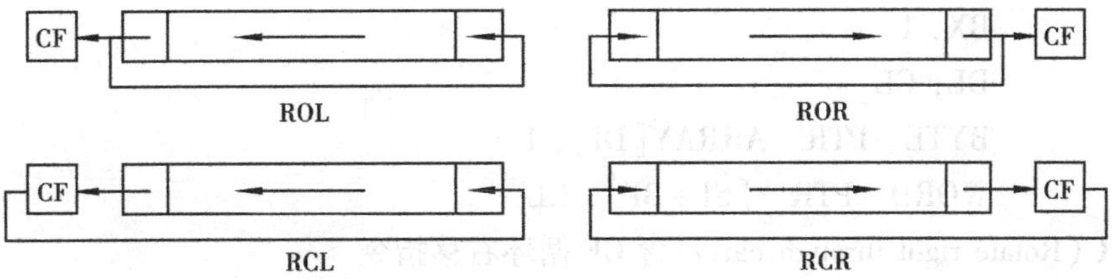

图 3.27　循环移位指令执行的操作

```
ROL         WORD    PTR    TABLE[DI], 1
ROL         BYTE    PTR    ALPHA, CL
```

在使用循环指令,要注意它们对标志位的影响与前面介绍的算术逻辑指令有所不同,它只影响标志位 OF 和 CF(即不影响 SF、ZF、PF,AF 无定义)。对于 OF 和 CF 的具体设置,实际上又与算术逻辑指令设置情况一样:即 CF 根据各条指令的规定设置。OF 只有当 cnt = 1 才有效,移位前后最高位发生变化时(即移位之前最高位为 0,移位之后最高位为 1;或移位之前最高位为 1,移位之后最高位为 0)OF = 1,否则 OF = 0。

例 3.38　将(BX)每四位一组存入堆栈,假设(BX) = 84F0H、(SS) = 3000H、(SP) = 1000H

分析:可以用循环左移指令结合"与"操作指令来实现从 BX 中将数据依次分组取出,最后用进栈指令将数据存入堆栈。参考程序段如下:

```
        ……
        MOV     CH,4
        MOV     CL,4
LOP:    ROL     BX,CL
        MOV     AX,BX
        AND     AX,0FH
        PUSH    AX
        DEC     CH
        JNZ     LOP
        ……
```

6)ROR (Rotate right)不含 CF 循环右移指令

格式: ROR　dest,cnt

执行的操作如图 3.27 所示:

如:

```
ROR       CX, 1
ROL       BH, CL
ROL       BYTE   PTR   VAR[SI], 1
ROL       WORD   PTR   VAR, CL
```

7)RCL(Rotate left through carry)含 CF 循环左移指令

格式:RCR　dest,cnt

执行的操作如图 3.27 所示:

如:

```
RCL         BX, 1
RCL         DL, CL
RCL         BYTE  PTR  ARRAY[DI], 1
RCL         WORD  PTR  [SI+BP], CL
```

8) RCR (Rotate right through carry)含 CF 循环右移指令

格式：RCR　dest,cnt

执行的操作如图 3.27 所示：

如：

```
RCR         DI, 1
RCR         SI, CL
RCR         WORD  PTR  [SI+BX], 1
RCL         BYTE  PTR  VAR, CL
```

循环移位指令(Rotate)与移位指令(Shift)最大的不同是循环移位指令移位后，操作数中原来各数位的信息不会丢失，只是移动了位置，必要时还可以将数据恢复。

例 3.39　假设(AX) = 0010H，(BX) = 0020H，现要求把它们装配在一起形成(BX) = 2010H，可编制程序段如下：

```
MOV         CL,8
ROL         BX,CL
ADD         BX,AX
```

3.2.4　串操作(String manipulation)

串操作指令就是用一条指令实现对一串字符或数据的操作。8086/8088 的串操作指令有以下的几个特点：

- 它可以对字节串进行操作，也可以对字串进行操作；
- 通过加重复前缀来实现串重复操作；
- 所有的串操作指令都用 SI 对源操作数进行间接寻址，并且假定是在 DS 段中；而所有的串操作指令都是用 DI 寄存器对目的操作数进行间接寻址，并且假定在 ES 段中。串操作指令是唯一的一组源操作数和目的操作数都在存储器中的指令。
- 串操作时，地址的修改方向与方向标志位 DF 有关，当 DF = 1 时，SI、DI 作自动减量修改；当 DF = 0 时，SI、DI 作自动增量修改。

(1)与 REP 相配合工作的 MOVS、STOS、LODS 指令

- REP(Repeat)重复

格式：REP　　String Primitive

其中，String Primitive 可为：MOVS、STOS、LODS 指令。REP 重复串操作直到(CX) = 0 为止。

执行的操作过程：

①如果(CX) = 0，则退出 REP，否则往下执行；

②如果(CX) ≠ 0，(CX)←(CX) − 1；

③执行 REP 后的串操作指令；

④重复①~③；

1）MOVS（Move string）串传送

格式：MOVS　dest，src

或 MOVSB（字节）

或 MOVSW（字）

其中第二、三种格式明确注明传送字节或字，第一种则应在操作数中表明是字还是字节操作，如：MOVS　ES：WORD　PTR　[DI]，DS：[SI]

执行的操作：

①（（ES）：（DI））←（（DS）：（SI））

②（SI）←（SI）±1，（DI）←（DI）±1

或（SI）←（SI）±2，（DI）←（DI）±2

当方向标志 DF=0（即 CLD）时用"+"；DF=1（即 STD）时用"-"。

功能：它可以把由（SI）指向的数据段中的一个字（或字节）传送到由（DI）指向的附加段中的一个字（或字节）中去，并根据方向标志 DF 及数据格式（字或字节）对 SI、DI 进行修改。该指令与前缀 REP 联用时，则可将数据段中的整串数据传送到附加段去。该指令不影响条件码。

在使用 MOVS 指令时，应该先做好以下准备工作：

①数据段中源串首地址（如反向传送到末地址）存入 SI 寄存器中；

②附加段中目的串首地址（或反向传送末地址）存入 DI 寄存器中；

③数据串长度存入 CX 寄存器；

④用 CLD 指令（即使 DF=0）或 STD 指令（即使 DF=1）建立方向标志。

例 3.40　将内存的数据段中以 AREA1 为首地址的 100 个数据，传送到附加段中的 AREA2 为首地址的区域。

分析：下面分别用 MOV 指令和 MOVS 指令编程实现，注意比较它们的不同点：

①用 MOVS 串操作指令编程实现的程序段如下：

```
......
MOV     AX,SEG   AREA1
MOV     DS,AX                  ;将源串段地址送 DS
MOV     AX,SEG   AREA2
MOV     ES,AX                  ;将目的串段地址送 ES
MOV     SI,OFFSET   AREA1      ;将源串段首地址送 SI
MOV     DI,OFFSET   AREA2      ;将目的串段首地址送 DI
MOV     CX,100                 ;数据串长度送 CX
CLD                            ;使 DF=0
REP     MOVSB                  ;重复串传送
......
```

②用 MOV 指令编程实现的程序段：

```
......
MOV     AX,SEG   AREA1
```

```
     MOV      DS,AX
     MOV      AX,SEG   AREA2
     MOV      ES,AX
     MOV      SI,OFFSET   AREA1
     MOV      DI,OFFSET   AREA2
     MOV      CX,100
LOP:MOV       AL,[SI]                    ;(AL)←((DS):(SI))
     MOV      ES:[DI],AL                 ;((ES):(DI))←(AL)
     INC      SI
     INC      DI
     DEC      CX
     JNE      LOP
     ……
```

2)LODS(Load from string) 从串取指令

格式:LODS　src

或 LODSB (字节)

或 LODSW (字)

执行的操作:

字节操作:(AL)←((DS):(SI)), (SI)←(SI) ±1

字操作: (AX)←((DS):(SI)), (SI)←(SI) ±2

功能:该指令把由(SI)指定的数据段中某字节(或字)单元内容送 AL(或 AX)。

使用 LODS 应用注意该指令允许用段跨越前缀来指定非数据段的存储区;它不影响条件码;一般说来,它不与 REP 联用,每重复一次,累加器的内容就改变一次,而累加器 AL(或 AX)中只能保持最后一个元素;有时缓冲区中的一串字符需要多次取出测试时可用本指令。

3)STOS(Store into string)存入串指令

格式:STOS　dest

或 STOSB (字节)

或 STOSW (字)

执行的操作:

字节操作:((ES):(DI)) ←(AL), (DI) ←(DI) ±1

字操作: ((ES):(DI)) ←(AX), (DI) ←(DI) ±2

用途:与 REP 联用时,(CX)←缓冲区长度,用来建立一串相同的值。

例 3.41　内存中有一个以 BLOCK 为首地址的数据块,其中有 20 个有符号字节数。现要求将数据块中正、负数分开,分别存于两个缓冲区:存放正数的缓冲区首址为 PUOS-DATA,存放负数的缓冲区首址为 MINUS-DATA。

分析:源数据块用 SI 寻址,正数的目的区用 DI 寻址,负数的目的区用 BX 寻址。循环次数送 CX。数据的传送过程:用 LODS 指令把源数据取入(AL)中,检查其符号,确定正、负,若为正数用 STOS 指令送至正数缓冲区,若是负数,把(DI)与(BX)交换,仍使用 STOS 传送,传送完后再将(DI)与(BX)交换,恢复原值。

参考程序段如下：

```
        ……
        MOV     SI,OFFSET  BLOCK
        MOV     DI,OFFSET  PUOS-DATA
        MOV     BX,OFFSET  MINUS-DATA
        MOV     CX,20
        CLD
GOON:   LODSB
        CMP     AL,0                ;比较判断(AL)是否为0
        JZ      AGAIN               ;若(AL)=0 则转 AGAIN
        TEST    AL,80H              ;测试(AL)的符号位
        JNZ     MINS                ;若(AL)是负数则转 MINS
        STOSB                       ;正数存入 PUOS-DATA
        JMP     AGAIN
MINS:   XCHG    BX,DI
        STOSB                       ;负数存入 MINUS-DATA
        XCHG    BX,DI
AGAIN:  DEC     CX                  ;修改次数
        JNZ     GOON
        ……
```

(2)**与 REPE/REPZ 和 REPNE/REPNZ 联合工作的 CMPS 和 SCAS 指令**

- REPE/REPZ(Repeat while equal/zero)相等/为零则重复

格式:REPE(或 REPZ)　string primitive

其中 String primitive 可为:CMPS, SCAS 指令。

执行的操作过程:

①如果(CX)=0 或 ZF=0(即某次比较的结果两个操作数不等)时退出 REPE,否则往下执行;

②(CX)←(CX)-1;

③执行 REPZ 后的串操作指令;

④重复①~③;

- REPNE/REPNZ 不相等/不为零时重复串操作

格式:REPNE(或 REPNZ)string primitive

其中 string　primitive 可为:CMPS, SCAS 指令。

执行的操作过程:

①如果(CX)=0 或 ZF=1(即某次比较的结果两个操作数相等)时退出 REPNE,否则往下执行;

②(CX)←(CX)-1;

③执行 REPNZ 后的串操作指令;

④重复①~③。

1)CMPS(Compare string)串比较指令

格式:CMPS　　dest,src

或 CMPSB(字节)

或 CMPSW(字)

执行操作:((SI))-((DI))

字节操作:(SI)←(SI)±1,(DI)←(DI)±1

字操作:(SI)←(SI)±2,(DI)←(DI)±2

功能:指令把由(SI)指向的数据段中的一个字(或字节)与由(DI)指向的附加段中的一个字(或字节)相减,但不保存结果,只根据结果设置标志位,其他操作规定与 MOVS 同。

例 3.42　利用 CMPS 指令对 STRING1 和 STRING2 两个字符串进行比较,相同在 RESULT 单元送 00H,不同送 0FFH。参考程序段如下:

```
        ……
        MOV     SI,OFFSET STRING1
        MOV     DI,OFFSET STRING2
        MOV     CX,COUNT
        CLD
        REPZ    CMPSB
        JNZ     LL              ;若串不同,在 RESUL 中置 0FFH
        MOV     AL,0            ;若串相同,在 RESULT 中置 00H
        JMP     LL1
LL:     MOV     AL,0FFH
LL1:    MOV     RESULT,AL
        ……
```

2)SCAS (Scan string)串扫描指令

格式:SCAS　dest

或 SCASB(字节)

或 SCASW(字)

执行的操作:

字节操作:(AL)-((ES):(DI)),(DI)←(DI)±1

字操作:(AX)-((ES):(DI)),(DI)←(DI)±2

功能:指令把 AL(或 AX)的内容与由 DI 指定的在附加段中的一个字节或字进行比较,并不保存结果,只根据结果设置标志位,其他特性与 MOVS 同。

例 3.43　一个数据块由大小写英文字母、数字、其他符号组成,用 CR(ASCII 码 0DH)结束,数据块首地址为 BLOCK1。现要将其传送到 BLOCK2 为首地址的内存区,并将英文中小写英文字母(a~z)转换成大写英文字母(A~Z),其余不变。

分析:大小写英文字母中相应 ASCII 码的关系:

'a'~'z'相对应 ASCII 码为:61H~7AH

'A'~'Z'相对应 ASCII 码为:41H~5AH

英文中小写英文字母(a~z)转换成大写英文字母(A~Z):只要将小写的 ASCII 码减去

20H 即可。参考程序段如下:

```
      ……
      LEA     SI, BLOCK1
      LEA     DI, BLOCK2
      CLD
Next: LODSB
      CMP     AL, 0DH      ;比较判断取出字符是否是 CR
      JZ      Do           ;数据块结束转 DO
      CMP     AL, 61H      ;判断取出字符是否小于'a'
      JC      OK           ;不是小写字母转 OK
      CMP     AL, 7BH      ;判断取出字符是否大于等于 7BH
      JNC     OK           ;不是小写字母转 OK
      SUB     AL, 20H      ;将小写字母转换成大写字母
OK:   STOSB                ;存入 BLOCK2
      JMP     Next         ;循环
Do:   ……
```

3.2.5　控制传送指令(Control transfer instructions)

一般情况下,程序的指令是在顺序地逐条执行,而实际上一个程序从头到尾全部顺序执行的可能性很少,其中往往需要改变程序执行的流程,在这里要介绍的控制转移指令就是用来改变程序的执行流程的。在 8086/8088 中有以下五种控制转移指令:

(1)无条件转移指令 JMP(jump)

格式:JMP　操作数

功能:无条件的转去执行从目标地址开始的指令。从这可以看出 JMP 指令中必须指定转移的目标地址(即转向地址)。

总的来讲,转移可以分成两类:段内转移和段间转移。

段内转移:是指在同一段的范围之内进行转移,此时只需要改变 IP 寄存器的内容,即用新的转移目标地址代替原有的 IP 的值就可以达到转移的目的。如:

```
JMP  SHORT  OPR          ;段内直接短转移
JMP  NEAR  PTR  OPR      ;段内直接近转移
JMP  WORD  PRT  OPR      ;段内间接转移
```

段间转移:是指在不同的段之间进行转移。要实现从一个段转移到另一个段去执行程序,不仅要修改 IP 寄存器的值,还要修改 CS 寄存器的值才能达到目的,即转移目标地址应该由新的段地址和偏移地址两部分组成。如:

```
JMP  FAR  PTR  OPR       ;段间直接远转移
JMP  DWORD  PTR  OPR     ;段间间接转移
```

不管是段内转移还是段间转移,JMP 指令的操作数中涉及的有关转移的寻址方式,在本章指令寻址方式部分已经作过详细介绍,在这里也就不重述。

(2)**条件转移指令**

格式:JCC　　OPR

其中"J"后面的"CC"是指"某一测试条件"。

条件转移指令根据上一条指令所设置的条件码来判别测试条件,每一种条件转移指令都有它自身的测试条件,当满足测试条件时,则转移到由指令指出的目标地址去执行那里的程序,即:(IP)←(IP)+符号扩展到16位后的位移量D8;当不满足条件时则不转移,即顺序地执行下一条指令,即:(IP)不变。在汇编指令格式中,OPR应指定一个目标地址,这个目标地址应在本条转移指令下一条指令地址的-128~+127个字节的范围之内。

值得注意:虽然所有的条件转移指令都是使用了相对转移形式,转移的范围在-128~+127个字节之内,但这不等于我们就不能用它们实现往一个较远的地方进行条件转移。当需往一个较远地方进行条件转移时,我们还是可以首先选用条件转移转到附近一个单元,然后,再用无条件转移转到较远的目的地。另外一个值得注意的就是,所有的条件转移指令都不影响标志位。

按转移条件不同,条件转移指令可以分为4大类:

1)测试CX的值为0则转移指令

格式:JCXZ　OPR

测试条件:(CX)=0

由于CX寄存器经常用来设置计数值,所以这条指令可以根据CX寄存器内容的修改情况来产生两个不同的分支。当(CX)=0时,则转移到OPR。

2)简单条件转移指令

根据单个标志位的状态判断转移条件,转移指令如下表3.2所示:

表3.2　简单条件转移指令

标志位	指令助记符	转移条件	含义
CF	JC	CF=1	有进位或借位
	JNC	CF=0	无进位或借位
ZF	JE/JZ	ZF=1	相等/等于"0"
	JNE/JNZ	ZF=0	不相等/不等于"0"
OF	JO	OF=1	有溢出
	JNO	OF=0	无溢出
PF	JP/JPE	PF=1	有偶数和"1"
	JNP/JPO	PF=0	有奇数和"1"
SF	JS	SF=1	是负数
	JNS	SF=0	是正数

3)无符号数条件转移指令

假设在条件转移指令之前使用了比较指令,比较了两个无符号数M、N,指令进行的操作是 M－N，转移指令如下表 3.3 所示：

表 3.3　无符号数条件转移指令

指令助记符	转移条件	含义
JA/JNBE	CF＝0　AND　ZF＝0	M＞N
JAE/JNB	CF＝0　OR　ZF＝1	M≥N
JB/JNAE	CF＝1　AND　ZF＝0	M＜N
JBE/JNA	CF＝1　OR　ZF＝1	M≤N

4）带符号数条件转移指令

假设在条件转移指令之前使用了比较指令，比较了两个带符号数 M、N，指令进行的操作是 M－N，转移指令如下表 3.4 所示：

表 3.4　带符号数条件转移指令

指令助记符	转移条件	含义
JG/JNLE	SF＝OF　AND　ZF＝0	M＞N
JGE/JNL	SF＝OF　OR　ZF＝1	M≥N
JL/JNGE	SF≠OF　AND　ZF＝0	M＜N
JLE/JNG	SF≠OF　OR　ZF＝1	M≤N

例 3.44　比较二个数是否相等，如相等做动作 1，否则做动作 2，可编写程序段如下：

```
          CMP        AX,BX
          JE         Action_1
          ……;动作 2
          ……
Action_1:……; 动作 1
          ……
```

(3)子程序调用指令

汇编语言中的子程序相当于高级语言中的过程，为了便于模块化程序设计，往往把程序中具有独立功能的部分编写成独立的程序模块，称之为子程序。当主程序中需要完成某一个独立功能时，则可以调用能够完成该独立功能的子程序，而在子程序执行完后又返回主程序继续执行。为了实现这样一个过程，8086/8088 提供了以下指令：

子程序调用指令　　CALL(call)

子程序返回指令　　RET(return)

CALL 指令和 RET 指令都不影响条件码。

主程序和子程序可以在同一段中，又可以不在同一段中，而且在不同的情况下，这两条指令的格式不同，具体如下：

1)CALL 调用指令

CALL 调用指令具体可以分成 4 种情况进行调用：段内直接调用、段间直接调用、段内间接调用、段间间接调用。

①段内直接调用

格式:CALL　OPR

执行的操作:　　　(SP)←(SP) -2

((SP) +1,(SP))←(IP)

(IP)←(IP) + D16

不难看出,这条指令的第一步操作是先把子程序的返回地址(CALL 指令的下一条指令的地址)存入堆栈中,以便子程序返回主程序时使用;第二步操作才是转移到子程序的入口地址去执行。其中 OPR 是给出的转向地址(子程序的入口地址,即子程序的第一条指令的地址);D16 表示机器指令中的位移量(转向地址和返回地址之差),位移量为 D16 范围 -32 768 ~ +32 767 H,占有两个字节。

②段内间接调用

格式:CALL　OPR

执行的操作:　　　(SP)←(SP) -2

((SP) +1,(SP))←(IP)

(IP)←(EA)

其中 EA:由 OPR 寻址方式(除立即数以外的任何一种寻址方式)所确定的有效地址。

③ 段间直接调用:

格式:CALL　FAR　PTR　OPR

执行的操作:　　　(SP)←(SP) -2

((SP) +1,(SP))←(CS)

(SP)←(SP) -2

((SP) +1,(SP))←(IP)

(IP)←OPR 偏移地址(指令中第 2,3 字节)

(CS)←OPR 段地址(指令中第 4,5 字节)

因为主程序和子程序不在同一段中,所以在保留返回地址和设置目标地址的时候都必须把段地址考虑在内。

④ 段间间接调用:

格式:CALL　DWORD　PTR　OPR

执行的操作:　　　(SP)←(SP) -2

((SP) +1,(SP))←(CS)

(SP)←(SP) -2

((SP) +1,(SP))←(IP)

(IP)←(EA)

(CS)←(EA +2)

其中 EA 是由 OPR 的寻址方式确定的有效地址。

实际上,CALL 指令的使用方法与 JMP 指令相同,所以在指令的格式中也是可以加上如 NEAR　PTR 的属性操作符的。

2) RET 返回指令

它放在子程序的末尾,使子程序在功能完成后返回主程序继续执行。为了能够准确返回,返回指令类型与调用指令类型相对应。从前面可以知道在调用子程序时,调用指令首先完成的功能就是把子程序的返回地址存入堆栈,所以子程序返回时,返回指令的功能就应该是将返回地址出栈送 IP 寄存器(段内)或 IP、CS 寄存器对(段间)。

RET 返回指令具体可以分成 4 种情况返回:段内返回、段内带立即数返回、段间返回、段间带立即数返回。

①段内返回

格式:RET

执行的操作:　(IP)←((SP)+1,(SP))

(SP)←(SP)+2

②段内带立即数返回

格式:RET　EXP

执行的操作:　(IP)←((SP)+1,(SP))

(SP)←(SP)+2

(SP)←(SP)+D16

EXP 一个表达式,根据它计算出来的常数成为机器指令中的位移量 D16 。这种指令允许返回地址出栈后修改堆栈的指针。

③段间返回:

格式:RET

执行的操作:　(IP)←((SP)+1,(SP))

(SP)←(SP)+2

(CS)←((SP)+1,(SP))

(SP)←(SP)+2

④段间带立即数返回

格式:RET　EXP

执行的操作:　(IP)←((SP)+1,(SP))

(SP)←(SP)+2

(CS)←((SP)+1,(SP))

(SP)←(SP)+2

(SP)←(SP)+D16

EXP:是一个表达式计算出来的常数成为机器指令中位移量 D16,修改堆栈指针。

(4)循环控制指令

8086/8088 为了简化循环程序设计,专门设计了三条循环指令如下:

1) LOOP 循环指令

格式:　LOOP　OPR

循环测试条件:(CX)≠0

2) LOOPZ/LOOPE 当为零或相等时循环指令

格式:　LOOPZ/LOOPE　OPR

循环测试条件:(CX)≠0 且 ZF = 1

3) LOOPNZ/LOOPNE 当不为零或不相等时循环指令

格式: LOOPNZ/LOOPNE OPR

循环测试条件:(CX)≠0 且 ZF≠1

上述 3 条循环指令执行的步骤是:

①(CX)←(CX) - 1。

②检查是否满足循环测试条件,如满足则转向目标地址 OPR 去执行(即实行循环);否则退出循环,程序继续顺序执行。

很显然这里也使用了相对转移形式,实际使用时在汇编格式中 OPR 必须指定一个表示目标地址的标号(即符号地址),而在机器指令中则用 8 位位移量 D8 来表示目标地址与当前 IP 值的差(即(IP)←(IP) + D8 的符号扩展),由于位移量只有 8 位,所以循环指令的目标地址必须在该循环指令的下一条指令地址的 - 128 ~ + 127 字节的范围之内。

循环指令说明:

①LOOP 退出循环条件是(CX) = 0;

②LOOPZ 和 LOOPNZ 提供了提前结束循环的可能,不一定要等到(CX) = 0 才退出循环;

③循环指令不影响状态标志。

例 3.45 将 BL 寄存器的内容按二进制形式显示出来,分别两种方法实现这一要求。程序段分别如下:

```
方法一:  MOV    CX,8
next:    ROL    BL,1
         MOV    DL,BL
         AND    DL,00000001B
         ADD    DL,30H
         MOV    AH,2
         INT    21H
         DEC    CX
         JNZ    next
         ……
方法二:  MOV    CX,8
next:    ROL    BL,1
         MOV    DL,BL
         AND    DL,00000001B
         ADD    DL,30H
         MOV    AH,2
         INT    21H
         LOOP   next
         ……
```

经过比较,上述两种方法的相同点在于:两种方法都给循环计数器 CX 赋了初值;而不同点在于:方法二用一条循环指令代替了方法一中原有的修改循环计数及判断转移条件。

由于 LOOPZ 和 LOOPNZ 提供了提前结束循环的可能,所以在某些情况下可能就要用到这两条指令,比如在字符串中查找某一个字符,查到后即可退出,此时就可用 LOOPNZ,在执行完 LOOPNZ 后(即退出循环后),可以根据 ZF 标志的值判断结果,若 ZF = 1,说明找到;又如在比较两个符号串是否相同时,当查到其中有一个对应字符不同时即可退出,此时可用 LOOPZ,在执行完 LOOPZ 后,若 ZF = 1,说明两串相等。

例 3.46　在首地址为 string 的存储区中存放着一个长度为 N 的字符串,要求在字符串中查找空格字符(ASCII 码为 20H),如果找到则转向 find 执行找到处理,否则顺序执行作未找到处理。编制实现这一要求的程序段如下:

```
        MOV     AL,20H
        MOV     SI,0
        MOV     CX,N            ;循环计数器 CX 赋初值 N
next:   CMP     AL,string[SI]   ;比较测试
        PUSHF                   ;标志寄存器入栈
        INC     SI
        POPF                    ;标志寄存器出栈
        LOOPNZ  next            ;当 CX 不为 0,且没找到空格字符时循环
        JZ      find            ;ZF = 1,表示找到空格字符
        未找到处理
        JMP     exit            ;跳出"找到处理"
find:   找到处理
exit:   结束
```

(5)中断指令和中断返回指令

有时当系统运行或程序运行期间遇到某些特殊情况,需要计算机自动执行一组专门的例行程序来进行处理,这种情况就称为中断(Interrupt)。所执行的这组程序就称为中断子程序(或中断服务程序)。

中断分为内部中断和外部中断两种。内部中断包括除法出错中断(即除法运算中除数为 0 时的中断)、单步跟踪中断、断点中断、溢出中断以及 INT n 中断指令引起的中断。外部中断包括非屏蔽中断和可屏蔽中断,用于处理 I/O 设备与 CPU 之间的通信。

CPU 响应一次中断自动完成三件事情:首先也要和调用子程序时类似把(CS)和(IP)保存入栈(即保留断点地址);其次是为了全面保存现场信息,将(PSW)保存入栈(即保护现场);最后才是转到中断子程序去执行。当然从中断服务程序返回时,则需要恢复断点地址和现场。

中断服务程序的入口地址(即包括其段地址和偏移量)也称为中断向量,且每个中断向量占 4 个字节单元(即高字存放段地址,低字存放偏移量)。每一种中断有一个编号,称为中断类型号。在 8086/8088 系统中,存储器的最低地址区 00000H——003FFH 为中断向量表,从低地址往高地址共存放着 256 种类型的中断向量,它们所对应的中断类型号分别为 0 ~ 255。所以在中断指令中指定的类型号 N 乘以 4 才能取得该类型中断的中断向量在中断向量表中的起始地址。比如中断类型号为 9,则 $9 \times 4 = 36$,转换成 16 进制数为 24H,即 9 号中断的中断向量在中断向量表中的起始地址为 00024H,由于每个中断向量占 4 个字节单元,所以在 00024H ~ 00027H 字节单元中便存放其中断向量。

1) INT 中断指令

格式:INT TYPE 或 INT

执行的操作:

(SP)←(SP) -2
((SP) +1,(SP))←(PSW)
(SP)←(SP) -2
((SP) +1,(SP))←(CS)
(SP)←(SP) -2
((SP) +1,(SP))←(IP)
(IP)←(TYPE ×4)
(CS)←(TYPE ×4 +2)

其中 TYPE 为中断类型号,它可以是常数或表达式,但其值必须在 0 ~255 的范围之内,格式中 INT 是一个字节的中断指令,隐含的类型号是 3,即断点中断,该 INT 指令在执行完上述操作以后,IF、TF 必须自动清零,避免进入中断以后不能被外面其他中断所打断或进入中断以后不能按单步执行。

2) INTO(Interrupt on Overflow)溢出中断指令

格式:INTO

执行的操作:

(SP)←(SP) -2
((SP) +1,(SP))←(PSW)
(SP)←(SP) -2
((SP) +1,(SP))←(CS)
(SP)←(SP) -2
((SP) +1,(SP))←(IP)
(IP)←(10H)
(CS)←(12H)

INTO 指令可以写在一条算术运算指令的后面,若算术运算指令执行的结果产生溢出,即溢出标志 OF =1,该指令检测 OF =1 则启动一个中断过程,否则,不进行任何操作,接着执行下一条指令。该指令规定的中断类型号是 4(即溢出中断),所以它的中断向量在中断向量表中的地址是 10H。它在执行完上述操作以后,IF、TF 也必须自动清零。

3) IRET(Interrupt Return)从中断返回指令

格式:IRET

执行的操作:

(IP)←((SP) +1,(SP))
(SP)←(SP) +2
(CS)←((SP) +1,(SP))
(SP)←(SP) +2
(PSW)←((SP) +1,(SP))
(SP)←(SP) +2

所有中断过程(服务程序)不管是硬件引起的还是软件引起的,最后执行的一条指令一定是IRET,用以退出中断过程,返回到中断时的断点处。

3.2.6　处理器控制(Processor Control)

(1)**标志处理指令**

8086中有7条直接对单独的标志进行操作的指令。其中3条是针对进位标志CF的,两条是针对方向标志位DF的,两条是针对中断标志位IF的。

1)CLC(Clear carry flag)

此指令使标志CF=0。

2)STC(Set carry flag)

此指令使标志CF=1。

3)CMC(Complement carry flag)

此指令使标志CF取反,若执行指令前CF=0,则执行该指令后,CF=1;若执行指令前CF=1,则执行该指令后,CF=0。

4)CLD(Clear direction flag)

此指令使标志DF=0,则在串操作指令执行时,使地址自动增加。

5)STD(Set direction flag)

此指令使标志DF=1,则在串操作指令执行时,使地址自动减少。

6)CLI(Clear interrupt flag)

此指令使中断允许标志IF=0。于是在8086/8088系统中,外部装置送至可屏蔽中断请求引脚INTR上的中断请求,CPU就不予响应(即中断被屏蔽)。但此标志对非屏蔽中断请求引脚NMI上的中断请求以及软件中断都没有影响。

7)STI(Set interrupt enable flag)

此指令使中断允许标志IF=1,从而使CPU可以响应出现在INTR上的外部中断请求。

(2)**其他处理机控制指令**

1)HLT(Halt)暂停指令

格式:HLT

该指令使8086/8088进入暂停状态。在暂停状态CPU不进行任何操作,该指令也不影响任何标志。

当8086/8088处于暂停状态时,只有以下3种情况之一发生时才能脱离暂停状态:

①RESET线上有复位信号;

②在NMI线上有请求;

③在中断允许情形下(IF=1),在INTR线上有请求。

所以,HLT指令通常是在沉痼系中为了等待中断而使用。当由中断使CPU脱离暂停状态,在中断返回时,返回至HLT指令的下面一条指令。

2)NOP(No Operation)空操作指令

格式:NOP

该指令不执行任何操作,其机器码占有一个字节单元,占有3个时钟周期。在调试程序时,往往用这条指令占有一定的存储空间,以便在正式运行时用其他指令取代;当然也可以用它来实现一些短暂的延时。

3)ESC(Escape)交权指令

格式:ESC　　mem

其中 mem 指出一个存储单元(即不能是寄存器和立即数寻址方式),ESC 指令把该存储单元的内容送到数据线上去。

该指令称为交权(换码)指令,当处理器执行这条指令时把控制权交给协处理器,例如,为了提高系统浮点运算的速度,系统中通常会加入数值运算协处理器 8087,8087 的运算指令是与 8086/8088 的指令组合在一个指令流中运行的,所有 8087 运算指令的前面几位,对于 8086/8088 来说就是一条 ESC 指令,当执行 ESC 指令时,8086/8088 就把控制权交给 8087,但 ESC 指令还可以利用 8086/8088 的寻址方式为 8087 获取一个存储器操作数。

4)WAIT(wait)等待指令

格式:WAIT

该指令使处理器处于空转状态(即无任何操作),等待状态可以被允许的完部中断源所中断。当发生中断时,入栈保护的 IP 值就是 WAIT 指令的地址,所以当中断任务完成返回后,可以重新进入等待状态。

若等待状态结束,执行恢复,则只有在下一条指令执行时,才允许外部中断。

5)LOCK(Lock)总线锁定

该指令是一个一字节的指令前缀,可以放在任何一条指令前面。用来维持总线的锁存信号直到与其联合的指令执行完;CPU 与其他协处理器协同工作时,可以避免破坏有用信息。该指令不影响任何标志。

习题与思考题

1. 指令主要有哪些分类方式及其主要类别是什么?
2. 操作数的寻址方式有哪些?并举列说明其主要特点。
3. 指出下列指令中画线部分的寻址方式。

   (1)MOV　　AX,<u>1234H</u>

   (2)MOV　　BX,<u>AX</u>

   (3)MOV　　BX,<u>DS:[200H]</u>

   (4)MOV　　AL,<u>[BP]</u>

   (5)MOV　　AX,<u>[DI+200H]</u>

   (6)MOV　　AX,<u>VRA1</u>

   (7)MOV　　AX,<u>VAR1[BP][SI]</u>

4. 设 CS=1000H,DS=2000H,ES=3000H,SS=4000H,IP=100H,SP=200H,BX=300H,BP=400H,SI=500H,则下一条待执行指令的物理地址为多少?当前栈顶的物理地址为多少?[BX]代表的存储单元的物理地址为多少?[BP]代表的存储单元的物理地址为多少?ES:[BX+SI]代表的存储单元的物理地址为多少?
5. 试根据以下要求,分别写出相应的汇编语言指令。

(1)以寄存器BX和SI作为基址变址寻址方式把存储器中的一个字送到DX寄存器。

(2)以寄存器BX和偏移量VALUE作为寄存器相对寻址方式把存储器中的一个字和AX相加,把结果送回到那个单元。

(3)将BH的高4位与低4位互换。

(4)测试BX的第6、7、8、12、13位是否同时为0。

(5)将存放了0~9数值的DL寄存器中的内容转化为相应的'0'~'9'的字符。

6. 写出清除BX寄存器的多种方法并比较。(要求单指令实现)

7. 分别用存储器的5种寻址方式实现将以VAR为首址的第3个字(注意:从第0个),送AX的指令序列。

8. 指出下列指令错误的原因:

```
(1)MOV    CL,300
(2)MOV    CS,AX
(3)MOV    BX,DL
(4)MOV    ES,1000H
(5)TEST   BX,[CX]
(6)SUB    [BX],[BP+SI]
```

9. 试比较以下几条指令的功能。

```
MOV    AX,DI
MOV    AX,[DI]
MOV    AX,OFFSET  [DI]
LEA    AX,[DI]
LDS    AX,[DI]
LES    AX,[DI]
```

10. 程序理解执行。

```
(1)STC
   XOR    AX,AX
   NOT    AX
   XOR    AX,5678H
   ADC    AX,8
   TEST   AX,8000H
```

程序段执行后,AX = ________,CF = ________。

```
(2)MOV    AL,0AH
   OR     AL,AL
   SBB    AL,0F0H
   NEG    AL
   ADC    AL,0E8H
   TEST   AL,36H
```

程序段执行后,CF = ________,AL = ________。

11. 程序语句填空。

(1)下列是完成 1 ~20 之间的奇数累加和存于 AL 中的程序段:

```
        XOR     AL,AL
        ________
        MOV     BL,1
AGAIN:  ADD     AL,BL
        ________
        LOOP    AGAIN
```

(2)下列是在串长为 M 的串 STRING 中查找是否有'M'字符的程序段:

```
        ________
        MOV     DS,DI
        LEA     DI,STRING
        CLD
        MOV     CX,M
        MOV     AL,'M'
        ________
        JZ      FOUND           ;转到找到分支
```

12. 假设 AX =0A66H,VAR 变量中存放的内容为 1888H,写出下列各条指令执行后的 BX 的寄存器中和 CF、ZF、SF 与 OF 的值。

(1)CMP　　AX,VAR

(2)TEST　　AX,VAR

第4章 MASM 汇编语言基础

4.1 汇编语言语句种类及其格式

一个汇编语言源程序经过汇编程序(Assembler)的汇编(即翻译)才能生成一个目标程序。汇编程序是计算机的系统软件之一,它提供了组成汇编语言源程序的语法规则。最常用的支持 Intel 8086/8088 系列微机的汇编程序 MASM,是美国 Microsoft 公司开发较早的宏汇编程序,它不仅具有 ASM 的全部功能,而且增加了宏指令、结构、记录等高级宏汇编功能。

同高级语言程序一样,语句(Statement)是汇编语言源程序的基本组成单位。一个汇编语言源程序有三种基本语句:指令语句、伪指令语句、宏指令语句。前两种最常见、最基本。对于宏指令,将在后面的章节介绍。

4.1.1 指令语句

每一条指令语句在汇编时都要产生一个可供机器执行的目标代码,这种语句也被称为可执行语句。指令语句的格式如图 4.1 所示。

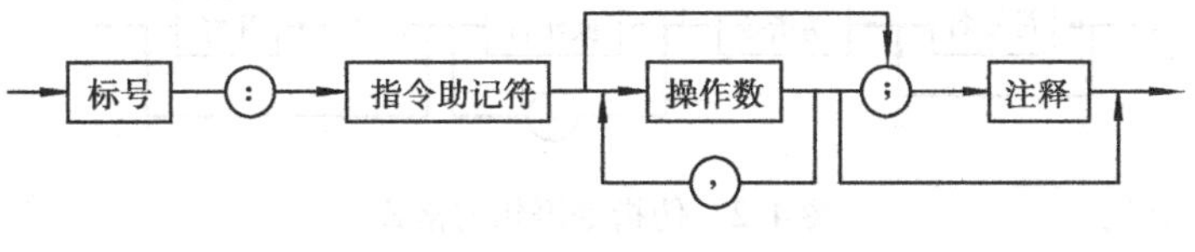

图 4.1 指令语句的格式

一条指令语句有如下 4 个字段:

(1)标号字段

这是一个可选字段。标号必须以":"作为结束符。一个标号是一条指令的符号地址,它代表该指令的第一个字节的地址。一个程序段或子程序的入口处通常设置一个标号,当程序需要转入该程序时,在转移指令或调用指令中,可直接引用这个标号。

指令语句中的标号以及下面将要介绍的伪指令语句中的符号名我们都统称为标识符。标识符由若干字符组成，它们的组成规则如下：

1）标识符可以用下列字符表示：字母 A ~ Z（或 a ~ z），数字 0 ~ 9，专用字符？、·、@、下划线_、$，除数字以外，所有字符都可以放在标识符的第一个位置，如果标识符中用到·，则必须是第一个字符；

2）字符个数为 1 ~ 31 个（即只有前面 31 个字符能被汇编程序所识别，超出部分忽略）；

3）不使用属于系统专用的保留字。保留字主要有指令助记符（如 MOV、INC）、伪指令（如 DB、DW）、寄存器名（如 AX、BX）等；

4）对定义的标识符不区分大小写。

（2）指令助记符字段

这是一条指令中不可缺少的主要成分。前面所介绍的各种指令，如 MOV、INC、CLC……等就出现指令语句的这个字段上。它表示这条语句要求 CPU 完成什么操作。有些指令（如串操作指令）在指令助记符的前面还可以加上前缀，实现某些附加操作。

（3）操作数字段

按照指令助记符字段要求，指令语句可以有一个操作数、两个操作数或无操作数。如 MOV 指令需要两个操作数，并且要用逗号“，”把它们隔开；如 INC 等指令只需要一个操作数；如 CLC 指令不需要操作数。值得注意的是：如果需要操作数，每一个操作数都要依据 8086/8088CPU 所允许的寻址方式来表示。

（4）注释字段

这是一个可选字段，注释字段必须以分号“；”为开始，它可以方便程序设计人员对程序或指令加以注释，提高程序的可读性。当需要做较多的文字说明时，一条语句可以只有注释字段，不过本语句的第一个有效字符必须是分号“；”。注释字段的内容并不影响指令的功能，也不会出现在机器的目标代码之中。

4.1.2 伪指令语句

与指令语句不同的是，伪指令本身不产生与之对应的目标代码。它是在汇编程序对汇编语言源程序汇编期间，由汇编程序处理的操作，它们可以完成如数据定义、分配存储区、指示程序结束等功能。伪指令语句的格式如图 4.2 所示：

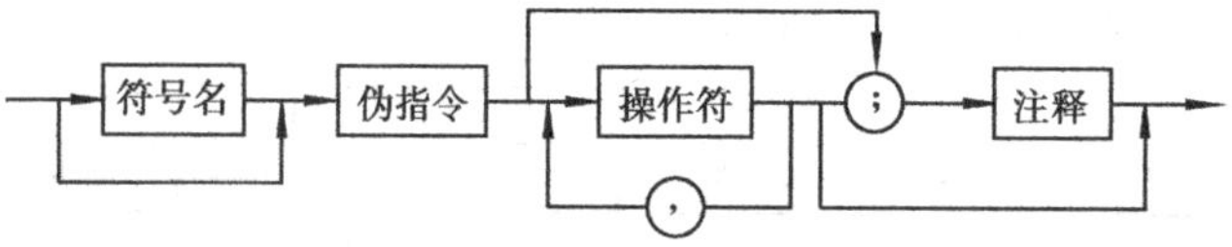

图 4.2 伪指令语句的格式

一条伪指令语句也有如下 4 个字段：

（1）符号名字段

这是一个可选字段。符号名后面不得用冒号“：”，这是它与指令语句突出的一个区别。不同的伪指令，符号名可以是常量名、变量名、过程名等。它们可以作为指令语句和伪指令语句的操作数，这时，符号名就表示一个常量或存储器地址。

(2)**伪指令字段**

这是伪指令语句中不可省略的主要成分。如定义数据伪指令 DB，段定义伪指令 SEGMENT 等。它们是伪指令语句要求汇编程序完成的具体操作命令。

(3)**操作数字段**

本字段是否需要，需要几个，需要什么样的操作数等都由伪指令字段中伪指令来确定。操作数可以是一个常数、字符串、常量名、变量名、标号及一些专用的符号(如 BYTE、FAR 等)等。

(4)**注释字段**

这是一个任选字段，它必须以分号为开始，它的作用与指令语句的注释字段相同。

4.2 汇编语言数据

数据是指令语句和伪指令语句中操作数的基本组成部分。一个数据包含有它的数值和属性两部分。这两部分对一条指令语句汇编成机器目标代码都有直接关系。通常汇编语言能识别的数据有：常量、变量和标号。

4.2.1 常量

凡是出现在 8086 源程序中的固定值(即在汇编期间，它的值已经能够完全确定，在程序运行期间，它的值也不会发生任何的变化)，就称为常量。通常它包含以下类型：

(1)**十进制常量**

0 ~ 9 数字序列，可以用字母 D 结尾(如 1234D)，也可没有结尾字母(如 1234)；

(2)**二进制常量**

以字母 B 结尾的 0 和 1 组成的数字序列(如 11110000B)；

(3)**八进制常量**

以字母 O 或 Q 结尾的 0 ~ 7 数字序列(如 123Q,456O)；

(4)**十六进制常量**

以字母 H 结尾的 0 ~ 9 和 A ~ F(或 a ~ f)的数字字母序列(如 1234H,0F2H)。为了区别由 A ~ F(或 a ~ f)组成的符号串是一个十六进制数还是一个标识符，凡是 A ~ F(或 a ~ f)开头的十六进制数，必须在前面加上数字“0”，否则汇编程序将其认作标识符；

(5)**字符串常量**

用单引号或双引号括起来的一个或多个字符，这些字符用它的 ASCII 码值存储在内存中(如‘1’在内存中是 31H；‘12’是 31H,32H)。值得注意的是：只有在初始化存储器时才可以使用多于 2 个字符的字符串常量(见后面的 DB 伪指令部分)。

在程序中，常量主要出现在：

①在数据定义伪指令中，如：

```
VAR      DB      'VAR'      ;定义 3 个字节的字符串变量。
```

②在指令语句的源操作数中作立即数，如：

```
MOV      AL,12H
```

③在指令语句的寄存器相对寻址或相对基址变址寻址中作为位移量，如：

```
MOV     BX,32H[SI]
```

4.2.2 变量

变量就是用来表示程序中所用的内存操作数。定义变量就是给变量分配存储单元,且对这个存储单元赋予一个符号名——变量名,同时给这些存储单元预置初值,这些值可以在程序运行期间随时修改。

(1)定义

格式:[变量名] 类型助记符 操作数[,操作数,……]

其中变量名字段是可有可无的,它用于指示内存操作数的地址(符号地址);操作数字段用于指示内存操作数,汇编程序将定义的内存操作数,按其类型分配内存单元数,顺序存入变量名指向的内存单元中;类型助记符字段用于说明伪指令的助记符,常用的有以下几种:

DB 伪指令用来定义字节,其后的每个操作数都占有一个字节;

DW 伪指令用来定义字,其后的每个操作数都占有一个字(低位字节存放在低地址,高位字节存放在高地址);

DD 伪指令用来定义双字,其后的每个操作数都占有两个字;

DQ 伪指令用来定义四个字,其后的每个操作数都占有四个字。

例 4.1 操作数可以是常量,也可以是表达式(该表达式可以求得一个常量),如

```
xx      DB      1, -1
yy      DW      2*16, -1
```

汇编程序可以在汇编期间在存储器中存入数据,如图 4.3 所示:

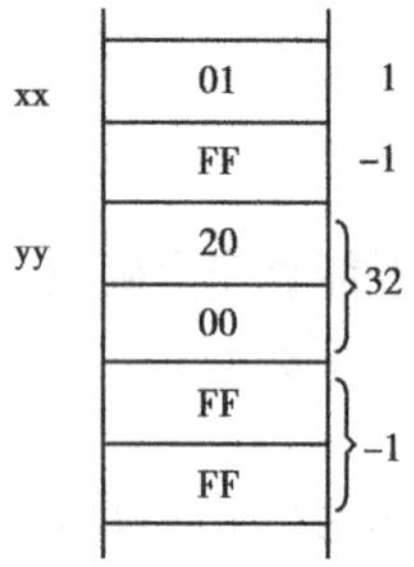

图 4.3 例 4.1 中变量存放情况

(2)变量的 3 个属性

1)段属性 SEG 它表示变量存放在哪一个逻辑段中(即变量的段基址)。当指令中要对这些变量进行存取操作时,事先要把它们所在的段的段基址存放到段寄存器中;

2)偏移量属性 OFFSET 表示变量在逻辑段中离段起始点的字节距离。上述段属性和偏移量属性就构成了变量的逻辑地址。

3)类型属性 TYPE 表示变量占用存储单元的字节数,它由类型助记符 DB、DW、DD、DQ 来规定,即由数据定义伪指令确定的。

(3)预置初值

变量定义格式中的操作数部分,实际上就是给变量预置初值,它们通常有以下几种情况:

1)数值表达式:表示内存操作数的初始值,其值应在其定义的类型范围内。

```
如:xx      DB      1, -1
   yy      DW      2*16, -1
```

2)? 表达式:不带引号的? 表示可预置任何内容。

```
如:cc      DB      ?
   dd      DW      ?
```

3)字符串表达式:

①对于 DB 伪指令,为字符串中每个字符分配一个字节单元。字符串必须是引号括起来的不超过255个字符。字符串自左至右以符号的 ASCII 码按地址递增的排列顺序依次存放在内存中。

②对于 DW 伪指令,可以给两个字符组成的字符串分配两个字节的存储单元,而且这两个字符的 ASCII 码的存储顺序是前一个字符在高字节,后一字符在低字节。每一个数据项只能是1~2个字符。

③对于 DD 伪指令,仅可给两个字符组成的字符串分配4个字节的单元,且这两个 ASCII 码是存储在两个低字节(存储顺序与 DW 伪指令相同)中,两个高字节均存放00H。

```
例4.2  STR1    DB    '123456'
       STR2    DW    '12','34','56'
       STR3    DD    '12','34'
```

如图4.4显示了变量 STR1、STR2、STR3 在内存中的存放情况:

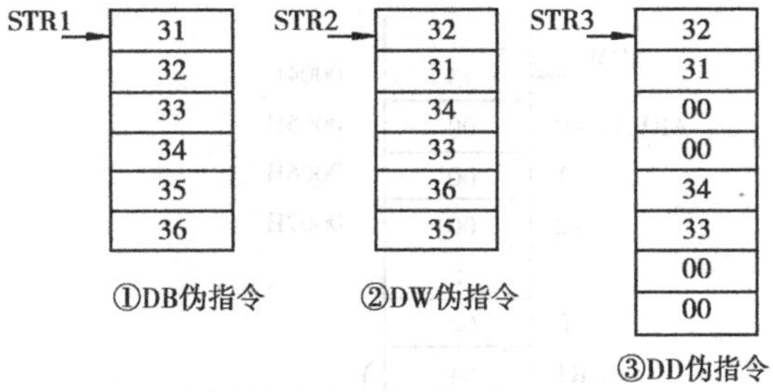

图4.4 例4.2中变量存放情况

4)带 DUP 表达式:DUP 是定义重复数据操作符,在操作数部分的格式为:

```
       重复次数    DUP(重复的内容)
例4.3  ee0    DB    3   DUP(12)
       ee1    DB    20  DUP(?)
       ee2    DB    10H  DUP('8889')
       ee3    DB    10H  DUP(3  DUP(8),9)
```

说明:

变量 ee0 等价于 ee0 DB 12,12,12;变量 ee1 保留20个字节,每个字节可预置任何内容;变量 ee2 重复10H个字符串'8889',共40H个字节单元;变量 ee3 是 DUP 操作符的嵌套使用,即它的重复内容可以又是一个带 DUP 的表达式。它重复10H个数据序列"8,8,8,9",共40H个字节单元。

(4)变量的使用

1)在指令语句中,如果要对某存储单元进行存取操作,就可直接引用它的变量名;若操作数采用直接寻址,变量的偏移量作为操作数偏移量;而操作数若采用了寄存器相对寻址或相对基址变址寻址,此时变量的偏移量就作为操作数的位移量。

```
例4.4  VAR1    DB    12H       ;定义变量
       VAR2    DB    10  DUP(12H)
       ……
```

```
MOV    AL,VAR1         ;VAR1 存储单元的内容 12H 传给 AL
MOV    AL,VAR2[SI]     ;目的操作数的偏移量 = VAR2 的偏移量 + (SI)
```

2)在伪指令语句中:定义变量时引用了另一个变量,则这个变量的内容(即存储单元的内容)均是被引用变量的逻辑地址(包括段地址和偏移量)。如用 DW,则仅有偏移量,如用 DD 则前两个字节(低字地址)存放偏移量,后两个字节(高字地址)存放段地址;注意不能用 DB 引用变量名。

例 4.5
```
NUM      DB     75H
ARRAY    DW     20H  DUP(0)
ADR1     DW     NUM
ADR2     DD     NUM
ADR3     DW     ARRAY[2]
```

假设上述语句的段基址是 0915H,NUM 的偏移量是 0004H,则上述变量的存储情况如图 4.5 所示:

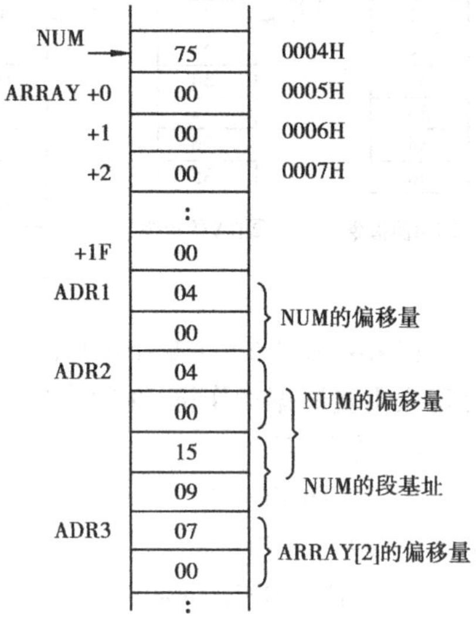

图 4.5　例 4.5 中变量存放情况

4.2.3　标号(Label)

(1)**定义**

标号是一条指令目标代码的符号地址,它常作为转移指令或调用指令的操作数。

如:
```
        CMP     AL,BL
        JE      LOP
        ……
LOP:    ……
```

(2)**标号的三个属性**

1)段属性

表示这条指令的目标代码在哪个逻辑段中。

2)偏移量属性

表示这条指令目标代码的首字节在段内离段起始点的字节距离;

同样上述两个属性构成了这条指令目标代码首字节的逻辑地址。

3)距离属性(或类型属性)

表示本标号可作为段内或段间的转移特性。距离属性分为两种:

NEAR(近):本标号只能被标号所在的段的转移和调用指令所访问(即段内转移)。只需改变 IP 值,而不改变 CS 值。

FAR(远):本标号可以被其他段(不是标号所在的段)的转移和调用指令所访问(即段间转移)。不仅需要改变 IP 值,还需要改变 CS 值。

4.3　表达式与运算符

指令或伪指令语句进行操作的对象是操作数,而表达式是操作数常见的形式,它由常数、变量、标号通过操作运算符连接而成的。任意表达式的值是在程序汇编过程中进行计算确定的,不是在程序运行时求得的。

8086/8088 宏汇编语言中操作运算符分为:算术运算符、逻辑运算符、关系运算符、数值返回运算符、属性修改运算符。

4.3.1　算术运算符

算术运算符有 +(加)、-(减)、*(乘)、/(整除)、MOD(求余),参加运算的数和运算结果均是整数。/ 是代表整除,只取商的整数部分(商的符号位是同号得正,异号得负),而 MOD 是代表求余,只取商的余数部分(绝对值求余后再加上符号位,符号位与被除数相同);*、/、MOD 不能用于变量运算。+、- 可用于变量与常量之间,变量 ± 常量代表的是变量的地址 ± 常量后作为地址所对应的存储单元。- 可用于变量与变量之间(必须是同一段中的两个变量),变量 - 变量代表的是两个变量的地址相减,是两个变量之间间隔的字节数。

例4.6
```
VAR1    DB      1,2,3,4
VAR2    DW      1234H,5678H
……
MOV     AL,VAR1 +2              ;(AL) =3
MOV     CX,VAR2 - VAR1          ;(CX) =0004H
MOV     AH,3 *2                 ;(AH) =6
MOV     AH,6/4                  ;(AH) =1
MOV     AH,6   MOD   4          ;(AH) =2
```

4.3.2　逻辑运算符

逻辑运算符有4个:AND(与)、OR(或)、NOT(非)和 XOR(异或),参加运算的数和运算的结果均是整数,逻辑运算是按位进行的。

例4.7
```
MOV     BL,33H   AND   0F0H     ;(BL) =30H
```

```
MOV    BH,33H  OR  0F0H        ;(BH)=0F3H
MOV    AL,NOT  0F0H            ;(AL)=0FH
MOV    AX,NOT  0F0H            ;(AX)=0FF0FH
MOV    CL,33H  XOR  0F0H       ;(CL)=0C3H
```

4.3.3 关系运算符

关系运算符有6个,其主要有4个英文单词的缩写,它们分别是:GREAT(大于)、LITTLE(小于)、EQUAL(等于)、NOT(不)。这6个关系运算符分别是:GT(大于)、GE(大于等于)、LT(小于)、LE(小于等于)、EQ(等于)、和NE(不等于)。它们用于比较两个表达式,表达式一定是常数或同段内的变量。若是常数,按无符号数比较;若是变量则比较它们的偏移量。比较的结果为以真,表示为全1;结果为假,表示为全0。

例4.8
```
MOV    AX,5  GT  4             ;(AX)=0FFFFH
MOV    BL,8+3*2  LT  25/4      ;(BL)=0
```

4.3.4 数值返回运算符

数值返回运算符有5个,分别是:SEG、OFFSET、TYPE、LENGTH和SIZE。这种运算符的对象必须是存储器操作数,即变量名或标号,通过运算后返回的是一个数值。下面分别说明各运算符的功能。

1)SEG

格式:SEG　变量名或标号

当运算符SEG加在一个变量名或标号前面时,汇编程序回送的运算结果是这个变量或标号所在的段的段基址;

如:MOV　AX,SEG　VAR

2)OFFSET

格式:OFFSET　变量名或标号

当运算符OFFSET加在一个变量名或标号前面时,汇编程序回送的运算结果是这个变量或标号所在的段的偏移量;

如:MOV　AX,OFFSET　VAR

3)TYPE

格式:TYPE　变量名或标号

如果是变量,则汇编程序将回送该变量的以字节数表示的类型:DB为1,DW为2,DD为4,DQ为8。如果是标号,则汇编程序将回送代表该标号类型的数值:NEAR为-1,FAR为-2。其中变量的类型数字正好表示它们每个数据所占的存储单元的字节数;而标号的类型数字没有什么物理意义。

如:VAR3　DD　10H,20H

则对于指令

MOV　AL,TYPE　VAR3

汇编程序将其形成为:

MOV　AL,04H

4）LENGTH

格式：LENGTH　　变量名

如果变量是用重复数据操作符 DUP 说明的，汇编程序将回送外层 DUP 给定的值；如果变量没有用 DUP 说明，则返回的值总是 1。

例 4.9
```
VAR1    DB    3  DUP(0)
VAR2    DW    4  DUP(2,3  DUP(2))
VAR3    DD    10H,20H
……
MOV     AL,LENGTH  VAR1          ;汇编后(AL)=3
MOV     BL,LENGTH  VAR2          ;汇编后(BL)=4
MOV     CL,LENGTH  VAR3          ;汇编后(CL)=1
```

5）SIZE

格式：SIZE　　变量名

运算符 SIZE 加在变量的前面，汇编程序回送的值等于 LENGTH 和 TYPE 两个运算符返回值的乘积。

例 4.10
```
VAR1    DB     3  DUP(0)
VAR2    DW     4  DUP(2,3  DUP(2))
VAR3    DD     10H,20H
……
MOV     AL,SIZE  VAR1            ;汇编后(AL)=3*1=3
MOV     BL,SIZE  VAR2            ;汇编后(BL)=4*2=8
MOV     CL,SIZE  VAR3            ;汇编后(CL)=1*4=4
```

4.3.5　属性修改运算符

这种运算符是对变量、标号或某存储器的类型属性进行修改指定，它主要有 PTR、段跨越前缀、SHORT、HIGH 和 LOW 等 5 种。

1）PTR

格式：类型　　PTR　　地址表达式

其中，地址表达式是指要修改类型属性的标号或存储器操作数。如果它是标号，则与之对应的类型有：NEAR、FAR；如果它是存储器操作数，则与之对应的类型有：BYTE、WORD、DWORD。

具体 PTR 有 5 种用法：NEAR　PTR 和 FAR　PTR 用于对标号的限定说明其是段内或段间；BYTE　PTR、WORD　PTR 和 DWORD　PTR 用于对存储器操作数的限定说明其数据类型是字节、字、或双字。这种修改限定是临时性的，仅在该运算符所在的语句内有效。

例 4.11
```
VAR_WORD        DW        3456H
……
ADD     BYTE  PTR  VAR_WORD,AL
DEC     BYTE  PTR  [SI]
JMP     FAR  PTR  LLL
```

说明：

①第1条指令语句主要是临时修改变量的类型属性，同时指定它们按字节存储单元进行操作。

②第2条指令语句，由于目的操作数是用寄存器间接寻址，如果没有用BYTE PTR对该操作数加以限制，那么在汇编该指令时，就不知道它操作的是字节单元还是字单元，因此这条指令必须用PTR运算符对类型加以指定，否则将会产生语法错误。

③第3条指令语句中用FAR PTR用于指明标号LLL不在本指令语句所在的段。

2）段跨越前缀

它是在存储器操作数之前加上段寄存器名和冒号用于强行指定此存储器操作数相对哪个段寄存器，共有4种：DS：、CS：、SS：和ES：。

如：MOV AX,ES:[BX]

3）SHORT

用来修饰JMP指令中转向地址的属性，指出转向地址是在下一条指令地址的－128～＋127字节范围之内。

如：
```
    JMP    SHORT  LL
    ……
    LL:……
```

4）HIGH/LOW

格式：HIGH 常数或地址表达式

LOW 常数或地址表达式

这两个运算符称为字节分离操作符，它接收一个常数或地址表达式，HIGH取其高位字节，LOW取其低位字节。其中地址表达式必须具有常量值（即在汇编源程序时能确定的段地址或偏移量的地址表达式），HIGH/LOW运算符用于分离出段地址或偏移量的高字节/低字节。

例4.12
```
CONST   EQU       1234H
VAR     DW        3  DUP(0);设VAR的段地址是4000H
……
MOV     AL,HIGH   1234H                ;(AL)=12H
MOV     AL,LOW    CONST                ;(AL)=34H
MOV     BL,HIGH   (SEG  VAR)           ;(BL)=40H
```

值得注意的是：HIGH/LOW不能用来分离某一个寄存器或存储器操作数内容的高字节/低字节，如下述指令都是错误的：
```
MOV   AH,LOW    AX
MOV   BH,HIGH   VAR
```

上面介绍了五种常见的运算符，我们知道表达式是常量、变量、标号和运算符的组合，在计算表达式时，首先应该计算优先级别高的运算符；然后从左往右地对优先级别相同的运算符进行计算。当然圆括号可以改变计算的顺序，括号内的表达式应优先计算。表4.1给出运算符的优先级别关系（其中有些运算符前面没有提到，需要的时候可以查阅相关手册）。

表 4.1　算符的优先级别关系表

优先级别	运算符
从高到低	[ ],( ),< >,LENGTH,SIZE,WIDTH,MASK
	•(结构域名操作符)
	PTR,OFFSET,SEG,TYPE,THIS 及段跨越前缀
	HIGH,LOW
	*,/,MOD,SHL,SHR
	+,-
	EQ,NE,LT,LE,GT,GE
	NOT
	AND
	OR,XOR
	SHORT

4.4　程序的段结构

4.4.1　段定义伪指令

格式：段名　　SEGMENT

　　　……

　　　段名　　ENDS

一个完整的汇编源程序中可以定义多个段，但同时起作用的最多只有 4 个。每一个段都是由伪指令 SEGMENT 开始，由 ENDS 结束，SEGMENT 和 ENDS 必须成对出现，并且在 SEGMENT 和 ENDS 的前面都必须有同一个段名；SEGMENT 和 ENDS 语句之间的省略号部分，对于代码段来说，主要是指令，也可以有伪指令；对于数据段、附加段和堆栈段来说，一般是存储单元的定义、分配等伪操作。值得注意的是在数据段中一般不能有指令，即使有指令也不可能得到执行，因为用来控制程序执行流程的是 CS、IP，所以指令只有放在代码段才能得到执行。有指令和其他伪操作，表示存放在该段内存的变量、指令或其他伪操作对该段内存的处理。

4.4.2　段寻址伪指令

上面介绍的仅仅是怎样定义一个段，此外我们还必须明确所定义的这些段与段寄存器的关系，这可用 ASSUME 这个段寻址伪指令来实现，其格式如下：

ASSUME　　段寄存器名:段名[,段寄存器:段名,……]

其中段寄存器名为 CS、DS、ES、SS 中的一个；段名则必须是由 SEGMENT 定义过的段名；

段寄存器名和段名之间必须有冒号“:”。

ASSUME 伪操作的作用指示汇编程序指令中用到的标号、过程及变量所在的段。其中对标号、过程必须用 CS 段寄存器指示;对变量可用 CS、DS、ES、SS 段寄存器指示;若未用 ASSUME 语句指示指令中用到的标号、过程和变量所在的段,汇编程序将给出错误信息。

当 CPU 执行一条访问存储器的指令时,要把逻辑地址转换成物理地址,进行转换就需要知道使用哪一个段寄存器。ASSUME 伪指令就是指示汇编程序已定义的段和段寄存器的对应关系,只起指示作用,并不会产生任何目标代码。它仅仅告诉汇编程序,哪些段是当前段,而且它们分别由哪个段寄存器指向。

在代码段中,可以随时用 ASSUME 伪指令修改“段寄存器名:段名”的联系,且每一条 ASSUME 伪指令不一定设置全部段寄存器。

如:ASSUME　　CS:cc,DS:aa

当然也可以取消前面由 ASSUME 所指定的段寄存器,例如删除上例中对 DS 与 aa 的关联设置的操作为: ASSUME　DS: NOTHING; 删除全部 4 个段寄存器关联设置的操作为: ASSUME　　NOTHING。

4.4.3 段寄存器的装入

由于 ASSUME 伪指令语句只是建立了当前段与段寄存器之间的联系,但并不能够把各段的段地址装入相应的段寄存器中,因此在代码段中还必须把段地址装入相应的段寄存器中。段寄存器的装入是用程序的办法,且这 4 个段寄存器的装入略有不同。

(1)DS 和 ES 的装入

在程序中,引用段名就是以立即数形式获取该段的段基址,而立即数又不能直接送给段寄存器,所以一个段的段基址要经过通用寄存器传送给 DS,ES。

例 4.13

```
DATA   SEGMENT
       VAR1     DW1234H
DATA   ENDS
EXTRA  SEGMENT
       VAR2     DW     ?
EXTRA  ENDS
CODE   SEGMENT
       ASSUME     CS:CODE,DS:DATA,ES:EXTRA
START:MOV     AX,DATA
      MOV     DS,AX          ;给 DS 赋初值
      MOV     AX,EXTRA
      MOV     ES,AX          ;给 ES 赋初值
      ……
```

(2)SS 的装入

装入的办法有两个:

1)在段定义伪指令(SEGMENT)的组合类型中选择“STACK”参数,且在段寻址伪指令(ASSUME)中,把堆栈用的这一个段指派给段寄存器 SS。

例 4.14
```
STACK   SEGMENT   PARA   STACK
        DB  10  DUP(?)
STACK   ENDS
CODE    SEGMENT
        ASSUME   CS:CODE,SS:STACK
        ……
```

2)可用类似 DS,ES 的装入办法,用几条指令实现对 SS 和 SP 的装入:

例 4.15
```
STACK   SEGMENT   PARA   STACK
        STA       DW     10H  DUP(?)
        TOP       EQU    LENGTH  STA
STACK   ENDS
CODE    SEGMENT
        ASSUME  CS:CODE,SS:STACK
        ……
        MOV       AX,STACK
        MOV       SS,AX              ;给 SS 赋初值
        MOV       SP,TOP             ;给 SP 赋初值,即(SP) = 20H
        ……
```

(3) CS 的装入

CS 提供了当前执行目标代码的段基址,而 IP 提供下一条目标代码的偏移量。为了保证程序的正确执行,CS 和 IP 装入新值必须同时完成。若用 DS、ES 的装入的办法,那么为装入 CS、IP 的新值需要执行几条指令,而执行指令又必须按照 CS、IP 的内容来寻找指令,而且又不能直接传送数据给 IP。因此不能用执行几条指令的方法来完成 CS 的装入。

对 CS、IP 的装入通常是:按照 END 结束伪指令指定的地址装入 CS、IP。任何一个源程序都是以 END 伪指令来结束。

格式:END　起始地址

起始地址可以是一个标号或表达式;END 伪指令的作用是指示源程序到此结束和指定程序运行时的起始地址。汇编程序对 END 之后的语句不进行处理。程序中所有有效语句应放在 END 语句之前。源程序中必须有 END 结束语句。汇编程序对无 END 语句的源程序不进行处理。

4.5　其他常用伪指令

4.5.1　符号定义语句

在编制汇编语言源程序时,为了方便常把某些常数、表达式等用一特定的符号表示。为此,需要使用符号等值语句,这类语句有以下两种:

(1)等值语句

格式:符号　　EQU　　表达式

其中 EQU 是等值伪指令,把表达式的值或符号赋给 EQU 左边的符号,表达式可以是:

1)常量表达式,如:

```
PORT1   EQU   228H
NUM1    EQU   1+2
```

2)地址表达式,如:

```
ADDR1   EQU   ES:[DI]
```

3)变量、标号或指令助记符,如:

```
COUNT   EQU   CX
LOP     EQU   LL1
CLEAR   EQU   CLC
```

注意事项:

①等值语句仅在汇编源程序时,作为替代符号用,不产生任何的目标代码,也不占有存储单元。因此,等值语句左边的符号没有段、偏移量、类型三个属性。

②在同一源程序中,同一符号在 EQU 语句未解除之前不能用 EQU 伪指令重新定义。

```
NUM     EQU   10H
NUM     EQU   20H;第二条 EQU 语句因为符号重定义而出现语法错误
```

③已经用 EQU 定义的符号,若以后不再用了就可以用 PURGE 语句来解除。PURGE 语句的格式如下:

PURGE　　符号 1,符号 2,……,符号 n

用 PURGE 语句解除后的符号可以重新定义。如:

```
NUM     EQU   10H
……
PURGE   NUM
NUM     EQU   20H
```

(2)等号语句

格式:符号 = 表达式

此语句的功能与 EQU 等值语句类似,其最大的特点是能对符号进行重定义。如:

```
NUM = 14H
NUM = 15H
```

4.5.2　程序开始和结束伪指令

(1)开始伪指令

在程序开始可以用 NAME 和 TITLE 为模块取名字,NAME 的格式:

```
NAME   module_name
```

汇编程序将以给出的 module_name 作为模块的名字。如果程序中没有 NAME 伪指令,则可使用 TITLE 伪指令,其格式:

```
TITLE   text
```

它可指定每一页上打印的标题。同时如果程序中没有使用 NAME 伪指令，则汇编程序将用 text 中的前六个字符作为模块名。Text 最多可有 60 个字符。如果程序中既无 NAME 也无 TITLE 伪指令，则将源文件名作为模块名。所以 NAME 和 TITLE 不是必要的，但一般使用 TITLE，以便在列表文件中能打印出标题来。

(2)程序结束伪指令

表示源程序结束的伪指令的格式：

END ［起始标号］

其中，起始标号指示程序开始执行的起始地址。汇编程序将在遇到 END 时结束汇编，而程序则将从起始标号开始执行。

4.5.3 定位伪指令(ORG)和当前位置计数器($)

在汇编源程序时，为了指示下一个数据和指令在相应段中偏移量，汇编程序使用一个当前位置计数器。用具记载汇编时的当前偏移量。符号“$”代表当前位置计数器的现行值。

定位伪指令的 ORG 的格式：ORG　　表达式

它表示把表达式的值赋给当前位置计数器：ORG 语句后的指令或数据以表达式给定的值作起始偏移量。

例 4.16

```
DATA  SEGMENT
      ORG   20H
      VAR1  DB     12H,34H       ;VAR1 的偏移量是 20H
      ORG   $+20H                ;保留 20H 个字节单元
      STR   DB     'ABCDEFGHI'   ;偏移量是 40H
      COUT  EQU    $—STR         ;COUT =49H -40H =9 正好是 STR 的字节数
DATA  ENDS
```

4.5.4 过程定义伪指令

在程序设计中，通常把具有一定功能的程序段设计成一个子程序。过程定义伪指令格式如下：

```
过程名        PROC        (NEAR/FAR)
              ……
              RET
              ……
过程名        ENDP
```

过程名不能省，且过程的开始 PROC 和结束 ENDP 应使用同一个过程名；它就是过程调用指令 CALL 的目标操作数。它类同于标号的作用，同样具有三个属性。当没有定义它的距离属性，隐含为 NEAR。

任何一个过程，一定含有返回指令 RET，它可以在过程中任何位置，不一定非要放在最后。若一个过程有多个出口，它可能有多个返回指令。但一个过程执行的最后一条指令必定是 RET。

4.6 汇编语言上机调试

4.6.1 上机步骤

程序设计人员在编制好汇编语言源程序以后,这仅仅代表在纸上的完成程序编写工作,而源程序是否正确还无法确定。因此程序设计人员还需要对已编写好的程序进行调试和测试,使它能正确运行。具体有如下几个步骤:

1)编辑

调用编辑程序 EDIT. EXE,WS. EXE 等,用键盘敲入源程序,退出编辑系统时,保存编辑完成的文件,且扩展名为. ASM。

2)汇编

汇编就是用宏汇编程序 MASM. EXE 把汇编语言源程序翻译(汇编)成机器语言的目标程序。宏汇编程序 MASM. EXE 主要有以下功能:

- 检查源程序中语法错误,给出错误信息;
- 展开宏指令;
- 产生目标程序(. OBJ),列表文件(. LST)和交叉引用文件(. CRF)。

假设现已编辑完成了源程序 TEST. ASM,在操作系统状态下,直接调用宏汇编程序 MASM. EXE 对它进行汇编。

例如:

C: >MASM　TEST↙

接着屏幕上显示:

```
Microsoft (R) Macro Assembler Version 5.00
Copyright (C) Microsoft Corp 1981-1985, 1987.  All rights reserved.

Object filename [TEST.OBJ]:
```

宏汇编程序询问汇编产生的目标程序文件(目标程序文件是一个纯二进制代码文件,不能直接在屏幕上显示观察)的文件名是否为方括号中的默认值(即目标程序与源程序同名)。若是,直接按一回车键,否则需自己输入另一文件名。在回答完这一询问后,宏汇编程序接着依次询问产生列表文件(列表文件. LST 是一个很有用的文件,文件中包含了源程序中各语句及其对应的目标代码。给出了源程序中各语句所属段内的偏移量,并且把源程序中所用的标号、变量和符号,列出它们的名字、类型和值,便于查阅)和交叉引用文件(交叉引用文件中给出了源程序中定义的符号如标号、变量等以及程序中引用这些符号的情况,且是按字母顺序排列的。若要查看这个符号表,必须使用 CREF 软件,它根据. CRF 文件建立一个扩展名为. REF 的文件。然后再显示. REF 文件的内容就可以看到这个符号表)的文件名,屏幕上显示:

```
Source listing  [NUL.LST]:
Cross-reference [NUL.CRF]:
```

这两个文件是否建立由操作人员确定:若要建立其中一个或两个,操作人员便可输入所需建立的文件名,否则直接送入回车键。待完成上述人机对话后,宏汇编程序便对源程序进行扫描,检查源程序中各语句是否有语法错误,同时把各语句汇编成对应的机器目标代码。在汇编过程中,若发现源程序有语法错误,便随时给出出错信息。屏幕上显示:

```
TEST.ASM(15): error A2009: Symbol not defined: D2H
TEST.ASM(22): warning A4031: Operand types must match

  50840 + 450296 Bytes symbol space free

        1 Warning Errors
        1 Severe  Errors
```

如果警告错误和严重错误总数都等于零,那么这次源程序的汇编获得通过,可以进行连接。否则,返回编辑程序,修改源程序,然后再次进行汇编,直到源程序汇编正确无误。

如果汇编时,无须产生列表文件和交叉引用文件,则在启动宏汇编程序时可用分号结尾,比如:

C:>MASM TEST;↙

如果需要后面的列表文件和交叉引用文件,且它们的文件名与源文件名相同,这时启动宏汇编程序时,可用逗号指明,比如:

C:>MASM TEST,,;↙

3)连接

源程序经过汇编后产生的目标程序,必须经过连接程序 LINK. EXE 连接后才能运行。连接程序把一个或多个独立的目标程序模块连接装配成一个可重定位的可执行文件(扩展名为. EXE)。连接程序 LINK 除产生一个可执行文件外,还可产生一个内存映象文件(扩展名为. MAP)。LINK 连接的一定是扩展名为. OBJ 的目标程序。

在操作系统状态下,直接启动连接程序 LINK. EXE。

例如:

C:>LINK TEST↙

接着屏幕上显示:

```
Microsoft (R) Overlay Linker  Version 3.60
Copyright (C) Microsoft Corp 1983-1987.  All rights reserved.

Run File [TEST.EXE]:
```

连接程序询问连接时产生的可执行文件名是否用方括号中的默认值(即可执行文件与目标程序文件同名)。若是,可直接按一回车键,否则需要重新输入一文件名。接着依次询问,屏幕上显示:

```
List File [NUL.MAP]:
Libraries [.LIB]:
```

其中 MAP 文件(MAP 文件列出各段的起点,终点及长度。)是否建立,由操作人员确定。若要,则输入一文件名,否则直接送一回车键。后一个是询问在连接时是否要用库文件。对于来自宏汇编语言程序的目标程序文件,通常是直接送一回车键。

与启动宏汇编程序一样,可以在启动连接程序时,用分号结束后续询问。如:

C:>LINK TEST;↙

若要产生 MAP 文件,且使用目标程序文件名,可用一逗号表示。如:

C:>LINK TEST,;↙

若需要连接多模块的目标程序时,可用“+”把它们连接起来。例如连接三个目标程序文

件 P1.OBJ、P2.OBJ、P3.OBJ,其操作如下:

C:>LINK　P1+P2+P3;↙

这样产生的一个可执行文件是约定取用第一个目标程序文件名,当然操作人员也可重新用另外的文件名。

4)调试运行

在建立好可执行文件后,就可以直接从 DOS 执行程序,如下所示:

C:>TEST.EXE↙

C:>

程序运行结束后返回 DOS。如果用户程序已直接把结果在终端上显示出来,那么程序已经运行结束,结果也已经得到了。但是如果我们的程序未显示结果,那么怎么才能够知道程序执行的结果是否正确呢?此外,大部分程序必须经过调试阶段才能纠正程序执行中的错误,得到正确的结果,那么又怎样来调试程序呢?这里要使用 DEBUG 程序,它能使程序设计人员触及机器内部,能观察并修改寄存器和存储单元内容,能监视目标程序的执行情况。有关 DEBUG 程序的使用,下面将给大家介绍:

4.6.2　DEBUG 主要命令

DEBUG 是为汇编语言设计的一种高度工具,它通过单步、设置断点等方式为汇编语言程序员提供了非常有效的调试手段。

1)DEBUG 程序的调用

在 DOS 的提示符下,可键入命令:

C:\DEBUG [D:][PATH][FILENAME[.EXT]][PARM1][PARM2]

其中,文件名是被调试文件的名字。如用户键入文件,则 DEBUG 将指定的文件装入存储器中,用户可对其进行调试。如果未键入文件名,则用户可以用当前存储器的内容工作,或者用 DEBUG 命令 N 和 L 把需要的文件装入存储器后再进行调试。命令中的 D 指定驱动器 PATH 为路径,PARM1 和 PARM2 则为运行被调试文件时所需要的命令参数。

在 DEBUG 程序调入后,将出现提示符,此时就可用 DEBUG 命令来调试程序。

2)DEBUG 的主要命令

1)显示存储单元的命令 D(DUMP),格式为:

_D[address]或

_D[range]

例如,D 命令的使用情况如下:

```
-D 100 11F
0B02:0100  4D 00 00 3B 00 20 2C 60-A2 76 97 A0 BB 98 8A 26   M..;. ,`.v.....&
0B02:0110  43 4F 4D 53 50 45 43 3D-43 3A 5C 57 34 00 F1 0A   COMSPEC=C:\W4...
-D DS:120
0B02:0120  57 53 5C 53 59 53 54 45-4D 33 32 5C 43 4F 4D 4D   WS\SYSTEM32\COMM
0B02:0130  41 4E 44 2E 43 4F 4D 00-41 4C 4C 55 53 45 52 53   AND.COM.ALLUSERS
0B02:0140  50 52 4F 46 49 4C 45 3D-43 3A 5C 44 4F 43 55 4D   PROFILE=C:\DOCUM
0B02:0150  45 7E 31 5C 41 4C 4C 55-53 45 7E 31 00 41 50 50   E~1\ALLUSE~1.APP
0B02:0160  44 41 54 41 3D 43 3A 5C-44 4F 43 55 4D 45 7E 31   DATA=C:\DOCUME~1
0B02:0170  5C 41 44 4D 49 4E 49 7E-31 5C 41 50 50 4C 49 43   \ADMINI~1\APPLIC
0B02:0180  7E 31 00 43 4C 49 45 4E-54 4E 41 4D 45 3D 43 6F   ~1.CLIENTNAME=Co
0B02:0190  6E 73 6F 6C 65 00 43 4F-4D 4D 4F 4E 50 52 4F 47   nsole.COMMONPROG
-D
0B02:01A0  52 41 4D 46 49 4C 45 53-3D 43 3A 5C 50 52 4F 47   RAMFILES=C:\PROG
0B02:01B0  52 41 7E 31 5C 43 4F 4D-4D 4F 4E 7E 31 00 43 4F   RA~1\COMMON~1.CO
0B02:01C0  4D 50 55 54 45 52 4E 41-4D 45 3D 4A 53 42 2D 31   MPUTERNAME=JSB-1
0B02:01D0  43 31 35 31 39 39 30 36-39 33 00 46 50 5F 4E 4F   C151990693.FP_NO
0B02:01E0  5F 48 4F 53 54 5F 43 48-45 43 4B 3D 4E 4F 00 48   _HOST_CHECK=NO.H
0B02:01F0  4F 4D 45 44 52 49 56 45-3D 43 3A 00 48 4F 4D 45   OMEDRIVE=C:.HOME
0B02:0200  50 41 54 48 3D 5C 44 6F-63 75 6D 65 6E 74 73 20   PATH=\Documents
0B02:0210  61 6E 64 20 53 65 74 74-69 6E 67 73 5C 41 64 6D   and Settings\Adm
-
```

其中,左边用十六进制表示每个字节,右边用 ASCII 字符表示每个字节,•表示不可显示的字符。没有指定段地址,D 命令自动显示 DS 段的内容。如果只指定首地址,则显示从首地址开始的 80 个字节的内容。如果完全没有指定地址,则显示上一个 D 命令显示的最后一个单元后的内容。

2)修改存储单元内容的命令有两种。

• 输入命令 E(ENTER),有两种格式如下:

第一种格式可以用给定的内容表来替代指定范围的存储单元内容。命令格式为:

-E address [list]

例如,-E DS:100 F3'XYZ'8D

其中 F3,'X','Y','Z'和 8D 各占一个字节,该命令可以用这五个字节来替代存储单元 DS:0100到 0104 的原先的内容。具体情况如下:

```
-D DS:120  124
0B02:0120  57 53 5C 53 59                                    WS\SY
-E DS:120  F3'ABC'8D
-D DS:120  124
0B02:0120  F3 41 42 43 8D                                    .ABC.
-
```

第二种格式则是采用逐个单元相继修改的方法。命令格式为:

-E address

例如,-E DS:120

则可能显示为:

0B02:0120 F3. -

如果需要把该单元的内容修改为 12,则用户可以直接键入 12,再按“空格”键可接着显示下一个单元的内容,如下:

0B02:0120 F3.12 41. -

这样,用户可以不断修改相继单元的内容,直到用 ENTER 键结束该命令为止。具体情况如下:

```
-D DS:120  124
0B02:0120  F3 41 42 43 8D                                        .ABC.
-E DS:120
0B02:0120  F3.12   41.34   42.56   43.78   8D.90
-D DS:120  124
0B02:0120  12 34 56 78 90                                        .4Vx.
-
```

• 填写命令 F(FILL),其格式为:

-F range list

例如:-F DS:0120 'ABCDE'

使 0B02:0120~0124 单元包含指定的五个字节的内容。如果 list 中的字节数超过指定的范围,则忽略超过的项;如果 list 的字节数小于指定的范围,则重复使用 list 填入,直到填满指定的所有单元为止。具体情况如下:

```
-D DS:120  124
0B02:0120  12 34 56 78 90                                        .4Vx.
-F DS:120  'ABCDE'
-D DS:120  124
0B02:0120  41 42 43 44 45                                        ABCDE
-F DS:120  124 'FGHIJK'
-D DS:120  125
0B02:0120  46 47 48 49 4A 41                                     FGHIJA
-F DS:120  124 'XY'
-D DS:120  124
0B02:0120  58 59 58 59 58                                        XYXYX
-
```

3)检查和修改寄存器内容的命令 R(register),它有 3 种格式如下:

• 显示 CPU 内所有寄存器内容和标志位状态,其格式为:

-R

例如,R 命令使用具体情况如下:

```
-R
AX=0000  BX=0000  CX=0000  DX=0000  SP=FFEE  BP=0000  SI=0000  DI=0000
DS=0B02  ES=0B02  SS=0B02  CS=0B02  IP=0100   NV UP EI PL NZ NA PO NC
0B02:0100 4D            DEC     BP
-
```

• 显示和修改某个寄存器内容,其格式为:

-R register name

例如,键入

-R AX

系统将响应如下:

AX 0000

:

即 AX 寄存器的当前内容为 0000,如不修改则按 ENTER 键,否则,可键入欲修改的内容,如:

-R BX

BX 0000

:1234

则把 BX 寄存器的内容修改为 1234。具体情况如下:

```
-R AX
AX 0000
:
-R BX
BX 0000
:1234
-R
AX=0000  BX=1234  CX=0000  DX=0000  SP=FFEE  BP=0000  SI=0000  DI=0000
DS=0B02  ES=0B02  SS=0B02  CS=0B02  IP=0100   NV UP EI PL NZ NA PO NC
0B02:0100 4D            DEC     BP
-
```

● 显示和修改标志位状态,命令格式为:

－RF

系统将响应,如:

NV　UP　EI　PL　NZ　NA　PO　NC－

此时,如不修改其内容可按 ENTER 键,否则,可键入欲修改的内容,如:

NV　UP　EI　PL　NZ　NA　PO　NC-CYZROV

即可,键入的顺序可以是任意的。具体情况如下:

```
-RF
NV UP EI PL NZ NA PO NC  -
-RF
NV UP EI PL NZ NA PO NC  -CYZROV
-RF
OV UP EI PL ZR NA PO CY  -PE
-RF
OV UP EI PL ZR NA PE CY  -
```

4)运行命令 G,其格式为:

－G[=address1][address2[address3…]]

其中,地址 1 指定了运行的起始地址,如不指定则从当前的 CS:IP 开始运行。后面的地址均为断点地址,当指令执行到断点时,就停止执行并显示当前所有寄存器及标志位的内容和下一条将要执行的指令。

5)跟踪命令 T(Trace),有两种格式:

● 逐条指令跟踪

－T[=address]

从指定地址起执行一条指令后停下来,显示所有寄存器内容及标志位的值。如未指定地址则从当前的 CS:IP 开始执行。

● 多条指令跟踪

－T[=address][value]

从指定地址起执行 n 条指令后停下来,n 由 value 指定。

6)汇编命令 A(Assemble),其格式为:

－A[address]

该命令允许键入汇编语言语句,并能把它们汇编成机器代码,相继地存放在从指定地址开始的存储区中。必须注意:DEBUG 把键入的数字均看成十六进制数,所以如要键入十进制数,则其后应加以说明,如 120D。

7)反汇编命令 U(Unassemble)有两种格式。

● 从指定地址开始,反汇编 32 个字节,其格式为:

－U[address]

例如,U 命令使用具体情况如下:

```
-U 100
0B02:0100 4D            DEC     BP
0B02:0101 0000          ADD     [BX+SI],AL
0B02:0103 3B00          CMP     AX,[BX+SI]
0B02:0105 202C          AND     [SI],CH
0B02:0107 60            DB      60
0B02:0108 A27697        MOV     [9776],AL
0B02:010B A0BB98        MOV     AL,[98BB]
0B02:010E 8A26434F      MOV     AH,[4F43]
0B02:0112 4D            DEC     BP
0B02:0113 53            PUSH    BX
0B02:0114 50            PUSH    AX
0B02:0115 45            INC     BP
0B02:0116 43            INC     BX
0B02:0117 3D433A        CMP     AX,3A43
0B02:011A 5C            POP     SP
0B02:011B 57            PUSH    DI
0B02:011C 3400          XOR     AL,00
0B02:011E F1            DB      F1
0B02:011F 0A5859        OR      BL,[BX+SI+59]
-
```

如果地址被省略,则从上一个 U 命令的最后一条指令的下一个单元开始显示 32 个字节。

- 对指定范围内的存储单元进行反汇编,格式为:

–U[range]

例如,U 命令使用具体情况如下:

```
-U 100 107
0B02:0100 4D            DEC     BP
0B02:0101 0000          ADD     [BX+SI],AL
0B02:0103 3B00          CMP     AX,[BX+SI]
0B02:0105 202C          AND     [SI],CH
0B02:0107 60            DB      60
-
```

8)命名命令 N(Name),其格式为:

–N filespecs [filespecs]

命令把两个文件标识符格式化在 CS:5CH 和 CS:6CH 的两个文件控制块中,以便在其后用 L 或 W 命令把文件装入存盘。filespecs 的格式可以是:

[d:][path] filename[.ext]

例如,

–N myprog

–L

–

可把文件 myprog 装入存储器。

9)装入命令(Load),有两种功能。

- 把磁盘上指定扇区范围的内容装入到存储器指定地址开始的区域中。其格式为:

–L[address[drive sector sector]

- 装入指定文件,其格式为:

–L[address]

此命令装入已在 CS:5CH 中格式化了文件控制块所指定的文件。如未指定地址,则装入 CS:0100 开始的存储区中。

10)写命令 W(Write),有两种功能。

• 把数据写入磁盘的指定扇区。其格式为：

-W　address　drive　sector　sector

• 把数据写入指定的文件中。其格式为：

-W[address]

此命令把指定的存储区中的数据写入由 CS:5CH 处的文件控制块所指定的文件中。如未指定地址则数据从 CS:0100 开始。要写入文件的字节数应先放入 BX 和 CX 中。

11)退出 DEBUG 命令 Q(Quit),其格式为：

-Q

它退出 DEBUG,返回 DOS。本命令并无存盘功能,如需存盘应先使用 W 命令。

习题与思考题

1. 名词解释

　指令　　伪指令

2. 请计算下列表达式的值：

　(1)3 +6/3 * 4mod3

　(2)5　GT　3　　　(作为 16 位二进制数)

　(3)20　AND　77　　(作为 16 位二进制数)

　(4)5　AND　-1

　(5)5　OR　-1

　(6)设有定义如下：

```
VARA   DB   1,3,5
VARB   DW   2,4,6
VARC   DW   5   DUP(1,3,5,7)
```

　则 TYPE　A、LENGTH　B 和 SIZE　C 分别为多少?

3. 说出符号常量定义 EQU 与"="的比较。

4. 设有如下定义：

　VAR　DB　34,78H,4DUP(?),'ABCD'

　请将其改成内存中存放次序相同的 DW 的等价定义语句。

5. 设置一个数据段 DATA,其中连续存放 6 个变量,用段定义语句和数据定义语句写出数据段：

　(1)A1 为字符串变量:"String"。

　(2)A2 为数值字节变量:27, -1,80H,11011110B。

　(3)A3 为 2 个 0 的字变量。

　(4)A4 为 A3 的元素个数。

　(5)A5 为 A3 占用的字节数。

　(6)A6 为 A1,A2,A3,A4,A5 占用的总字节数。

6. 指出下列每一小题中的伪指令表达的操作哪些是错误的?错误在哪里?

```
(1)DATA      DB     375
(2)SEGMENT   DATA
   ......
   ENDS      DATA
(3)COUNT     EQU        100
   COUNT     EQU        10
(4)MAIN      PROC
   ......
   END
(5)ARRAY     DW 10  DUP(?)
   ......
   JMP       ARRAY
```

7. 请用流程图表示完整汇编程序的上机过程。

第 5 章 8086/8088 汇编语言程序设计

5.1 汇编语言源程序的框架结构

编制汇编语言源程序时，首先要使用段定义伪指令和段寻址伪指令来构造一个由若干指令和数据组成的程序。一个程序到底有几个段，完全根据实际情况来确定。通常是按照程序中的用途来划分段，如存放数据的段，作为堆栈使用的段，存放指令的段等。对于汇编语言程序设计的初学者，不妨先设置 3 ~4 个段。构造一个源程序的框架结构有如下两种格式：

第 1 种格式：

```
DATA    SEGMENT                             ;数据段(可据需要设定,也可没有)
        ……                                  ;存放数据项
DATA    ENDS
EXTRA   SEGMENT                             ;附加段(可据需要设定)
        ……                                  ;存放数据项
EXTRA   ENDS
STACK   SEGMENT   PARA   STACK              ;堆栈段(可据需要设定)
        ……                                  ;设置堆栈段
STACK   ENDS
CODE    SEGMENT                             ;代码段
        ASSUME CS:CODE,DS:DATA,ES:EXTRA,SS:STACK
BEGIN:  MOV     AX,DATA
        MOV     DS,AX
        MOV     AX,EXTRA
        MOV     ES,AX
        ……
        ……                                  ;存放指令序列
        MOV     AH,4CH                      ;返回 DOS
```

```
        INT      21H
CODE    ENDS
        END      BEGIN
```

第 2 种格式:

```
DATA    SEGMENT                         ;数据段(可据需要设定,也可没有)
        ……                              ;存放数据项
DATA    ENDS
STACK   SEGMENT  PARA  STACK            ;堆栈段(可据需要设定)
        ……                              ;设置堆栈段
STACK   ENDS
CODE    SEGMENT
        ASSUME  CS:CODE,DS:DATA,SS:STACK
MAIN    PROC     FAR                    ;使 RET 为远返回
BEGIN:  PUSH     DS                     ;入栈保存地址
        MOV      AX,0                   ;程序段前缀的首地址
        PUSH     AX
        MOV      AX,DATA
        MOV      DS,AX
        ……
        ……                              ;存放指令序列
        RET                             ;取程序段前缀首地址
MAIN    ENDP
CODE    ENDS
        END      BEGIN
```

以上两种格式的本质区别在于返回 DOS 的方法不同:

对于第 1 种格式,采用了调用 DOS 系统的 4CH 功能,返回 DOS。具体方法是在要返回 DOS 处,安排如下两条指令:

```
        MOV      AH,4CH
        INT      21H
```

对于第 2 格式,DOS 返回方法是调用 20H 类型的中断服务程序。20H 中断的功能是:处理程序结束,返回系统。调用 20H 中断是有条件的:要求当前的 CS 应为程序段前缀在内存的段值。采用第二种返回 DOS 的程序结构,才能满足该条件,否则无法返回。

在上述汇编语言源程序的框架结构中,仅仅用省略号来表示指令序列,并没有具体讨论应该怎样来组织指令序列。实际上,对于"怎样组织指令序列",就涉及程序的基本结构。具体而言,汇编语言源程序的基本结构有 3 种,分别是:顺序程序设计、分支程序设计、循环程序设计。后面将分节一一阐述。

5.2　顺序结构程序设计

顺序程序结构是指完全按照顺序逐条执行的指令序列,它在程序段中是大量存在的,但作为完整的程序则很少见。这种结构的流程图除了有一个开始框和结束框外,就是若干处理框,没有判断框,如图5.1所示。

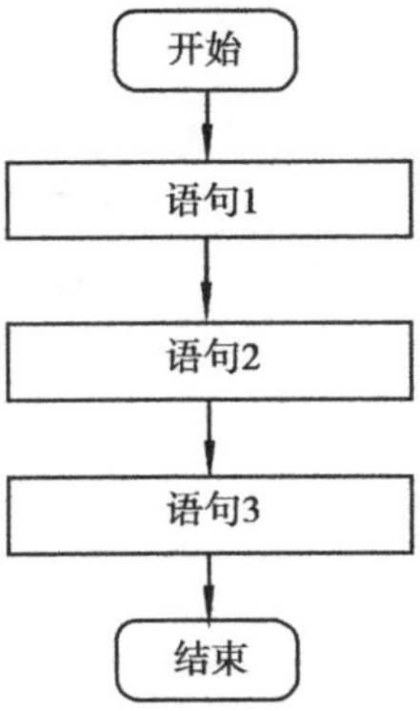

图5.1　顺序程序的结构形式

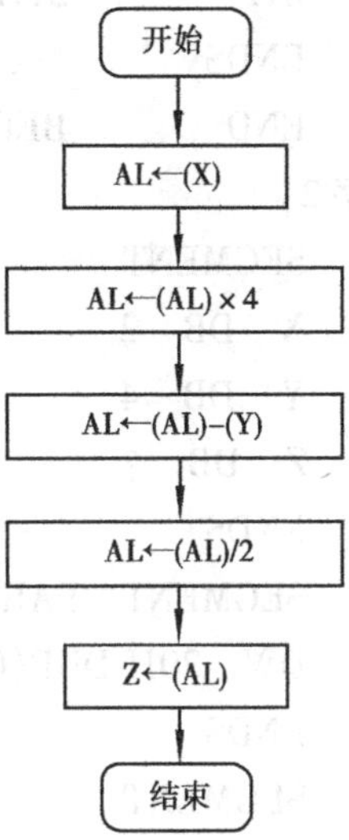

图5.2　例5.1的功能实现流程图

例5.1　试分别用汇编语言源程序的两种框架结构编制程序,求出表达式:(X×4－Y)/2的值,并保存到RESULT存储单元中,其中X,Y均为字节变量。

解:完成该功能的流程图如图5.2所示。

下面分别用两种不同的框架结构来实现该题目的功能:

参考程序1:

```
DATA    SEGMENT                         ;数据段
        X   DB   2
        Y   DB   4
        Z   DB   ?                      ;定义变量
DATA    ENDS
STACK   SEGMENT   PARA   STACK
        DW   20H DUP(0)
STACK   ENDS
CODE    SEGMENT                         ;代码段
        ASSUME   CS:CODE,DS:DATA,SS:STACK
BEGIN:  MOV        AX,DATA
        MOV        DS,AX                ;DS赋初值
```

```
        MOV     AL,X            ;AL←X
        MOV     CL,2
        SAL     AL,CL           ;AL←X×4
        SUB     AL,Y            ;AL←X×4-Y
        SAR     AL,1            ;AL←(X×4-Y)/2
        MOV     Z,AL            ;存结果
        MOV     AH,4CH          ;返回 DOS
        INT     21H
CODE    ENDS
        END     BEGIN
```

参考程序 2:

```
DATA    SEGMENT
        X  DB  2
        Y  DB  4
        Z  DB  ?
DATA    ENDS
STACK   SEGMENT  PARA  STACK
        DW  20H DUP(0)
STACK   ENDS
CODE    SEGMENT
        ASSUME  CS:CODE,DS:DATA,SS:STACK
PROC1   PROC    FAR             ;使 RET 为远返回
BEGIN:  PUSH    DS              ;入栈保存地址
        MOV     AX,0            ;程序段前缀的首地址
        PUSH    AX
        MOV     AX,DATA
        MOV     DS,AX
        MOV     AL,X            ;AL←X
        MOV     CL,2
        SAL     AL,CL           ;AL←X×4
        SUB     AL,Y            ;AL←X×4-Y
        SAR     AL,1            ;AL←(X×4-Y)/2
        MOV     Z,AL            ;存结果
        RET                     ;取程序段前缀首地址
PROC1   ENDP
CODE    ENDS
        END     BEGIN
```

例 5.2 利用查表法计算平方值:试求变量 VARX 单元内容(设 0≤(VARX)≤9 且为整数)的平方值,并将结果放在 RESULE 单元中。

解:首先建立平方表,即将整数 0 ~9 的平方值连续存在以 TABLE 开始的存储区域中,然后通过查表法求变量 VARX 单元内容的平方值,最后再将结果放入 RESULE 单元中。

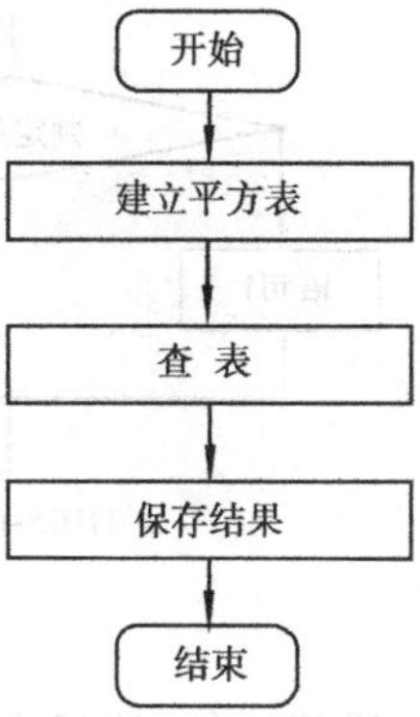

图 5.3　例 5.2 的功能实现流程图

完成该功能的流程图如图 5.3 所示。

参考程序:

```
DATA    SEGMENT
        VARX      DB  3
        RESULE    DB  ?
        TABLE     DB  0,1,4,9,16,25,36,49,
                  64,81;0 ~9 的平方值表
DATA    ENDS
CODE    SEGMENT
        ASSUME    CS:CODE,DS:DATA
BEGIN:  MOV       AX,DATA
        MOV       DS,AX              ;为 DS 送初值
        LEA       BX,TABLE           ;取 TABLE 表首址送 BX
        XOR       AH,AH              ;AH 清 0
        MOV       AL,VARX
        ADD       BX,AX
        MOV       AL,[BX]            ;查表取值
        MOV       RESULE,AL          ;保存结果
        MOV       AH,4CH             ;返回 DOS
        INT       21H
CODE    ENDS
        END       BEGIN
```

5.3　分支结构程序设计

分支程序结构可以有两种形式,如图 5.4 所示,它们分别相当于高级语言程序中的 IF-THEN-ELSE 语句和 CASE 语句,它们适用于要根据不同条件做不同处理的情况。

IF-THEN-ELSE 可以引出两个分支,CASE 语句则可引出多个分支,不论哪一种形式,它们的共同特点是:运行方向是向前的,在某一种确定条件下,只能执行多个分支中的一个分支。

5.3.1　用比较/测试的方法实现 IF-THEN-ELSE 结构

实现方法:在产生分支之前,通常用比较、测试的办法在标志寄存器中设置相应的标志位,然后再选用适当的条件转移指令,以实现不同情况的分支转移。

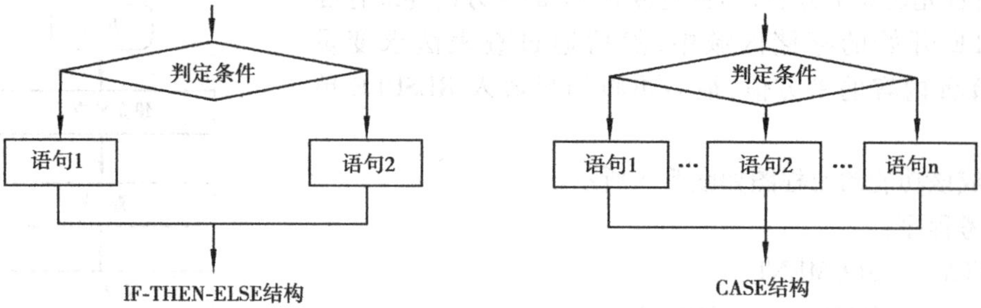

图 5.4　分支程序的结构形式

(1)进行比较,使用比较指令

CMP　　DEST,SRC

该指令进行减法操作,而不保存结果,只设置标志位。

(2)进行测试,使用测试指令

TEST　　DEST,SRC

该指令进行逻辑与操作,而不保存结果,只设置标志位。

例 5.3　变量 X 的符号函数可用下式表示:

$$Y=\begin{cases}1 & 当(X>0)\\ 0 & 当(X=0)\\ -1 & 当(X<0)\end{cases}$$

试编写程序实现该符号函数。

解:由题意,很容易得到完成该功能的流程图如图 5.5 所示。

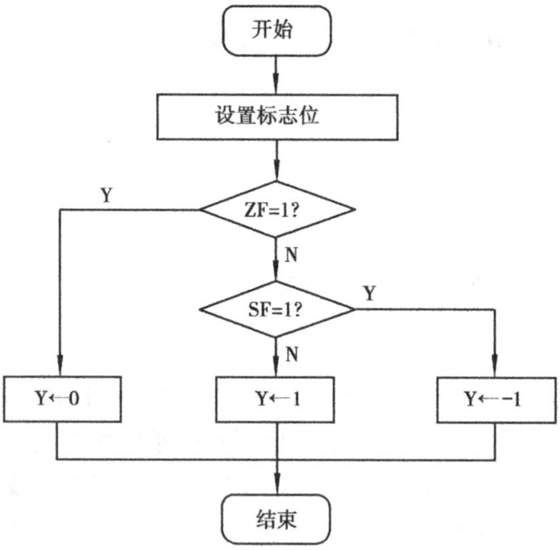

图 5.5　例 5.3 的功能实现流程图

参考程序:

```
DATA    SEGMENT                         ;数据段
        X  DB  6
```

```
        Y   DB  ?
DATA    ENDS
CODE    SEGMENT                     ;代码段
        ASSUME   CS:CODE,DS:DATA
BEGIN:  MOV      AX,DATA
        MOV      DS,AX              ;DS 赋初值
        MOV      AL,X
        CMP      AL,0
        JZ       ZERO
        JG       PLUS
        MOV      BL,0FFH
        JMP      EXIT1
ZERO:   MOV      BL,0
        JMP      EXIT1
PLUS:   MOV      BL,1
EXIT1:  MOV      Y,BL
        MOV      AH,4CH             ;返回 DOS
        INT      21H
CODE    ENDS
        END      BEGIN
```

5.3.2 用地址表法实现 CASE 结构(即多路分支)

用地址表法实现 CASE 结构的基本思路是:将各分支程序的入口地址依次罗列形成一个地址表,让 BX 指向地址表的首地址,从键盘接收或其他方式获取要转到的分支号,再让 BX 与分支号进行运算,使 BX 指向对应分支入口地址,最后即可使用 JMP　WORD　PTR　[BX](即段内转移)或 JMP　DWORD　PTR　[BX](即段间转移)指令实现所要转到的分支;程序设计流程图如图 5.6 所示。

例 5.4　编程实现菜单选择,根据不同的选择做不同的事情。

解:假设有 3 路分支,在地址表中的入口地址分别:A0、A1、A2;具体见图 5.7 所示。

参考程序:

```
DATA    SEGMENT
MENU    DB  0DH,0AH,"0:Chinese!"
        DB  0DH,0AH,"1:English!"
        DB  0DH,0AH,"2: German!"
        DB  0DH,0AH,"Please choose one to answer the following question: $"
ER      DB  0DH,0AH,"I am sorry,you choose the mistake! $"
S0      DB  0DH,0AH,"OK,Please answer in Chinese! $"
S1      DB  0DH,0AH,"OK,Please answer in English! $"
S2      DB  0DH,0AH,"OK,Please answer in German! $"
```

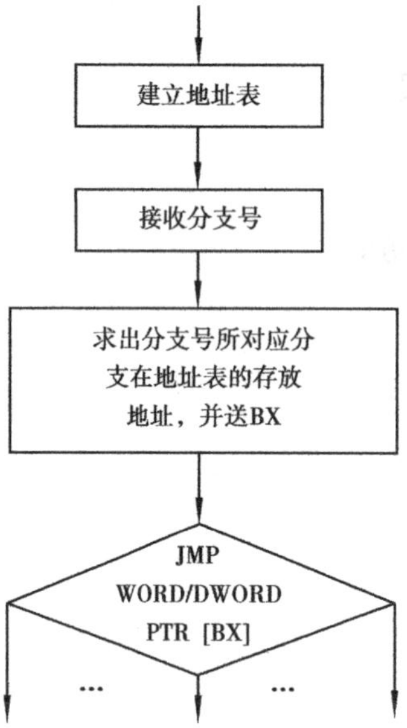

图 5.6　用地址表法实现多路分支的结构框图

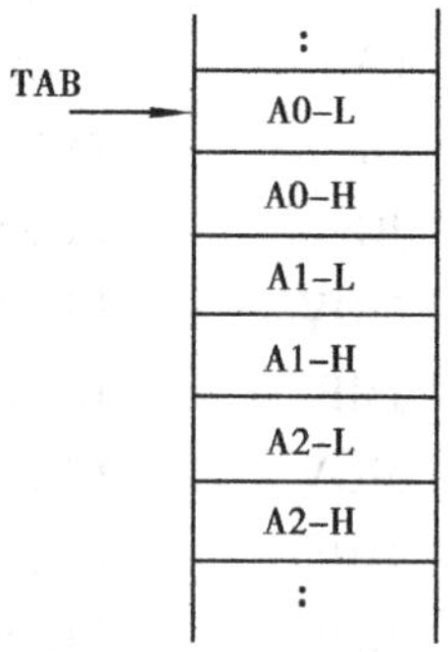

图 5.7　地址表的存放情况

```
TAB      DW   A0,A1,A2              ;地址表
DATA     ENDS
CODE     SEGMENT
ASSUME   CS:CODE,DS:DATA
START:   MOV        AX,DATA
         MOV        DS,AX
         LEA        DX,MENU         ;显示菜单
         MOV        AH,9
         INT        21H
         MOV        AH,1            ;1 号 DOS 功能调用,接收分支号
         INT        21H
         CMP        AL,'0'          ;进行合法判断
         JB         ERROR
         CMP        AL,'2'
         JA         ERROR
         LEA        BX,TAB          ;取地址表首址
         SUB        AL,30H
         SHL        AL,1            ;段内转移乘以 2,段间转移乘以 4
         XOR        AH,AH           ;AH 清零
         ADD        BX,AX
         JMP        WORD PTR [BX]   ;产生多分支转移
A0:      LEA        DX,S0           ;各分支程序段
```

```
        MOV     AH,9
        INT     21H
        JMP     EXIT1
A1:     LEA     DX,S1
        MOV     AH,9
        INT     21H
        JMP     EXIT1
A2:     LEA     DX,S2
        MOV     AH,9
        INT     21H
        JMP     EXIT1
ERROR:  MOV     DX,OFFSET  ER
        MOV     AH,9
        INT     21H
EXIT1:  MOV     AH,4CH              ;返回 DOS
        INT     21H
CODE    ENDS
        END     START
```

5.3.3 用转移表法实现 CASE 结构(即多路分支)

用转移表法实现 CASE 结构的基本思路:将转到各分支程序的转移指令依次罗列形成一个转移表,让 BX 指向转移表的首地址,从键盘接收或其他方式获取要转到的分支号,再让 BX 与分支号进行运算,使 BX 指向对应转移表中转到该分支的转移指令处,最后即可使用 JMP BX 指令实现所要转到的分支;具体如图 5.8 所示。

例 5.5 编程实现菜单选择,根据不同的选择做不同的事情。

解:假设有 3 路分支,转移表中的转移指令分别为:JMP SHORT A0、JMP SHORT A1、JMP SHORT A2;具体见图 5.9 所示。

参考程序:

```
DATA    SEGMENT
MENU    DB  0DH,0AH,"0:Chinese!"
        DB  0DH,0AH,"1:English!"
        DB  0DH,0AH,"2: German!"
        DB  0DH,0AH,"Please choose one to answer the following question: $"
ER      DB  0DH,0AH,"I am sorry,you choose the mistake! $"
S0      DB  0DH,0AH,"OK,Please answer in Chinese! $"
S1      DB  0DH,0AH,"OK,Please answer in English! $"
S2      DB  0DH,0AH,"OK,Please answer in German! $"
DATA    ENDS
CODE    SEGMENT
```

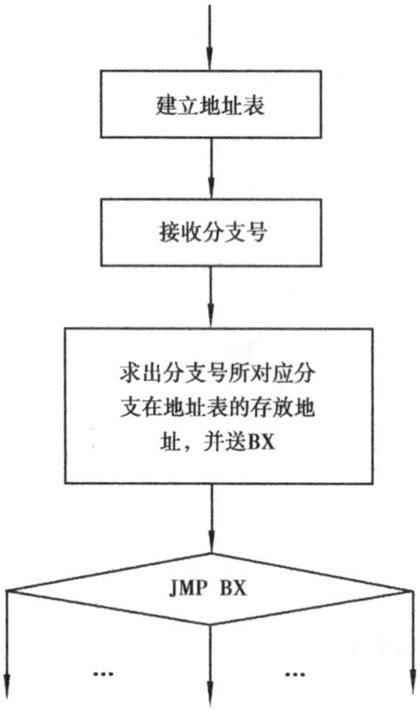

图 5.8　用转移表法实现多路分支的结构框图

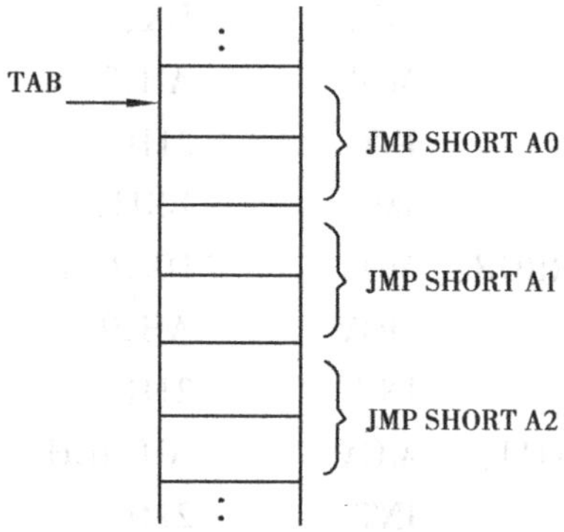

图 5.9　转移表的存放情况

```
        ASSUME   CS:CODE,DS:DATA
START:  MOV      AX,DATA
        MOV      DS,AX
        LEA      DX,MENU          ;显示菜单
        MOV      AH,9
        INT      21H
        MOV      AH,1             ;1 号 DOS 功能调用,接收分支号
        INT      21H
        CMP      AL,'0'
        JB       ERROR
        CMP      AL,'2'
        JA       ERROR
        LEA      BX,TAB           ;取地址表首址
        SUB      AL,30H
        SHL      AL,1             ;短转移乘以 2,近转移乘以 3,远转移乘以 5
        XOR      AH,AH            ;AH 清零
        ADD      BX,AX
        JMP      BX               ;产生多分支转移
TAB:    JMP      SHORT   A0       ;转移表
        JMP      SHORT   A1
        JMP      SHORT   A2
```

```
A0:     LEA     DX,S0               ;各分支程序段
        MOV     AH,9
        INT     21H
        JMP     EXIT1
A1:     LEA     DX,S1
        MOV     AH,9
        INT     21H
        JMP     EXIT1
A2:     LEA     DX,S2
        MOV     AH,9
        INT     21H
        JMP     EXIT1
ERROR:  MOV     DX,OFFSET  ER
        MOV     AH,9
        INT     21H
EXIT1:  MOV     AH,4CH              ;返回 DOS
        INT     21H
CODE    ENDS
        END     START
```

5.4　循环结构程序设计

5.4.1　循环程序的组成

(1)设置循环的初始状态

如设置循环次数的计数值,以及为循环体正常工作而建立的初始状态等。

(2)循环体

这是循环的工作主体,它由循环的工作部分及修改部分组成。工作部分是指为完成程序功能而设计的主要程序段;修改部分是为保证每一次循环时,参加执行的信息发生有规律的变化而建立的程序。

(3)循环控制部分

它是循环程序设计的关键,每一个循环程序必须选择一个循环控制条件来控制循环的运行和结束,通常有两种方法控制循环:用计数控制循环,用条件控制循环。

5.4.2　循环程序的结构形式

循环程序有两种结构,一种是 DO-WHILE 结构形式,另一种是 DO-UNTIL 结构形式。具体见图 5.10 所示。

DO-WHILE 结构把对循环控制条件的判断放在循环的入口,先判断条件,满足条件就执行

循环体，否则退出循环。DO-UNTIL 结构是先执行循环体然后再判断控制条件，不满足条件则继续执行循环操作，一旦满足条件则退出循环。一般讲，如果循环次数等于 0 的可能，则应选择 DO-WHILE 结构，否则用 DO-UNTIL 结构。

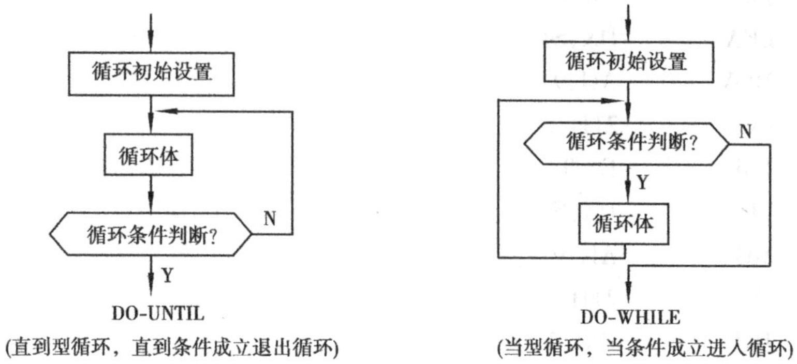

图 5.10　循环程序的结构形式

5.4.3　循环控制的方法

(1)用计数控制循环

这种方法直观、方便，易于程序设计。只要在编制程序时，循环次数已知，就可以使用这种方法设计循环程序。然而更多的循环程序，在编制程序时并不能确切知道循环次数，但是知道循环次数是前面运算或操作的结果或者被存放在某内存单元中。因此在进入循环前，在初始化部分时，就可以获得循环次数。也就是说，在执行循环前已经知道循环次数，这种情况也算循环次数已知。此时编制程序时一般采用 LOOP、LOOPE/Z、LOOPNE/NZ 指令来实现。

例 5.6　试编制程序统计字节变量 VAR 中 1 的个数，并将它存入 COUNT 单元中。

解：要测试出 VAR 中 1 的个数就应该逐位进行测试，可根据最低位是否为 1 来计数，然后用移位的办法把各位数逐次移到最低位去，共需要测试 8 次。程序流程如图 5.11 所示。

参考程序：

```
DATA    SEGMENT
        VAR       DB  37H
        COUNT     DB  ?
DATA    ENDS
CODE    SEGMENT
        ASSUME    CS:CODE,DS:DATA
BEGIN:  MOV       AX,DATA
        MOV       DS,AX
        MOV       AL,VAR          ;AL←VAR 的值
        MOV       CX,8            ;赋循环初值
        XOR       BL,BL           ;赋计数器初值
LL:     TEST      AL,1            ;测试 AL 的最低位
        JZ        LL1             ;最低位为 0 转 LL1
```

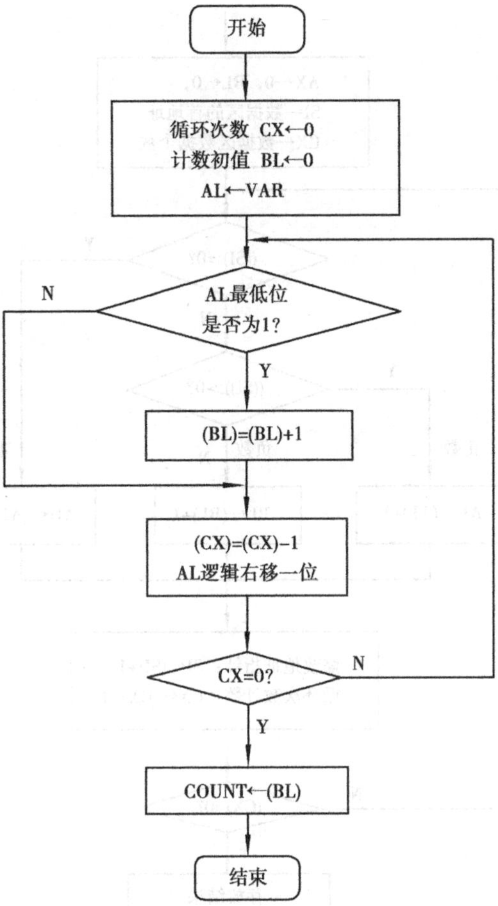

图 5.11 例 5.6 的功能实现流程图

```
        INC     BL              ;计数器加 1
LL1:    SHR     AL,1            ;逻辑右移 1 位
        LOOP    LL              ;循环控制
        MOV     COUNT,BL        ;COUNT←计数器 BL 的值
        MOV     AH,4CH          ;返回 DOS
        INT     21H
CODE    ENDS
        END     BEGIN
```

例 5.7 试编制一程序,统计 VAR 数据区中正数,零,负数的个数。

解:由题意,实现该功能的程序流程如图 5.12 所示。

参考程序:

```
DATA    SEGMENT
        VAR     DB  -1,0,3,0BH,02,-4,0,5,0E0H
        PLUS    DB  ?           ;存放正数个数
```

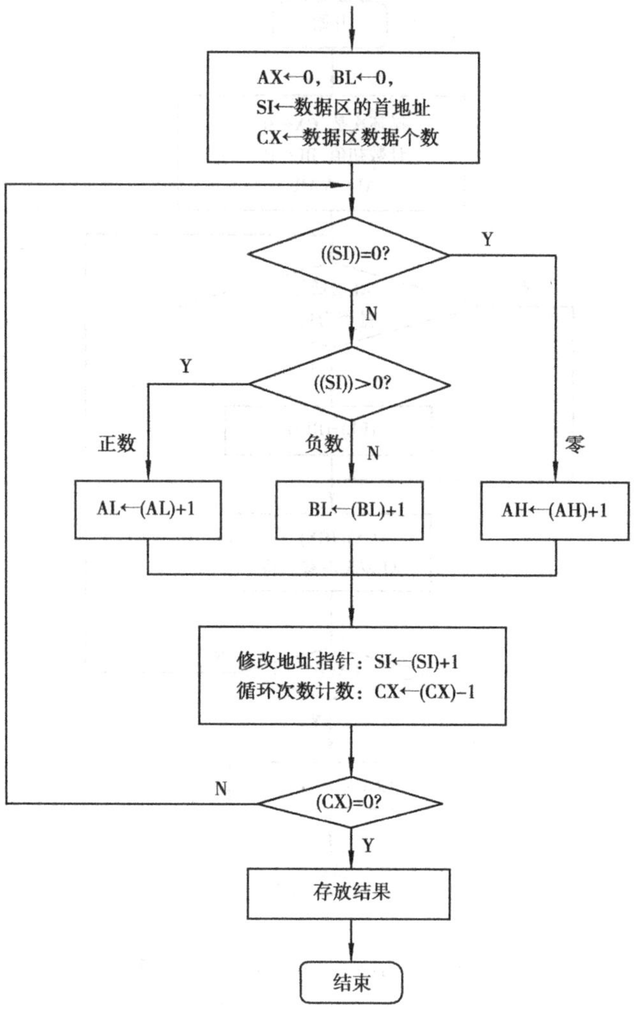

图 5.12　例 5.7 的功能实现流程图

```
        NEGA      DB  ?              ;存放负数个数
        ZERO      DB  ?              ;存放 0 个数
DATA    ENDS
CODE    SEGMENT
        ASSUME    CS:CODE,DS:DATA
START:  MOV       AX,DATA
        MOV       DS,AX
        XOR       AX,AX              ;计数器清 0
        XOR       BL,BL              ;计数器清 0
        LEA       SI,VAR             ;初始化地址指针 SI
        MOV       CX,PLUS - VAR      ;初始化循环计数器
LOP:    CMP       BYTE  PTR  [SI],0     ;比较设置状态标志位
```

```
        JZ      ZERO1
        JS      NEGA1
        INC     AH              ;正数个数计数
        JMP     NEXT
NEGA1:  INC     AL              ;负数个数计数
        JMP     NEXT
PLUS1:  INC     BL              ;0 个数计数
NEXT:   ADD     SI,TYPE  VAR    ;修改地址指针 SI
        LOOP    LOP
        MOV     PLUS,AH         ;保存正数个数
        MOV     NEGA,AL         ;保存负数个数
        MOV     ZERO,BL         ;保存 0 个数
        MOV     AH,4CH
        INT     21H
CODE    ENDS
        END     START
```

(2)**用条件控制循环**

有些情况无法确定循环次数,但循环何时结束,可用某种条件来确定。此时编制程序主要寻找控制条件及对条件的检测。

例 5.8　将正整数 NUM 插入到一个从小到大排列好顺序的正整数字节数组序列中。

分析:假设该数组的首地址和末地址分别为 ARRAY_HEAD、ARRAY_END,显然在这里需要插入的是一个数,所以不一定要扫描整个数组。同时为了插入这个数据,必须要空出位置,即凡是比它大的数据都应该向地址增大的方向移动一个字节,故应该从数组的尾部向头部查找,可逐字节取出比较。值得注意的是,应该考虑正整数 NUM 大于或小于数组中的所有数的可能,即如果 NUM 大于数组中所有数,则第一次比较就可以结束查找;如果 NUM 小于数组中所有数,则必须及时结束查找,绝对不允许查找的范围超出数组的首地址,当然可以把数组的首地址或循环次数作为结束查找的条件。根据上述分析,可以得出程序流程如图 5.13 所示。

参考程序:

```
NUM     EQU     36H
DATA    SEGMENT
        ARRAY   DB  12H,24H,48H,60H,72H,84H
        Y       DB  ?
DATA    ENDS
CODE    SEGMENT
        ASSUME  CS:CODE,DS:DATA
BEGIN:  MOV     AX,DATA
        MOV     DS,AX
        MOV     CX,Y - ARRAY    ;循环次数初始化
        MOV     AL,NUM          ;插入值送 AL
```

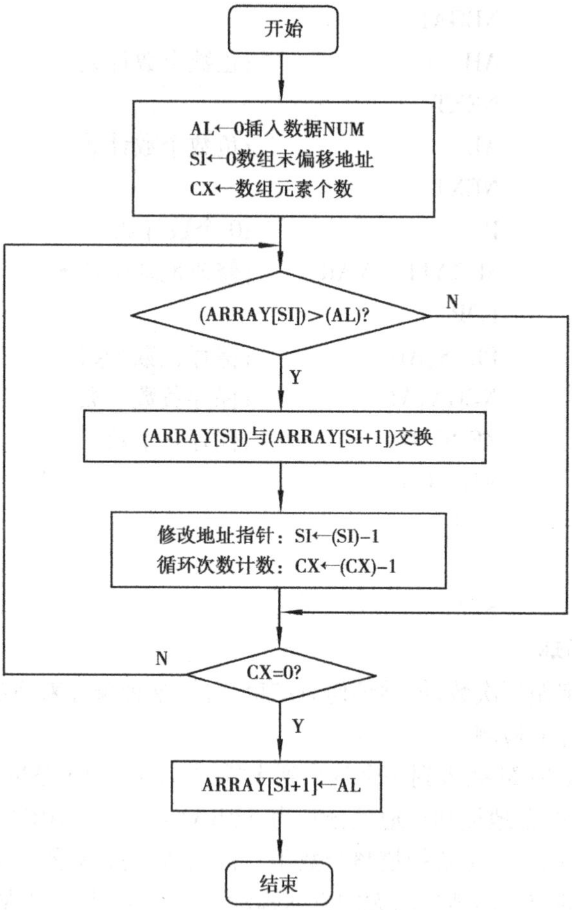

图 5.13 例 5.8 的功能实现流程图

```
        LEA     SI,Y
        DEC     SI              ;取得 ARRAY 的最后元素的偏移地址
LOP:    CMP     ARRAY[SI],AL    ;比较
        JLE     INSERT
        MOV     AH,ARRAY[SI]
        MOV     ARRAY[SI+1],AH  ;数据交换
        DEC     SI              ;修改偏移地址
        LOOP    LOP
INSERT: MOV     ARRAY[SI+1],AL  ;插入数据
        MOV     AH,4CH
        INT     21H
CODE    ENDS
        END     BEGIN
```

例 5.9 试编制一程序，统计一个字符串中每一个字符含有“1”的个数。

分析:假设数据段中 STR 定义有一个字符串,现对每一个字符的 ASCII 码统计“1”的个数,统计的个数存放在 STR2 的数据区。可以采用的办法是把要统计的代码逐个右移或左移至 CF 中,然后对 CF 进行 1 和 0 的判断并计数。若代码有 8 位,则进行 8 次移位,判断、计数。但是由于 1 的个数分布不均,许多代码无须进行 8 次。为此,可以在每次循环移位后,判断剩余代码是否为全 0,若是,循环结束,否则继续。这部分采用先判断后工作的循环结构。可以得出程序流程如图 5.14 所示。

参考程序:

```
DATA    SEGMENT
        STR1    DB      '12345'
        COUNT   EQU     $ -STR1
        STR2    DB      COUNT  DUP(0)
DATA    ENDS
CODE    SEGMENT
        ASSUME  CS:CODE,DS:DATA
BEGIN:  MOV     AX,DATA
        MOV     DS,AX
        XOR     SI,SI           ;SI 清 0
        XOR     DI,DI           ;DI 清 0
        MOV     CX,COUNT        ;字符个数
LOP1:   MOV     AL,STR1[SI]     ;从符号串中取一个字符
        MOV     DL,0            ;计数器清 0
LOP2:   CMP     AL,0            ;判断 AL 是否为全 0?
        JZ      NEXT            ;全 0 则退出内循环
        SHL     AL,1            ;移位设置 CF
        JNC     LOP3
        INC     DL              ;计数器加 1
LOP3:   JMP     LOP2
NEXT:   MOV     STR2[DI],DL     ;保存字符中 1 的个数
        INC     SI              ;修改指针
        INC     DI
        LOOP    LOP1
        MOV     AH,4CH
        INT     21H
CODE    ENDS
        END     BEGIN
```

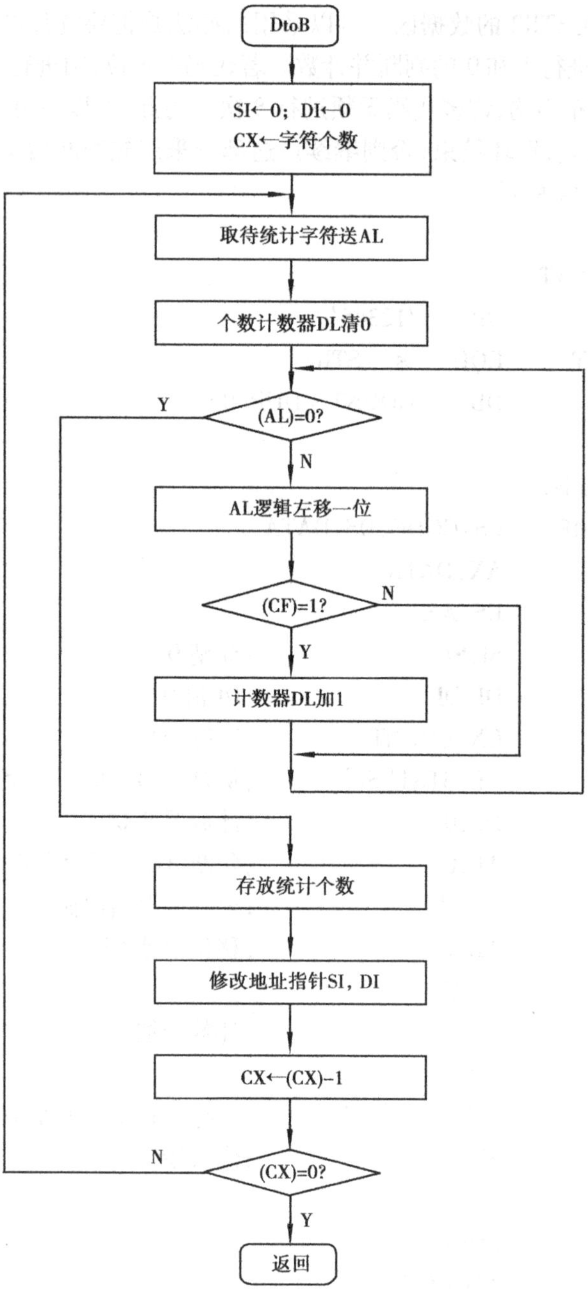

图 5.14　例 5.9 的功能实现流程图

5.5　子程序设计

子程序又称为过程,它相当于高级语言中的过程和函数。在一个程序的不同部分,往往要用到类似的程序段,这些程序的功能和结构形式都相同,只是某些变量的赋值不同,此时就可以把这些程序段写成子程序的形式,以便需要时调用它。

5.5.1　子程序的构造

前面学习了过程定义伪指令,也就是用它们来构成的子程序,其格式为:

```
子程序名    PROC    (NEAR/FAR)
保存信息
……
恢复信息
RET
子程序名    ENDP
```

5.5.2　子程序的调用与返回

子程序的正确执行是由子程序的正确调用和返回保证的。IBM　PC 机的 CALL 和 RET 指令就分别完成了子程序的调用和返回功能。

(1)调用指令:CALL　过程名

执行 CALL 指令,首先保留断点地址于堆栈中,然后转移到目标单元,它对 PSW 无影响。调用指令 CALL 是一种转移类型指令,它与 JMP 指令的相同之处:都是无条件转移到目标单元,同样存在段内和段间的问题,这在前面讲指令时已经讲过的。

(2)返回指令:RET

一个子程序执行的最后一条指令必定是返回指令 RET,用以返回到调用子程序的断点处。但在位置上并不一定就是最后一条指令。它的位置灵活,并不是必须要在最后。只是习惯上通常将它置于子程序的最后。

5.5.3　编制子程序的要求

(1)子程序必须具有通用性

例如要求编制一个子程序,从一个字符串查找某个字符,那么在编制这个子程序时,要使该子程序具有较好的通用性,则应该使它能从任意长度的字符串中查找某个任意的字符。为了达到这个目的,在编制子程序时,该子程序往往需要提供相关的入口参数和出口参数。所以编制子程序,一个重要的问题就是决定有哪些入口参数和出口参数。

(2)注意保存信息和恢复信息

由于主程序(即调用程序)和子程序经常是分别编制的,因此它们所使用的寄存器往往会发生冲突。如果主程序在调用子程序之前某个寄存器的内容在从子程序返回后还有用,而子程序又恰好使用了该寄存器,将会导致程序运行错误,这是绝对不允许的。为了避免这种错误的产生，在一进入子程序后就应该把所需要保存的寄存器内容压入堆栈中，而在退出子程序之前把寄存器的内容弹出堆栈恢复原状。要注意最先压入堆栈的应该最后弹出来，例如：

```
EXAMPLE      PROC    NEAR
             PUSH    AX
             PUSH    BX
             PUSH    CX
             ……
             POP     CX
             POP     BX
             POP     AX
             RET
EXAMPLE      ENDP
```

值得注意的是：必须搞清楚哪些寄存器是必须保存的，哪些又是不必要或不应该保存的。一般来说，子程序中用到的寄存器是应该保存的，但是如果主程序和子程序之间使用寄存器传递参数的话，该寄存器则不一定需要保存，特别是用来向主程序回送结果（即出口参数）的寄存器，则更不应该因保存和恢复该寄存器的内容而破坏了应该向主程序传送的信息。

(3)选用适当的方法在子程序和主程序之间进行参数传递

调用子程序时，往往需要传送一些参数（即入口参数）；子程序运行完后也经常要回送一些信息给调用程序。这种主程序与子程序之间的信息传送称为参数传递，它可以有以下三种：

①用寄存器传递参数

这是最常用的一种方式，使用非常方便，通常在参量不多的时候使用这种方法。下面举例说明。

例 5.10 从键盘取得一个十进制数（小于等于 65 535），然后把该数以十六进制形式在屏幕上显示出来。

分析：该程序在执行的时候，首先在屏幕上显示提示信息：请输入一个小于或等于 65 535 的十进制无符号整数，并按回车键表示数字串输入结束！然后调用一个子程序 DtoB 来实现从键盘接收十进制数并把该数转换为二进制数；然后再调用另一个子程序 BtoH 把该二进制数以十六进制数的形式在屏幕上显示出来。最后在该次转换结束后，再次在屏幕上显示提示信息：退出，请按小写字母 y！否则按其他任意键都进行下次输入转换！值得注意的是，为了避免屏幕上显示信息的重叠，另外用子程序 CRLF 完成每次显示信息后的回车、换行，当然在实际应用中，该子程序的功能通常是用宏汇编来实现的！关于宏汇编的内容，将在后续内容中介绍。具体流程如图 5.15 所示。

参考程序：

```
DATA         SEGMENT
MESSAGE1     DB   'please input a decimal integer <=65535: $'
MESSAGE2     DB   'exit,please press y!',0DH,0AH,'$'
MESSAGE3     DB   0DH,0AH,'Sorry,the data is invalid! please input again: $'
DATA         ENDS
CODE         SEGMENT
```

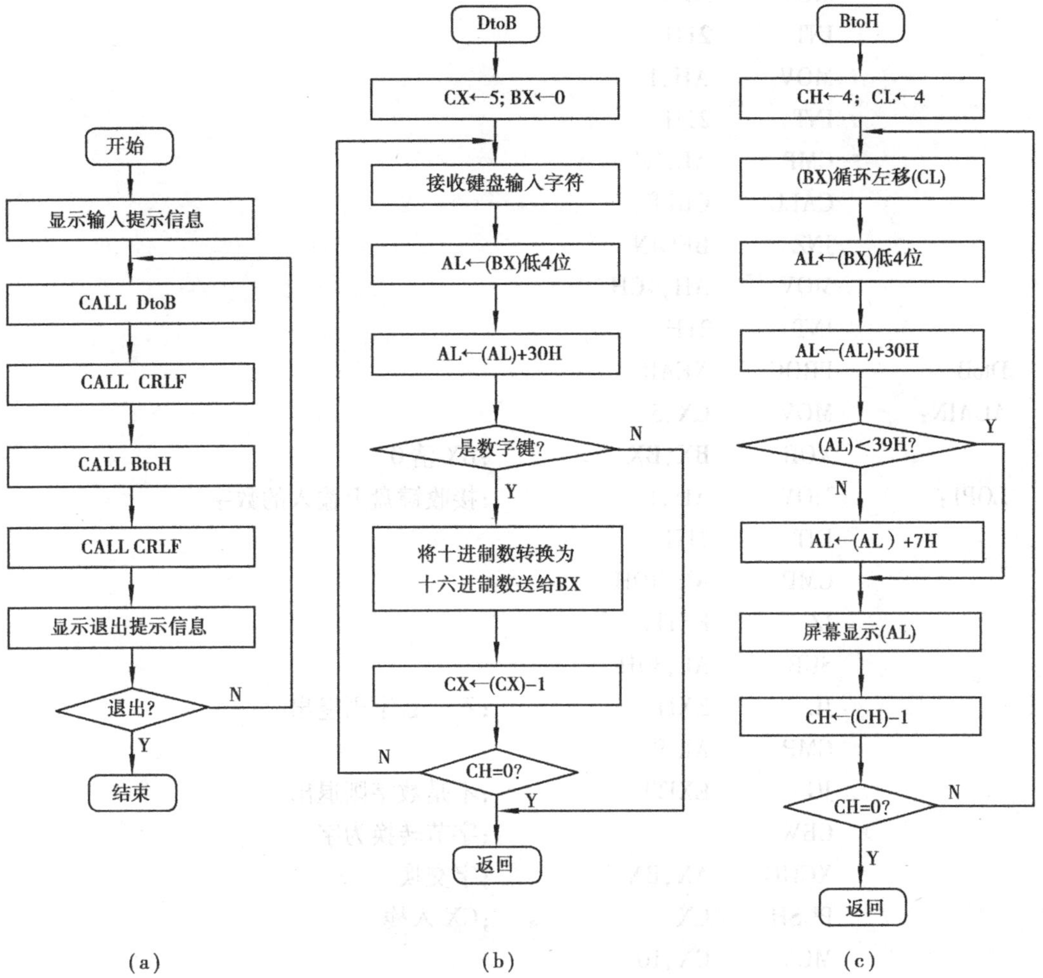

(a)主程序　(b)子程序　(c)子程序

图 5.15　例 5.10 的功能实现流程图

```
        ASSUME  CS:CODE,DS:DATA
BEGIN:  MOV     AX,DATA
        MOV     DS,AX
        LEA     DX,MESSAGE1     ;提示输入一个小于等于 65535 的整数
        MOV     AH,9
        INT     21H
        CALL    DtoB            ;接收十进制数并将它转换为二进制数
        CALL    CRLF            ;回车换行
        CALL    BtoH            ;将二进制数以十六进制数形式在屏幕上
                                 显示
        CALL    CRLF
        LEA     DX,MESSAGE2     ;提示信息退出请按小写字母 y
```

```
            MOV     AH,9
            INT     21H
            MOV     AH,1
            INT     21H
            CMP     AL,'y'
            CALL    CRLF
            JNZ     BEGIN
            MOV     AH,4CH
            INT     21H
DtoB        PROC    NEAR
AGAIN:      MOV     CX,5
            XOR     BX,BX           ;BX 清 0
LOP1:       MOV     AH,1            ;接收键盘上输入的数字
            INT     21H
            CMP     AL,0DH
            JZ      EXIT2
            SUB     AL,30H
            JL      EXIT1           ;不是数字则退出
            CMP     AL,9
            JG      EXIT1           ;不是数字则退出
            CBW                     ;字节转换为字
            XCHG    AX,BX           ;字交换
            PUSH    CX              ;CX 入栈
            MOV     CX,10
            MUL     CX              ;(AX)乘以 10
            POP     CX              ;CX 出栈
            XCHG    AX,BX
            ADD     BX,AX
            LOOP    LOP1            ;循环
            JMP     EXIT2
EXIT1:      LEA     DX,MESSAGE3     ;提示信息重新输入数据
            MOV     AH,9
            INT     21H
            JMP     AGAIN           ;重新输入数据
EXIT2:      RET                     ;子程序返回
DtoB        ENDP
BtoH        PROC    NEAR
            MOV     CH,4
LOP2:       MOV     CL,4
```

```
        ROL     BX,CL           ;BX循环左移4位
        MOV     AL,BL
        AND     AL,0FH          ;取(AL)低4位
        ADD     AL,30H          ;二进制数变成ASCII
        CMP     AL,3AH
        JL      PRINT
        ADD     AL,7H
PRINT:  MOV     DL,AL
        MOV     AH,2
        INT     21H
        DEC     CH
        JNZ     LOP2            ;ZF等于0则转LOP2
        MOV     DL,'H'          ;输出十六进制数的尾部标记H
        MOV     AH,2
        INT     21H
        RET
BtoH    ENDP
CRLF    PROC    NEAR
        MOV     DL,0DH          ;回车
        MOV     AH,2
        INT     21H
        MOV     DL,0AH          ;换行
        MOV     AH,2
        INT     21H
        RET
CRLF    ENDP
CODE    ENDS
        END     BEGIN
```

②用地址表传递参数

通过地址表传送参数的方法是在主程序中首先建立一个地址表，把要传送给子程序的参数都存放在地址表中，然后把地址表的首地址通过寄存器传送到子程序中去；最后子程序通过地址表取得所需参数。例5.10用地址表传递参数实现的参考程序（其中主要列出了它与“用寄存器传递参数”的不同点）如下：

```
DATA      SEGMENT
          ……
DA1       DW  ?
ADR_TAB   DW  ?
DATA      ENDS
CODE      SEGMENT
```

```
        ASSUME   CS:CODE,DS:DATA
BEGIN:  MOV      AX,DATA
        MOV      DS,AX
        ……
        MOV      AH,4CH
        INT      21H
DtoB    PROC     NEAR
AGAIN:  MOV      CX,5
        ……
        JMP      AGAIN                   ;重新输入数据
EXIT2:  MOV      DA1,BX                  ;参数送变量 DA1
        MOV      ADR_TAB,OFFSET  DA1     ;参数的地址送变量 ADR_TAB
        MOV      SI,OFFSET  ADR_TAB      ;参数的地址送 SI
        RET                              ;子程序返回
DtoB    ENDP
BtoH    PROC     NEAR
        MOV      DI,WORD PTR [SI]
        MOV      BX,[DI]
        MOV      CH,4
        ……
        RET
BtoH    ENDP
CRLF    PROC     NEAR
        ……
        RET
CRLF    ENDP
CODE    ENDS
        END      BEGIN
```

③用堆栈传递参数

这种方法是在主程序中把要传送给子程序的参数先保存到堆栈中，然后子程序再从堆栈中取出参数以达到传送参数的目的。例 5.10 也可以用堆栈传递参数来实现，图 5.16 反映的是堆栈最满时的存放情况。

必须注意，子程序结束时的 RET 指令应使用带参数的返回指令，以便返回主程序后堆栈能恢复原始状态不变。在该例中则应该将压入堆栈的(BX)清除掉，即 RET 2。例 5.10 用堆栈传递参数实现的参考程序如下(其中主要列出了它与前面两种实现方法的不同点)：

```
DATA    SEGMENT
        ……
DATA    ENDS
STACK   SEGMENT  PARA  STACK
```

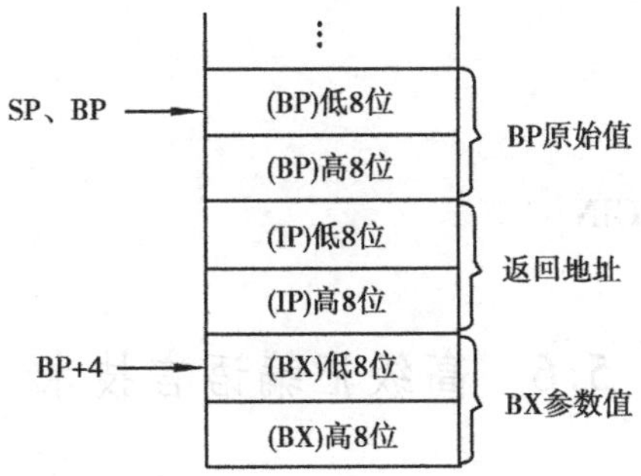

图 5.16　堆栈最满时的存放情况

```
        DB  20  DUP(?)
STACK   ENDS
CODE    SEGMENT
        ASSUME  CS:CODE,DS:DATA,SS:STACK
BEGIN:  MOV     AX,DATA
        MOV     DS,AX
        ……
        CALL    DtoB                ;接收十进制数并将它转换为二进制数
        PUSH    BX                  ;参数入栈
        ……
        MOV     AH,4CH
        INT     21H

DtoB    PROC    NEAR
AGAIN:  MOV     CX,5
        ……
DtoB    ENDP

BtoH    PROC    NEAR
        PUSH    BP                  ;保存 BP
        MOV     BP,SP               ;使 SP、BP 指向同一个地址
        MOV     BX,[BP+4]           ;从堆栈中取参数
        MOV     CH,4
        ……
        POP     BP                  ;恢复 BP
        RET     2                   ;清除(BX)
BtoH    ENDP
CRLF    PROC    NEAR
        ……
```

```
        RET
CRLF    ENDP
CODE    ENDS
        END     BEGIN
```

5.6 高级汇编语言技术

5.6.1 宏汇编

在汇编语言程序设计中,有的程序段要多次使用,除了以前谈到的子程序调用的方法外,还可以用宏汇编的方法实现,尤其在子程序段本身较短,而传递的参数较多的情况下,使用宏汇编更加有效。宏是源程序中一段独立的程序段,首先对它进行定义,然后就可用宏指令语句多次调用它了。

(1)**宏定义**

宏在使用前必须先进行宏定义。宏定义格式为:

```
宏指令名    MACRO    形式参数,形式参数,…
            <宏体>
            ENDM
```

其中,宏指令名:宏定义的名字(即给宏体中程序段指定一个符号名),不可缺省,宏调用时要使用它,第一个符号必须是字母,其后可以是字母或数字。

MACRO...ENDM:宏定义伪指令助记符,不可缺省。它们成对出现,表示宏定义的开始和结束,ENDM 前不带宏指令名。

宏体:一段有独立功能的程序代码段。

形式参数:又称哑元,各个哑元之间用逗号隔开,可以缺省。

(2)**宏调用**

经宏定义后的宏指令可以在源程序中调用,宏调用格式为:

```
宏指令名    实参,实参,…
```

宏调用只需要有宏指令名,若宏定义中有形参,那么宏调用时必须带有实际参数来替代形参,实际参数的个数,顺序,类型与形参一一对应,各个实参之间用逗号分开。原则上实参的个数与形参的个数相等,但汇编程序不要求它们必须相等,若实参个数大于形参个数,则多余的实参不予考虑,若实参个数小于形参个数,则多余的形参作“空”处理。

(3)**宏展开**

汇编程序在对源程序汇编时,对每个宏调用作宏展开,即用宏定义中的宏体取代宏指令名,并用实参一一对应代替形参(即实元取代哑元),每条插入的宏体指令前带上加号“+”。下面举例说明宏定义,宏调用及宏展开。

例 5.11 不带参数的宏定义,用宏指令来实现回车换行。

宏定义:

```
CRLF    MACRO
```

```
        MOV     DL,0DH          ;回车
        MOV     AH,2
        INT     21H
        MOV     DL,0AH          ;换行
        MOV     AH,2
        INT     21H
        ENDM
```

宏调用:CRLF

宏展开:将下述程序段替换宏调用语句。

```
        +MOV    DL,0DH          ;回车
        +MOV    AH,2
        +INT    21H
        +MOV    DL,0AH          ;换行
        +MOV    AH,2
        +INT    21H
```

(4)**宏调用中参数传递**

宏定义中的参数可以有多个,实参可以是数字,寄存器或操作码。宏定义还可用部分操作码作参数,但在宏定义中必须用"&"作分隔符,& 是一个操作符,它在宏定义体中可作为哑元的前缀,宏展开时,可以把 & 前后两个符号合并成一个符号。

例 5.12　宏定义带一个参数,用宏指令实现将 AX 中内容右移任意次(小于 256)。

宏定义:

```
SHIFT   MACRO   N
        MOV     CL,N
        SAL     AX,CL
        ENDM
```

```
宏调用 1: SHIFT   4
宏调用 2: SHIFT   8
宏展开 1: +MOV    CL,4          ;AX 中内容算术左移 4 次
          +SAL    AX,CL
宏展开 2: +MOV    CL,8          ;AX 中内容算术左移 8 次
          +SAL    AX,CL
```

例 5.13　宏定义带 3 个参数,参数可为操作码,用宏指令实现对寄存器的内容左移或右移任意次(小于 256)。

宏定义:

```
SHIFT   MACRO   N,R,Q
        MOV     CL,N
        S&Q     R,CL
        ENDM
```

```
宏调用 1: SHIFT   4,BX,AR
```

```
宏调用2：SHIFT    6,BL,HL
宏展开1：+MOV     CL,4         ;BX中内容算术右移4次
         +SAR     BX,CL
宏展开2：+MOV     CL,6         ;BL中内容逻辑左移6次
         +SHL     BL,CL
```

(5) **宏定义嵌套**

在宏定义中允许使用宏调用，但必须先定义后调用。

例 5.14

宏定义：

```
AD1      MACRO    M,N
         MOV      BX,M
         ADD      AX,N
         ENDM
AD1M     MACRO    R1,R2,R3
         PUSH     AX
         PUSH     BX
         AD1      R1,R2
         MOV      X3,AX
         POP      BX
         POP      AX
         ENDM
宏调用：  AD1M     CX,BX,DX
宏展开：  +PUSH    AX
         +PUSH    BX
         +AD1     R1,R2        ;此语句不占内存
         +MOV     BX,CX        ;AD1宏定义展开
         +ADD     AX,BX
         +MOV     DX,AX
         +POP     BX
         +POP     AX
```

(6) **取消宏定义语句**

格式为：PURGE　宏指令名，宏指令名，…

PURGE：伪指令助记符，不可缺省，因为经过定义的宏指令名，不允许重新定义，必须用PURGE语句将其取消后，才能重新定义，此语句一次可以取消多个宏指令名。

宏指令名：需要取消的宏指令名，有多个宏指令名时，用“,”将它们分开。

例 5.15

宏定义：

```
DEC      MACRO    S1,S2,S3
         SUB      AX,S1
```

```
        OR      AX,S2
        MOV     S3,AX
        ENDM
宏调用: DEC     AX,BX,CX
        PURGE   DEC
```

上例中 DEC 宏指令名与指令助记符相同,因宏指令优先,使同名的指令或伪操作失效。宏调用后,用 PURGE 取消宏定义,恢复 DEC 的指令含义。

(7)**宏指令与子程序的区别**

宏汇编是用一条宏指令来代替一个程序段,可有效地缩短源程序的书写长度,且格式清晰,调用方便。在某种意义上,过程调用也有类似的功能,但二者之间有明显的区别,主要区别在以下几个方面:

1)过程调用使用 CALL 语句,由 CPU 执行,宏指令调用由宏汇编程序 MASM 中宏处理程序来识别。

2)过程调用时,每调用一次都要保留程序的断点和保护现场,返回时要恢复现场和恢复断点,增加了操作时间,执行速度慢。而宏指令调用时,不需要这些入栈及出栈操作,执行速度较快。

3)过程调用的子程序与主程序分开独立存在,经汇编后在存储器中只占有一个子程序段的空间,主程序转入此处运行,因此目标代码长度短,节省内存空间。而宏调用是在汇编过程中展开,宏调用多少次,就插入多少次,因此目标代码长度大,占内存空间多。

4)一个子程序设计,一般完成某一个功能,多次调用完成相同操作,仅入口参数可以改变,而宏指令可以带哑元,调用时可以用实元取代,使不同的调用完成不同的操作,增加使用的灵活性。

如果多次调用的程序较长,速度要求不高,适宜用过程调用方法,如果多次调用的程序较短,而操作又希望修改,适宜用宏指令语句。

5.6.2　重复汇编

汇编语言当需要连续重复完成相同的操作时,可以使用重复汇编伪指令。它可以出现在宏定义中也可以单独出现在源程序中。值得注意的是:重复汇编是在程序汇编期间对某些语句序列进行重复的汇编,而不是在程序运行期间执行重复操作。重复汇编伪指令语句有以下3种:

(1)**定重复**

格式:

```
REPT    表达式
宏体
ENDM
```

其中,REPT...ENDM:伪指令助记符,必须成对出现,不可省略。宏体:表示需要重复的语句序列。表达式:表示重复次数。

例5.16　将2,4,8,16,32分配给连续的5个存储单元。

```
NUM = 1
REPT  5
NUM = NUM * 2
```

```
DB    NUM
ENDM
```

汇编后：

```
+DB   2
+DB   4
+DB   8
+DB   16
+DB   32
```

(2)**不定重复**

格式：

```
IRP      形参,〈实参表〉
宏体
ENDM
```

其中,IRP...ENDM:伪指令助记符,必须成对出现,不可省略。宏体:要重复的语句序列,重复次数由参数个数决定。实数表中是每次重复时将要取的实参,实参之间用逗号隔开,实参表用"〈〉"括起来。每次重复,依次取实参表中一项,代入语句序列中哑元。前面将2,4,8,16,32分配给连续的5个存储单元的例子也可以用如下不定重复伪指令:

```
IRP        NUM, <2,4,8,16,32 >
DB         NUM
ENDM
```

例5.17　若要把AX,BX,CX,DX的内容压入堆栈,则可以用如下不定重复伪指令:

```
IRP        REG, < AX,BX,CX,DX >
PUSH       REG
ENDM
```

汇编后展开为以下四条指令:

```
+PUSH   AX
+PUSH   BX
+PUSH   CX
+PUSH   DX
```

(3)**不定重复字符**

格式为:

```
IRPC      形式参数,字符串
宏体
ENDM
```

其中,IRPC...ENDM:伪指令助记符,必须成对出现,不可省略。宏体:重复执行的语句序列,每次重复时依次用字符串中字符代替形式参数,重复次数取决于字符串中字符的个数。字符串:可用尖括号也可不用尖括号括起来。

例5.18　若要从堆栈中弹出4个字,分别送入DX,CX,BX,AX,则可用如下不定重复字符伪指令:

```
IRPC       REG, < DCBA >
```

```
        POP     REG&X
        ENDM
```

汇编后展开为以下四条指令：

```
        +POP    DX
        +POP    CX
        +POP    BX
        +POP    AX
```

例 5.19

```
        IRPC    X,MASM
        DB      '&X&'
        ENDM
汇编后： +DB     4DH
        +DB     41H
        +DB     53H
        +DB     4DH
```

展开后将 MASM 的 ASCII 字符放入存储器当前地址的 4 个连续字节单元中。

5.6.3　条件汇编

条件汇编是对给定的条件进行测试，汇编程序根据测试结果，将一段程序嵌入源程序汇编或不进行汇编，它的一般格式为：

```
IF××    表达式
        指令体1  ;条件为真汇编指令体1
ELSE    指令体2  ;条件为假汇编指令体2
ENDIF
```

其中，IF××...ENDIF：条件汇编伪指令助记符，必须成对出现，不可省略。IF 语句后的"××"是指定的条件。如果"IF××"指定的条件为真时则宏汇编程序将指令体 1 中的语句汇编成相应的目标代码，否则就把指令体 2 中的语句汇编成相应的目标代码。

ELSE：是任选部分，如果没有 ELSE，那么"IF××"指定的条件满足就汇编，否则就不汇编。

"IF××"条件汇编的形式见表 5.1 所示：

表 5.1　"IF××"条件汇编的形式

伪指令		汇编条件
IF	表达式	表达式的值不等于 0，条件满足
IFE	表达式	表达式的值等于 0，条件满足
IFDEF	符号	符号已定义或被说明为外部符号 EXTRN
IFNDEF	符号	符号未定义或未被说明为外部符号 EXTRN
IFB	<变量>	变量为空，条件满足
IFNB	<变量>	变量不为空，条件满足
IFIDN	<字符串1>，<字符串2>	字符串 1 和字符串 2 相同，条件满足
IFDIF	<字符串1>，<字符串2>	字符串 1 和字符串 2 不相同，条件满足

条件伪指令可以在宏定义体内,也可以在宏定义体外,允许嵌套任意次。

例 5.20　利用条件汇编伪指令,可以根据不同情况,产生无条件转移指令如 JMP,或产生条件转移指令如 JE,JNE,JB,JNB 等。

宏定义:

```
GOTO    MACRO   LOP,X,REL,Y
        IFB     <REL>
        JMP     LOP
        ELSE
        MOV     AL,X
        CMP     AL,Y
        J&REL   LOP
        ENDIF
        ENDM
```

宏调用:

```
        ......
        GOTO    LOP1,VAR1,E,VAR2
        ......
        GOTO    EXIT1
        ......
```

宏展开:

```
        ......
        +MOV    AL,VAR1
        +CMP    AL,VAR2
        +JE     LOP1
        ......
        +JMP    EXIT1
        ......
```

例 5.21　用条件汇编来结束宏定义中递归调用,将 AL 逻辑左移 N 次,用 COUNT 计算递归次数,当 COUNT 与 N 相等时就结束递归调用。

宏定义:

```
SHIFT   MACRO   M,N
        SHL     M,1
        INC     COUNT
        IF      COUNT-N
        SHIFT   M,N
        ENDIF
        ENDM
```

宏调用:

```
        SHIFT   AL,2                ;COUNT 初始值为 0
```

宏展开:

```
        +SHL    AL,1
        +INC    COUNT
        +SHL    AL,1
        +INC    COUNT
```

5.7　DOS 功能子程序的调用

为了了解程序运行过程中的情况,应设法将运算结果显示到显示器上,最简单的方法就是调用操作系统的 I/O 子程序,我们称为 DOS 功能调用。DOS 为程序设计人员提供了许多可直接调用的功能子程序。调用时需要使用软中断指令:

INT　　n

其中:n 为中断调用类型号,其值为 00 ~ FFH。在使用 INT 指令前,应将调用的功能号送入 AH,有关入口参量送入指定寄存器中。若有出口参量,中断调用返回后,结果在指定的寄存器或存储单元中。DOS 功能子程序的调用使用软中断指令"INT 21H"。DOS 共有 84 个功能子程序。这些子程序的主要功能是:磁盘的读写控制、文件操作、目录操作、内存管理、基本输入输出管理(键盘,显示等)及设置/读出系统日期、时间等。对这些子程序,程序设计人员不必过问程序的内部结构和细节,只要遵照如下调用方法就可以直接调用:

- 送入口参量给指定寄存器;
- AH ← 功能号;
- INT　21H。

下面列举部分常用的 DOS 功能子程序。

(1)带显示的键盘输入(1 号功能)

该功能子程序等待键盘输入,直接按下一个键(即输入一个字符),把字符的 ASCII 码送入 AL,并在屏幕上显示该字符。如果按下的键是 Ctrl + C 组合键,则停止程序运行。如果按下 Tab 制表键,屏幕上光标自动扩展到紧接着的 8 个字符位置后面。1 号功能调用,毋需入口参量,出口参量在 AL 中。如:

```
MOV     AH,01H
INT     21H
```

(2)不带显示的键盘输入(7 号功能)

与 1 号功能类似,它仅等待键盘输入一个字符,并将字符的 ASCII 码送入 AL 中。但按下 Ctrl + C 组合键和 TAB 制表键无反应。调用方法如下:

```
MOV     AH,7
INT     21H
```

(3)不带显示的键盘输入(8 号功能)

该功能调用与 1 号功能基本类同,差异仅在 8 号功能调用时,键盘输入的字符不在屏幕上显示。调用方法如下:

```
MOV     AH,8
INT     21H
```

(4)字符串输入(0AH 号功能)

前面 1,7,8 号功能调用都是每调用一次,就从键盘输入一个字符。而在许多应用程序中,要求用户输入姓名、地址或其他字符串,此时则需要一次调用能接受一个字符串,21H 中断的 0AH 号功能子程序就能做到这一点,即从键盘读入一串字符并把它存入用户定义的缓冲区中。所以在使用本功能调用前,应在内存中建立一个输入缓冲区。

缓冲区第一个字节存放它能保存的最大字符数(1~255,不能为'0'!),该值由用户自己事先设置。如果键如的字符数比此数大,那就会发出“嘟嘟”声,而且光标不再向右移动。

缓冲区第二个字节存放用户本次调用时实际输入的字符数(回车键除外),这个数由DOS返回时自动填入。用户从键盘输入的字符从第三个字节开始存放,直到用户输入回车键为止,并将回车键码(0DH)加在刚才输入字符串的末尾上。所以设置缓冲区最大长度时,要比所希望输入的最多字符数多一个字节。若输入的字符数超过缓冲区最大容量,则后面输入的字符被略去,且响铃,直到输入一个回车键才结束。

调用时,用DS:DX寄存器指向输入缓冲区的段基值:偏移量。例如在数据区定义的字符缓冲区如下:

```
MAX_LEN   DB    18
ACT_LEN   DB    ?
STRING    DB    18    DUP(0)
```

则输入串的指令如下:

```
MOV    AX,SEG       MAX_LEN
MOV    DS,AX
MOV    DX,OFFSET    MAX_LEN
MOV    AH,0AH
INT    21H
```

上述指令序列中,若前面的程序已把DS设置在含有MAX_LEN数据区的段基值,那么示例中前两条指令可略去。在字符串输入过程中,可用Ctrl+C打断,中止字符输入。如果键入字符串:

THIS IS A PROGRAM ↙

此时缓冲区MAX_LEN的各存储单元如图5.17所示:

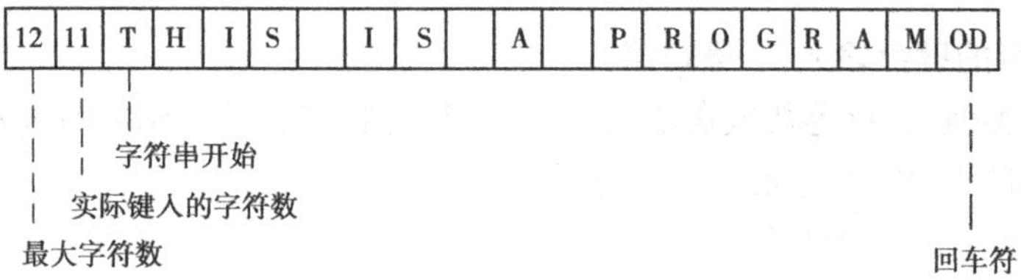

图5.17　缓冲区MAX_LEN的存放情况

(5)**字符显示(2号功能)**

本功能子程序仅在屏幕上显示单个字符。要显示字符的ASCII码(入口参量)存放在DL中。如果DL中存放退格键编码(08H),在屏幕上便向左移一个字符位置,并使该位置成为空格。移动后光标停留在那里。如要显示字符'A',可用下列几条指令调用:

```
MOV    DL,'A'
MOV    AH,2
INT    21H
```

由于2号功能可显示任一字符,例如美元符号"$"(24H),而9号功能却不能显示'$'符号,所以它可作为9号功能的补充。

(6)**字符打印**(5**号功能**)

5号功能子程序把DL中的字符(ASCII码)送入打印机接口,打印输出。功能调用为:

```
MOV     DL,'A'
MOV     AH,5
INT     21H
```

(7)**字符串显示**(9**号功能**)

9号功能子程序能在屏幕上显示多于一个的字符串。要显示的字符串必须先放在内存一数据区中,且字符串以美元符号'$'作为结束标志。非显示字符(如回车,换行),可以用它的ASCII码插入字符串中间。进行9号功能调用时,先把待显示的字符串首地址的段基值和偏移量分别存入DS和DX中。

在数据段中定义一个待显示符号串如:

```
STRING  DB  "THIS IS A PROGRAM",0AH,0DH,"$"
```

则显示该符号串的指令为:

```
LEA     DX,STRING
MOV     AH,9
INT     21H
```

(8)**取中断向量**(35H**号功能**)

35H号功能把由AL指定的中断类型号的中断向量从中断向量表中取到ES:BX中。即必须把要取出的中断类型号N送给AL,调用35H功能后,与中断类型号N对应的中断向量则保存在ES:BX中。其调用示例如下:

```
MOV     AL,N
MOV     AH,35H
INT     21H
```

(9)**设置中断向量**(25H**号功能**)

25H号功能把由AL指定的中断类型的中断向量DS:DX放置在中断向量表中。如果新的中断功能只供自己使用,或用自己编写的中断服务程序代替系统中的中断服务程序时,要注意保存原中断向量,在设置自己的中断向量时,应先保存原中断向量再设置新的中断向量,在结束程序之前恢复原中断向量。具体设置过程为:首先将要设置的中断类型号送AL,然后把要设置的中断服务程序的段地址和偏移量(即中断向量)分别送DS,DX,最后再调用25H功能。典型的使用DOS功能调用存取中断向量的程序段如下:

```
......
MOV     AL,N                        ;取出并保存原中断向量
MOV     AH,35H
INT     21H
PUSH    BX
PUSH    ES
PUSH    DS
MOV     AX,SEG  INTERRUPT           ;设置新的中断向量
```

```
            MOV     DS,AX
            MOV     DX,OFFSET  INTERRUPT
            MOV     AL,N
            MOV     AH,25H
            INT     21H
            POP     DS
            ……
            POP     DS                        ;恢复原中断向量
            POP     DX
            MOV     AL,N
            MOV     AH,25H
            INT     21H
            MOV     AH,4CH                    ;返回 DOS
            INT     21H
INTERRUPT:  ……                                ;中断服务程序
            IRET
            ……
```

(10)**读出系统日期**(2AH **号功能**)

本功能子程序的执行,将系统的年、月、日、星期的数据读出,并存入指定的寄存器中:

CX ← 年(1980 ~ 2099)

DH ← 月(1 ~ 12)

DL ← 日(1 ~ 31)

AL ← 星期(0——星期日,1——星期一等)

例如要取出系统日期并存放在下面的存储单元中:

```
YEAR    DW    ?
MONTH   DB    ?
DAY     DB    ?
```

则取出系统日期的指令如下:

```
MOV     AH,2AH
INT     21H
MOV     YEAR,CX
MOV     MONTH,DH
MOV     DAY,DL
```

(11)**设置系统日期**(2BH **功能**)

调用本功能子程序时,必须在 CX 和 DX 中设置有效日期,其中,CX 中存放年号(1980 ~ 2099),DH 中存放月号(1 ~ 12),DL 中存放日(1 ~ 31)。如果日期设置有效,待功能子程序返回时,(AL) = 0,否则(AL) = 0FFH。所以为了检查设置是否成功,通常在调用 2BH 号功能后检查 AL 中内容。例如:

```
MOV     CX,2005
```

```
MOV     DH,10
MOV     DL,10
MOV     AH,2BH
INT     21H
CMP     AL,0                    ;日期设置有效?
JNE     ERROR                   ;否,转到出错处理
……                              ;是,进入有效处理
```

(12)**读出系统时间(2CH 功能)**

本功能子程序从系统中可得到当时的时间:时、分、秒和百分秒,它们分别存放在 CX 和 DX 寄存器中:

CH ← 小时　(0 ~ 23)

CL ← 分　(0 ~ 59)

DH ← 秒　(0 ~ 59)

DL ← 百分秒　(0 ~ 99)

例如读出系统时间并存放在下面的存储单元中:

```
HOURS    DB   ?
MINUTES  DB   ?
SECONDS  DB   ?
```

则取出系统时间的指令如下:

```
MOV     AH,2CH
INT     21H
MOV     HOURS,CH
MOV     MIUNTES,CL
MOV     SECONDS,DH
```

(13)**设置系统时间(2DH 功能)**

调用本功能子程序时,必须在 CX 和 DX 中设置有效时间(指定有关寄存器和数据范围与 2CH 号功能相同)。如果设置时间有效,从功能子程序返回时,(AL) = 0,否则(AL) = 0FFH。例如设置 19 时 20 分 10 秒:

```
MOV     CH,19
MOV     CL,20
MOV     DX,10
MOV     AH,2DH
INT     21H
CMP     AL,0                    ;日期设置有效?
JNE     ERROR                   ;否,转到出错处理
……                              ;是,进入有效处理
```

习题与思考题

1. 程序的三种基本结构是什么？请分别画出各自核心部分的流程图。
2. 请画出将一字节二进制数据转化成十六进制数显示的流程图。
3. 编程实现两个字节变量相乘送字变量的程序。
4. 编程实现从键盘接收两个一位十进制数并计算和显示它们的积(如输入 6 和 8 则显示为:6 * 8 =48)。
5. 编程实现三个变量值的排序(分别用无符号数和有符号数处理)。
6. 试编制一个程序,比较两个字符串 STR1 和 STR2 是否相同。
7. 编程实现从 VAR 带符号数据区中找出最大数。

第6章 总线技术与I/O接口基础

6.1 总线技术

6.1.1 总线技术概述

微型计算机基本上均采用了总线结构。总线是芯片内部各单元电路之间、芯片与芯片之间、模块与模块之间、设备与设备之间、甚至系统与系统之间传输信息的公共通路,在物理上它是一组信号线的集合。总线技术研究如何利用一组信号线有效地传递信息,并使其具有通用性强、扩展性好、升级容易等性能。微型计算机系统的大量工作就在于信息的传输,因此,总线的设计或选择直接影响系统的整体性能,若设计不好或选择不当,将使其成为系统的瓶颈。正因为如此,微机系统的设计和开发人员以及一些大的公司和厂家先后推出多种总线标准,且性能不断提高、技术不断完善,以适应迅速发展的计算机其他技术的要求。本节将介绍总线的一些基本知识,具体介绍一些常见的系统总线和通信总线。

(1)总线组成

微型计算机总线主要由四部分组成,它们是数据总线、地址总线、控制总线和电源。

1)数据总线

数据总线是外部设备和总线主控设备之间进行数据传送的数据通道。通常用 $D_n \sim D_0$ 表示数据位的序号,序号和数据的位权是一致的。N 表示数据宽度。如:STD 总线是 8 位总线,高位 $D_n = D_7, n = 7$。ISA 总线是 16 位总线,$D_n = D_{15}, n = 15$。PCI 总线数据宽度是 32 位,$D_n = D_{31}, n = 31$。PCI 总线一次可以传送 32 位数据,即 4 个字节。总线中的数据总线宽度基本上表示了总线数据传输的能力,反映了该总线的性能。

2)地址总线

地址总线是外部设备与主控设备之间传送地址信息的通道。通常用 $A_0 \sim A_n$ 表示。地址总线的宽度,表明了该总线的寻址范围。如 IBM PC/XT 总线,有 20 位地址线,该总线构成的计算机系统所具有的寻址范围为 1 MB 存储空间。有些计算机系统将 I/O 端口地址另行编码,另外定义了专用访问 I/O 的指令。有些计算机将 I/O 端口地址与内存地址统一编码,从中划出一部分作为I/O端口地址。因此,这些外设的I/O端口地址,也由这些总线传送。在PCI总线构成的计算机系统中,有内存空间、I/O空间、配置空间之分,但这三种不同的空间是从地址总线的译码空间分别划出的三个区域范围。PCI总线有32条地址线,寻址能力达到4 GB,可以构成相当大的计算机系统。

3)控制总线

控制总线是专供各种控制信号使用的传递通道,总线操作各项功能都是由控制总线完成的。控制总线信号是总线信号中种类最多、变化最大、功能最强的信号,也是最能体现总线特色的信号。一种总线标准与另一种标准相比较最大的不同之处就在于控制总线,而它们的地址总线、数据总线、电源等可以相同或相似。

控制总线是总线中最有特点的部分,无论是哪种计算机总线,无论它们具有什么特色,都必须通过总线来实现。可以这样讲,数据总线看宽度,它表示构成计算机系统的计算能力和计算规模;地址总线看位数,它决定了系统寻址能力,表明构成计算机系统的规模;而控制总线则代表总线的特色,表示总线的设计思想、控制技巧。

4)电源

+5 V,-5 V,+12 V,-12 V是系统必备电源,其中-5 V用得比较少,+5 V要求最大电流供电。PCI总线还有3.3 V电源信号,这表明了计算机系统的电压向低压发展的趋势。

(2)**总线功能**

总线功能是计算机总线研究的重点,计算机的地址总线、数据总线和控制总线需精心设计,以提高计算机总线的功能。这些功能体现在以下几点:

1)数据传输功能

数据传输功能是总线的基本功能,用总线传输率来表示,即每秒传输的字节数,单位是Mbps(兆字节每秒)。影响总线传输率的因素有:总线宽度、时钟频率等。

2)多设备支持功能

多个设备使用一条总线,首先是总线占用权的问题,哪一个主设备申请占用总线,由总线仲裁器确定。在ISA总线中,DMA控制器和微处理器争用总线。实际上DMA与微处理器对比而言,并非“公平”占用总线,而采取利用总线“周期窃取”的方法,“盗用”总线或“非法”使用总线。至于Multi Bus、VME Bus、PCI Bus则专门设有总线占用请求信号(REQ#)和总线占用权得到信号(GNT#),这时总线的占用是合法的、透明的,而不必再“盗用”。

3)中断

中断是计算机对紧急事务响应的机制,是计算机反应灵敏与否的关键。当外部设备与主设备之间进行服务约定时,中断是实现服务约定的联络信号。中断信号线的多少,反映了系统响应多个中断源的能力。中断优先级是中断源申请服务的级别,由主设备确定。

4)错误处理

错误处理包括奇偶校验错、系统错、电池失效等错误检测处理,以及提供相应的保护对策。现代总线的传输能力、控制能力和可靠性,都是目前用户关心的焦点,错误处理功能是保证正常工作所必不可少的,它是总线的可靠性、坚固性的主要保障措施。

(3)**总线规范的基本内容**

无论是先由少数公司或厂家采用后被国际标准组织认可并推广使用,还是先由国际权威机构制定并颁布的总线标准,都必须制定详细的规范,以便大家共同遵循,规范的基本内容有以下几个方面。

1)机械结构规范:规定模块尺寸,总线插头、边沿连接器等的规格。

2)功能结构规范:确定引脚名称与功能,及其相互连接的协议。功能结构规范是总线的核心,通常以时序和状态描述信息的交流、流向及管理规则。总线在功能结构方面的规范包括:

- 数据线、地址线、读/写及其他控制线、状态线、时钟线、电源线和地线等;
- 中断机制;
- 总线主控仲裁;
- 应用逻辑:如联络(也称握手)线、复位、自启动、休眠维护等。

3)电气规范:规定信号逻辑电平、负载能力及最大额定值、动态转换时间等。

(4)**总线的数据传送**

若系统只有一个总线主设备,无需申请总线或仲裁总线控制权。而对于多CPU系统或含有DMA等多个总线主设备的系统,则需要总线仲裁机构来受理总线申请和分配总线控制权。这种情况下,在总线上完成一次信息交换要经过以下4个阶段。

1)申请占用总线:需要使用总线的总线主设备(如CPU、DMA控制器等)向总线仲裁机构提出占用总线的请求,经总线仲裁机构判定,若满足响应条件,则发出响应信号,并把下一个总线传送周期的总线控制权授予申请者。

2)寻址:获得总线控制权的总线主设备,通过地址总线发出本次要访问的存储器和I/O端口的地址,经地址译码选中被访问的模块并开始启动数据转换。

3)传送数据:总线主设备也叫主模块,被访问的设备叫从模块。主模块和从模块之间的操作是由主模块控制在两个从模块之间通过数据总线进行数据传送。

4)结束:主、从模块的信息均从总线上撤除,让出总线,以便其他主模块使用。

(5)**微机总线的分类**

按总线在微机中的位置和作用,微机总线可分为4类。

1)片内总线:它是位于大规模、超大规模集成芯片内部各单元电路之间的总线,作为这些单元电路之间的信息通路。如CPU内部ALU、寄存器组、控制器等部件之间的总线。内部总线的结构与器件本身有关,过去仅由生产厂家设计,使用芯片时用户不必关心其内部总线结构。但随着微电子学的发展,出现了ASIC技术,用户可按自己的要求借助CAD技术设计自己的专用芯片,这时用户就必须自己设计芯片内部总线。本章对片内总线不作详细讨论。

2)局部总线(也称内部总线):通常指微机主板上各部件之间的信息通路。由于是一块电路板内部的总线,故又称在板局部总线。如CPU及其外围支持芯片构成的CPU子系统与在板存储器、I/O接口电路之间一般就是通过三总线结构(数据总线DATA BUS,地址总线ADDR BUS,控制总线CONTROL BUS)来连接的。较典型的局部总线如:IBM-PC总线,ISA总线,EISA总线,VL和PCI总线等。通过总线可共享主板上的资源,也可以共享插在局部总线扩展槽上的功能扩展板上的资源。

3)系统总线(也称外部总线):是指微机底板上的总线,用来构成微机系统的各插件板、多处理器系统各CPU模块之间的信道。而通常我们用的最多的系统总线是微型机的CPU主板与磁盘驱动器、显示器、打印机等外设之间的信息通道。实际上,ISA、EISA等总线往往按其规范制作成主板上的扩展插槽,可直接插入I/O接口卡,这使它们也变成了系统总线。较典型的系统总线如:STD-BUS,MULTI-BUS,VME 等。

有时我们把局部总线和系统总线同称为系统内总线。

4)通信总线:它是微机系统与系统之间、微机系统与其他仪器仪表或设备之间的信息通路。这种总线往往不是计算机专有的,而是借用电子工业其他领域已有的总线标准并加以应用形成的。通信总线的信息传送方式可以是并行的也可以是串行的,因此有并行总线和串行总线之分。总的来说其信息传输率较系统内总线要低。流行的通信总线如:EIA-RS-232C、RS-422A、RS-485,IEEE-488,VXI 等总线标准。

为与系统内总线区别,通信总线又称为系统外总线。

各类总线之间的相互关系见图 6.1。

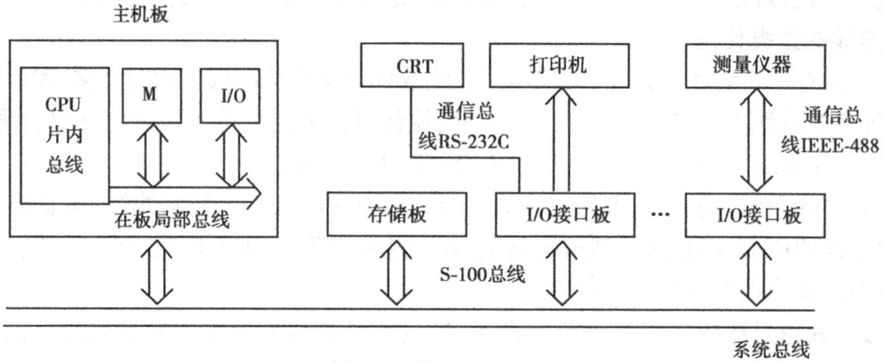

图 6.1　4 类总线之间的关系

(6)**使用标准总线的优点**

在微机系统中,各种信息都是通过总线来传输的,高性能的 CPU 只有通过高性能的总线才能发挥其高效率。为此,人们研制了一系列性能优良的标准总线。现代微机都是采用某些标准总线构成系统的,它至少可以在以下几个方面提高系统性能。

1)简化软、硬件设计:由于总线定义非常严格,任何厂家或个人都必须按其标准制作插件板,有了规范就给用户在硬件设计上带来了很大的方便,简化了设计过程。而由于硬件都是挂在总线上的相对独立的模块,这也使软件的编写、调试与修改更加容易。且编写的模块化程序可为多个用户重复使用,从而提高了效率,降低了成本。

2)简化系统结构:采用标准总线,只要将各功能模块(板)挂在总线上就可以方便的构成微机的硬件系统。

3)便于系统的扩充:对于采用标准总线构成的微机系统,只要按总线标准和用户扩充要求设计或直接购买插件板插到总线插槽上就达到了扩充的目的。当然,一般来说还要在硬件扩充的基础上编写或购置相应的软件。

4)便于系统的更新:随着电子技术的不断发展,新的器件不断涌现,微机系统也要不断更新,在采用标准总线的插件板上用新的器件取代原来的器件就可以很方便地提高系统性能,而不必做很大改动。当然,还要考虑选用速度等性能与新的器件相适应的标准总线。

6.1.2　局部总线

(1)从 IBM PC/XT 总线到 EISA 总线

IBM PC/XT 微机系统采用 Intel 8088 CPU,它所连接的存储器、I/O 设备均为 8 位,因此,该系统采用 8 位总线标准。有关 IBM PC/XT 总线已在第 2 章介绍,这里不再赘述。

由于 Intel 8086 及 80286 为 16 位的 CPU,它们既可以连接 8 位设备又可以连接 16 位设备,显然 8 位总线标准就不再适用。为此,IBM 制定了 16 位工业标准总线(Industry Standard Architecture)—ISA 总线,又称 AT 总线。它保留了原来 PC 总线的全部 62 个引脚信号,以便与原 PC 总线插件板兼容,同时它又在底板上增加了一个 36 引脚的插槽,以便增加新的功能。因此,IBM PC/XT 总线又称为 ISA-8,而 IBM PC/AT 总线称为 ISA-16。

ISA 总线是迄今为止最成功的标准总线,其成熟及支持度都是别的总线所不能及的。但 ISA 总线也因制定时间较久,不可避免地带有一些局限性:其数据宽度为 16 位,总线同步时钟也只有 8 MHz。随着半导体技术的发展,CPU 从 8086 发展到 Pentium 等高档微机芯片,CPU 的数据宽度和工作频率都有了极大提高,若再采用 ISA 总线必然造成 CPU 与外设之间的瓶颈问题,使 CPU 的高性能得不到充分的发挥和利用。为解决这个问题,计算机领域做出了不懈的努力,推出了多种总线标准,比较典型的有 EISA、VESA、PCI 等。

Compaq 等计算机厂商联合推出了 ISA 总线的 32 位扩展标准(Extension Industry Standard Architecture)—EISA 总线。EISA 总线将 ISA 总线的数据宽度扩展到 32 位,同时也将寻址能力扩展到 4 G。不仅如此,EISA 总线还推出了一种新的传送方式:猝发传送,数据传送率大大提高。最重要的一点是 EISA 总线与 ISA 总线保持向下兼容,ISA 标准插卡能直接插入 EISA 总线插槽内,最大限度地保护了用户的利益。二者兼容的实现方法为:EISA 在 ISA 的 98 个引脚基础上又增加了 100 个引脚,其插槽做成两层,上面一层是 ISA 总线的引脚,下面一层是增加的引脚。在下面一层有浇铸而成的 ACCESS KEY 阻止 ISA 扩展板深插,而 EISA 扩展板因有相应的缺口槽,故可深插,从而使上下两排触片都能保持良好接触。另外,由于 EISA 总线是将 ISA 总线扩展成 32 位而形成的标准,因此,EISA 又称为 ISA-32。

(2)VESA 总线

随着 80486 和 Pentium 等高性能计算机的问世,CPU 内部处理速度大大提高,加之集成高速缓存和数值协处理器 FPU,使得高速的 CPU 和内存访问同低速的 I/O 操作成为 PC 技术中的瓶颈。多媒体的出现,对于图形和高速显示提出用更高的速度传送大量信息的要求。而这些问题 ISA 和 EISA 都无法解决。为此,一些厂商在不改变 ISA 标准的基础上为主板设计了一种特殊的高速插槽。将高速外设控制卡直接挂到 CPU 局部总线上,并以 CPU 速度运行,这种特殊的总线插槽称为局部总线插槽。它为 CPU 和外设提供了一个高速桥梁。这种总线主要支持高速外部设备板,对于慢速设备仍保持原来的 ISA 和 EISA 总线标准,这样既保持了兼容性又解决了瓶颈问题。PC 领域出现了两种比较优秀的局部总线:VESA 和 PCI 总线。为了使读者更好地理解 VESA 局部总线,图 6.2 给出了具有这种局部总线的 PC 体系结构。

VESA 总线是视频电子标准委员会(Video Electronics Standards Association)制定的一种局部总线,又称 VL-BUS 总线。是 1992 年 8 月由 VESA(视频电子标准协会)公布的基于 80486CPU 的 32 位局部总线,可扩展到 64 位,具有 32 位寻址能力。其目的是解决 CPU 与视频设备(如 VGA 等)之间数据传送的瓶颈问题,当然,其他诸如磁盘驱动器、网卡等也可从其高数据宽度和高操作频率上获益。VESA 总线的最高同步时钟可达到几十 MHz,数据传输能力最高可达到 160 MB/s,扩展到 64 位时,相应地最大数据传输能力也提高到 267 MB/s。

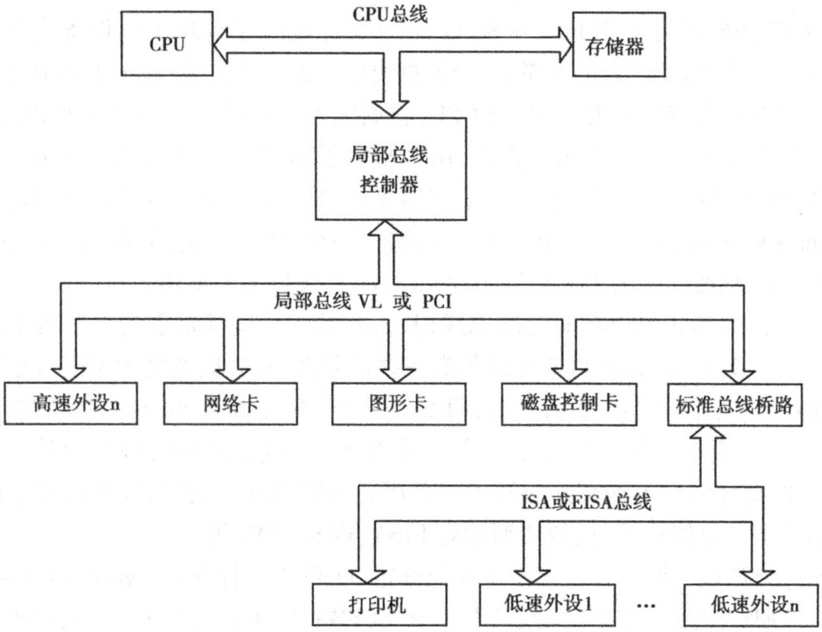

图 6.2 具有局部总线的 PC 体系结构

但是 VL 总线是在 CPU 总线基础上扩展而成的,这种总线使 I/O 速度可随 CPU 的速度增加而加快。它是与 CPU 类型有关的,因此开放性差,并且 VESA 总线只定义了一种 5 V 信号环境,对于 3.3 V 则没有定义。VESA 总线有一个较大的缺点,就是由于 CPU 总线能力有限,使它最多只能带 3 个插槽,这严重限制了它的应用。

(3)PCI **总线**

PCI 总线(Peripheral Component Interconnect,即外围元件互连)是一种为主 CPU 和外设之间提供高性能数据通道的总线。其总线规范是由 Intel 公司为首的一个 PCI 特别兴趣小组制定并维护的。它是一种 32 位局部总线,并且可进行 32 位寻址,既可做单数据操作又可做猝发传送。与其他总线不同的是它定义了一个特别的地址空间:配置空间。

PCI 总线的优势在于:

- 数据线和地址线采用多路复用结构,减少了针脚数。一般而言,目标设备可以只用 47 条引脚,而总线主控可以只用 49 条引脚。
- PCI 总线定义了两种信号环境:5 V 和 3.3 V,并且它们之间可以很容易地相互转换。同时,3.3 V 环境的定义也为 PCI 总线用于便携机开辟了道路。
- PCI 总线独立于处理器,因而可支持多系列的 CPU 和未来的处理器。
- PCI 总线具有 32/64 位总线透明性,允许 32 位和 64 位器件相互协作。
- 允许 PCI 局部总线扩展板和元件的自动配置,在 PCI 上包含有寄存器,上面带有配置所需的器件信息。PCI 局部总线的引脚功能分配见表 6.1。

表 6.1　PCI 局部总线的引脚功能分配

引脚号	5 V		3 V		说明
	B 面	A 面	B 面	A 面	
1	-12 V	TRST#	-12 V	TRST#	32 位连接器开始
2	TCK	+12 V	TCK	+12 V	
3	GND	TMS	GND	TMS	
4	TDO	TDI	TDO	TDI	
5	+5 V	+5 V	+5 V	+5 V	
6	+5 V	INTA#	+5 V	INTA#	
7	INTB#	INTC#	INTB#	INTC#	
8	INTD#	+5 V	INTD#	+5 V	
9	PRSNT1#	Reserved	PRSNT1#	Reserved	
10	Reserved	+5 V(I/O)	Reserved	+5 V(I/O)	
11	PRSNT2#	Reserved	PRSNT2#	Reserved	
12	GND	GND	CONNECTOR KEY		3.3 V
13	GND	GND	CONNECTOR KEY		3.3 V
14	Reserved	Reserved	Reserved	Reserved	
15	GND	RST#	GND	RST#	
16	CLK	+5 V(I/O)	CLK	+3.3 V(I/O)	
17	GND	GNT#	GND	GNT#	
18	REQ#	GND	REQ#	GND	
19	+5 V(I/O)	Reserved	+3.3 V(I/O)	Reserved	
20	AD[31]	AD[30]	AD[31]	AD[30]	
21	AD[29]	+3.3 V	AD[29]	+3.3 V	
22	GND	AD[28]	GND	AD[28]	
23	AD[27]	AD[26]	AD[27]	AD[26]	
24	AD[25]	GND	AD[25]	GND	
25	+3.3 V	AD[24]	+3.3 V	AD[24]	
26	C/BE[3]#	IDSEL	C/BE[3]#	IDSEL	
27	AD[23]	+3.3 V	AD[23]	+3.3 V	
28	GND	AD[22]	GND	AD[22]	
29	AD[21]	AD[20]	AD[21]	AD[20]	
30	AD[19]	GND	AD[19]	GND	

续表

引脚号	5 V		3 V		说明
	B 面	A 面	B 面	A 面	
31	+3.3 V	AD[18]	+3.3 V	AD[18]	
32	AD[17]	AD[16]	AD[17]	AD[16]	
33	C/BE[2]#	+3.3 V	C/BE[2]#	+3.3 V	
34	GND	FRAME#	GND	FRAME#	
35	IRDY#	GND	IRDY#	GND	
36	+3.3 V	TRDY#	+3.3 V	TRDY#	
37	DEVSEL#	GND	DEVSEL#	GND	
38	GND	STOP#	GND	STOP#	
39	LOCK#	+3.3 V	LOCK#	+3.3 V	
40	PERR#	SDONE	PERR#	SDONE	
41	+3.3 V	SBO#	+3.3 V	SBO#	
42	SERR#	GND	SERR#	GND	
43	+3.3 V	PAR	+3.3 V	PAR	
44	C/BE[1]#	AD[15]	C/BE[1]#	AD[15]	
45	AD[14]	+3.3 V	AD[14]	+3.3 V	
46	GND	AD[13]	GND	AD[13]	
47	AD[12]	AD[11]	AD[12]	AD[11]	
48	AD[10]	GND	AD[10]	GND	
49	GND	AD[09]	GND	AD[09]	
50	CONNECTOR KEY		GND	GND	5 V
51	CONNECTOR KEY		GND	GND	5 V
52	AD[08]	C/BE[0]#	AD[08]	C/BE[0]#	
53	AD[07]	+3.3 V	AD[07]	+3.3 V	
54	+3.3 V	AD[06]	+3.3 V	AD[06]	
55	AD[05]	AD[04]	AD[05]	AD[04]	
56	AD[03]	GND	AD[03]	GND	
57	GND	AD[02]	GND	AD[02]	
58	AD[01]	AD[00]	AD[01]	AD[00]	
59	+5 V(I/O)	+5 V(I/O)	+3.3 V(I/O)	+3.3 V(I/O)	
60	ACK64#	REQ64#	ACK64#	REQ64#	
61	+5 V	+5 V	+5 V	+5 V	
62	+5 V	+5 V	+5 V	+5 V	32 位连接器结束

续表

引脚号	5 V		3 V		说明
	B 面	A 面	B 面	A 面	
	CONNECTOR KEY		CONNECTOR KEY		64 位隔离层
	CONNECTOR KEY		CONNECTOR KEY		64 位隔离层
63	Reserved	GND	Reserved	GND	64 位连接器开始
64	GND	C/BE[7]#	GND	C/BE[7]#	
65	C/BE[6]#	C/BE[5]#	C/BE[6]#	C/BE[5]#	
66	C/BE[4]#	+5 V(I/O)	C/BE[4]#	+3.3 V(I/O)	
67	GND	PAR64	GND	PAR64	
68	AD[63]	AD[62]	AD[63]	AD[62]	
69	AD[61]	GND	AD[61]	GND	
70	+5 V(I/O)	AD[60]	+3.3 V(I/O)	AD[60]	
71	AD[59]	AD[58]	AD[59]	AD[58]	
72	AD[57]	GND	AD[57]	GND	
73	GND	AD[56]	GND	AD[56]	
74	AD[55]	AD[54]	AD[55]	AD[54]	
75	AD[53]	+5 V(I/O)	AD[53]	+3.3 V(I/O)	
76	GND	AD[52]	GND	AD[52]	
77	AD[51]	AD[50]	AD[51]	AD[50]	
78	AD[49]	GND	AD[49]	GND	
79	+5 V(I/O)	AD[48]	+3.3 V(I/O)	AD[48]	
80	AD[47]	AD[46]	AD[47]	AD[46]	
81	AD[45]	GND	AD[45]	GND	
82	GND	AD[44]	GND	AD[44]	
83	AD[43]	AD[42]	AD[43]	AD[42]	
84	AD[41]	+5 V(I/O)	AD[41]	+3.3 V(I/O)	
85	GND	AD[40]	GND	AD[40]	
86	AD[39]	AD[38]	AD[39]	AD[38]	
87	AD[37]	GND	AD[37]	GND	
88	+5 V(I/O)	AD[36]	+3.3 V(I/O)	AD[36]	
89	AD[35]	AD[34]	AD[35]	AD[34]	
90	AD[33]	GND	AD[33]	GND	
91	GND	AD[32]	GND	AD[32]	
92	Reserved	Reserved	Reserved	Reserved	
93	Reserved	GND	Reserved	GND	
94	GND	Reserved	GND	Reserved	64 位连接器结束

说明：表中带"#"的引脚为低电平有效。

PCI 总线的引脚排列示于图 6.3。

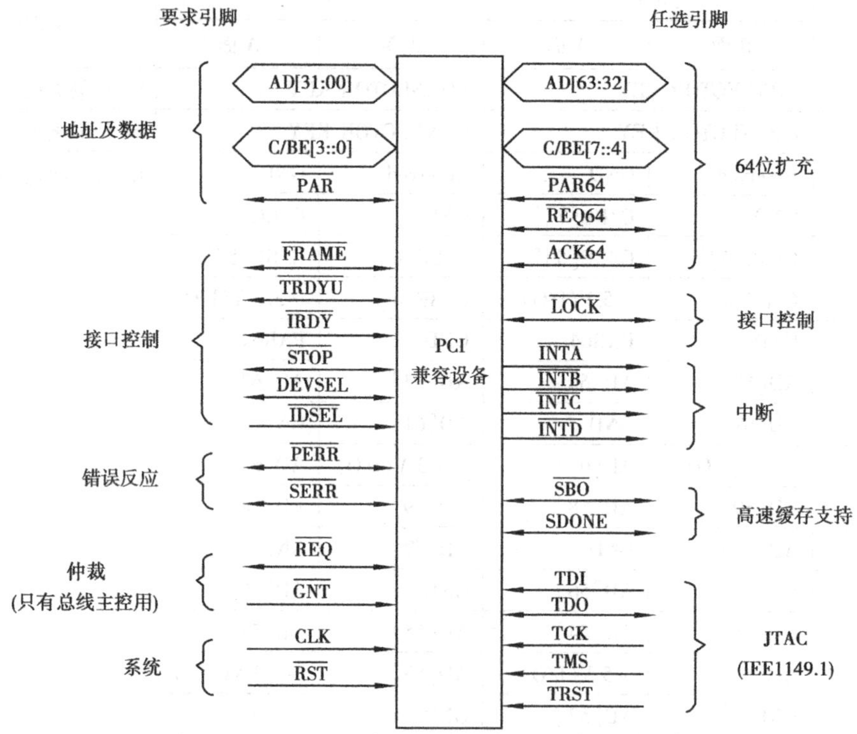

图 6.3　PCI 局部总线的引脚排列

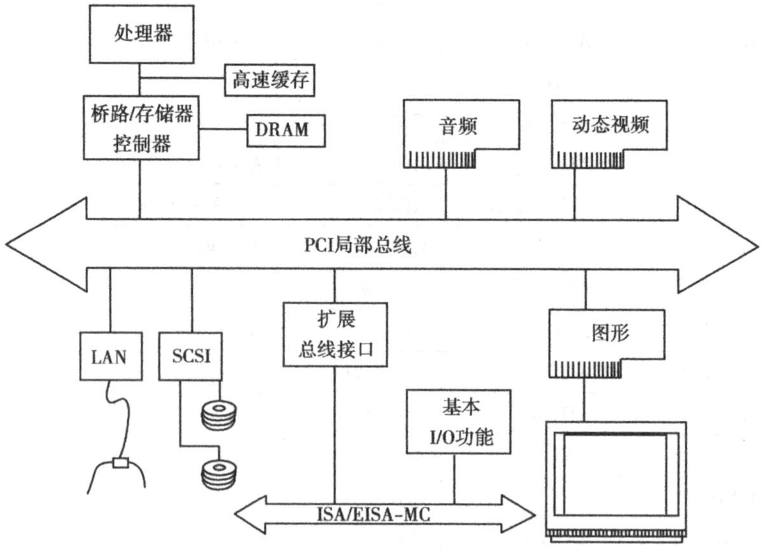

图 6.4　一种典型的 PCI 局部总线系统结构

PCI 连接器是一种微通道类型的连接器，同一块 PCI 扩展卡能应用在基于 ISA、EISA 及 MC 的系统中。为提供一种从 5 V 到 3.3 V 器件快速简捷的转换技术，PCI 规定了两种扩展卡连接器:一个给5 V信号环境,另一个给3.3 V信号环境。PCI扩展卡的大小也有两种:标准卡和短卡。标准卡包括一个ISA/EISA扩充器,使其能利用ISA/EISA系统中的信号。为兼容5 V和3.3 V信号环境,并实现电压平滑转换,规定了三种扩展卡电气类型:仅能插入5 V连接器的5 V卡;可用于5 V和3.3 V连接器的通用卡;仅能插入3.3 V连接器的3.3 V卡。图6.4给出了一种典型的PCI局部总线系统的结构,在这个例子中处理器/高速缓存/存储器子系统通过桥路与PCI总线相连。该桥路提供一种低时间延迟的通道,通过它,处理器能直接操作任何映射到存储器或I/O地址空间的设备。它也提供一条高带宽通道,使PCI总线主控能直接操作主存储器。该桥路可以选择下列功能:数据缓存/驻留和PCI核心功能(即仲裁)。

PCI局部总线不仅能用于高、中、低档的台式机中,而且可用于便携机甚至部门服务器中。PCI总线规范中清楚地说明了5 V和3.3 V环境之间的转换方法,并定义了由32位数据地址总线扩充为64位总线的方法,使PCI局部总线外设能够向前和向后兼容。

目前,PCI总线是Pentium主机所带的最常见的总线。

6.1.3　系统总线

(1)S-100总线

S-100总线首先在MITS公司的Altair微机系统中使用,当时有些缺陷,1979年经过两次修改之后成为新的S-100总线,并由国际标准会议定名为IEEE696,它是一种曾经应用很广泛的系统总线。新、旧的S-100总线都设有100条引脚,按功能分为8组,包括:16条数据线、24条地址线、8条状态线、6条控制输入线、5条控制输出线、8条向量中断线、8条DMA控制线和25条其他用途线。它采用100个引脚的插件板,每面各有50个引脚。

(2)STD总线

STD总线是1978年由美国普洛公司推出的一种用于工业控制微型计算机的标准系统总线。自问世以来以其优越的性能和特点在工控领域得到了广泛的应用和迅速的发展,显示了强大的生命力,成为国际、国内优选的标准总线之一,并被国际标准化会议定名为IEEE961。早期的8位STD总线在Z80 CPU组成的系统中使用,随着16位CPU的问世,STD总线生产集团推出16位的电路标准STD16,并列入总线规范中,其中地址和数据线采用复用技术,可以支持16位数据和24位地址。32位CPU出现后,STD8和STD16已无法满足应用的需要,1989年美国的EAITECH公司开发出32位的STD总线STD32。

STD总线的特点:

1)模块化的小板结构、开放式的灵活组态:STD总线使得微机系统被划分成若干模块,并制作成标准的功能模板(插件卡)。用户可根据需要选择功能模板组成自己的微机,插件卡与外设之间可用其他方式连接,因此可以灵活方便地构成适应不同要求的微机系统。图6.5是基于STD总线的微机系统的一个例子。

2)高可靠性、高抗干扰能力和高信号质量:STD总线优良的物理特性使之具有抗恶劣环境的能力。其模块化小尺寸结构使其具有抗冲击和振动的能力,也可以减少自身发热产生的问题。由于STD总线采用印刷电路板边缘做接插件,可防止插件卡反插,引脚弯曲或折断。同时STD总线的结构可使信号流有序地从总线接口流向用户接口,提高了信号的质量。

3)兼容的结构、配套的产品和齐全的功能:STD总线的兼容式结构可以使8位的STD产品与新标准的16位或32位STD产品一起工作。STD总线还支持多处理器系统。随着技术的

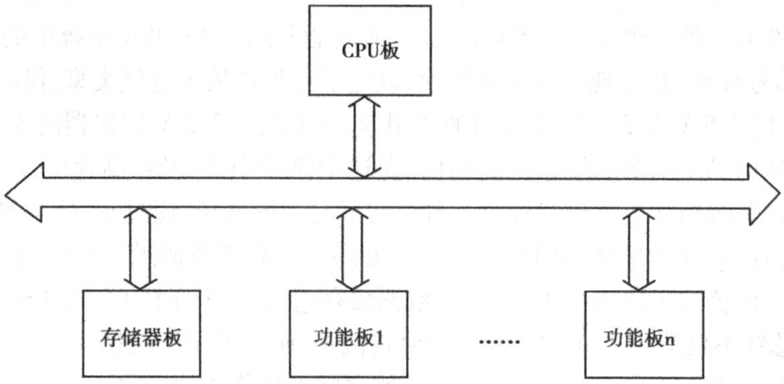

图6.5 STD总线微机系统结构

发展和STD产品的推广和应用，其标准插件板的功能不断增强，配套产品越来越丰富，给使用带来极大方便。

(3)VME **总线**

与EISA同期出现的还有美国Motorola公司的VME总线(Versa Module Eurocard)，它也是一种32位总线。但主要用于Motorola公司的68000系列CPU，在国内较为少见，因此熟悉它的人不多。

VME总线的特点：

1)VME是异步总线，全部总线传输都是异步完成的，这可最大限度地发挥每一个挂在系统总线上的微处理器的性能，避免因总线速度问题使总线成为系统的瓶颈。

2)在总线上没有事先固定的传输速率，当设备是高速时，总线调整到高速；当设备是低速时，总线调整到低速。地址和数据线都采用非复用方式并行传输，因此相对提高了传输速度。

3)采用总线主控/目标结构，支持最多21个处理器。

4)支持16位、24位、32位寻址及8位、16位、24位、32位数据传输。

5)具有总线错误和系统错误检测能力。

(4)MULTI BUS **总线**

MULTI BUS总线有两个标准，一种是用于16位微处理器的MULTI BUS Ⅰ(简称MBⅠ)，由国际标准化组织承认并定名为IEEE796。另一种是用于32位微处理器的MULTI BUSⅡ(简称MBⅡ)被国际标准化组织定名为IEEE1296，它是由MULTI BUSⅠ扩展而来的。MULTI BUS总线应用于多处理器系统。

6.1.4 通信总线

现代计算机的资源共享主要是基于计算机之间的远程和本地通信来实现的，要使网络中不同物理位置上的计算机正常运行，必须依靠硬件的正确、可靠的连接以及软件的有效控制，这就需要定义通信总线的标准。下面介绍几种较为流行的通信总线。

(1)RS-232C、RS-422A **和** RS-485 **总线**

1)RS-232C总线

RS-232C是一种串行通信总线标准，也是数据终端设备(DTE)和数据通信设备(DCE)之间的接口标准，是1969年由美国电子工业协会(EIA)从CCITT远程通信标准中导出的一个标准。当初制定这一标准的目的是为了使不同厂家生产的设备能达到接插的兼容性，即无论哪一家生产的设备，只要具有 RS-232C 标准接口，则不需要任何转换电路就可以互相接插起来，但这个标准只保证硬件兼容而不保证软件兼容。

RS-232C 标准包括机械指标和电气指标，其中机械指标规定：RS-232C 标准接口通向外部的连接器（插针和插座）是一个"D"型保护壳 25 针插头，如图 6.6 所示。

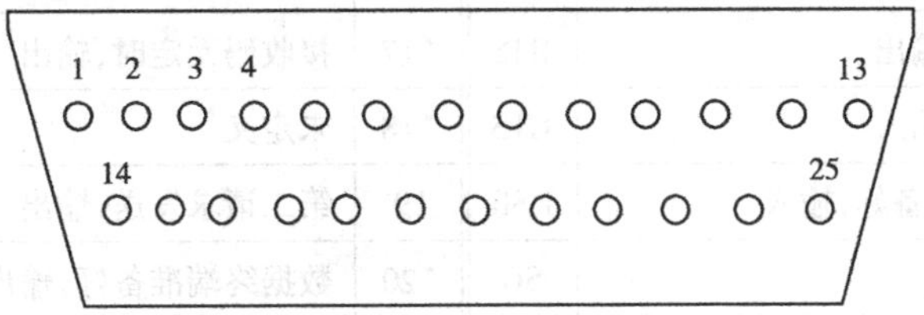

图 6.6　标准 25 针"D"型插头

25 针插脚的功能分配见表 6.2，RS-232C 仅定义了其中的 22 个插脚并将它们分成 2 组：一个主信道组（表中带有"＊"的）和一个辅信道组，大多数微机通信系统仅使用主信道组的信号线。在通信时并非所有的主信道信号都需要连接。在微机通信中通常使用其中的 9 个信号线就够了。

①R232C 的主要特点

信号线少：RS-232C 总线共有 25 根线，它包括有主副两个通道，用它可进行双工通信。实际应用中，多数只用主信号通道（即第一通道），并只使用其中几个信号（通常 3 ~ 9 根线）。

传输距离远：由于 RS-232C 采用串行传输方式，并将 TTL 电平转换成了 RS-232C 电平，在基带传输时，距离可达 30 m。若是采用光电隔离 20 A 电流环传送，其传输距离可达 1 000 m 。当然，如果在串行接口加上调制解调器，利用有线、无线或光纤进行传送，其距离会更远。

可供选择的传输速率多：RS-232C 规定的标准传送速率有：50，75，110，150，300，600，1 200，2 400，4 800，9 600，19 200 波特。可以灵活地使用于不同速率的设备。

抗干扰能力强：RS-232C 采用负逻辑，空载时以 +3 ~ +25 V 之间任意电压表示逻辑"0"，以 -3 ~ -25 V 之间任意电压表示逻辑"1"，且它是无间隔不归零电平传送，从而大大提高了抗干扰能力。

②RS-232C 总线的功能规范

引脚分配：RS-232C 总线共有 25 根信号线，其中，2 根地线、4 根数据线、11 根控制线、3 根定时线、5 根备用线。引脚分配及定义如表 6.2 所示。

引脚信号说明：在 RS-232C 总线中，虽然绝大多数信号线均已定义使用，但在一般的微型计算机串行通信中，经常使用的只有以下 9 个信号线，具体见表 6.3，它们都是主信道组的信号线。

这 9 根引脚分为两类：一类是基本的数据传送引脚，另一类是用于调制解调器（MODEM）的控制和反映它的状态的引脚。

表 6.2　RS-232C 总线引脚分配及定义

引脚	说　明	缩写	引脚	说　明	缩写
*1	保护地	PG	14	第二数据发送,输出	TXD
*2	数据发送,输出	TXD	*15	发送码元定时,输出	
*3	数据接收,输入	RXD	16	第二数据接收,输入	RXD
*4	请求发送,输出	RTS	*17	接收码元定时,输出	
*5	允许发送,输入	CTS	*18	未定义	
*6	数据设备准备好,输入	DSR	19	第二请求发送,输出	RTS
*7	信号地	SG	*20	数据终端准备好,输出	DTR
*8	接收信号检出,输入	DCD	*21	信号质量检测,输出	
9	电流环发送返回,输出		*22	振铃指示。输入	RI
10	空	备用	*23	数据信号速率选择	
11	电流环发送数据,输出		*24	发送信号码元定时,输出	
12	第二接收信号检出,输入	DCD	25	未定义	
13	第二允许发送,输入	CTS			

注:带“ * ”者为主信道信号组。

表 6.3　微型计算机通信中常用的 RS-232C 接口信号

引脚号	符号	方向	功能
2	TXD	输出	发送数据
3	RXD	输入	接收数据
4	RTS	输出	请求发送
5	CTS	输入	允许发送
6	DSR	输入	数据设备准备好
7	GND		信号地
8	DCD	输入	数据载波检测
20	DTR	输出	数据终端准备好
22	RI	输入	振铃指示

基本的数据传送引脚:TXD,RXD,GND(2,3,7 号引脚)是基本数据传送引脚。

- TXD 为数据发送引脚,数据传送时,发送数据由该引脚发出,送上通信线,在不传送数据时,异步串行通信接口维持该脚为逻辑“1”。
- RXD 为数据接收引脚,来自通信线的数据由该引脚进入接收设备。
- GND 为信号地,该引脚为所有电路提供参考电位。

MODEM 的控制和状态引脚:从计算机通过 RS-232C 接口送给 MODEM 的控制引脚包括

DTR和RTS。从MODEM通过RS-323C接口送给计算机的状态信息引脚包括DSR,CTS,DCD和RI。

- DTR数据终端准备完毕引脚,用于通知MODEM计算机准备好,可以通信了。
- RTS为请求发送引脚,用于通知MODEM计算机请求发送数据。
- DSR为数据通信设备准备就绪引脚,用于通知计算机,MODEM准备好了。
- CTS为允许发送引脚,用于通知计算机MODEM可以接收数据了。
- DCD为数据载体检测引脚,用于通知计算机MODEM与电话线另一端的MODEM已经建立联系。
- RI振铃信号指示引脚,用于通知计算机,有来自电话网的信号。

③RS-232C电气规范

RS-232C总线的电气规范列于表6.4。

表6.4　RS-232C总线的电气规范

带3~7 kΩ负载时驱动器的输出电平	逻辑0:+5~+15 V 逻辑1:-5~-15 V
不带负载时驱动器的输出电平	-25~+25 V
驱动器断开时的输出阻抗	>300 Ω
输出短路电流	<0.5 A
驱动器转换速率	<30 V/μs
接收器输入阻抗	3~7 kΩ
接收器输入电压的允许范围	-25~+25 V
输入开路时接收器的输出	逻辑1
输入经300 Ω接地时接收器的输出	逻辑1
+3 V输入时接收器的输出	逻辑0
-3 V输入时接收器的输出	逻辑1
最大负载电容	2 500 PF

从表6.4看出对于发送端,规定用-5~-15 V表示逻辑“1”(或称MARK信号),+5~+15 V表示逻辑“0”(或称SPACE),内阻为几百欧姆,可以带2 500 PF的电容负载。负载开路时电压不得超过±25 V;对于接收端,电压低于-3 V表示逻辑“1”,高于+3 V表示逻辑“0”,输入阻抗在3~7 kΩ之间。接口应经得住短路而不得损坏。

④RS-232C电平与TTL电平之间的转换

由于RS-232C使用非常广泛,许多半导体厂家都生产专用于TTL电平与RS-232C电平的专用转换芯片。常用于将TTL电平转换为RS-232C电平的芯片,除MC1488外还有75188,75150等,用于将RS-232C电平转换为TTL电平的除MC1489外还有75189,75154等。采用MC1488和MC1489进行电平转换的原理如图6.7所示。

⑤RS-232C总线接口几种常用的连接方法

利用RS-232C总线接口,可以实现微型计算机之间、微型计算机与其他具有RS-232C接口的设备之间相连接。常用的连接方法如图 6.8 所示。其中,图 6.8(a)、(b)连线比较简单,可以利用查寻或中断方式实现他们之间的通信。

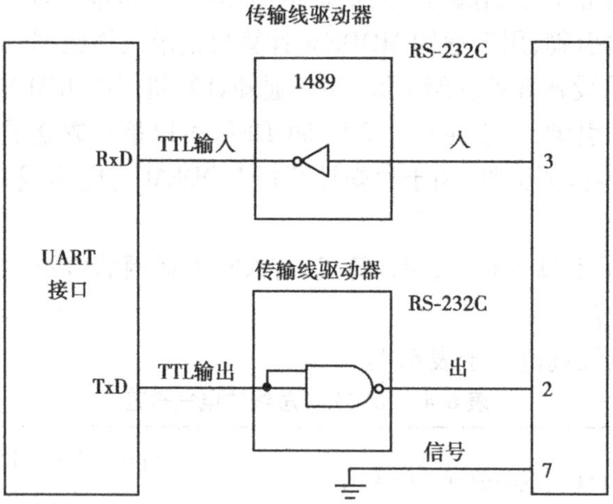

图 6.7　采用 MC1488 和 MC1489 的电平转换原理

2)RS-422A 总线

RS-422A 采用平衡输出的发送器,差分输入的接收器。如图 6.9 所示。

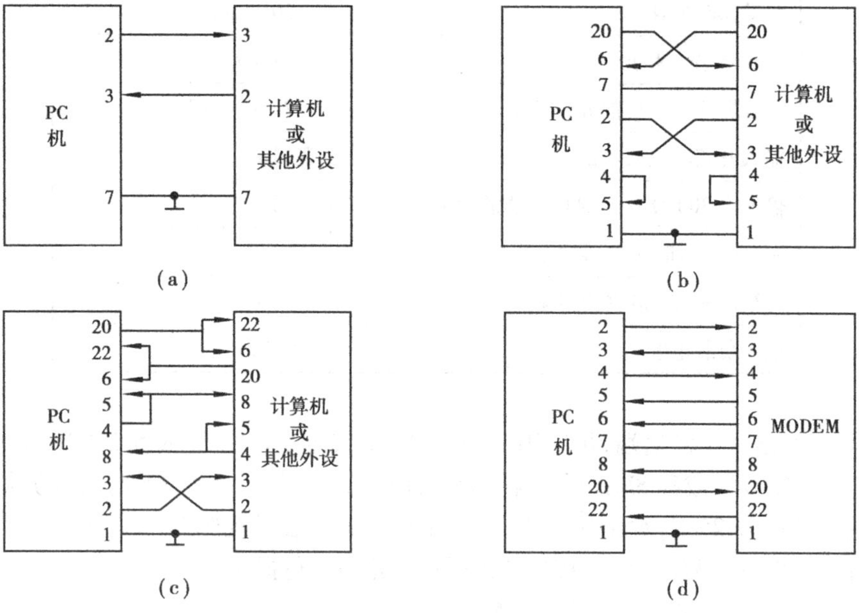

图 6.8　几种常用的 RS-232C 接口连接方法

发送器有两根输出线,当一条线向高电平跳变的同时,另一条输出线向低电平跳变,线之间的电压极性因此翻转过来。在 RS-422A 线路中发送信号要用两条线,接收信号也要用两条线,对于双工通信,至少要有 4 根线。由于 RS-422A 线路是完全平衡的,一般情况下,RS-422A 线路不使用公共地线。这使得通信双方由于地电位不同而对通信线路产生的干扰减至最小。双方地电位不同产生的信号成为共模干扰会被差分接收器滤波掉,而这种干扰却能使

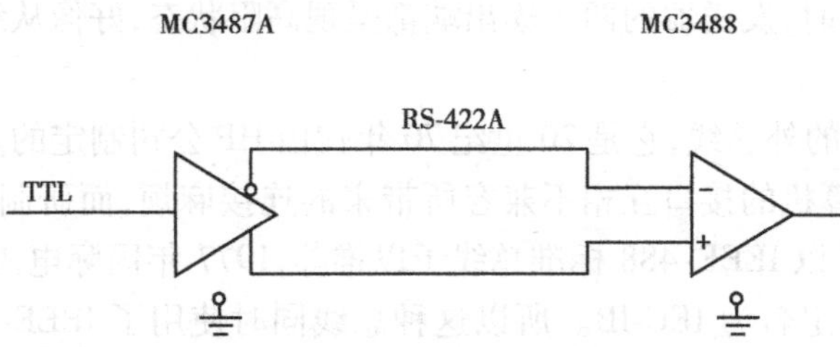

图6.9　RS-422A的平衡输出和差分输入

RS-232C的线路产生错误。但是必须注意由于接收器所允许的共模干扰范围使有限的要求小于±25 V。因此，若双方地电位的差超过这一数值，也会使信号错误，或导致芯片损坏。当采用普通双绞线时，RS-422A可在1 200 m范围以38 400的波特率进行通信。在短距离(200 m)，RS-422A的线路可以轻易地达到200 k以上的波特率，因此这种接口电路被广泛地用在计算机本地网络上。RS-422A的输出信号线间的电压为±2 V，接收器的识别电压为±0.2 V。共模范围±25 V。在高速传送信号时应该考虑到通信线路的阻抗匹配，否则会产生强烈的反射，使传送的信息发生畸变，导致通信错误。一般在接收端加终端电阻以吸收掉反射波。电阻网络也应该是平衡的，如图6.10所示。

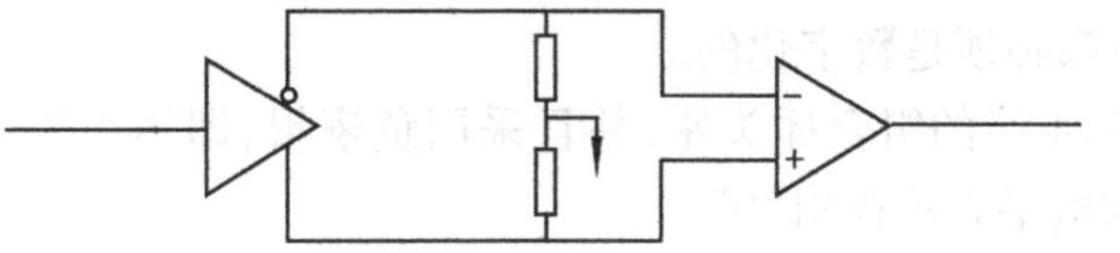

图6.10　在接收端加终端电阻

3)RS-485总线

使用接口电路进行全双工通信，需要两对线或4条线，使线路成本增加。RS-485适用于收发双方共用一对线进行通信，也适用于多个点之间共用一对线路进行总线方式联网，通信只是半双工的，线路如图6.11所示。

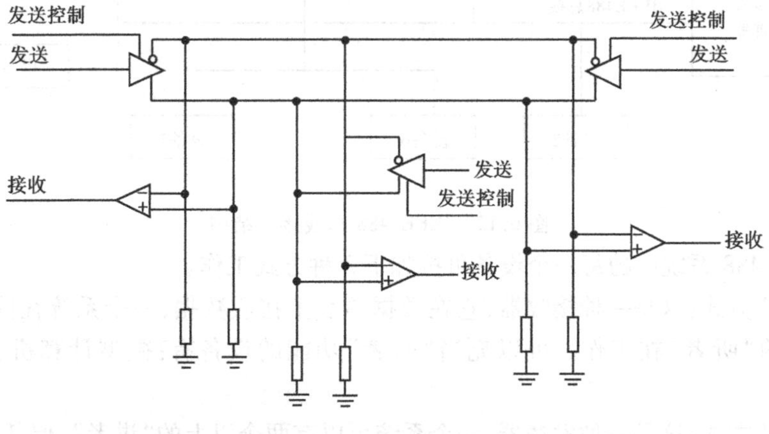

图6.11　用RS-485实现多点间的总线方式联网

由于共用一条线路，任何时刻，只允许有一个发送器发送数据，其他发送器必须处于关闭(高阻)状态，这是通过发送器芯片上的发送允许端控制的。例如，当该端为高电平时，发送器可以发送数据,而为低电平时,发送器的两个输出端都呈现高阻状态,好像从线路上脱开一样。

(2)IEEE-488 **总线**

IEEE-488 是一种并行的外总线,它是20世纪70年代由HP公司制定的。HP公司为了解决各种仪器仪表与各类计算机的接口互相不兼容所带来的连接麻烦,而研制了通用接口总线HP-IB 总线。1975年IEEE以IEEE-488标准总线予以推荐,1977年国际电工委员会(IEC)也对该总线进行认可与推荐,定名为IEC-IB。所以这种总线同时使用了IEEE-488,IEC-IB(IEC接口总线),HP-IB(HP接口总线)或GP-IB(通用接口总线)多种名称。由于IEEE-488总线的推出,使得当用IEEE-488标准建立一个由计算机控制的测试系统时,不要再加一大堆复杂的控制电路,IEEE-488系统以机架层叠式智能仪器为主要器件,构成开放式的积木测试系统,因此IEEE-488总线是当前工业上应用最广泛的通信总线之一。

1)IEEE-488 总线使用的约定

- 数据传输速率≤1 MB/s。
- 连接在总线上的设备(包括作为主控器的微型机)≤15个。
- 设备间的最大距离≤20 m。
- 整个系统的电缆总长度≤220 m,若电缆长度超过220 m,则会因延时而改变定时关系,从而造成工作不可靠。这种情况应附加调制解调器。
- 所有数字交换都必须是数字化的。
- 总线规定使用24线的组合插头座,并且采用负逻辑,即用小于+0.8 V的电平表示逻辑"1";用大于2 V的电平表示逻辑"0"。

2)系统上设备的工作方式

IEEE-488 总线接口结构如图6.12所示。利用IEEE-488总线将微型计算机和其他若干设备连接在一起。可以采用串行连接,也可以采用星型连接。

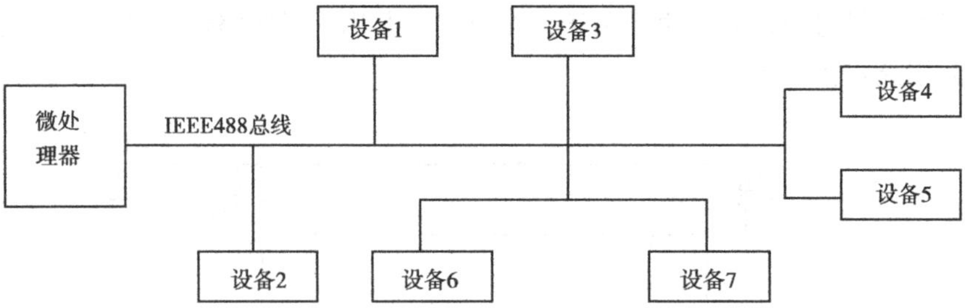

图6.12　IEEE-488 总线接口结构

在IEEE-488系统中的每一个设备可按如下3种方式工作。

- "听者"方式:这是一种接收器,它在数据总线上接收数据,一个系统在同一时刻,可以有两个以上的"听者"在工作。可以充当"听者"功能的设备有:微型计算机、打印机、绘图仪等。
- "讲者"方式:这是一种发送器,一个系统可以有两个以上的"讲者",但任一时刻只能有一个讲者在工作。具有"讲者"功能的设备有:微型计算机、磁带机、数字电压表、频谱分析仪等。
- "控制者"方式:这是一种向其他设备发布命令的设备,例如对其他设备寻址,或允许

“讲者”使用总线。控制者通常由微型机担任。一个系统可以有不止一个控制者,但每一时刻只能有一个控制者在工作。

在 IEEE-488 总线上的各种设备可以具有不同的功能。有的设备如微型计算机可以同时具有控制者、听者、讲者 3 种功能。有的设备只具有收、发的功能,如打印机。在某一时刻系统只能有一个控制者,而进行数据传送时,某一时刻只能有一个发送器发送数据,允许多个接收器接收数据。也就是可以进行一对多的数据传送。一般应用中,例如,微型机控制的数据测试系统,通过 IEEE-488 将微型机和各种测试仪器连接起来,这时,只有微型机具有控制、发、收 3 种功能,而总线上的其他设备都没有控制功能,但仍有收、发功能。当总线工作时,由控制者发布命令,规定哪个设备为发送器、哪个为接收器,而后发送器可以利用总线发送数据,接收器从总线上接收数据。

3)IEEE-488 总线信号定义说明

IEEE-488 总线使用 24 线组合插头座,其各引脚定义于表 6.5。

表 6.5　IEEE-488 信号定义

引脚	符号	说　明	引脚	符号	说　明
1	D0	低 4 位数据线	13	D4	高 4 位数据线
2	D1		14	D5	
3	D2		15	D6	
4	D3		16	D7	
5	EOI	结束或未识别线	17	REN	远程控制
6	DAV	数据有效线	18	GND	地
7	NRFD	未准备好接收数据线	19	GND	
8	NDAC	数据未接收完毕线	20	GND	
9	IFC	接口清零线	21	GND	
10	SRQ	服务请求线	22	GND	
11	ATN	监视线	23	GND	
12	GND	机壳地	24	GND	

IEEE-488 的信号线除 8 条地线外,有以下信号线。

D7 ~ D0 数据总线:这是 8 条双向数据线,除了用于传送数据外,还用于“听”、“讲”方式的设置,以及设备地址和设备控制信息的传送。即在 D7 ~ D0 上可以传送数据、设备地址和命令。这是因为该总线没有设置地址和命令线,这些信息要通过数据线上传送的编码来表示。

字节传送控制线:在 IEEE-488 总线上数据传送采用异步握手(挂钩)联络方式。即用 DAV,NRFD 和 NDAC 3 根线进行握手联络。

• DAV(DATA AVAIBLE)——数据有效线。当由发送器控制的数据总线上的数据有效时,发送器置 DAV 低电平(逻辑 1),指示接收器可以从总线上接收数据。

• NRFD(NOT READY FOR DATA)——未准备好接收数据线,只要连接在总线上被指定为接收器中的设备,尚有一个未准备好接收数据,接收器就置 NRFD 线为低电平,示意发送器不要发送数据。当所有接收器都准备好时，NRFD 变为高电平。

• NDAC(Not Data Accepted)——未接收完数据，当总线上被指定为接收器的设备有任何一个未接收完数据，它就置 NDAC 线为低电平，示意发送器不要撤消当前数据。只有当所有接收器都接收完数据后，此信号才变为高电平。

当 ATN = “1”时，表示数据线上传送的是地址或命令，这时只有控制器能发送信息，其他设备都只能接收信息并作出解释。

当 ATN = “0”时，表示数据总线上传送的是数据。

• EOI(End or Identify)——结束或识别线。该线与 ATN 线一起指示是数据传送结束，还是用来识别一个具体设备。当 ATN = “0”时，这是进行数据传送，当传送完最后一个字节使 EOI = “1”，表示数据传送结束，当 ATN = “1”，若 EOI = “1”时，则表示数据总线上是设备识别信息，即可得到请求得到的设备编码。

• REN(remote Enable)——远程控制线。该信号为低电平时，系统处于远程控制状态，设备面板开关、按键均不起作用；若该信号为高电平，则远程控制不起作用，本地面板控制开关、按键起作用。

4)IEEE-488 总线传送数据时序

IEEE-488 总线上数据传送采用异步方式，即每传送一个字节数据都要利用 DAV，NRFD 和 NDAC 3 条信号线进行握手联络。数据传送的时序如图 6.13 所示。

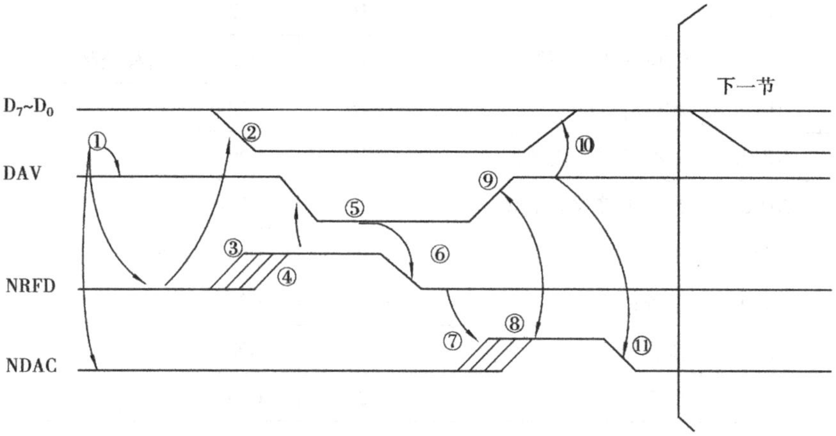

图 6.13　IEEE-488 总线 3 线握手时序图

从时序图可见，总线上每传送一个字节数据，就有一次 NAV，NRFD 和 NDAC 3 线握手过程。

图 6.13 中，“①”表示原始状态讲者置 DAV 为高电平；听者置 NRFD 和 NDAC 两线为低电平。“②”表示讲者测试 NRFD，NDAC 两线的状态，若它们同时为低电平时，则讲者将数据送上数据总线 $D_7 \sim D_0$。“③”中虚线表示一个设备接着一个设备陆续做好了接收数据准备(如打印机“不忙”)。“④”表示所有接收设备都已准备就绪，NRFD 变为高电平。“⑤”表示当 NRFD 为高电平，而且数据总线上的数据已稳定后，讲者使 DAV 线变低，告诉听者数据有效。“⑥”表示听者一旦识别这点，便立即将 NRFD 拉回低电平，这意味着在结束处理此数据之前不准备再接收另外的数据。“⑦”表示听者开始接收数据，最早接收完的听众欲使 NDAC 变高

(如图中虚线示),但其他听者尚未接收完数据,故NDAC线仍保持低电平。"⑧"表示只有当所有的听者都接收完毕此字节数据后,NDAC线才变为高电平。"⑨"表示讲者确认NDAC线变高后,就升高DAV线。"⑩"表示讲者撤消数据总线上的数据。"⑪"表示听者确认DAV线为高后置NDAC为低,以便开始传送另一数据字节。至此完成传送一个数据字节的3线握手联络全过程。以后按上述定时关系重复进行。从数据传送的过程可见,IEEE-488总线上数据传送是按异步方式进行的,总线上若是快速设备,则数据传送就快,若是慢速设备,则数据传送就慢。也就是说数据传送是很灵活的。这意味着可以将不同速度的设备同时挂在IEEE-488总线上。

(3)**总线接口电路**

根据不同的总线标准构成微型计算机系统时,均需配置相应的接口电路,一则管理总线,实现总线的功能,二则连接存储器的外围设备,控制存储器和外围设备的工作。

在早期计算机系统中,总线接口电路一般由分立元件构成。以后随着集成电路的发展,代之以小规模、中规模以致大规模集成电路。按照这些电路在计算机硬件系统中所起的作用,可分为多种类型,常用的有时钟电路8284/82284、地址/数据锁存器8212/8282/8283、数据缓冲器8286/8287、地址译码器74LS138/139、多路转换开关CD4051、功率驱动器74LS244/245、并行I/O接口8155/8255、串行I/O接口8250/8251、DMA控制器8237/8257、中断控制器8259、定时器/计数器8253/8254和总线控制器8288/82288等。

近年来,随着高档微处理器的发展,外围接口电路也不断发展,从而产生了许多系列的多功能集成电路芯片,例如:

1)82C206:是一种多功能外围接口电路,其内部包含的功能部件有:2个82C37DMA控制器;2个82C59中断控制器;1个82C54定时器/计数器;1个MC146818实时时钟电路;1个74LS612存储器页面映像控制器以及辅助接口电路。

2)82344:ISA总线控制器,包含的功能部件有:2个82C37DMA控制器,与页面地址寄存器组成4个8位DMA通道和3个16位DMA通道;2个82C59中断控制器,实现16级中断请求控制;1个82C54定时器/计数器,提供3个16位定时器计数器;1个与MC146818完全兼容的实时时钟电路,且具有114字节的通用CMOS RAM;另外还具有DRAM刷新控制逻辑、并行PORTA和NMI逻辑。

3)82360SL:也是一个多功能外围接口电路,包含的功能部件有:2个82C37A DMA控制器;2个82C59中断控制器;2个82C54定时器/计数器;1个与MC146818兼容的实时时钟电路;1个增强型74LS612页面存储映像控制器;2个与NC16450兼容的串行通信接口和1个8位双向并行I/O接口;另外还有256字节的CMOS RAM。

4)82380:也是一个多功能外围接口电路,包括的功能部件有:1个32位8通道DMA控制器;3个82C59A功能相当的中断控制器;4个82C54功能相同的16位定时器/计数器;另外还有DRAM刷新控制电路、总线判优及控制电路。

5)82357:集成系统外围接口电路(ISP),包括的功能部件有:2个4通道DMA控制器二级级联;2个相当于8259的中断控制器,主从级联;3个与8254功能相当的定时器/计数器;另外还有总线判优电路和NMI产生电路等。

6)HT21:系统控制器,包括的功能部件有:1个82284产生系统定时时序;1个74612提供存储器地址映像;1个8254提供3个16位定时器/计数器;1个8284为8254提供定时脉冲信号;2 个 8237DMA 控制器;2 个 8259 中断控制器,主从级联,接收 4 个内部和 11 个外部中断请求。

(4)SCSI **总线**

SCSI 是 small computer system interface 的缩写,即小型计算机系统接口。它用于计算机与磁带机、软磁盘机、硬磁盘机、CD-ROM、扫描仪、通信设备及打印机等外部设备的连接。目前广泛应用于微型计算机中主机与硬磁盘、光盘的连接,成为最重要、最有潜力的新的总线标准。

6.2 I/O 接口基础

6.2.1 微机接口基本概念

人们是通过外部设备使用计算机的,由于多种原因,外设往往不能与 CPU 直接相连,它们之间的信息交换需要一个中间环节(或称界面),这就是接口电路。本节从三个方面引入接口的基本概念。

(1)**接口与接口技术**

"接口"是微处理器 CPU 与外界的连接部件(电路),是 CPU 与外界进行信息交换的中转站。"接口技术"是研究 CPU 如何与外部世界进行最佳耦合与匹配,以实现双方高效、可靠地交换信息的一门技术,它是软硬件结合的体现,是微型计算机应用的关键。

(2)**为什么要用接口电路**

输入/输出(Input/Output)是计算机与外部世界交换信息所必需的手段。一方面,程序、数据和现场物理量等要通过输入设备送给计算机;另一方面,计算机运行的结果和各种控制信号要通过输出设备(输入/输出设备以下简称外设)进行显示、打印或实现实时控制等。计算机的外设有机械式、电子式、机电式等。这些外设的速度相差甚远,例如:键盘为秒数量级,而磁盘则以 0.26 MB/s 或更高的速度与主机交换数据。输入输出信号的形式有数字量、模拟量(电压/电流)。信息传送方式有串行、并行等。因此,在 CPU 与外设之间需要设置一种部件,使 CPU 和外设协调工作,有效地完成 CPU 与外界的信息交换,这种起界面(Interface)作用的部件称为输入/输出接口电路。

(3)**接口电路的组成及其传递的信息**

为了完成 CPU 与外设之间的信息交换,通常在接口部件中需要传输三种信息。

1)数据信息

数据信息是指 CPU 与外设之间要传送的数据本身。其形式有三种:即数字量、模拟量和开关量。

- 数字量:常以 8 位或 16 位的二进制或 ASCII 码形式传输。
- 模拟量:模拟的电压或电流,甚至非电量(如:温度、压力、流量等),需经传感器转换成连续变化的电信号,再经 A/D 转换器变成数字量形式传输。
- 开关量:通常用于表示两种状态"0"和"1",如开关的通/断,电机的转/停,阀门的开/关等。

2)状态信息

为实现 CPU 与外设配合工作,CPU 需要了解外设所处的现行状态,如打印机是否忙(BUSY),输入设备是否准备好(READY),用于表示外设工作状态的信号叫状态信息,它是由外设通过接口传递到 CPU 的。

3)控制信息

在 CPU 与外设的信息传送过程中,需要向外设发出控制命令,这些控制信号由 CPU 发给接口电路,经接口电路解释并做适当变换后(若需要的话),去控制外设的动作。

这三种信息均通过接口电路传递,因此,接口电路的一般结构如图 6.14 所示。其中,数据寄存器用于暂时存放从外设来的数据(输入时)或 CPU 写给外设的数据(输出时);状态寄存器用于暂时存放外设的工作状态,供 CPU 查询(或向 CPU 申请中断),状态寄存器一般为只读的;控制寄存器用于暂时存放 CPU 发给外设的控制命令(也称控制字或命令字),用于设置接口的工作方式,指定某些参数及功能等,控制寄存器一般为只写的。

以上部件用于与外设一侧传递信息。除此以外,接口通过总线与 CPU 之间传递的信息有地址、数据和控制信号。一般来说,相应地设有总线缓冲器(驱动器),以实现速度配合和满足驱动能力的需要。地址译码器,用以实现对内部寄存器的寻址。另外,还包括一些必不可少的控制逻辑电路。

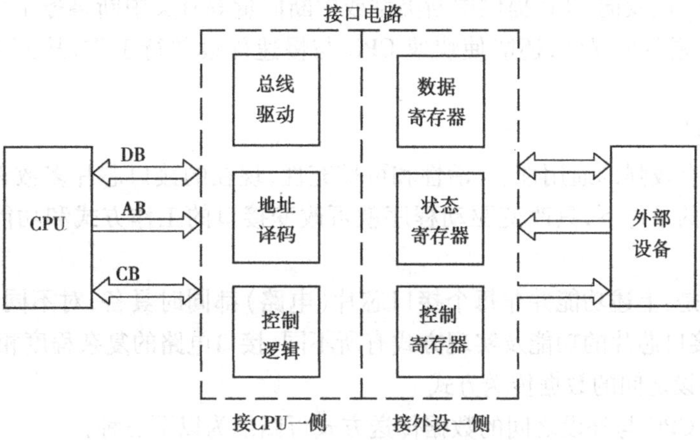

图 6.14　接口电路的典型结构

(4)**接口的作用和特点**

1)接口的作用

如前所述,接口主要负责接收、解释并执行 CPU 发出的命令,传送外设的状态,以及双方的数据传输。管理双方的工作逻辑、协调它们的工作时序。总之,接口部件作为 CPU 与外设之间的一个界面,使得双方有条不紊地协调动作,从而完成 CPU 与外界的信息交换。

2)接口的功能特点

按 CPU 与外界交换信息的要求,一般来讲,接口部件应具有如下功能特点:

①数据缓冲功能

接口中一般都设置数据寄存器或锁存器,以解决高速 CPU 和低速外设之间的矛盾,避免丢失数据。另外,这些锁存器常常有驱动作用。

②设备选择功能

微机系统中通常都有多台外设,而 CPU 在同一时间里只能与一台外设交换信息,这就要借助于接口的地址译码对外设进行寻址。高位地址用于芯片(电路)选择,低位地址用于选择接口芯片(电路)内部寄存器或锁存器,从而选定需要与 CPU 交换信息的外设。

③信号转换功能

由于外设所能提供和所需要的各种信号常常与微机总线信号不兼容,因此信号变换就不可避免,它是接口设计中的一个重要方面。通常遇到的信号变换包括:信号电平转换、模/数和数/模转换、串/并和并/串转换、数据宽度变换及信号的逻辑关系和时序上的配合所要求的变换等。

④接受、解释并执行 CPU 命令的功能

CPU 发往外设的各种命令都是以代码形式先发到接口电路,再由接口电路解释后,形成一系列控制信号送往外设(被控对象)的。为了实现 CPU 与外设之间的联络,接口电路还必须提供寄存器的"空"或"满",外设"忙"或"闲"等状态信号。

⑤中断管理功能

当外设需要及时得到 CPU 的服务,例如,在出现故障而要求 CPU 进行刻不容缓的处理时,就应在接口中设置中断控制逻辑,由它完成向 CPU 提出中断请求,进行中断优先级排队,接收中断响应信号以及向 CPU 提供中断类型或中断向量等有关中断事务工作。这样,除了能使 CPU 实现处理紧急情况外,还能使快速 CPU 与慢速外设并行工作,从而大大提高 CPU 的效率。

⑥可编程功能

为使接口具有较强的通用性、灵活性和可扩充性,现在的接口芯片多数都是可编程的,这样在不改变硬件的条件下,只改变驱动程序就可改变接口的工作方式和功能,以适应不同的用途。

需要说明的是:上述功能并非每个接口芯片(电路)都同时具备,对不同配置和不同用途的微机系统,其接口芯片的功能及实现方式有所不同,接口电路的复杂程度相差甚远。

3)CPU 与外设之间的数据传送方式

微机系统中 CPU 与外设之间的数据传送方式可归纳为以下三种:

①程序控制方式

程序控制方式分为无条件传送方式和条件传送方式。

无条件传送方式(又称同步传送方式)。其具体方法是:在程序中的适当位置直接插入 I/O指令,以完成数据的传输。在这种方式中,CPU 始终认为外设是准备好的。其特点是软硬件十分简单,但只适用于外设动作时间已知,并能确认外设已准备好的情况或不需要了解外设状态的情况(如 CPU 向发光二极管输出数据使其发光),因此实际应用中较少使用这种传送方式。

条件传送方式(又称查询传送方式)。其实现方法是:在每次执行 I/O 操作之前,CPU 先查询外设的状态,当外部设备准备好时才执行 I/O 指令实现数据传送。这种传送方式有效地解决了无条件传送方式难以保证 CPU 与外设同步动作的问题,但其传输速度慢,CPU 工作效率低,因为 CPU 将花费绝大部分时间去查询外设的状态。

程序控制方式的具体实例参见可编程并行接口芯片 8255A 的应用。

②中断传送方式

为了提高CPU的效率,使系统具有实时处理能力,可采用中断传送方式进行CPU与外设间的数据传送。具体过程为:当外设准备好进行数据传输时,通过接口向CPU提出中断请求,CPU在满足响应中断的条件下,向接口发出中断响应(回答)信号,然后执行中断服务程序,完成数据传送。这种方式可使CPU与外设并行工作,从而大大提高了CPU的工作效率。关于详细的中断处理过程参见中断技术一章。

③DMA传送方式(直接存储器存取方式)

在中断传送方式中,每传送一次数据,CPU就要执行一些附加的保护断点和现场、恢复现场和断点的指令。因此不能从根本上提高CPU的效率,且不能成块传送数据。因此,在内存与高速外设之间传送数据时,常采用DMA传送方式。在这种方式中,整个传送过程均由专用接口芯片DMA控制器(以下简称DMAC)来管理。当外设需要传送数据时,先通过DMAC向CPU提出请求,CPU收到请求并发出总线响应(回答)信号,然后CPU释放总线,由DMAC接管总线并控制数据的传送过程。DMA传送方式对高速大批量数据传送特别有用,但电路结构复杂,硬件开销较大。有关DMA的详细操作过程及DMAC的工作原理将在第11章讲述。

(5)接口技术的现状及发展

最初的计算机系统中并没有设置独立的接口部件,对外设的控制与管理均由CPU直接承担。这在当时CPU任务较单一,操作简单,外设品种较少的条件下是可行的。然而,随着计算机技术的迅猛发展和日益广泛的应用,CPU需要执行的任务愈来愈多,外设的种类也大大增加,且性能各异,对外设的管理就变得愈来愈复杂。如果再使CPU承担全部任务,那么势必会使主机完全陷入与外设打交道的沉重负担之中,因而必须设置专门的接口电路,把对外设的控制管理任务交给接口去完成,而主机只在适当时刻向接口发出命令,从接口读入外设状态或与外设传送数据。这就大大减轻了主机的负担,降低了对CPU的要求,同时也极大地提高了CPU的效率。

早期的接口其实就是在CPU和外设之间设置简单的逻辑电路,后来逐步发展成为独立的接口电路、接口芯片,甚至是设备控制器。它们的功能越来越强,而电路也越来越复杂。

基于现代化集成技术及计算机技术的发展,目前的接口几乎都是中、大规模甚至超大规模集成芯片,并且是可编程的,还具有较好的通用性,即通过改变控制字可使接口芯片工作在不同方式,同一芯片能管理不同种类的外设和管理多台外设,CPU只需写入少量的命令,其余的事情均可由接口芯片独立完成。因此可以实现实时、多任务、并行操作。

接口技术的发展趋势是大规模和超大规模、超高速芯片,并向智能化、系列化和一体化方向发展。另外,随着多媒体、超媒体技术的出现,新的接口器件也会不断涌现。

(6)常用外围接口芯片

正因为现代微机接口大部分都做成可编程接口芯片,所以在接口设计中,通常不需要繁杂的电路参数计算,而是要熟练地掌握和深入了解各类芯片的工作原理和外部特性,尤其要掌握它们的使用方法和编程技巧。以便用它们将CPU通过总线与外设合理地连接起来,并能编写相应的驱动程序。采用集成接口芯片不仅使接口部件体积小,功能强,可靠性和性/价比高,易于扩展,应用灵活方便,而且推动接口向智能化方向发展,所以接口芯片在微机接口技术中起着极其重要的作用,应给予足够的重视。

微机外围接口芯片品种繁多,常用的有:并行接口芯片8255A、8155A;串行接口芯片8250、8251;定时器/计数器8253、8254;中断控制器8259A;DMA控制器8237A;键盘/LED专用控制器 8279;CRT 控制器 6834、8275;磁盘控制器 μPD765\6843 等。另外,在模拟接口中,还要用到 A/D 转换器(如 ADC0809)和 D/A 转换器(如 DAC0832)等。高档微机中的接口有的是这些接口芯片的级联,或将某些芯片的功能集成到一起,或在它们的基础上进行功能扩充。

本书后面各章将陆续介绍一些典型常用微机接口芯片,读者掌握了这些芯片的工作原理和使用方法后,对其他接口芯片的使用可以举一反三。

6.2.2 接口的译码

CPU 通过接口与外设打交道,那么 CPU 如何找到要与之传送信息的外设呢? 在第一节中已经知道接口电路中一般包含多个寄存器,CPU 是通过这些寄存器发出命令、读取状态和传送数据的。因此,每个寄存器都被安排了一个地址,称为端口地址(PORT ADDRESS),以便 CPU 能寻址它们。这些地址与存储单元地址又是怎样的关系呢? 这涉及 CPU 对 I/O 端口的编址方式及译码方法。

I/O 端口的编址方式已经在前面介绍,下面主要介绍 CPU 对 I/O 端口地址的译码方法。

一个接口芯片上可能有多个端口,要寻址某个端口,除了找到该芯片外,还要能区分出不同端口。内部端口的区分是由接口电路内部的地址译码逻辑完成的。通常将低位地址线(一位或几位)直接连到接口芯片上,用于内部译码,而其余地址线作选择接口芯片的译码输入(也称外部译码)。这一节的地址译码均指外部译码。

(1)固定式地址译码

这种译码方式又分为以下两种:

1)用逻辑门电路进行译码

这是一种最简单最基本的端口地址译码方法,适用于系统中接口电路(芯片)较少,而参与译码的地址线又较多的情况。

例 6.1 设系统地址总线为 16 位,有一接口电路占用口地址为 2FFH,则可设计译码电路如图 6.15 所示。

2)用译码器进行地址译码

当系统中有多个接口芯片或有多个端口时,可选用集成的译码器进行译码,因为一片译码器有多个输出端可用。常用的译码器有双 2-4 线译码器 74LS139,3-8 线译码器 74LS138 和 4-16线译码器 74LS154 等。

例 6.2 在 IBM PC/XT 机系统板上接口芯片的口地址译码电路采用了 3-8 译码器 74LS138,具体见第 2 章图 2.26。同时第 2 章表 2.11 中还列出了各接口芯片或控制电路的口地址范围。

其中,$\overline{AEN}=1$ 时,不执行 DMA 操作,即 CPU 管理总线,这时才允许译码电路工作。当 $\overline{AEN}=1$,且 A9 =0,A8 =0 时,74LS138 的哪一个输出端为 0,取决于 $A_7A_6A_5$ 三条地址线上的信号。

需要说明的是,低五位地址 $A_4 \sim A_0$ 未参与译码,因此,分配给每个接口部件 32 个地址。由于 I/O 地址空间已足够用,所以只要能把它们区分开就行了。

(2)开关式可选口地址译码

如果用户要求接口部件的端口地址能适应不同的地址分配场合,或为系统以后的扩充留

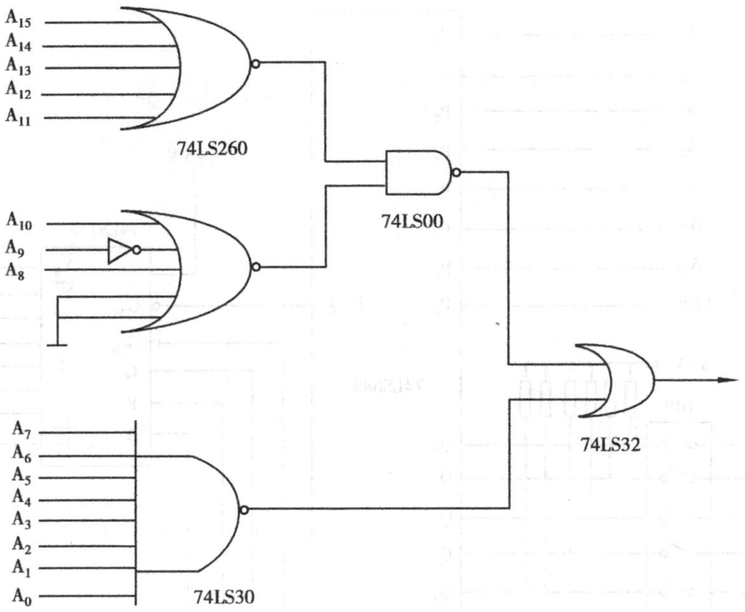

图6.15　2FFH端口地址译码逻辑电路

有余地，可采用开关式可选口地址译码方法。这种方法可根据要求拨动开关来改变端口地址而无需改动硬件线路。作为一个例子，下面来分析图6.16的译码逻辑。

该译码逻辑主要使用了DIP开关，8位比较器74LS688和3-8译码器74LS138。图6.16中，当$P_7 \sim P_0$与$Q_7 \sim Q_0$状态相同时，P=Q端输出低电平。那么AEN=0（不进行DMA操作），地址线$A_{11}=0$，$A_{10} \sim A_5$的状态分别与6位DIP开关状态相同时，比较器74LS688的P=Q端输出"0"，且CPU进行读/写操作时，74LS138工作，而它们的输出取决于地址线$A_4 \sim A_2$的状态。地址线A_1、A_0用于接口芯片内部译码，此逻辑电路的译码结果列于表6.6。

表6.6　当对应于$Q_5 \sim Q_0$的开关状态为000111时的译码结果

A_{10}	A_9	A_8	A_7	A_6	A_5	A_4	A_3	A_2	译码输出	选中地址范围
0	0	0	1	1	1	0	0	0	$\overline{Y_0}=0$	0E0H～0E3H
0	0	0	1	1	1	0	0	1	$\overline{Y_1}=0$	0E4H～0E7H
				⋮					⋮	⋮
0	0	0	1	1	1	1	1	1	$\overline{Y_7}=0$	0FCH～0FFH

在计算机应用中，无论是扩展存储器还是扩展I/O接口都必须设计译码电路。另外，在很多情况下为给系统留有扩充余地，设计时可将每个译码输出的地址范围适当放宽，也可多留几个译码输出端。实际应用中应根据需要选择合适的译码方法，使译码尽量简单方便。

6.2.3　微机接口设计与分析的基本方法

尽管各种接口芯片的功能和引脚均不相同，但在使用方法上有共同之处，使用这些芯片进行接口电路设计和分析的基本方法也是相同的。

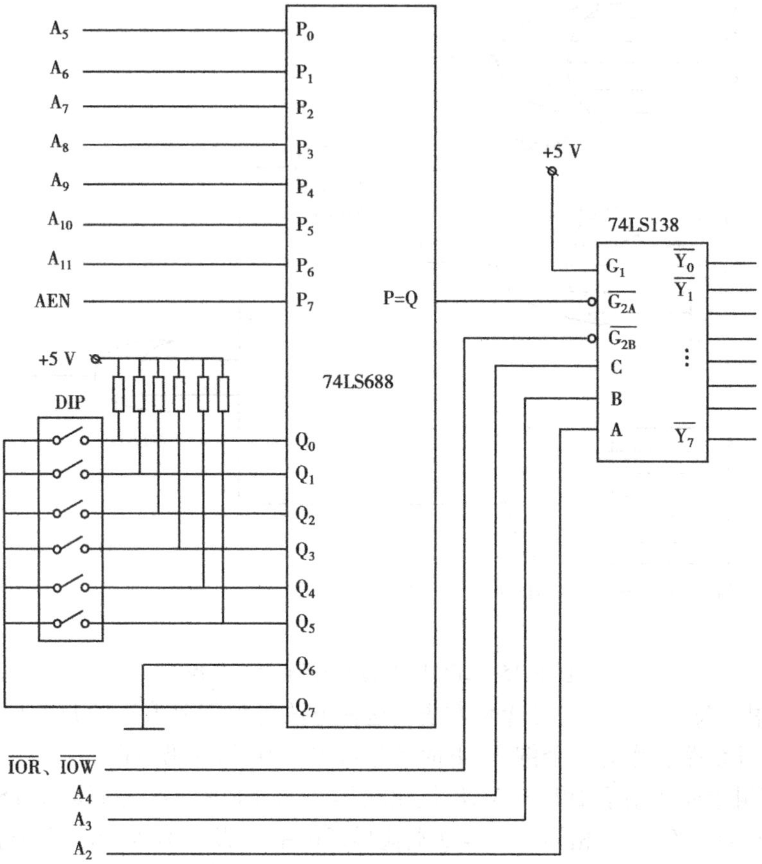

图 6.16　开关可选式地址译码逻辑电路

(1)分析和设计接口两侧的连接关系

接口作为 CPU 与外设的中间界面，一面要通过总线与 CPU 连接，另一面要与外设连接。

接总线一侧，要弄清总线的类型和引脚定义，如它提供的数据线宽度(8 bit、16 bit、32 bit 等)、地址线宽度(16 bit、20 bit、24 bit、32 bit 等)、控制线的逻辑定义和有效电平(高电平有效、低电平有效、脉冲跳变)，以及时序关系有什么特点，特别要弄清总线引脚与 CPU 引脚之间的关系。对于数据线，要解决的一个问题就是：目前使用的微机外设多数都是 8 位的，接口芯片多数也是 8 位的，它们与 8 位 CPU 或总线(如 8088、ISA-8)相接当然不存在问题。然而，如何与 16 位或 32 位数据线连接呢？这是接口设计和分析细节上的一个关键。在 Intel 8086 系统中，其数据总线为 16 位，且约定低 8 位数据线上的数据对应偶地址，高 8 位数据线上的数据对应奇地址。为了使 8 位接口芯片固定接低 8 位(或高 8 位)数据线，又能同时正确对端口进行寻址，需要采取一定的措施。一般将接口芯片数据线接总线低 8 位数据线，而将地址线 A_1(而不是 A_0)接到接口芯片的最低位地址线上，这就保证了接口芯片的所有端口地址都是偶地址。总线与接口之间地址线的连接方法是：将低位地址线连到接口芯片的地址线上(不同芯片需接的地址线条数可能不同)，而其余地址线作为片选译码电路的输入。I/O 接口与 32 位 CPU (如 Pentium)或总线(如 PCI 总线)连接，每次可按 8 位、16 位、24 位或 32 位传送信息。不同字节的选择由地址线 $A_{31} \sim A_2$ 和字节选择信号 $\overline{BE_3} \sim \overline{BE_0}$ 控制。例如，一个 8 位接口芯片与 PCI

总线连接时，一般将接口的数据线接总线的 $D_7 \sim D_0$，这时$\overline{BE_3} \sim \overline{BE_0}=1110$ 才能保证数据在低 8 位数据线上传输。另外，不同的 CPU 的主要区别在控制线上，这是设计和分析接口的重点。不仅要考虑逻辑上的关系，还要考虑时序上的配合。

对于外设一侧，连线只有三种：数据线（即接口的数据端口）、控制线和状态线。设计和分析的重点应放在控制和状态线上，因为接口上的同一个引脚接不同外设时作用可能不同。外设的速度千差万别，而且相差悬殊。因此，尤其要注意如何借助接口在时序上与 CPU 配合工作。

(2)进行适当的信号转换

有些接口芯片的信号线可直接与 CPU 系统连接，有些信号线则需经过一定的处理或改造，这种改造包括逻辑上、时序上或电平上的。特别是接外设一侧的信号线，由于外设需要的电平常常不是 TTL 电平，而且要求有一定驱动能力。因此，多数情况下，要经过一定转换和改造才能连接。总之，CPU 和外设之间的各种信号都要由接口电路完成双方的匹配和协调，以保证信息的正确传输。

(3)接口驱动程序分析与设计

现在使用的接口芯片多数是可编程的，因此设计接口不仅是硬件上的问题，而且还包括编写驱动程序。编制驱动程序可按以下三个步骤进行。首先，应熟练掌握接口芯片的编程方法，如：控制字各位的含义、各控制字的使用顺序和使用场合，它们对应的端口等。其次，根据具体应用场合确定接口的工作方式，包括 CPU 与外设的数据传送方式和接口芯片本身的工作方式。最后，依据硬件连接关系编写出驱动程序，包括接口的初始化程序和接口控制的输入/输出工作程序。在对已有接口进行分析时，同样要做硬件分析和软件分析。

(4)接口设计与分析时应注意的几个问题

1)软、硬件综合考虑

无论是在设计还是在分析接口时，都要做到软、硬件综合考虑。因为，一方面，有的功能既可由硬件实现，也可由软件实现，究竟用哪种方法好以及为什么要采用该方法都是值得研究的。另一方面，软件和硬件是紧密相关的，不能截然分开，硬件的改动必然涉及软件的修改。一般应尽量简化硬件，而在有些功能上以软代硬，但也不能使程序太冗长繁琐。

2)逻辑关系和时序关系统筹考虑

初学者在设计和分析接口时，往往把注意力集中在逻辑关系上，而忽视时序上的配合。其实时序上的关系尤为重要，如果协调不好，即使逻辑上正确，也会丢失数据，甚至 CPU 根本与外设联络不上。因此，从一开始就要将双方的逻辑关系与时序关系统一考虑，从而确保信息的正确传输。

3)简单、通用和扩展性同时考虑

在选择接口芯片和设计接口电路时，应尽量使硬件节省，逻辑简洁，即够用为度。但有时所设计的接口需要带不同的外设，这就要考虑通用性问题，必要时可在适当位置设置开关以方便硬件变更。另外，系统的扩展任务往往落在接口电路上。因此，如果在以后的使用中系统有扩展的可能，首先应在接口上留足扩展余地。简单、通用和扩展三者如何兼顾要根据具体情况进行权衡。

由于微型计算机越来越丰富的功能，它已成为生活、生产、科研等各个领域的重要工具，然而在微机系统中，微处理器的强大功能必须通过外部设备才能实现，而外设与微处理器之间的信息交换是靠接口完成的。所以,接口技术是直接影响微机系统的处理能力和微机推广应用的关键。那么,掌握微机接口技术就成为当代科技工作者和工程技术人员应用微型计算机所必不可少的基本技能。

习题与思考题

1. 什么是总线? 微型计算机的总线通常分为哪几类?
2. 在微机系统中为什么要使用标准总线?
3. 简述 IBM PC/XT、ISA、EISA 总线的区别与联系。
4. 简述 STD 总线的特点。
5. RS-232C 总线的逻辑电平是如何定义的? 它与 TTL 电平之间如何转换?
6. RS-232C 与 RS-422A、RS-485 总线有何区别?
7. SCSI 总线的中文全称是什么? 主要用来连接什么设备?
8. IEEE-488 总线的特点是什么?
9. PCI 总线属于哪类总线? 它能支持多少位的 CPU?
10. 简述为什么需要接口电路?
11. CPU 和外设之间传送数据的方式有哪三种? 试比较它们各自的优缺点和适用场合。
12. I/O 端口的编址方式有哪两种? 它们分别有什么特点? IBM PC/XT 中 I/O 端口采用哪种编址方式?
13. 若 CPU 选 8088,要求接口电路的端口地址范围为 60H ~ 63H,分别用简单逻辑电路和译码器设计该接口译码电路。
14. 简述设计和分析接口的基本方法。

第7章 内存储器及其管理

7.1 存储器概述

7.1.1 存储器的分类

存储器是微型计算机系统中存储信息的部件，用于存放微型计算机工作时所用的程序和数据。正是由于这个硬件装置，微型计算机系统才有了记忆功能。根据存储元件的工作原理和用途的不同，存储器有多种不同的分类方法。

(1)按存取速度和在计算机系统中的地位分类

存储器根据存取速度和在计算机系统中地位的不同，可分为主存储器（简称主存）和辅助存储器（简称辅存）。相对于辅存而言，主存存取速度较快，容量较小，价格较高，用于存储计算机系统当前运行所需要的程序和数据，可与 CPU 直接交换信息。主存在主机内部，因而又称为内部存储器（简称内存）。辅存存取速度较慢，容量较大，价格较低，用于存储计算机当前暂时不用的程序、数据或需要永久性保存的信息。辅存作为主存的后备存储器，在计算机运行需要时可以成批地与主存交换程序和数据。辅存传统上在主机外部，存储容量很大并且容易扩展，因而又称为外部存储器（简称外存）。

(2)按存储介质和作用机理分类

根据所使用存储介质和作用机理的不同，存储器可分为磁存储器、光学存储器、半导体存储器。磁存储器主要有磁芯、磁泡、磁鼓、磁带和磁盘等，目前微型计算机系统常用的是磁带和磁盘。光学存储器主要有只读式光盘 CD-ROM（Compact Disk—Read Only Memory）和可擦写光盘。介于磁存储器和光学存储器之间的一种存储设备是磁光盘，它是利用磁光效应实现信息存取的可擦写光学信息存储器。磁光盘既具有磁存储器的可重写性，又具有光学存储器信息密度高的特性。微型计算机系统的辅存主要采用磁存储器和光学存储器。半导体存储器由大规模集成电路芯片组成，当前微型计算机系统的主存采用半导体存储器。

(3)按存取方式分类

微型计算机系统内部存储器根据读写功能的不同，分为可读写存储器和只读存储器。由于历史的原因,可读写存储器习惯上被称为 RAM(Random Access Memory),其特点是存储器中的信息可读可写,如磁盘、磁带存储器是可读写存储器,有的光盘存储器也是可读写的,而半导体 RAM 断电后信息会全部丢失。只读存储器 ROM(Read Only Memory)的特点是只能读出其中的信息而不能随机写入新的内容,目前,大多数光盘存储器是只读的,半导体存储器中也有只读的,ROM 中的信息在关机后不会丢失。

微型计算机系统外部存储器根据存取时间与存储单元的物理位置是否有关,分为直接存取存储器和顺序存取存储器。直接存取存储器 DAM(Direct Access Memory)不必经过顺序搜索便可直接实现对存储器中任意单元的访问,存取时间与存储单元物理位置无关。顺序存取存储器 SAM(Sequential Access Memory)对存储单元的访问是根据它们在存储器上物理位置前后顺序来进行的,读写不同物理位置的存储单元,存取时间是不相同的。一般说来,顺序存取存储器存取周期较长。当前常用的微型计算机系统外部存储器中,磁盘、光盘属于直接存取存储器,而磁带则是顺序存取存储器。

7.1.2　存储器的性能指标

微型计算机系统存储器的性能指标很多,如存储容量、存取速度、存储器的可靠性、性能价格比、功耗、价格等,但就功能和接口技术而言,最重要的性能指标是存储器的容量和存取速度。下面针对微型计算机系统的主存储器作具体说明。

(1)存储器容量

存储器容量是存储器可以容纳的二进制信息总量,即存储信息的总位(bit)数。每一片存储器的位容量为总单元数与每单元位数的乘积。微型计算机主存储器容量是所有主存储器芯片位容量的总和。主存储器中每 8 个位(bit)组织成一个字节(Byte),字节是微处理器寻址的基本单元。现代微处理器的外部数据总线位数往往是 8 的倍数(如 16 位、32 位、64 位等),这样可以一次访问多个内存字节(如 2 个、4 个、8 个等)。

(2)存取速度

存储器芯片的存取速度可用存取时间和存储周期这两个时间参数来衡量。存取时间(Access Time)是指从 CPU 发出有效存储器地址从而启动一次存储器读/写操作,到该读/写操作完成所经历的时间。存取时间越小,则存取速度越快。目前,高速缓冲存储器(Cache)已小于 20 ns,中速存储器的存取时间在 60 ns 到 100 ns 之间,低速存储器的存取时间在 100 ns 之上。存储周期(Memory Cycle)是连续启动两次独立的存储器操作所需的最小时间间隔。由于存储器在完成读/写操作之后需要一段恢复时间,所以通常存储器的存储周期略大于存储器芯片的存取时间。如果 CPU 在小于存储周期的时间之内连续启动两次存储器访问,那么存取结果的正确性将不能得到保证。

7.2　半导体存储器

在早期的计算机系统中,主存储器主要采用延迟线和磁芯存储器。20 世纪 70 年代以来,随着大规模集成电路技术的发展,半导体存储器集成度大大提高,存取速度加快,成本迅速降低,体积急剧缩小。在现代计算机系统中,主存储器均使用半导体存储器。

半导体存储器从电路器件角度可分为双极型存储器和单极型存储器两种。双极型存储器采用晶体管逻辑 TTL(Transistor—Transistor Login)电路。单极型存储器采用的是金属氧化物半导体 MOS 电路,集成度高,功耗低,价格便宜。目前高性能 CMOS (Complementary MOS)和 HMOS(High performance MOS)存储器的工作速度已经比较接近双极型 TTL 存储器。MOS 存储器在计算机系统存储器中占据着越来越重要的地位。

半导体存储器从存储器工作特点和功能的角度,又可分为随机存取存储器(也称可读写存储器)RAM 和只读存储器 ROM 两大类,其具体分类如图 7.1 所示。

- 半导体存储器
  - 可读写存储器 RAM
    - 双极型 RAM
    - MOS 型 RAM
      - 静态 RAM(SRAM)
      - 动态 RAM(DRAM)
  - 只读存储器 ROM
    - 掩膜 ROM
    - 可编程 ROM(PROM)
    - 可擦除可编程 ROM(EPROM)
    - 电可擦除可编程 ROM(E-PROM)

图 7.1　半导体存储器的分类

半导体存储器的内部工作原理已在“数字电路”课程中学过,这里不在赘述。本节只对 RAM 和 ROM 的外部特性及其工作原理进行分析与介绍,并以常用典型的存储器芯片为例介绍其在微机系统中的应用。

7.2.1　可读写存储器 RAM

可读写存储器 RAM 分为双极型和 MOS 型两种。双极型存储器由于集成度低、功耗大,在微型计算机系统中使用不多。目前可读写存储器 RAM 芯片几乎全是 MOS 型的。MOS 型 RAM 又包括静态 RAM(Static RAM)和动态 RAM(Dynamic RAM)。

(1)**静态** RAM(SRAM)

基本存储单元是组成存储器的基础和核心,静态 RAM 每一个基本存储单元是由 MOS 管组成的一个稳态触发器构成的,用两个不同的稳定状态存储一位二进制信息“0”或“1”。

常用的静态 RAM 芯片主要有 2114、6116、6264、62128、62256 等等,下面以 6116 芯片为例加以介绍。6116 芯片是 2K×8 位的高速静态 CMOS 可读写存储器,片内共有 2 048 个字节存储单元(16 384 个基本位存储单元)。

6116 的引脚如图 7.2 所示,在 24 个引脚中有 11 条地址线、8 条数据线、1 条电源 V_{CC} 和 1 条地线 GND,此外还有 3 条控制线:片选 $\overline{CS}$、输出允许 $\overline{OE}$、写允许 $\overline{WE}$。$\overline{CS}$、$\overline{OE}$ 和 $\overline{WE}$ 的组合决定了 6116 的工作方式,如表 7.1 所示。

表 7.1　6116 芯片的工作方式

$\overline{CS}$	$\overline{OE}$	$\overline{WE}$	工作方式
0	0	1	读
0	1	0	写
1	×	×	未选通

注:表中“×”表示可以为“0”或“1”。

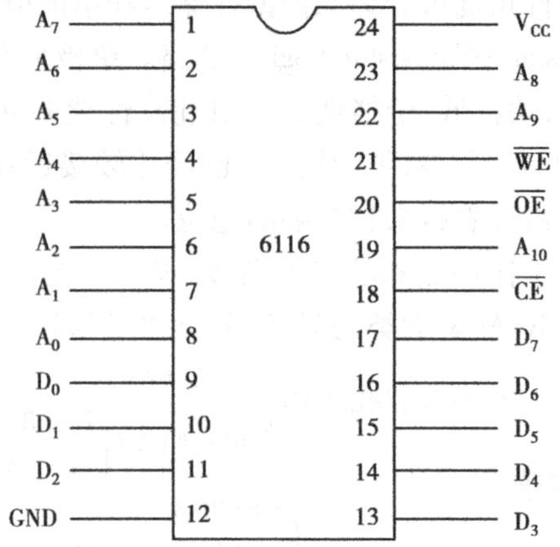

图 7.2　6116 芯片引脚图

其中，$D_7 \sim D_0$：数据线，双向，三态。用于传送读写的数据。

$A_{10} \sim A_0$：地址线，输入。用于选中某一单元。

$\overline{CD}$：片选信号，输入，低电平有效。有效时芯片工作。

$\overline{OE}$：输出允许信号，输入，低电平有效。有效时从 $A_{10} \sim A_0$ 选中的单元读出数据。

$\overline{WE}$：输入允许信号，输入，低电平有效。有效时向 $A_{10} \sim A_0$ 选中的单元写入数据。

V_{CC}：工作电压，+5 V。

GND：接地端。

(2)**动态** RAM(DRAM)

动态 RAM 的基本存储单元是单管动态存储电路。它用 MOS 管导通给电容 C 充电，使 C 上带有电荷表示信息"1"，用 MOS 管截止电容 C 放电，使 C 上无电荷表示信息"0"。

4164 是 64 K×1 的动态 RAM 芯片，即内部有 16 384 个基本存储单元，每个单元 1 位。其引脚图见图 7.3。

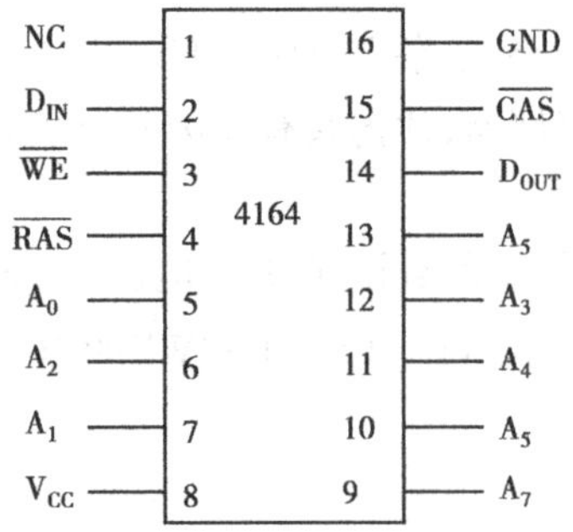

图 7.3　动态 RAM 4164 外部引脚

其中，D_{IN} 为数据输入引脚；

D_{OUT} 为数据输出引脚；

$A_7 \sim A_0$ 为行、列地址输入线；

$\overline{RAS}$ 为行地址选通信号，低电平有效，有效时 $A_7 \sim A_0$ 上的信息为行地址，该信号由外部电路产生；

$\overline{CAS}$ 为列地址选通信号，低电平有效，有效时 $A_7 \sim A_0$ 上的信息为列地址，该信号由外部电路产生；

$\overline{WE}$ 为读写控制信号，低电平时执行写操作，高电平时处于读状态；

V_{CC} 是工作电压输入端(+5 V)。

GND 是接地端。

动态 RAM 的刷新控制逻辑：

动态 RAM 是利用电容存储电荷的原理来保存信息的，由于电容电荷会不断释放，所以必须对动态 RAM 进行定期刷新以维持动态 RAM 中存储的数据。动态 RAM 4164 的刷新，由外部逻辑电路控制。

7.2.2 只读存储器 ROM

只读存储器 ROM 中的信息是预先写入的，在使用过程中只能读出不能写入。ROM 具有非易失性的特点。即断电后再加电存储信息不会改变。ROM 的用途是存入不需要经常修改的信息，如微程序、监控程序、显示器的字符发生器等等。ROM 从功能和工艺上可分为掩膜式 ROM，PROM，EPROM 和 E^2PROM。

(1)掩膜式 ROM

掩膜式 ROM 由制造厂家对芯片图形(掩膜)进行二次光刻而制成，用户不能修改芯片的内容。掩膜式 ROM 有如下特点：

- 存储的内容一经写入便不能修改，灵活性差；
- 存储内容固定不变，可靠性高；
- 少量生产时造价昂贵，因而只适应于定型批量生产。

(2)可编程只读存储器 PROM(Programmable ROM)

可编程只读存储器 PROM 便于用户根据自己的需要来写入存储信息。PROM 芯片一般采用双极型工艺技术，厂家生产的 PROM 芯片不事先存入固定内容，存储矩阵的所有行、列交叉处均连接有二极管或三极管。PROM 芯片出厂后，用户可以利用外部引脚输入地址，对存储矩阵中的二极管或三极管进行选择，使一些被烧断，其余的保持原状，这样就完成了编程。PROM 中的存储内容一旦写入就无法更改，是一种一次性写入的只读存储器。

(3)可擦除可编程只读存储器 EPROM(Erasable PROM)

实际工作中的程序可能需要多次修改，EPROM 作为一种可以多次擦除和重写的 ROM，克服了掩膜式 ROM 和 PROM 灵活性差的缺点，使用比较广泛。

EPROM 基本存储单元大多采有浮动栅极 MOS 管。以浮栅管是否因雪崩击穿而带上大量电荷来存储二进制信息“1”和“0”。实际对 EPROM 编程时是在专门的编程器上进行的。

EPROM 芯片上方有一个石英玻璃窗口，当用紫外线照射时，所有存储电路中浮栅上的电荷会形成光电流泄漏掉，使浮栅恢复初态。一般照射 20～30 分钟后，读出各单元的内容均为 FFH，说明 EPROM 中内容已被擦除。

我们以 Intel 2764 为例，对 EPROM 的性能和工作方式作一个介绍。Intel 2764 是 8K×8 位的 EPROM 芯片，它有 13 条地址线($A_0 \sim A_{12}$)，8 条数据线($D_0 \sim D_7$)，1 个工作电压输入端 V_{CC}(+5 V)，1 个编程电压输入端 V_{PP}(+12.5 V)，1 个片选 $\overline{CE}$ 端，1 个输出允许端 $\overline{OE}$，1 个编程脉冲输入端 $\overline{PGM}$，1 个接地端 GND。2764A 引脚图和工作方式分别如图 7.4 和表 7.2 所示。

表 7.2 Intel 2764 的工作方式

引脚 工作方式	$\overline{CE}$	$\overline{OE}$	$\overline{PGM}$	V_{PP}	V_{CC}
读	0	0	低	+5 V	+5 V
编程	0	1	脉冲	+12.5 V	+5 V
校验	0	0	低	+12.5 V	+5 V
备用	无关	无关	高	+5 V	+5 V

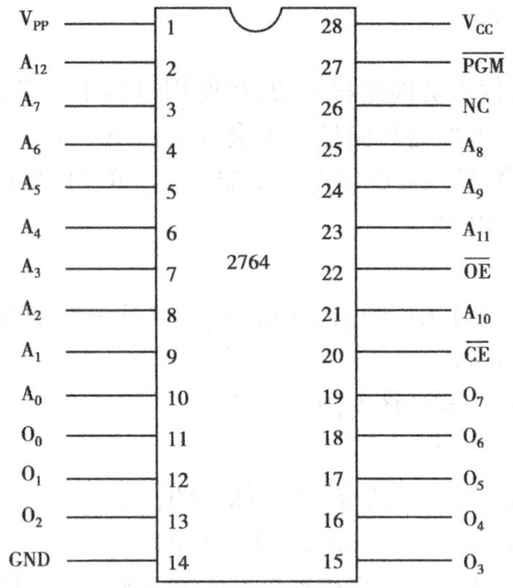

图 7.4　2764 芯片引脚图

(4)**电可擦除可编程只读存储器** E^2PROM(Electrically EPROM)

EPROM 虽然可以多次编程,具有较好的灵活性,但修改内容还是令人感到不太方便,因为写入内容要用专门的编程器,擦除内容要用专门的擦除器。近年来出现的电可擦除可编程只读存储器 E^2PROM 能以字节为单位擦除和改写,在用户系统下即可完成,使用起来就像 RAM 一样方便,而且,掉电后内容不丢失。所以具有更大的优越性。

E^2PROM 通常有 4 种工作方式,即读方式、写方式、保持方式、字节擦除方式或整体擦除方式。下面以 Intel 2817A 为例对 E^2PROM 的外特性和工作方式进行说明。其外部引脚见图 7.5,表 7.3 列出了 Intel 2817A 的工作方式以及各种方式下的控制信号电平。

表 7.3　2817A 的工作方式

引脚 / 方式	$\overline{CE}$	$\overline{OE}$	$\overline{WE}$	RDY/$\overline{BUSY}$	$I_7/O_7 \sim I_0/O_0$
读	0	0	1	高　阻	数据输出
字节写入	0	1	0	0	数据输入
保　　持	1	任　意	任　意	高　阻	高　阻
字节擦除	字节写入之前自动擦除				

2817A 是 2K×8 的 E^2PROM,$A_{10} \sim A_0$为地址线,$I_7/O_7 \sim I_0/O_0$为双向数据线,$\overline{CE}$为片选信号,$\overline{OE}$为读控制信号,$\overline{WE}$为写控制信号,RDY/$\overline{BUSY}$为器件忙闲状态指示,NC 为空脚。这个存储器芯片使用起来就像静态 RAM 一样方便,但掉电后信息不丢失。值得说明的是,在字节写入时,CPU 可通过 RDY/$\overline{BUSY}$端查询一个字节是否写入完毕,当该引脚为 0 时,表示字节写入操作尚未完成,不能写入下一个字节;当该引脚为 1 时,表示字节写入操作已经完成,可以写

入下一个字节。如此就保证了写入信息的可靠性。

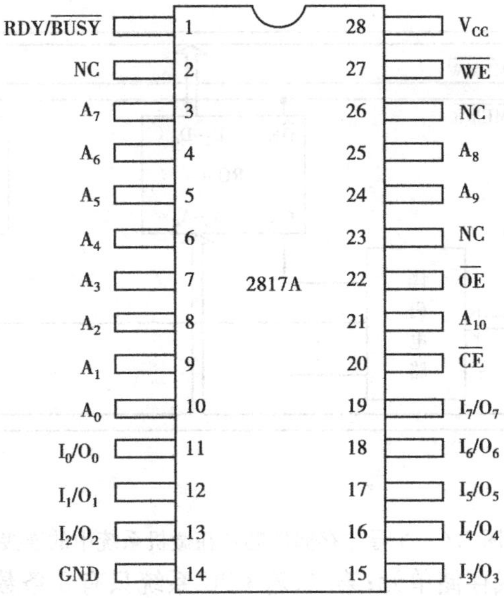

图7.5　2817A引脚图

7.3 半导体存储器在微机系统中的应用

微型计算机的内存都是由半导体存储器构成的，本节讨论存储器芯片在微机系统中充当内存时怎样与CPU系统连接，存储体是如何构成的，以及片选信号的产生与寻址空间的关系。

7.3.1 存储器在微机系统中的连接

在微机系统中，存储器是挂在CPU系统总线上的，具体连接关系如图7.6所示。即存储器的数据线与系统数据线对应相接，地址线与系统地址线对应相接，控制线与系统控制线对应相接。

需要说明的是：

(1)关于地址线的连接

对于不同容量的存储器芯片，其用于内部存储单元寻址的地址线的条数不同。1K个单元的存储器有10条地址线($A_9 \sim A_0$)，2K个单元的存储器有11条地址线($A_{10} \sim A_0$)，以此类推。在系统中，存储器本身使用的这些地址线应该与CPU系统地址线的对应位连接，其余高位地址线可作为产生存储器片选信号的译码电路的输入(关于片选信号的产生将在后面讨论)。但也有例外，如动态RAM 4164的容量是64K×1，本该需要16条地址线，而其引脚上只有8条地址线，这是为了减少引脚数目。它通过将16位地址分为高8位(列地址)和低8位(行地址)，并分两次分别输入到内部的两个锁存器中实现对某单元寻址。

(2)关于数据线的连接

存储单元一般为8位数据，有两点需要说明：第一，若一片存储器的存储单元不够8位数

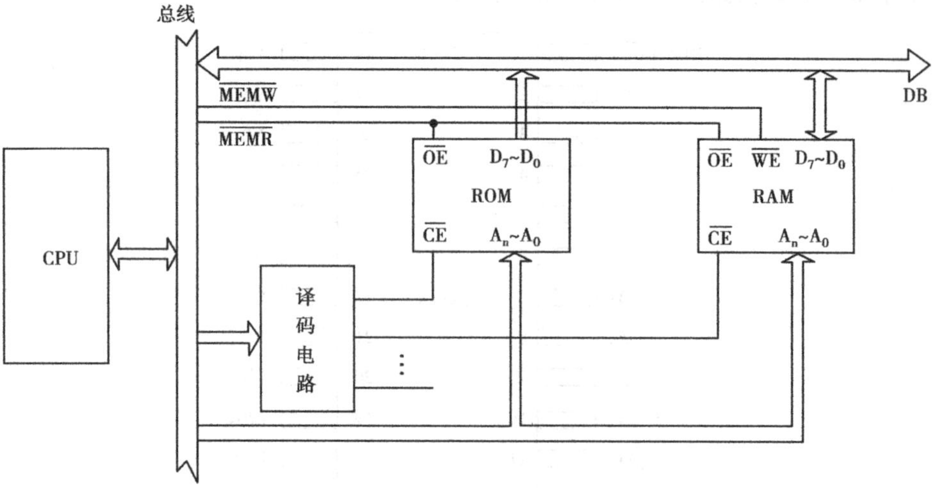

图 7.6　半导体存储器芯片在微机系统中的连接

据，则需要用多片共同构成存储单元；第二，若 CPU 系统只有 8 条数据线，则存储器的数据线与其一一对应相接即可。若有 16 条或 32 条数据线，则将内存分为两个以上存储体，每个存储体对应一个 8 位数据线，分别进行寻址。

(3) **关于控制线的连接**

不同的存储器芯片，引脚功能的区别主要体现在控制线上。如 27XX 系列 EPROM 芯片没有写信号，读信号与 $\overline{MEMR}$ 相连，处于非编程状态时，V_{PP} 接 +5 V，编程脉冲端也要做适当处理。静态 RAM 芯片，如 6264 的写控制端 $\overline{WE}$ 与系统的存储器写 $\overline{MEMW}$ 相连，读控制端 $\overline{OE}$ 与系统的存储器读 $\overline{MEMR}$ 相连。而动态 RAM 4164 的读/写信号使用一个引脚 $\overline{WE}$，一般将其接 $\overline{MEMW}$，$\overline{WE}=0$ 时为写操作，否则就处于读状态。另外，4164 的行地址选通信号 $\overline{RAS}$ 和列地址选通信号 $\overline{CAS}$ 由专门的电路产生。

7.3.2　存储器的选址

微机系统的 CPU 对内存进行读/写时，首先要对存储器芯片进行选择，并将这个选择信号(称为片选信号)送给存储器芯片。片选信号是由存储器芯片本身不使用的高位地址按一定方式译码后产生的，这个硬件的具体接法决定了存储器芯片的寻址空间。产生片选信号的方法有两种，即线选法和译码法。下面分别介绍。

(1) **线选法**

所谓线选法，是指用某一条高位地址线直接作为存储器芯片的片选信号。线选法局限性较大，首先，其对应的存储器寻址空间可能不唯一，其次，若有多片存储器均使用线选法选址，则可能出现地址不连续或交叉、重叠、覆盖等现象。所以不适用于系统中存在多片存储器的情况。

图 7.7 是线选法的一个例子。我们来计算一下这 3 片 EPROM 2764 的寻址空间：

设系统有 16 位地址线 $A_{15} \sim A_0$，而存储器本身使用的地址为 $A_{12} \sim A_0$。我们用三条高位地址线 A_{15}，A_{14}，A_{13} 分别做三片 2764 的片选信号。寻址空间的地址计算如表 7.4 所示。实际上，这三片 2764 的寻址空间不是唯一的，例如：只要 $A_{15}=0$，即可选中 2764(1)，而 A_{14}、A_{13} 对

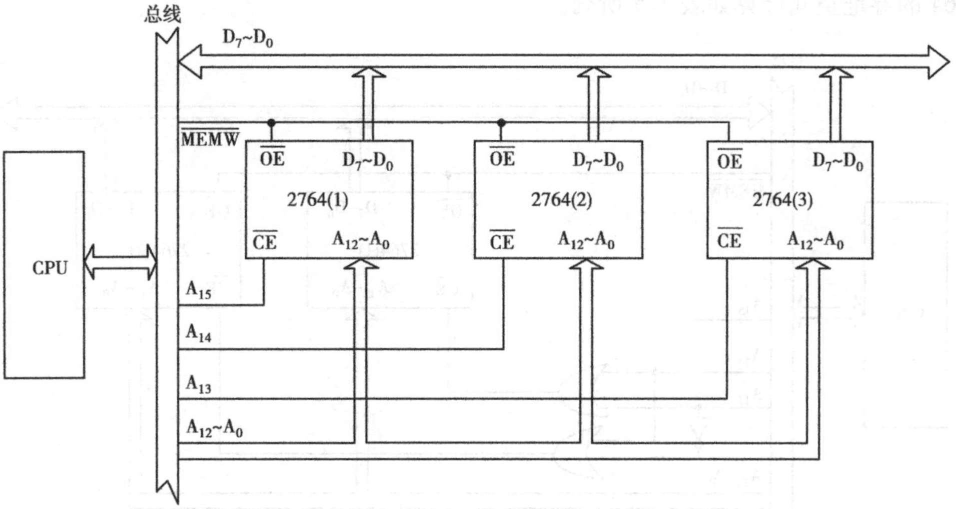

图 7.7　线选法举例

2764(1)来说是无关位,那么我们可以找出它的其他寻址空间。如此,就会出现地址交叉、重叠情况,最严重的情况就是 $A_{15}=A_{14}=A_{13}=0$,这时三片 2764 的寻址空间重叠,会出现数据冲突,这是不允许的。因此,线选法只适用于单片存储器使用。

表 7.4　图 7.7 中各存储器的寻址空间计算

存储器	A_{15}	A_{14}	A_{13}	A_{12}	A_{11}	A_{10}	A_9	A_8	A_7	A_6	A_5	A_4	A_3	A_2	A_1	A_0	寻址空间
2764(1)	0	×	×	0	0	0	0	0	0	0	0	0	0	0	0	0	0000H ~ 1FFFH
	0	×	×	0	0	0	0	0	0	0	0	0	0	0	0	1	或 2000H ~ 3FFFH
								⋮									或 4000H ~ 5FFFH
	0	×	×	1	1	1	1	1	1	1	1	1	1	1	1	1	或 6000H ~ 7FFFH
2764(2)	×	0	×	0	0	0	0	0	0	0	0	0	0	0	0	0	0000H ~ 1FFFH
	×	0	×	0	0	0	0	0	0	0	0	0	0	0	0	1	或 2000H ~ 3FFFH
								⋮									或 8000H ~ 9FFFH
	×	0	×	1	1	1	1	1	1	1	1	1	1	1	1	1	或 A000H ~ BFFFH
2764(3)	×	×	0	0	0	0	0	0	0	0	0	0	0	0	0	0	0000H ~ 1FFFH
	×	×	0	0	0	0	0	0	0	0	0	0	0	0	0	1	或 4000H ~ 5FFFH
								⋮									或 8000H ~ 9FFFH
	×	×	0	1	1	1	1	1	1	1	1	1	1	1	1	1	或 C000H ~ DFFFH

(2)译码法

所谓译码法,是指通过译码电路或译码器产生存储器的片选信号。译码法又可分为两种,即部分译码和完全译码。

部分译码:存储器本身不使用的高位地址有一部分参与译码,另一部分不参与译码。例如:上例中若只使用 2 片 2764,采用简单译码电路产生它们的片选信号,如图 7.8 所示。这两片 2764 的寻址空间计算如表 7.5 所列。

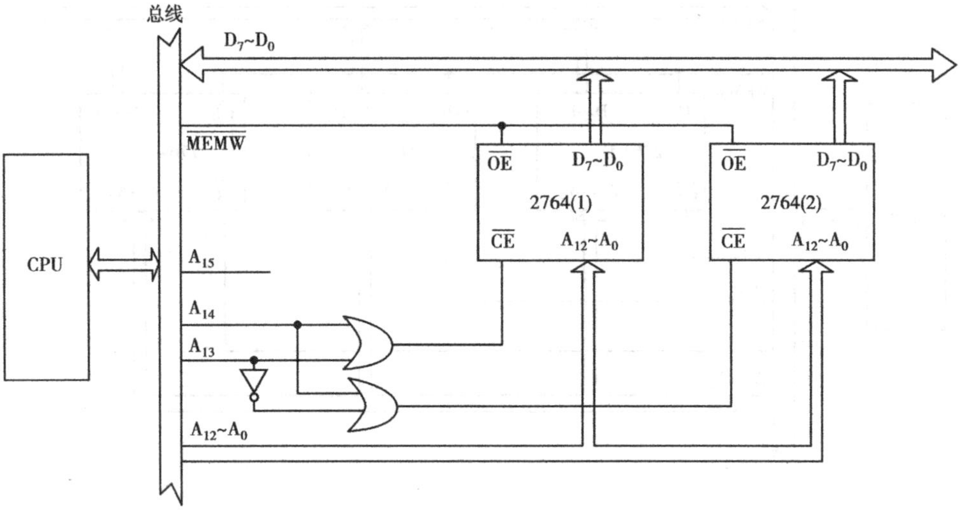

图 7.8　部分译码举例

表 7.5　图 7.8 中各存储器的寻址空间计算

存储器	A_{15}	A_{14}	A_{13}	A_{12}	A_{11}	A_{10}	A_9	A_8	A_7	A_6	A_5	A_4	A_3	A_2	A_1	A_0	寻址空间
2764(1)	×	0	0	0	0	0	0	0	0	0	0	0	0	0	0	0	0000H ~ 1FFFH 或 8000H ~ 9FFFH
	×	0	0	0	0	0	0	0	0	0	0	0	0	0	0	1	
								⋮									
	×	0	0	1	1	1	1	1	1	1	1	1	1	1	1	1	
2764(2)	×	0	1	0	0	0	0	0	0	0	0	0	0	0	0	0	2000H ~ 3FFFH 或 A000H ~ BFFFH
	×	0	1	0	0	0	0	0	0	0	0	0	0	0	0	1	
								⋮									
	×	0	1	1	1	1	1	1	1	1	1	1	1	1	1	1	

由表 7.5 可见，采用部分译码方式，存储器的寻址空间不唯一。本例中，A_{15}未参与译码，对于每片 2764 而言，它都是无关的，所以每片 2764 都有两个地址范围，与线选法不同的是它们的寻址空间不会重叠。

完全译码法：存储器本身不使用的高位地址线全部参与译码。如：前例中若使用 3-8 译码器 74LS138 产生三片 2764 的片选信号(74LS138 的功能边见表 7.7)，且让 A_{15}，A_{14}，A_{13}都参与译码，连接方法见图 7.9，则这三片 2764 的寻址空间如表 7.6 所列。

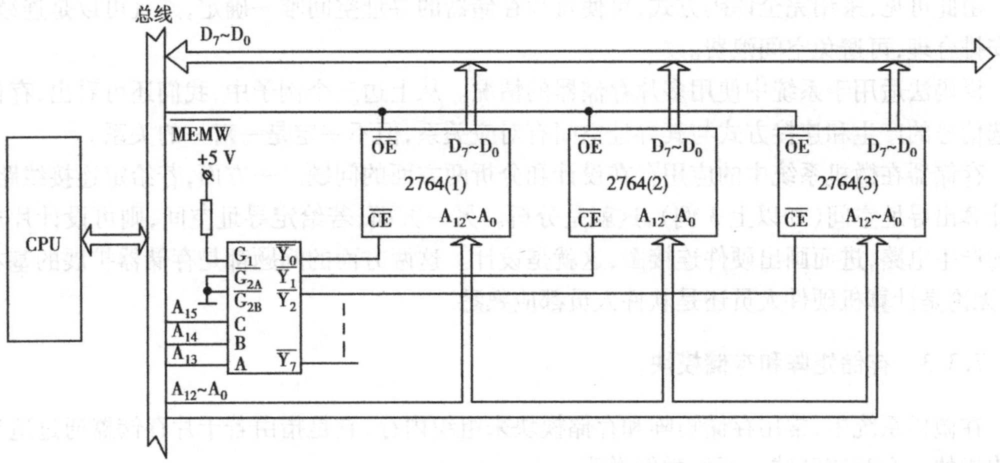

图 7.9　完全译码举例

表 7.6　图 7.9 中各存储器的寻址空间计算

存储器	A_{15}	A_{14}	A_{13}	A_{12}	A_{11}	A_{10}	A_9	A_8	A_7	A_6	A_5	A_4	A_3	A_2	A_1	A_0	寻址空间
2764(1)	0	0	0	0	0	0	0	0	0	0	0	0	0	0	0	0	0000H ~ 1FFFH
	0	0	0	0	0	0	0	0	0	0	0	0	0	0	0	1	
								⋮									
	0	0	0	1	1	1	1	1	1	1	1	1	1	1	1	1	
2764(2)	0	0	1	0	0	0	0	0	0	0	0	0	0	0	0	0	2000H ~ 3FFFH
	0	0	1	0	0	0	0	0	0	0	0	0	0	0	0	1	
								⋮									
	0	0	1	1	1	1	1	1	1	1	1	1	1	1	1	1	
2764(3)	0	1	0	0	0	0	0	0	0	0	0	0	0	0	0	0	4000H ~ 5FFFH
	0	1	0	0	0	0	0	0	0	0	0	0	0	0	0	1	
								⋮									
	0	1	0	1	1	1	1	1	1	1	1	1	1	1	1	1	

表 7.7　74LS138 的功能表

G_1	$\overline{G_{2A}}$	$\overline{G_{2B}}$	C	B	A	输　出
1	0	0	0	0	0	$\overline{Y_0}=0$，其他输出均为 1
1	0	0	0	0	1	$\overline{Y_1}=0$，其他输出均为 1
1	0	0	0	1	0	$\overline{Y_2}=0$，其他输出均为 1
1	0	0	0	1	1	$\overline{Y_3}=0$，其他输出均为 1
1	0	0	1	0	0	$\overline{Y_4}=0$，其他输出均为 1
1	0	0	1	0	1	$\overline{Y_5}=0$，其他输出均为 1
1	0	0	1	1	0	$\overline{Y_6}=0$，其他输出均为 1
1	0	0	1	1	1	$\overline{Y_7}=0$，其他输出均为 1

由此可见,采用完全译码方式,可使每片存储器的寻址空间唯一确定,并且可以是连续的,若安排合理,可避免空间浪费。

译码法适用于系统中使用多片存储器的情况。从上边三个例子中,我们还可看出,存储器片选信号的产生和连接方式与其寻址空间有对应关系,但不一定是一对一的关系。

存储器在微机系统中的应用存在设计和分析两方面的问题。一方面,若给定连接线路,则可计算出寻址空间(如以上 3 例),这就是分析。另一方面,若给定寻址空间,则可设计片选信号的产生电路,进而画出硬件连接图,这就是设计。这两方面的问题都是存储器扩展的基本问题,无论是计算机硬件人员还是软件人员都应熟悉。

7.3.3 存储矩阵和存储模块

在微机系统中,常用存储矩阵和存储模块来组织内存,它是指由若干片存储器通过适当连接构成的一个存储区域。下面举例说明。

动态 RAM 4164 是 64K ×1 的存储芯片,假如用这种芯片构成 128K ×8 的存储模块,就需要 16 片,如图 7.10 所示。上面一行 8 片的片选信号接到一起,因为它们是相同存储单元的不同数据位。不同行的片选信号是不同的,因为它们构成不同的寻址空间(或存储区域)。图中设系统有 20 位地址线。

在存储器扩展中,若因为每片存储器数据位数不够,需要两片以上构成一个存储区域的,称为位扩展。若因为存储单元数不够,需要的扩展称为字扩展。本例中,每一行的存储器扩展即为位扩展,而扩展的第二行即为字扩展。

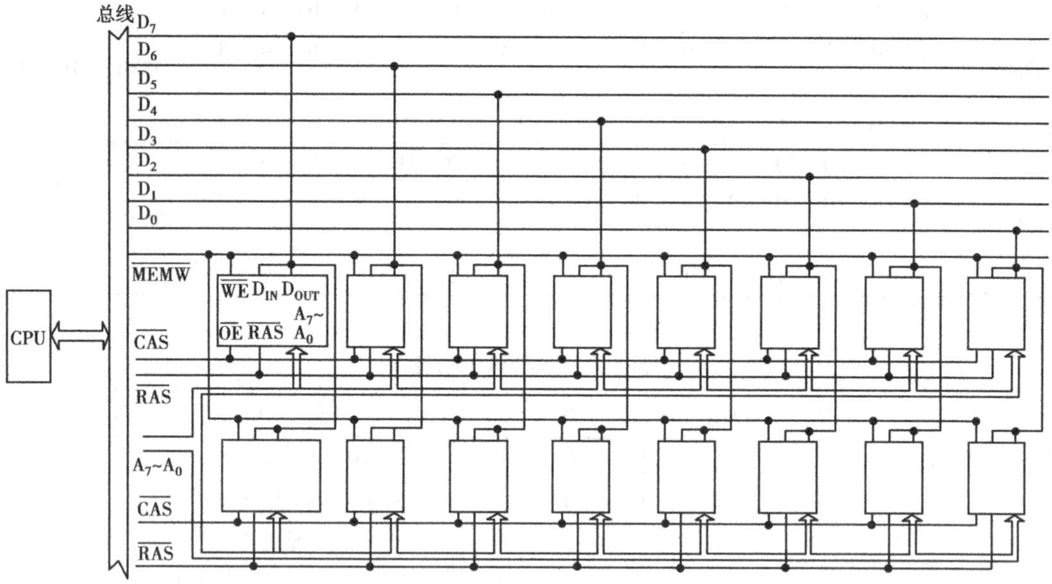

图 7.10　存储矩阵和存储模块举例

7.4 PC 微机的存储器

7.4.1 PC 微机存储器空间分布

8086/8088 微机系统中地址总线有 20 条,可寻址 1 MB 的存储空间。表 7.8 所示是 IBM PC/XT 存储器空间分布。IBM PC/XT 将 1 MB 的地址空间分为:地址 00000H ~ BFFFFH 共 768K RAM 存储区,地址 C0000H ~ FFFFFH 共 256K ROM 存储区。

表 7.8 IBM PC/XT 存储器空间分布

地址范围	存储区	空间大小
00000H—003FFH	BIOS 中断向量表	1 KB
00400H—004FFH	BIOS 数据区	0.5 KB
00500H—9FFFFH	用户程序区	638.5 KB
A0000H—BFFFFH	显示缓冲区	128 KB
C0000H—F5FFFH	附加 ROM 区	216 KB
F6000H—FFFFFH	基本 ROM 区	40 KB

RAM 存储区的前 640 KB 空间存放的是部分系统程序和用户程序,称为基本内存(或常规内存)。A0000H—BFFFFH 的 128 KB RAM 空间是单色显示或彩色显示器的显示缓冲区,它存放单色或彩色显示器的字符或图形。

ROM 存储区位于存储器高地址端。当系统仅有基本配置时,一般只安装 40 KB 的基本 ROM 区,存放 IBM PC/XT 的基本输入/输出系统(BIOS)和 BASIC 解释程序;当使用附加 216 KB ROM 时,ROM 存储区空间可扩充到 256 KB。附加 ROM 中可存放新的设备驱动程序、汉字库等。

表 7.9 80386 微机系统 4 MB 内存空间分布

扩展内存(Extended Memory) 3 MB
高端内存区(High Memory Area) 64 KB
上位内存区(Upper Memory Area) 384 KB
基本内存(常规内存) 640 KB

扩充内存(Expanded Memory) 1 MB

80386 微机系统中地址总线有 32 条,可寻址 4 GB 的物理地址空间。80386 微机实际内存容量通常为 4 MB 或 8 MB。表 7.9 是一个 80386 微机系统 4 MB 内存空间分布图,其中存储器低地址端 640 KB 为基本内存(常规内存),从 A0000H 到 FFFFFH 的 384 KB 是上位内存区,从 100000H 到 400000H 的 3 MB 是扩展内存(Extended Memory),扩展内存的第一个 64 KB 称为高端内存区(High Memory Area),此外还有 1 MB 的扩充内存(Expanded Memory)。

7.4.2 PC 微机内存类型及管理

总的来说,PC 微机在 DOS 环境下使用的存储器大致可以分为系统存储器、扩展存储器和扩充存储器三种类型。

(1)**系统存储器**

系统存储器就是最初 IBM PC/XT 所使用的 1 MB 地址空间以内的存储器,由常规内存和上位内存区组成。

常规内存又称基本内存,是存储器低端的第一个 640 KB 内存,由 DOS 系统统一管理,不需要另外的内存管理程序,主要存储 BIOS、DOS、常驻内存程序和应用程序等。所有的 DOS 程序均使用常规内存。

上位内存区是常规内存 640 KB 之上的 384 KB 保留内存空间。只读存储器 ROM、显示适配器、磁盘驱动器及其他硬件扩展卡都使用这部分内存。下面所谈到的上位内存块(Upper Memory Block)和扩充存储器 64 KB 的存储窗口,均位于上位内存区中。

(2)**扩展存储器**(Extended,Memory)

扩展存储器指 80286 以上微机存储系统中 1 MB 以上的内存。DOS 不支持对扩展存储器的访问,因此必须使用专门的扩展存储器驱动程序。扩展存储器规范 XMS(Extended,Memory Specification)统一了使用扩展存储器的标准,并定义了内存中 3 个特殊区域:高端内存区、上位内存块、扩展内存块。

高端内存区(High Memory Area)是扩展内存的第一个 64 KB 空间。在带有扩展内存的 80286 以上微机系统中,可将 DOS 安装到高端内存区,从而留出更多的常规内存供应用程序等使用。

上位内存块(Upper Memory Block)是扩展存储器中除高端内存区以外的剩余存储区域。

(3)**扩充存储器**(Expanded Memory)

扩充存储器通常安装在专门的扩充内存板卡上,由扩充内存管理程序来管理。扩充存储器被划分为若干个 16 KB 的页面,通过访问上位内存区中一个 64 KB 的存储窗口,可以读写扩充存储器的 4 个不同的页面。扩充存储器的技术标准是扩充存储器规范 EMS(Expanded Memory Specification)。在 80386 以上微机系统中,可以将扩展存储器中的一些内存模拟成扩充存储器来使用。

习题与思考题

1. 简述计算机系统中存储器的主要分类方法及分类情况。
2. 简述半导体存储器的分类。

3. 分别指出线选法、部分译码法和完全译码法的主要特点。
4. 微机系统中存储器与 CPU 系统连接时通常应该考虑哪几方面的问题？
5. 动态 RAM 为什么必须定期刷新？
6. 某微机系统中，CPU 系统有 16 条地址线，扩展了 1 片 EPROM 2716、1 片静态 RAM 6116 和 1 片 E^2PROM 2817A，它们的片选信号的连接如图 7.11 所示，请分别计算它们的寻址空间。指出此译码电路的译码方式是部分译码还是完全译码。

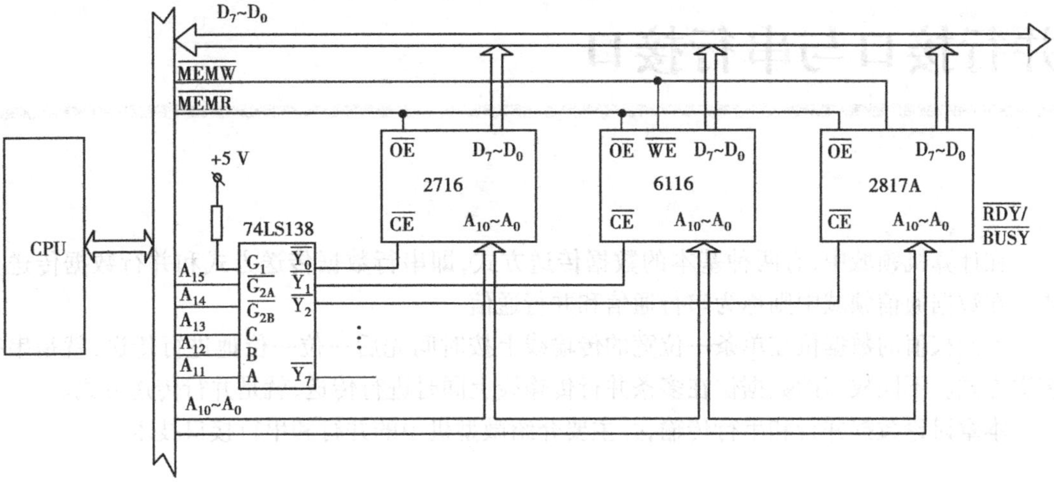

图 7.11　存储器的系统连接

7. 指出 PC 微机内存中系统存储器、扩展存储器和扩充存储器的区别。
8. 某微机系统有 20 位地址线，8 位数据线，现用两片 EPROM 2764 组成 16 K×8 的存储模块，并将它们的寻址空间分别安排在 42000H～43FFFH 和 44000H～45FFFH，试画出硬件连接图。

第8章

并行接口与串行接口

在计算机领域中，有两种基本的数据传送方式，即串行数据传送方式和并行数据传送方式。在数据通信领域中则称为串行通信和并行通信。

不同权值的数据位在单条一位宽的传输线上按时间先后一位一位地进行传送，就是串行传送方式。不同权值的数据位在多条并行传输线上同时进行传送，就是并行传送方式。

本章讨论数据并行和串行传输，并主要介绍微型机中的并行和串行接口技术。

8.1 并行接口

8.1.1 并行接口技术概述

在计算机领域，特别是在微机系统中数据的并行传送，通常以字节为单位，每次传送一个或多个字节。在并行通信中通常传送的是字符，例如字符的ASCII码。与串行传送相比并行传送的特点是在同样的时钟速率下其传送速率高，但由于占用多条信号线，在长距离传送中，电缆的造价就成为突出问题。因此，并行传送（通信）适用于传输速率要求高，而传输距离较近的场合。

从硬件的角度看，不同的传送方式需要有不同的I/O接口电路（简称接口），实现并行传送的接口就是并行接口。一个并行接口可以设计成只用于输出的接口或只用于输入的接口，也可设计成既能输入又能输出的接口。在后一种情况下又有两种方法可以采用，一种是利用同一个接口中的两个通路一个作为输入通路，一个作为输出通路，另一种方法是用一个双向通路，既作为输入又作为输出。

从电路上来讲，有简单并行接口，有专用或通用可编程接口芯片。例如可用锁存器/驱动器74LS244或74LS373等构成简单并行输入或输出接口，用74LS245等可构成双向并行接口，如图8.1所示。

通用可编程并行接口芯片有8155A/8156A、8255A等，它们有多个并行端口，可用软件控制工作在不同方式，以适应不同应用场合，使用灵活，工作可靠，能与CPU或微机总线直接连接，特别适用于微机系统。本章将着重介绍8255A这个芯片。8155A/8156A与8255A最大的

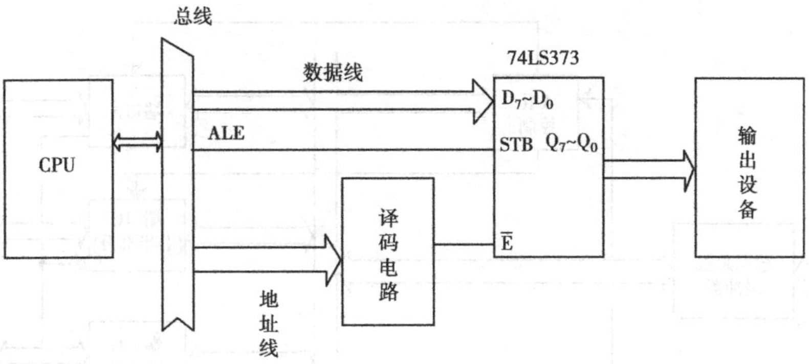

(a)

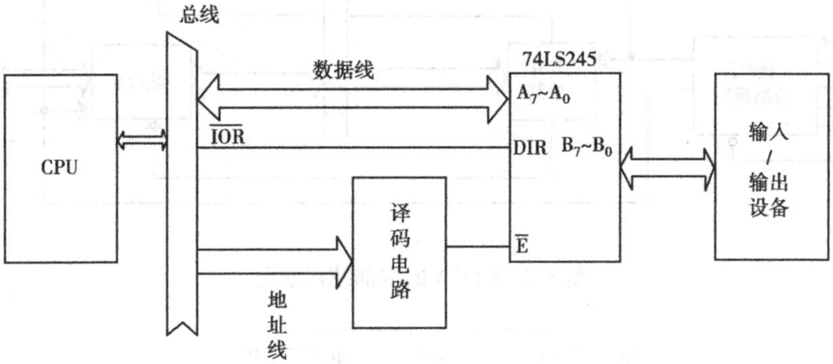

(b)

(a)用 74LS373 设计的并行输出接口　(b)用 74LS245 设计的双向并行接口

图 8.1　简单并行接口

区别就是 8155A 片内有 256 字节的 RAM 和一个 14 位的定时器/计数器,其他功能大同小异。

8.1.2　可编程并行接口芯片 8255A

Intel 8255A 最初是为 Intel 8080 和 8085 微机系统设计的通用可编程并行接口芯片。由于其通用的性能也被广泛应用于其他微机系统之中。

8255A 采用双列直接式封装,单一的 +5 V 电源,全部输入输出与 TTL 电平兼容,三个 8 位并行 I/O 端口,可编程工作在不同方式。因此,8255A 连接外部设备时,通常不需要附加其他电路,使用方便灵活。

(1)8255A 的内部结构

8255A 的内部由三个端口寄存器(A 口、B 口、C 口)、两组控制电路、一个数据总线缓冲器、一个读/写控制逻辑电路几部分组成。其内部结构框图如图 8.2 所示,各部分功能分述如下。

1)三个输入/输出端口

各端口均可分别设定为输入口或输出口,但也有各自的功能特点。端口 A 为 8 位双向输入/输出口,它含有一个 8 位数据输入锁存器和一个 8 位输出锁存/缓冲器,即输入和输出均有锁存功能。可编程工作在方式 0、1、2;端口 B 为 8 位双向输入/输出口,它也含有一个 8 位数据输入锁存器和一个 8 位数据输出锁存/缓冲器,即输入、输出均有锁存功能。可编程工作在

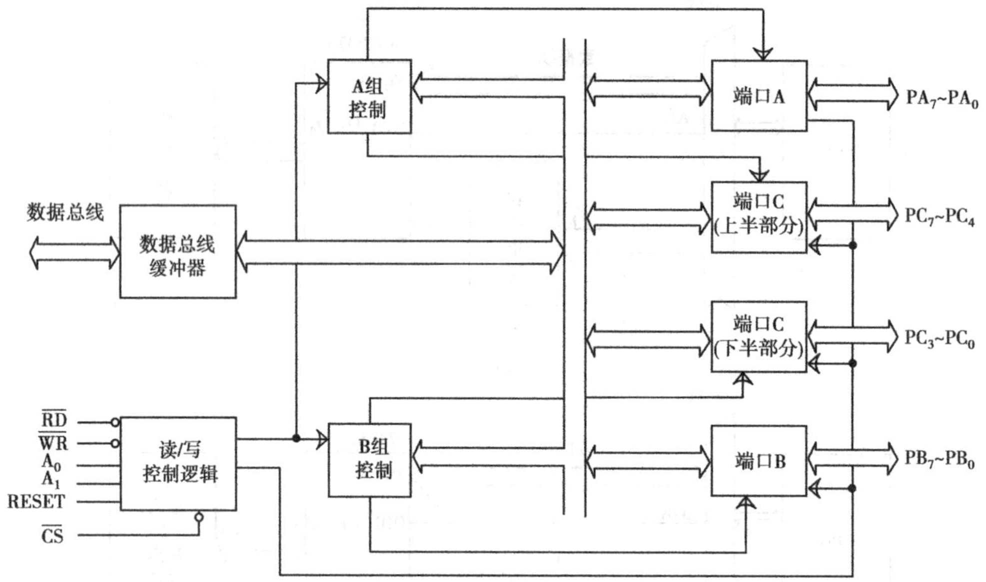

图 8.2　8255A 的内部结构框图

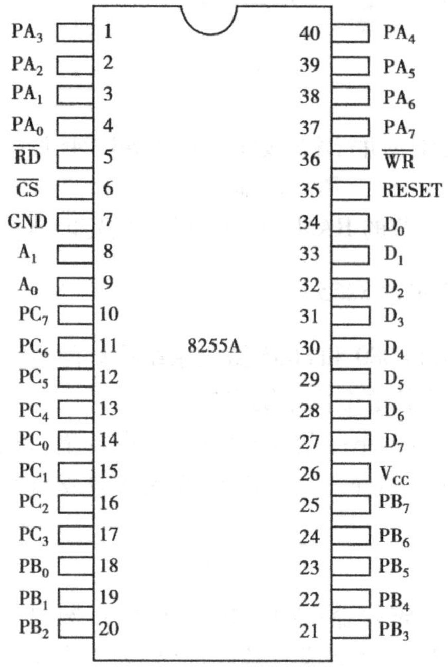

图 8.3　8255A 引脚图

方式 0、1；端口 C 为两组 4 位双向输入/输出口，它含有一个 8 位数据输入缓冲器和一个 8 位数据输出锁存/缓冲器，即输出锁存，输入不锁存。可编程工作在方式 0 和按位置位/复位方式。另外，当端口 A、B 工作在方式 1 和端口 A 工作在方式 2 时，C 口作为联络信号使用，故将端口 C 分为上 C 口（$PC_7 \sim PC_4$）和下 C 口（$PC_3 \sim PC_0$），分别由 A、B 口两组控制电路控制。

2）两组控制电路

A、B 两组控制电路分别实现对 A 组 I/O 端口线（$PA_7 \sim PA_0$和 $PC_7 \sim PC_4$）和 B 组 I/O 端口线（$PB_7 \sim PB_0$和 $PC_3 \sim PC_0$）的输入/输出控制。

3）数据总线缓冲器

数据总线缓冲器为双向三态 8 位缓冲器，它是 8255A 与微机数据总线的接口。其上传输的信息有输入数据、输出数据、CPU 写给 8255A 的控制字及 CPU 从 8255A 读入的状态信息。

4）读/写控制电路

读/写控制逻辑负责管理 8255A 的数据传输过程。它接收片选信号$\overline{CS}$以及来自地址总线的地址信息 A_1、A_0和来自控制总线的信号 RESET，$\overline{RD}$，$\overline{WR}$，将这些信号组合后实现对 A 组部件和 B 组部件的控制。

（2）8255A **的引脚信号**

8255A 是一个 40 引脚、双列直插的集成芯片，其引脚见图 8.3，各引脚功能如下。

1）数据线

$D_7 \sim D_0$：双向三态。用于传送 CPU 从 8255A 各端口读入的数据、CPU 向 8255A 各端口写出的数据、CPU 从 8255A 各端口读入的状态、CPU 向 8255A 写出的控制字。

2）地址线

A_1、A_0：输入。用于寻址 8255A 内部各端口，A_1、A_0的不同状态与各端口的对应关系如下：

A_1	A_0	对应端口
0	0	A 口
0	1	B 口
1	0	C 口
1	1	控制口

3）控制线

• 片选信号$\overline{CS}$：输入。来自片外译码电路，用于选中 8255A 芯片，低电平有效，即当$\overline{CS}$ = “0”时，8255A 才处于工作状态，这时$\overline{RD}$、$\overline{WR}$才对 8255A 有效。

• 读信号$\overline{RD}$：输入。连接微机总线$\overline{IOR}$，用于控制 8255A 读操作，低电平有效，即当$\overline{RD}$ = “0”时，CPU 从 8255A 读入数据或状态信息。

• 写信号$\overline{WR}$：输入。连接微机总线$\overline{IOW}$，用于控制 8255A 写操作，低电平有效，即当$\overline{WR}$ = “0”时，CPU 向 8255A 写出数据或控制字。

• 复位信号 RESET：输入。连接微机总线的 RESET。用于使 8255A 复位，高电平有效，即当 RESET 引脚上来一上升沿，且使其高电平维持一定时间时，8255A 所有内部寄存器被清零，同时，3 个数据端口被自动设置为输入端口。

4）I/O 端口线

$PA_7 \sim PA_0$：双向。端口 A 数据信号线。$PB_7 \sim PB_0$：双向。端口 B 数据信号线。$PC_7 \sim PC_0$：双向。端口 C 数据信号线。

5）电源与地线

Vcc：电源线，+5 V。GND：接地端。

（3）8255A **的编程**

在使用 Intel 8255A 时，首先应根据需要对它进行初始化编程，在工作过程中若需改变工作方式或数据传送方向等,也必须对其编程。实际上对 8255A 的编程十分简单,就是通过 CPU 向其控制端口写入相应控制字实现。8255A 的控制字只有两个。

1)工作方式选择控制字

作用:规定 8255A I/O 端口的工作方式和数据传输方向。

格式:工作方式选择控制字的格式如图 8.4 所示:

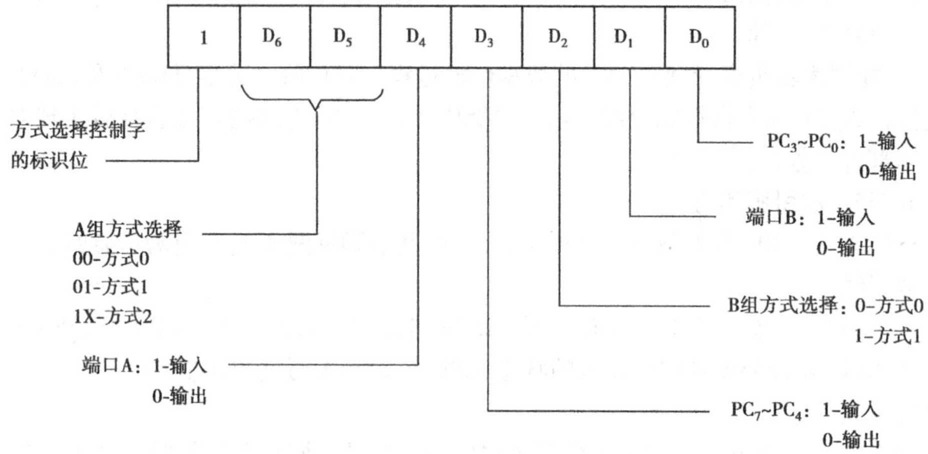

图 8.4　8255A 工作方式选择控制字的格式

关于 8255A 的工作方式选择控制字,作如下说明:

• 8255A 有三种基本工作方式:

方式 0—基本输入/输出方式。端口 A、B、C 都可工作在此方式。

方式 1—选通输入/输出方式,端口 A、B 可以工作在此方式。端口 C 作联络信号。

方式 2—双向输入/输出方式,只有端口 A 可以工作在此种方式,端口 C 作为它的联络信号。

• 属于同一组的两个端口可以同时工作在输入或输出方式,也可以分别工作在输入或输出方式,不要求一定同为输入方式或同为输出方式。

• D_7为标志位,必须为 1,用来与 C 口置位/复位控制字区别。

2)0 端口 C 置位/复位控制字

8255A 端口 C 的各数位常作为控制位来使用,故该芯片的设计者使得端口 C 各数位可以按位操作,即用置位/复位控制字单独设置。

作用:将端口 C 某位置 1 或清零。

格式:端口 C 置位/复位控制字格式如图 8.5 所示。

关于端口 C 置位/复位控制字,作如下说明:

• D_0位决定了是置 1(也称置位)操作还是清零(也称复位)操作。如为 1,则使端口 C 中的某一位为高电平(即置 1),若为 0,则使端口 C 中的某一位为低电平(即清零)。

• D_3、D_2、D_1三位的状态决定了是对端口 C 的哪一位进行置位/复位操作。

例如 $D_3D_2D_1=001$,则是对 C_1进行操作。

• $D_6D_5D_4$三位为无关位,它们的状态如何不影响对端口 C 的置位/复位操作。

• D_7为标志位,必须为 0,用来与工作方式控制字区别。

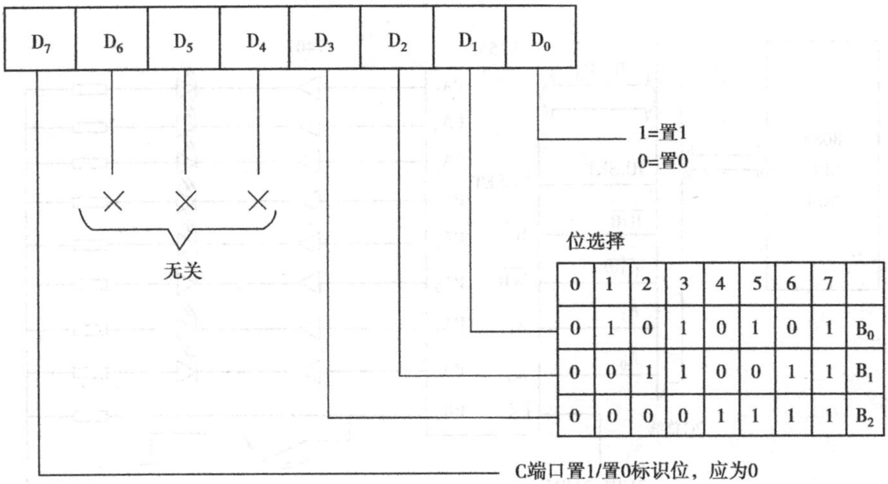

图 8.5　端口 C 置位/复位控制字格式

3)8255A 的编程

8255A 的两个控制字都通过 CPU 的输出指令写入控制端口。用标志位来识别是工作方式选择控制字,还是端口 C 置位/复位控制字。通常放在程序中某个适当的位置。

例 8.1　如图 8.6 所示,在 8088 系统中,8255A 的 A 口用于驱动 8 个发光二极管 L_7 ~ L_0,PB_0接一开关 K。要求根据读入的开关状态使 L_7 ~ L_0按不同规律发光,8255A 的端口地址分别为 218H、219H、21AH、21BH。

按题目要求可知 A 口应工作在方式 0,输出;B 口应工作在方式 0,输入。而当 A 口、B 口都工作有方式 0 时与 C 口无关,则工作方式控制字可以是:1000 ×01 ×B。其中" ×"表示可为 1,也可为 0。

可见这种情况下方式控制字不唯一,具体有 4 种情况:82H、83H、8AH、8BH。若我们选择方式控制字为 82H,则初始化程序段如下:

```
MOV     DX,21BH         ;DX 指向 8255A 控制端口。
MOV     AL,82H          ;工作方式控制字 82H 送 AL。
OUT     DX,AL           ;将工作方式控制字写入 8255A 控制端口。
```

例 8.2　如图 8.7 所示,8086 系统中,8255A 的 PC_0,PC_1分别接外部设备 0 和外部设备 1 作为两设备启停控制信号。PA_0、PA_1分别接外部设备 0 和外部设备 1 的状态输出端,作为两设备的状态指示。要求:

PA_0 =0 时,PC_0 =1(启动设备 0);

PA_0 =1 时,PC_0 =0(关闭设备 0);

PA_1 =0 时,PC_1 =0(关闭设备 1);

PA_1 =1 时,PC_1 =1(启动设备 1)。

设 8255A 的端口地址为 300H、302H、304H、306H。

由题意可知,可使 A 口工作在方式 0,输入;C 口按位置位/复位。工作方式控制字为:1001 × × × ×B,设选用方式字为 10010000B,则有关程序段如下:

```
        MOV     DX,306H
```

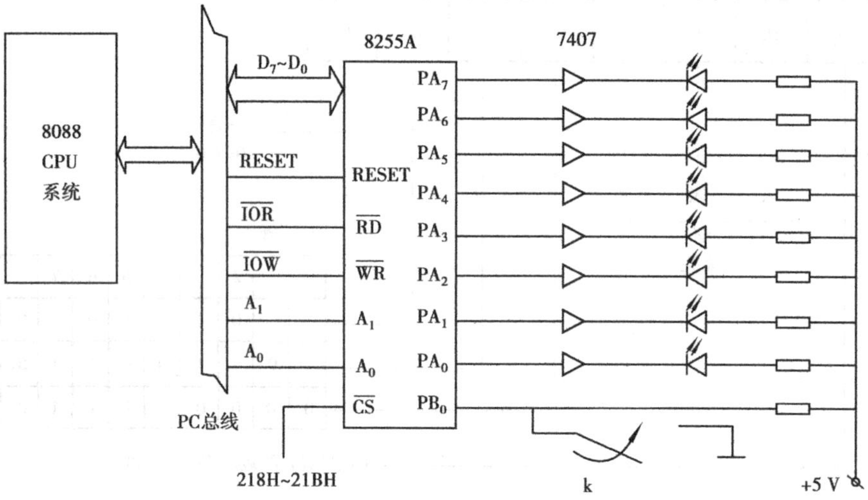

图 8.6　例 8.1 的硬件连接图

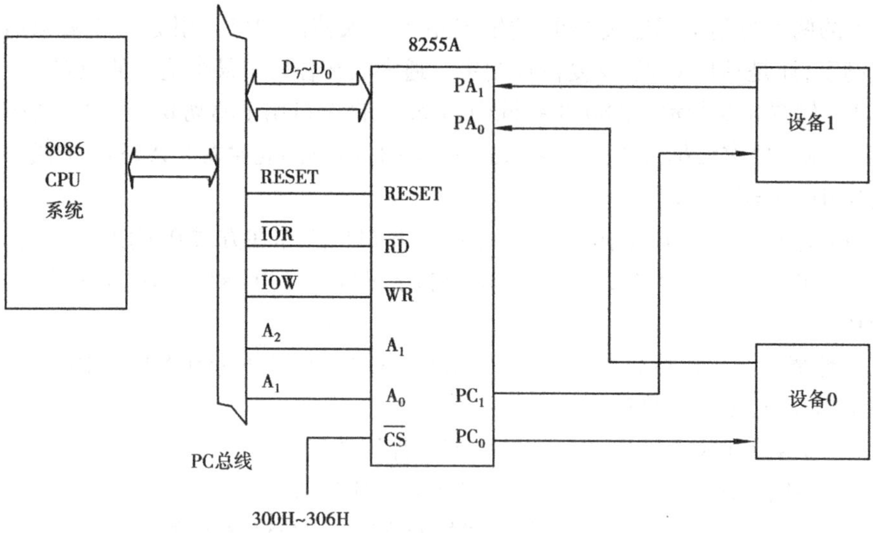

图 8.7　例 8.2 的硬件连接图

```
      MOV    AL,10010000B
      OUT    DX,AL              ;写控制字
LO:   MOV    DX,300H
      IN     AL,DX              ;读 A 口状态
      RCR    AL,1               ;判断 A0
      MOV    BL,AL              ;保护读入数据
      JC     L1                 ;A0 =1 转 L1
      MOV    DX,306H
      MOV    AL,00000001B
      OUT    DX,AL              ;A0 =0 时,C0置 1 启动设备 0
```

```
        JMP     L2
L1:     MOV     DX,306H
        MOV     AL,00000000B
        OUT     DX,AL           ;A0 =1 时,C0清 0 关闭设备 0
L2:     RCR     BL,1            ;判断 A1
        JC      L3
        MOV     DX,306H         ;A1 =0 时,C1清 0 关闭设备 1
        MOV     AL,00000010B
        OUT     DX,AL
        JMP     L0
L3:     MOV     DX,306H         ;A1 =1 时,C1置 1 启动设备 1
        MOV     AL,00000011B
        OUT     DX,AL
        JMP     L0
```

(4)8255A **的工作方式**

前已述及,8255A 有三种工作方式:方式 0、方式 1 和方式 2。下面分别介绍这三种工作方式的具体含义。

1)方式 0

• 方式 0 的工作特点

方式 0 也叫基本输入/输出方式。在这种方式下,端口 A 和端口 B 可以通过方式选择字规定为输入口或者输出口,端口 C 分为 2 个 4 位端口,高 4 位为一个端口,低 4 位为一个端口。这两个 4 位端口也可由方式选择字规定为输入口或输出口。

概括地说,方式 0 的基本特点如下:

①任何一个端口可作为输入口,也可作为输出口,各端口之间没有必然的联系。

②各个端口的输入或输出,可以有 16 种不同的组合,所以可以适用于多种使用场合。

• 方式 0 的输入/输出时序

为了了解一个端口工作在方式 0 时的含义,下面,我们来分析一下方式 0 的时序关系。在分析时序时,应该着重注意两个方面:一是要弄清每个信号的发出者和承受者;二是要弄明白各个信号之间的先后因果关系。

图 8.8 是方式 0 的输入时序和各参数说明。

方式 0 的输入时序比较简单。CPU 为了从 8255A 读取数据,在方式 0 下,首先要满足两个条件:

①要求 CPU 在发出读信号前,先发出地址信号,从而使 8255A 的片选信号 $\overline{CS}$ 和端口选择信号 A_1、A_0 有效,于是,8255A 得到启动。

②要求 CPU 在发出读信号前,外设已经将数据送到 8255A 的输入缓冲器中,即输入数据要领先于读信号。CPU 在发出地址信号以后,至少经过 t_{AR} 时间,便发出读信号 RD。8255A 在读信号有效以后,经过 t_{RD} 时间,就可以使数据在数总线上得到稳定。不过,这里有 3 个要求:

①在整个读出期间,地址信号保持有效。

②输入数据必须保持到读信号结束后才消失。

③要求读脉冲的宽度至少为 300 ns。

在 8086/8088 系统中，由于配备地址锁存器，所以，前一个要求自然得到满足。对于第二个要求，则要由输入设备给予满足。由于方式 0 时对输入数据不作锁存，所以，这一要求更要给予注意。

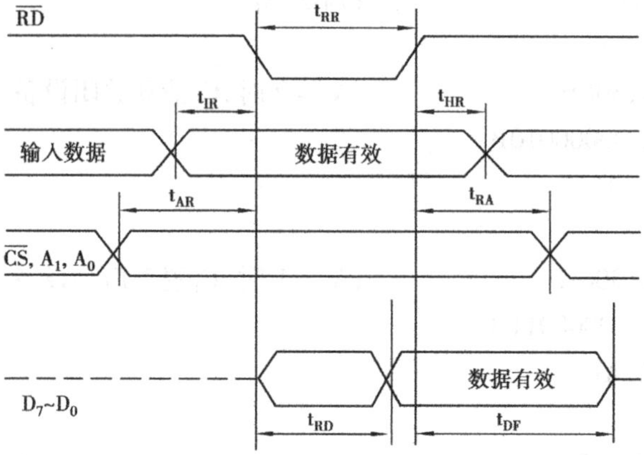

参　数	说　明	8255A	
		最小时间	最大时间
t_{RR}	读脉冲的宽度	300 ns	
t_{AR}	地址稳定领先于读信号的时间	0 ns	
t_{IR}	输入数据领先于$\overline{RD}$的时间	0 ns	
t_{HR}	读信号过后数据继续保持的时间	0 ns	
t_{RA}	读信号无效后地址保持时间	0 ns	
t_{RD}	从读信号有效到数据稳定的时间		250 ns
t_{DF}	读信号撤除后数据保持时间	10 ns	150 ns
t_{RY}	两次读操作之间的时间间隔	850 ns	

图 8.8　8255A 方式 0 的输入时序

图 8.9 是方式 0 的输出时序和各参数说明。

方式 0 的输出时序也比较简单。为了将数据有效地输出到 8255A，对各信号有如下要求：

①地址信号必须在写信号前 t_{AW}时间就有效，从而使片选信号$\overline{CS}$和端口选择信号 A_1、A_0有效。并且要求地址信号一直保持到写信号撤除以后再过 t_{WA}时间才消失。

②写脉冲宽度至少要有 400 ns。

③数据必须在写信号结束前 t_{WB}时间就能出现在数据总线上，且保持 t_{WD}时间。这样，在写信号结束后最多 t_{DW}时间，CPU 输出的数据就可以出现在 8255A 的指定端口，从而可以送到外部设备。

• 方式 0 的使用场合

方式 0 的使用场合有两种，一种是同步传送，另一种是查询式传送。

在同步传送时，发送方和接收方的动作由一个时序信号来管理，所以，双方互相知道对方的动作，不需要应答信号，也就是说，CPU 不需要查询外设的状态。这种情况下，对接口的要求很简单,只要能传送数据就行了。因此,在同步传输下使用 8255A 时,3 个数据端口可以实现三路数据传输。

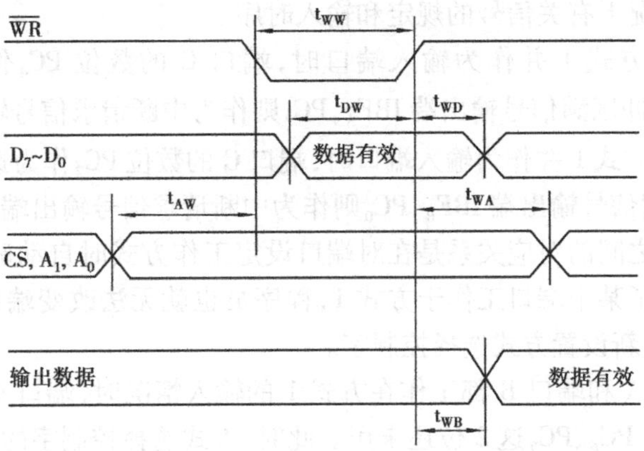

参　数	说　明	8255A	
		最小时间	最大时间
t_{AW}	地址稳定领先于写信号的时间	0	
t_{WW}	写脉冲的宽度	400 ns	
t_{DW}	数据有效时间	100 ns	
t_{WD}	数据保持时间	30 ns	
t_{WA}	写信号撤除后的地址保持时间	20 ns	
t_{WB}	写信号结束到数据有效的时间		350 ns

图 8.9　8255A 方式 0 的输出时序

查询方式传输时,需要有应答信号。但是,在方式 0 的情况下,没有规定固定的应答信号,所以,这时,将端口 A 和端口 B 作为数据端口,把端口 C 的 4 个数位(高 4 位或者低 4 位均可)规定为输出口,用来输出一些控制信号,而把端口 C 的另外 4 个数位规定为输入口,用来读入外设的状态。这样就可以利用端口 C 来配合端口 A 和端口 B 的输入/输出操作。

2)方式 1

• 方式 1 的工作特点

方式 1 也叫选通的输入/输出方式。和方式 0 相比,最重要的差别是 A 端口和 B 端口用方式 1 进行输入/输出传输时,要利用端口 C 提供的选通信号和应答信号,而这些信号与端口 C 中的数位之间有着固定的对应关系,这种关系不是程序可以改变的,除非改变工作方式。

概括地讲,方式 1 有如下特点:

①端口 A 和端口 B 可分别作为两个数据口工作在方式 1,并且,任何一个端口可作为输入口或者输出口。

②如果 8255A 的端口 A 和端口 B 中只有一个端口工作于方式 1,那么,端口 C 中就有 3 位被规定为配合方式 1 工作的信号,此时,另一个端口可以工作在方式 0,端口 C 中的其他数位也可以工作在方式 0,即作为输入或者输出。

③如果8255A的端口A和端口B都工作在方式1,那么,端口C中就有6位被规定为配合方式1工作的信号,剩下的2位,仍可作为输入或输出。

• 方式1输入情况下有关信号的规定和输入时序

当端口A工作在方式1并作为输入端口时,端口C的数位PC_4作为选通信号输入端$\overline{STB}_A$,PC_5作为输入缓冲区满信号输出端IBF_A,PC_3则作为中断请求信号输出端$INTR_A$。

当端口B工作在方式1并作为输入端口时,端口C的数位PC_2作为选通信号输入端$\overline{STB}_B$,PC_1作为输入缓冲区满信号输出端IBF_B,PC_0则作为中断请求信号输出端$INTR_B$。

这些数位和信号之间的对应关系是在对端口设定工作方式时自动确定的,不需要程序员干预;而且,一旦确定了某个端口工作于方式1,程序员也就无法改变端口C的数位与信号之间的对应关系,除非重新设置方式选择控制字。

当8255A的端口A和端口B都工作在方式1的输入情况时,端口C的$PC_0 \sim PC_5$共6个数位都被定义,只剩下PC_6、PC_7这2位还未用。此时,方式选择控制字的D_3位用来定义PC_6和PC_7的数据传输方向。当D_3为1时,PC_6和PC_7这2位作为输入来用;当D_3为0时,PC_6和PC_7作为输出来用。

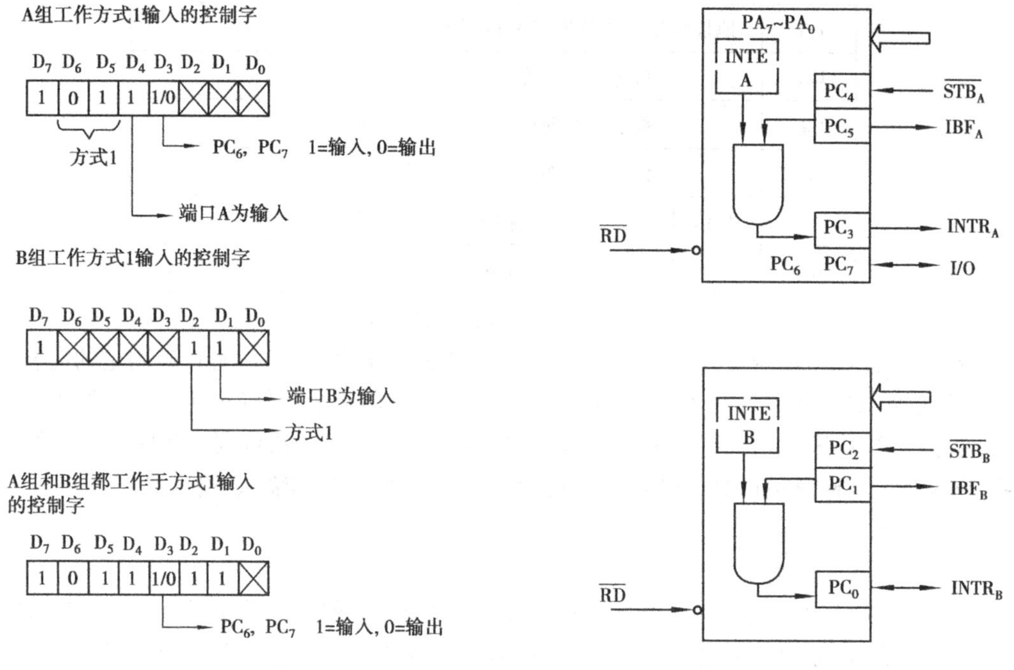

图8.10 8255A方式1输入对应的控制信号

图8.10是端口A和端口B工作于方式1情况下作为输入端口时,各控制信号的示意图,图中还给出了应该设置的方式选择控制字。对于各控制信号,说明如下:

$\overline{STB}$(Strobe):这是选通信号输入端,低电平有效。它是由外设送往8255A的,当$\overline{STB}$有效时,8255A接收外设送来的一个8位数据,从而8255A的输入缓冲器中得到一个新的数据。

IBF(Input Buffer Full):这叫缓冲器满信号,高电平有效。它是8255A输出的状态信号,当它有效时,表示当前已有一个新的数据在输入缓冲器中,此信号一般供CPU查询用。IBF信号是由$\overline{STB}$信号使其置位的,而由读信号$\overline{RD}$的后沿即上升沿使其复位。

INTR(Interrupt Request):它是 8255A 送住 CPU 的中断请求信号,高电平有效。INTR 端在$\overline{STB}$、IBF 均为高时被置为高电平,也就是说,当选通信号结束、从而已将一个数据送进输入缓冲器中,并且输入缓冲器满信号已为高电平时,8255A 会向 CPU 发出中断请求信号,即将 INTR 端置为高电平。在 CPU 响应中断读取输入缓冲器中的数据时,由读信号$\overline{RD}$的下降沿将 INTR 降为低电平。

INTE(Interrupt Enable):这叫中断允许信号,实际上,它就是控制中断允许或中断屏蔽的信号。INTE 没有外部引出端,它是由软件通过对 C 端口的置 1 指令或置 0 指令来实现对中断的控制的。具体讲,对 PC_4置 1,则使 A 端口处于中断允许状态;对 PC_2置 0,则使 B 端口处于中断屏蔽状态。当然,如果要使用中断功能,应该用软件使相应的端口处于中断允许状态。

图 8.11 是方式 1 的输入时序。

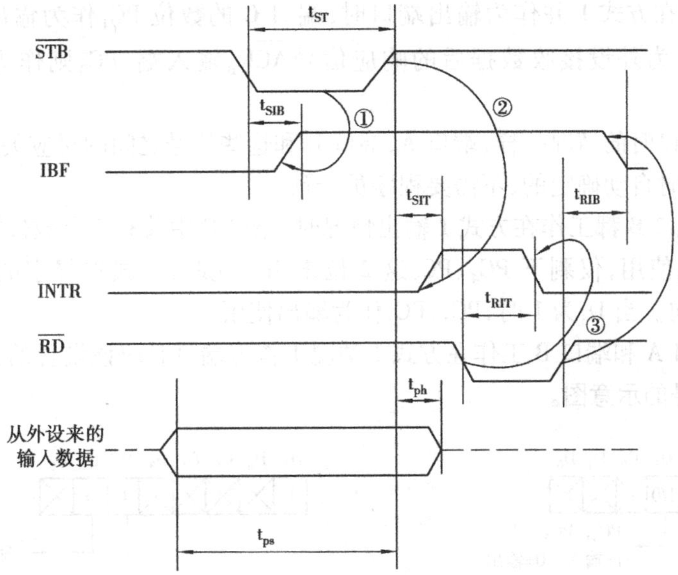

参　数	说　明	8255A	
		最小时间	最大时间
t_{ST}	选通脉冲的宽度	500 ns	
t_{SIB}	选通脉冲有效到 IBF 有效之间的时间		300 ns
t_{SIT}	$\overline{STB}$ = 1 到中断请求 INTR 有效之间的时间		300 ns
t_{PH}	数据保持时间	180 ns	
t_{PS}	数据有效到$\overline{STB}$无效之间的时间	0	
t_{RIT}	$\overline{RD}$有效到中断请求信号撤除之间的时间		400 ns
t_{RIB}	RD 为 1 到 IBF 为 0 之间的时间		300 ns

图 8.11　8255A 方式 1 输入时序

从方式 1 的输入时序图中,可以看到,当来自外设的输入数据出现之后,选通信号接着就来到,选通信号的宽度至少要求为 500 ns。经过 t_{SIB}时间后,输入缓冲器满信号 IBF 有效①,此信号可供 CPU 查询,这为 CPU 工作在查询方式下输入数据提供了条件。8255A 在选通信号结束以后，经过 t_{SIT} 时间，便发出中断请求信号 INTR②，这样，为 CPU 工作在中断方式下输入数据提供了条件。

不管 CPU 是用查询方式还是中断方式，每当从 8255A 读入数据时，都会发出读信号 $\overline{RD}$。如果工作在中断方式，那么，当读信号 $\overline{RD}$ 有效以后，经过 t_{RIT} 时间，就将中断请求信号清除③。$\overline{RD}$ 信号结束之后，数据已经读到 CPU 的寄存器中，经过 t_{RIB} 时间，输入缓冲器满信号 IBF④变低，从而可以开始下一个数据输入过程。

• 方式 1 输出情况下有关信号的规定和输出时序

当端口 A 工作在方式 1 并作为输出端口时，端口 C 的数位 PC_7 作为输出缓冲器满信号 $\overline{OBF_A}$ 输出端，PC_6 作为外设接收数据后的响应信号 $\overline{ACK_A}$ 输入端，PC_3 则作为中断请求信号 $INTR_A$ 输出端。

当端口 B 工作在方式 1 并作为输出端口时，端口 C 的数位 PC_1 作为输出缓冲器满信号 $\overline{OBF_B}$ 输出端，PC_2 作为外设接收数据后的响应信号 $\overline{ACK_B}$ 输入端，PC_0 则作为中断请求信号 $INTR_B$ 输出端。

和作为输入端口时的情况一样，端口 A、端口 B 和这些信号之间的对应关系是在对 8255A 设定工作在方式 1 时自动确定的，不需要程序员干预。

当端口 A 和端口 B 都工作在方式 1 输出情况时，端口 C 中共有 6 个数位被定义为控制信号端和状态信号端使用，仅剩下 PC_4、PC_5 这 2 位未用。此时，方式选择字的 D_3 位用来定义 PC_4、PC_5 的传输方向。当 D_3 为 1 时，PC_4、PC_5 作为输出使用。

图 8.12 是端口 A 和端口 B 工作在方式 1 情况下作为端口时应该设置的方式选择字和各控制信号、状态信号的示意图。

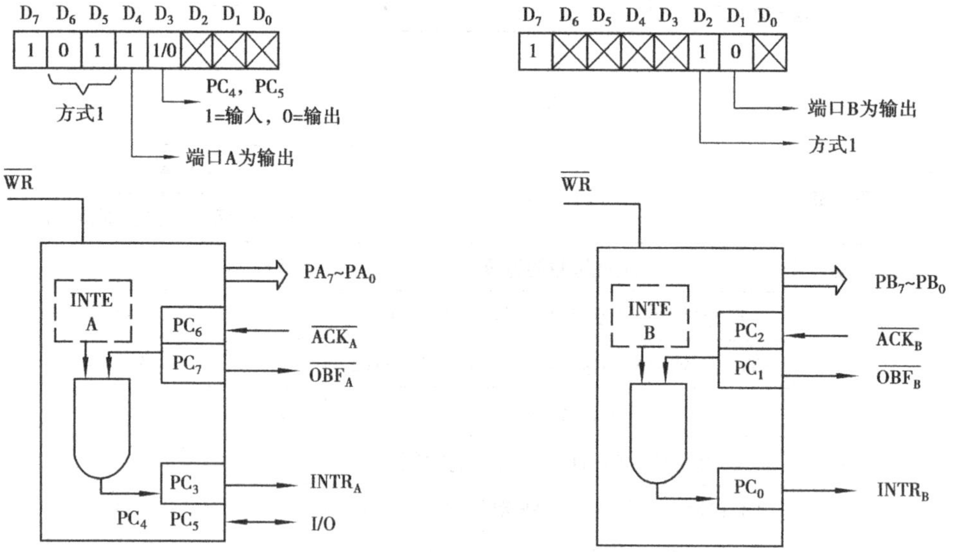

图 8.12　8255A 方式 1 输出对应的控制信号

对于方式 1 时输出端口对应的控制信号和状态信号，我们作如下说明：

$\overline{OBF}$（Output Buffer Full）：这是输出缓冲器满信号，低电平有效。$\overline{OBF}$ 由 8255A 送给外设，当 $\overline{OBF}$ 有效时，表示 CPU 已经向指定的端口输出了数据，所以 $\overline{OBF}$ 是 8255A 用来通知外设取走

数据的信号。$\overline{OBF}$由写信号$\overline{WR}$的上升沿置成有效电平即低电平，而由$\overline{ACK}$的有效信号使它恢复为高电平。

$\overline{ACK}$(Acknowledge)：这叫外设响应信号，它是由外设送给 8255A 的，低电平有效。当$\overline{ACK}$有效时，表明 CPU 通过 8255A 输出的数据已送到外设。

INTR(Interrupt Request)：中断请求信号，高电平有效。当输出设备从 8255A 端口中提取数据，从而发出$\overline{ACK}$信号后，8255A 便向 CPU 发新的中断请求信号，以便 CPU 再次输出数据，所以，当$\overline{ACK}$变为高电平，并且$\overline{OBF}$也变为高电平时，INTR 便成为高电平即有效电平，而当写信号$\overline{WR}$的下降沿来到时，INTR 变为低电平即复位。

INTE(Interrupt Enable)：中断允许信号。与端口 A、端口 B 工作在方式 1 输入情况时 INTE 的含义一样，INTE 为 1 时，使端口处于中断允许状态，而 INTE 为 0 时，便端口处于中断屏蔽状态。在使用时，INTE 也是由软件来设置的，具体地说，PC_6为 1，则使端口 A 的 INTE 为 1，PC_6为 0，则使端口 A 的 INTE 为 0。PC_2为 1，使端口 B 的 INTE 为 1，PC_2为 0，则使端口 B 的 INTE 为 0。

图 8.13 是方式 1 的输出时序。

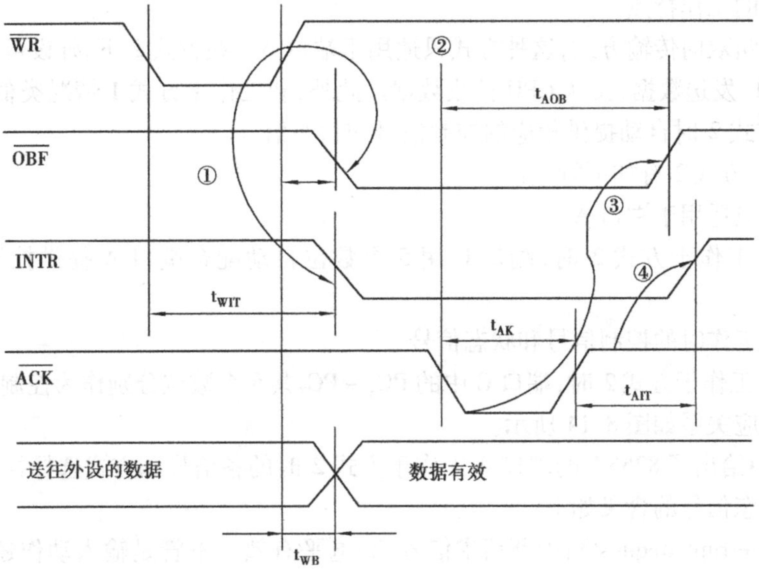

参　数	说　明	8255A	
		最小时间	最大时间
t_{WIT}	从写信号到中断请求无效的时间		850 ns
t_{WOB}	从写信号无效到输出缓冲器满的时间		650 ns
t_{AOB}	$\overline{ACK}$有效到$\overline{OBF}$无效的时间		350 ns
t_{AK}	$\overline{ACK}$脉冲的宽度	300 ns	
t_{AIT}	$\overline{ACK}$为 1 到发新的中断请求的时间		350 ns
t_{WB}	写信号撤除到数据有效的时间		350 ns

图 8.13　8255A 方式 1 输出时序

工作在方式1的输出端口一般采用中断方式与CPU相联系。从方式1的输出时序图中，我们可以看到，CPU响应中断后，便往8255A输出数据，发出写信号$\overline{WR}$。写信号$\overline{WR}$的上升沿一方面清除中断请求信号INTR①，表明CPU已经响应了中断；另一方面，使$\overline{OBF}$有效②，通知外设接收数据。

实际上，在CPU发出写信号后经过t_{WB}时间，数据就出现在端口的输出缓冲器中。当外设接收数据后，便发一个$\overline{ACK}$信号。$\overline{ACK}$信号一方面使$\overline{OBF}$无效，表示数据已经取走，当前输出缓冲器为空；另一方面，又使INTR有效④，即向CPU发出中断请示从而可以开始一个新的输出过程。

• 方式1的使用场合

在方式1下，规定一个端口作为输入口或者输出口的同时，自动规定了有关的控制信号和状态信号，尤其是规定了相应的中断请求信号。这样，在许多采用中断方式进行输入/输出的场合，如果外部设备能为8255A提供选通信号或者数据接收应答信号，那么，常常使8255A的端口工作于方式1。用方式1工作比用方式0更加方便有效。

3）方式2

• 方式2的工作特点

方式2也叫双向传输方式，这种方式只适用于端口A。在方式2下，外设可以在8位数据线上，既往CPU发送数据，又从CPU接收数据。此外，和工作于方式1情况类似，端口C在端口A工作于方式2时自动提供相应的控制信号和状态信号。

概括起来，方式2有如下特点：

①方式2只适用于端口A。

②端口A工作于方式2时，端口C用5个数位自动配合端口A提供控制信号和状态信号。

• 方式2工作时的控制信号和状态信号

当端口A工作于方式2时，端口C中的$PC_3 \sim PC_7$共5个数位分别作为控制信号和状态信号端。具体对应关系如图8.14所示。

图8.14中给出了8255A的端口A工作于方式2时的各信号和方式选择控制字格式。各控制信号和状态信号的含义如下：

$INTR_A$(Interrupt Request)：中断请求信号，高电平有效。不管是输入动作还是输出动作，当一个动作完成、而要进入下一下动作时，8255A都通过这一引腿向CPU发出中断请求信号。

$\overline{STB_A}$(Strobe)：这是外设供给8255A的选通信号，低电平有效。此信号将外设送到8255A的数据打入输入锁存器。

IBF_A(Input butter full)：这是8255A送往CPU的状态信息，表示当前已有一个新的数据送到输入缓冲器中，等待CPU取走。IBF_A可以作为供CPU查询的信号。

$\overline{OBF_A}$(Output Buffer Full)：这是输出缓冲器满信号，实际上，它是一个由8255A送给外设的状态信号，低电平有效。有效时，表示CPU已经将一个数据写入8255A的端口A，通知外设将数据取走。

$\overline{ACK_A}$(Acknowledge)：这是外设对$\overline{OBF_A}$信号的响应信号，低电平有效，它使8255A的端口A的输出缓冲器开启，送出数据。否则，输出缓冲器处于高阻状态。

$INTE_1$(Interrupt Enable)：中断允许信号。$INTE_1$为1时，允许8255A由INTR往CPU发中

断请求信号，以通知 CPU 在 8255A 的端口 A 输出一个数据；$INTE_1$ 为 0 时，则屏蔽了中断请求，这时即使 8255A 的数据输出缓冲器空了，也不能在 INTR 端产生中断请求，$INTE_1$ 到底为 0 还是 1，这是由软件通过对 PC_6 的设置来决定的，PC_6 为 1，则 $INTE_1$ 为 1，PC_6 为 0，则 $INTE_1$ 为 0。

$INTE_2$（Interrupt Enable）：中断允许信号。当 $INTE_2$ 为 1 时，端口 A 的输入处于中断允许状态，当 $INTE_2$ 为 0 时，端口 A 的输入处于中断屏蔽状态。$INTE_2$ 是软件通过对 PC_4 的设置来决定为 1 还是为 0 的，将 PC_4 置之不理时，使 $INTE_2$ 为 0。

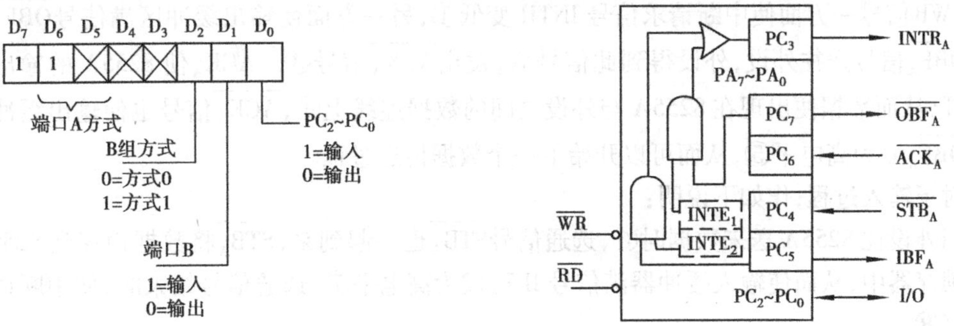

图 8.14　8255A 方式 2 的控制信号

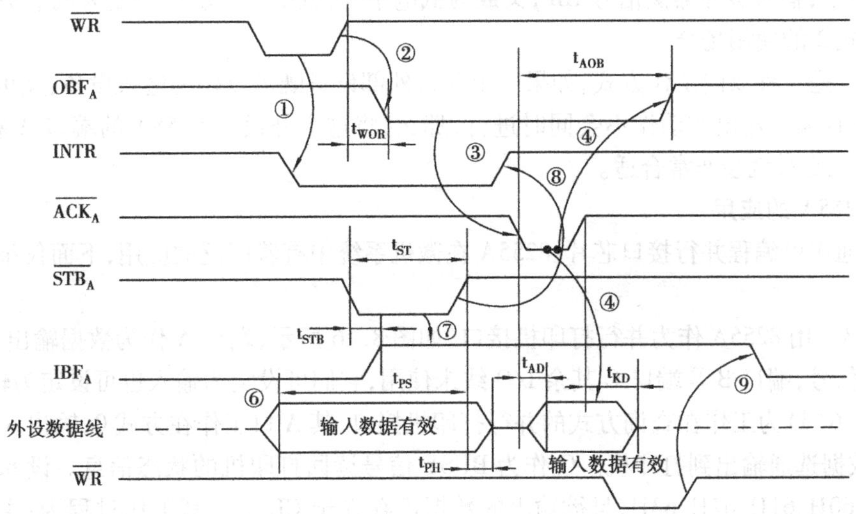

参　数	说　　明	8255A	
		最小时间	最大时间
t_{ST}	选通脉冲宽度	500 ns	
t_{SIB}	选通有效到 IBF_A 有效之间的时间		300 ns
t_{PS}	数据有效到 $\overline{STB_A}$ 无效之间的时间	0	
t_{PH}	数据保持时间	180 ns	
t_{WOB}	写信号无效到 $\overline{OBF_A}$ 有效的时间		650 ns
t_{AOB}	$\overline{ACK_A}$ 有效到 $\overline{OBF_A}$ 无效的时间		350 ns
t_{AD}	$\overline{ACK_A}$ 有效到数据输出的时间		350 ns
t_{KD}	数据保持时间	200 ns	

图 8.15　8255A 方式 2 的时序

• 方式 2 的时序

方式 2 的时序相当于方式 1 的输入时序和输出时序的组合。图 8.15 中画出了一个数据输出过程和一个数据输入过程的时序。实际上,当端口 A 工作在方式 2 时,输入过程和输出过程的顺序以及各自的次数是任意的。

对于输出过程,作如下说明:

CPU 响应中断,并用输出指令往 8255A 的 A 端口中写入一个数据时,会发出写脉冲信号 $\overline{WR}$。$\overline{WR}$信号一方面使中断请求信号 INTR 变低①,另一方面使输出缓冲区满信号$\overline{OBF_A}$变低②。$\overline{OBF_A}$信号送往外设,外设得到此信号后,发出$\overline{ACK_A}$信号③。$\overline{ACK_A}$使 8255A 的输出锁存器打开,从而数据便出现在 8255A 与外设之间的数据连线上④,$\overline{ACK_A}$信号也使输出缓冲器满信号$\overline{OBF_A}$变为高电平⑤,从而可以开始下一个数据传送过程。

对于输入过程,作如下说明:

当外设往 8255A 送来数据时⑥,选通信号$\overline{STB_A}$也一起到来,$\overline{STB_A}$将数据锁存到 8255A 的输入锁存器中,从而使输入缓冲器满信号 IBF_A成为高电平⑦,选通信号结束时,使中断请求信号为高⑧。

CPU 响应中断进行读操作时,会发出读信号$\overline{RD}$。$\overline{RD}$信号有效后,将数据从 8255A 读到 CPU 中,于是,输入缓冲器满信号 IBF_A又成为低电平⑨,且中断请求信号变为低电平。

• 方式 2 的使用场合

方式 2 是一种双向工作方式,如果一个并行外部设备既可以作为输入设备,又可以作为输出设备,并且输入输出的动作不会同时进行,那么,将这个外设和 8255A 的端口 A 相连,并使它工作在方式 2,就会非常合适。

(5)8255A 的应用

作为通用可编程并行接口芯片,8255A 在微机系统中有着广泛的应用,下面仅举两例加以说明:

例 8.3 用 8255A 作为并行打印机接口,如图 8.16 所示,端口 A 作为数据输出口,端口 C 作为联络信号,端口 B 及端口 C 其余 I/O 线未使用,它们可设定为输入也可设定为输出。

图 8.16(a)为工作在查询方式的并行打印机接口,其 A 口工作在方式 0,输出;C_7作为$\overline{STB}$信号,使数据选通输出到打印机。C_0作为 BUSY 信号读回打印机的状态信息。设 8255A 的端口地址为 60H、61H、62H、63H,且欲输出的数据已存在于 CL 中。其工作过程为:主机要往打印机输出字符时,先查询打印机是否忙,BUSY = 1,表示打印机忙;反之,打印机不忙(可以送入字符数据)。因此,当从 C_0读入的信号状态为 0 时 CPU 可通过 8255A 的 A 口往打印机送出一个字符的数据。此时,要通过 C_7将选通信号$\overline{STB}$置成低电平,然后再使其为高电平。这样,相当于在$\overline{STB}$端输出一个负脉冲,此脉冲作为选通脉冲将字符数据选通到打印机输入缓冲器中。

具体程序段如下:

```
PRINT0:  MOV   AL,81H   ;写控制字,规定 A、B、C 口均工作在方式 0,A 口为输出
         OUT   63H,AL   ;B 口为输出,上 C 口为输出,下 C 口为输入。
         MOV   AL,0FH   ;写控制字,将 C7 置 1,即设置STB初态为高电平。
         OUT   63H,AL
PRINT1:  IN    AL,62H   ;读 C 口
```

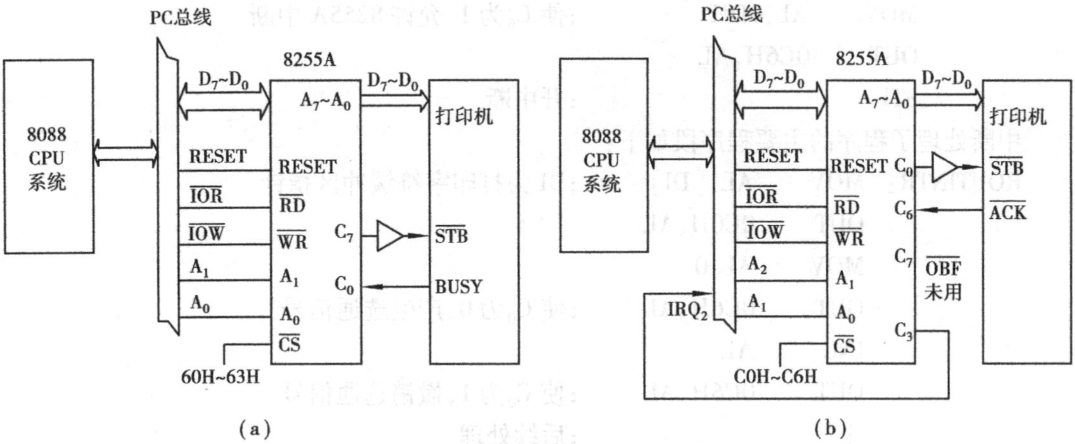

（a）8255A 以查询方式工作　（b）8255A 以中断方式工作

图 8.16　8255A 用作并行打印机接口

```
AND     AL,01H      ;查询打印机忙否
JNZ     PRINT1      ;打印机忙,继续查询
MOV     AL,CL       ;不忙,将字符数据从 A 口输出
OUT     60H,AL
MOV     AL,0EH      ;使STB=0
OUT     63H,AL
INC     AL          ;使STB=1
OUT     63H,AL
```

图 8.16(b)为工作在中断方式的并行打印机接口,8255A 工作于方式 1,作为以中断方式工作的 Centronic 360 字符打印机的接口。8255A 的 A 口工作于方式 1,输出,这时 C_7 自动作为 $\overline{OBF}$ 信号输出端,C_6 则自动作为 $\overline{ACK}$ 信号输入端,而 C_3 则自动作为 INTR 信号输出端。

C_3 连到中断控制器 8259A 的中断请求输入端 IR_3。对应于中断类型号 0BH,此中断对应的中断向量放在 00 段 2CH ~ 2FH 这 4 个单元中。设 8255A 的端口地址为:

A 口:00C0H;　　B 口:00C2H;　　C 口:00C4H;　　控制口:00C6H

有关程序段如下:

```
MAIN:  MOV    AL,0A0H              ;主程序
       OUT    0C6H,AL              ;设置 8255A 控制字
       MOV    AL,1                 ;使 C0 为 1,即让选通信号无效
       OUT    0C6H,AL
       XOR    AX,AX
       MOV    DS,AX                ;设置中断向量 1000H:2000H 至 2CH ~ 2FH 中
       MOV    AX,2000H
       MOV    WORD  PTR  [002CH],AX
       MOV    AX,1000H
       MOV    WORD  PTR  [002EH],AX
```

```
         MOV     AL,0DH          ;使C6为1,允许8255A中断
         OUT     0C6H,AL
         STI                     ;开中断
```

中断处理子程序的主要程序段如下：

```
ROUTINTR: MOV     AL,[DI]        ;DI为打印字符缓冲区指针
          OUT     0C0H,AL
          MOV     AL,0
          OUT     0C6H,AL        ;使C0为0,产生选通信号
          INC     AL
          OUT     0C6H,AL        ;使C0为1,撤销选通信号
           ⋮                     ;后续处理
          IRET                   ;中断返回
```

8.1.3 微机系统中的并行接口及其应用

微机与外设进行数据交换离不开串并行接口，在前面已介绍了 IBM—PC/XT 中 8255A 的使用情况。这里介绍微机系统中的几种常用并行接口。

(1)并行接口连接的打印机

并行打印机通常采用 Centronics 并行接口标准，见表 8.1，该标准定义了 36 脚插头座，而 PC/XT 的并行接口通常采用 25 脚 D 型插座，见图 8.17。一般并行输出时，使用 36 芯插座；而串行输出时，使用 25 芯插座。

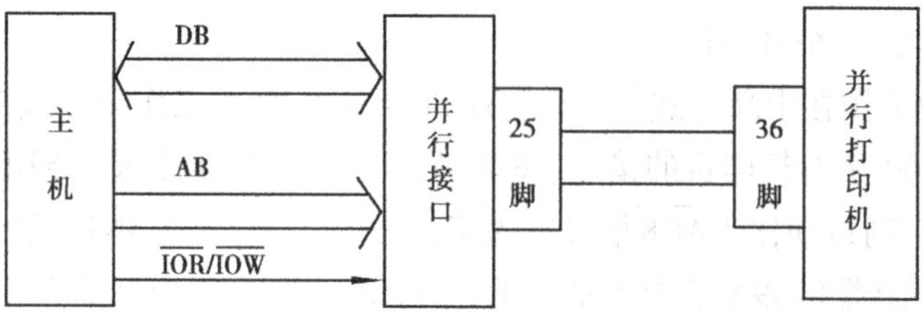

图 8.17 并行打印机信息传输示意图

表 8.1 Centronics 标准

插座脚号	信号名称	方 向	功能说明
1	STROBE	入	数据选通
2—9	D_1—D_8	入	数据位
10	ACK	出	打印机准备好
11	BUSY	出	打印机忙
12	PE	出	无纸
13	SLCT	出	打印机能工作
14	AUTOFEEDXT	入	打印一行后，自动走纸
31	INIT	入	打印机复位
32	ERROR	出	无纸，脱机出错指示
36	SLCTIN	入	允许打印机工作

图8.18给出并行打印机接口逻辑图。当主机要向打印机写数据时，由命令译码器产生的控制信号将数据经“数据发送/接收器”送至输出数据寄存器等待写入打印机；同样，主机向打印机发送命令时，则欲写入的控制信号通过“发送/接收器”送至控制寄存器。反之，主机欲读状态寄存器时，则状态寄存器内容经“数据发送/接收器”传送至主机。

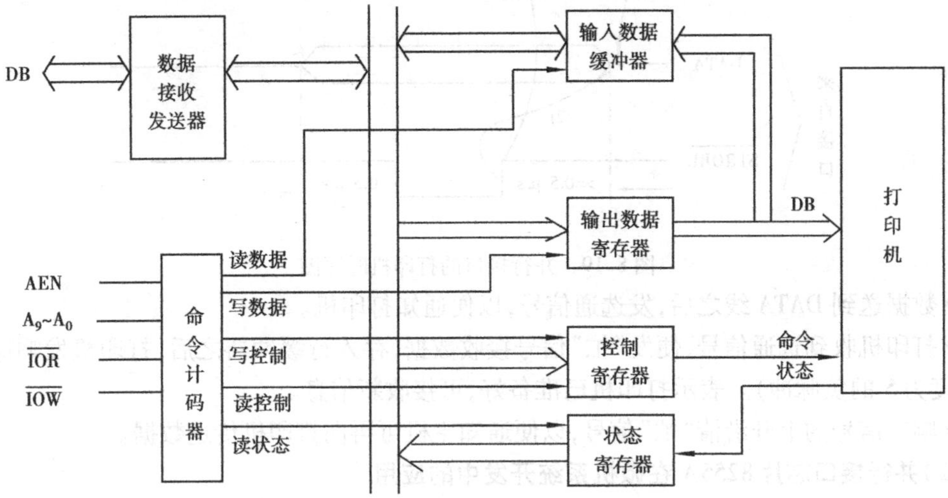

图8.18 并行打印机接口逻辑图

1)并行接口内的寄存器。

并行接口内部逻辑共设有三个寄存器的端口：数据寄存器、控制寄存器和状态寄存器。主机依据端口地址进行五种操作：读/写数据寄存器，读/写控制寄存器，读状态寄存器。

• 数据端口：主机可通过对该端口的写操作将打印数据送至打印机，或是通过该端口读操作将打印机的数据读到主机。

• 控制端口：主机通过对该端口的读/写操作，完成对该控制寄存器的访问，控制寄存器8位的定义如下；

D_7 ~ D_5	D_4	D_3	D_2	D_1	D_1
——	IRQWEN	SLCT IN	INIT	AUTO FD	STROBE
	允许中断	选择连机	初始化	自动换行	数据选通

• 状态端口：为只读端口，主机可通过该端口来获得打印机当前状态。状态寄存器8位定义如下；

D_7	D_6	D_5	D_4	D_3	D_2 ~ D_0
BUSY	ACK	PE	SLCT	ERROR	保留
打印机忙	应答	没纸	选择连机	出错	

2)并行接口的打印机时序

并行接口的打印机时序图见图8.19。

• 主机要打印数据时，首先查BUSY，当BUSY=0，打印机不忙，主机能把数据送到数据总线上。

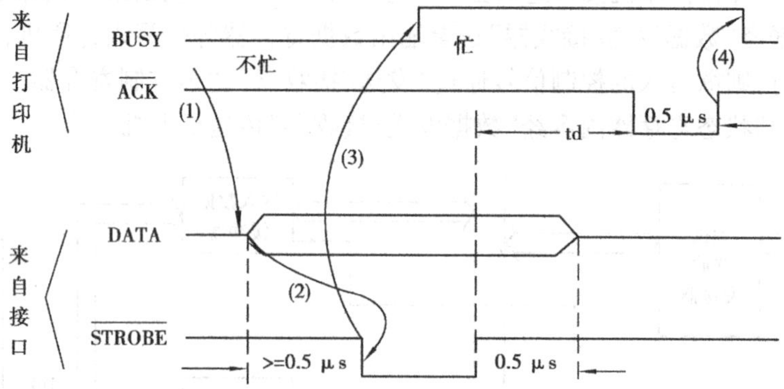

图 8.19　并行接口的打印机时序图

• 数据送到 DATA 线之后，发选通信号，以便通知打印机。

• 打印机收到选通信号，便发“忙”信号接收数据，存入行缓冲器之后，打印机发响应信号（9 宽度为 5 的负脉冲）。表示打印机已准备好，可接收新信息。

• 响应信号的上升沿清“忙”信号，以便通知主机可再向打印机传送数据。

(2)并行接口芯片 8255A 在微机系统开发中的应用

通用可编程并行接口芯片 8255A 在微机系统开发中应用十分广泛。例如在基于 PC 的通用检测与报警系统中，我们制作了一个数据采集卡，插在主机扩展插槽内。它完成对现场来的数据进行采集、存储、预处理、与主机通信以及超限报警等功能。数据采集卡的控制核心是单片机，由于其与主机的距离很近，所以，它们之间的通信采用并行方式。图 8.20 就是这两个主、从机之间并行通信的原理框图。

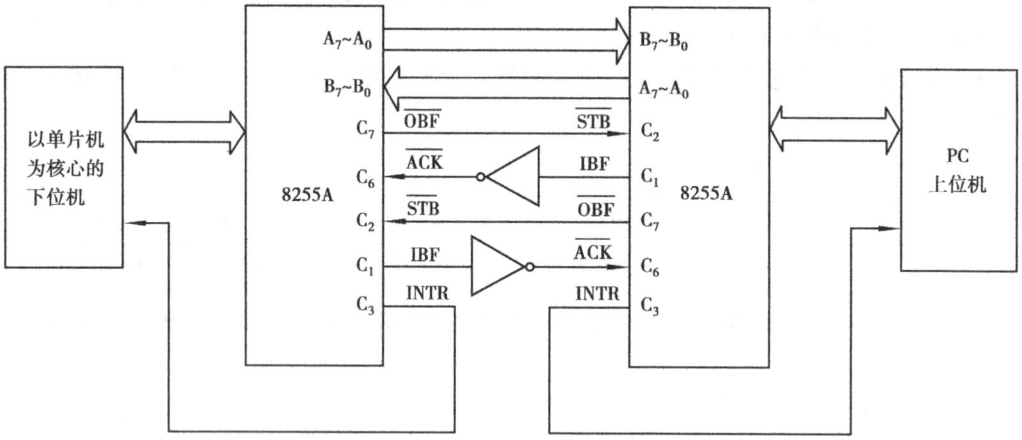

图 8.20　主、从机之间并行通信的原理框图

8.2　串行接口

8.2.1　串行通信概述

如前所述,串行通信就是不同权值的数据位在单条一位宽的传输线上按时间先后一位一位地进行传送。

当然,串行和并行通信都有各自最适宜的应用场合。对于长距离、低速率的通信,串行方式往往是唯一的选择;而对于近距离、高速率通信,并行传送通常是最佳方案。特别值得提出的是,现成的公共电话网一直是最通用的长距离通信介质。它虽然是为传输声音信号而设计的,但利用调制解调技术,可使现成的电话系统成为实用的串行数据通信的媒体。

(1)串行通信常用术语和基本概念

1)单工、半双工和全双工

这是数据通信中用以表示三种不同数据通路特征的专用术语。它们各自的具体情况如图8.21所示。

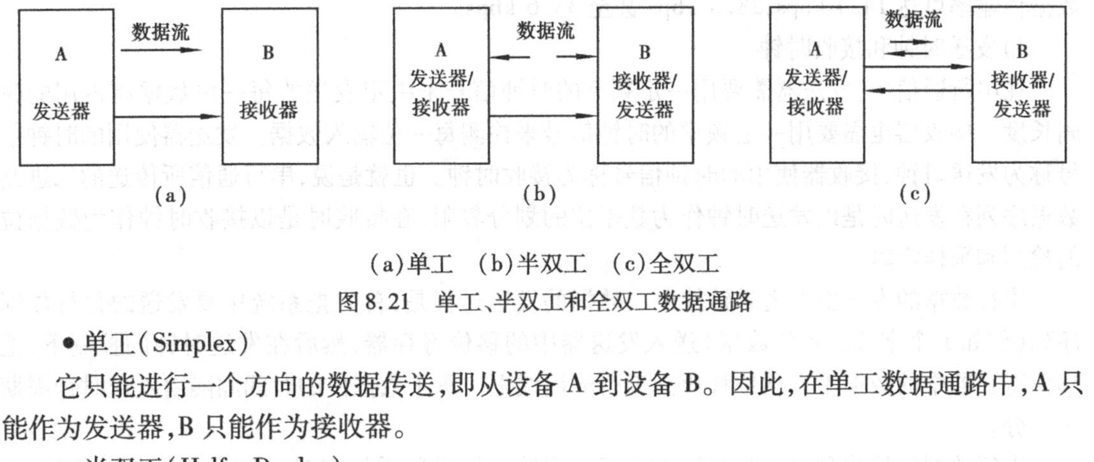

(a)单工　(b)半双工　(c)全双工

图8.21　单工、半双工和全双工数据通路

• 单工(Simplex)

它只能进行一个方向的数据传送,即从设备A到设备B。因此,在单工数据通路中,A只能作为发送器,B只能作为接收器。

• 半双工(Half　Duplex)

它能在设备A和设备B之间交替地进行双向数据传送。具体地说,数据可以从设备A传送到设备B,也可以从设备B传送到设备A,但这种传送绝不能同时进行。可简单地概括为"双向,但不同时"。某一时刻,A作为发送器,B作为接收器,数据由A流向B;而在另一时刻,B作为发送器,A作为接收器,数据由B流向A。

• 全双工(Full　Duplex)

它能够在两个方向同时进行数据传送。具体地说,在设备A向设备B发送数据的同时,设备B也可向设备A发送数据。显然,为了实现全双工通信,设备A和设备B必须有独立的发送器和接收器,从A到B的数据通路必须完全与从B到A的数据通路分开。这样,在同一时刻当A向B发送,B也向A发送时,实际上在使用两个逻辑上完全独立的单工数据通路。

2)数据传输率

数据传输率即通信中每秒传输的二进制数位数(比特数),也称比特率,单位bps(bit per

second)。

另外,在数据通信领域还有另外一个描述数据传输率的常用术语—波特率,即每秒传输的波特数。波特的原始定义是指通信中的符号(也称离散状态)传送速率单位,以数据通信的创始人 Emile Baudot(法国人)的名字命名。每秒传送 1 个符号称传输率为 1 波特。若每个符号所含信息量为 1 比特,则波特率等于比特率。若每个符号所含信息量不等于 1 比特,则波特率不等于比特率。例如,在 4 相调制系统中每次调制 4 种相位差值,代表 2 位二进制位。此时,比特率为波特率的 2 倍。

在计算机中,一个"符号"的含义为高、低两种电平,它们分别代表逻辑值"1"和"0",所以每个符号所含有信息量刚好等于 1 比特。于是就造成了波特率与每秒传输二进制位数这两者的吻合。因此,在计算机数据传输中人们常将比特率称为波特率。但在其他一些场合的具体情况下,这两者的含义是不相同的,使用时需注意它们之间的区别。

国际上规定了一个标准波特率系列,即 50,75,110,150,300,600,1 200,1 800,2 400,4 800,9 600,19 200 等。计算机终端与主机的接口常工作于 9 600 波特,即终端与主机之间的数据传输率为 9 600 比特;串行接口的打印机常工作在 110 波特,即主机将以 110 比特的速率向打印机输出数据;使用调制解调器在公共电话线上进行远程数据通信时,前几年常采用 1 200比特或 2 400 比特的传输率,目前随着通信线路质量的改善和调制解调器性能的提高,其数据传输率可达 14.4 kbps,28.8 kbps 甚至 33.6 kbps。

3)发送时钟和接收时钟

在串行通信中,发送器需要用一定频率的时钟信号来决定发送的每一位数据所占用的时间长度。接收器也需要用一定频率的时钟信号来检测每一位输入数据。发送器使用的时钟信号称为发送时钟,接收器使用的时钟信号称为接收时钟。也就是说,串行通信所传送的二进制数据序列在发送时是以发送时钟作为数据位的划分界限,在接收时是以接收时钟作为数据位的检测和采样定时。

串行数据的发送由发送时钟控制。数据的发送过程是:首先把系统中要发送的并行数据序列(例如 1 个字节的 8 位数据)送入发送器中的移位寄存器,然后在发送时钟的控制下,把移位寄存器中的数据串行逐位移出到串行输出线上。每个数据位的时间间隔由发送时钟周期来划分。

串行数据的接收是由接收时钟对串行数据输入线进行采样定时。数据的接收过程是:在接收时钟的每一个时钟周期采样一个数据位,并将其移入接收器中的移位寄存器,最后组合成并行数据序列,存入系统存储器中。

4)波特率因子

由上面的介绍可知,若用发送(或接收)时钟直接作为移位寄存器的移位脉冲,则串行线上数据的传输率(波特率)在数值上等于时钟频率;但若把发送(或接收)时钟按一定的分频系数分频之后再用来作为移位寄存器的移位脉冲,则此时串行线上的数据传输率就不等于时钟频率,且两者之间存在着一定的比例系数关系。我们称这个比例系数为波特率因子或波特率系数。假定发送(或接收)时钟频率为 F,则 F、波特率因子、波特率三者之间在数值上存在如下关系:

$$F = 波特率因子 \times 波特率$$

例如,当 F=9 600 Hz 时,若波特率因子为 16,则波特率为 600 bps;若波特率因子为 32,则波特率为 300 bps。这就是说,当发送(或接收)时钟频率一定时,通过选择不同的波特率因子,即可得到不同的波特率。

在实际的串行通信接口电路中(如后面将要介绍的可编程串行接口片 8251A),其发送和接收时钟信号通常由外部专门的时钟电路提供或由系统主时钟信号分频来产生,因此发送、接收时钟频率往往是固定的,但通过编程可选择各种不同的波特率因子(例如 1,16,32,64 等)从而可以得到各种不同的数据传输率,十分灵活方便。

5)异步方式与同步方式

在数据通信中,还有一个十分重要的问题,这就是同步问题,也称传输数据信息方式问题。我们知道,为使发、收信息准确,发、收两端的动作必须相互协调配合。倘若两端互不联系、协调,则无论怎样提高发送和接收动作的时间精确度,它们之间也会有极微量的误差。随着时间的增加,就会有误差积累,最终会产生失步。发、收动作一旦失步,就不能正确传输信息,结果会产生差错,因此,整个计算机通信系统能否正确工作,在很大程度上依赖于是否能很好地实现同步。为避免失步,需要有发送和接收动作相互协调配合的措施。我们将这种协调发送和接收之间动作的措施称为"同步"。数据传输的同步方式有以下两种:

• 异步方式

异步方式又称起止同步方式。这是在计算机通信中最常用的一种数据信息传输方式。串行异步传送的数据格式如图 8.22 所示。

串行异步通信方式是把一个字符看做一个独立的信息传送单元,字符与字符之间的传输间隔是任意的。而每一个字符中各位是以固定的时间传送的。在异步方式中,收、发双方取得同步的办法是采用在字符格式中设置起始位和停止位。在一个有效字符正式传送前,发送器先发送一个起始位,然后发送有效字符位,在字符结束时再发送一个停止位,起始位至停止位构成一帧;接收器不断地检测或监视串行输入线上的电平变化,当检测到有起始位出现时,便知道接着是有效字符位的到来,并开始接收有效字符,当检测到停止位时,就知道传输的字符结束了。经过一段随机的时间间隔之后,又进行下一个字符的传送过程。

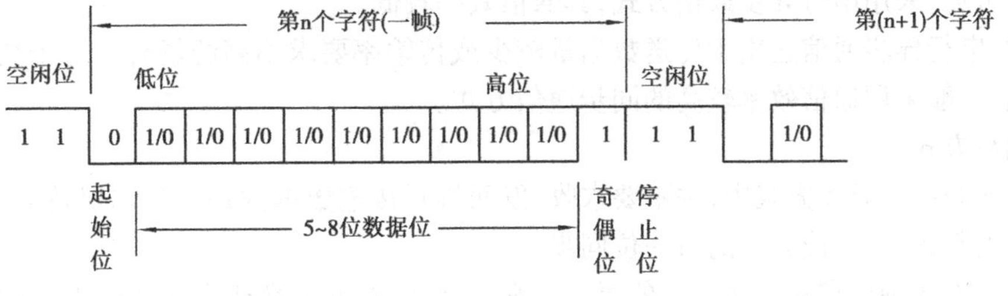

图 8.22　串行异步传输数据格式

由于异步通信方式总是在传送每个字符的头部即起始位处进行一次重新定位,所以即使收、发双方的时钟频率存在一定偏差,但只要不使接收器中一个字符的起始位之后的采样出现"错位"现象,则数据传送仍可正常进行。因此,异步通信的发送器和接收器可以没有共同的时钟,通信的双方可以各自使用自己的本地时钟。

下面对图 8.22 中串行异步传输的数据格式作些具体说明:

①起始位:起始位必须是持续一个比特时间的逻辑"0"电平,标志着传送一个字符的开始。

②数据位:数据位为 5 ~8 位。它紧跟在起始位之后,是被传送字符的有效数据位。传送时,先传送字符的低位,后传送高位。

③奇偶校验位:奇偶校验位可占 1 位。可以为奇校验或偶校验,也可以不设置校验位。

④停止位:停止位为 1 位、1.5 位或 2 位。它一定是逻辑“1”电平,标志着传送一个字符的结束。

在一个字符传送前,线路处于空闲状态,输出线上为逻辑“1”电平;传送一开始,输出线由“1”变为“0”电平,并持续 1 比特的时间,表明起始位的出现;起始位后面为 5 ~8 个数据位,数据位是按“低位先行”的规则传送,即先传送字符的最低位,接着依次传送其余各位;数据位后面是校验位,可以是奇校验或偶校验,也可不设置校验位;最后发送的一定是“1”电平,以作为停止位,它可以是 1 位、1.5 位或 2 位。需要说明的是,如果传输完一个字符之后,立即传输下一个字符,那么下一个字符的起始位便紧挨着前一个字符的停止位,否则,如果后续数据跟不上(即传输完一个字符之后,不能紧接着传输下一个字符),则线路进入“1”电平的空闲态直至下一个起始位出现。

在实际应用中,串行异步通信的数据格式,包括数据位的数目、校验位的设置以及停止位的数目,都可以根据实际使用的要求,通过可编程串行接口电路用软件命令的方式进行灵活的设置。在不同的传输系统中,这些通信格式的设定可以不同,但在同一个传输系统中,这些通信格式的设定必须一致。否则,将会由于收、发双方的约定不一致而造成数据传输的错误与混乱。

由上面的介绍可以看出,在串行异步通信方式中,为发送一个字符需要一些附加的信息位,即一个起始位,一个奇偶校验位以及 1 位、1.5 位或 2 位停止位。这些附加信息位不是有效信息本身,它们起到使字符成帧的“包装”作用,常称为额外开销或通信开销。假定每一个字符由 7 位组成,传送时带有 1 位校验位,那么为了在异步接口上传送一个字符,必须发送 10 位、10.5 位或 11 位。因此,如果我们假定只使用 1 位停止位,那么所发送的 10 位中只有 7 位是有效数据位。整个通信能力的 30% 成了额外开销。而且这种开销保持恒定,与发送的字符数无关。可见,采用串行异步通信方式,其通信效率较低。

通常,串行异步通信适用于传送数据量较少或传输率要求不高的场合。对于快速传输大量的数据,一般采用通信效率较高的同步通信方式。

• 同步方式

在上面介绍的异步方式中,并不要求收、发两端对传输数据的每一位均保持同步,而仅要求在字符的起始位后,使其中的每一位同步。

而同步方式则要求对传送数据的每一位都必须在收、发两端严格保持同步,即所谓“位同步”。因此,在同步方式中,收、发两端需用同一个时钟源作为时钟信号。

同步方式传送的字符没有起始位和停止位,它不是用起始位表示字符的开始,而是用被称之为同步字符的二进制序列来表示数据发送的开始。即发送器总是在发送有效数据字符之前,先发送同步字符去通知接收器有效数据的第一位何时到达。然后,有效数据信息以连续串行的形式发送,每个时钟周期发送一位数据。接收器搜索到同步字符后,才开始接收数据位。所以,同步传送时,字符代码间不留空隙,严格按照固定的速率发送和接收每次传送的所有数据位。若发送器在发送数据过程中出现没有准备好发送数据的情况,则发送器将发送同步字符来填充。串行同步通信的信息格式如图 8.23 所示。

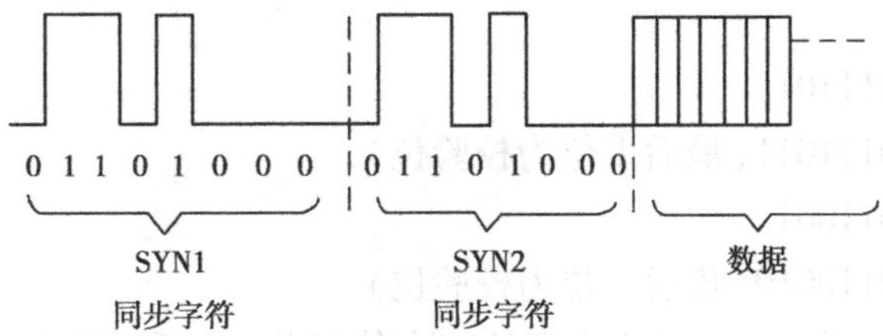

图8.23　串行同步通信信息格式

由于同步通信收、发两端需用同一个时钟源作为时钟信号,因此发送方在发送数据的同时要以某种方式将时钟信号也发送过去,接收方用这个共同的时钟信号来控制数据的接收,从而达到双方动作的同步。然而,在远距离的通信中,不可能将发送方的高频时钟信号通过单独的信号线传送给接收方。一种可行的做法是,将时钟信号在发送端通过专门的编码器与发送的数据一起编码,在接收端再通过解码器从接收信号中提取出来,以作为接收端的时钟信号。例如,著名的曼彻斯特编码方式就是让所传送数码的"1","0"极性变化中包含同步信息,即让同步传输的数据流中携带同步时钟信号。有关这方面的编码和解码的具体技术,有兴趣者可查阅有关资料,此处不再详述。

最后我们来分析一下同步方式的通信效率问题。如前所述,同步方式不是通过在每个字符的前后添加"起始位"和"停止位"来实现同步,而是采用在连续发送有效字符之前发送同步字符来实现收、发双方之间的同步。这就是说,同步方式的通信开销是以数据块为基础的,即不管发送的数据块是大还是小,额外传送的比特数都是相同的。因此,每次传送的数据块越大,其非有效数据信息所占比例越小,通信效率越高。而同步方式往往是工作于传送大的数据块的情形之下,所以同步方式通信效率比异步方式高得多,通常可达95%以上。

6)差错校验

信息的正确性对计算机的可靠工作具有极其重要的意义。但在信息的存储与传输过程中,常可能由于某种干扰或其他不可靠因素的存在而发生差错。

在串行通信中,由于传输线路上噪声干扰的存在,会导致在信息传输过程中出现错误。为保证信息传输的正确性,必须对传输的数据信息的差错进行检查或校正,即差错校验。校验是数据通信中的重要环节之一,常用的校验方法有下述两种。

- 奇偶校验

奇偶校验是最简单最常用的校验方式。它的基本原理是在所传输的有效数据位中附加冗余位(即检验位)。利用冗余位的存在,使整个信息位(包括有效信息和校验位)中"1"的个数具有奇数或偶数的特性。整个信息位经过在线路上传输以后,若原来所具的"1"的个数奇偶性发生了变化,则说明出现了传输差错,可由专门的检测电路检测出来。这种利用信息位中"1"的个数奇偶性来达到校验目的的编码,称为奇偶校验码。使整个信息位"1"的个数为奇数的编码叫奇校验码,而使整个信息位"1"的个数为偶数的编码叫偶校验码。附加的信息位称为奇偶校验位,简称校验位。需要传送的数据位本身称为有效信息位。

通常可将一个校验过程分为编码和解码两个过程。下面以偶校验为例说明其编码和解码过程。

编码:发送器将某一数据发送前,统计有效信息位中"1"的个数。若为奇数,则在附加的校验位处写"1";若为偶数,则在校验位处写"0",以使整个信息位"1"的个数为偶数。这一过程也称配校验位。

例如:有效信息 1011101

偶校验码 10111011(最后 1 位为校验位)

例如:有效信息 1011001

偶校验码 10110010(最后 1 位为校验位)

解码:接收器在接收数据时,将接收到的整个信息位(包括校验位)经由专门的检测电路一道统计。若"1"的个数仍为偶数,就认为接收的数据是正确的;否则,表明有差错出现,应停止使用这个数据,需重新传送,或作其他的专门处理。

在目前常用的可编程串行通信接口芯片中,如果接收器检测到奇偶错,则将接口电路中状态寄存器的相应位置"1",以供 CPU 查询检测。

简单的奇偶校验码(例如上述那种只配一位校验位的校验码),其检错能力是很低的,它只能检查出奇数个位出错。如果偶数个位同时出错则检查不出来,即失去了检验能力。另外,简单的奇偶校验码没有纠错校正功能,因为它不具备对错误定位的能力,例如在偶校验中,尽管可以知道接收到的代码 10110000 是非法的,但却无法判定错误发生在哪一位上。但是,由于奇偶校验码简单易行,编码和解码电路简单,不需增加很多设备,所以它仍在误码率不高的许多场合得到广泛应用。

• CRC 校验

CRC 是循环冗余校验(Cyclic Redundancy Check)的英文缩写。CRC 校验是计算机和数据通信中常用的校验方法中最重要的一种。它的编码效率高,校验能力强,对随机错码和突发错码(即连续多位产生错码)均能以较低的冗余度进行严格检错。而且它是基于整个数据块传输的一种校验方法,所以同步串行通信多采用 CRC 校验。

CRC 校验是利用编码的原理,对所要传送的二进制码序列,按特定的规则产生相应的校验码(CRC 校验码),并将 CRC 校验码放在有效信息代码之后,形成一个新的二进制序列,并将其发送出去;接收时,再依据特定的规则检查传输过程是否产生差错,如发现有错,可要求发送方重新传送,或作其他专门处理。

有关 CRC 校验的具体编码和解码方法请参阅相关书籍。

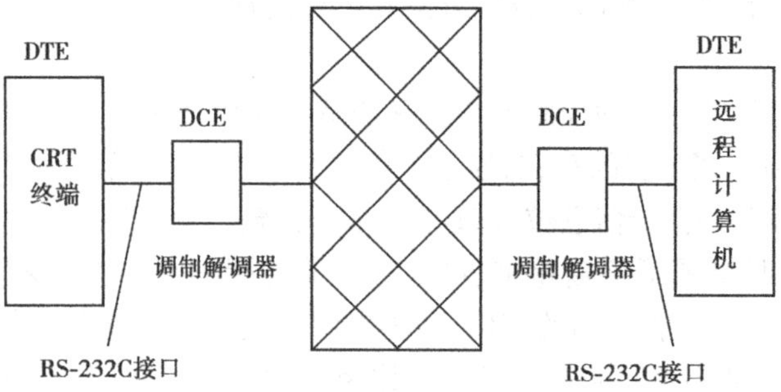

图 8.24　RS-232C 接口环境

(2)**串行通信接口标准**

1)RS-232C

虽然 RS-232C 作为一种标准总线在前面的章节已经介绍,但是它又作为串行通信的接口标准,在这里不得不再次讨论。图 8.24 表示了 RS-232C 在一个典型的通信系统中的使用环境,其中 CRT 终端经电话线路与远程计算机通信。在该系统中 DTE 设备就是 CRT 终端和远程计算机,它们是所传输数据的最终源点和终点;而 DCE 设备就是调制解调器(Modem),由它们实现在公共电话网上进行数据通信所必须的信号转换及有关功能。连接两 DCE 设备的是公共电话线路。这里需要特别说明的是 RS-232C 所涉及的仅是 DTE 与 DCE 之间相互连接时有关机械、电气及功能方面的规定和标准。即它是解决 DTE 和 DCE 之间的本地接口问题,并不涉及两个 DCE 之间通过电话网的连接方面的问题。另外,RS-232C 接口的最高数据传输率为 19.2 Kbps,传输电缆长度不超过 15 米。

关于 RS-232C 的机械、电气和功能特性已在总线一章介绍,这里不再详述。常见的几种 RS-232C 电缆连接方式如图 8.25 所示。

2)其他串行接口标准

随着应用技术的不断发展,RS-232C 的接口标准逐渐暴露出一些局限和不足之处。例如它的数据传输速率局限于 20 Kbps,传输距离局限于 15 米,可能在接口信号间产生串扰,接口电路使用非平衡发送器和接收器等。

针对 RS-232C 的这些局限和不足,EIA 颁布了几个新的串行接口标准,如:

EIA RS-422A、EIA RS-423A、EIA RS-449、EIA RS-485 等,在本书总线章节有一些讨论,由于篇幅所限,这里不再详述,使用时可查有关书籍或手册。

(3)串行接口的基本结构与功能

1)串行异步接口结构及功能

典型的串行异步接口的基本结构如图 8.26 所示。

由图可见,串行异步接口包括:

- 输出缓冲寄存器:接收 CPU 从数据总线送来的并行数据并保存。
- 输出移位寄存器:接收从输出缓冲寄存器送来的并行数据,并以发送时钟的速率将数据逐位移出。
- 输入移位寄存器:以接收时钟的速率将出现在串行数据输入线上的数据逐位移入。
- 输入缓冲寄存器:从输入移位寄存器接收并行数据,然后由 CPU 取走。
- 控制寄存器:接收 CPU 送来的控制字,由控制字的内容决定通信时的传输方式以及数据格式等。
- 状态寄存器:用于存放各种状态标志信息,供 CPU 查询。

2)串行同步接口的基本结构与功能

典型的串行同步接口结构如图 8.27 所示。

由图可见,接收时钟是从接收数据流中分离出来的。即接收器的接收数据频率并不依靠本地时钟,因为它不能实现收、发双方之间的稳定同步。与串行异步接口相似,串行同步接口中也包含常用的移位寄存器和缓冲寄存器,以实现串、并数据格式的转换。由于每个字符没有起始位和停止位,所以需要有检测同步字符的逻辑电路,即同步检测器,达到字符同步的方法随规程的不同而不同。但从同步的基本概念上来说,又都是相同的,即在数据流中用特定的二进制序列(同步字符)表示一个数据块的开始,这些同步字符在发送器中插入,由接收器检测出来。一旦同步字符被检出,双方就能达到同步,而且接收器能在正确的边界点把随后的数据位分割为一个一个的字符。

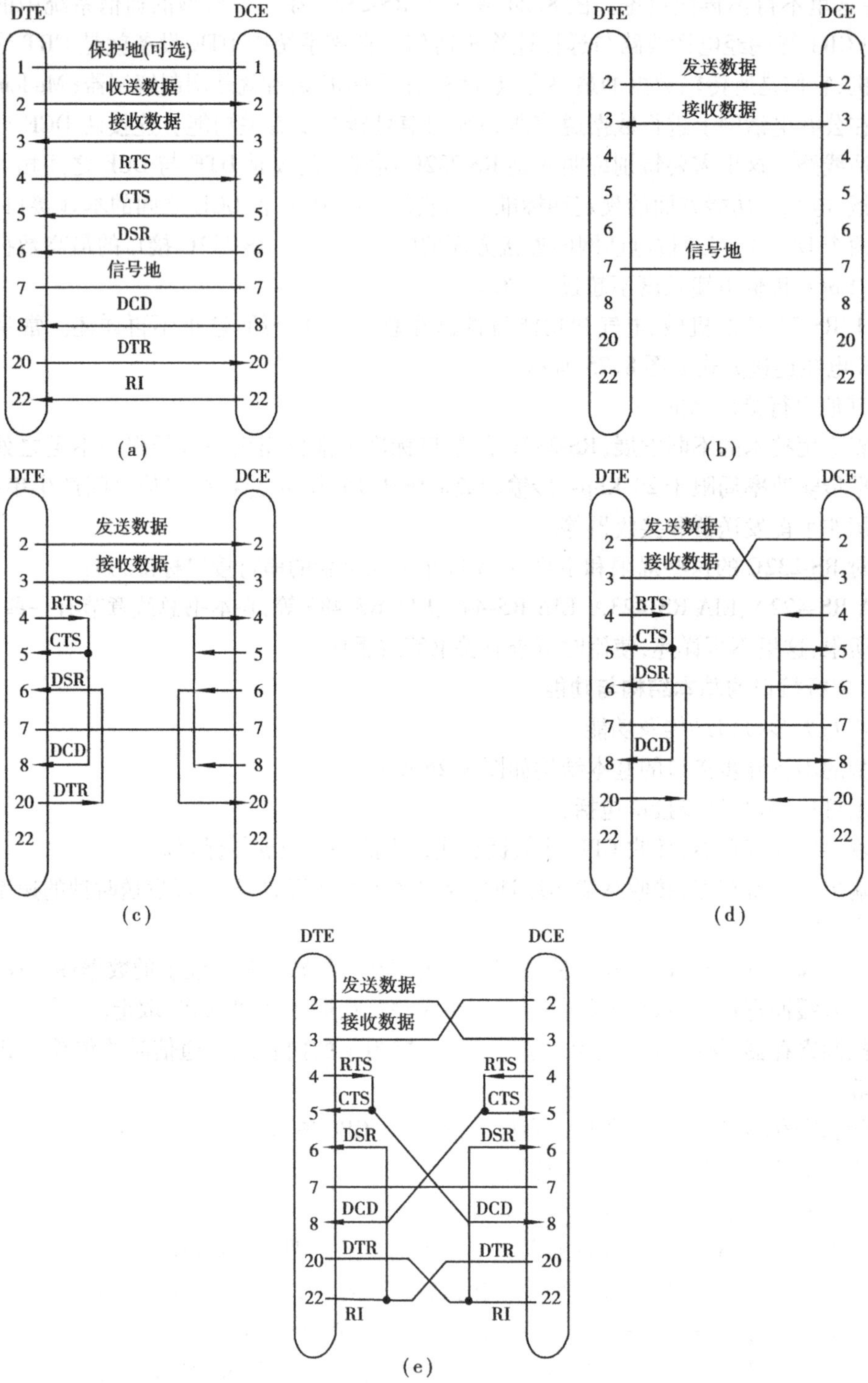

(a)全双工向标准电缆　(b)三线经济方式　(c)具有多种自环的三线方式

(d)具有多种自环的零调制解调器　(e)具有双跨接的零调制解调器

图 8.25　几种实用的 RS-232C 电缆连接方式

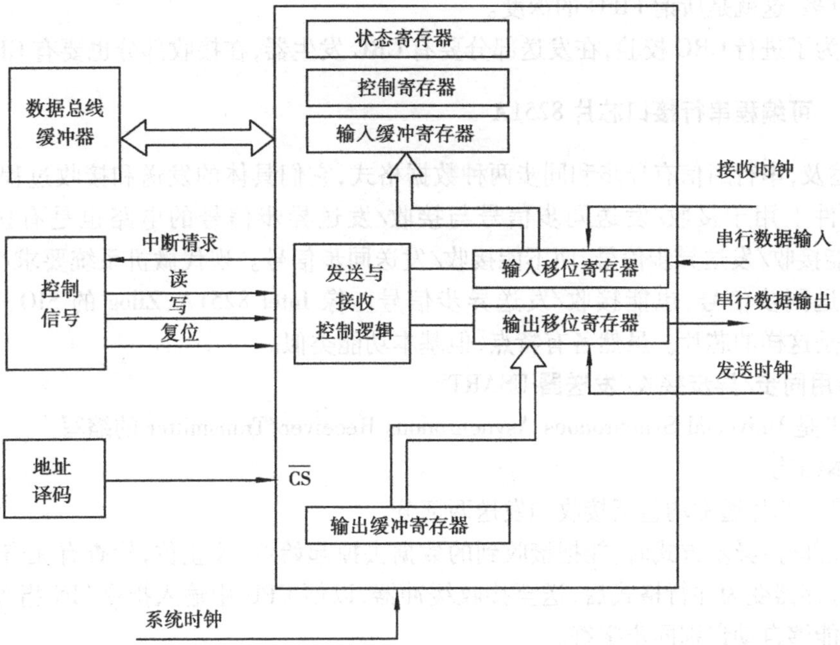

图 8.26　典型的串行异步接口的基本结构

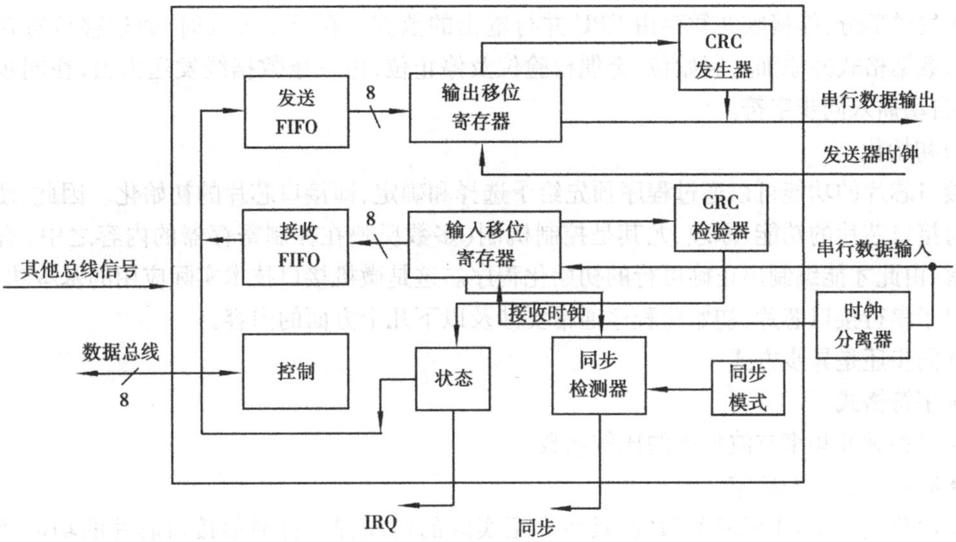

图 8.27　典型的串行同步接口结构

为了更好地实现对输入输出数据的缓冲,在同步接口中使用了多个缓冲寄存器。典型的安排是 3 个寄存器排成一队,称为先进先出(FIFO)寄存器。数据自动地通过缓冲器流动,使得 CPU 仅与发送 FIFO 的输出端寄存器接口,输入移位寄存器与接收 FIFO 的输出端寄存器接口。这样每当一个新字符要发送时,输出移位寄存器就从与它接口的 FIFO 输出端寄存器再装入。由于有了 FIFO 寄存器,CPU 一次可将几个字符预先装入 FIFO 寄存器,以实现恒定的数据流输出;类似地,接收 FIFO 电路允许 CPU 一次取走几个字符,FIFO 中寄存器的个数可以为1、2或更多,这就是所谓FIFO的深度。

另外,为了进行CRC校验,在发送部分要有CRC发生器,在接收部分也要有CRC检测器。

8.2.2 可编程串行接口芯片8251A

前已述及,串行通信有异步和同步两种数据格式,它们具体的发送和接收过程有所区别。因此,在硬件上用于接收/发送同步信号与接收/发送异步信号的电路也是有区别的。如8250A,只能接收/发送异步信号,而不能接收/发送同步信号。现代微机系统要求串行接口既能接收/发送同步信号,也能接收/发送异步信号。像Intel 8251A、Zilog的SIO,Motorola的ACIA等都是这样的芯片。虽然各有特点,但基本功能类似。

(1)通用同步/异步接收/发送器USART

USART是Universal Synchronous Asynchronous Receiver/Transmitter的缩写。

1)基本结构

这类接口芯片通常均包括接收和发送两部分。

• 接收部分:异步方式时,能把接收到的数据去掉起始位、停止位,检查有无奇偶错,然后经过移位寄存器变为并行格式后,送至接收缓冲器,以便CPU用输入指令(IN指令)取走;同步方式时,能够自动识别同步字符。

除此以外,这类接口芯片还必须有控制和状态部分,通过它们一方面实现片内控制以及向外设发出控制信号的功能,另一方面还能提供接口的工作状态以供CPU检测。

• 发送部分:能接收并暂存由CPU并行输出的数据。在异步方式时,通过移位寄存器变为串行数据格式并添加上起始位、奇偶校验位及停止位,由一条数据线发送出去;在同步方式时,能自动插入同步字符。

2)初始化

接口芯片的功能可以通过程序预先给予选择和确定,即接口芯片的初始化。因此,使用者必须对接口芯片的功能、原理、尤其是控制机制(多数反映在控制寄存器的内容之中)有清楚的了解,由此才能编制出正确可行的初始化程序。这是微机接口技术实际应用的基本功。

对于串行接口芯片,初始化程序通常要涉及以下几个方面的内容:

• 同步还是异步方式
• 字符格式
• 时钟脉冲频率与波特率的比例系数
• 有关命令位的确定

下面我们以Intel 8251A为例,具体介绍实际的可编程串行通信接口芯片的功能及使用方法。

(2)8251A的主要特性

1)可进行同步异步接收/发送。

其中:同步传送为5~8位/字符,内部或外部同步,可自动插入同步字符。异步传送为5~8位/字符,时钟速率为波特率的1、16或64倍,可产生终止字符(Break Character),可产生1、1.5或2位停止位,可检测起始位,自动检测和处理终止字符。

2)波特率:0—64 K(同步);0—19.2 K(异步)。

3)全双工,双缓冲发送/接收。

4)出错检测:具有奇偶、溢出和帧错误等检测电路。

5)全部输入/输出与 TTL 电平兼容,单一的 +5 V 电源,单相 TTL 电平时钟,28 脚双列直插式封装。

(3)**8251A 的编程结构**

图 8.28 是 8251A 的编程结构和外部连接。编程结构并不是一个器件的物理结构,而是从使用者的角度归纳出来的。所以,编程结构中有些模块可以对应内部结构中的模块,另一些模块可能并不对应内部结构中的模块。

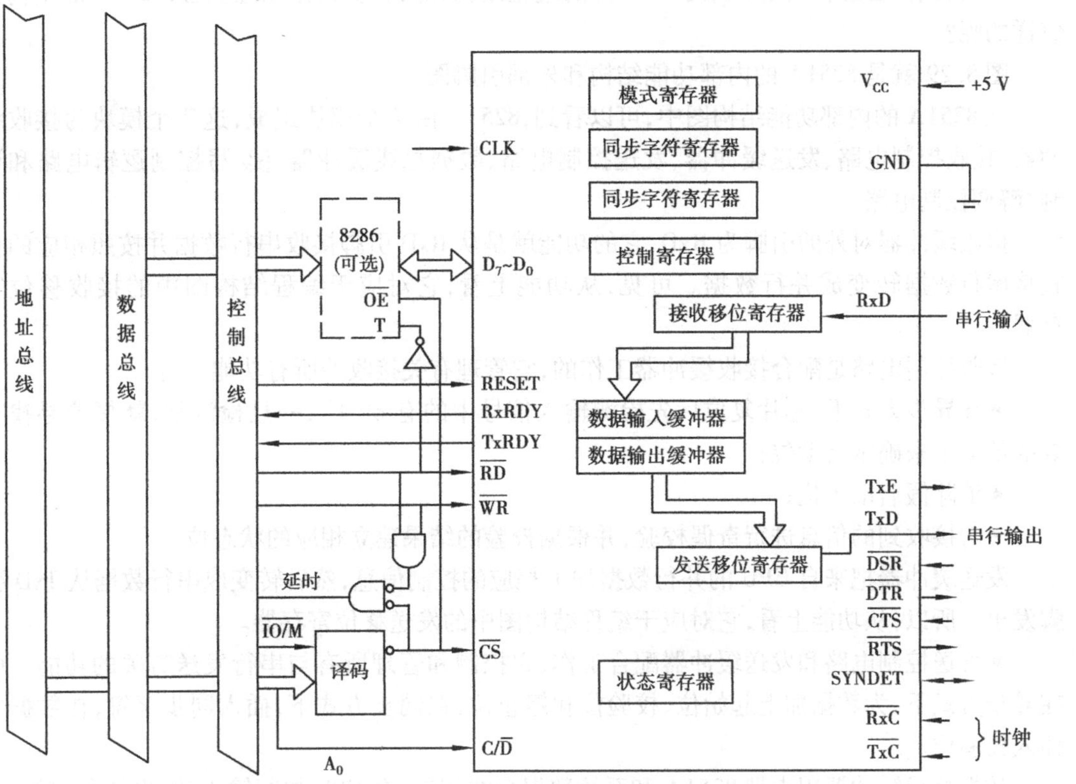

图 8.28　8251A 的编程结构和外部连接

从图 8.28 中可以看到,8251A 有 1 个数据输入缓冲器和 1 个数据输出缓冲器;1 个发送移位寄存器和 1 个接收移位寄存器;1 个控制寄存器和 1 个状态寄存器; 1 个模式寄存器和 2 个同步字符寄存器。下面我们对组成 8251A 的各部件的功能做简要说明。

数据输入缓冲寄存器和数据输出缓冲寄存器使用同一个端口地址,但实际上作为两个端口,一个为输入,一个为输出,不会混淆。

接收移位寄存器将到达 RxD 端的串行数据接收之后进行移位,变为 8 位并行数据,传送到数据输入缓冲寄存器,然后通过数据总线传送到 CPU,这就是数据通过 8251A 输入到计算机的过程。

在计算机通过 8251A 输出数据的过程中,CPU 通过数据总线将数据送到 8251A 的数据输出缓冲寄存器,再传送到发送移位寄存器。移位寄存器用移位的办法将并行数据变为串行数据,然后从 TxD 端送往外部设备。

控制寄存器用来控制 8251A 的工作,它的内容是由程序来设置的。

状态寄存器则在 8251A 的工作过程中为执行程序提供一定的状态信息。

模式寄存器的内容决定了 8251A 到底工作在同步模式还是工作在异步模式,这决定了所接收和发送的字符的格式,模式寄存器的内容也是由程序来设置的。

8251A 的 2 个同步字符寄存器用来容纳同步方式中所用的同步字符。

(4)**8251A 的功能结构**

上面,我们已经概要的介绍了 8251A 的编程结构,那么,从工作原理上看,8251A 的结构是怎样的呢?

图 8.29 就是 8251A 的内部功能结构和外部引脚图。

从 8251A 的内部功能结构图中,可以看到,8251A 由 7 个模块组成,这 7 个模块为接收缓冲器、接收控制电路、发送缓冲器、发送控制电路、数据总线缓冲器、读/写控制逻辑电路和调制/解调控制电路。

接收缓冲器对外的引脚为 RxD,它的功能就是从 RxD 引脚接收串行数据并按照相应的格式将串行数据转变成并行数据。可见,从功能上看,它对应于编程结构图中的接收移位寄存器。

接收控制电路是配合接收缓冲器工作的,它管理有关接收的所有功能,即:

- 在异步方式下,芯片复位后先检测输入信号中的有效"1",一旦检测到,就接着寻找有效的低电平来确定启动位;
- 消除假启动干扰;
- 对接收到的信息进行奇偶校验,并根据校验的结果建立相应的状态位。

发送缓冲器把来自 CPU 的并行数据加上相应的控制信息,然后转变成串行数据从 TxD 引脚发出。所以,从功能上看,它对应于编程结构图中的发送移位寄存器。

- 发送控制电路和发送缓冲器配合工作,它控制和管理所有与串行发送有关的功能。即在异步方式下,为数据加上起始位、校验位和停止位;在同步方式下,插入同步字符,在数据中插入校验位。

数据总线缓冲器用来把 8251A 和系统数据总线相连,在 CPU 执行输入/输出指令期间,由数据总线缓冲器发送和接收数据。此外,控制字、命令字和状态信息也通过数据总线缓冲器传输。所以,从功能上看,数据总线缓冲器是编程结构中数据输入缓冲器、数据输出缓冲器、控制寄存器和命令寄存器的综合。

读/写控制逻辑电路用来配合数据总线缓冲器工作。即:

①接收写信号$\overline{WR}$,并将来自数据总线的数据和控制字写入 8251A;

②接收读信号$\overline{RD}$,并将数据和状态字从 8251A 送往数据总线;

③接收控制/数据信号 $C/\overline{D}$,将此信号和读/写信号结合起来通知 8251A,当前读/写的是数据还是控制字、状态字;

④接收时钟信号 CLK,完成 8251A 的内部定时;

⑤接收复位信号 RESET,使 8251A 处于空闲状态。

调制解调控制电路用来简化 8251A 和调制解调器的连接。在进行远程通信时,要用调制器将串行接口送出的数字信号变为模拟信号,再发送出去,接收端则要用解调器将模拟信号变

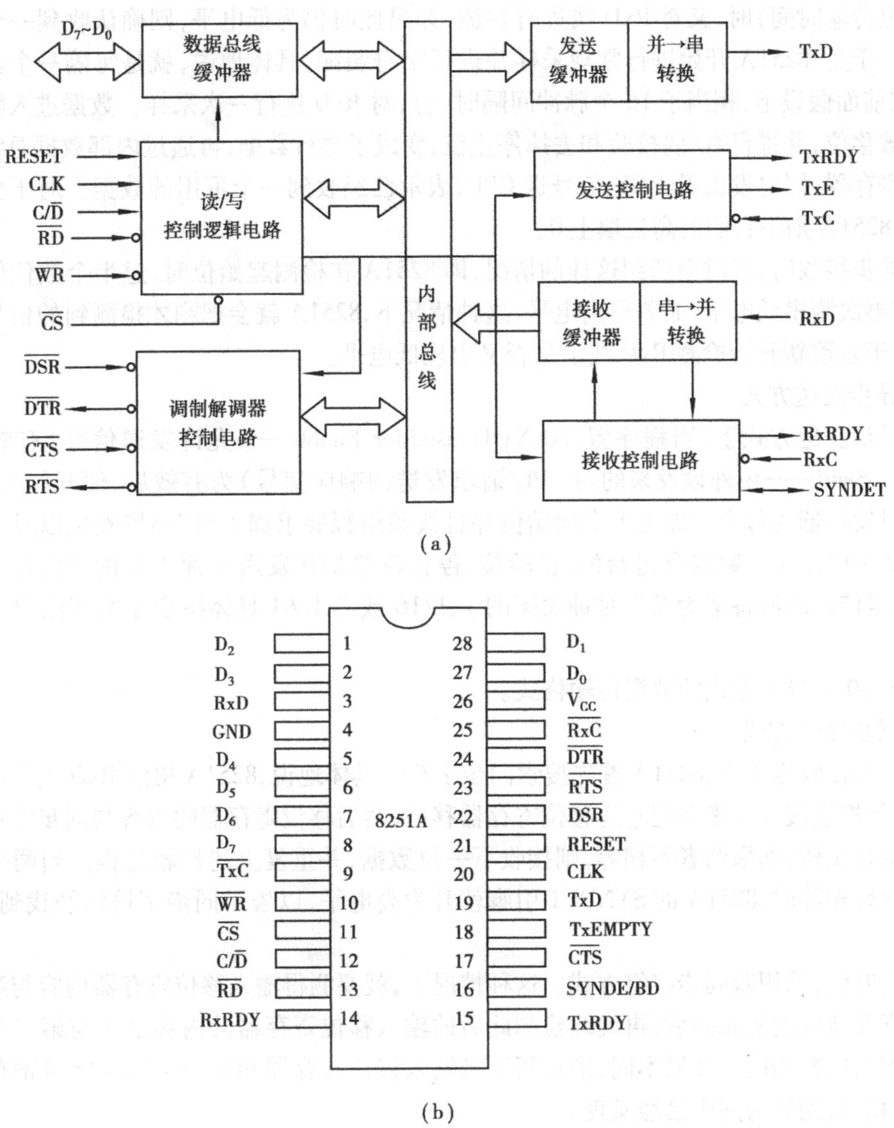

(a) 8251A 的内部功能结构　(b)8251A 的外部引脚

图 8.29　8251A 的内部功能结构图

为数字信号,再由串行接口送往计算机主机。在全双工通信情况下,每个收发站都要连接调制解调器。有了调制解调器电路,就提供了一组通用的控制信号,使得 8251A 可以直接和调制解调器连接。

(5)8251A **的接收和发送过程**

1)异步接收方式

当 8251A 工作在异步方式并准备接收一个字符时,就在 RxD 线上检测低电平,因为没有字符信息时 RxD 上为高平电。8251A 将 RxD 线上检测到的低电平作为起始位,并且启动接收控制电路中的一个内部计数器进行计数,计数脉冲就是 8251A 的接收器时钟脉冲。当计数进行到相应于半个数位传输时间(比如时钟脉冲为波特率的 16 倍时计到第 8 个脉冲,即相当于半个数位传输时间)时,又对 RxD 线进行检测,如果此时仍为低电平,则确认收到一个有效的起始位。于是,8251A 开始进行常规采样并进行字符装配,具体地说,就是每隔一个数位传输时间(在前面假设下,相当于 16 个脉冲间隔时间),对 RxD 进行一次采样。数据进入输入移位寄存器被移位,并进行奇/偶校验和去掉停止位,变成了并行数据,再通过内部数据总线送到数据输入寄存器,同时发出 RxRDY 信号送 CPU,表示已经收到一个可用的数据。对于少于 8 位的数据,8251A 则将它们的高位填上 0。

在异步接收时,有时会遇到这样的情况,即 8251A 在检测起始位时,过半个数位传输时间后,没有再次测得低电平,而测得高电平,这种情况下,8251A 就会把刚才检测到的信号看成干扰脉冲,于是重新开始检测 RxD 线上是否又出现低电平。

2)异步发送方式

在异步发送方式下,当程序置 TxEN(Transmitter Enable——允许发送信号)有效,且$\overline{CTS}$(Clear To Send——由外设发来的对 CPU 请求发送的响应信号)为有效后,便开始发送过程。在发送时发送器为每个字加上 1 个起始位并且按照编程要求加上奇/偶校验位以及 1 个、1.5 个或者 2 个停止位。数据及起始位、校验位、停止位总是在发送时钟 TxC 的下沿时从 8251A 发出,数据传输的波特率为发出时钟频率的 1、1/16 或者 1/64 具体决定于编程给出的波特率因子。

图 8.30 是异步方式的数据传输格式。

3)同步接收方式

在同步接收方式下,8251A 首先搜索同步字符。具体地说,8251A 检测 RxD 上出现一个数据位时,就把它接收下来并把它送移位寄存器移位,然后移位寄存器的内容与同步字符寄存器的内容进行比较,如果两者不相等,则接收下一位数据,并重复上述比较过程。当两个寄存器的内容比较相等时,8251A 的 SYNDET 引脚就升为高电平,以告示同步字符已经找到,同步已经实现。

有的时候,采用双同步字符方式。这种情况下,就要测得输入移位寄存器内容与第一个同步字符寄存器的内容相同后,再继续检测此后的输入移位寄存器的内容是否与第二个同步字符寄存器的内容相同。如果不同,则重新比较输入移位寄存器和第一个同步字符寄存器的内容;如果相同,则认为同步已经实现。

在外同步情况下,和上面过程有所不同,因为这时是通过在同步输入端 SYNDET 加一个高电位来实现同步的,SYNDET 端一出现高电平,8251A 就会立刻脱离对同步字符的搜索过程,只要此高电位能够维持一个接收时钟周期,8251A 便认为已经完成同步。

实现同步之后,接收器和发送器之间就开始进行数据的同步传输。这时,接收器利用时钟信号对 RxD 线进行采样,并把收到的数据位送到移位寄存器中。每当收到的数据位到达规定的一个字符数位时,将移位寄存器内容送到输入缓冲寄存器,并且在 RxRDY 引脚上发出一个信号,表示收到了一个字符。

4)同步发送方式

在同步发送方式下,也要在程序置 TxEN 有效,且$\overline{CTS}$为有效后,才能开始发送过程。发送过程开始以后,发送器先根据编程要求发送一个或者两个同步字符,然后发送数据块。在发送数据块时,发送器会根据编程要求对数据块中的每个数据加奇/偶校验位,当然,如果在 8251A 编程时不要求加奇/偶校验位,那么,在发送时就不添加任何附加位。

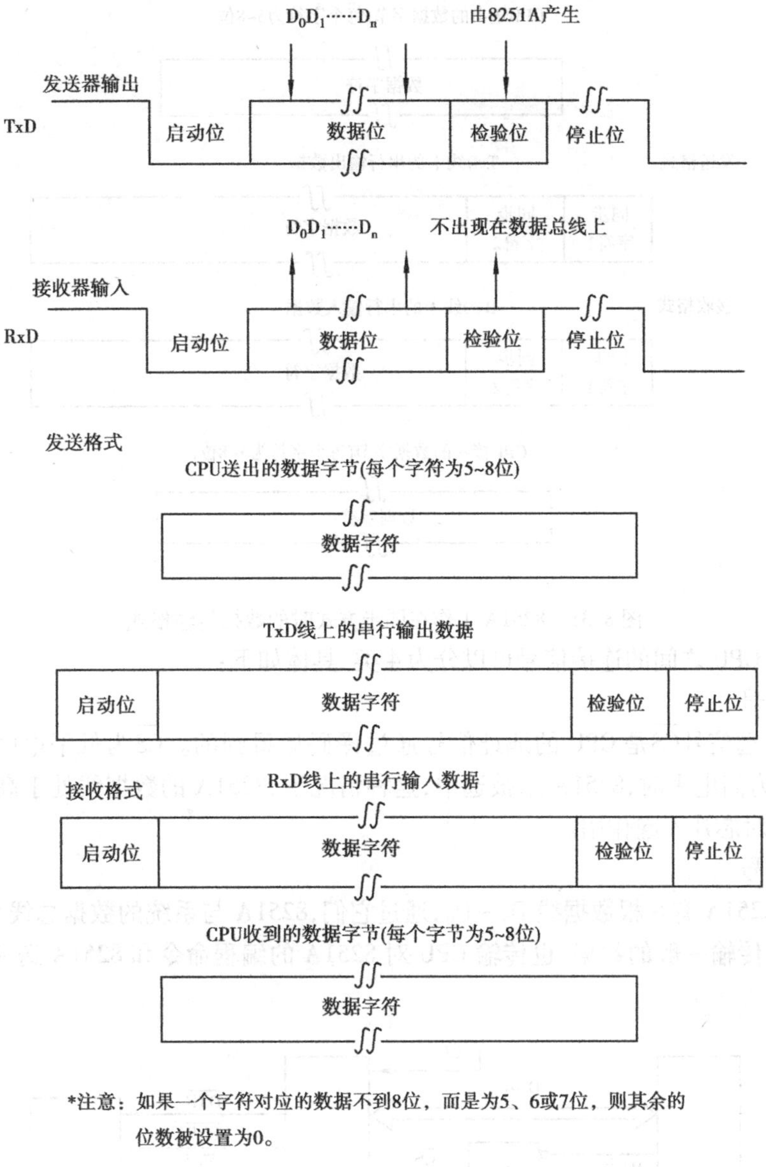

图8.30　异步方式的数据传输格式

在同步发送时,会遇到这样的情况,即8251A正在发送数据,而CPU却来不及提供新的数据给8251A,这时,8251A的发送器会自动插入同步字符,于是,就满足了在同步发送时不允许数据之间存在间隙的要求。

图8.31是8251A工作同步方式时的数据传输格式。

(6)**8251A的外部引脚**

作为CPU和外部设备(或调制解调器)之间的接口,8251A的对外信号分为两组,一组是8251A和CPU之间的信号,一组是8251A和外部设备(或调制解调器)之间的信号。图8.32是8251A与CPU及外部设备之间的连接关系示意图。

1)8251A和CPU之间的连接信号

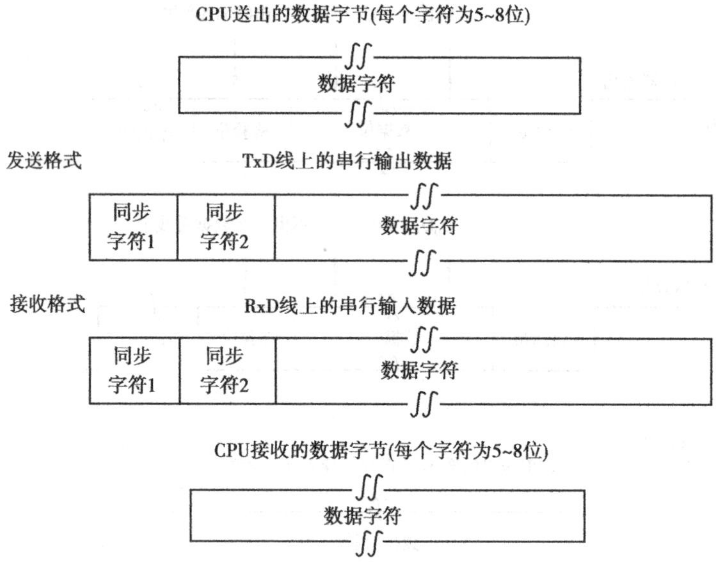

图 8.31　8251A 工作在同步方式时的数据传输格式

8251A 和 CPU 之间的连接信号可以分为 4 类,具体如下:

• 片选信号

$\overline{CS}$——片选信号$\overline{CS}$是 CPU 的地址信号通过译码后得到的。$\overline{CS}$为低平电时,8251A 被选中。反之,$\overline{CS}$为高电平时,8251A 未被选中,这种情况下,8251A 的数据线处于高阻状态,读信号$\overline{RD}$和写$\overline{WR}$对芯片不起作用。

• 数据信号

$D_7 \sim D_0$:8251A 有 8 根数据线 $D_7 \sim D_0$,通过它们,8251A 与系统的数据总线相连,实际上,数据线上不只传输一般的数据,也传输 CPU 对 8251A 的编程命令和 8251A 送往 CPU 的状态信息。

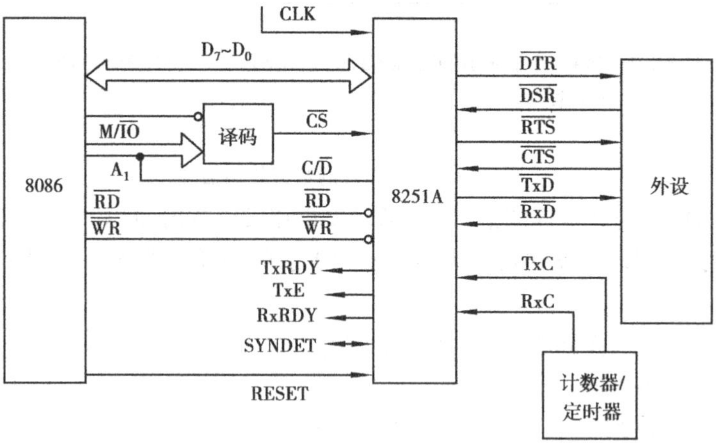

图 8.32　8251A 与 CPU 及外部设备之间的连接关系

• 读/写控制信号

$\overline{RD}$——读信号$\overline{RD}$为低电平时，用来通知 8251A，CPU 当前正在从 8251A 读取数据或者状态信息。

$\overline{WR}$——写信号$\overline{WR}$为低电平时，用来通知 8251A，CPU 当前正在往 8251A 写入数据或者控制信息。

$C/\overline{D}$——控制/数据信号 $C/\overline{D}$也是 CPU 送往 8251A 的信号，用来区分当前读/写的是数据还是控制信息或状态信息。具体地说，CPU 在读操作时，如 $C/\overline{D}$为低电平，则读取的是数据，如 $C/\overline{D}$为高电平，则读取的是 8251A 的当前状态信息；CPU 在写操作时，如 $C/\overline{D}$为低电平，则写入的是数据，如 $C/\overline{D}$为高电平，则写入的是 CPU 对 8251A 的控制命令。

这里需要说明一点，8251A 只有两个连续的端口地址，我们在后面将说明，数据输入端口和数据输出端口合用同一个偶地址，而状态端口和控制端口合用同一个奇地址。在 8086/8088 系统中，利用地址线 A_1 来区分奇地址端口和偶地址端口。于是 A_1 为低电平时正好选中了偶地址端口，再与$\overline{RD}$或$\overline{WR}$配合，便实现数据的读/写；A_1 为高电平时正好选中了奇地址端口，再与$\overline{RD}$或$\overline{WR}$配合，便实现了状态信息的读取和控制信息的写入。这样，地址 A_1 的电平变化正好符合了 8251A 对 $C/\overline{D}$端的信号要求，因此，在 8086/8088 系统中，将地址 A_1 和 8251A 的 $C/\overline{D}$端相连。

- 收发联络信号

TxRDY——发送器准备好信号 TxRDY 用来告诉 CPU，8251A 已经准备好发送一个信号字符。具体地说，当 CTS 为低电平而 TxEN 为高电平，并且发送缓冲器为空时，TxRDY 为高电平，于是，CPU 便得知，当前 8251A 已作好发送准备，因而 CPU 可以往 8251A 传输一个数据，实际使用时，如果 8251A 和 CPU 之间采用中断方式联系，则 TxRDY 可以作为中断请求信号；如果 8251A 和 CPU 之间采用查询方式联系，则 TxRDY 可以成为一个联络信号，CPU 通过读操作便能检测 TxRDY，从而了解 8251A 的当前状态，进一步决定是否可以往 8251A 输送一个字符。不管是用中断方式还是查询方式，当 8251A 从 CPU 得到一个字符后，TxRDY 便变成低电平。

TxE——发送器空信号 TxE 为高电平时有效，用来表示此时 8251A 发送器中并行到串转换器空，它实际上指示了一个发送动作的完成。当 8251A 从 CPU 得到一个字符时 TxE 便成为低电平。这里需要指出一点，即在同步方式时，不允许字符之间有空隙，但是 CPU 有时却来不及往 8251A 输出字符，此时 TxE 变为高电平，发送器在输出线上插入同步字符，从而填补了传输空隙。

RxRDY——接收器准备好信号 RxRDY 用来表示当前 8251A 已经从外部设备或调制解调器接收到一个字符，正等待 CPU 取走。因此，在中断方式时，RxRDY 可用来作为中断请求信号；在查询方式时，RxRDY 可用来作为联络信号。当 CPU 从 8251A 读取一个字符后，RxRDY 便变为低电平，等到下一次接收到一个新的字符后，又升为高电平，即有效电平。

SYNDET——同步检测信号 SYNDET 只用于同步方式。SYNDET 引脚既可以工作在输入状态，也可以工作在输出状态，这决定于 8251A 工作在内同步情况还是工作在外同步情况，而这两种情又决定于 8251A 的初始化编程，当 8251A 工作在内同步情况时，SYNDET 作为输出端，如果 8251A 检测到了所要求的同步字符，则 SYNDET 便变为高电平，用来表明 8251A 当前已经达到同步。在双同步情况下，SYNDET 信号会在第二个同步字符的最后一位被检测到后，在这一位的中间变为高电平，从而明已经达到同步。当 8251A 工作在外同步情况时 SYNDET 作为输入端，从这个输入端进入的一个正跳变，会使 8251A 在 RxC 的下一个下降沿时开始装配字符。这种情况下，SYNDET 的高电平状态最少要维持一个 RxC 周期，以便遇上 RxC 的下一个下降沿。

在复位时，SYNDET 变为低电平。在内同步情况下，SYNDET 作为输出端，会在 CPU 执行一次读操作后，变为低电平；在外同步情况下，SYNDET 作为输入端，它的电平状况决定于外部信号。

2)8251A 与外部设备之间的连接信号

8251A 与外部设备之间的连接信号分为两类，具体如下：

- 收发联络信号

$\overline{DTR}$——数据终端准备好信号$\overline{DTR}$是由 8251A 送往外设的，CPU 通过命令可以使$\overline{DTR}$变为低电平即有效电平，从而通知外部设备，CPU 当前已经准备就绪。

$\overline{DSR}$——数据设备准备好信号$\overline{DSR}$是外设送往 8251A 的，低电平时有效，它用来表示当前外设已经准备好。当$\overline{DSR}$出现低电平时，会在 8251A 的状态寄存器第 7 位上反映出来，所以，CPU 通过对状态寄存器的读取操作，便可以实现对$\overline{DSR}$信号的检测。

$\overline{RTS}$——请求发送信号$\overline{RTS}$是 8251A 送往外设的，低电平时有效，CPU 可以通过编程命令使$\overline{RTS}$变为有效电平，以表示 CPU 已经准备好发送。

$\overline{CTS}$——清除请求发送信号$\overline{CTS}$是对$\overline{RTS}$的响应信号，它是由外设送往 8251A 的，当$\overline{CTS}$为低电平时，8251A 才能执行发送操作。

以往，常常遇到一些初学者在对这 4 个收发联络信号的理解过程中产生疑惑，他们问到：这些引脚在 8251A 使用时是否都必须连接外部电路？从定义上看，$\overline{DTR}$和$\overline{RTS}$似乎相仿，而$\overline{DSR}$和$\overline{CTS}$的功能又好像差不多，使用过程中有什么差别？怎样把握这种差别？

为了弄清这些问题，让我们先来看看 8251A 的设计者为什么要提供这 4 个联络信号。

实际上，这 4 个信号是提供给 CPU 和外设联络用的。我们知道，CPU 和外设不能直接相连，CPU 对外设的控制信号和外设给 CPU 的状态信息都不能在 CPU 和外设之间直接传输，而只能通过接口来传递，8251A 正是通过这 4 个信号起联络作用。其中，$\overline{DTR}$和$\overline{RTS}$是 CPU 通过 8251A 送给外设的，在后面讲到控制寄存器时，读者从中可以知道，CPU 通过软件对控制寄存器中的$\overline{DTR}$位和$\overline{RTS}$位置 1 就可以使 8251A 的$\overline{DTR}$引脚和$\overline{CTS}$引脚输出有效电平，所以，$\overline{DTR}$和$\overline{RTS}$是 CPU 对外设的控制信号。$\overline{DSR}$和$\overline{CTS}$是外设通过 8251A 传递给 CPU 的状态信号，当外设和$\overline{DSR}$端相连时，往此引脚上送一个低电平，就会影响 8251A 状态寄存器的$\overline{DSR}$位，而 CPU 可通过软件对$\overline{DSR}$位检测。$\overline{CTS}$端的电平为低还是高则会影响 TxRDY 端的电平，而 TxRDY 正是 8251A 送给 CPU 的一个状态信号，所以，CTR 也起到将外设的状态通知 CPU 的联络作用。

由此可见，这 4 个信号确实可以在 CPU 和外设之间起联络作用，不过，这种作用是通过 8251A 传递之后得到的。在形式上，这些信号都接在 8251A 和外设之间。

使用时，这些信号中，只有$\overline{CTS}$必须为低电平，其他 3 个信号引脚可以悬空起来不用。这就是说，即使 CPU 和外设之间不需要传递任何信号（比如无条件传递），也将使$\overline{CTS}$端接地使它处于有效电平。原因很简单，因为只有当$\overline{CTS}$为低电平时，才能使 TxRDY 为高电平，而只有当 TxRDY 为高电平时，CPU 才能往 8251A 发送数据。

可以想到，如果 8251A 仅仅工作在接收状态，而不需要发送数据，那么，$\overline{CTS}$也可悬空。

在实际使用中，这 4 个信号还可以被赋予不同的物理意义。比如，系统通过 8251A 和一个串行打印机相连，那么，$\overline{DTR}$为有效电平可能表示 CPU 往打印机发送一个选通信号，而$\overline{DSR}$

的含义可能代表打印机有空，通知 CPU 可以发送要打印的数据。对另一个外设来说，这两个信号的物理意义又和那个外设的物理动作有关。

不难想到，当外设不要求有联络信号时，这些信息可不用，此时将$\overline{CTS}$接地即可；当外设只要一对联络信号时，则选其中任何一组，既可用$\overline{DTR}$和$\overline{DSR}$也可用$\overline{RTS}$和$\overline{CTS}$，不过，仍要满足使$\overline{CTS}$在某个时候得到低电平；只有当某个外设所要求的联络信号比较多的时候，才有必要将 4 个信号都用上，这时，可以构成两个层次的联络，每两个信号组成一队。在实际使用时，也可以用其中 1 个信号或 3 个信号进行联络。

- 数据信号

TxD——发送器数据信号端 TxD 用来输出数据。CPU 送往 8251A 的并行数据被转变为串行数据后，通过 TxD 送往外设。

RxD——接收器数据信号 RxD 用来接收外设送来的串行数据，数据进入 8251A 后被转变为并行数据。

8251A 除了与 CPU 及外设的连接信号外，还有电源端、地端和 3 个时钟端。其中，时钟 CLK 用来产生 8251A 器件的内部时序，要求 CLK 的频率在同步方式下大于接收数据或发送数据的波特率的 30 倍，在异步方式下则要大于数据波特率的 4.5 倍；发送器时钟 TxC 控制发送字符的速度，在同步方式下，TxC 的频率等于字符传输的波特率，在异步方式下，TxC 的频率可以为字符传输波特率的 1 倍、16 倍或者 64 倍，具体倍数决定于 8251A 编程时指定的波特率因子；接收时钟 TxC 控制接收字符的速度，和 TxC 一样，在同步方式下，RxC 的频率等于字符传输的波特率，在异步方式下，则可为波特率的 1 倍、16 倍或者 64 倍。在实际使用时，RxC 和 TxC 往往连在一起，由同一个外部时钟来提供，CLK 则由另一个频率较高的外部时钟来提供。

对 RxD 线的采样情况见图 8.33。

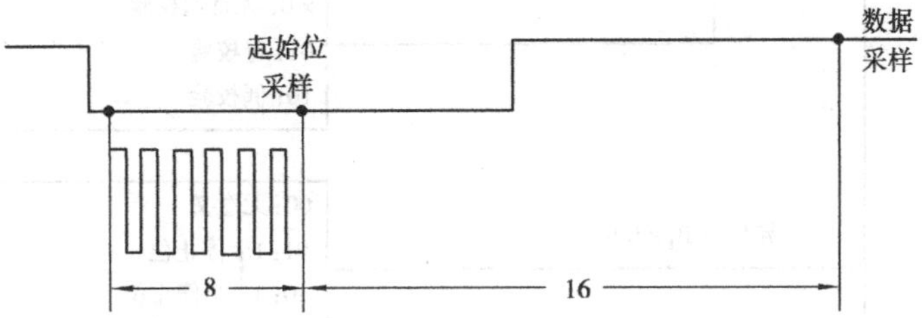

图 8.33　串行异步接收时对 RxD 线的采样情况

(7)8251A 的编程

1)8251A 的控制字和状态字

8251A 是一个可编程串行通信接口，所以它的工作方式和操作过程都可通过程序的方法进行设定和控制。这是通过 CPU 向 8251A 的有关内部寄存器写入指定的控制信息来实现的。8251A 有两组 CPU 可访问的内部寄存器，一组是数据寄存器，包括数据输入寄存器和数据输出寄存器。另一组是控制及状态寄存器，包括方式选择寄存器、操作命令寄存器和状态寄存器。我们把 CPU 写入方式选择寄存器的内容称为“方式选择控制字”(或方式字)，写入操作命令寄存器的内容称为“操作命令控制字”(或命令字)。

概括地说，8251A 编程包括两部分，一部分是规定工作方式，另一部分是发出操作命令。规定工作方式即是用来设定 8251A 的一般工作特性(如异步方式或同步方式、字符格式、传输率等等),它是通过 CPU 向 8251A 输出"方式选择控制字"来实现的;操作命令即是用来指定 8251A 的具体操作(如发送器允许、接收器允许、请求发送等),它是通过 CPU 向 8251A 输出"操作命令字"来实现的。

下面我们先介绍 8251A 的方式选择控制字、操作命令控制字及状态字的具体格式,然后给出 8251A 初始化及数据传送流程图。

• 方式选择控制字

方式选择控制字用以规定 8251A 的工作方式。它必须跟在复位操作之后由 CPU 写入模式寄存器。8251A 方式选择控制字的格式如图 8.34 所示。

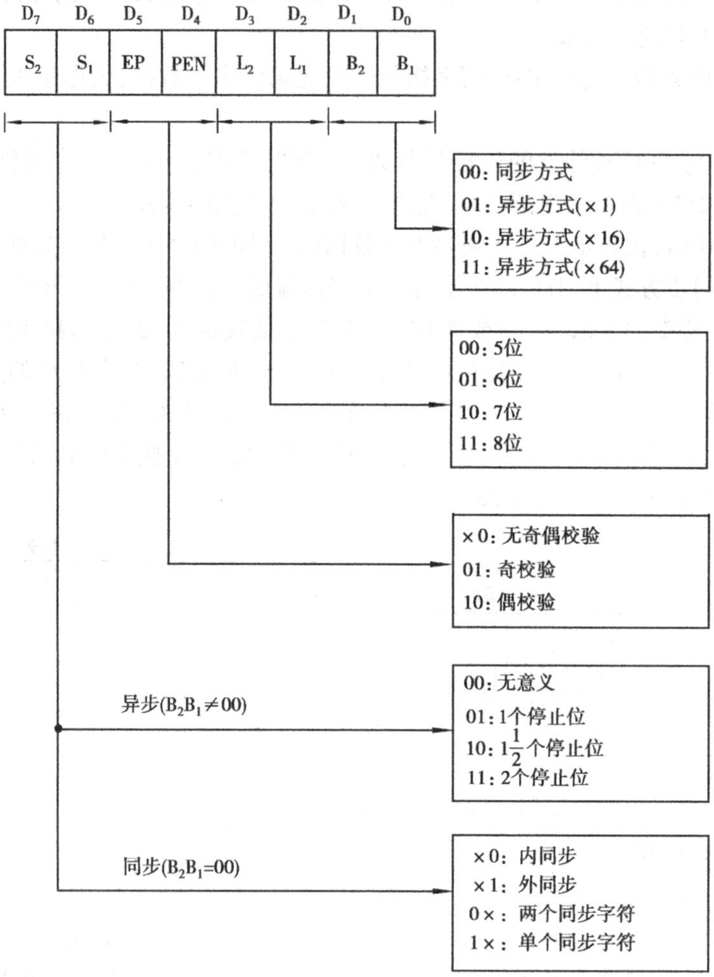

图 8.34　方式选择控制字格式

由图 8.34 可以看出,由最低两位 B_2B_1 确定为同步方式还是异步方式。$B_2B_1=00$ 时,为同步方式;$B_2B_1\neq 00$ 时,为异步方式,且由 B_2B_1 的三种代码组合设定时钟频率为波特率的 1 倍(×1),16 倍(×16)或 64 倍(×64)。

L_2L_1 两位用以确定每个字符的数据位数目;EP 和 EPN 用以确定奇偶校验的性质;S2S1 两位在同步方式($B_2B_1=00$)和异步方式($B_2B_1\neq 00$)时的含义是不同的,异步时用以规定停止位数,同步时用以确定是内同步还是外同步,以及是单同步字符还是双同步字符。

• 操作命令控制字

操作命令控制字直接让8251A实现某种操作或进入规定的工作状态,它只有在设定了方式选择控制字后,才能由CPU写入。8251A的操作命令控制字格式如图8.35所示。

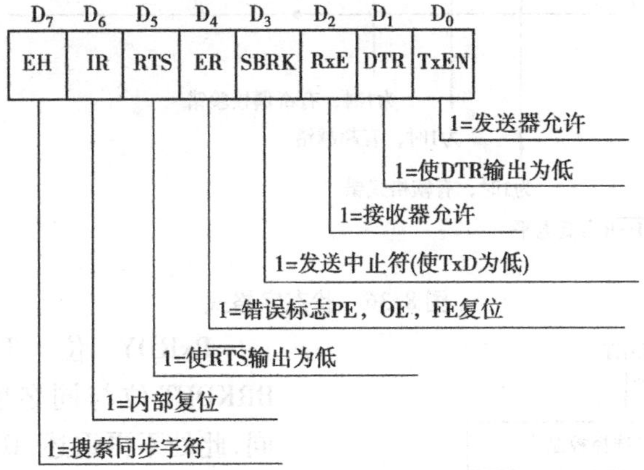

图8.35　操作命令控制字格式

TxEN位是发送器允许(启动)位,TxEN=1,发送器才能通过TxD线引脚向外部串行发送数据;DTR位是数据终端准备好信号控制位,DTR=1,DTR引脚输出有效信号;RxE位是接收器允许位,RxE=1,接收器才能通过RxD引脚从外部串行接收数据;SBRK位是发送中止符位,SBRK=1,通过TxD线连续发送"0"信号(2帧以上),正常通信过程中SBRK位应保持为"0";ER位是清除错标志位,ER=1,将状态寄存器中的PE,OE和FE三个错误标志位同时清"0";RTS位是请求发送信号控制位,RTS=1,RTS引脚输出有效信号;IR位是内部复位控制位,IR=1,使8251A复位,并回到接收方式选择控制字的状态;EH位只对同步方式有效,EH=1,表示开始搜索同步字符,因此对于同步方式,一旦使接收器允许(RxE=1),必须同时使EH=1。

需要说明的是,方式选择控制字与操作命令控制字都是由CPU作为控制字写入8251A的,写入时端口地址是相同的。为了在芯内不致造成混淆,8251A采用了对写入次序进行控制的办法来区分两种控制字。在复位后写入的控制字,被8251A解释为方式选择控制字,此后写入的是操作命令控制字,且在芯片再次复位以前,所有写入的控制字都是操作命令字。

• 状态字

CPU可在8251A工作过程中利用输入指令(IN指令)读取当前8251A的状态字,从而可以检测接口和数据传输的工作状态。8251A的状态字格式如图8.36所示。

在图8.36所示的状态字中,PE位是奇偶错标志位,PE=1表示当前出现了奇偶校验错,它不中止8251A的工作;OE位是"超越错"标志位,OE=1表示当前出现"超越错",即指CPU尚未来得及读走上一个字符而下一个字符又被接收进来时产生的差错。它不中止8251A继续接收下一个字符,但上一个字符将被丢失;FE位是"帧格式错"标志位,它只对异步方式有效,FE=1表示出现了"帧格式错",即指在异步方式下当一个字符结束而没有检测到规定的停止位时的差错,它也不中止8251A的工作。

上述三个差错标志位可用操作命令字中的ER位复位。

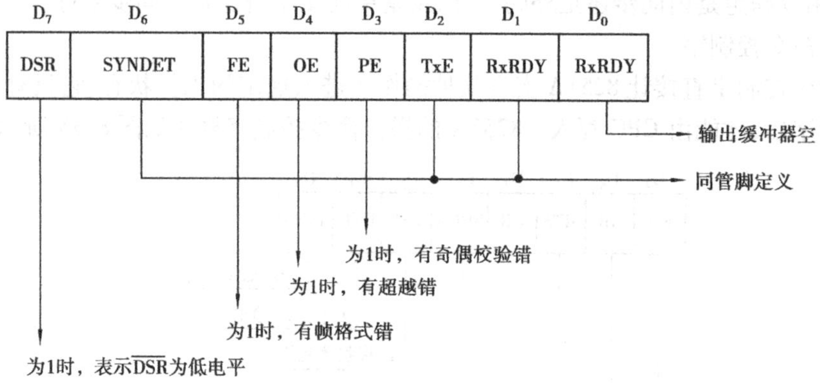

图 8.36　状态字格式

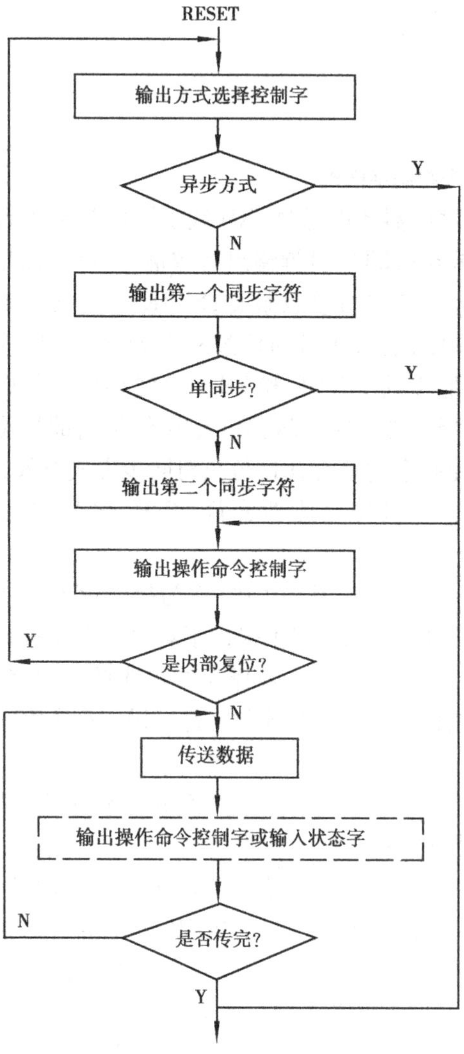

图 8.37　8251A 的初始化及数据传送流程图

RxRDY 位、TxE 位和 SYNDET/BRKDET 位与同名引脚的状态和含义相同,此处不再重述;DSR 位是数据通信设备准备好状态位,DSR = 1 表示调制调解器或其他外设已处于准备好状态,此时 DSR 输入信号有效。

TxRDY 位是发送准备好状态位,它与输出引脚 TxRDY 的含义有所不同。TxRDY 状态位为“1”只反映当前发送缓冲寄存器已空,而 TxRDY 输出引脚为“1”,除发送缓冲寄存器已空外,还需要以 $\overline{CTS}$ =0 和 TxEN =1 为条件,即存在如下逻辑关系:

输出引脚 TxRDY 为“1” = 发送缓冲寄存器空($\overline{CTS}$ =0)(TxEN =1)

在数据发送过程中,TxRDY 状态位与 TxRDY 引脚的状态总是相同的。通常 TxRDY 状态位供 CPU 查询,而 TxRDY 引脚的输出信号作为向 CPU 的中断请求信号。

2)8251A 的编程步骤

8251A 的初始化及数据传送流程如图 8.37所示。由图可见,对 8251A 初始化编程,必须在复位操作之后,先通过方式选择控制字对其工作方式进行设定;如果设定 8251A 工作于异步方式,那么必须在输出方式选择字之后再通过操作命令对有关操作进行设置,然后才可进行数据传送;在数据传送过程中,也可使用操作命令字进行某些操作设置或读取8251A的状态;在数据传送结束时,若使用IR位为"1"的内部复位命令使8251A复位,则它又可重新接收方式选择字,从而改变工作方式完成其他传送任务。当然也可在此次数据传送结束后不改变工作方式,而仍按原来的工作方式进行下次数据传送,则此时就不需进行内部复位以及重新设置工作方式的操作。这要根据具体情况而定。

如果设定8251A工作于同步方式,那么在输出方式选择字之后应紧跟着输出一个同步字符(单同步)或两个同步字符(双同步),然后再输出操作命令字,后面的操作过程与异步方式相同。

3)8251A的编程举例

• 异步方式下的初始化编程举例

①方式选择控制字的设定。例如,设定8251A工作于异步方式,波特率因子为64,每字符7个数据位,偶校验,2位停止位,则方式选择控制字为:

11111011B

②操作命令控制字的设定。例如,使8251A的发送器允许,接收器允许,使状态寄存器中的3个错误标志位复位,使数据终端准备好信号$\overline{DTR}$输出低电平(有效),则操作命令控制字为:

00010111B

如前所述,"方式选择控制字"和"操作命令控制字"应使用同一个端口地址(即控制口地址)按先后次序写入8251A之中。若将8251A的$C/\overline{D}$输入端接地址总线的A_0位,则CPU需用奇地址访问控制口($C/\overline{D}=0$),用偶地址访问数据口($C/\overline{D}=1$)。现假定8251A的控制口地址为51H,数据口地址为50H,则本例的初始化程序如下:

```
MOV   AL,0FBH    ;输出方式选择字,使8251A工作于异步方式,波特率因子为64
OUT   51H,AL     ;每个字符7个数据位,偶校验,2位停止位
MOV   AL,17H     ;输出操作命令字,使发送器允许,接收器允许,使错误标志复位
OUT   51H,AL     ;使DTR输出有效信号。
```

CPU执行了上述程序段之后,即完成了对8251A异步方式的初始化编程。

• 同步方式下的初始编程举例

由图8.37所示的8251A初始化和数据传送流程图可知,8251A工作于同步方式下的初始化编程应为:首先输出方式选择字(同步方式),然后紧接着输出一个同步字符(单同步)或两个同步字符(双同步),最后输出操作命令字。

方式选择字设定为00111000B(38H),即设定为同步工作方式,两个同步字符(双同步),采用内同步方式(SYNDET引脚为输出),偶校验,每字符7个数据位。

同步字符为两个,它们可以相同,也可以不同。本例中设定为16H,它们必须紧跟在方式选择字之后用同一个端口地址(控制口地址)写入8251A。

操作命令字设定为10010111B(97H),它使8251A的发送器允许,接收器允许,使状态寄存器中的3个错误标志位复位,开始搜索同步字符,并通知调制解调器,数据终端设备已准备就绪。

8251A的端口地址同前(即控制口地址——51H,数据口地址——50H),本例的初始化程序如下:

```
MOV   AL,38H     ;输出方式选择字,使8251A工作于同步方式,双同步字符,
```

```
OUT   51H,AL      ;内同步方式,偶校验,每字符7个数据位。
MOV   AL,16H
OUT   51H,AL      ;连续输出两个同步字符,同步字符为16H。
OUT   51H,AL
MOV   AL,97H      ;输出操作命令字,使发送器允许,接收器允许,使错误标志位复位
OUT   51H,AL      ;开始搜索同步字符,并输出DTR有效信号。
```

CPU 执行上述程序段之后,即完成了 8251A 同步方式的初始化编程。

8.2.3 微机系统中的串行接口及其应用

随着计算机通信和网络技术的发展,串行接口得到了越来越广泛的应用。但需要说明的是,串行接口指的是接口与外设之间或接口与通信的对方之间的信息传送是串行的,而接口与本机 CPU 之间的信息传送总是并行的(一位机除外)。

如 IBM PC/XT 系统中使用可编程异步串行接口芯片 8250A 构成串行接口,其串口 1(COM1)的端口地址为(3F8H ~ 3FFH)占用中断类型为 IRQ4 串口 2(COM2)的端口地址为(2F8H ~ 2FFH)。占用中断类型为 IRQ3,在 80386 以上的 32 位微机中使用可编程异步/同步串行接口芯片 8251A 构成串行接口。微机系统中的两个串行接口对外使用 9 针或 25 针插座。

(1)利用 8251A 实现与终端的串行通信

终端通常包括键盘和显示器两部分,所以计算机与终端之间需进行双向数据通信,即一方要把使用者在键盘上敲入的命令和数据输入给计算机,以供计算机执行和处理;另一方面还要把计算机的执行结果和运行状态输出给显示器,以供使用者阅读分析。以 8251A 为主要部件构成的计算机串行接口与终端的连结如图 8.38 所示。

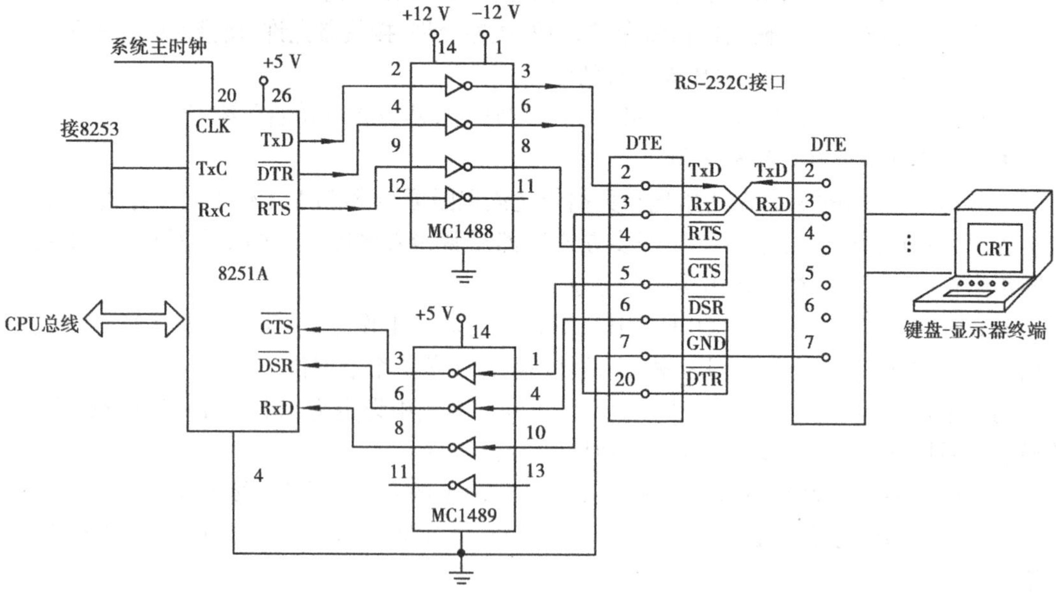

图 8.38 用 8251A 实现与终端的串行通信

在图 8.38 中,8251A 的发送时钟 TxC 与接收时钟 RxC 由可编程计数器/定时器芯片 8253

(或其他专门的时钟电路)提供;它的时钟信号 CLK 接系统主时钟;它与 CPU 之间的接口信号线在本节前面部分(8251A 的对外接口信号)已有介绍,此处从略。

8251A 的输入输出电平为 TTL 电平,而终端的对外接口电平为 RS-232C 电平,因此要实现 8251A 与终端的连接通信,必须使用电平转换电路。其中使用 MC1488 将 8251A 输出的 TTL 电平转换成 RS-232 电平,用 MC1489 将 RS-232C 电平转换成 TTL 电平,送给 8251A。

在本通信系统中,通信的双方均为 DTE(数据终端设备),因此两条数据传送线(RxD 和 TxD)应交叉"接",即主机串行接口的发送数据线 TxD 接到终端的数据接收线 RxD,主机串行接口的接收数据线 RxD 接到终端的数据发送线 TxD。另外,主机串行接口一侧的 DTR 与 DSR 形成"自环",RTS 与 CTS 形成"自环"。自环连结可以简化通信控制程序,同时也可减少连接电缆的信号线数目。所以在一定条件下(对方通常总是为准备好的情况下),可以采用这种方法。

(2)利用 8251A 实现双机通信

利用 8251A 实现相距较近(不超过 15 米)的两台微机相互通信,使硬件连接图如图 8.39 所示,由于是近距离通信,因此不需要使用 Modem,两台微机直接通过 RS-232C 电缆相连即可,且通信双方均作为 DTE(数据终端设备);由于采用 EIA RS-232 接口标准,所以需要 EAI/TTL 电平转换电路;另外,通信时均认为对方准备就绪,因此可不使用 DTR,DSR,RTS,CTS 联络信号,仅使 8251A 的 CTS 接地即可。需要注意的是,在远程通信中必须使用调制解调器(Modem)。

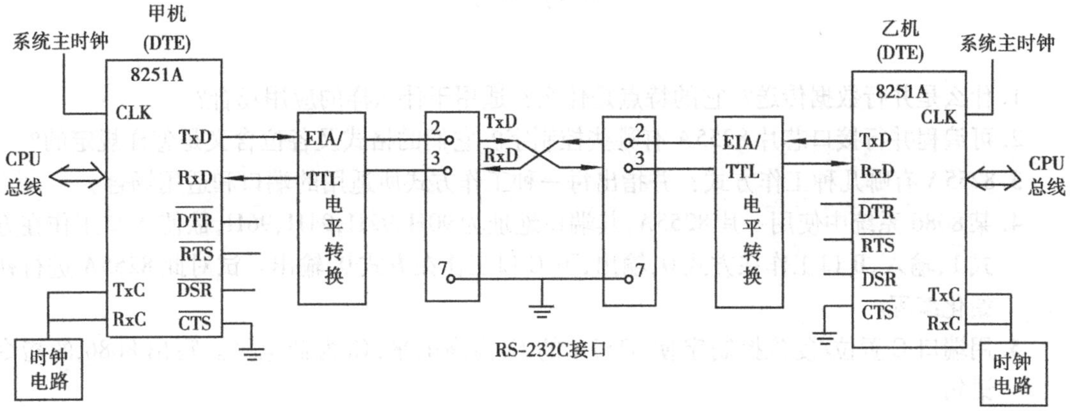

图 8.39　用 8251A 实现双机通信的硬件连接图

甲、乙两机可进行半双工或全双工通信。CPU 与接口之间可按查询方式或中断方式进行数据传送。

(3)串行接口连接的打印机

主机采用串行接口连接的打印机是串行打印机。串行打印机是由并行打印机再加上输入缓冲器和串行接口组成的,见图 8.40。

通常在串行打印机中,打印的同时主机仍可以向打印机传送数据。因此,要求输入缓冲器容量较大。但由于主机向打印机传送数据的速度较高,会出现输入缓冲器满的现象。当输入缓冲器满时,由打印机的 DTR 引脚发出未准备好信号,送至主机的串口 DSR 引脚。主机接到此信号便停止发送数据。

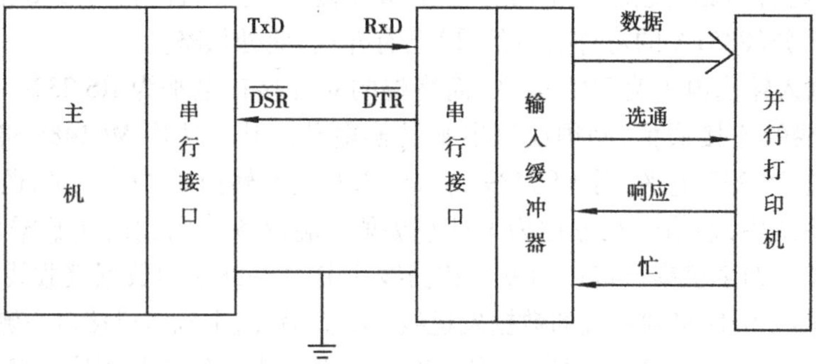

图 8.40 串行打印机连接示意图

目前,现代微机系统中,已经大量使用了另外一种通用串行总线接口,简称 USB 接口。该接口是由 Compaq,IBM Microsoft 等多家公司于 1994 年底联合推出的接口标准,用于取代逐渐不适应外设需求的传统串、并行接口。1996 年业界正式通过了 USB 1.0 标准,但由于未获当时主流的 Windows 95 支持而未得到普及,随着 1998 年 USB 1.1 标准的确立和 Windows 98 内核正式提供对 USB 接口的直接支持,USB 真正开始得到普及,到如今已经发展到 USB 2.0 标准,由于篇幅的限制,在此不作过多介绍,使用时,可查阅相关资料。

习题与思考题

1. 什么是并行数据传送? 它的特点是什么? 适用于什么样的应用场合?
2. 可编程并行接口芯片 8255A 有哪些控制字? 它们的格式及各位含义是怎样规定的?
3. 8255A 有哪几种工作方式? 并指出每一种工作方式所适用的端口和适用场合。
4. 某 8086 系统中使用一片 8255A,其端口地址为 90H,92H,94H,96H,欲使 A 口工作在方式 1,输入,B 口工作在方式 0,输出,下 C 口工作在方式 0,输出。试对此 8255A 进行初始化编程。
5. 用端口 C 置位/复位控制字使 8255A 的 C_5 为高电平,C_1 为低电平。写出 8086 的指令语句。
6. 按下述要求用所提供的简单外设和接口芯片设计一个简单的微机应用系统。简单外设:发光二极管 8 只,拨动开关 1 个,8255A 芯片,8088CPU。设计要求:当开关拨到 ON 时,8 只二极管中的偶数位(即 L0,L2,L4,L6)亮,其余不亮;当开关拨到 OFF 时,8 只发光二极管中的奇数位(即 L1,L3,L5,L7)亮,其余不亮。画出硬件连接图,并编写相应的汇编程序段。
7. 用 8255A 的 B 口方式 1 设计 8086 的双机通信软硬件方案。(具体要求由教师指定)
8. 欲在 8086 系统中设计共阴极 8 段 LED 接口电路,试用简单接口实现。
9. 什么是串行通信? 串行通信有什么特点? 适用于什么场合?
10. 串行传输中,单工、半双工、全双工指的是什么?
11. 简要说明异步串行传送方式与同步串行传送方式的主要区别。
12. 画出异步串行传输的数据格式。

13. 什么是波特率？什么是波特率因子？

14. 异步串行通信中，设发送方发送波特率为 9 600 bps，波特率因子为 16，问发送端的时钟频率为多少？

15. 设异步串行通信中每个字符对应 7 位数据位，1 个起始化，1 个奇/偶校验位，1 个停止位，波特率为 1 200，求每秒钟传输的最大字符数。

16. 8251A 有哪些主要特性？

17. 简述 8251A 的功能结构及各部分的功能。

18. 设某 8088 系统中，8251A 的端口地址为 70H、71H，工作方式为异步，偶校验，7 位数据，2 停止位，波特率因子为 16，复位出错标志，允许发送和接收，并发出“数据终端准备好”信号有效。试编写 8251A 的初始化程序段。

19. 画出通过 8251A 串行接口实现远程双机通信的硬件连接原理图。

20. 指出 8251A 的命令字和状态字的格式及各位含义。

21. 当 8251A 用于 8086 系统时，地址如何连接？用于 32 位微机系统呢？

22. 简述 USART 串行发送数据和串行接收数据的工作过程。

第9章 中断技术与中断控制器

9.1 中断技术概述

中断技术是微机系统的核心技术之一,它不但为程序员提供了 DOS,BIOS 等系统调用,同时也为实时检测与控制提供了有效的手段。因此,中断技术是微型计算机硬件接口及应用系统设计开发人员必须熟练掌握的关键技术。

9.1.1 什么是中断

20 世纪 50 年代中期,为了解决 CPU 与外设间的速度矛盾,计算机引入了中断的概念。随着计算机的迅速发展,中断被不断赋予新的功能。例如:作为 CPU 实时控制外部设备的一种有效手段,对于内部或外部紧急事件的处理等。正是由于有了中断技术,外部设备才能主动地去改变 CPU 执行程序的顺序。对于外设何时产生中断,CPU 预先是不知道的,因此,中断具有随机性。由外部硬件引起的中断称为硬件中断,而今天的中断技术已不再限于只能由外设硬件产生,它还可以由主机内部产生,或者由程序预先安排,使 CPU 暂停正在运行的程序,而转去执行为处理引起中断的事件服务的程序,服务完毕,再返回被打断的程序继续执行。也就是说,CPU 在执行现行的程序过程中,插入了另一段程序的运行。CPU 执行的现行程序被中断时的后继指令(下一条指令)的地址称为断点地址。中断时,CPU 执行程序过程中所处的状态称为现场。

9.1.2 中断源及其优先级

能引起中断的因素很多,将发出中断请求的外部设备或内部原因称为中断源。当系统有多个中断源时,有时会出现几个中断源同时请求中断的情况。为此,应根据任务的轻重缓急,给每个中断源指定一个优先权(也称优先级),使得当多个中断源同时请求中断时,CPU 按照它们的优先权顺序依次响应。给中断源指定优先权的具体方法,有软件查询法和硬件排队法。

9.1.3　中断请求与中断屏蔽

(1)中断请求

对于硬件中断，当中断源要求 CPU 为其服务时，必须先向 CPU 提出申请，这是通过发出中断请求信号实现的。CPU 在执行完每条指令后，自动检测中断请求输入线，以确定是否有外部发来的中断请求信号。

(2)中断屏蔽

若 CPU 检测到有中断源提出中断请求，是否就会立即为它服务呢？还不一定。因为有的程序是不能被打断的，例如：实时数据系统中 CPU 正在读一个数据，或执行某个定时程序以及执行管理软件中的某些重要程序时，无论中断源级别高低均不响应，即中断是屏蔽的。系统中的大部分中断源是可屏蔽的，称为可屏蔽中断，但个别的中断请求是不能被屏蔽的，例如：电源故障，无论在什么情况下，CPU 都要及时处理，这种中断称为非屏蔽中断。这里仅讨论可屏蔽中断。一般来说，CPU 内部有一个中断允许触发器 IF，若其为"1"，则允许响应所有中断(即 CPU 开中断)，否则所有可屏蔽中断被屏蔽(即 CPU 关中断)。因此，IF 相当于总开关，其开关状态可用指令控制。另外，每个中断源自己还有单独的中断屏蔽逻辑(详见 8259A 的中断屏蔽)。

9.1.4　中断服务程序

所谓中断服务程序，就是为完成中断源所期望的功能而编写的程序。例如，有的外设提出中断请求是为了与 CPU 交换数据，则在中断服务程序中，主要是进行输入/输出操作；有的外设提出中断请求，是期望 CPU 给予控制，那么中断服务程序中的主要内容是发出一系列控制信号。这些具体操作构成了中断服务程序的主体。除此之外，中断服务程序还要完成一些堆栈操作(如：现场的保护和恢复)及中断返回操作。

9.1.5　中断隐操作和中断向量

CPU 响应中断时，首先执行一系列由硬件安排的处理过程，称为中断隐操作。隐操作把 CPU 引向中断服务程序。在执行任何程序时，CPU 都是通过指令语句所在的地址来找到程序的，在转向中断服务程序执行时也是一样。中断服务程序的第一个可执行语句所在的地址叫中断向量，在 CPU 响应硬件中断时，这个中断向量是由硬件提供给 CPU 的。

9.1.6　中断响应过程

对于可屏蔽中断，当 CPU 检测到有中断请求时，如果满足响应条件就要予以响应。具体过程如下：

(1)关中断、保护断点

这一步是中断隐操作。关中断是指 CPU 内部硬件自动将其中断允许标志位 IF 清零；这里的保护断点包括：将断点地址 CS 和 IP 以及标志寄存器 PSW 的内容压入堆栈。

(2)保护现场

在中断服务程序中要使用到某些寄存器，而这些寄存器也许在主程序被打断时存放着某些有用的内容，为了在中断服务程序返回后不破坏主程序在断点处的状态，应将这些寄存器的内容压栈保护,这样的过程就被称为保护现场。

(3)**开中断**

由于 CPU 响应中断时自动关闭了中断,如果不用指令打开中断,CPU 就不再响应可屏蔽中断了。开中断指令放在什么位置,应该考虑两种情况。第一,如果希望在执行本次中断服务程序过程中,CPU 还可以响应优先权更高的中断请求(即允许中断嵌套),那么,应将开中断指令置于保护现场之后。第二,如果在执行本次中断服务程序过程中,不希望 CPU 响应其他可屏蔽中断(即不允许中断嵌套),那么,应将开中断指令置于中断返回指令之前。

(4)**具体中断处理**

这是中断服务程序的主体,即 CPU 响应中断所要完成的具体任务。

(5)**关中断**

为安全起见,在保护现场和恢复现场时都应关中断(当然,如果在保护现场之后未开中断,这里就不必关中断。)

(6)**恢复现场**

转入中断服务程序时,已将一些有必要保护的内容(现场)入栈保护,那么,在返回断点之前,必须用出栈指令将它们还原给有关寄存器,这样的过程被称为恢复现场。

(7)**开中断、中断返回**

因为恢复现场是在关中断状态下进行的。为了使返回断点后,CPU 能响应可屏蔽中断,这里必须用指令开中断。中断返回指令 IRET 的执行将断点地址和标志寄存器内容从堆栈中弹出,这样 CPU 在执行 IRET 指令后就得到了断点地址,从而返回到断点处继续执行被打断的程序。

9.2 8086/8088 中断系统

9.2.1 中断系统的基本功能

每一种类型的 CPU 都有自己的中断系统,它们虽然在结构上有较大差异,但在基本功能上是相同的,这些基本功能包括:

- 要求能判断中断源的优先级,并按优先权的高低决定中断响应的顺序。
- 要求中断系统能实现中断和返回。
- 要求中断系统能实现中断嵌套功能,即高优先级中断源的中断请求能中断低优先级中断源的中断服务。

9.2.2 8086/8088 的中断系统

8086/8088 的中断系统具有很强的中断处理能力,其中断源按如下形式分类:

外部中断 { 非屏蔽中断 / 可屏蔽中断 }

- 内部中断
  - 内部硬件中断
    - 除法出错
    - 单步跟踪
    - 断点中断
    - 溢出中断
  - 内部软件中断:INT n

其中外部中断是由8086/8088CPU引脚NMI或INTR上来的中断请求引起的,所以也叫硬件中断。而多数内部中断是用中断指令实现的,即编程时预先安排好的。

(1)8086/8088的中断系统结构

8086/8088的中断系统结构如图9.1所示。

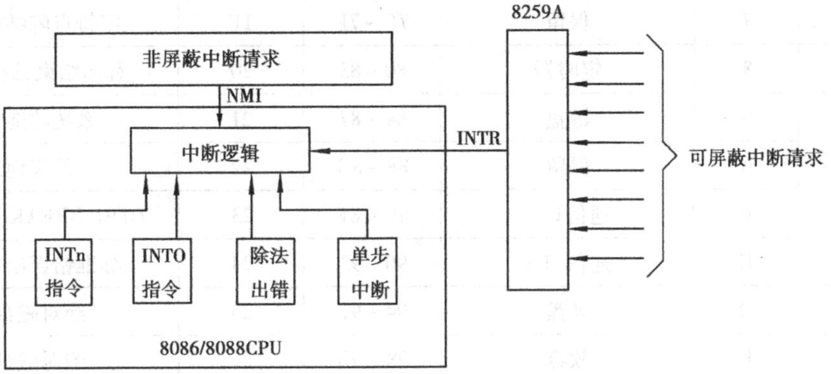

图9.1　8086/8088中断系统结构

(2)中断类型码与中断向量表

8086/8088的每个中断源都被指定了一个编号,称为中断类型码。每一个中断服务程序都有一个唯一确定的入口地址,叫做中断向量。把系统中所有的中断向量集中起来,按中断类型码从小到大的顺序放到存储器的某一个区域内,这个存放中断向量的存储区叫中断向量表。8086/8088CPU以存储器的00000H~003FFH共1 024个单元作为中断向量存储区,由于每个中断向量占用4个存储单元(CS的内容占两个单元,IP的内容占两个单元),故这个向量表中可存放256个中断类型的中断向量。也就是说8086/8088CPU的中断系统最多能处理256个中断源。

IBM PC/XT机的中断向量表列于表9.1。

(3)外部中断

8086/8088 CPU内部有一个中断允许触发器,其状态由CPU内部标志寄存器中的中断允许标志IF来表示。IF=1,对于INTR引脚上来的任何中断请求都予以响应;IF=0,则对于引脚INTR上来的中断请求不予响应,即对其施加了屏蔽,所以INTR引脚上的中断称为可屏蔽中断。但NMI引脚上来的中断请求不受IF的影响,故称其为非屏蔽中断。IF可由指令置1或清零。IBM PC/XT的硬件中断控制逻辑见图9.2。

表9.1 IBM PC/XT 机的中断向量表

地 址	类型码	中断名称	地 址	类型码	中断名称
0~3	0	除法出错	60~63	18	常驻 BASIC 入口
4~7	1	单步	64~67	19	引导程序入口
8~B	2	不可屏蔽	68~6B	1A	时间调用
C~F	3	断点	6C~6F	1B	键盘 CTR-BREAK 控制
10~13	4	溢出	70~73	1C	定时器报时
14~17	5	打印屏蔽	74~77	1D	显示器参数表
18~1B	6	保留	78~7B	1E	软盘参数表
1C~1F	7	保留	7C~7F	1F	字符点阵结构参数
20~23	8	定时器	80~83	20	程序结束,返回 DOS
24~27	9	键盘	84~87	21	系统功能调用
28~2B	A	保留	88~8B	22	结束地址
2C~2F	B	通信口 2	8C~8F	23	CTRL-BREAK 退出地址
30~33	C	通信口 1	90~93	24	标准错误出口地址
34~37	D	硬盘	94~97	25	绝对磁盘读
38~3B	E	软盘	98~9B	26	绝对磁盘写
3C~3F	F	打印机	9C~9F	27	程序结束,驻留内存
40~43	10	视频显示 I/O 调用	A0~FF	28~3F	为 DOS 保留
44~47	11	装置检查调用	100~17F	40~5F	保留
48~4B	12	存储器容量检查调用	180~19F	60~67	为用户软中断
4C~4F	13	软盘/硬盘/I/O 调用	1A0~1FF	68~7F	不用
50~53	14	通信 I/O 调用	200~217	80~85	BASIC 使用
54~57	15	盒式磁带 I/O 调用	218~2C3	86~F0	BASIC 解释程序
58~5B	16	键盘 I/O 调用	3C4~3FF	F1~FF	未用
5C~5F	17	打印机 I/O 调用			

- 非屏蔽中断 NMI

当 CPU 的 NMI 引脚上来一个高电平时,CPU 自动产生类型码为 2 的中断,并由此转入相应的服务程序。由于 NMI 引脚上的请求不能被 CPU 屏蔽,故常用于紧急情况的故障处理。IBM PC/XT 机使用 NMI 中断服务程序对 RAM 奇偶校验错、I/O 通道校验错和 8087 协处理器运算错误进行处理。这几个中断源的中断请求,是通过一个 NMI 请求产生逻辑电路送入 CPU 的。此电路中还设置了一个 NMI 中断允许触发器。所以,实际上在 CPU 外部是可以用此允许触发器来屏蔽 NMI 中断请求的。

- 可屏蔽中断 INTR

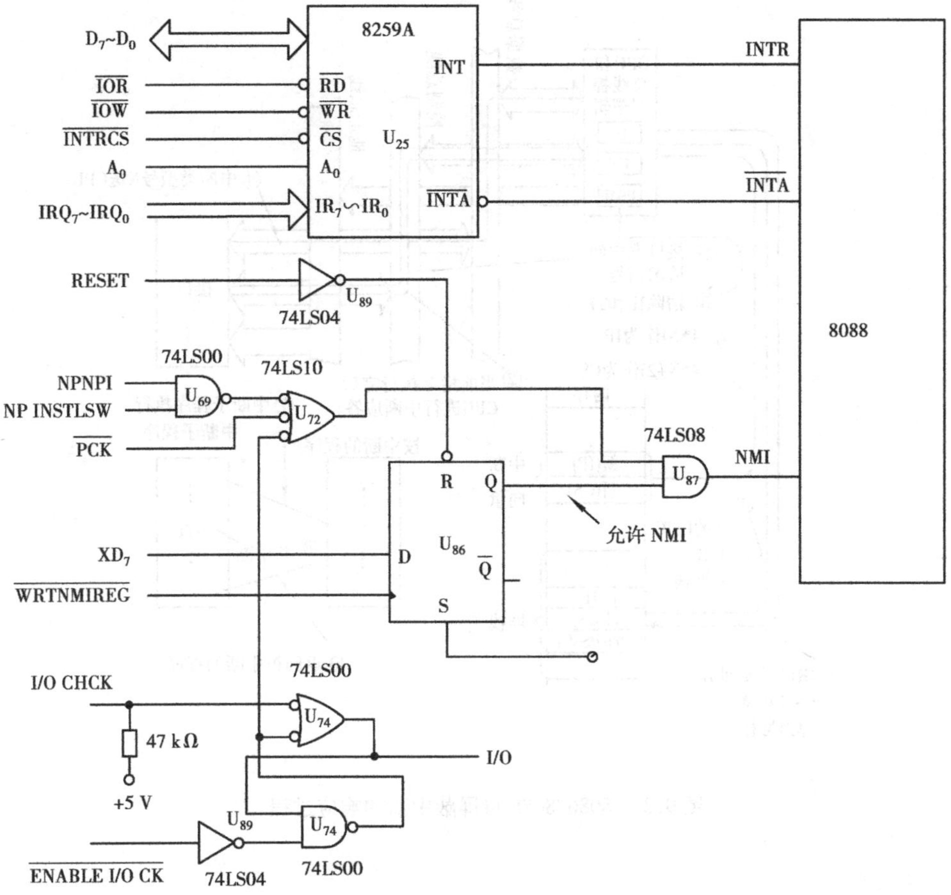

图 9.2　IBM PC/XT 的硬件中断控制逻辑

当 8086/8088 的 INTR 引脚上有一个正跳变信号时，便产生硬件可屏蔽中断请求，这种中断请求可以用指令进行屏蔽(CPU 关中断)或允许(CPU 开中断)。当 INTR 的请求被允许时，如果现行指令执行完，其他中断响应条件也满足，CPU 就会从INTA引脚发出中断响应信号。这时，中断源要向 CPU 提供中断类型码，CPU 得到类型码后自动从中断向量表中取得相应的中断向量，从而转去执行中断服务程序，在 IBM PC/XT 中使用中断控制器 8259A 管理 8 个可屏蔽中断源，类型号为 08H ~ 0FH(有关 8259A 的详细内容见下节)。图 9.3 比较清楚地描述了可屏蔽中断的响应过程。

(4) **内部中断**

内部中断都是非屏蔽型的。其中，除法出错中断是类型 0，它是在进行除法运算所得的商超出数的表示范围或出现被 0 除的情况时产生的；单步中断为类型 1，断点中断是类型 3，它们主要用于程序调试；溢出中断是类型 4，是由溢出标志为 1 而引发的中断；指令中断 INT n 是用户编程时预先安排的软件中断。

(5) **中断的优先权**

8086/8088 的以上几种中断的优先权按从高到低的顺序排列为：

除法出错中断→INT n→溢出中断→NMI→INTR→断点中断→单步。

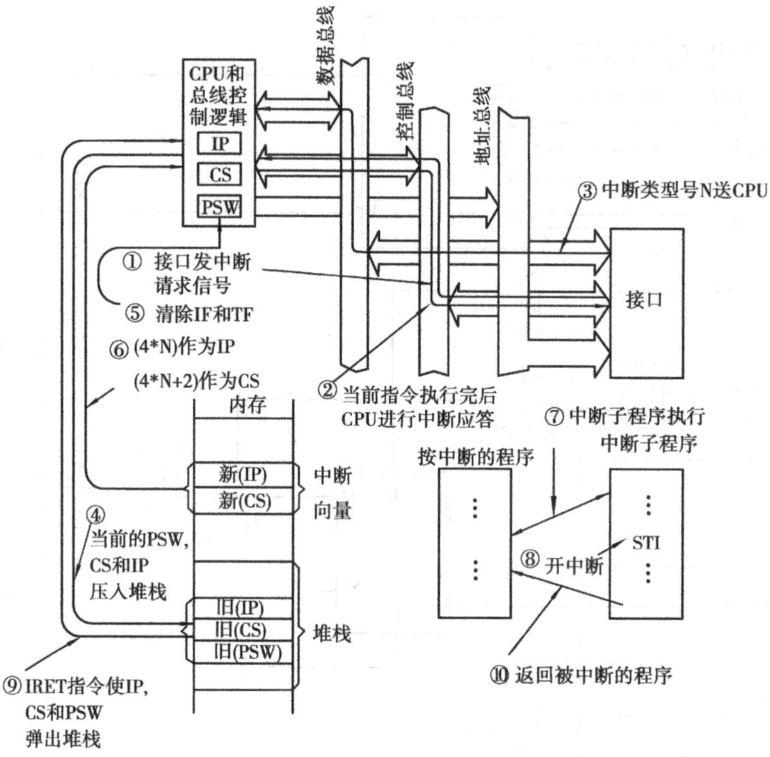

图 9.3　8086/8088 可屏蔽中断的响应过程

9.3　可编程中断控制器 82C59A

9.3.1　82C59A 的主要特性

- 82C59A 是改进工艺制造,内部结构和外部引脚与 8259A 完全兼容。
- 单一正 5 V 电源,全静态工作(无需外加时钟)。
- 该芯片集中断源识别、判优、提供中断类型号于一体。
- 每片 82C59A 能管理 8 级中断(含优先级)。
- 每片 82C59A 可送出 8 个 8 位的中断类型号(自动中断向量转移功能)。
- 能用软件屏蔽中断请求输入,通过编程可选择多种不同的工作方式,以适应各种系统的要求。
- 通过 82C59A 级联,在不增加外部电路的情况下,最多可用 9 片 82C59A 级连管理 64 级中断。

9.3.2　82C59A 的内部结构

82C59A 的内部主要由 8 个基本部分组成,其内部结构框图如图 9.4 所示。各部分的主要功能如下：

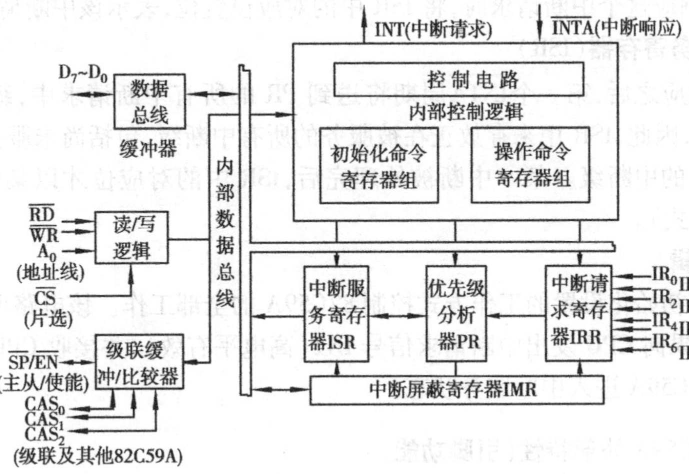

图9.4　82C59A的内部结构框图

(1)**数据总线缓冲器**

这是一个8位双向三态缓冲器。CPU通过它向82C59A写入命令字，读取有关寄存器的状态；82C59A通过它向CPU提供中断向量或中断类型码。

(2)**读/写逻辑**

该部件接收来自CPU的读/写命令，完成规定的操作。操作过程由$\overline{CS}$，A_0，$\overline{WR}$和$\overline{RD}$输入信号共同控制。在CPU向82C59A写入时，它控制将写入内容送至相应的寄存器中，在CPU从82C59A读出时，它控制将相应寄存器的内容送到数据总线。

(3)**级联缓冲/比较器**

它用于82C59A的级联和缓冲方式，级联方式中作为比较器。主控制器和从控制器之间将对应的三个引脚CAS_2，CAS_1，CAS_0相连构成专用总线。当CPU响应中断发出第一个$\overline{INTA}$后，主控制器将从控制器的标志号ID通过这个专用总线送到从控制器。从控制器收到标志号并与本身的标志号比较，相符时的从控制器下一个$\overline{INTA}$脉冲到来时，将中断源的中断类型号(8085系统中送的是中断向量)送到数据总线。

(4)**中断请求寄存器**(IRR)

它是与外设接口的中断请求线相连的寄存器，请求中断的外设分别通过IR_0~IR_7向82C59A请求中断服务，并把中断请求状态保持在中断请求寄存器中(即IRR中相应位置“1”)。

(5)**中断屏蔽寄存器**(IMR)

通过软件设置IMR可对82C59A的8级中断请求独立地加以禁止和允许。当此寄存器的某位被置“1”时，与之对应的中断请求就被禁止。屏蔽中断优先权较高的中断请求，不会影响优先级较低的中断请求。

(6)**优先级分析器**(PR)

当在IR端有中断请求时，请求通过IRR送到PR。PR检查中断服务寄存器(ISR)的状态，判别有无优先权更高的中断正在接受服务，若无，则把中断请求寄存器(IRR)中优先权最高的中断请求送入中断服务寄存器(ISR),并通过控制逻辑向 CPU 发出中断请求信号 INT,而且在 CPU 开始响应这个中断请求时,将 ISR 中的对应位置位,表示该中断请求正在被服务。

(7)**中断服务寄存器**(ISR)

在中断被响应之后,第一个$\overline{INTA}$周期将送到 PR 的所有中断请求中,级别最高中断源的 ISR 对应位置位,因此,ISR 用来存放正在被服务的所有中断级,包括尚未服务完而中途被更高级的中断打断了的中断级。某一中断被处理完后,ISR 中的对应位才以某种方式被复位(见 8259A 的工作方式)。

(8)**控制逻辑**

控制逻辑按初始化设置的工作方式控制 82C59A 的全部工作。该电路可根据 IRR 的内容和 PR 的判断结果向 CPU 发出中断请求信号 INT(高电平有效),并接收 CPU 回送的中断响应信号$\overline{INTA}$,使 82C59A 进入中断服务状态。

9.3.3 82C59A **外部特性(引脚功能)**

82C59A 是一个 TTL 电平、双列直插式 28 脚的可编程中断控制器芯片,其引脚排列如图 9.5所示。它的引线可分为三个部分:一是与 CPU 的接口引线;二是与外设的接口引线;三是用于级联的接口引线。

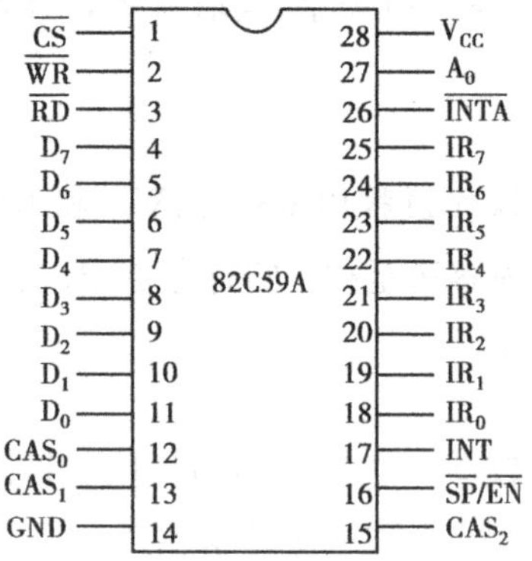

图 9.5 82C59A 的外部引脚

(1)82C59A **与 CPU 的接口引脚**

$D_7 \sim D_0$:数据线,双向,三态。与 CPU 数据总线直接相连。用于传送数据信息和状态信息,以及 82C59A 向 CPU 提供的中断向量或中断类型号。

$\overline{WR}$:写信号,输入,低电平有效。用于控制 CPU 对 82C59A 的写操作。此脚连接 CPU 系统控制总线的$\overline{IOW}$。

$\overline{RD}$:读信号,输入,低电平有效。用于控制 CPU 对 82C59A 的读操作。此脚连接 CPU 系统控制总线的$\overline{IOR}$。

A_0:地址线,输入,用于寻址 82C59A 内部的两个端口。此脚连接 CPU 系统地址线。

$\overline{CS}$:片选信号,输入,低电平有效。当$\overline{CS}=0$时,82C59A 被选中,允许 CPU 对其进行读/写操作。此脚连接译码电路输出端。

INT:中断请求信号,输出,高电平有效。用于由 82C59A 向 CPU 发出中断请求,此脚连接 CPU 的可屏蔽中断请求输入端 INTR。

$\overline{INTA}$:中断响应信号,低电平有效。用于接收 CPU 送回的中断响应负脉冲。此脚连接 CPU 控制总线的$\overline{INTA}$。

(2)82C59A **与外设的接口引线**

$IR_0 \sim IR_7$:中断请求,输入,高电平或上升沿有效。用于接收从外设来的中断请求信号。每个引脚分别连接一个中断源的中断请求输出端或连接一个 82C59A 从片的 INT 端(级联方式时)。

(3)82C59A **级联时的接口引线**

$CAS_2 \sim CAS_0$:级连引脚,双向,用来构成 82C59A 的主从式级联控制结构。在主从结构中,当 82C59A 作为主片使用时,$CAS_2 \sim CAS_0$为输出,用于发送从设备标志;而 82C59A 作为从片使用时,$CAS_2 \sim CAS_0$为输入,用于接收从设备标志。主从片 82C59A 的这三条线全部对应相连。

$\overline{SP}/\overline{EN}$:从片编程/允许缓冲器信号,双向,低电平有效。该引脚有两种功能。当 82C59A 工作在缓冲方式时,它是输出信号,用于允许缓冲器接收和发送信息($\overline{EN}$),即选通缓冲器。在大系统中,当多个 82C59A 具有独立的局部数据总线时,用该选通信号控制数据总线收发器的工作。当 82C59A 工作在非缓冲方式时,它是输入信号,用于指明该 82C59A 是主片还是从片。作为主片时,$\overline{SP}=1$(接高电平);作为从片时,$\overline{SP}=0$(接低电平)。单片使用时,$\overline{SP}/\overline{EN}$接高电平。

9.3.4　82C59A 的控制字

82C59A 共有 7 个控制字,其中有 4 个初始化命令字,3 个操作命令字。

(1)初始化命令字

初始化命令字通常是系统开机时,由初始化程序填写的,而且在整个系统工作过程中保持不变。现在来讨论 82C59A 初始化命令字 $ICW_1 \sim ICW_4$的格式及各位的意义。

● ICW_1的格式和含义

ICW_1叫做芯片控制初始化命令字。必须写入 82C59A 的偶地址端口(即 82C59A 的 $A_0=0$)。其格式和各位的定义如下:

$D_7 \sim D_5$:这几位在 8086/8088 系统中不用,可为 1,也可为 0。它们只有在 8080/8085 系统中才使用,与 ICW2 的 8 位一起组成中断服务程序的页面地址,那时,这里的 $D_7 \sim D_5$作为 $A_7 \sim A_5$,而 ICW2 的 8 位作为 $A_{15} \sim A_8$。

D_4:此位总是设置为 1,它是特征位,表示现在设置的是初始化命令字 ICW1,而不是操作命令字 OCW2 和 OCW3(详见 82C59A 的操作命令字)。

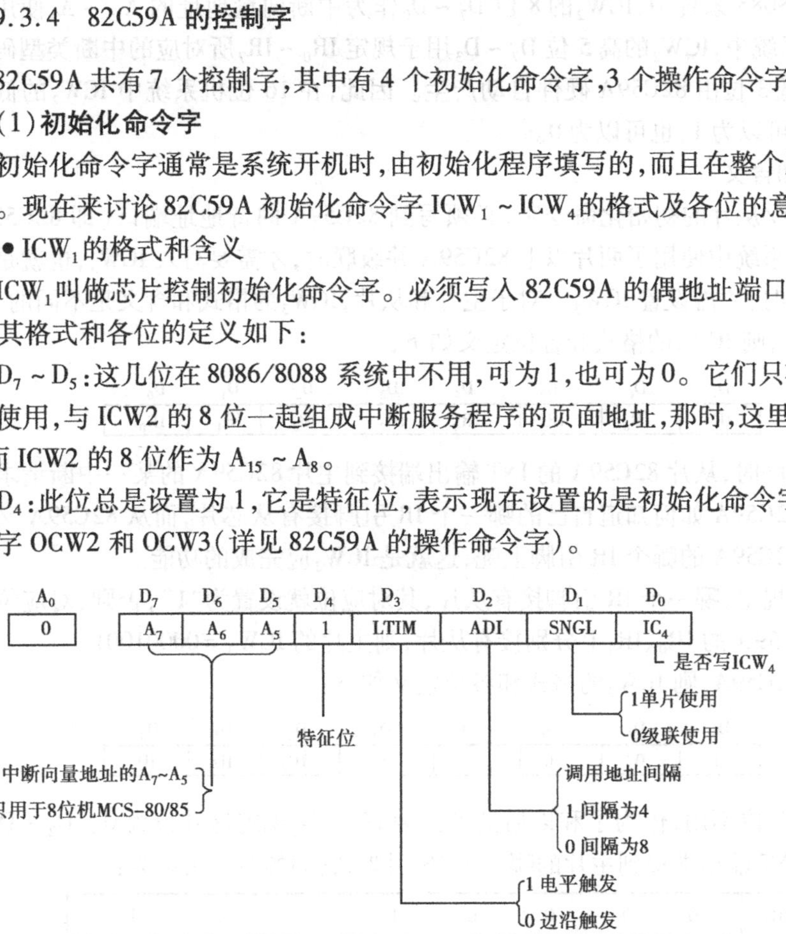

D_3:LTIM,用于设定中断请求信号 $IR_0 \sim IR_7$的触发方式。若 LTIM = 0,则表示 $IR_0 \sim IR_7$被设定为边沿触发,即 IR_i引脚上来一上升沿,就说明 82C59A 所带的第 i 个中断源有中断请求。若 LTIM = 1,则 $IR_0 \sim IR_7$被设定为电平触发,即 IR_i引脚上为高电平表示第 i 个中断源有中断请求。

D_2:ADI,这一位用于规定 CALL 地址间隔,ADI = 1,则地址间隔为 4;否则,地址间隔为 8。在 8086/8088 系统中这一位不起作用,即可为 1,也可为 0。

D_1:SNGL,这位用来指出本片 82C59A 是否与其他 82C59A 处于级联状态。当系统中只使用一片 82C59A 时，SNGL = 1；否则 SNGL = 0。

D_0：IC_4，这位用来指出本片 82C59A 初始化时是否需要写 ICW_4。如果初始化程序使用 ICW_4，则 $IC_4 = 1$；否则 82C59A 不予辨认 ICW_4。注意，只有当 ICW_4各位均为 0 时，才不用写入 ICW_4，这时 ICW_1的 $D_0 = 0$。

• ICW_2的格式和含义

ICW_2是设置中断类型码的初始化命令字，必须写到 8259A 的奇地址端口（即 82C59A 的 $A_0 = 1$）。其格式和各位定义如下：

A_0	D_7	D_6	D_5	D_4	D_3	D_2	D_1	D_0
1	A_{15}/T_7	A_{14}/T_6	A_{13}/T_5	A_{12}/T_4	A_{11}/T_3	A_{10}	A_9	A_8

在 8 位机 8080/8085 系统中，ICW_2的 8 位 $D_7 \sim D_0$作为中断向量地址的 $A_{15} \sim A_8$使用。在 16 位机 8086/8088 系统中，ICW_2的高 5 位 $D_7 \sim D_3$用于规定 $IR_0 \sim IR_7$所对应的中断类型码的高 5 位，中断类型码的低 3 位由 82C59A 硬件自动产生。因此，在 16 位机系统中 ICW_2的低 3 位 $D_2 \sim D_0$不使用，它们可以为 1，也可以为 0。

• ICW_3的格式和含义

ICW_3是标志主片/从片的初始化命令字，必须写到 82C59A 的奇地址端口（即 82C59A 的 A = 1）。只有在一个系统中使用了两片以上 82C59A 并级联时，才需要写入 ICW_3，也就是说只有 ICW_1的 SNGL = 0 时，才需设置 ICW_3。对于主片和从片，ICW_3的格式和含义是不同的。

如果本片为主片，则 ICW_3的格式和各位定义如下：

A_0	D_7	D_6	D_5	D_4	D_3	D_2	D_1	D_0
1	IR_7	IR_6	IR_5	IR_4	IR_3	IR_2	IR_1	IR_0

由于 82C59A 级联时，从片 82C59A 的 INT 输出端接到主片 82C59A 的某一中断请求输入端 IR 上。那么，主 82C59A 如何知道自己的哪一个 IR 引脚接有从芯片，而从 82C59A 又如何知道自己被接于主 82C59A 的哪个 IR 引脚上呢，这就是 ICW_3应完成的功能。

对于主片，ICW_3规定，哪一个 IR 引脚接有从片，其对应位就设置为“1”，否则，对应位设置为“0”。例如：主 82C59A 的 IR_0、IR_3上分别接有从片，则主片的 ICW_3 = 00001001。

如果本片为从 82C59A，则 ICW_3的格式和各位定义如下：

A_0	D_7	D_6	D_5	D_4	D_3	D_2	D_1	D_0
1	0	0	0	0	0	ID_2	ID_1	ID_0

从片 ICW_3的高 5 位不用，但为了和以后的产品兼容，厂家规定这几位为 0。$D_2 \sim D_0$这 3 位用于表示从片的 INT 输出端接到主片的哪一个 IR 引脚，它们的对应关系为：

编码	ID_2	0	0	0	0	1	1	1	1
	ID_1	0	0	1	1	0	0	1	1
	ID_0	0	1	0	1	0	1	0	1
从片 INT 接于主片的引脚		IR_0	IR_1	IR_2	IR_3	IR_4	IR_5	IR_6	IR_7

从片的 $CAS_2 \sim CAS_0$接收主片发来的编码，并将这一编码和自身 ICW_3的 $ID_2 \sim ID_0$相比较，

如果相等,则在第二个$\overline{INTA}$脉冲到来时,将自己的中断类型码送到数据总线。

可见,ICW_3实际上是一个标识码,也称为设备标志。正是通过标识码才实现了主片与从片的正确联络。

• ICW_4的格式和含义

ICW_4是方式控制初始化命令字,必须写入奇地址端口(即 82C59A 的 $A_0=1$)。如前所述,ICW_4并不总是需要写入的,只有在 ICW_1的 $D_0=1$ 时,才有必要设置 ICW_4。其格式和各位定义如下:

$D_7 \sim D_5$:这三位是标志位,恒为 0,用来标志控制字为 ICW_4。

D_4:SFNM,用于规定 82C59A 的中断嵌套方式。若工作方式选为特殊全嵌套,则初始化时,SFNM = 1;否则,SFNM = 0。

D_3:BUF,用于规定 82C59A 是否工作在缓冲方式。若 BUF = 1,则 82C59A 被设置成缓冲方式,否则工作在非缓冲方式。

D_2:M/S,用于规定 82C59A 工作在缓冲方式时,本片是主片还是从片,若是主片,则M/S = 1,否则 M/S = 0。可见,只有当 BUF = 1 时,M/S 才有意义;而 BUF = 0 时,M/S 为无关位。可为 1,也可为 0。

D_1:AEOI,用于设置 82C59A 的中断结束方式。若 AEOI = 1,则 82C59A 被设置成中断自动结束方式,AEOI = 0,则 82C59A 工作在一般中断结束方式。

D_0:μPM,用于指出 82C59A 在 16 位机系统中使用,还是在 8 位机系统中使用。如果本片 82C59A 用于 8086/8088 系统中,则 μPM = 1;若 82C59A 用于 8080/8085 系统时,μPM = 0。

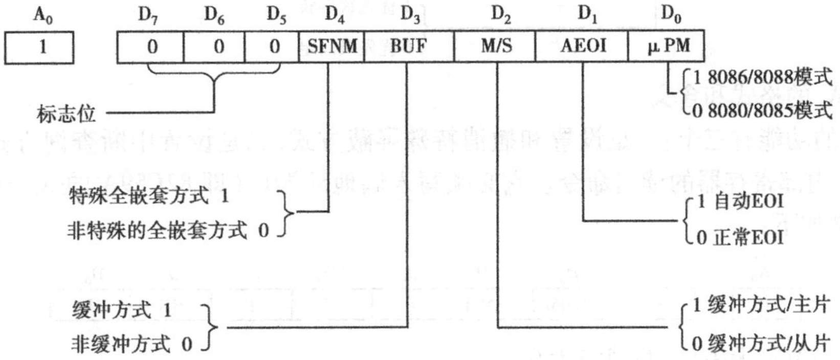

(2)操作命令字

操作命令字在 82C59A 应用程序中使用,可根据需要随时写入,并且在写入次序上没有严格的要求。操作命令字有 3 个,$OCW_1 \sim OCW_3$,下面分别进行介绍。

• OCW_1的格式和含义

OCW_1是中断屏蔽操作命令字,必须写入 82C59A 的奇地址端口(即 82C59A 的 $A_0=1$)。其格式和各位定义如下:

A_0	D_7	D_6	D_5	D_4	D_3	D_2	D_1	D_0
1	M_7	M_6	M_5	M_4	M_3	M_2	M_1	M_0

OCW_1的 8 位 $M_7 \sim M_0$分别为 $IR_7 \sim IR_0$的中断请求屏蔽位。当某一位为 1 时,对应于这一位的中断请求就受到屏蔽;否则,表示对应中断请求得到允许。

比如:OCW_1 = 08H,则 IR_3引脚上的中断请求被屏蔽,其他引脚上的中断请求则被允许。

- OCW_2的格式和含义

OCW_2是用来设置优先级循环方式和发中断结束命令的操作命令字,必须写入偶地址端口(即 82C59A 的 $A_0=0$)。其格式和各位定义如下:

D_7:R,该位决定了 82C59A 的中断优先级是否按循环方式来设置。R = 1,表示采用优先级循环方式;R = 0,则为非循环方式。

D_6:SL,这一位决定了本操作命令字中 $D_2\sim D_0$位是否有效。若 SL = 1,表示 $L_2\sim L_0$三位编码有效;SL = 0,则表示 $L_2\sim L_0$三位编码无效。

D_5:EOI,这一位是中断结束命令位。当 EOI = 1 时,正在服务寄存器 ISR 中被服务的对应位复位;当 EOI = 0 时,表示不发中断结束命令。EOI 只用于非中断自动结束方式,即 ICW_4中的 AEOI = 0 时,EOI 才有效。

D_4,D_3:这两位是标志位,恒为 0。

$D_2\sim D_0$:$L_2\sim L_0$,这三位的用处有两个:一是在特殊的中断结束方式下,由 $L_2\sim L_0$的编码指出具体要对正有服务寄存器 ISR 中的哪一位进行复位;二是在特殊的优先级循环方式下,由 $L_2\sim L_0$指出循环开始时哪个中断请求的级别最低。

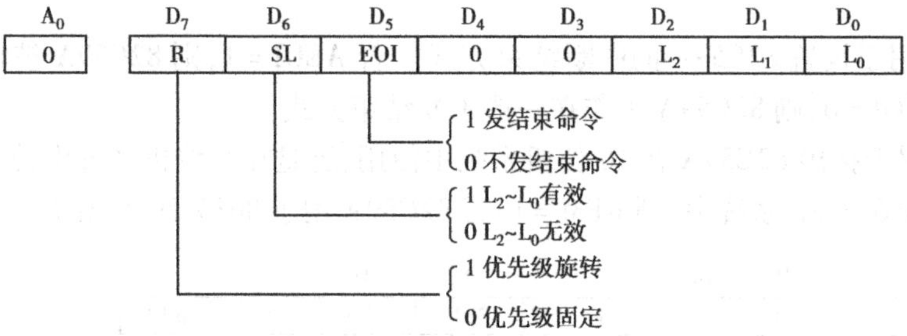

- OCW_3的格式和含义

OCW_3的功能有三个:一是设置和撤消特殊屏蔽方式;二是设置中断查询方式;三是设置对 82C59A 内部寄存器的读出命令。它必须写入偶地址端口(即 82C59A 的 $A_0=0$)。其格式和各位定义如下:

A_0	D_7	D_6	D_5	D_4	D_3	D_2	D_1	D_0
0	0	ESMM	SMM	0	1	P	RR	RIS

D_7:这一位是无关位,并规定为 0。

D_6:ESMM,这一位是特殊屏蔽允许位。若 ESMM = 1,则允许 82C59A 工作在特殊屏蔽方式;若 ESMM = 0,则不允许 82C59A 工作在特殊屏蔽方式。

D_5:SMM,这一位用于设置和撤除 82C59A 的特殊屏蔽方式。若 SMM = 1,表示将 82C59A 设置成特殊屏蔽方式;若 SMM = 0,则表示撤消特殊屏蔽方式,恢复成普通屏蔽方式。

可见,只有当 ESMM = 1 时,SMM 才有效。反过来,并非是 ESMM = 1,82C59A 就工作在特殊屏蔽方式。实际上,ESMM = 1 的情况下,82C59A 何时工作在特殊屏蔽方式,还要由 SMM = 1 来设置。

D_4,D_3:这两位是标志位 $D_4=0$,$D_3=1$。

D_2:P,这是 82C59A 的中断查询设置位。当 P = 1 时,82C59A 被设置为中断查询方式;P = 0 表示 82C59A 未被设置成中断查询方式。

D_1:RR,此位用于发出 82C59A 内部寄存器的读命令。当 RR = 1 时,表示 CPU 向 82C59A

发读命令,准备读内部寄存器的内容。

D_0:RIS,这一位用于区别 CPU 要读的是哪个寄存器的内容。

若 RIS = 1,则表示 CPU 要读 82C59A 内部正在服务寄存器 ISR 的内容,即下一条输入指令读入的是 ISR 的内容。

若 RIS = 0,则表示 CPU 要读 82C59A 内部中断请求寄存器 IRR 的内容,即下一条输入指令读入的是 IRR 的内容。

9.3.5　82C59A 的工作方式

82C59A 的中断操作功能很强,包括中断的请求、屏蔽、结束、排队、级联以及提供中断类型或中断向量等操作,既能实现向量中断又能实现查询中断,既可用于 8 位机又可用于 16 位机,并且有多种不同的工作方式。因此,初学者可能会感到纷繁复杂不好掌握。鉴于此,在介绍 82C59A 的编程之前,先来理顺一下其工作方式。

(1)中断屏蔽方式

82C59A 的 8 条中断请求线的每一条都可根据需要单独屏蔽,对中断请求的屏蔽有两种方式:

- 普通的中断屏蔽方式

前面已经讲过,OCW_1是中断屏蔽操作命令字。当某位被写"1"时,表示对该位的中断请求进行屏蔽。在这种方式下,优先权低的中断请求不能打断优先权高的中断服务。这时 OCW_3的 ESMM = 0,这就是普通屏蔽方式。

- 特殊的中断屏蔽方式

在某些场合下,可能要求在软件的控制下动态地改变系统的优先权结构。如果 CPU 正在处理一个中断,希望能屏蔽一些较低优先权的中断源的中断,而允许另外一些优先权更低的中断源申请中断。即无论 CPU 是否正在处理较高级的中断,只要未被屏蔽的中断请求到来(可能是较低级的),CPU 都会响应,就像优先权不起作用一样。当 OCW_3的 ESMM = 1,SMM = 1 就可设置这种屏蔽方式。这就是特殊的中断屏蔽方式。

(2)中断嵌套方式

如前所述,82C59A 可实现中断嵌套管理,其中断嵌套方式有两种:

- 非特殊全嵌套方式(普通全嵌套方式)

被设置为普通全嵌套工作方式的 82C59A,在被初始化后,8 个中断源优先级是固定的,且 IR_0最高;其次是 IR_1,依次排列下去,IR_7为级别最低的中断请求。除非用优先权旋转命令来改变。这种方式下,低级或同级中断请求,不能打断高级的中断服务。在写入 ICW_4时,使 SFNM = 0,即可将 82C59A 设置为普通全嵌套方式。

- 特殊全嵌套方式

在级联情况下,如果某一从片 82C59A 上同时存在两个以上中断请求,或者对从片而言较低级中断还未被处理完,又来了较高级的中断请求,CPU 应能给予响应。而对于主片来说,同一个从片上来的中断请求都是同级的,按照普通全嵌套方式,新来的中断请求不能打断同级的中断服务。82C59A 针对这种情况专门设有一种特殊全嵌套方式。

在特殊全嵌套方式下,对主片而言,能实现同级中断嵌套。但对从片而言,其新出现的中断请求,在级别上要高于正在处理的中断才能实现嵌套。这种工作方式的设置是使 ICW_4中的

SFNM = 1。

(3)**设置优先级的方式**

可以用软件来指定82C59A所管理的8个中断源的优先级别,指定优先级的方式有两种:

- 固定优先级

当OCW_2中的R = 0时,82C59A被设置成固定优先级方式,此时,从高级到低级的中断请求依次为$IR_0 \sim IR_7$。

- 旋转优先级

所谓旋转优先级,是指82C59A在工作过程中,其8个中断源的优先级别不是一成不变的,而是随着中断响应的结束动态变化的。

例如:假设原来是IR_0最高,依次排列,IR_7最低,当IR_3,IR_5引脚上有请求时,先响应IR_3,但从IR_3的中断服务程序返回后,它就变成了最低级,而它原来的下一级即IR_4变为最高级,IR_5其次,其余依次排列。因此,8个中断源如同一个旋转的环,见图9.6。

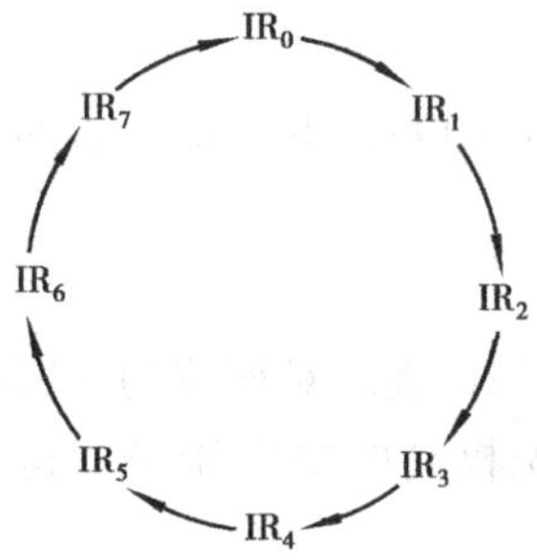

图9.6　优先权旋转示意图

优先权旋转方式适用于多个中断源中断请求的紧急程度相同的场合。优先权旋转又分为两种不同形式:

1)优先级自动旋转方式

在这种方式下,82C59A被初始化后的优先级自动安排为从高到低依次是$IR_0 \sim IR_7$,以后则按旋转方式工作。

2)优先级特殊旋转方式

与自动旋转方式不同的是,在82C59A被初始化后,并不自动安排中断源的优先级,而是要用命令字OCW_2的$L_2 \sim L_0$三位的编码指定一个最低优先级,以后则按旋转方式工作。

(4)**中断结束方式**

82C59A所管理的中断服务过程是否结束,以ISR中的对应位是否复位为标志。因此,当一个中断服务程序完成时,必须给82C59A发一个命令,复位ISR中的对应位,用以表示中断服务已经完成。为适应不同要求,82C59A可工作在不同的中断结束方式。

- 非自动中断结束命令

在这种工作方式下,必须在中断服务程序中用软件向82C59A发结束命令EOI,通常是在具体中断处理完成后,而在中断返回之前发结束命令,具体做法是向82C59A写OCW_2,且使EOI位为“1”。这种结束中断的方式又分为下列几种情况:

第一,若是非级联方式,只需发一个EOI命令。

第二,若是级联方式,除了给主82C59A发EOI命令之外,还要给从82C59A发EOI命令。

第三,非特殊的EOI命令:82C59A工作在非特殊全嵌套方式,则被服务的中断源就是优先权最高的,那么,只需用一般的EOI命令使它在ISR的相应位复位。

第四,特殊的EOI命令:82C59A工作在特殊全嵌套方式,82C59A不能确定刚结束的中断源的等级,此时应该用OCW_2的$L_2 \sim L_0$三位的编码来指定复位。这就是特殊的中断结束命令。

由于一般来说,级联方式总是与特殊全嵌套方式联系起来,而非级联方式总是与非特殊全嵌套方式相联系。所以实际上,在非特殊全嵌套方式下总是使用非特殊中断结束命令,并且只发一个EOI命令。而在特殊全嵌套方式,一般主片使用特殊中断结束命令,从片使用非特殊中断结束命令,并且要发两个以上的 EOI 命令。

• 自动中断结束命令

这种工作方式是在 ICW_4 中使 AEOI = 1 来设置的。它不是靠软件发结束命令 EOI = 1 来复位 ISR 中的对应位,而是在刚一响应中断时的第二个 $\overline{INTA}$ 期间就由此 $\overline{INTA}$ 的后沿(上升沿)使 82C59A 自动复位 ISR 中的对应位。这样,看上去这次的中断服务已经完成,但实际上并未完成,而是刚进入响应过程。使用自动中断结束命令的目的,可避免有的程序员忘记在中断服务程序中发结束命令,而使 82C59A 的较低级的中断请求永远得不到响应。可见,这种中断的自动结束方式,只适用于 82C59A 的单片使用,中断请求不频繁,并且没有中断嵌套的情况。

(5)查询中断方式

当系统的中断源超过 64 个时,再扩展的 82C59A 可工作在中断查询方式。某些不便采用级联扩展优先级的场合也如此。CPU 向 82C59A 发查询命令,用查询方式对外设服务。具体做法是:先向 82C59A 写入 OCW_3,并使 P = 1,其后的第一个读命令被 82C59A 看作中断响应信号,好相当于两个 $\overline{INTA}$ 信号,使最高优先权的 ISR 对应位置位,并将查询字送到数据总线,查询字是从偶地址端口读入的。其格式和定义如下:

A_0	D_7	D_6	D_5	D_4	D_3	D_2	D_1	D_0
1	I	—	—	—	—	W_2	W_1	W_0

I 是中断特征位,如果 I = 1,表示 82C59A 有中断请求;如果 I = 0,则表示 82C59A 没有中断请求,可查询别的 82C59A 片子。在 I = 1 时,$W_2 \sim W_0$ 的编码,表明了当前优先级最高的中断请求是哪一个。$W_2 \sim W_0$ = 000 ~ 111 分别对应 $IR_0 \sim IR_7$。

如查询时,发现有中断请求,CPU 应转入到对 $W_2 \sim W_0$ 所指出的中断源进行中断处理的程序。

(6)读取状态方式

当 OCW_3 的 P = 0,RR = 1 时,就构成了 CPU 对 82C59A 内部寄存器的读命令。发出读命令后的下一个读操作,可将 IRR 或 ISR 的内容读出。当 RIS = 1 时,读出的是 ISR 的状态;当 RIS = 0 时,读出的则是 IRR 的内容。这个读内部寄存器的过程与对 82C59A 的查询过程一样,即先发出 OCW_3,随后从偶地址端口读取一个字节。读 ISR 的目的,是查看正在处理的中断是哪一个,读 IRR 的目的是查看还有哪些中断源提出了中断请求而未被响应。

82C59A 的屏蔽寄存器 IMR 的内容可以随时读出,而不用发读命令,但它是从 82C59A 的奇地址端口读出的,目的是查看哪些中断源被施加了屏蔽,或者通过运算改变某一位的状态而不影响其他位。例如,想要屏蔽 IR_0,而不影响其他位,可执行下列几条语句:

```
IN   AL,IMR 对应端口
OR   AL,01H
OUT  IMR 对应端口,AL
```

(7)级联方式

在较大的微机应用系统中,可用多片 82C59A 级联来扩展中断源。一个主 82C59A 最多可级联 8 个从 82C59A,从而把中断源扩展到 64 个。

若 ICW_1 中的 SNGL 位为 0,表示为级联方式。在这种方式下,典型的硬件连接如图 9.7 所示,这里以在主片的 IR_4、IR_6 上分别接一片从 82C59A 为例。

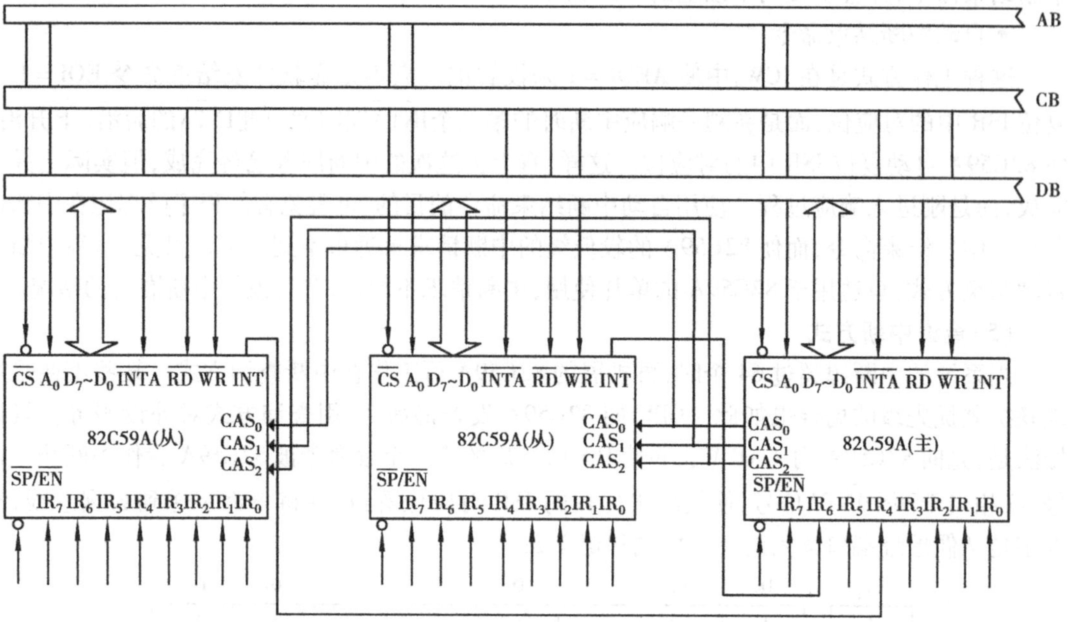

图 9.7　级联方式的连接电路

(8)连接系统总线的方式

• 缓冲方式

当 82C59A 在一个大系统中使用时,82C59A 通过总线驱动器和数据总线相连,这就是缓冲方式。

在缓冲方式下,存在对总线驱动器的选通问题。为此,将 82C59A 的$\overline{SP}/\overline{EN}$引脚和总线驱动器的允许端相连,因为 82C59A 工作在缓冲方式时,会在输出状态字或中断类型码的同时,从$\overline{SP}/\overline{EN}$输出一个低电平,此低电平正好可以作为总线驱动器的选通信号。向 82C59A 写命令时情况也类似。缓冲方式是用 ICW_4的 BUF =1 来设置的,这时的主片由 M/S =1 指定,从片由 M/S =0 指定。它适用于多片 82C59A 级联情况。

• 非缓冲方式

非缓冲方式是相对于缓冲方式而言的。当系统中只有单片使用或有少数几片级联而系统又不大时,82C59A 的数据线可直接与 CPU 系统的数据总线相连,而不用接驱动器。这时$\overline{SP}/\overline{EN}$为输入端。如前所述,主片的$\overline{SP}/\overline{EN}$接高电平,从片的$\overline{SP}/\overline{EN}$接低电平。当 82C59A 单片使用时,其$\overline{SP}/\overline{EN}$必须接高电平。非缓冲方式的设置是使 ICW_4的 BUF =0。

9.3.6　82C59A 的编程

82C59A 的编程分为两种:初始化编程和工作方式编程。

为了帮助读者进一步理解和记忆 82C59A 的命令和状态字在读/写时的区别,以便正确对其进行编程。下面将 CPU 对 82C59A 的读/写操作列于表 9.2。

表9.2　82C59A的读/写操作

A_0	D_4	D_3	RD	WR	CS	输入操作(读)
0			0	1	0	IRR、ISR或查询字→数据总线(注1)
						输出操作(写)
0	0	0	1	0	0	数据总线→OCW_2(写OCW_2)
0	0	1	1	0	0	数据总线→OCW_3(写OCW_3)
0	1	x	1	0	0	数据总线→ICW_1(写ICW_1)
1	x	x	1	0	0	数据总线→OCW_1,ICW_2,ICW_3,ICW_4(注2)
						断开功能
X	X	X	1	1	0	数据总线为三态(无操作)
X	X	X	X	X	1	数据总线为三态(无操作)

注1:IRR,ISR和查询字的选择,取决于在读操作前写入的OCW_3的内容。

2:ICW_1 ~ ICW_4的写入顺序由82C59A内部的顺序逻辑队列决定。

(1)初始化编程

初始化编程是由CPU向82C59A写入2 ~ 4个字节的初始化命令字ICW。目的是让82C59A开始正常工作之前处于起始点。

82C59A的初始化顺序是严格的,见图9.8。

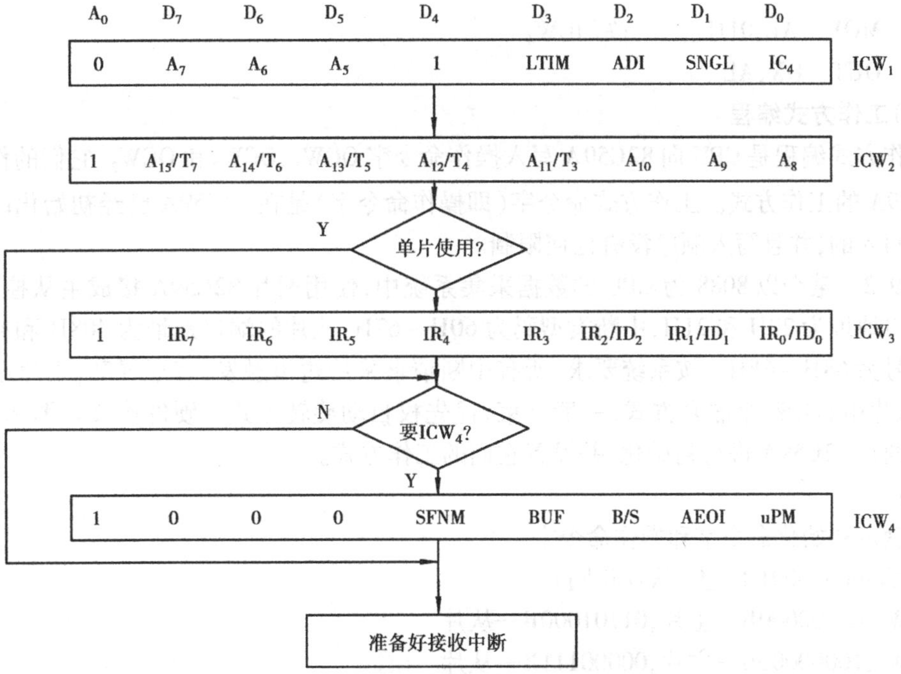

图9.8　82C59A的初始化顺序

当CPU向82C59A的偶地址端口写入一个命令字,且D_4=1时,则被82C59A内部逻辑解

释为初始化命令字 ICW_1,启动 82C59A 中的初始化顺序,紧接着向奇地址端口写入的一个字则被认为是 ICW_2。这两个命令字是必须写的,而 ICW_3 和 ICW_4 是否要写入,则视情况而定。若是级联使用(即 SNGL = 0),那么下一个向奇地址写入的命令自动辨认为 ICW_3,否则不必写入。如果根据系统要求所确定的 ICW_4 不等于 00H,那么继 ICW_3 之后,向奇地址端口写入的必定是 ICW_4。当 ICW_4 = 00H,即 IC_4 = 0,不必写入 ICW_4。

下面举例说明 82C59A 的初始化编程。

例 9.1 设某 8088 系统中使用一片 82C59A,其端口地址为 210H,211H,若按系统要求,中断请求为电平触发,其 8 个中断源的类型号为 60H ~ 67H,试编写初始化程序段。

解:

- 按要求确定初始化命令字:

  ICW_1:00011011B

  ICW_2:01100000B(只有前 5 位有效)

  ICW_4:00000001B

- 初始化程序段:

```
MOV   DX,210H     ;DX 指向偶地址端口
MOV   AL,1BH      ;写 ICW1
OUT   DX,AL
MOV   DX,211H     ;DX 指向奇地址端口
MOV   AL,60H      ;写 ICW2
OUT   DX,AL
MOV   AL,01H      ;写 ICW4
OUT   DX,AL
```

(2)工作方式编程

工作方式编程是 CPU 向 82C59A 写入操作命令字 OCW_1,OCW_2 和 OCW_3,它们的作用是规定 82C59A 的工作方式。工作方式命令字(即操作命令字)是在 82C59A 已经初始化以后的任何时间写入的,并且写入顺序没有任何限制。

例 9.2 某个以 8088 为 CPU 的数据采集系统中,使用两片 82C59A 接成主从控制器,主片的端口地址为 20H 和 21H,中断类型码为 60H ~ 67H,从片的端口地址为 408H 和 409H,中断类型号为 68H ~ 6FH。按系统要求,所有中断请求采用边沿触发,普通屏蔽,主片用特殊全嵌套,从片用非特殊全嵌套方式,一般结束,优先权自动旋转方式。硬件接线如图 9.9 所示。试对这两片 82C59A 进行初始化,并设置它们的工作方式。

解:

- 确定初始化命令字和操作命令字:

ICW_1:00010001B(主、从片相同)

ICW_2:01100000B—主片,01101000B—从片

ICW_3:10000000B—主片,00000111B—从片

ICW_4:00010001B—主片,00000001B—从片

OCW_1:写入 ICW 后,82C59A 自动将 IMR 清零,因此,如开放所有中断请求,则不必再写入 OCW_1。在使用中要改变这种情况时可随时写入。

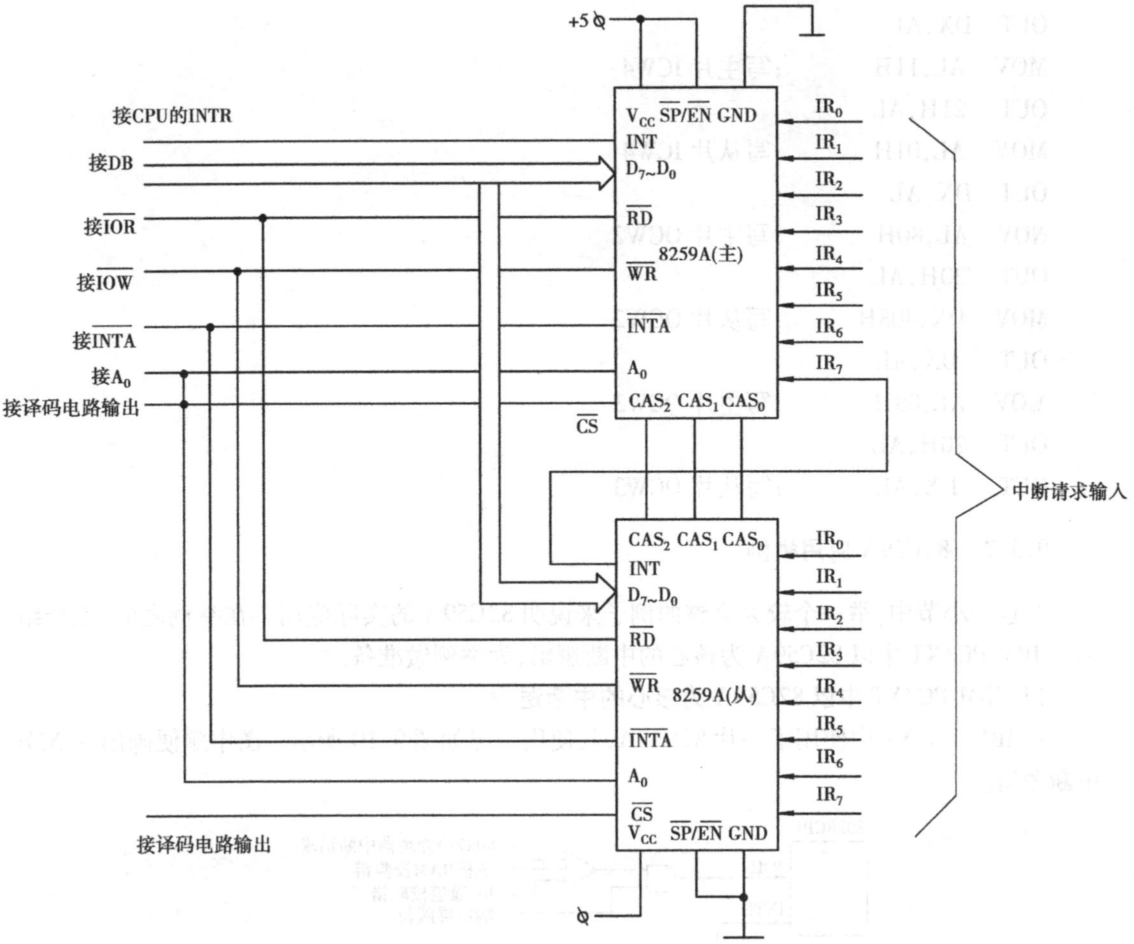

图9.9　例9.2硬件接线图

OCW_2:10000000B（主、从片相同）

OCW_3:00001000B（主、从片相同）

● 编程:

```
MOV   AL,11H        ;写主片ICW1
OUT   20H,AL
MOV   DX,408H       ;写从片ICW1
OUT   DX,AL
MOV   AL,60H        ;写主片ICW2
OUT   21H,AL
MOV   DX,409H       ;写从片ICW2
MOV   AL,68H
OUT   DX,AL
MOV   AL,80H        ;写主片ICW3
OUT   21H,AL
```

```
MOV   AL,07H        ;写从片 ICW3
OUT   DX,AL
MOV   AL,11H        ;写主片 ICW4
OUT   21H,AL
MOV   AL,01H        ;写从片 ICW4
OUT   DX,AL
NOV   AL,80H        ;写主片 OCW2
OUT   20H,AL
MOV   DX,408H       ;写从片 OCW2
OUT   DX,AL
MOV   AL,08H        ;写主片 OCW3
OUT   20H,AL
OUT   DX,AL         ;写从片 OCW3
```

9.3.7 82C59A 应用举例

在这一小节中,举一个较为完整的例子来说明 82C59A 的实际应用。在举例之前,先介绍一下 IBM PC/XT 中以 82C59A 为核心的中断逻辑,为举例做准备。

(1)IBM PC/XT 中以 82C59A 为核心的中断逻辑

在 IBM PC/XT 中使用了一片 82C59A,其使用情况如图 9.10 所示。图中顺便画出了 NMI 中断逻辑。

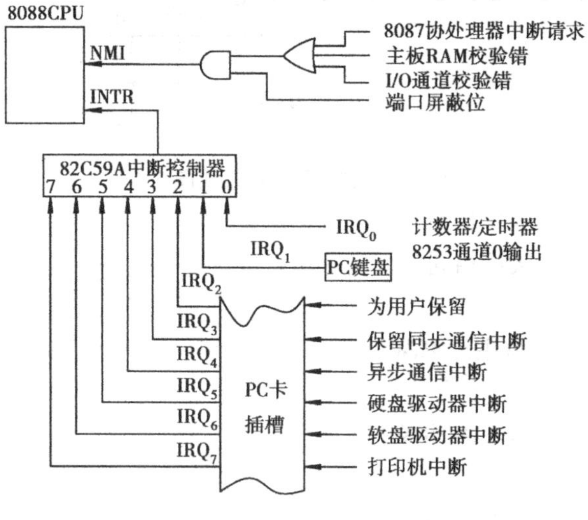

图 9.10　IBM PC/XT 外部中断系统结构

(2)应用举例

例 9.3　在 IBM PC/XT 的 62 芯总线的 IRQ_2端输入一中断请求信号,该信号可由 8253 产生,也可由分频电路产生。要求每中断一次,CPU 响应后 CRT 上显示一串字符"THIS IS A 82C59A INTERRUPT!",并且中断 10 次后返回 DOS。

已知:IBM PC/XT 内 82C59A 的端口地址是 20H 和 21H,并已初始化成边沿触发、普通屏蔽(初始化屏蔽字为 FEH)、非特殊全嵌套、一般中断结束、固定优先级以及非缓冲方式。试编写汇编语言程序实现题目要求。

解:由 IBM PC/XT 中 82C59A 所管理的 8 个中断源(中断类型号为 08H ~ 0FH)可知,IRQ_2 的中断类型号就是 0AH。源程序清单如下:

```
          INTA00    EQU   20H                     ;82C59A 的偶地址端口
          INTA01    EQU   21H                     ;82C59A 的奇地址端口
          DATA    SEGMENT
          MESS   DB 'THIS IS A 8259A INTERRUPT!',0DH,0AH,'$'
          DATA   ENDS
          CODE SEGMENT
          ASSUME   CS:CODE,DS:DATA
START:   MOV   AX,CS                              ;先让 DS 指向代码段
          MOV   DS,AX
          MOV   DX,OFFSET INT-PROC                ;设置 0AH 号中断向量
          MOV   AX,250AH
          INT   21H
          CLI                                     ;关中断
          MOV   DX,INTA01                         ;读出 IMR 内容
          IN    AL,DX
          AND   AL,0FBH                           ;允许 IRQ2 中断
          OUT   DX,AL
          MOV   BX,10                             ;设置中断次数为 10
          STI                                     ;开中断
   LL:    JMP   LL                                ;循环等待中断
          INT-PROC PROC
          MOV   AX,DATA                           ;中断服务程序
          MOV   DS,AX                             ;将 DS 指向数据段
          MOV   DX,OFFSET MESS                    ;显示发生中断的信息
          MOV   AH,9
          INT   21H
          MOV   DX,INTA00                         ;发中断结束命令 EOI
          MOV   AL,20H
          OUT    DX,AL
          SUB     BX,1                            ;计数值减 1
          JNZ    NEXT                             ;不为 0,转去执行中断返回
          MOV   DX,INTA01                         ;为 0,则读出屏蔽字
          IN   AL,DX
          OR  AL,4                                ;禁止 IRQ2 中断
          OUT  DX,AL
```

```
        STI                          ;开中断
        POP   AX                     ;恢复堆栈指针 SP
        POP   AX
        POP   AX
        MOV   AH,4CH                 ;返回 DOS
        INT   21H
NEXT:IRET                            ;中断返回
        INT—PROC   ENDP
        CODE ENDS
        END   START                  ;汇编结束
```

9.4 高档微机中断系统

32 位微机中使用的不是单片中断控制器 82C59A，而是用多片 82C59A 级联构成中断管理系统，甚至将中断管理芯片 82C59A、定时器/计数器电路 8253 以及 DMA 存储器直接存取控制器 8237A 等集成到一个芯片上，完成中断管理、DMA 操作控制、定时与计数等功能，将多个接口芯片的功能电路集成到一个芯片中，这样的芯片称为芯片组。如 80386/80486 微机系统中使用的 82380 多功能接口电路就是这种芯片组。

9.4.1 多功能接口芯片 82380

为了适应高档微机系统的使用需要，82380 不仅将中断控制器、DMA 控制器、定时器/计数器集成到一起，而且在结构和功能上也进行了改进和提高。

(1)**82380 的内部结构**

从功能上看，82380 包括了一个 8 通道的 32 位 DMA 控制器，一个 20 级可编程中断控制器，四个 16 位可编程定时器/计数器。此外，还具有几个系统支持功能电路，如 RAM 刷新控制器、等待状态发生器及系统复位控制逻辑电路等。因此 82380 被称为系统外围支持器件。其结构框图见图 9.11。

82380 可以很方便地连接到 80386/80486CPU 总线上，系统复位后，82380 处于系统从部件模式，接受 CPU 的编程控制。一旦有 DMA 请求，进入 DMA 进程后，它将成为系统主部件。

关于 82380 的定时功能和 DMA 功能将在后续章节讨论。

(2)**82380 的中断功能**

82380 内部有一个可编程中断控制器，相当于三片 82C59A 的功能。分别称主中断层 A、中断层 B 和中断层 C，该控制器输出一个点的中断请求信号 INT 接到 CPU 的可屏蔽中断请求 INTR 引脚上。

82380 的中断控制器可管理 20 级中断，其中 5 个中断请求来自 82380 芯片内部，另外 15 个则是来自于芯片外部的中断请求输入信号。每个外部中断请求输入端可再级连一片 82C59A 作为从片，所以应该说 82380 最多可管理 $15\times8=120$ 个外部中断源。

82380 中断控制器中每个中断请求都可以独立设置中断矢量，且当外接的 82C59A 作为从

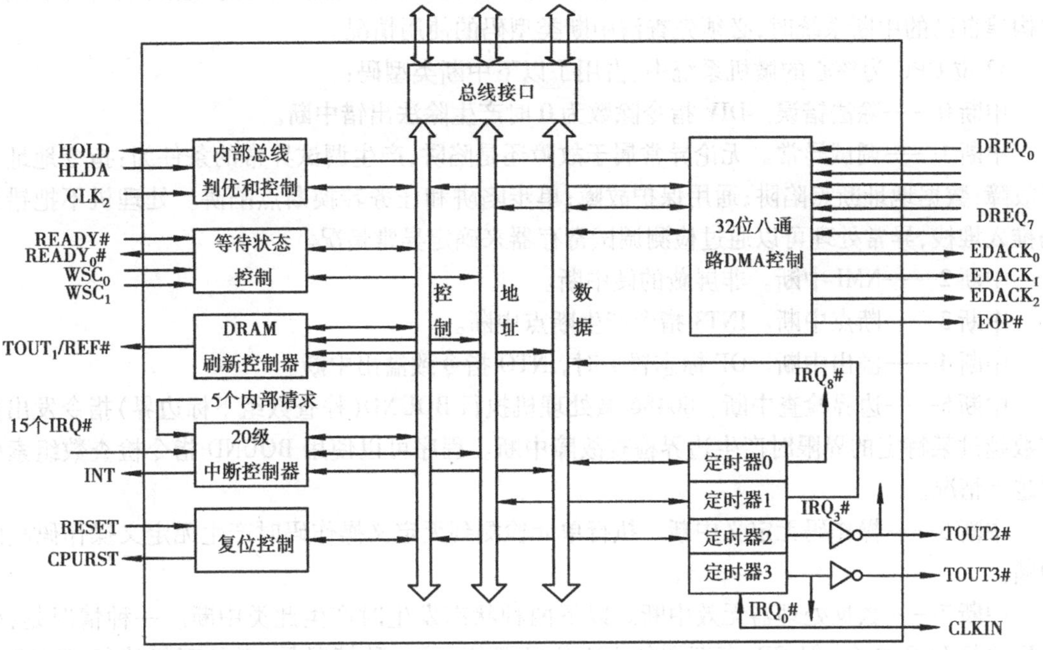

图 9.11　82380 的内部结构框图

片时，在中断响应周期，对从片的标识码不像以前我们介绍的 82C59A 那样由 CAS_2—CAS_0 传送，而是通过数据线 $D_7 \sim D_0$ 传送。

5 个来自 82380 内部的中断请求是：IRQ_0—定时器 3 中断；IRQ_8—定时器 0 中断；IRQ_1—DMA 控制器中基地址寄存器未赋值时产生的中断；IRQ_4—DMA 终止计数中断请求。另外，IRQ_5 是中断层 A 中添加的一个中断请求，由于它的中断优先级低于 IRQ_1 而高于 IRQ_2，故称为 $IRQ_{1.5}$。当中断层 A，B，C 中任何一层写入一个初始化命令字 ICW 时，都会立即产生一个 $IRQ_{1.5}$ 中断。

15 个外部中断请求线是：IRQ_3，IRQ_9，$IRQ_{11} \sim IRQ_{23}$，其中 IRQ_3 来自定时器 2 的输出端 TOUT2。

9.4.2　中断类型码的分配

如前所述，中断类型码是连接中断源与中断处理程序的唯一桥梁，它是中断管理系统给中断源的编号，根据中断类型码能唯一确定中断向量。而只有当一个中断的处理程序准备好，并将其入口地址放入向量表时，该中断的请求才能被服务（即 CPU 可以为哪些中断源服务是预先知道的）。Intel 8086 系列 CPU 及 Pentium 系列 CPU 都拥有 256 个中断类型码，且规定中断向量表中各向量等长，中断处理程序的入口地址在向量表中按中断源类型码（0 ~ 255）排序。任何一个类型码乘上向量单元数（8086/8088 中每个中断向量占用 4 个单元；在 32 位机中，每个中断向量占用 8 个单元），再加上向量表的起始地址就可取得向量地址，从而转入中断处理程序。

CPU 生产厂家为保证 CPU 正常工作，需要占用一些中断类型码，操作系统制作公司为保证操作系统完成管理功能，也要占用中断类型码，各外设、软件商及用户都可能要占用中断类型码。显然有些中断类型码不允许改变其用途,若随便占用可能会导致系统崩溃。因此,用户在构建自己的中断系统时,必须先查清中断类型码的使用情况。

32 位 CPU 为核心的微机系统中,占用了以下中断类型码:

中断 0——除法错误。DIV 指令除数为 0 时产生除法出错中断。

中断 1——调试异常。无论异常属于故障还是陷阱,产生调试异常的条件为:指令地址断点故障;数据地址断点陷阱;通用保护故障;单步陷阱和任务转换断点陷阱。处理机不把错误码推入堆栈,异常处理可以通过检测调试寄存器来确定异常情况。

中断 2——NMI 中断。非屏蔽的硬中断。

中断 3——断点中断。INT3 指令产生断点中断。

中断 4——溢出中断。OF 标志置 1 时,INTO 指令致溢出中断。

中断 5——边界检查中断。80486 微处理机执行 BOUND(检查数组下标边界)指令发出操作数越过某特定的界限时产生边界检查故障中断。程序可以使用 BOUND 指令检查数组索引的越界情况。

中断 6——操作码无定义中断。执行单元检测到无定义操作码时产生无定义操作码故障中断。

中断 7——数据处理器无效中断。以下两种状态发生时产生此类中断。一种情况是:处理机执行 ESC 指令,但 CR_0 寄存器的 EM 位已置位,另一种情况是:微处理机执行 WAIT 或 ESC 指令,但 CR_0 寄存器的 MP 与 TS 位已置位。

中断 8——双重故障。因违反段规则产生异常中断(中断 10 ~ 中断 13)之后,在执行中断处理程序的过程中,又发生页故障以外的异常中断时,则产生此类中断。

中断 9——数值处理器段超越中断。

中断 10——无效的 TSS(任务状态段)中断。任务转换时,因任务的 TSS 不正确而发生中断。

中断 11——缺段中断。检测出段描述符中的 P 位为 0 时发生中断。缺段故障可能由下述原因产生,即试图装入 CS,DS,ES 寄存器,装入 SS 寄存器导致栈故障。试图使用 LIDT(装中断描述符表)指令装入 LDT(局部描述符表)寄存器,在任务转换中装入 LDT 寄存器导致不可用 TSS 异常以及试图使用门描述符,而该描述符标明缺段。

该故障可重启动。异常处理程序装入所缺段并返回后,被中断的程序又恢复运行。

中断 12——堆栈异常中断。在有关 SS 寄存器的操作超过限长;以及由描述符装入 SS 寄存器时,该描述符虽然可用,但标记为缺段;在这两个条件下产生堆栈异常中断。CPU 检测堆栈异常时,将错误码推入异常处理程序的栈中。

中断 13——一般保护异常中断。CPU 检测出违反保护规则的操作时而产生的中断。这些操作有:使用 CS,DS,ES,FS 或 GS 段时超越段限长;访问描述符表时超越限长;运行转移至不可运行段;对只读数据段或代码段进行写操作;读取只运行代码段;将只读段选择器装入 SS 寄存器;将系统段的选择符装入 SS,DS,ES,FS 或 GS 寄存器;将只运行段选择符装入 DS,ES,FS 或 GS;当 DS,ES,FS 和 GS 包含空选择器时,利用它访问内存;转换至忙任务;违背特权级规则等等。

中断 14——页故障中断。页功能有效,而检测到页不存在时而发生的中断。这时,把发生异常中断 32 位线性地址装入 CR_2 寄存器,异常处理程序利用该地址确定相应的页目录与页表项。如果执行页故障处理程序时又出现页故障，处理程序应把 CR_2 寄存器内容推入堆栈。

中断15——数据处理器错中断。CR_0 寄存器的NE位置位，执行CPU指令时发生的中断。

中断16——对准检查中断。访问错误的对准操作数时而发生的对准检查中断。例如，字数据时访问奇数地址，或双字数据时访问非4的整倍数的地址。

开放对准检查必须满足：CR_0 的AM位置位；AC标志置位以及CPL为3（用户态）。

软、硬件生产商共同留给用户的中断类型码目前有60H～7FH，F1H～FFH共47个。用户使用时可在此范围挑选，但仍需避免与其他用户冲突。

9.4.3　矢量中断系统

(1) 中断门与陷阱门描述符

访问一个中断服务程序与访问一般程序并无区别。由于在32位机中实现分段、分页管理，特权保护，因此仅知道中断服务程序入口地址是不够的，正式访问前还必须知道该服务程序的特权级及存在性等属性。32位机把这些属性与入口地址组织在一起构成中断描述符或称为“门”描述符，取代16位机中的中断向量。中断描述符的格式与段描述符类似，其分为中断门和陷阱门。中断门与陷阱门的格式如表9.3所示，它由8个字节组成。其中包括32位偏移量、16位中断/异常中断处理程序代码段描述符的选择符，以及保护特权属性字节。在保护特权字节中，第0位（即＊）为0，表示中断门；第0位为1，表示陷阱门。在进入中断服务程序时，如果由中断门进入，状态标志寄存器EFLAGS中的IF清0，即禁止可屏蔽的中断INTR；如果由陷阱门进入IF保护不变。

表9.3　中断门/陷阱门描述符

15　　　　　　　　　　　　　　　　0

<table>
<tr><td colspan="8">偏　　移　　量　15～0</td></tr>
<tr><td colspan="8">中断/异常中断处理程序代码段描述符的选择符</td></tr>
<tr><td>P</td><td>DPL</td><td>0</td><td>1</td><td>1</td><td>1</td><td>＊</td><td>未使用</td></tr>
<tr><td colspan="8">偏　　移　　量　31～16</td></tr>
</table>

64　　　　　　　　　　　　　　　　48

(2) 中断描述符表

中断管理系统把中断描述符按对应中断源的类型码排列在一起，构成中断描述符表（IDT）。显然IDT取代了16位机中的中断向量表。

(3) 中断过程

CPU响应中断后，由中断源的中断指令类型码，乘以8，与IDTR中的基地址相加，指示中断描述符表中的某一中断门或陷阱门。CPU将门描述符中的选择符送CS寄存器，并根据选择符中TI位是0或1，从GDT或LDT中选择一个段描述符，送CS的段描述符寄存器中。这时，由段描述符中的基础地址确定中断服务程序所在位置的起始地址，由门描述符中的偏移量确定中断服务程序的入口地址。全部过程如图9.12所示。此外，还可通过任务门进行中断处理，这里不再一一介绍。

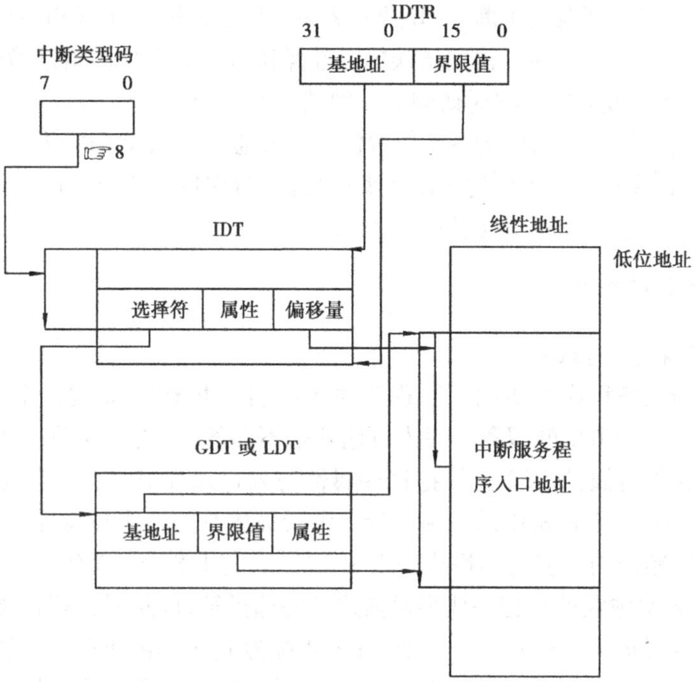

图 9.12　保护方式下中断/异常中断处理过程

(4)中断服务程序的特权级保护

响应中断服务时中断处理程序要进行保护。也就是说,中断处理程序段一定比被中断程序的特权级高或者相同。除 INT 或 INTO 指令产生的异常中断外,对中断门与陷阱门不进行保护。因为执行 INT 或 INTO 指令的码段的特权级一定与中断门或陷阱门相同,或者更高。

习题与思考题

1. 简述什么是中断？什么是中断向量？
2. 什么是 8086/8088 的中断类型号(或称中断类型码)？它与中断向量的关系是什么？
3. 设置中断优先级的目的是什么？IBM PC/XT 的中断系统可处理哪几种中断源？它们的优先级是怎样排列的？
4. 82C59A 的主要功能是什么？它内部的寄存器有哪几个？它们的作用分别是什么？
5. 82C59A 的初始化命令字和操作命令字分别有哪些？它们的使用场合有什么不同？
6. 82C59A 的中断屏蔽寄存器 IMR 和 8086/8088 内部的中断允许触发器 IF 有什么差别？在可屏蔽中断请求和中断响应过程中,它们是如何配合工作的？
7. 82C59A 引入中断的方式之一是中断查询方式,简述其特点和适用场合。
8. 82C59A 的 ICW_2 设置了中断类型码的哪几位？说明对 82C59A 分别设置 ICW_2 为 30H,36H 和 38H 有什么不同？
9. 按照如下要求对 82C59A 进行编程:单片 82C59A 应用于 8088 系统,中断请求信号为边沿触发方式，中断类型码为80H～87H，采用中断自动结束、非特殊全嵌套、工作在非缓冲方式。其端口地址为93H和94H。

10. 特殊屏蔽方式和普通屏蔽方式有什么不同？特殊屏蔽适用于什么场合？
11. 写出屏蔽82C59A的中断请求IR_2和IR_5而开放其他中断请求的汇编语句，然后再写出撤消对IR_2和IR_5屏蔽的语句。
12. 设以8086/8088为CPU的系统中两片82C59A接成主从式控制器，若从片接在主片的IR_3上，试画出硬件连接图。
13. 什么是中断描述符？它与中断向量的区别是什么？什么是中断描述符表？它与中断向量表的区别是什么？
14. 什么是中断服务程序的特权级？它与中断优先级有何关系？
15. 简述高档微机的中断响应过程。
16. 82380芯片组由哪几个主要部分组成？分别完成什么功能？
17. 82380芯片组能管理多少级中断？其中有多少个是内部中断？多少个是外部中断？

第 10 章 定时/计数技术及接口

10.1 定时/计数技术概述

各种计算机系统都需要时间基准,尤其是工业测控系统,常常要进行定时和对外部事件计数。本章讨论微机系统定时/计数技术,并着重对可编程定时器/计数器芯片 Intel 8253/8254 作较为详细的介绍。

10.1.1 系统的时间基准

计算机是一种严格按时序进行工作的数字化、智能化机器,因此,它离不开定时与计数。这个问题可以从两方面加以说明。第一,计算机系统本身需要一个时间基准,以保证计算机在确定时刻完成规定动作,如动态存储器的定时刷新等。另外,系统一般有实时日历时钟,以方便记录或查询某些事件。第二,用计算机构成的测控系统常被要求能提供一些定时和计数的功能,如定时中断,定时检测、定时扫描、定时传送数据、其他定时处理以及所需要的某种延时等。没有定时,计算机就不知道什么时间该做什么事情,或不能保证在规定时间内完成某种任务。

计算机系统本身的时间基准就是它的主时钟频率(简称主频),在此基础上,由若干个时钟周期构成总线周期(或机器周期),如第 2 章中所介绍的那样,进而形成指令周期,多条指令组成一段程序,完成某种要求的运算或处理。这就是计算机工作的本质。由此我们也可以想到,为了使机器各部件的工作能在时序上同步,系统中各个时钟信号都源于同一个主频。

10.1.2 系统定时分类

定时/计数的方法归纳起来有两大类:软件定时和硬件定时,下面分别加以讨论。

(1)**软件定时**

软件定时是实现系统定时或延时控制的最简单的方法。软件定时是指 CPU 执行一段具有固定延时时间的循环程序。这种程序常用汇编语言编写,因为汇编语言的每一条指令所占用的时钟周期(T 状态)数是确定的。只要将整个循环体内每条指令的 T 状态数累加起来,乘以系统的时钟周期,就是该程序执行一遍所需的固定延时时间。程序设计者可选择不同周期数的指令和不同的循环次数来实现不同的时间延迟。

软件定时的优点是不需要外加硬件电路且定时精确。缺点是定时过程中,CPU一直在执行该定时程序,不能做其他工作,定时时间越长,CPU的开销越大,而且不能响应中断,否则定时就不准确了。因此这种方法多用于较短时间的定时,如用软件延时来消除机械按键的抖动等。

(2)**硬件定时**

硬件定时是指由硬件电路来实现的定时。对于较长时间的定时,一般用硬件电路来完成,以减轻CPU的负担,使得在定时期间CPU能做其他工作。硬件定时又分为不可编程的和可编程的两种。

不可编程的硬件定时如555时基电路、单稳延时电路或计数电路等,是通过外部的RC元件来实现定时的。但元件参数一经设定就不能改变,电路调试也比较麻烦。另外,时间一长,电阻、电容器件老化,电路工作不稳定,会严重影响定时准确度和稳定性。

可编程硬件定时,实际上是一种软硬件结合的定时方法,是为了克服单独的软件定时和硬件定时的缺点,而将硬件电路做成通用的定时器/计数器并集成到一个硅片上,其定时参数和工作方式又可由软件来控制。这种定时器/计数器芯片可直接对系统时钟进行计数,通过写入不同的计数初值,可方便地改变定时时间,且定时期间不需要CPU管理。Intel公司的8253和8254就是这样的定时器/计数器芯片。

10.2　可编程定时器/计数器8253/8254

Intel 8254只是在8253的基础上做了两个方面的改进:一是其计数速率可达2.6 MHz,二是增加了回读命令。因此,对8253的讨论完全适用于8254。

10.2.1　8253 主要特性

8253是为微型计算机配套而设计的一个可编程定时器/计数器芯片,24引脚双列直插式封装。其主要特性是:

- 单一正5 V电源,NMOS工艺制成。
- 片内具有3个独立的16位减法计数器(或称计数通道),每个计数器又可分成两个8位的计数器。
- 计数频率为0～2 MHz。
- 两种计数方式:即二进制或BCD方式计数。
- 六种工作方式,既可对系统时钟脉冲计数实现定时,又可对外部事件进行计数。
- 可由软件或硬件控制开始计数或停止计数。

10.2.2　8253 内部结构

8253内部结构如图10.1所示。主要由以下几部分组成。

- 数据总线缓冲器　数据总线缓冲器为8位、双向、三态的缓冲器,CPU通过它,一方面可以向控制寄存器写入控制字,向计数器写入计数初值;另一方面可以从计数器读取当前计

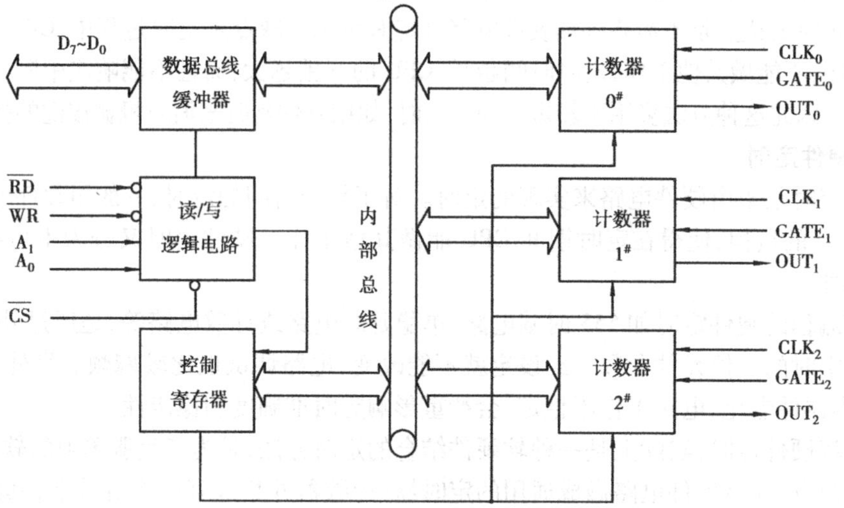

图 10.1 8253 内部结构

数值。

• 读/写逻辑电路　读/写控制逻辑从系统总线接收输入信号,经过译码,实现对 8253 各部分的控制。

• 控制字寄存器　接收从 CPU 来的控制字,并由控制字的 D_7,D_6位的编码决定控制字写入哪个计数器的控制寄存器。

• 计数器

8253 的 3 个计数器是相互独立且内部结构完全相同的。每个计数器中都有一个控制单元,用以控制该计数器的工作方式。一个计数初值寄存器,分为高 8 位和低 8 位,只能写入,不能读出,使计数器能从某个设定的初值开始计数。一个 16 位的计数单元,这是计数器的核心部分,一般当初值寄存器的内容装入计数单元后,就可启动它以输入时钟的速率进行递减计数。一个输出锁存器,分为高 8 位和低 8 位,CPU 可从该锁存器读取当前计数值。计数器的内部逻辑如图 10.2 所示。

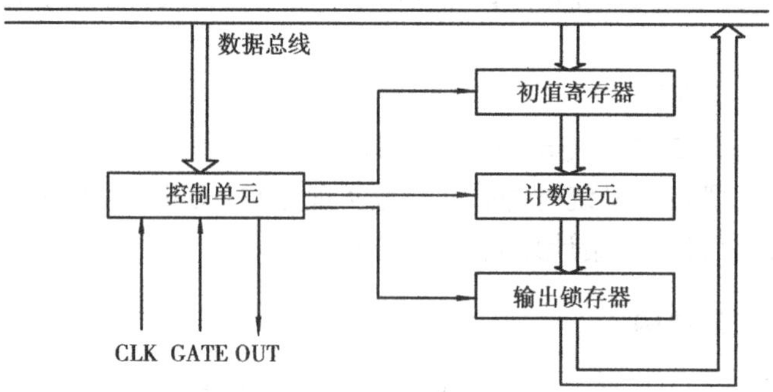

图 10.2 计数器的内部逻辑

10.2.3　8253 外部特性

8253 是一个采用 NMOS 工艺制作，单一正 5 V 电源供电，24 引脚的双列直插式封装的接口芯片，其引脚排列如图 10.3 所示。它的引线可分为两部分：一是通过总线与 CPU 连接的引线，二是与外设的接口引线。

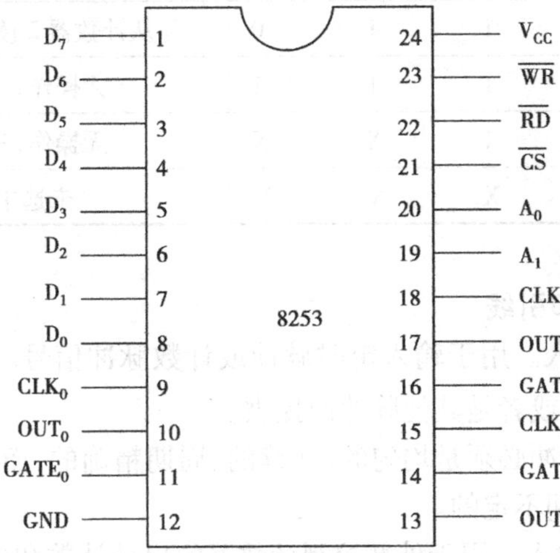

图 10.3　8253 引脚图

(1)8253 与 CPU 的接口引线

$D_7 \sim D_0$：数据线，双向，三态，可与微机总线（或 CPU 数据总线）直接相连。用于传递 CPU 与 8253 之间的数据信息、控制信息和状态信息。

$\overline{WR}$：写信号，输入，低电平有效。用于控制 CPU 对 8253 的写操作。此脚连接 CPU 系统控制总线的 $\overline{IOW}$。

$\overline{RD}$：读信号，输入，低电平有效。用于控制 CPU 对 8253 的读操作。此脚连接 CPU 系统控制总线的 $\overline{IOR}$。

A_1，A_0：地址线，输入。用于寻址 8253 内部的 4 个端口，即：3 个计数器和一个控制字寄存器。与 CPU 系统地址总线相连。

$\overline{CS}$：片选信号，输入，低电平有效。当 $\overline{CS}=0$ 时，8253 被选中，允许 CPU 对其进行读/写操作。此脚连接译码电路输出端。

表 10.1 列出了 $\overline{CS}$，$\overline{RD}$，$\overline{WR}$，A_1，A_0 各信号组合所实现通道的各种操作。

表 10.1　8253 端口操作中各信号组合所实现的功能

$\overline{CS}$	$\overline{RD}$	$\overline{WR}$	A_1	A_0	操　　作
0	1	0	0	0	对计数器 0 设置计数初值
0	1	0	0	1	对计数器 1 设置计数初值
0	1	0	1	0	对计数器 2 设置计数初值

续表

$\overline{CS}$	$\overline{RD}$	$\overline{WR}$	A_1	A_0	操　　作
0	1	0	1	1	控制字写入控制寄存器
0	0	1	0	0	从计数器 0 读计数值
0	0	1	0	1	从计数器 1 读计数值
0	0	1	1	0	从计数器 2 读计数值
0	0	1	1	1	无操作,三态
0	1	1	X	X	无操作,三态
1	X	X	X	X	未选中

(2)8253 **与外设的接口引线**

$CLK_{0\sim2}$:计数时钟,输入。用于输入定时脉冲或计数脉冲信号。CLK 可以是系统时钟脉冲,也可以由系统时钟分频或者是其他脉冲源提供。

当用于定时时,这个脉冲必须是均匀的、连续的、周期精确的,而用于计数时,这个脉冲可以是不均匀的、断续的、周期不定的。

$GATE_{0\sim2}$:门控信号,输入。用于外部控制计数器的启动计数和停止计数的操作。两个或两个以上计数器连用时,可用此信号来同步,也可用于与外部某信号同步。

$OUT_{0\sim2}$:计数输出端。当计数器从初值开始完成计数操作时,OUT 引脚上输出相应的信号(详见 8253 工作方式)。

10.2.4　8253 方式控制字(CW)

为了让定时器/计数器 8253 按用户要求工作,必须先由 CPU 向 8253 发命令,即将控制字写入控制寄存器。只要了解控制字的格式,就能掌握控制字的含义及设置方法。

8253 控制字的格式如下:

D_7	D_6	D_5	D_4	D_3	D_2	D_1	D_0
SC_1	SC_0	RW_1	RW_0	M_2	M_1	M_0	BCD

其中:BCD 位,用来选择计数格式。$D_0=0$,计数器按二进制格式计数;$D_0=1$,计数器按 BCD 码格式(即十进制)计数。

M_2,M_1,M_0为工作方式选择位。8253 有 6 种工作方式可供使用者选择,每种工作方式下的输出波形各不相同。选择哪种工作模式是通过对控制寄存器的 $D_3D_2D_1$ 三位的设置来决定的。具体对应关系如下:

M_2	M_1	M_0	工作方式选择
0	0	0	方式 0
0	0	1	方式 1
x	1	0	方式 2
x	1	1	方式 3
1	0	0	方式 4

1	0	1	方式5

RW_1,RW_0是读/写指示位。CPU 向某个计数器写入初值和读取它们的当前值时,有几种不同的格式,具体为:

RW_1	RW_0	读/写格式
0	0	锁定当前计数值(供 CPU 读取)
0	1	只读/写低8位
1	0	只读/写高8位
1	1	先读/写低8位,后读/写高8位

这里有两点需要指出:

第一,8253 的读操作:为了对计数器的计数值进行实时显示、实时检测或对计数值进行数据处理,有时需要读回计数器的当前计数值。8253 有两种读计数值的办法。

1)读之前先停止计数

这种方法在读之前,可用 GATE 信号停止计数器工作,然后用 IN 指令读取计数值。具体读取格式取决于控制字的 D_5D_4位。若 $D_5D_4=11$,则同一端口地址要读两次,先读的是低位字节,后读的是高位字节;$D_5D_4=10$,则只读一次,读出的是高位字节;$D_5D_4=01$,只读一次,且读出的是低位字节。

2)读之前先送计数锁存命令

这种方法是在计数过程中读,读时并不影响当时正在进行的计数。具体分两步进行:

第一步,用 OUT 指令写入锁存控制字到控制寄存器,即令控制寄存器的 $D_5D_4=00$,其他位按要求设定。这样就将计数器当前计数值锁存到 8253 内部的锁存器中(见图 10.2)。

第二步,用 IN 指令读取被锁存的计数值,读取格式取决于控制字的 D_5D_4两位,具体情况同上。

在没有收到锁存命令之前,锁存器的内容随计数器的内容变化,一旦收到锁存命令,就将当前值锁定,即锁存器的内容不再随计数器的内容变化,但当 CPU 读取数据或重新编程后,锁存器解除锁存状态,又开始随计数器内容变化。由于 8253 具有随时对计数值进行锁存而不影响计数的功能,故读计数值时可不停止计数器的计数。

第二,当写计数初值时,若 $D_5D_4=01$,则计数初值只有8位,并送入计数初值寄存器的低8位,而高8位自动清零;若 $D_5D_4=10$,也只有8位计数初值,但写入计数初值寄存器的高8位,同样,低8位也将自动清零;若 $D_5D_4=11$,计数初值为16位,分两次写入计数初值寄存器,先写低8位,后写高8位。

SC_1	SC_0	所选计数器
0	0	计数器0
0	1	计数器1
1	0	计数器2
1	1	无意义

10.2.5 8254 的回读命令

在 8254 芯片中若需要对计数器内容进行读出，除可采用上述的锁存操作外，还可以采用回读命令的方法。回读命令的格式为：

D_7	D_6	D_5	D_4	D_3	D_2	D_1	D_0
1	1	COUNT	STATUS	CNT_2	CNT_1	CNT_0	0

回读命令是以 $D_7D_6=11$ 和 $D_0=0$ 为标志的，它被写入控制字寄存器。用回读命令置 $D_5=0$，并设置被选择的计数器(由回读命令的 $D_3\sim D_1$ 为设定)，可以对多个计数器的输出进行锁存。这样就可以用一条命令使一个或多个计数器同时锁存，以便回读计数值，而不用像 8253 那样，读几个计数器要用几个锁存命令。如果把多条回读命令送到同一个计数器而没有对其计数值进行读取，则除第一条命令外，其余的命令均被忽略，即对这个计数器进行读取时，读取的是第一条回读命令时的计数锁存值。

回读命令还可以在计数器输出锁存的同时，通过使命令的 $D_4=0$ 将被选择的计数器的状态信息锁存，对被选择的计数器执行读操作，可以取得计数器的状态，其格式为：

D_7	D_6	D_5	D_4	D_3	D_2	D_1	D_0
OUTPUT	NULL COUNT	RL_1	RL_0	M_2	M_1	M_0	BCD

状态字的 $D_5\sim D_0$位就是最后写入该计数器的控制字的 $D_5\sim D_0$位。最高位 D_7是该计数器输出引脚的状态位。若输出为高电平，$D_7=1$；若输出为低电平，$D_7=0$，完全反映了输出引脚的变化。

空计数值位 D_6表示最后写入 CR 的计数值是否以装入 CE 中。当控制字写入控制字寄存器时，$D_6=1$；计数值写入 CR 时，也使 $D_6=1$。只有当新的计数值装入 CE 时，$D_6=0$。在$D_6=0$以前，锁存或读到的计数值，将不是刚写入的计数值。

如果对计数器进行多次状态锁存操作而没有对状态进行读出，则除了第一次操作以外，其余操作均为无效，即对这个计数器的状态进行读出时，读取的是送出的第一条状态回读命令时的计数器状态。

可以同时置 COUNT 和 STATUS 位为 0，去锁存被选择计数器的计数值和状态。如果对一个计数器的计数值和状态都进行锁定，则第一次读操作读出的是锁定的状态，而下一次或下两次(根据对计数器的编程计数类型是字计数或是字节计数)读出的是锁定计数值。

表 10.2 给出了回读命令的例子。

表 10.2 回读命令举例

命　令	说　　明	结　　果
11000010	回读计数器 0 的计数值和状态	锁存计数器 0 的计数值和状态
11100100	回读计数器 1 的状态	锁存计数器 1 的状态
11101100	回读计数器 2、1 的状态	锁存计数器 2 的状态但不锁存计数器 1
11011000	回读计数器 2 的计数值	锁存计数器 2 的计数值

续表

命　令	说　　明	结　　果
11000100	回读计数器1的计数值和状态	锁存计数器1的计数值但不锁存状态
11100010	回读计数器0的状态	忽略这条命令，计数器1的状态已锁存

10.2.6　8253初始化编程

在任何情况下，使用8253之前，必须先对其进行初始化编程，初始化编程包括对所使用的计数器写入控制字和计数初值。每个计数器必须由CPU写入控制字和计数初值后，该计数器才能处于工作状态，但写入初值后是否就立即计数，还要看具体工作方式(详见10.2.7)。

初始化编程的顺序是：对某一指定计数器，必须先写控制字，再写计数初值，这是因为计数初值写入的格式是由控制字的D_5和D_4两位的编码决定的。对于三个计数器的控制字的写入，在顺序上无任何限制，因为它们是完全独立的，即0通道的控制字不一定最先写入，而2通道的控制字未必最后写入。

初始化编程的具体步骤为：

1)写入计数器的控制字，规定其工作方式等；

2)写入计数初值。

- 若规定只写低8位，则写入的为计数值的低8位，高8位自动置0；
- 若规定只写高8位，则写入的是计数值的高8位，低8位自动置0；
- 若规定写16位计数值，则分两次写入，先写的必是低8位，后写的必是高8位。

无论哪个通道的控制字都必须写入同一个端口，即控制端口，对应地址$A_1A_0=11$。计数初值则要写入指定计数器对应的端口地址，即计数器0对应地址为$A_1A_0=00$，计数器1对应地址为$A_1A_0=01$，计数器2对应地址为$A_1A_0=10$。高位地址由片外译码电路确定。

例10.1　某微机系统中8253的端口地址为40H~43H，要求计数器0工作在方式0，计数初值为FFH，按二进制计数；计数器1工作在方式2，计数初值为1 000，按BCD码计数。试写出初始化程序段。

解：

1)按要求找出所用计数器的控制字

计数器0的控制字：

0	0	0	1	0	0	0	0

选计数器0　　只写低8位　　选工作方式0　　二进制计数

计数器1的控制字：

0	1	1	0	0	1	0	1

选计数器1　　只写高8位　　选工作方式2　　BCD计数

说明：由于通道0的计数初值只有8位，也可看成00FFH，但只写低8位后，高8位会自动清零，所以控制字的$D_5D_4=01$。因此，控制字为10H。

其实把00FFH当成16位来写也是可以的。

通道1的计数初值为16位。可以有两种写法:一种是先写低8位00H,再写高8位10H,也可以只写高8位,这是由于低8位会自动清零。因此,控制字为65H。

由此可见,计数初值有时可以当成8位来写,也可以当成16位来写,故控制字是不唯一的。在这个例子中都只写8位。请读者自己找出把计数值当成16位来写的控制字。

2)初始化程序段

```
MOV   AL,10H      ;写通道0控制字
OUT   43H,AL
MOV   AL, 0FFH    ;写通道0计数初值
OUT   40H,AL
MOV   AL, 65H     ;写通道1控制字
OUT   43H,AL
MOV   AL, 10H     ;写通道1计数初值
OUT   41H,AL
```

例10.2 设8253端口地址为FFF0H~FFF3H,要求计数器2工作在方式5,二进制计数,初值为F03FH。试按上述要求完成8253的初始化。

解:

1)控制字

1	0	1	1	1	0	1	0
选计数器2		先写低8位 再写高8位			选工作方式5		二进制计数

控制字为:BAH

说明:与上例不同,此例中计数初值为16位,且高8位、低8位均不为0,故必须按先写低8位,后写高8位的格式写入计数初值,即$D_5D_4=11$,也就是说,这种情况下控制字是唯一的。

2)初始化程序段

```
MOV   DX,0FFF3H        ;DX指向控制端口
MOV   AL,0BAH          ;写控制字
OUT   DX,AL
MOV   DX,0FFF2H        ;DX指向通道2
MOV   AL,3FH           ;写初值低8全
OUT   DX,AL
MOV   AL,0F0H          ;写初值高8位
OUT   DX,AL
```

10.2.7 8253工作方式

8253作为一个可编程的定时/计数器,可以编程选择6种不同的工作方式,不论哪种工作方式,都会遵守下面几条基本原则:

- 控制字写入计数器时,所有的控制逻辑电路立即复位,输出端OUT进入初始状态(高电

平或者低电平)。

• 初值写入以后,要经过一个时钟上升沿和一个时钟下降沿,计数执行部件才开始计数。

• 通常,在时钟脉冲 CLK 的上升沿,门控信号 GATE 被采样。对于一种给定的工作方式,门控信号的触发方式有具体规定,即或者用电平触发,或者用边沿触发。在有的工作方式中,两种触发方式都允许。具体讲,8253 的方式 0,方式 4 中,门控信号为电平触发;方式 1,方式 5 中,门控信号为上升沿触发;而在方式 2,方式 3 中,既可用电平触发,也可用上升沿触发。

• 在时钟脉冲的下降沿,计数器作减 1 计数。0 是计数器所能容纳的最大值,因为用二进制计数时,16 位计数器中,0 相当于 2^{16},用 BCD 码计数时,0 相当于 10^4。

下面介绍 8253 的 6 种工作方式。

(1)**方式 0——计数结束产生中断**

• 计数过程

写入控制字后的时钟上升沿输出端 OUT 变成低电平,并且计数过程中一直维持低电平。写入计数初值后的第一个时钟下降沿,计数器从初值开始减 1 计数,减到 0 时,输出端 OUT 变成高电平,并一直维持高电平,除非写入新的计数值。

• 门控信号的影响

门控信号 GATE = 1 时,允许计数;GATE = 0 时,暂停计数,门控恢复为高电平后,继续计数。但门控不影响输出端 OUT 的电平。所以,如果在计数过程中,有一段时间 GATE 变为低电平,那么,输出端 OUT 的低电平持续时间会因此而延长相应的长度。

• 新的初值对计数过程的影响

如果在计数过程中写入新的初值,那么,在写入新值后的下一个时钟下降沿计数器将按新的初值计数。如果新的计数值是 16 位的,在写入第一个字节后,计数器停止计数,写入第二个字节后,计数器按新初值开始计数,即新的初值立即有效。

• 输出脉冲宽度

正常情况下,若计数初值为 N,则从计数开始到计数结束经过了 N 个时钟周期。8253 方式 0 输出波形如图 10.4 所示。

说明:8253 内部没有中断控制电路,也没有专用的中断请求引线,所以若要用于中断,则可以用 OUT 信号作为中断请求信号(故称为计数结束请求中断方式),但需有外接的中断优先权排队电路与中断向量产生电路(见应用举列)。

(2)**方式 1——可重触发的单稳态触发器**

• 计数过程

写入控制字后的时钟上升沿输出端 OUT 变成高电平,写入计数初值后计数器并不开始计数。门控信号上升沿到来后的下一个时钟下降沿,输出 OUT 变为低电平,同时计数器从初值开始减 1 计数,计数过程中 OUT 端一直维持低电平。当计数减到 0 时,输出端 OUT 变为高电平,并且在下一次触发之前,一直维持高电平。

• 门控信号的影响

方式 1 中,门控信号的作用可从两个方面进行说明。第一,在计数结束后,若再来一个门控信号上升沿,则在下一个时钟周期的下降沿又从初值开始计数,而不需要重新写入计数初值,即门控脉冲可重新触发计数。第二,在计数过程中,若来一个门控上升沿,也在下一个时钟下降沿从初值起重新计数,即终止原来的计数过程,开始新的计数过程。

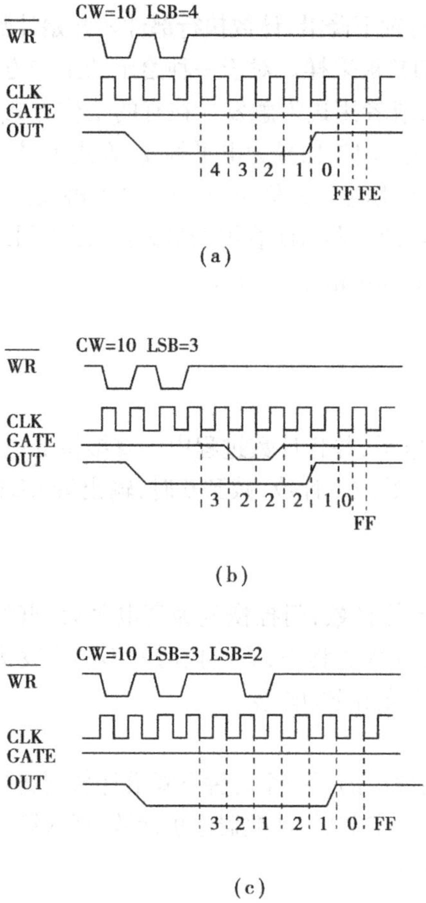

(a)方式 0 波形
(b)方式 0 时 GATE 信号的作用波形
(c)方式 0 在计数过程中改变计数值
图 10.4　方式 0 波形图

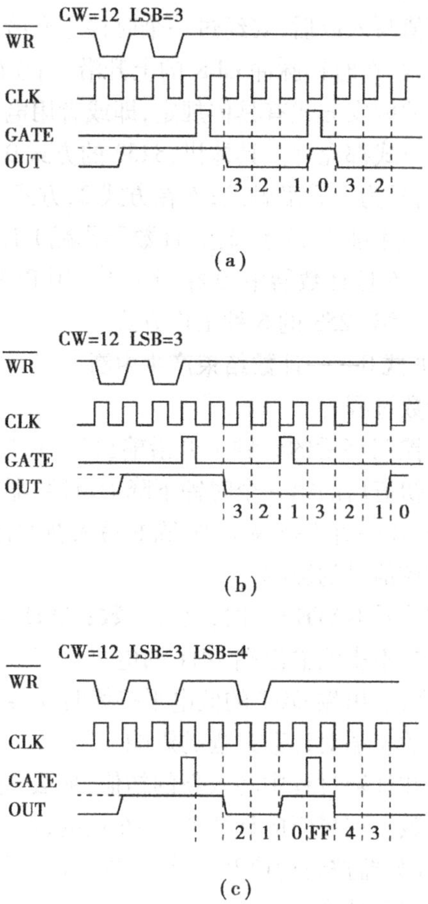

(a)方式 1 波形
(b)方式 1 时 GATE 信号的作用波形
(c)方式 1 在计数过程中改变计数值
图 10.5　方式 1 波形图

• 新的初值对计数过程的影响

如果在计数过程中写入新的初值,不会立即影响计数过程。只有下一个门控上升沿到来后的第一个时钟下降沿,才终止原来的计数过程,而按新值开始计数。若计数结束前没有新的门控上升沿,则原计数过程将正常结束,OUT 输出高电平,直到下一个门控上升沿到来后的第一个时钟下降沿,才按新的初值计数。即新的初值下次有效(下一个触发的门控上升后有效)。

• 输出脉冲宽度

正常情况下,若计数初值为 N,从门控上升沿到来的下一个时钟下降沿,即开始计数,到计数结束 OUT 变高,在输出 OUT 端有 N 个时钟周期的负脉冲。

8253 方式 1 输出波形如图 10.5 所示。

(3)**方式 2——分频器**

• 计数过程

写入控制字后的时钟上升沿,输出端 OUT 变成高电平,写入计数初值后的第一个时钟下降沿开始减 1 计数。减到 1 时,输出端 OUT 变为低电平,减到 0 时,输出端 OUT 又变成高电平,同时从初值开始进行新的计数过程。

由此可见,不用重新写入计数值,计数器就能连续工作,输出固定频率的脉冲。因此称为分频器,或称为速率发生器。

• 门控信号的影响

门控信号为低电平终止计数,而由低电平恢复为高电平后的第一个时钟下降沿重新从初值开始计数。

由此可见,GATE 一直维持高电平时,计数器为一个 N 分频器。GATE 端输入的负脉冲可用来使计数器同步,这种同步是通过硬件给出门控信号来实现的,称为硬件同步。

• 新的初值对计数过程的影响

如果在计数过程中改变初值,即写入新的计数初值,有两种情况:第一种情况,GATE 一直维持高电平,则新的初值不影响当前的计数过程,但在计数结束后的下一个计数周期将按新的初值计数。这相当于通过写入新的初值使计数器同步,称为软件同步。第二种情况,若写入新的初值后,遇到门控信号的上升沿,则结束现行计数过程,从下一个时钟下降沿开始按新的初值进行计数。

• 输出脉冲宽度

在正常情况下,即 GATE 一直保持高电平,若写入的初值为 N,则在每个计数周期 OUT 端输出 N－1 个时钟周期的高电平,1 个时钟周期的低电平,并形成连续的脉冲波。

8253 方式 2 输出波形如图 10.6 所示。

(4)**方式 3——方波发生器**

• 计数过程

方式 3　计数过程分两种情况:

第一种情况:计数初值为偶数。写入控制字后的时钟上升沿,输出端 OUT 变成高电平,写入计数初值后的第一个时钟下降沿,计数器从初值开始减 1 计数。减到 N/2 时,输出端 OUT 变为低电平,减到 0 时,输出端 OUT 又变成高电平,并重新从初值开始计数。若 GATE＝1,则一直重复同样的计数过程。

可见,输出端 OUT 的波形是连续的方波,故称方波发生器。

第二种情况:计数初值为奇数。写入控制字后的时钟上升沿,输出端 OUT 变成高电平,写入计数初值后的第一个时钟下降沿,计数器从初值开始减 1 计数。减到(N＋1)/2 以后,输出端 OUT 变成低电平,减到 0 时,OUT 端又变成高电平,并重新开始一个计数过程。这时输出端的波形为连续的近似方波。

• 门控信号的影响

GATE 信号能使计数过程重新开始。GATE＝1,允许计数,GATE＝0,禁止计数。如果在输出端 OUT 为低电平期间,GATE 变低,则 OUT 将立即变高,并停止计数。当 GATE 变高以后,计数器重新装入初值并重新开始计数。

• 新的初值对计数过程的影响

在计数过程中写入新的计数初值,若这时门控信号一直保持高电平,则新的初值不影响当前的计数过程,只有在下一个计数周期开始时,才按新的初值开始计数。但若在写入初值后来一个门控上升沿,则在下一个时钟下降沿时,终止现行计数过程而按新值开始计数。即新的初

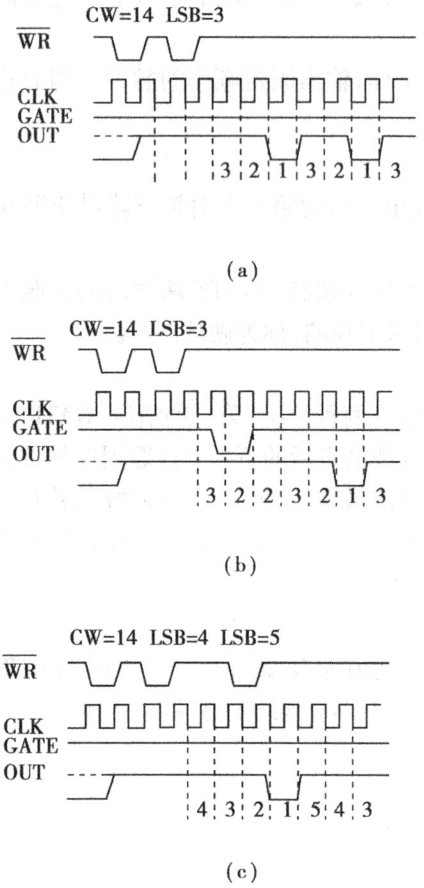

(a)方式 2 波形

(b)方式 2 时 GATE 信号的作用

(c)方式 2 时在计数过程中改变计数值

图 10.6　方式 2 波形图

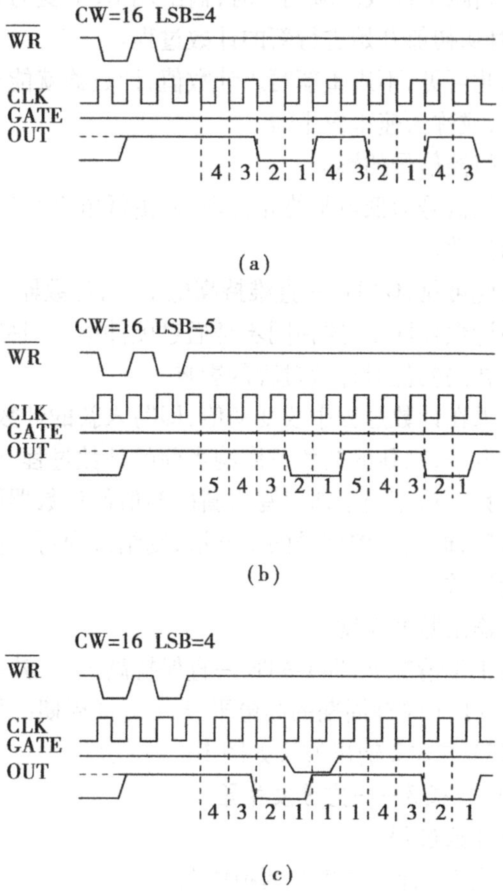

(a)方式 3 在计数值为偶数时的波形

(b)方式 3 在计数值为奇数时的波形

(c)方式 3 时 GATE 信号的作用

图 10.7　方式 3 波形图

值下次有效。

• 输出脉冲宽度

在正常计数过程中，即 GATE 一直保持高电平，设写入的计数初值为 N，对于方式 3，有两种情况：

当计数初值为偶数时，OUT 端的输出波形为严格的连续方波。即在每个计数周期内，有 N/2 个时钟周期的高电平，N/2 个时钟周期的低电平。

当计数初值为奇数时，OUT 端的输出波形为近似的连续方波。在每个计数周期内，有 (N + 1)/2 个时钟周期的高电平，(N - 1)/2 个时钟周期的低电平。

例如，N = 4，则每个计数过程包含 2 个时钟周期的高电平，2 个时钟周期的低电平；而若 N = 5，则每个计数过程包含 3 个时钟周期的高电平，2 个时钟周期的低电平。

8253 方式 3 输出波形如图 10.7 所示。

(5) 方式 4——软件触发的选通信号发生器

• 计数过程

写入控制字后的时钟上升沿，输出端 OUT 变成高电平，写入计数初值后的第一个时钟下降沿，计数器开始减 1 计数，减到 0 时（注意：不是减到 1 时），输出端变低一个时钟周期，然后自动恢复成高电平，并一直维持高电平，除非写入新的计数初值。

• 门控信号的影响

GATE = 1 时，允许计数；GATE = 0 时，禁止计数，而输出维持当时的电平。只有在计数器减为 0 时，才使输出端产生电平的变化而出现一个负脉冲。

• 新的初值对计数过程的影响

在计数过程中，如果写入新的计数初值，则立即终止现行的计数过程，并在下一个时钟下降沿，按新的初值开始计数。若在计数结束后，写入新的初值，也会立即按新值计数。也就是说，在方式 4 中新的计数初值是立即有效的，所以称为软件触发，即在任何时候由软件写入计数初值，只要当时 GATE = 1，就会立即触发一个计数过程（但只有一次，计数过程不自动重复）。

• 输出脉冲宽度

在正常情况下，若写入的计数初值为 N，则在一个计数过程中输出端 OUT 自写入初值后，维持 N 个时钟周期的高电平，1 个时钟周期的低电平。这个负脉冲可作为选通信号使用，所以方式 4 称为软件触发的选通信号发生器。

8253 方式 4 输出波形如图 10.8 所示。

(6) 方式 5——硬件触发的选通信号发生器

• 计数过程

写入控制字后的时钟上升沿，输出端 OUT 就成高电平，写入计数初值后，计数器并不开始计数。当有门控信号 GATE 的上升沿到来时，才在下一个时钟下降沿，从初值开始减 1 计数，计数器减到 0，输出端 OUT 变低一个时钟周期，然后又自动恢复成高电平，并一直保持高电平，直到再遇到门控信号 GATE 的上升沿，开始下一轮计数。

此输出负脉冲可以用作选通脉冲，它是通过硬件电路产生的门控信号上升沿触发得到的，所以叫硬件触发选通脉冲，而这时 8253 相当于一个硬件触发的选通信号发生器。

• 门控信号的影响

如果在计数过程中，又来一个门控信号的上升沿，则立即终止现行的计数过程，且在下一个时钟下降沿，又从初值开始计数。如果计数过程结束后，来一个门控上升沿，计数器也会在下一个时钟下降沿，从上一个初值开始减 1 计数，而不用重新写入初值。即门控信号上升沿任何时候到来都会立即触发一个计数过程。

• 写入新的初值对计数过程的影响

在计数过程中写入新的计数初值，若这时无门控信号上升沿触发，则新初值的写入不会影响现行的计数过程。直到下一个门控信号上升沿到来后的下一个时钟下降沿，才从新的初值开始减 1 计数。若在计数结束后写入新的初值，同样也要等到门控信号上升沿触发后才有效。即新的计数初值在下一个门控信号上升沿触发后有效。

• 输出脉冲宽度

在正常计数情况下，即门控信号触发后，计数过程结束前未来第二次触发，如果写入的计数初值为 N，则一个计数过程中输出端 OUT 自动触发后维持 N 个时钟周期的高电平，1 个时钟周期的低电平。

8253 方式 5 输出波形如图 10.9 所示。

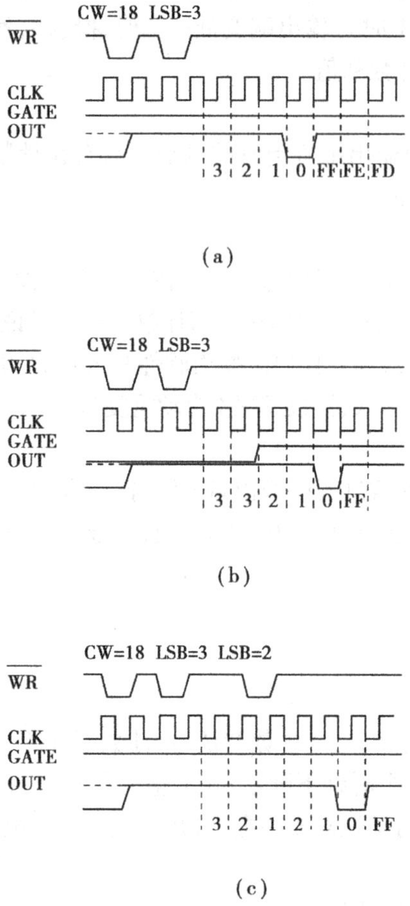

(a)方式4波形

(b)方式4时GATE信号的作用

(c)方式4时在计数过程中改变计数值

图10.8　方式4波形图

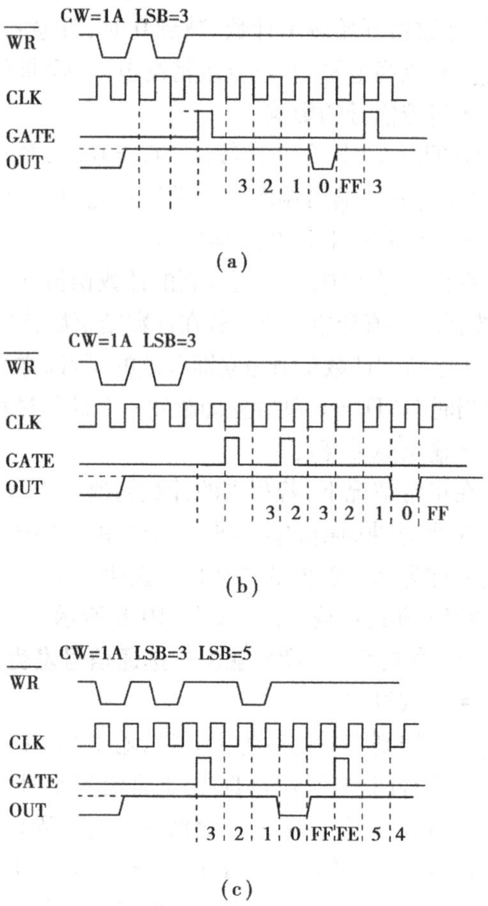

(a)方式5波形

(b)方式5时GATE信号的作用

(c)方式5在计数过程中改变计数值

图10.9　方式5波形图

(7)8253的六种工作方式比较

由于8253的工作方式较多,加上要考虑门控信号的作用和改变计数值对计数过程的影响,使得情况比较复杂,初学者难于记忆,下面从四个方面对这六种工作方式做一对比,从而使读者掌握它们的联系与区别,以便更好地运用8253这个芯片。

这四个方面的对比分别列于表10.3、表10.4、表10.5和表10.6中。

表10.3　计数值N与输出波形

工作方式	功　能	N与波形的关系
0	计数结束产生中断	写入初值后经N+1个时钟周期OUT变高
1	可重触发的单稳态触发器	输出宽度为N个时钟周期的单次负脉冲
2	分频器(速率发生器)	输出占空比为(N-1)/N的连续脉冲波

续表

工作方式	功　　能	N 与波形的关系
3	方波发生器	输出占空比 1/2(N 为偶数)或(N+1)/2 个正脉冲、(N-1)/2 个负脉冲(N 为奇数)的连续方波
4	软件触发的选通信号发生器	写入初值后经 N 个时钟周期,OUT 变低 1 个时钟周期
5	硬件触发的选通信号发生器	门控触发后经 N 个时钟周期,OUT 变低 1 个时钟周期

表 10.4　门控信号 GATE 的作用

工作方式	功　　能	GATE=1	GATE=0	GATE 上升沿
0	计数结束产生中断	允许计数	暂停计数	不受影响
1	可重触发的单稳态触发器	不受影响	不受影响	触发从初值开始计数
2	分频器(速率发生器)	允许计数	禁止计数	重新计数
3	方波发生器	允许计数	禁止计数	重新计数
4	软件触发的选通信号发生器	允许计数	暂停计数	不受影响
5	硬件触发的选通信号发生器	不受影响	不受影响	触发从初值开始计数

表 10.5　写入新的初值对计数过程的影响

工作方式	功　　能	写入新值产生的影响
0	计数结束产生中断	立即有效
1	可重触发的单稳态触发器	门控触发后有效
2	分频器(速率发生器)	下次有效或门控触发后有效
3	方波发生器	下次有效或门控触发后有效
4	软件触发的选通信号发生器	立即有效
5	硬件触发的选通信号发生器	门控触发后有效

表 10.6　输出波形的连续性

工作方式	功　　能	波形连续性
0	计数结束产生中断	单次负脉冲(软触发)
1	可重触发的单稳态触发器	单次单拍负脉冲(硬触发)
2	分频器(速率发生器)	连续脉冲波
3	方波发生器	连续方波
4	软件触发的选通信号发生器	单次单拍负脉冲(软触发)
5	硬件触发的选通信号发生器	单次单拍负脉冲(硬触发)

在使用 8253 时,应根据具体使用场合选择适当的工作方式。

10.2.8 8253 应用举例

到现在为止，已经学习了可编程定时/计数器 8253 的内部结构、编程原理和工作方式，下面举两个实际例子说明 8253 的使用方法。

例 10.3 IBM-PC/XT 微机的某扩展板上使用一片 8253，其端口地址为 200H ~ 203H。要求从定时器 0 的输出端 OUT_0 得到 500 Hz 的方波信号，从定时器 1 的输出端 OUT_1 得到50 Hz的连续单拍负脉冲信号。已知系统提供的计数脉冲频率为 250 KHz，其硬件连接见图 10.10。试编写初始化此 8253 的程序段。

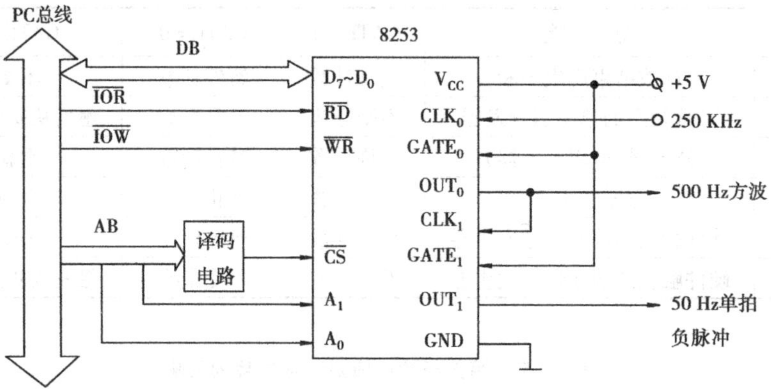

图 10.10 例 10.3 的硬件连接图

解：

1）确定工作方式

根据题目要求可知，OUT_0 输出的是连续方波，所以定时器 0 就工作在方式 3，而 OUT_1 端输出连续单拍负脉冲，那么，定时器 1 必须工作在方式 2。

2）计算计数初值

若 8253 的定时器工作在方式 2 或方式 3，实际上相当于分频器，即 OUT 端的输出信号频率是由 CLK 端的信号频率经定时器分频得到的，而分频系数就是从计数初值开始减到 1 时所计得的时钟周期数。那么，计数初值 N 就是定时器的分频系数所对应的数字。也就是说，存在如下关系式：

$$计数初值 = 分频系数 = f_{CLK}/f_{OUT}$$

由于题目中未指定计数格式，所以可以规定按二进制计数，也可以规定按 BCD 码计数（实际上是十进制计数），两种情况下的满度值不同。这里选择按二进制计数，其满度值为 $2^{16}-1$。

现在来计算本例中定时器 0 和定时器 1 的计数初值。

定时器 0：

$$\begin{aligned} N &= f_{CLK0}/f_{OUT0} \\ &= 250\,000/500 \\ &= 500 \end{aligned}$$

化为十六进制为 01F4H。

定时器 1：

$$
\begin{aligned}
N &= f_{CLK1} / f_{OUT1} \\
&= 500/50 \\
&= 10
\end{aligned}
$$

化成 16 进制为 0AH。

3) 确定控制字

根据所选工作方式和计数格式,以及计算出的计数初值,可确定定时器 0 和定时器 1 的控制字如下:

定时器 0:

0	0	1	1	0	1	1	0
选定时器 0		先写低 8 位 后写高 8 位		选工作方式 3			二进制计数

控制字为 36H

定时器 1:

0	1	0	1	0	1	0	0
选定时器 1		只写低 8 位		选工作方式 2			二进制计数

控制字为 54H

4) 初始化程序段

```
MOV   DX,203H          ;写定时器 0 控制字
MOV   AL,36H
OUT   DX,AL
MOV   DX,200H          ;写定时器 0 计数初值低 8 位
MOV   AL,0F4H
OUT   DX,AL
MOV   AL,01H           ;写定时器 0 计数初值高 8 位
OUT   DX,AL
MOV   DX,203H          ;写定时器 1 控制字
MOV   AL,54H
OUT   DX,AL
MOV   DX,201H          ;写定时器 1 计数初值
MOV   AL,0AH
OUT   DX,AL
```

例 10.4　某 IBM PC/XT 应用系统中,当某一外部事件发生时(给出一高电平信号),1 秒钟后向主机申请中断。若用 8253 实现此延迟,试设计硬件连接图并对 8253 进行初始化。设 8253 的端口地址为 40H ~ 43H。

解:

从 8253 的六种工作方式的输出波形看,本例选用工作方式 0 最为合适,因为按方式 0 工作时,写入控制字后 OUT 端立即变低,可以用事件发生所给出的高电平作为门控信号。也就是说,由于事件未发生时,门控信号为低电平,故写入初值后不会计数,直到事件发生时,门控

信号变为高电平,计数器才从初值开始减1计数,达到预定时间刚好计完并在OUT端输出高电平作为中断请求信号,且能保持此请求信号直到被响应。请求信号的撤除可在中断服务程序中完成,如:想办法使门控信号复位,对定时器写入控制字而使OUT端变低。

现在使用IBM PC/XT机中晶振频率(14.318 18 MHz)经12分频以后的1.19 MHz时钟信号作为计数脉冲。而8253的一个计数通道能否完成1 s的定时呢?

因为计数初值 $N = f_{CLK}/f_{OUT}$

$= 1\ 190\ 000\ Hz/1\ Hz$

$= 1\ 190\ 000$

可见已超出1个定时器的满度值,所以至少应用两个计数通道。

这里,选BCD码计数(也可选二进制),用定时器1和定时器2,将定时器1的初值选为0,这里当于最大数值10^4。那么,定时器2的初值就是119。用定时器1作为对1.19 MHz信号的分频器,选工作方式2。定时器2用于产生中断请求信号,选工作方式0。

因此,通道1和通道2的控制字分别为:01010101B 和 10110001B

本例的硬件连接如图10.11所示。

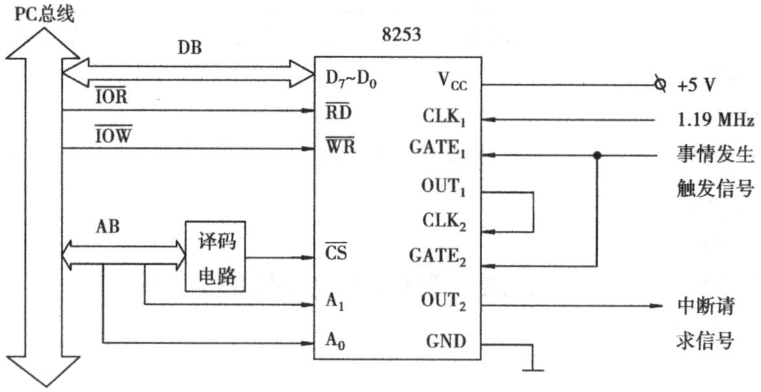

图10.11 例10.4硬件连接图

初始化程序段:

```
MOV   AL,01010101B        ;写通道1控制字
OUT   43H,AL
MOV   AL,0                ;写通道1计数初值
OUT   41H,AL
MOV   AL,10110001B        ;写通道2控制字
OUT   43H,AL
MOV   AL,19H              ;写通道2计数初值低8位
OUT   42H,AL
MOV   AL,1                ;写通道2计数初值高8位
OUT   42H,AL
```

10.3　8253 在微机系统中的应用

10.3.1　IBM PC/XT 系统板上的 8253-5

IBM PC/XT 系统中使用了一片定时器/计数器 8253-5 其原理与 8253 相同,它在系统板上的使用情况及与其他电路的连接关系见第 2 章。其中三个通道的计数脉冲均为 1.19 MHz,这是由系统主频 4.77 MHz 进行 4 分频产生的,周期为 840 ns。

该 8253-5 的通道 0 工作在方式 3,输出周期性方波,写入其锁存器的计数初值为 0000H,这对应于最大的方波周期 $T = 65\ 536 \times 840\ ns \approx 55\ ms$。$OUT_0$ 接到 IRQ_0,它是中断控制器 8259A 的 0 通道中断请求输入端。由于 8259A 编程为上升沿触发中断,因此每隔 55 ms 遇到上升沿时便请求一次中断。在 IBM　PC/XT 中用 0040:006CH 字单元存放计数值,每次 IRQ_0 中断将它加 1。这 16 位的字单元进位恰好是 1 小时左右一次,因为 $55\ ms \times 65\ 536 \approx 3\ 604.5\ s \approx 1$ 小时。用 0040:006EH 字单元存放小时数,每逢 0040:006CH 字单元进位它就加 1。类似地用 0040:0070H 单元进行天计数。在 ROM BIOS 中的 IRQ_0 中断服务程序除了进行上述计数进位操作外,还进行近似误差的修正。此外还用来控制磁盘驱动器的电机转动时间。在 ROM BIOS 中的 IRQ_0 中断服务程序中还有一条自中断指令 INT 1CH,用户可对其编程。这就能保证每隔 55 ms,这个用户程序就被调用一次。

通道 1 工作在方式 2,输出周期性的负脉冲。其计数初值为 18,因此 1 通道输出周期为 $18 \times 840\ ns \approx 15\ \mu s$ 的负脉冲。这个负脉冲用来将 DMA 控制器的 DRQ_0 触发器置 1,从而请求 DMA 操作。每一次请求,使 DMA 控制器读动态存储器一个单元,并将地址加 1。其 DMA 应答信号 $\overline{DACK_0}$ 将 DRQ_0 触发器清零。每 15 μs 读动态存储器一个单元,也就是说每 1.92 ms 将读相邻的 128 个单元($15\ \mu s \times 128 = 1.92\ ms$)。我们知道只要能在 2 ms 内读动态存储器的任意相邻 128 个单元,整个动态存储器将被刷新一遍。

在 8253-5 的驱动程序中对 0 通道和 1 通道的设置可由下述程序段完成:

```
MOV   AL,00010110B          ;设置 0 通道工作方式 3,只写低 8 位,二进制计数
OUT   43H,AL
MOV   AL,0                  ;写 0 通道计数初值
OUT   40H,AL
MOV   AL,01010100B          ;设置 1 通道工作方式 2,只写低 8 位,二进制计数
OUT   43H,AL
MOV   AL,18                 ;写 1 通道计数初值
OUT   41H,AL
```

通道 2 用于扬声器发声,用户也可以使用。

10.3.2　IBM　PC/XT 中的扬声器接口

在 IBM　PC/XT 系统中,扬声器是通过下面的方法被驱动发声的,图 10.12 是扬声器的接口电路。

图中，SPKRDATA 接主板上的 8255A-5 的 PB_1，作为扬声器的数据允许信号，控制发声的持续时间。TIME2GATESPK 接主板上的 8255A-5 的 PB_0，作为控制扬声器发声的定时器 2 的门控信号。通过软件编程使 8253-5 的通道 2 输出一定频率的波形，经驱动并滤除高次谐波后，送到扬声器。接口电路中的 T/C2OUT 接主板上的 8255A-5 的 PC_5，CPU 通过读取 PC_5 的值就可以了解 8253-5 的通道 2 的输出状态。系统中驱动器（U_{85}）的输出端 Y 还连接到 8255A-5 的 PC_4，因此，CPU 也可以通过读取 PC_4 的值来了解驱动器输出状态。

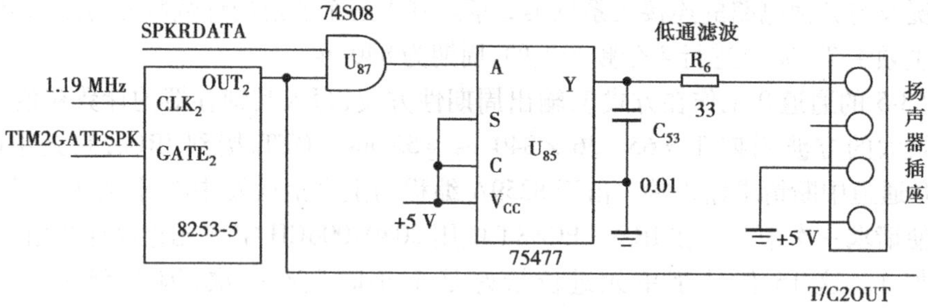

图 10.12　IBM PC/XT 系统中的扬声器接口电路

当用户在应用程序中需要使扬声器发声时，可根据 8253-5 的端口地址及硬件连接关系编写相应程序。

例如，要使 IBM PC/XT 系统中的扬声器发出 600 Hz 的声音，相应的程序段为：

```
IN   AL,61H                 ;读 8255A-5 的端口 B
OR   AL,3
OUT  61H,AL                 ;将 PB0 和 PB1 置 1，打开通道 2 的门，接通扬声器
MOV  AL,10110111B
OUT  43H,AL                 ;置通道 2 工作在方式 3，先写低 8 位后写高 8 位，BCD 计数
MOV  AX,1989                ;计数初值 = 1.19MHz/600Hz = 1989
OUT  42H,AL                 ;写初值低 8 位
MOV  AL,AH
OUT  42H,AL                 ;写初值高 8 位
```

10.4　高档微机的定时器

前面已经讲过，在 32 位微机中使用的不是单独的定时器，而是多功能芯片 82380（也称为芯片组），它将定时器、中断控制器、DMA 控制器等集成到一起，代替了分立的 8253、82C59A 和 8237A 的功能。

82380 内部有 4 个 16 位可编程定时器（定时器 0 ~ 定时器 3），这些定时器的功能与它们的前身产品 8253 很相似。每个定时器有 6 种操作模式，4 个定时器共用一个时钟信号 CLKIN，该时钟信号可以独立于系统时钟。CPU 可以锁存和读取定时器的当前计数值。各定时器的功能如下：

定时器 0 用于产生实时时钟中断信号,其输出端直接连到中断请求输入端 IRQ8#;

定时器 1 用于产生 DRAM 刷新控制信号,其输出端连到刷新控制逻辑电路以提供刷新定时时序;

定时器 2 的输出端 TOUT2#和中断请求输入端 IRQ3#相连,它可作为 IRQ3#中断请求输入,也可作为普通定时器输出。

定时器 3 可在 82380 内部产生 IRQ0#中断请求,另外,通过 TOUT3#引出后也可作为通用的外部定时信号。

习题与思考题

1. 试述定时与计数技术在微机系统中的用途。
2. 简述软件和硬件定时方法的优缺点。
3. 比较 8253 的 6 种工作方式的特点,举例说明每种工作方式的适用场合。
4. 8253 的工作方式 2 和 3,工作方式 4 和 5 的差别分别是什么?
5. 8253 内部有几个独立的定时/计数器?是多少位的?它们的 CLK 端和 GATE 端的作用分别是什么?
6. 现用 8253 的通道 0 对外界事件进行计数,要求每计到 100 时产生一个中断请求信号,设 8253 的端口地址为 200H ~ 203H。
   ①画出该 8253 外部硬件连接图;
   ②对该 8253 进行初始化。
7. 讨论:若某系统中 8253 的时钟脉冲为 2 MHz,问实现 1 秒定时需要几个通道?1 片 8253 最多能定时多长时间?2 片 8253 级连最多能定时多长时间?
8. 简述 82380 中 4 个定时器的用途。
9. 芯片组 82380 与专用的定时器/计数器 8253 有什么异同点?

第 11 章 DMA 技术与 DMA 控制器

计算机及其相关技术的发展,使数据交换的速度不断提高,特别是磁盘、光盘那样的外部设备需要与内存进行高速大批量的数据传送。而一般的数据传送是在 CPU 的控制下进行的,即 CPU 以地址总线和控制总线发出双方的地址和控制信息,再将要传送的数据送到数据总线并经过 CPU 的累加器转送到存贮器单元或外设端口。并且每次传送的位数非常有限,最多不超过 CPU 数据线宽度,同时还占用了 CPU 的时间。由此可见,经 CPU 进行大批量的数据传送是很不经济的,尤其不适合要求实时传送数据的场合。因此,出现了存贮器直接存取方式(Direct Memory Access),简称 DMA 方式。

11.1 DMA 技术概述

DMA 方式是指用专门的硬件电路来控制高速外设与内存之间直接进行数据传送,而不通过 CPU,在传送期间由此控制电路管理数据、地址和控制总线。在现代计算机中,DMA 技术是不可缺少的,并且都将这部分专用的控制电路制作成了集成器件,称 DMA 控制器(DMA Controler),简称 DMAC。

11.1.1 DMAC 的基本功能

通过系统总线传送一个字节或字所涉及的全部活动时间称为一个总线周期。在任何给定的总线周期内,允许接在系统总线上的系统部件之一来控制总线,通常称这个控制系统总线的部件为主部件,而称与其通信的其他部件为从部件。若总线未被锁定,CPU 及其总线控制逻辑通常是主部件,而其他部件可通过向 CPU 发出总线请求信号,以获得总线的控制权。CPU 在完成现行总线周期后,在 CPU 可以让出总线的情况下,将向发出总线请求信号的部件发出总线允许信号,从而使该部件成为主部件。主部件负责指挥总线的活动与操作,包括把地址放到地址总线上,以及发出读/写控制信号等。能够成为主部件的部件,除了主处理器和协处理器以外,常见的还有 DMA 控制器(DMAC)。DMA 控制器是用于实现以 DMA 方式进行数据传送的专门的硬件电路。在它控制下进行的数据传送,当然也要使用地址总线、数据总线和控制总线。但如上所述,系统总线通常是由 CPU 及其总线控制逻辑所管理的,所以,DMAC 要想得到总线控制权,必须要向 CPU 发出总线请求信号,CPU 在接到这一信号后,如果同意让出总线控制权,则会在完成现行总线周期后,向 DMAC 发出总线回答信号,并将其总线输出信号处于高阻状态,从而把总线控制权交给 DMAC。从此时开始,DMAC 应对系统总线实施有效的控制,包括发出地址信号及读/写控制信号等,以完成 DMA 方式的数据传送。在 DMA 操作过程结束时,DMAC 应向 CPU 发出撤消总线请求的信号,将总线控制权交还给 CPU。

另外,DMAC 还要与相应的 I/O 接口结合在一起工作,I/O 接口与外设相连,在外设及 I/O 接口准备好的情况下,将向 DMAC 发出 DMA 请求信号,DMAC 收到此信号后,再向 CPU 发出总线请求信号,接着将按前述的工作过程完成 DMA 方式的数据传送。

归纳起来,DMA 控制器通常应具备如下几方面功能:

- 能接收 I/O 接口的 DMA 请求,并向 CPU 发出总线请求信号。
- CPU 接到总线请求信号后,如果允许,则会发出 DMA 响应信号,从而 CPU 放弃对总线的控制,这时 DMA 控制器应能实行对总线的控制,从而进入 DMA 传送过程。
- DMA 控制器得到总线控制权以后,要往地址总线发送地址信号,修改所用的存储器或 I/O 接口的地址指针。
- 在 DMA 期间,DMA 控制器应能向存储器和 I/O 接口发出相应的读/写控制信号。
- 能控制数据传送的字节数,控制 DMA 传送是否结束。
- 在 DMA 传送结束后,DMA 控制器应向 CPU 发出结束信号,能释放总线给 CPU,CPU 恢复对总线的控制。

11.1.2　DMAC 的一般结构

前面已指出,DMA 控制器要与 I/O 接口结合在一起工作,从而实现存储器与外设之间的直接数据传送。一个 DMA 控制器可以设计成只与单个 I/O 接口连接(如 Z80DMA 控制器),也可以设计成与几个 I/O 接口连接(如后面将介绍的 DMA 控制器 8237)。通常,将 DMA 控制器中和某个接口有联系的部分称为一个 DMA 通道(Channel)。也就是说,一个 DMA 控制器可以由一个或几个 DMA 通道构成。

一个单通道 DMA 控制器的一般结构及其与 I/O 接口的连接如图 11.1 所示。由图可见,其上半部分是 I/O 接口,下半部分是 DMA 控制器。DMA 控制器内部除了包含一个控制寄存器和一个状态寄存器外,还有一个地址寄存器和一个字节计数寄存器。控制寄存器和状态寄存器的功能与一般 I/O 接口电路中的控制寄存器和状态寄存器的功能相似,即:控制寄存器用于存放控制字,其具体内容可由 CPU 写入(也称编程设定);状态寄存器用于存放 DMA 控制器工作时的状态信息,其内容可由 CPU 读出;而地址寄存器则是用来存放 DMA 传送时所要读/写的内存单元地址,其初始值即是要传送的数据块的起始地址或结束地址。为使 DMA 控制器具有自动修改地址的能力,地址寄存器需具备自动加 1 或减 1 的功能(具体是加 1 还是减 1,可编程设定);字节计数寄存器用来记录 DMA 传送时的字节数,其初始值即为要传送的数据块大小,在传送过程中,字节计数寄存器不断减 1,直至为 0,表示 DMA 传送结束。

由图 11.1 还可以看到,DMA 控制器外部主要连接信号有:数据总线、地址总线、控制总线(其中包括总线请求和总线回答两个信号线)、DMA 请求、DMA 响应以及计数结束信号等。数据总线、地址总线和控制总线用于实现 DMA 控制器与其他系统部件的连接与通信;DMA 请求

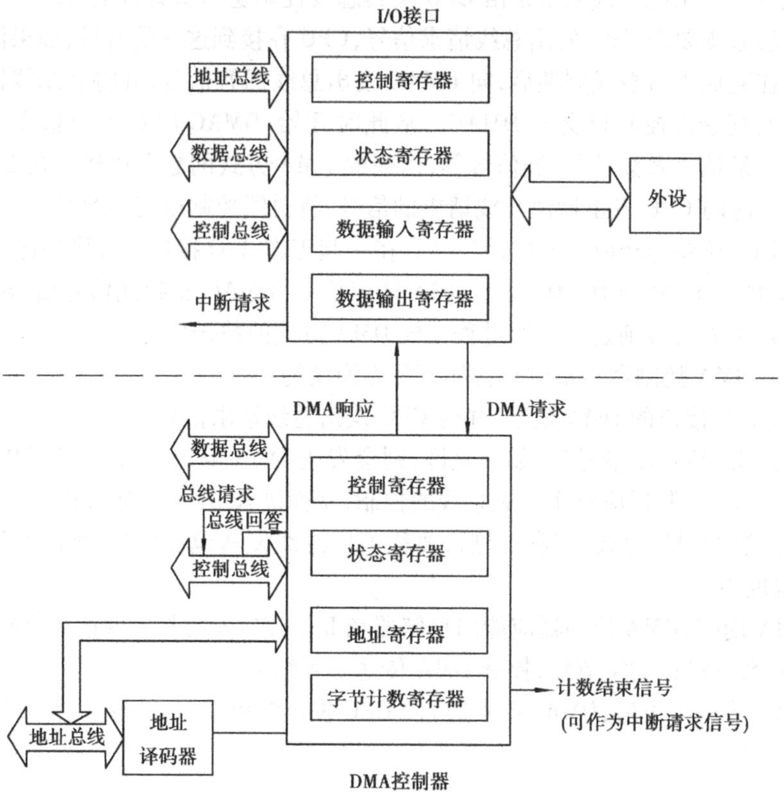

图 11.1　单通道 DMA 控制器的一般结构及其与 I/O 接口的连接

和 DMA 响应是 I/O 接口与 DMA 控制器间的一对联络信号。DMA 请求信号是在 I/O 接口已经准备好(如输入过程中“数据输入寄存器”已接收好一个字节数据或输出过程中“数据输出寄存器”已经腾空)的情况下,向 DMA 控制器发出的请求信号。这一请求信号实际上是一个 DMA 传送过程的启动信号。DMA 响应信号则是 DMA 控制器在收到 I/O 接口发来的 DMA 请求信号后,在适当时刻向 I/O 接口发出的回答信号。它们之间的具体时序关系,将在后面给予介绍。总线请求和总线回答是 DMA 控制器与当前系统主部件之间的一对联络信号,它们的主要功能前面已介绍,此处不再详述。计数结束信号是当字节计数寄存器减到 0 时,由 DMA 控制器发出的信号,它表示一个数据块传输过程的结束。在需要时,可用此信号作为向 CPU 或专门的中断控制器(如 8259A)发出的中断请求信号。

从图 11.1 中还可以看到,I/O 接口的地址线是单向的,而 DMA 控制器的地址线是双向的。这主要是由 I/O 接口只能接收地址,以实现主部件访问 I/O 接口时对其内部寄存器(即 I/O 端口)的寻址。因此,I/O 接口的地址是单向的;而对于 DMA 控制器来说,当它为系统从部件时,它像普通 I/O 接口一样,接收主部件送出的地址,此时地址线为输入;而当 DMA 控制器为系统主部件时,是由它往地址总线上送出地址,此时地址线为输出。因此,DMA 控制器的地址线是双向的。关于这一点,请读者在学习和了解 DMA 控制器的基本组成结构时,特别予以注意。

另外,如图 11.1 所示,双向的数据总线不仅连接在 I/O 接口上,同时也连接在 DMA 控制器上。但请注意,在以 DMA 方式进行 I/O 设备与内存间的数据传送时,数据仅通过 I/O 接口完成 I/O 设备与内存间的传送，即此时数据并不需经过数据总线送入 DMA 控制器以及由 DMA 控制器再送出的操作。连接到 DMA 控制器上的双向数据总线主要是在两种情况下使用，一是用于 CPU 与 DMA 控制器中各个寄存器的通信，如往 DMA 控制器设置控制字，设置地址寄存器初值和字节计数寄存器初值以及读取状态字等，这些操作都必须要通过数据总线来进行；二是当以 DMA 方式实现内存到内存的数据传送时，源数据单元的数据读出后要先送入 DMA 控制器内部的数据暂存器，然后再经数据暂存器写入到目的数据单元。这时，数据的传送也使用连接在 DMA 控制器上的双向数据总线。

11.1.3　DMAC 的工作方式

DMA 控制器的工作方式通常有“单字节传输方式”、“块传输方式”以及“请求传输方式”等，下面分别予以说明：

(1)单字节传输方式

在单字节传输方式下，DMA 控制器每次请求总线只传送一个字节数据，传送完后即释放总线控制权。在此种传输方式下，由于 DMA 控制器每传送完一个字节即交还总线控制权给 CPU，这样 CPU 至少可以得到一个总线周期，并可进行有关的操作。也就是说，在此方式下，总线控制权处于 CPU 与 DMA 控制器交替控制之中，其间，总线控制权经过多次交换。因此这种方式适用于速度相对较慢的 I/O 设备与内存之间的数据传输。

(2)块传输方式(也称组传输方式)

块传输方式是指 DMA 控制器每次请求总线连续传送一个数据块，待整个数据块全部传送完成后再释放总线控制权。

在块传输方式中，DMA 控制器在获得总线控制权后连续传输数据字节，显然可以获得比单字节方式更高的数据传输率。但此间 CPU 无法进行任何需使用系统总线的操作。

(3)请求传输方式

此方式与块传输方式基本类似，不同的是每传输完一个字节，DMA 控制器都要检测由 I/O 接口发来的 DMA 请求信号是否仍然有效，如果该信号仍有效，则继续进行 DMA 传输；否则，就暂停传输，交还总线控制权给 CPU，直至 DMA 请求信号再次变为有效，数据块传输则从刚才暂停的那一点继续进行下去。这样，就允许 I/O 接口的数据来不及提供时，暂停传输。换句话说，采用请求传输方式，通过控制 DMA 请求信号的有效或无效，可以把一个数据块分几次传送，以允许接口的数据没准备好时，暂时停止传送。

上面是 DMA 控制器的三种基本工作方式。除此之外，有的 DMA 控制器还可实现称为“联级”的工作方式，关于它的具体情况，将在后面介绍 DMA 控制器 8237A 时予以说明。

11.1.4　DMA 操作过程

以 DMA 方式进行外设与内存间的数据传送，既可将外设中的数据经 I/O 接口输入到内存，也可将内存中的数据经 I/O 接口输出至外设。例如对磁盘设备的读写操作就属这种情形。另外，在 DMA 方式下，往往传送的是一个数据块，但传送这个数据块的具体操作方式，可以采用上面介绍的单字节传输方式，也可采用块传输或请求传输方式。

下面先以从内存输出一个字节数据到外设的 DMA 传送过程为例，具体说明 DMA 的操作过程。然后再给出以 DMA 方式输入一个数据块的工作过程。以 DMA 方式从内存输出一个字节数据到外设的具体工作过程如图 11.2 中第①～⑨步所示。

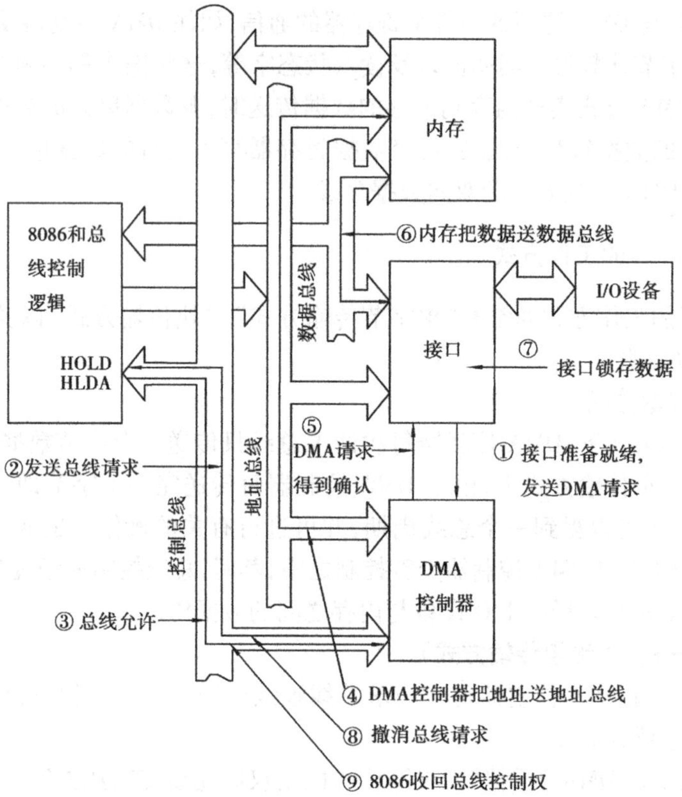

图 11.2　以 DMA 方式输出一个字节数据的工作过程

若从外设往内存输入一个数据块(输入过程)，在单字节传输方式下，主要工作过程为：

①从 I/O 接口向 DMA 控制器发送 DMA 请求信号；

②DMA 控制器向 CPU 发总线请求信号，当得到 CPU 送来的总线允许信号后，DMA 控制器获得总线控制权；

③DMA 控制器将其地址寄存器的内容送到地址总线上；

④DMA 控制器往 I/O 接口发送 DMA 响应信号，并接着发出 I/O 接口的读信号，使 I/O 接口把数据送到数据总线上；

⑤DMA 控制器发出存储器写信号，使数据传送到由地址总线的地址所指向的内存单元；

⑥地址寄存器加 1；

⑦字节计数器减 1；

⑧如果字节计数寄存器的值不为零，则返回第①步，否则进入第⑨步；

⑨DMA 控制器释放总线。

11.2　可编程 DMA 控制器 8237A

Intel 8237A 是一种微处理器配套的高性能可编程 DMAC。

11.2.1　8237A 的主要特性

- 具有四个独立的 DMA 通道，每个通道都具有 64 K 的存储器寻址能力，即一次传送的最大长度为 64 K 字节。
- 可实现内存与外设之间的高速大批量数据传送，也可实现内存两个不同区域之间的高速数据传送。
- 每个通道的 DMA 请求均可分别允许或禁止，且四个通道的 DMA 请求的优先权可由软件设置为固定的或旋转的。
- 具有单字节传送、数据块传送、请求传送和级联传送四种工作方式。
- 可用级联方式扩展 DMA 通道数目。
- DMA 传送结束信号可由内部计数产生，也可由外部输入提供。
- 单一的 +5 V 电源，40 个引脚双列直插式封装。
- 采用 5 MHz 时钟，传送速率可达 1.6 M 字节/秒。
- 8237 可以级连，任意扩展通道数。

11.2.2　8237A 的工作原理

(1)8237A 的编程结构

图 11.3 是 8237A 的编程结构图。

图 11.3 中较详细地画出了四个通道的公共寄存器和 0 通道的内部寄存器，其他三个通道的内部结构与 0 通道相同。

内部寄存器：表 11.1 列出了 8237A 内部寄存器的功能、端口地址等信息

表 11.1　8237A 内部寄存器的功能、端口地址等信息

寄存器名称	功　能	位数	数量	所　属	CPU 访问方式	端口地址低 4 位
控制寄存器	存放命令字	8	1	四通道共用	只写	1000
状态寄存器	存放状态字	8	1	四通道共用	只读	1000
工作模式寄存器	存放模式字	8	4	每通道一个	只写	1011
基地址寄存器	存放存储器起始地址	16	4	每通道一个	只写	0000 ~ 0111 中的偶地址
当前地址寄存器	存放存储器当前地址	16	4	每通道一个	可读/写	0000 ~ 0111 中的偶地址

续表

寄存器名称	功　能	位数	数量	所　属	CPU 访问方式	端口地址低 4 位
基字节数计数器	存放传送字节总数	16	4	每通道一个	只写	0000 ~ 0111 中的奇地址
当前字节计数器	存放尚未传送的字节总数	16	4	每通道一个	可读/写	0000 ~ 0111 中的偶地址
请求触发器	设置 DMA 请求标志	1	4	每通道一个	只写	1001
屏蔽触发器	设置通道屏蔽标志	1	4	每通道一个	只写	1010 或 1111
暂存寄存器	用于两存储区之间的传送	8	1	四通道共用	只读	1101

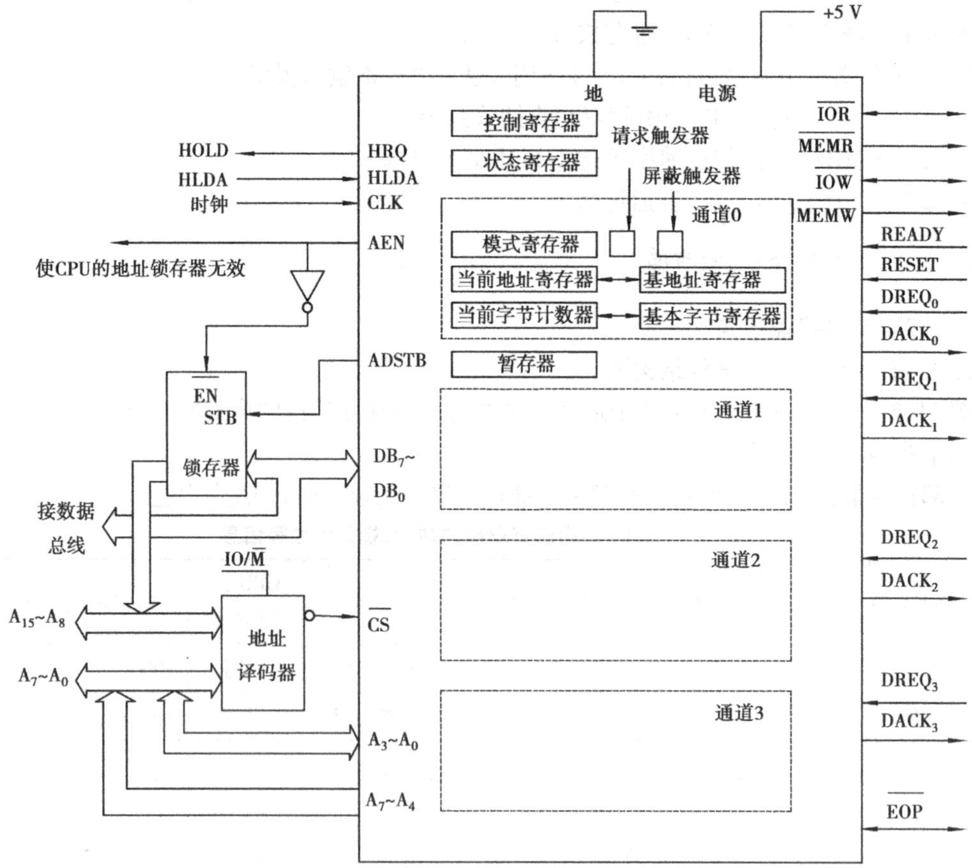

图 11.3　8237A 的编程结构

关于表 11.1,我们做几点说明:

• 请求触发器每通道一位,四个通道的请求触发器占用同一个端口地址,实际上构成一个

4 位的寄存器，屏蔽触发器也是一样。

• 控制寄存器和状态寄存器共用一个端口地址，一个为只读，一个为只写，因此不会发生冲突。

• 各通道的基地址和当前地址寄存器的端口地址低 4 位是这样分配的：

0000	0 通道
0010	1 通道
0100	2 通道
0110	3 通道

各通道的基字节数寄存器和当前字节计数器的端口地址低 4 位是这样分配的：

0001	0 通道
0011	1 通道
0101	2 通道
0111	3 通道

• 写屏蔽字时有两种格式，占用不同端口地址。若只写某一通道的屏蔽字，应写到 1010 端口，若同时写四个通道的屏蔽字，则写入 1111 端口。

• 另外 8237A 内还有一个先/后触发器，1 位，用于区别对 16 位寄存器进行读/写时是高 8 位还是低 8 位。它的状态是自动控制翻转的，8237A 复位后，先/后触发器为 0，该触发器为 0 时对 16 位寄存器的低 8 位进行读/写操作，当其为 1 时，则对高 8 位进行读/写操作，且每读或写一次，先/后触发器的状态就自动翻转一次。

• 8237A 除可用 RESET = 1 信号进行硬件控制的复位外，还可以用主清除命令进行软件控制的复位。软件复位是通过对 1101 端口进行写操作实现的。

(2)8237A 的总线模式

8237A 有两种总线模式：主模式和从模式。所谓从模式是指在没有进行 DMA 操作时，8237A 像其他接口芯片一样，可被 CPU 访问。即向其有关内部寄存器写入工作方式控制字，传送地址及字节数等，也可读取其状态信息；在 DMA 操作期间，8237A 就处于主模式，这时它管理系统总线，发出地址和有关控制信号使数据在内存和外设端口之间或内存两个不同区域之间传递。当其内部字节计数器为 0 或外部来一个 $\overline{EOP}$ 信号时，则结束 DMA 传送，以便将总线控制权还给 CPU，而 8237A 退出主模式，进入从模式。具体 DMA 的传输过程与其他 DMA 控制器类似。本章第一节中的图 11.2 以输出一个字节的数据为例，形象地说明了 DMA 的操作过程。

(3)8237A 的外部引脚

8237A 芯片采用 40 个引脚双列直插封装，其引脚配置如图 11.4 所示。下面对各个引脚的功能分别予以说明。

• CLK(CLOCK，输入)——时钟信号。CLK 信号控制了 8237A 内部的操作时序及数据传送的速率。对于 8237A，CLK 频率为 3 MHz；对于 8237A-2，CLK 频率为 5 MHz。

• $\overline{CS}$(Chip Select，输入)——片选信号，低电平有效。当 8237A 处于空闲周期时，$\overline{CS}$ 有效将使 8237A 作为一个 I/O 接口，CPU 可以通过数据总线与其通信。

• RESET(Reset，输入)——复位信号，高电平有效。8237A 复位后，屏蔽寄存器的各位被置 1(即各通道均处于屏蔽状态)，其他寄存器均被清 0，复位后，8237A 工作于空闲周期。

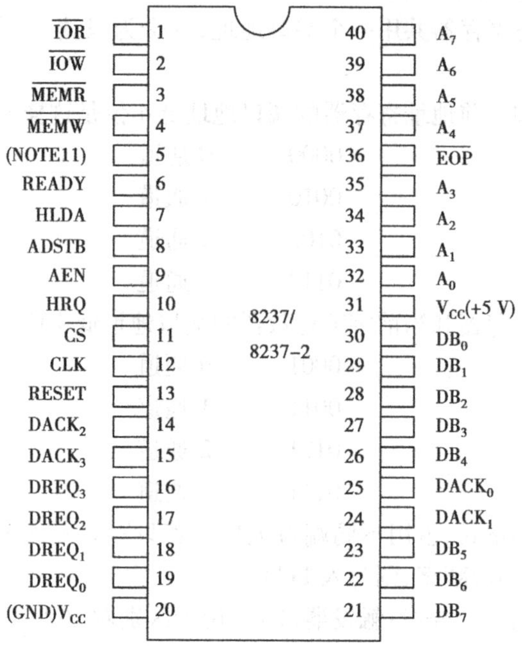

图 11.4　8237A 的引脚图

• READY(Ready,输入)——准备就绪信号。当所用的存储器或 I/O 设备的速度比较慢时,可通过将 READY 信号变为低电平,使 8237A 在 T_3状态之后插入 T_W状态(等待状态),直至 READY 信号变为高电平,则表示存储器或 I/O 设备数据已准备就绪。

• $DREQ_3$ ~ $DREQ_0$(DMA Reguest,输入)——DMA 请求信号。对应于四个通道的 I/O 接口电路的请求 DMA 服务信号,DREQ 的有效电平可编程设定。复位后,DREQ 为高电平有效。当 I/O 接口要求 DMA 服务时,就使相应的 DREQ 信号处于有效电平,直到 8237A 送来 DMA 响应信号 DAKC 以后,I/O 接口才撤消 DREQ 有效电平。$DREQ_3$ ~ $DREQ_0$的优先权可编程设定为固定优先权或循环优先权,在固定优先权时,$DREQ_0$优先权最高。

• $DACK_3$ ~ $DACK_0$(DMA Acknowledge,输出)——DMA 响应信号,8237A 对 I/O 接口的 DMA 请求的响应信号。DACK 的有效电平也可编程设定。复位后,DACK 为低电平有效。8237A 获得 CPU 送来的总线允许信号 HLDA,开始 DMA 传送后,便产生有效的 DACK 信号,送到相应的 I/O 接口。

• HRQ(Hold Request,输出)8237A 发给 CPU 的总线请求信号,高电平有效。当 8237A 接收到 I/O 接口的有效 DREQ 信号后,如果相应通道的屏蔽位为 0,则 8237A 向 CPU 输出一个有效的 HRQ 信号。

• HLDA(Hold Acknowledge,输入)——总线响应信号,即 CPU 对 8237A 的 HRQ 信号的响应信号,高电平有效。8237A 向 CPU 发出总线请求信号 HRQ 后,至少再过一个时钟周期,CPU 才能发出总线响应信号 HLDA,这样,8237A 便可获得总线控制权。

• ADSTB(Address Strobe,输出)——地址选通信号,高电平有效。在 DMA 传送开始时,用此信号把 DB_7 ~ DB_0上输出高 8 位地址锁存至外部锁存器中。

• AEN(Address Enable,输出)——地址允许输出信号,高电平有效。AEN 有效时,锁存在外部锁存器中的高 8 位地址将输出到系统的地址总线上。在 8237A 为主模块时，AEN 也用于禁止别的系统总线驱动器的状态，即使它们为无效电平。

• $\overline{\text{MEMR}}$(Memory Read，输出)——存储器读信号，三态，低电平有效。此信号有效时，所选中的存储单元的内容被读到数据总线上。

• $\overline{\text{MEMW}}$(Memory Write，输出)——存储器写信号，三态，低电平有效。此信号有效时，数据总线上的数据被写到选中的存储单元。

• $\overline{\text{IOR}}$(I/O Read，输入/输出)——接口读信号，双向，三态，低电平有效。当 8237A 作为从模块时，作为输入控制信号送入 8237A，此信号有效时，CPU 读取 8237A 内部寄存器的值；当 8237A 作为主模块时，作为 8237A 送出的控制信号，此信号有效时，接口中的数据被读出到数据总线上。

• $\overline{\text{IOW}}$(I/O Write，输入/输出)——接口写信号，双向，三态，低电平有效。当 8237A 作为从模块时，作为输入控制信号送入 8237A，此信号有效时，CPU 往 8237A 的内部寄存器中写入信息，即对 8237A 进行编程；当 8237A 作为主模块时，是由 8237A 送出的控制信号，此信号有效时，数据总线上的数据被写入到接口中。

• $\overline{\text{EOP}}$(End of Process，输入/输出)——传输过程结束信号，双向，低电平有效。在传送时，一方面若 8237A 内部任一通道计数结束(字节计数器减到零)，则在此引脚上输出一个有效脉冲。另一方面，8237A 也允许通过外部信号来终止传送，若由外部产生一个信号使该引脚变低，则传送过程将被强迫结束。不论是由内部还是外部产生一个有效的$\overline{\text{EOP}}$信号，都会终止服务，使相应通道的请求标志位清 0，使屏蔽位和状态寄存器中的计数结束位置 1。并且如果编程时允许自动初始化(后面将具体介绍)，则还会把基寄存器(包括基地址和基字节数)的内容复制到现行寄存器中，但此时屏蔽位不被置 1，仍保持为 0。在存储器到存储器的传送过程中当通道 1 的计数结束发生时，在这个引脚输出一个有效脉冲。另外，引脚应通过一个上拉电阻接至电源上以防止干扰引起的误操作。

• $A_3 \sim A_1$(Address，输入/输出)——最低 4 位地址线，双向，三态。在 8237A 作为从模块时，它们是地址输入线，用这四条地址线选择 8237A 内部不同的寄存器。在 8237A 作为主模块时，由这四条地址线输出要访问的存储单元的地址低 8 位中的低 4 位。

• $A_7 \sim A_4$(Address，输出)——4 位地址输出线，三态。在 DMA 传送时，由它们输出要访问的存储单元的地址低 8 位中的高 4 位。

• $DB_7 \sim DB_0$(Data Bus，输入/输出)——8 位双向数据线，三态。在 8237A 作为从模块时，可以用 I/O 读命令，通过这 8 位数据线读取 8237A 内部有关寄存器的内容，也可以用 I/O 写命令，通过这 8 位数据线对 8237A 内部寄存器进行编程；在 8237A 作为主模块时，由 $DB_7 \sim DB_0$ 输出当前地址寄存器中的高 8 位地址，并利用信号打入外部地址锁存器，从而和输出的低 8 位地址一起构成 16 位地址；在存储器到存储器的传送时，从源存储单元读出的数据通过进入 8237A 内部暂存器，然后再经过这 8 位数据线写入目的存储单元。

• NC——空脚

另外，还需要说明的是，由于 8237A 只能输出 16 位地址，所以在其控制下进行的传送最大寻址空间为 2^{16}。因此对于更大的传送地址空间，则必须设法提供除此 16 位地址以外的高位地址。例如在 IBM PC/XT 微机系统中，内存地址为 20 位，所以最高 4 位地址($A_{19} \sim A_{16}$)不能由 8237A 提供。为此，系统中专门设置了一个 4 位 I/O 端口，称为页面寄存器，在数据块传送之前单独对其编程,用以写入最高 4 位地址。

11.2.3 8237A 的编程

与其他接口芯片一样,在使用 8237A 时,应首先对其初始化。即写入模式字,规定其工作方式;写入命令字,规定各通道优先级等;写入屏蔽字,屏蔽有关通道(若有必要);发 DMA 请求命令(若用软件请求方式)等。在 DMA 空闲期间 CPU 还可查询 8237A 的状态。

(1)命令字与状态字

• 模式寄存器

每个通道有一个 8 位的模式寄存器,用以规定通道的工作模式。但编程写入的模式控制字仍是 8 位,其最低两位用来指定写入的通道号。模式字的格式如图 11.5 所示。

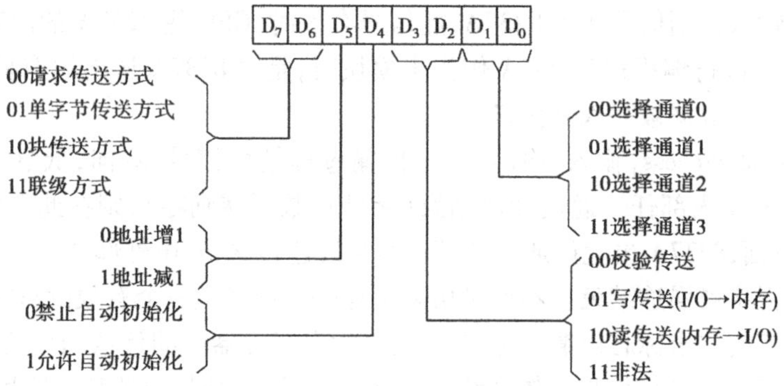

图 11.5 8237A 的模式字格式

由图可见,模式字的最低两位(D_1,D_0)用来选择将模式字写入哪个通道的模式寄存器中;最高两位(D_7,D_6)规定了四种工作模式的哪一种;D_3和 D_2两位规定是 DMA 读还是 DMA 写或是校验传送;D_5位规定在 DMA 传送时地址是增 1 修改,还是减 1 修改;D_4位规定是否允许自动初始化。若允许,则每当产生$\overline{EOP}$信号时(不论是由内部计数结束产生还是由外部产生)该通道将自动把基地址寄存器的内容装入当前地址寄存器,且将基字节寄存器的内容自动装入当前字节寄存器而不必通过对 8237A 再次进行初始化,这就作好了进行下一次服务的准备。

• 命令寄存器

命令寄存器是四个通道公用的一个 8 位寄存器,用以控制整个 8237A 的操作。也就是说,一片 8237A 只有一个命令寄存器,其内容对四个通道都有效。编程时,由 CPU 对它写入命令字,命令字的格式如图 11.6 所示。

下面介绍各位的意义。

D_0位用来规定是否工作在存储器至存储器的传送方式。当 8237A 工作在这种传送方式时,要使用通道 0 和通道 1 两个 DMA 通道,通道 0 的地址寄存器编程为源区地址;通道 1 的地址寄存器编程为目的区地址,通道 1 的字节数寄存器编程为传送的字节数。由于此传送过程没有外部设备参与,因此不需一个外部引入的 DREQ 信号来启动。传送是由设置通道 0 的 DMA 软件请求来启动的。此时 8237A 像普通方式一样,往 CPU 发出总线请求 HRQ 信号,当 CPU 用 HLDA 信号响应后传送就可以开始。每传送一个字节要用 8 个时钟周期,其中前 4 个时钟周期以通道 0 的当前地址寄存器内容为源地址读出数据送入暂存寄存器,后 4 个时钟周

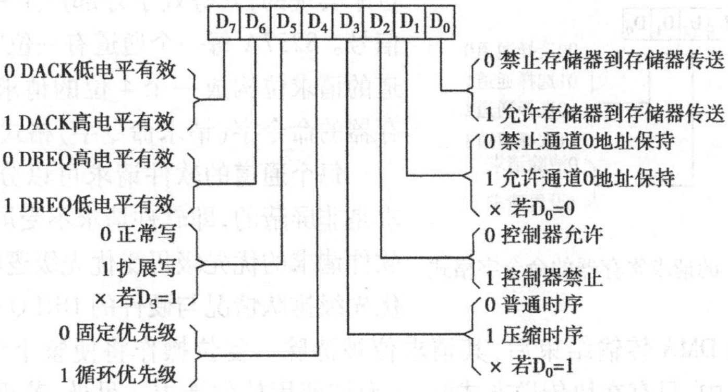

图 11.6 8237A 的命令字格式

期以通道 1 的当前地址寄存器为目的地址把暂存器中的数据写入目的区。每传送一个字节，源地址和目的地址都要修改(增 1 或减 1)，字节数减 1。直至通道 1 的字节计数结束，产生 $\overline{EOP}$有效信号，才停止传送。在传送过程中，也允许外部输入$\overline{EOP}$有效信号来中止传送。

D_1位用来设定在存储器到存储器传送的整个过程中，通道 0 中的源地址是否保持不变。若 $D_1=1$，则通道 0 中的源地址保持不变，传送的结果是将源区的同一个数据字节写入到整个目的区中；若 $D_1=0$，则表示通道 0 中的源地址可以修改。另外，当 $D_0=0$ 时，不允许存储器到存储器的传送，此时 D_1位无意义。

D_2位是用于允许或禁止 8237A 工作的控制位。

D_4位用来设定通道优先权结构。当 $D_4=0$ 时，为固定优先权，通道 0 的优先权最高，其他通道的优先权随通道号的增大而递减，通道 3 的优先权最低；当 $D_4=1$ 时，为循环优先权，即在每次服务之后，各个通道的优先权都发生变化，刚刚服务过的通道其优先权变为最低，它后面通道的优先权变为最高。如图 11.7 所示。

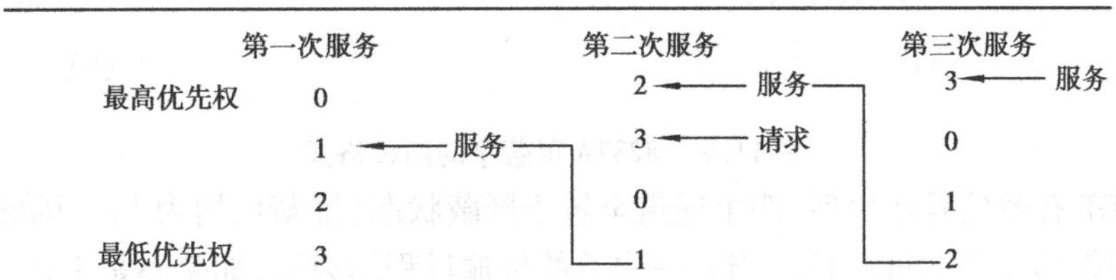

图 11.7 优先权循环的情况

具有循环优先权结构，可以防止任何一个通道独占 DMA 服务。需注意的是，DMA 的优先权排序只是用来决定同时请求服务的通道的响应次序，而任何一个通道一旦进入服务，其他通道都不能打断它的服务，这一点和中断服务的情况是不同的。

D_3和 D_5位是与时序有关的控制位。

D_6，D_7位用于设定 DREQ 和 DACK 的有效电平极性。

- 请求寄存器

8237A 的每个通道除了可以响应硬件的 DMA 请求信号 DREQ 外，当其工作在块传送方式时也可以响应由软件发出的 DMA 请求。软件的 DMA 请求是通过使相应通道的“请求位”置

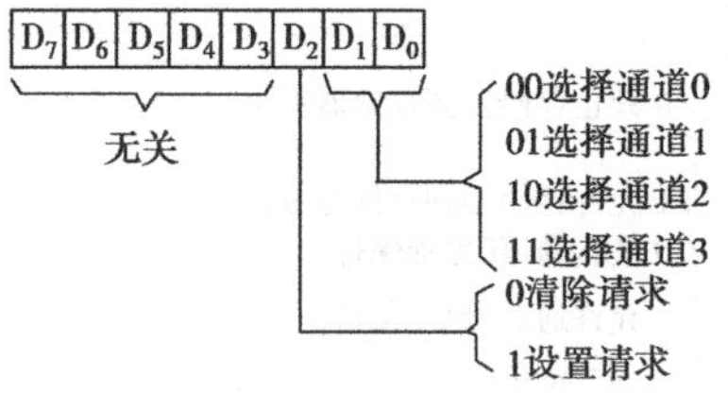

图 11.8　8237A 的请求寄存器的命令字格式

位来实现的，它等效于外部产生一个有效的 DREQ 信号。8237A 每一个通道有一位“请求位”，四个通道的请求位构成一个 4 位的请求寄存器。请求寄存器的命令字（请求命令字）格式如图 11.8 所示。

每个通道的软件请求可以分别设置。软件请求是非屏蔽的，即软件请求不受屏蔽位的控制。但软件请求的优先级仍受优先级逻辑的控制，而且其优先级排队情况与硬件的 DREQ 信号相同。

一个通道的 DMA 传输结束后，其请求位被清除。复位操作将使整个请求寄存器清除。在四种工作方式中，只有在块传送方式时，才允许使用软件请求。另外，若用于存储器到存储器的传送，则必须用对通道 0 的软件请求来启动传送过程。

● 屏蔽寄存器

8237A 每个通道有一位“屏蔽位”，当其通道的“屏蔽位”置 1 时，则外部对应的 DREQ 信号被屏蔽，不予响应，从而禁止了该通道的 DMA 操作。四个通道的“屏蔽位”构成一个 4 位的屏蔽寄存器。有两种屏蔽寄存器的命令字格式，一种是单独对某一个通道的屏蔽位进行置位或复位，如图 11.9(a) 所示；另一种是可以同时设定四个通道的屏蔽位，也称综合屏蔽命令字，如图 11.9(b) 所示。

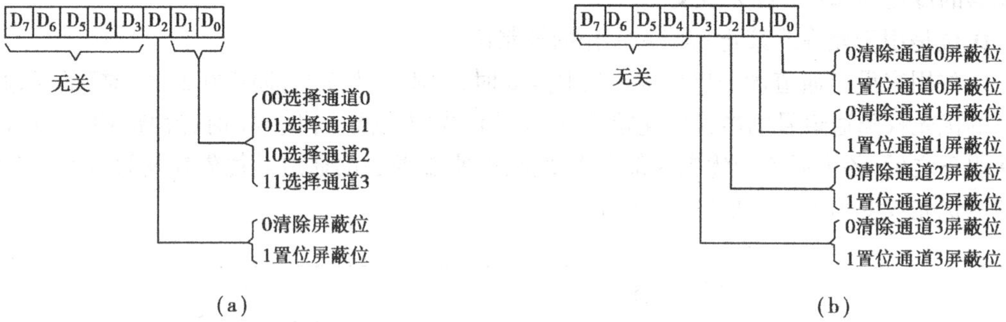

图 11.9　8237A 屏蔽字的两种格式

在 RESET 有效信号作用后，四个通道全置于屏蔽状态（屏蔽位均为 1）。因此对 8237A 编程时，必须根据需要清除屏蔽位。当某一通道的传输过程结束后，如果不是工作在自动初始化方式，则这一通道的屏蔽位将被置位。要进行下一次传送。必须再次用软件清除屏蔽位。唯有在自动初始化方式下每次 DMA 传输结束后不使屏蔽位置位，以便进行下一次 DMA 传送。

● 状态寄存器

8237A 有一个可由 CPU 读取的状态寄存器，如图 11.10 所示。

状态寄存器的低 4 位反映各通道传输完成情况。无论是内部计数结束，还是外部输入 $\overline{EOP}$有效信号使传输强制结束，都会使相应位置 1。高 4 位反映每个通道的请求情况。通过读取状态寄存器的内容可以了解 DMA 进行的情况。

(2)8237A **编程步骤**

8237A 的编程通常可按如下步骤进行。

● 输出主清除命令，使 8237A 进入初始状态；

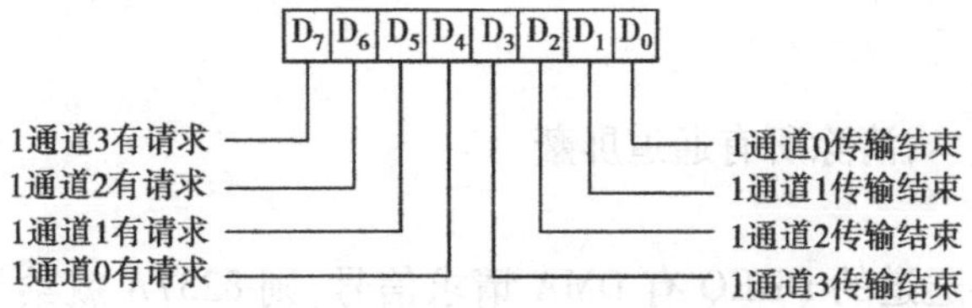

图 11.10　8237A 的状态寄存器格式

- 将 DMA 传送的存储器起始地址写入基地址和当前地址寄存器；
- 将要传送的字节数写入基字节寄存器和当前字节计数器；
- 写模式寄存器，规定 8237A 的工作方式等；
- 写命令寄存器，规定各通道优先级及 DREQ、DACK 的有效电平等；
- 写屏蔽寄存器，规定开放和屏蔽的通道；
- 写请求寄存器，发 DMA 请求命令。

说明几点：

第一，以上步骤的最后一步是采用软件请求时需要的，将请求命令写入相应通道后就启动了 DMA 传送过程。若采用硬件请求（由外设向 8237A 发来 DMA 请求），则不需此步，只要完成前 6 个步骤的编程，就可以等待 DREQ 启动 DMA 传送过程了。

第二，以上步骤中，中间五步的顺序是可以互相交换的，即这几步的编程顺序没有严格规定。

第三，关于主清除命令，该软件命令与硬件的 RESET 信号作用相同，即使模式寄存器、命令寄存器、状态寄存器、请求触发器和暂存器以及先/后触器清零，而使屏蔽触发器全置"1"。主清命令的写入内容与其功能的执行无关，即只要对该端口（$A_3A_2A_1A_0=1101$）进行写操作就行了，至于写什么是无关紧要的。

(3)8237A 的编程举例

例　设某 8088 系统使用一片 8237A，现欲将内存地址为 8000H 开始的 100 个字节数据以 DMA 方式输出到某外设，已知 8237A 的端口地址为 20H ~ 2FH，并规定 8237A 通道 1 工作在方式 2，硬件启动。试编写初始化程序段。

解：根据以上已知条件和要求，初始化程序段为：

```
OUT   2DH,AL    ;发主清除命令
MOV   AL,89H    ;选通道1,读传送,禁止自动预置,方式2,地址递增
OUT   2BH,AL
MOV   AL,80H    ;写命令字:普通时序,存储器到外设传送,固定优先级
OUT   28H,AL    ;正常写,DREQ、DACK 高电平有效
MOV   AL,00H    ;写基地址和当前地址寄存器
OUT   22H,AL
MOV   AL,80H
OUT   22H,AL
MOV   AL,64H    ;写基字节寄存器和当前字节计数器
OUT   23H,AL
```

```
MOV    AL,0
OUT    23H,AL
MOV    AL,00H    ;清除所有通道屏蔽
OUT    2FH,AL
```

初始化好后,只要通道的 DREQ 有 DMA 请求信号,则 8237A 就给予响应,进行规定的数据传送。

注意:这个例子只是说明了简单的初始化过程,而在实际应用中还需在这段程序中设置页面地址(见例 12.2)。

另外,初始化 8237A 时,必须保证完成全部初始化后才能响应 DMA 请求,以免发生传送错误。

有三种办法可以避免这种错误的发生:

- 在编程开始禁止 8237A 工作,即使命令字的 $D_2=0$;最后再发出允许 8237A 工作的命令;
- 在编程开始发总清命令,这就使所有通道被屏蔽了;最后再撤除屏蔽;
- 在编程开始直接写屏蔽字,使有关通道屏蔽,最后再撤除屏蔽。

11.2.4 8237A 的工作方式

前已述及,8237A 有四种工作方式,下面分别加以讨论。

(1)方式 0:请求传送方式

在请求传送方式下,8237A 可以进行连续的数据传送。当出现以下三种情况时就停止传送:

- 字节计数器减为零产生$\overline{\text{EOP}}$信号;
- 由外界送来一个有效的$\overline{\text{EOP}}$信号;
- 外设接口送来的 DREQ 信号变为无效(外设的数据来不及提供时)。

停止传送后,8237A 释放总线控制权,CPU 可以继续工作。当由于第 3 种情况使传送停止时,8237A 的地址和字节计数的中间值被保存在相应通道的当前地址和字节计数寄存器中。当外设数据又准备好以后,由 DREQ 再次有效就可以使传送从刚才暂停的地方继续进行。在请求方式下 8237A 每传送一个字节就要检查一下 DREQ 信号,若仍有效就继续传送下一个字节,若无效就立即停止,待 DREQ 再次有效后继续传送。由下面的块传送方式可见,请求传输方式是在块传输方式上增添了对外部 DREQ 信号的"查询"功能,以便更容易与外设的传输速度相适应。

(2)方式 1:单字节传送方式

在这种传送方式下,8237A 一次请求总线只传送一个字节。数据传输后,字节计数器减为 1,地址寄存器加 1 或减 1(取决于编程)。HRQ 信号变为无效,释放总线控制权。这样 CPU 至少可以得到一个总线周期。接着 8237A 会立即开始采样 DREQ 信号,若 DREQ 有效,则 8237A 会使 HRQ 信号再次有效,完成下一个字节的 DMA 传送。

(3)方式 2:块传送方式

在块传输方式下,8237A 由 DREQ 启动后就连续的传输数据,直至完成预定字节数的传送或由外部输入有效的$\overline{\text{EOP}}$信号,8237A 才释放总线控制权,终结 DMA 传送过程,显然这种传输

方式的效率最高。

注意,这种方式下DREQ只要保持有效到DACK有效,就能完成整个数据块的传送。

(4)方式3:级联方式

在这种方式下,将多个8237A级联起来,以扩展DMA的通道数,后一级的HRQ和HLDA信号连到前一级的DREQ和DACK上,如图11.11所示。可见由5片8237A构成的二级DMA系统,可以提供16个DMA通道。

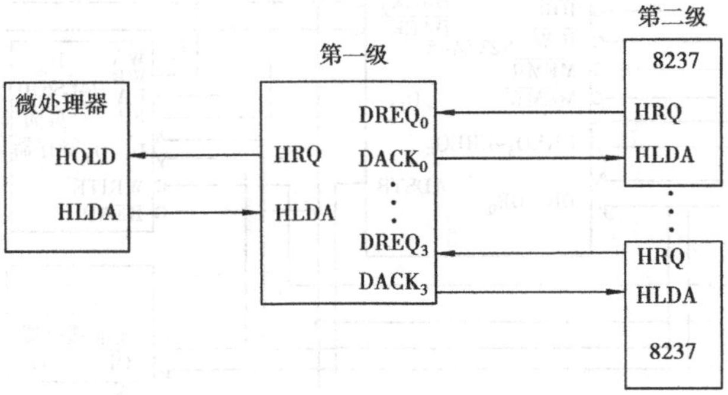

图11.11　8237A的级联

第二级DMA各控制器的优先级与所连第一级的DMA通道的优先级相对应。在这种工作情况下,第一级的8237A应通过模式寄存器设定为级联工作方式,而第二级可设定为其他三种工作方式之一。

这样使得第一级8237A在DMA期间除了HRQ和DACK之外,不输出任何地址和控制信号,以免和第二级正在运行的通道的输出信号相冲突。而实际的DMA传送操作是由第二级完成的。需要时还可由第二级扩展到第三级等,以构成更多的DMA通道。

另外,在前三种工作方式下,DMA传送有三种类型,它们是:读传送、写传送和校验传送。

DMA读传送是指把数据由存储器传送至I/O接口,操作时先由$\overline{MEMR}$有效从存储器读出数据放在数据总线上,然后再由$\overline{IOW}$有效把数据写入I/O接口;DMA写传送是指把数据由I/O接口传送至存储器,操作时先由$\overline{IOR}$有效从I/O接口读出数据放在数据总线上,然后再由$\overline{MEMW}$有效把数据写入存储器;校验传送也被称为假传送。在校验传送时,8237A虽然也像读传送或写传送一样地产生地址以及响应信号$\overline{EOP}$等,但存储器和I/O接口的读、写控制信号均处于无效状态,所以实际上不进行真正的数据传送。这种传送类型一般是对器件测试时使用。

11.3　DMA技术在微机系统中的应用

随着高速外设的不断涌现,DMA技术在微机系统中应用越来越多,下面举几个例子加以说明。第2章中已指出IBM PC/XT系统中8237A—5四个通道的使用情况,下面给出其DMA控制逻辑,如图11.12所示。

由于8237A—5本身只能管理和提供16位地址,所以,为了实现对全部内存空间的寻址,设置了一个页面寄存器U_{10}(74LS670)。使用时,页面寄存器中存放高4位地址$A_{19} \sim A_{16}$,而

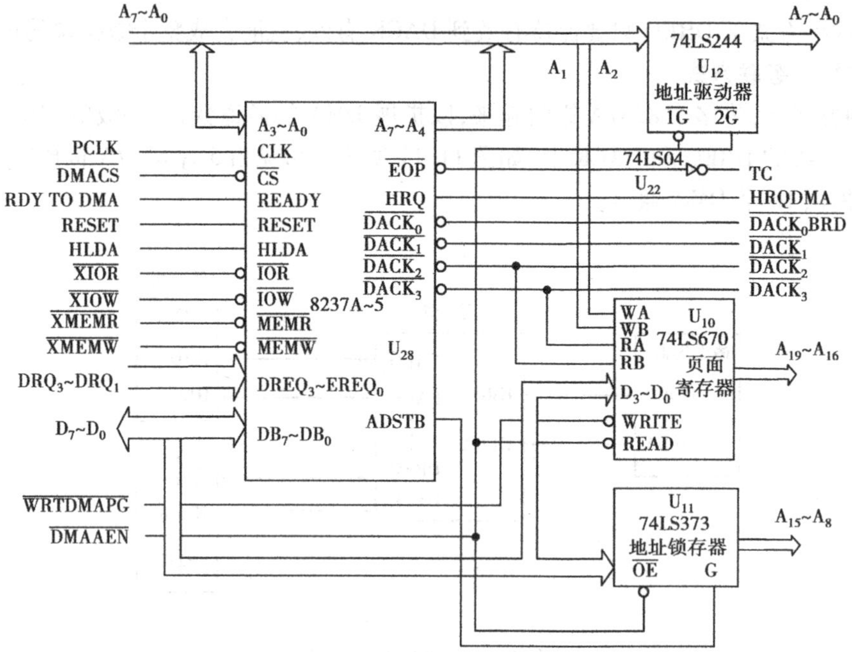

图 11.12 IBM PC/XT 系统中的 DMA 控制逻辑

8237A—5 则提供低 16 位地址 $A_{15}\sim A_0$。

页面寄存器 74LS670 内部有 4 组寄存器，每组 4 位，4 组寄存器对应 4 个 DMA 通道（但两者在序号上不对应。对于一个 DMA 通道来说，页面寄存器的 4 位输入端接到系统数据总线的低 4 位 $D_3\sim D_0$，4 位输出端接到系统地址总线的高 4 位 $A_{19}\sim A_{16}$。当 WRITE 为低电平时，输入端的数据（这里实际上是地址）写入一组寄存器，寄存器的组号由 WA 和 WB 的编号指出，见表 11.2。当 READ 为低电平时，每一组内部寄存器中的地址从输出端读出，寄存器的组号由 RA 和 RB 的编码指出，见表 11.3。

表 11.2 74LS670 内部寄存器的写入

WRITE	WB	WA	所写入的寄存器组	对应通道
0	0	0	0 组寄存器	未用
0	0	1	1 组寄存器	通道 2
0	1	0	2 组寄存器	通道 3
0	1	1	3 组寄存器	通道 1

表 11.3　74LS670 内部寄存器的读出

READ	RB	RA	所读出的寄存器组	对应通道
0	0	0	0 组寄存器	未用
0	0	1	1 组寄存器	通道 2
0	1	0	2 组寄存器	通道 3
0	1	1	3 组寄存器	通道 1

因此，将 WRITE 和片选译码器的输出端$\overline{WRTDMAPG}$相接，当 CPU 对 80H ~ 9FH 端扣地址执行输出指令时，$\overline{WRTDMAPG}$为低电平，这样就可以把数据线 D_3 ~ D_0上的内容写入到页面寄存器。如果使 D_3 ~ D_0上的内容作为地址 A_{19} ~ A_{16}，那么，就是用输出指令往页面寄存器中写入了 DMA 传输的页面地址。

WA 端接地址 A_0位，WB 端接地址 A_1位，在 IBM PC/XT 的 BIOS 中，3 组页面寄存器(0 组未用)的对应地址分别为 83H(CH_1)、81H(CH_2)和 82H(CH_3)。

因为 READ 端和$\overline{DMAAEN}$相接，所以要输出页面地址时，也就是进行 DMA 传输时，$\overline{DMAAEN}$必定满足低电平要求。RA 和$\overline{RACK_3}$相接，RB 和$\overline{DACK_2}$相接。当通道 2 进行 DMA 传输时，$\overline{DACK_2}$为低电平，于是 RB 为低电平，选中第 1 组寄存器；当通道 3 进行 DMA 传输时，$\overline{DACK_3}$为低电平，于是 RA 为低电平，选中第 2 组寄存器；当通道 1 进行 DMA 传输时，和 2、3 通道对应的$\overline{DACK_2}$和$\overline{DACK_3}$必定处于无效电平，这时便选中第 3 组寄存器。通道 0 对应第 0 组寄存器，但在 IBM PC/XT 中未使用第 0 组页面寄存器，这是因为通道 0 用来对动态 RAM 刷新，而动态 RAM 刷新时，不使用页面地址。

在 IBM PC/XT 中通道 0 用 4 个时钟周期组成一个 DMA 传送周期，其他通道用 5 个时钟周期组成一个 DMA 传送周期。系统中用等待电路产生 RDY　TO　DMA 信号，此信号送到 8237A-5 的 READY 端，可以使 DMA 周期中插入等待状态 S_W。DMA 过程结束时，8237A-5 的 $\overline{EOP}$信号送到反向器 U_{22}，产生高电平的计数结束信号 TC。

在 8237A-5 处于从模式时，CPU 可以访问 8237A-5，以便对 8237A-5 设置工作方式或读取状态。当 I/O 地址为 00H ~ 0FH 或 01H ~ 1FH(两个寻址空间由硬件选择)时，系统的 I/O 接口片选电路(见第 6 章)输出端$\overline{Y_0}$为低电平，即$\overline{DMACS}$有效，于是选中 8237A-5，用 A_3 ~ A_0、$\overline{IOR}$和$\overline{IOW}$来控制 8237A-5 与 CPU 进行数据交换。

11.4　高档微机的 DMA 功能

如前面所述，在 32 位微机系统中使用了多功能接口芯片即芯片组 82380，其内部有一个 8 通道的 32 位 DMA 控制器，可以实现数据在存储器与 I/O 设备之间、I/O 设备与 I/O 设备之间以及存储器与存储器之间的直接传送。传送的数据可以是由字节(8 位)、字(16 位)或双字(32 位)组成的不同格式的信息。在时钟频率为 16 MHz 和 20 MHz 时，DMA 传送速率分别可达 32 M 字节/秒和 40 M 字节/秒。每个 DMA 通道的地址寄存器位数为 32 位，字节计数寄存器的位数为24位,因此DMA传送的最大寻址空间为2^{32}字节单元(4 GB),最多可连续传送2^{24}字节(16 MB)数据。

82380的DMA通道优先级方式有两种,一种是固定优先级,另一种是循环优先级。采用何种优先级由程序设定。在用固定优先级时,还可编程设定哪一个通道的优先级最低。8个通道(0—7)分为"低组"(0—3)和"高组"(4—7)两个组。两个组可以分别设定为不同的优先级方式。

82380DMA控制器内部寄存器的组成情况是,每个通道都分别具有24位的字节计数寄存器,32位的请求方地址寄存器,32位的目的方地址寄存器和32位的暂存寄存器。与通常的DMA控制器一样,字节计数寄存器用来存放需要传送数据的字节数,它又分为基本字节计数寄存器和当前字节计数寄存器两部分,其中基本字节计数寄存器的内容在DMA传送过程中保持不变,而当前字节计数寄存器用来存放的内容在每传送一个字节后自动减1,直到计数值减为0时则DMA传送过程结束。请求方地址寄存器存放请求DMA服务的存储器或I/O设备的地址,目的方地址寄存器存放请求要访问的I/O设备或存储器的地址。请求方可以要求写或者读,因而数据的传送可能是从请求方到目的方,也可能是从目的方到请求方。也就是说,请求方地址寄存器和目的方地址寄存器都可以作为源端也可以作为目的端的地址寄存器。另外请求方地址寄存器和目的方地址寄存器也都分成两部分:一部分是基本地址寄存器,存放从CPU送来的起始地址,在传送过程中其内容保持不变。另一部分是当前地址寄存器,存放DMA传送过程中的现行地址,在传送过程中其内容可以加1、减1或保持不变,它的初始值即是基本地址寄存器的内容。暂存寄存器用来暂存传送的数据,并可按需要在其中进行数据的装配和拆卸。

另外82380DMA控制器的每个通道组(高组和低组)中还具有供本组4个通道公用的控制/状态寄存器,如命令寄存器、模式寄存器、软件请求寄存器、屏蔽寄存器以及状态寄存器等。通过这些寄存器,CPU可以实现对82380DMA控制器各种操作方式的设定和状态的读取。不难看出,这些结构和功能方面的特点与早期的DMA控制器8237A类似。

可以通过软件也可以通过硬件向82380DMA控制器发出DMA请求,当外部设备要求DMA服务时代,则在$DREQ_7$—$DREQ_0$输入线上向相应通道发出DREQ请求信号,当82380接到几个同时发来的DREQ信号时,则要对它们判优,首先响应最高优先级的请求,并向CPU发出总线请求HOLD信号,若CPU允许让出总线控制权,则向82380发回总线回答信号HLDA,82380开始成为总线主部件。在提供DMA服务时,由$EDACK_2$—$EDACK_0$3条信号线上输出一个3位二进制码用以表示正在服务的通道号。与通常DMAC中的$\overline{EOP}$信号线相同,$\overline{EOP}$是一条双向信号线,当DMA传送过程结束时,则在$\overline{EOP}$上输出一个有效信号;DMA传送过程中,若在$\overline{EOP}$上输入一个有效信号,则传输过程被强迫结束。

习题与思考题

1. 什么是DMA传送方式?它与中断传送方式有何不同?
2. 简述DMA的基本结构。
3. 以内存到外设传送为例,说明DMA的传送过程。

4. 指出 8237A 的主要特性?
5. 8237A 有哪几种工作方式?
6. 8237A 的两个屏蔽命令有何不同?
7. 8237A 的最大直接寻址空间为多少? 若存储空间大于其直接寻址空间时怎么办?
8. 8237A 如何管理 4 个通道的优先权?
9. 指出 8237 的下列引脚信号是单向还是双向,说明它们的功能,它们分别来自何处? 又送向何方?
10. 8237A 的主清命令的作用是什么? 执行主清命令后其内部各寄存器的状态如何?
11. 若想在 8088 系统的两个内存储区之间传送 1 000 个字节的数据,采用连续传送方式,传送完成,不自动预置。已知 8237A 端地址为 00H ~ 0FH,源存储区起始地址为 7000H,目的存储区起始地址为 8000H,其他条件自行设置。试编写初始化程序段。
12. 高档微机中的多功能接口芯片 82380 中有多少个 DMA 通道,其 DMA 通道的最大寻址空间和最多可连续传送的字节数为多少?

第12章 数/模和模/数转换

12.1 概 述

当用微型计算机构成数据采集或过程控制系统时,所要采集的外部信号或被控制对象的参数,往往是温度、流量、压力、声音等传感器传递过来的连续变化的模拟量。但是,计算机只能处理不连续的数字量。因此,必须用模数转换器(即A/D转换器),将模拟量转换成数字量后,才能由计算机进行处理。计算机处理后的结果,有时也要经过数模转换器(即D/A转换器),转换成模拟量后才能驱动执行部件,达到控制的目的。一个包含A/D和D/A转换器的实时控制系统的构成框图如图12.1所示。

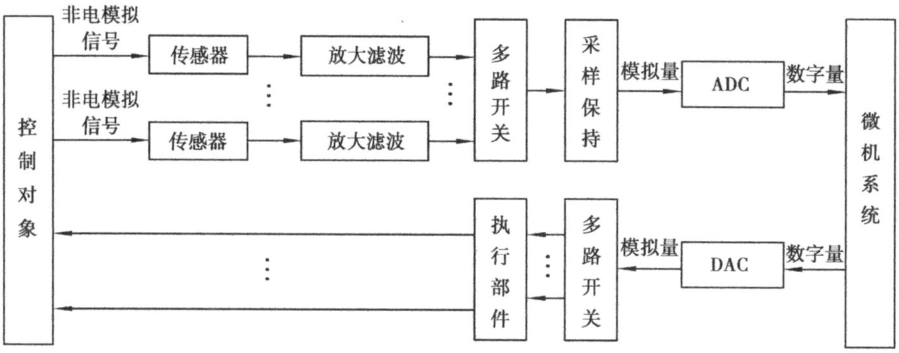

图12.1 包含ADC和DAC的实时控制系统构成图

在图12.1中,ADC(即模数转换器)和DAC(即数模转换器)分别是模拟量输入和模拟量输出通路中的核心部件,后面两节将对它们作详细的介绍。如果将实时控制系统中D/A转换通路去掉,则成了一个将现场模拟信号转换为数字信号,并送微型计算机进行处理的数据采集系统。反之,若系统中只包含D/A转换通道,就构成了一个程序控制系统。

在实际应用中,来自外界输入的各种非电模拟信号,都要像图12.1中那样,先由传感器把它们转换成模拟电流或电压信号后，才能被进一步处理，最后由A/D转换器转换成数字量。

传感器的种类很多。同一种物理量可以采用不同的传感器进行测量，同一种传感器，根据它们的特性又可以分成不同的型号。例如，体温和室温常用热敏电阻测量；如果测量的是工业窑炉的炉温，则可选用各种热电偶；压力可以用压阻式、振动式等压力传感器来测量；若测人体血压，则应采用专门的血压传感器。此外，还有光传感器、位移传感器、流量传感器等各种不同功能的传感器。

大多数传感器产生的信号都很微弱，通常只有μA或mV量级，必须用高输入阻抗的运算放大器对他们进行放大，使它们达到一定的幅度（通常为几伏量级）。必要时还要进行滤波，选取信号中一定频率范围内的成分，去掉各种干扰和噪声。若信号的大小与A/D转换器的输入的范围不一致，还需要电平转换。所有这些数字化之前的处理称为信号的预处理。

在实时控制或多路数据采集系统中，常常要同时测量几路甚至几十路信号，若每路使用一个A/D转换器，由于它们价格较高，则显著增加系统成本。为此，常采用多路开关对被测试信号进行切换，使各路信号共用一个A/D转换器，这样还能减小系统的功耗。当然也可以选用内部带多路开关的A/D转换器，例如，后面将要介绍的ADC0809，就是带有8路模拟开关的A/D转换器。

在实时控制或程序控制系统中，D/A通道中也可以使用多路开关，不过由于D/A转换器比较便宜，因此，在实际系统中较少使用多路开关。

若模拟信号变化比较缓慢，它可以直接加到A/D转换器的输入端；如果信号变化比较快，为了保证模数转换的性，还需要使用采样保持器。

随着集成电路水平的不断提高，A/D转换和D/A转换的器件也步入了大规模集成的时代，其精度和转换速率也不断提高。同时以转换器为中心的各种配套产品，如采样保持电路，模拟多路开关，精密基准电源以及电压/频率或频率/电压转换器等更是品种繁多。

A/D和D/A转换主要分为以下三类：

①数字/电压和电压/数字转换；

②电压/频率（脉宽）频率（脉宽）/电压转换；

③转角/数字和数字/转角转换。

A/D转换的三个关键过程为采样，量化和编码。由传感器，放大电路，滤波电路，多路开关以及采样保持电路构成采样过程，即将待A/D转换的模拟信号获取送到A/D转换器。量化是把采样到的模拟信号转换为数字量，即A/D转换的核心的过程，量化时所分的等级数N越大，A/D转换的分辨率越高，误差越小（如256级与128级相比）。编码是将量化后的数字量用相应的二进制编码表示出来的过程，有很多种编码方案供选择，如二进制编码、BCD码等。

12.2　D/A转换器

由于D/A转换器实现将数字信号转换为模拟信号的原理比较简单，而且大部分A/D转换器的内部还包含D/A转换电路，因此本章先介绍D/A转换器的工作原理和使用方法。

12.2.1 D/A 转换器的基本原理

数字量是由一位一位的数位构成的,每一位都代表一个确定的权。比如 10000010B,第 7 位的权是 $2^7=128$,所以此位上的代码 1 表示数值 1×128,第 1 位的权是 $2^1=2$,所以此位上的 1 表示数值 2,其他数位均为 0,所以 10000010B 就代表十进制数 130。为了把一个数字量变为模拟量,必须把每一位的代码按其权值转换为对应的模拟量,再把每一位对应的模拟量相加,这样得到的总模拟量便对应于给定的数据。

多数 D/A 转换器把数字量变成模拟电流,如果将其转换成模拟电压还要使用电流/电压转换器(I/V)来实现。少数 D/A 转换器内部有 I/V 变换电路,可直接输出模拟电压值。I/V 转换电路由运算放大器构成。

为了了解 D/A 转换器的工作原理,先分析图 12.2 所示的 4 路输入加法器电路,即权电阻网络 D/A 转换器。

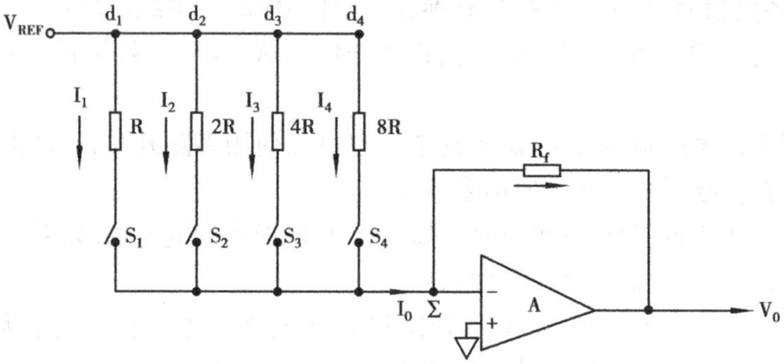

图 12.2　4 路输入加法器电路

图 12.2 中,$d_1\sim d_4$ 为 4 位输入数字量,R,2R,4R,8R 为加权电阻,$S_1\sim S_4$ 是电子模拟开关,当某位 $d_i=1$ 时,相应开关闭合,接通权电阻;当某位 $d_i=0$ 时,开关断开;运算放大器的同相输入端(+)接地,由于运放的输入阻抗非常高,流入反相输入端(-)的电流几乎为 0,同相端与反相端之间的电流也非常小,所以反相输入端的电压也为 0,与同相端的电位相等,$\sum$ 点被称为虚地点。参考电压 V_{REF} 为权电阻支路提供权电流,各支路中电流的大小与权电阻成反比关系。

流入相加点 $\sum$ 的总电流为:

$$I_0=I_1d_1+I_2d_2+I_3d_3+I_4d_4$$
$$=\frac{V_{REF}}{R}d_1+\frac{V_{REF}}{2R}d_2+\frac{V_{REF}}{4R}d_3+\frac{V_{REF}}{8R}d_4$$
$$=\frac{2V_{REF}}{R}(2^{-1}d_1+2^{-2}d_2+2^{-3}d_3+2^{-4}d_4)$$

由于流入运放的电流为 0,所以 $I_f=I_0$。又因为 $\sum$ 点虚地,所以运放的输出电压 $V_0=-I_f\times R_f$。这样,对于同样的输入数据,当参考电压 V_{REF} 改变时,I_0 和 V_0 随之而改变。若固定 V_{REF},则输出电压 V 与输入数字量成正比关系。

如果 $R_f=R/2$,输入数字量 $d_1d_2d_3d_4=1000$,$V_{REF}=+5\ V$,则输出电压

$$\begin{aligned} V_0 &= -I_0 \times R_f \\ &= -\frac{2V_{REF}}{R}(2^{-1} \times 1 + 2^{-2} \times 0 + 2^{-3} \times 0 + 2^{-4} \times 0) \times \frac{R}{2} \\ &= -\frac{V_{REF}}{2} = -2.5\ \text{V} \end{aligned}$$

这样,用二进制数字控制开关的通断,就可以产生响应的输出电压信号。但是,与模数转换器只能包含有限数目的分层数那样,数模转换中的开关和权电阻的数目也是有限的,因此,D/A 转换器输出的电压仅是某些固定的值。例如,对于上面的例子,输入数字量的范围限制在 0000 ~ 1111B 的范围内,相应的输出电压值也只有 16 种,它们的大小落在 0 V ~ $V_{REF} \times (1 - 2^{-4})$ V 范围内。在用 D/A 转换器形成一个波形时,就要每隔一定的时间 Δt,由程序将一个数字量送给 DAC,形成一个电压值。结果,当你用示波器观察这个波形时,会发现波形上有许多台阶,它们就是不连续的电压形成的。Δt 越小,这些台阶就越窄;D/A 转换器中包含的开关和权电阻数越多,也就是 D/A 的位数越多,任意两个相邻的数字量形成的电压台阶之间的高度差也就越小,即输出的波形与真实的模拟信号越接近。

从上面的例子可以看出,D/A 转换器的核心部分是一组按输入二进制数控制开关产生二进制加权电流的部件。权电阻网络 DAC 虽然简单、直观,但当位数较多时,例如转换位数为 12 位时,阻值范围将达到 4 096:1。如果最高位(MSB)权电阻阻值是 10 kΩ 时,则最低位(LSB)权电阻阻值将高达 40.96 kΩ。这样大的阻值范围显然在工艺上是难以实现的。

在实际应用中,通常由 T 型电阻(R ~ 2R)电阻网络和运算放大器构成 D/A 转换器,如图 12.3 所示。由于使用 T 型电阻网络来代替单一的权电阻支路,整个网络只需要 R 和 2R 两种电阻,很容易实现。在集成电路中,由于所有的元件都做在同一芯片上,所以,电阻的特性很一致,误差问题也可以得到较好的解决。

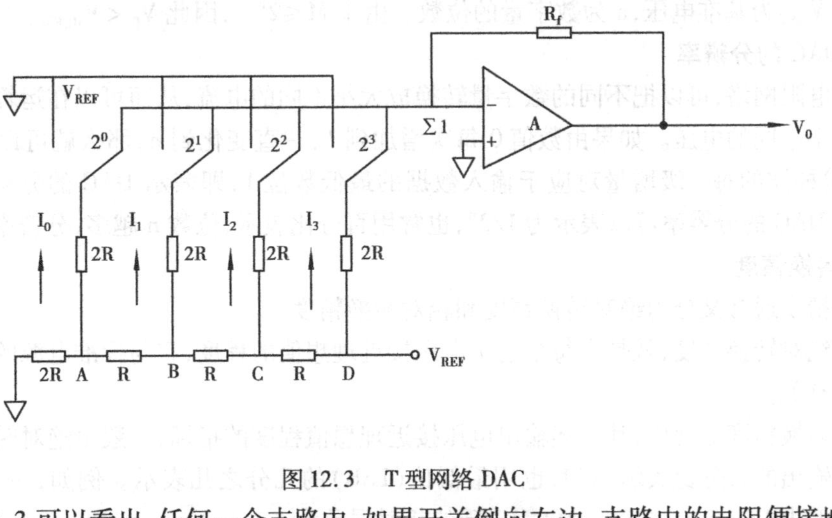

图 12.3　T 型网络 DAC

由图 12.3 可以看出,任何一个支路中,如果开关倒向左边,支路中的电阻便接地了,这对应于该位 $d_i = 0$ 的情况;如果开关倒向右边,电阻就接到电路的相加点上去了,对应于该位 $d_i = 1$ 的情况。对于图 12.3 电路,根据电阻的并联、串联及欧姆定律很容易算出 D,C,B 以及 A 各点的电位分别为 V_{REF},$V_{REF}/2$,$V_{REF}/4$ 和 $V_{REF}/8$。当各支路的开关倒向左边时,各支路电流分别如下:

$$I_0=\frac{V_A}{2R}=\frac{V_{REF}}{16R}=\frac{V_{REF}}{2^4R}2^0$$

$$I_1=\frac{V_B}{2R}=\frac{V_{REF}}{8R}=\frac{V_{REF}}{2^4R}2^1$$

$$I_2=\frac{V_C}{2R}=\frac{V_{REF}}{4R}=\frac{V_{REF}}{2^4R}2^2$$

$$I_3=\frac{V_D}{2R}=\frac{V_{REF}}{2R}=\frac{V_{REF}}{2^4R}2^3$$

$$I=I_0+I_1+I_2+I_3=\frac{V_{REF}}{2^4R}(2^3d_3+2^2d_2+2^1d_1+2^0d_0)$$

$$V_0=-IR_f=-\frac{V_{REF}}{2^4R}(2^3d_3+2^2d_2+2^1d_1+2^0d_0)R_f$$

12.2.2 D/A 转换器的性能指标

(1)输入数字量

它包括输入数字量的编制、数据格式和他们的逻辑电平,手册上均有说明。多数 D/A 转换器只接受自然二进制编码;输入数据的格式一般是并行码;输入数据的逻辑电平一般是 TTL 电平。

(2)单级 DAC 的输出电压

给定一个数字量 M,DAC 的输出模拟电压为:

$$V_0=-\frac{M}{2^n}V_{REF}$$

其中 V_{REF} 为基准电压,n 为数字量的位数。由于 $M\leqslant 2^{n-1}$,因此 $V_0<V_{REF}$。

(3)DAC 的分辨率

通过电阻网络,可以把不同的数字量转换成大小不同的电流,从而可以在运算放大器输出端得到大小不同的电压。如果由数值 0 每次增加到 1,一直变化到 n,那么就可以得到一个阶梯电压,阶梯波的每一级增量对应于输入数据的最低数位 1,即表示 DAC 的分辨率。一个 n 位二进制 DAC 的分辨率可以表示为 $1/2^n$,也常用百分比表示,位数 n 越多,分辨率就越好。

(4)转换精度

转换精度通常又分为绝对转换精度和相对转换精度。

所谓绝对转换精度,就是指每个输出电压接近理想值的程度,它与标准电源的精度和权电阻的精度有关。

相对转换精度更常用,其描述输出电压接近理想值程度的指标,一般由绝对转换精度相对于满量程输出的百分比表示,有时也用最低位(LSB)的几分之几表示。例如,一个 DAC 的相对转换精度为 LSB/2。这就表示可能出现的相对误差为:

$$\Delta A = V_{FSR}/2^{n+1}$$

其中 V_{FSR} 为满量程输出电压。

(5)转换速率

一般指信号工作时,模拟输出电压的最大变化速度,单位为 V/μs,这项参数主要取决于运算放大器的参数。

(6)**建立时间**

一般指信号工作时间,DAC 有模拟输出电压达到某个规定范围时所需要的时间,所谓规定范围一般指终值的 ±LSB/2。显然,建立时间越长,转换速率低。

(7)**线性误差**

理想情况下 DAC 的转换特性应该是线性的,但是实际上输出特性并不是线性。一般将实际转换特性偏离理想转换特性的最大值称为线性误差。

12.2.3　典型的 D/A 转换器

当前使用的 DAC 器件中,既有分辨率和价格均较低的通用 8 位芯片。也有速度和分辨率较高,价格也较高的 16 位乃至 20 位及其以上的芯片。既有电流输出型芯片,也有电压输出型芯片,即内部带有运算放大器的芯片。DAC0832 是 8 位 D/A 转换器,是 DAC0800 系列的一种。DAC0832 与微机接口方便,转换控制容易,且价格便宜,因此在实际中得到广泛的应用。

(1)**主要特性**

该系列产品还有 DAC0830 和 DAC0831,它们可以互相替换。DAC0832 具有以下主要特性:

输入端具有双重缓冲功能,可以双缓冲,单缓冲或直通数字输入。

所有通用微处理器可直接连接。

满足 TTL 电平规范的逻辑输入。

分辨率为 8 位,满刻度误差 ±1LSB,建立时间为 1 μs,功耗 20 mW。

电流输出型 D/A 转换器。

(2)**内部结构及引脚功能**

DAC0832 采用 T 型电阻解码网络,由二级缓冲寄存器和 D/A 转换电路及转换控制电路组成。内部结构和外部引脚如图 12.4 所示。

DAC0832 为 20 引脚双列直插式封装,图 12.4 同时给出了引脚信号,其功能分述如下:

ILE:输入锁存允许信号,高电平有效;

$\overline{CS}$:片选信号,输入寄存器选择信号,低电平有效;

$\overline{WR_1}$:写信号 1,输入寄存器写选通信号,低电平有效;

输入锁存器的锁存信号$\overline{LE_1}$ 由 ILE、$\overline{CS}$和$\overline{WR_1}$ 的逻辑组合产生。当 ILE 为高电平,$\overline{CS}$、$\overline{WR_1}$ 同时为低电平时,$\overline{LE_1}$为高电平,输入寄存器的输出随输入变化;当$\overline{WR_1}$ 变为高电平时,$\overline{LE_1}$ 成为低电平,输入数据被锁存在输入寄存器中。

$\overline{WR_2}$:写信号 2,DAC 寄存器的写选通信号,低电平有效。

$\overline{XFER}$:数据传送控制信号,低电平有效。

DAC 寄存器的锁存信号$\overline{LE_2}$ 由$\overline{WR_2}$、$\overline{XFER}$的逻辑组合产生。当$\overline{WR_2}$、$\overline{XFER}$同时为低电平时,$\overline{LE_2}$ 为高电平,DAC 寄存器的输出随输入变化;当$\overline{WR_2}$ 变为高电平时,$\overline{LE_2}$ 成为低电平,$\overline{LE_2}$ 的负跳变将输入寄存器中的数据锁存在 DAC 寄存器中。

$DI_7 \sim DI_0$:8 位数字量输入端。

I_{out1}:DAC 电流输出端 1,它是数字输入端逻辑电平为 1 的各位输出电流之和。DAC 寄存

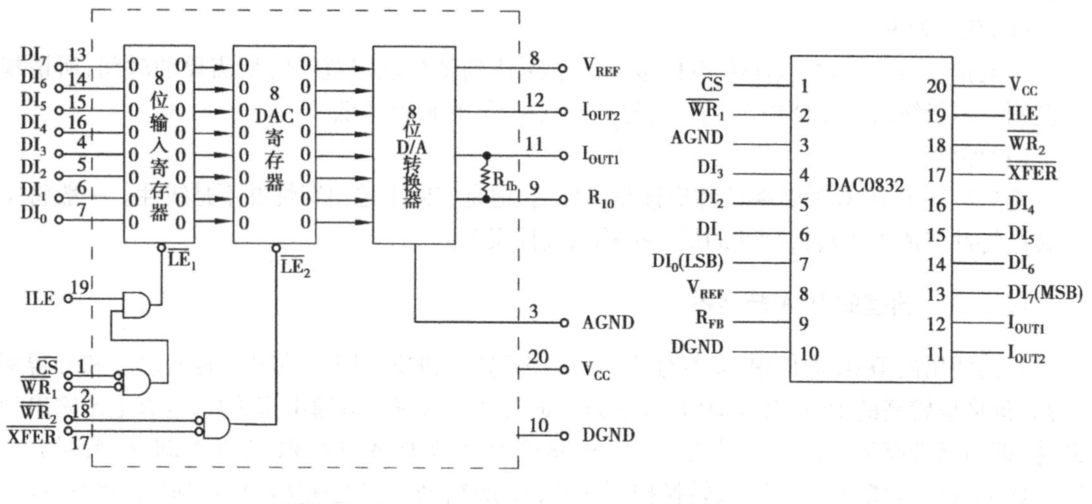

(1)DAC0832内部结构图　　(2)DAC0832引脚图

图 12.4　DAC0832 内部结构和外部引脚

器内容随输入数据的变化而变化,DAC 寄存器内容为全 1 时,I_{out1}最大,DAC 寄存器内容为全 0 时,I_{out1}最小。

I_{out2}:DAC 电流输出端 2,它等于常数减去 I_{out1},即 $I_{out1}+I_{out2}=$常数。此常数对应于固定基准电压的满量程电流。

R_{fb}:反馈电阻。反馈电阻被制作在芯片内部,用作 DAC 提供输出电压的运放的反馈电阻。

V_{ref}:基准电压输入端。V_{ref}一般在 -10 V ~ +10 V 范围内,由外电路提供。

V_{CC}:逻辑电源输入端,取值范围为 +5 V ~ +15 V, +15 V 最佳。

AGND:模拟地,芯片模拟电路接地点。

DGND:数字地,芯片数字电路接地点。在使用时模拟地与数字地相接。

为保证 DAC0832 可靠地工作,要求$\overline{WR_1}$和$\overline{WR_2}$的宽度不小于 500 ns,若 $V_{CC}=15$ V,则可为 100 ns。对于输入数据的保持时间应不小于 90 ns。这在与微机接口时都容易满足。同时不用的数字输入端不能悬空,应根据要求接地或接 V_{CC}。

(3)**工作方式**

改变 DAC0832 的几个控制信号的时序和电平,就可以使它处于三种不同的工作方式,具体情况如下:

双缓冲方式:即数据经过双重缓冲后再送入 D/A 转换电路,执行两次写操作才能完成一次 D/A 转换。这种方式可在 D/A 转换的同时进行下一个数据的输入,以提高转换速率。更重要的是这种方式特别适用于要求同时输出多个模拟量的场合。此时,要用多片 DAC0832 组成模拟输出系统,每片对应一个模拟量。

单缓冲方式:不需要多个模拟量同时输出时,可采用此种方式。此时,两个寄存器之一处于直通状态,输入数据只经过一级缓冲送入 D/A 转换电路。这种方式只需执行一次写操作,即可完成 D/A 转换。

直通方式:此时两个寄存器均处于直通状态,因此要将$\overline{CS}$,$\overline{WR_1}$,$\overline{WR_2}$,$\overline{XFER}$端都接数字

地,ILE 接高电平。数据直接送入 D/A 转换电路进行 D/A 转换。这种方式可用于不采用微机的控制系统中。

(4) D/A 转换器的应用

图 12.5 是 DAC0832 的外部连接图。由于在 DAC0832 内部有数据锁存器,所以在控制信号作用下,可以对总线上的数据直接进行锁存。$\overline{WR_1}$ 和 $\overline{CS}$ 信号在 CPU 执行输出指令时处于有效电平。

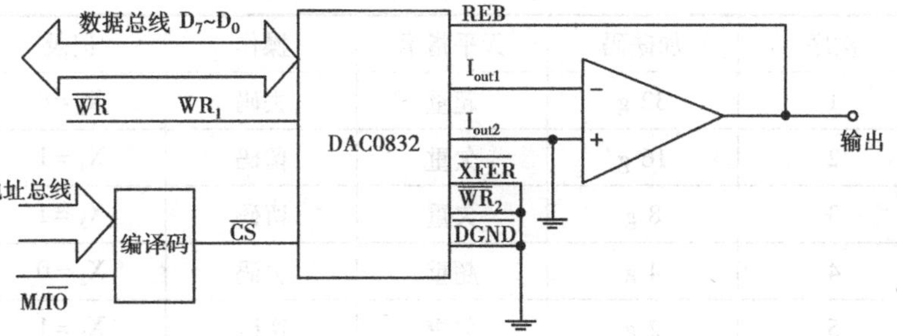

图 12.5　DAC0832 的外部结构

在实际应用中,经常需要用一个线性增长的电压去控制某一个检测过程。为了说明 D/A 转换器的应用,看一下怎样利用 D/A 转换器产生一个锯齿电压。

对于上图的电路,执行下面的程序时,就可以产生一个锯齿电压:

```
        MOV     DX,PORTA        ;PORTA 为 D/A 转换器端口地址
        MOV     AL,0FFH         ;初值为 0FFH
LOP1:   INC     AL
        OUT     DX,AL           ;往 D/A 转换器输出数据
        JMP     LOP1
```

实际上,上面程序在执行时得到的输出电压会有 256 个小台阶,不过从宏观看,仍为连续上升的锯齿波。对于锯齿波的周期,可以利用延迟进行调整。延迟的时间如果比较短,那么,就可以利用几条 NOP 指令来实现,如果比较长,则可用延迟子程序。

12.3　A/D 转换器

12.3.1　A/D 转换器的基本原理

实现 A/D 转换的基本方法有很多,常用的有计数法、逐次逼近法、双斜积分法和并行转换法。由于逐次逼近式 A/D 转换具有速度快、分辨率高等优点,而且采用这种方法的 ADC 芯片成本较低,因此在计算机采集系统中获得了广泛的应用。为此,在这里仅介绍逐次逼近式A/D 转换器的原理和应用。

这类 A/D 转换器的转换原理是建立在逐次逼近的基础上进行的,即把输入电压 V_i 和一组参考电压分层得到的量化电压进行比较,比较从最大的量化电压开始,由粗到细逐次进行,由每次比较的结果来确定相应的位是 1 还是 0,不断比较,不断逼近,直到两者的差别小于某一

误差范围时即完成了一次转换。

这种逐次比较的过程与天平称量物体的过程很相似。若我们要用天平称量一个实际重量为 27.4 g 的重物,天平具有 32 g、16 g、8 g、4 g、2 g 和 1 g 等 6 种砝码。称量时,先从最重的砝码试起,称量过程可用表 14.1 来说明。经过 6 步操作后,天平基本平衡。由于最小的砝码是 1 g,没有更小的砝码可用了,所以称量已经结束。结果为:

$$M_X = 0\times 32 + 1\times 16 + 1\times 8 + 0\times 4 + 1\times 2 + 1\times 1 = 27$$

表 12.1　一个 27.4 g 重物的称量过程表

次序	加砝码	天平指示	操作	记录
1	32 g	超重	去码	$X_5=0$
2	16 g	欠重	留码	$X_4=1$
3	8 g	欠重	留码	$X_3=1$
4	4 g	超重	去码	$X_2=0$
5	2 g	欠重	留码	$X_1=1$
6	1 g	平衡	留码	$X_0=1$

它与实际重量之间的误差为 0.4 g。由于砝码是以二进制加权分布的,因此也可以用二进制编码 011011B 来表示该物体的重量。当然如果再增加 0.5 g、0.25 g 两种砝码,将使称量结果更精确。

逐次逼近 A/D 转换器就像一架电子自动平衡天平。以一个量程为 +5 V 的 4 位逐次逼近式 ADC 为例,用它来转换一个 $V_i=3$ V 的电压量,由于 $n=4$,它有 4 个以二进制编码表示的电子砝码,它们与电压量的对应关系如表 12.2 所示:

表 12.2　4 个电子砝码与电压的对应关系表

代码	相应的电压
1000	$5\text{ V}\times 2^{-1}=2.5\text{ V}$
0100	$5\text{ V}\times 2^{-2}=1.25\text{ V}$
0010	$5\text{ V}\times 2^{-3}=0.625\text{ V}$
0001	$5\text{ V}\times 2^{-4}=0.312\,5\text{ V}$

逐次逼近 A/D 转换器的原理如图 12.6 所示,它由逐次逼近寄存器 SAR、D/A 转换器、比较器 A、缓冲器等组成。SAR 中包含一个移位寄存器、一个数据寄存器及决定去/留码的逻辑电路等几个部分,它们在时钟脉冲 CLK 的作用下有次序的进行操作。D/A 转换器用来形成电子砝码,送到比较器 A 的"-"输入端。比较器相当于天平的杠杆和指针,它对从"+"端输入的模拟电压 V_i 和从"-"端输入的电子砝码进行比较,如 V_i 大于所加的砝码,输出为 1,SAR 中的去/留码逻辑决定保留这个砝码,否则就去掉这个砝码。

如图 12.6 所示。

对于 $V_i=3$ V,$n=4$ 的情况,转换过程如下:

在时钟驱动下,SAR 中移位寄存器的 MSB 位加码,其编码为 1000。D/A 转换器将转换成

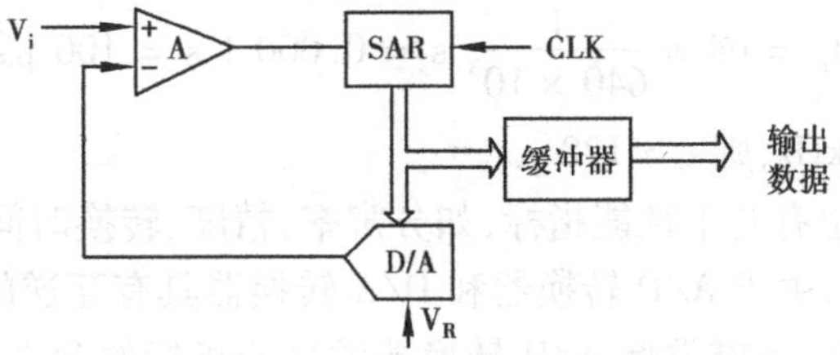

图 12.6　逐次逼近 A/D 转换器的原理

2.5 V 电压,送到比较器 A 的" - "输入端,与 V_i 进行比较,由于 2.5 V <3 V,所以去留逻辑保留最高位的 1,即这次比较结果为 1。

移位寄存器对第二位加码,由于上次比较后最高位保留了 1,因此送到 DAC 的代码为 1100,DAC 的输出电压就是 2.5 V + 1.25 V = 3.75 V,它与 3 V 进行比较。由于 3.75 V >3 V,所以要去掉这位,本次结果为 0。

同理可对第三、第四位进行加码,整个比较过程如表 12.3 所示。

表 12.3　4 位逐次逼近式 A/D 转换过程表

次序	试探码	D/A 输出	去留码	本次结果
1	1000	$2.5\ V < V_i$	留	1000
2	1100	$3.75\ V > V_i$	去	1000
3	1010	$3.125\ V > V_i$	去	1000
4	1001	$2.8125\ V < V_i$	留	1001

经过 4 次比较后,比较过程结束,最后在 SAR 的数据寄存器中的结果是 1001,它就是 V_i = 3 V 所对应的数字量。它通过缓冲器输出,表示的实际电压为 2.812 5 V。这个数字量与输入电压之间的误差为 2.812 5 V - 3 V = -0.187 5 V,由于该 A/D 转换器的量化单位(1LSB)为 0.312 5 V,这时的量化误差已小于 1LSB。

若要提高精度,可再增加位数,相当于再用更小的电子砝码进行比较。如将上述的 A/D 转换器增加到 8 位,相当于再增加 4 个电子砝码:0.156 25 V、0.078 125 V、0.039 062 5 V 和 0.019 531 25 V。仿照上述步骤,3 V 输入电压可转换成二进制码 10011001,它表示的实际电压为 2.988 281 25 V,它和 3 V 之间的误差为 0.011 718 75 V,小于量化单位 0.019 532 1 V。可见,增加位数后转换精度明显提高了。

逐次逼近式 A/D 转换器每进行一次比较,即决定数字码中的一位码的去留操作,需要 8 个时钟脉冲。这样,一个 8 位转换器完成一次转换需要 8 × 1 = 1 个时钟脉冲,再加上准备与结束阶段需要几个时钟脉冲,这就是转换器的转换时间 tc。大致认为经 16 ~ 73 个时钟脉冲后,8 次比较完成,通过缓冲器可输出数字量结果。

大部分 A/D 转换器的时钟是由外部提供的,也有一些片子可用外接的 RC 网络来设定时钟频率。很容易根据时钟频率来估计出转换器的转换时间。例如,ADC0804 和 ADC0809 均是 8 位逐次逼近式 A/D 转换器,典型的工作时钟频率为 640 kHz,每个时钟脉冲的周期为 $1/(640 \times 10^3)$ 秒。于是,完成一次转换的时间大约为:

$$t_c = 64 \times \frac{1}{640 \times 10^3} \text{ s} = 0.000\,1 \text{ s} = 100\ \mu\text{s}$$

如工作频率 f=500 kHz,则 t_c=128 μs。

与 DAC 那样,ADC 也有若干性能指标,如分辨率、精度、转换时间、输入电压范围、输出数据格式、参考电压范围等,由于 A/D 转换器和 D/A 转换器具有互逆的关系,在理解了 D/A 转换器的性能指标的基础上,不难掌握 A/D 转换器的性能指标的含义,从而能根据需要选择合适的器件。

12.3.2 典型的 A/D 转换器

ADC0808 和 ADC0809 除精度略有差别外(前者精度为 ±1/2LSB 位,后者为 ±1LSB),其余各方面完全相同。它们都是 CMOS 器件,不仅包括一个 8 位逐次逼近型的 ADC 部分,而且还提供一个 8 通道的模拟多路开关和通道寻址逻辑,因此有理由把它作为简单的"数据采集系统"。利用它可输入 8 个单端的模拟信号分时进行 A/D 转换,这在多点巡回检测和过程控制、机床控制中应用广泛。

(1)主要特性

分辨率:8 位。

总的不可调误差:ADC0808 为 ±1/2LSB,ADC0809 为 ±1LSB。

转换时间:100 μs。

单一电源:+5 V。

模拟电压输入范围:在单电源 +5 V 下,0~5 V;

具有可控的三态输出缓冲器。

启动转换控制为脉冲式(正脉冲),上升沿使所有内部寄存器清零,下降沿时 A/D 转换开始。

使用时不需进行零点和满刻度调节。

(2)内部结构与外部引脚

ADC0809 是 CMOS 单片型逐次逼近式 A/D 转换器,。它由 8 路模拟开关、地址锁存与译码器、比较器、8 位开关树型 D/A 转换器逐次逼近寄存器、8 位三态输出锁存器定时与控制等电路组成。ADC0809 可处理 8 路模拟量输入,具有三态输出能力,既可以与各类微处理器直接相连,又可以单独工作,输入输出均与 TTL 电平兼容。其内部结构和外部引脚如图 12.7。

ADC0809 为 28 引脚双列直插式封装的 A/D 转换器,其各引脚功能说明如下:

IN0~IN7:8 通道模拟量输入端。

D0~D7:A/D 转换后的数据输出端,为三态可控输出,可直接和微处理器数据线连接。

ADDA,ADDB,ADDC:3 位地址输入线,用于选通 8 路模拟输入中的一路。如表 12.4 所示:

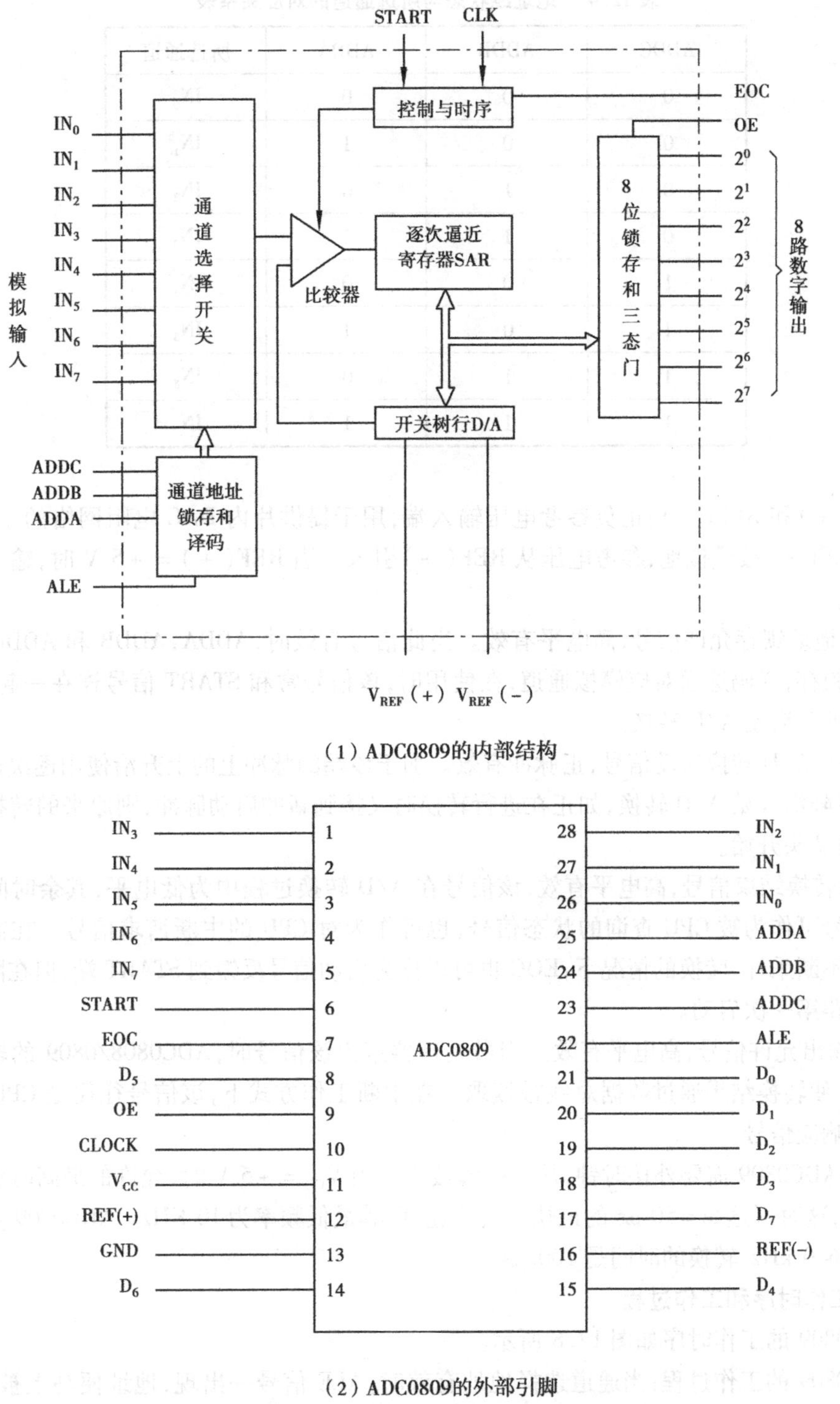

图 12.7　ADC0809 的内部结构和外部引脚

表 12.4　地址线状态与所选通道的对应关系表

ADDC	ADDB	ADDA	所选通道
0	0	0	IN_0
0	0	1	IN_1
0	1	0	IN_2
0	1	1	IN_3
1	0	0	IN_4
1	0	1	IN_5
1	1	0	IN_6
1	1	1	IN_7

REF(+)和 REF(-):正负参考电压输入端,用于提供片内 DAC 电阻网络的基准电压。通常将 REF(-)接模拟地,参考电压从 REF(+)引入。当 REF(+) = +5 V 时,输入范围为 0 ~ +5 V。

ALE:地址锁存允许信号,高电平有效。当此信号有效时,ADDA,ADDB 和 ADDC 三位地址信号被锁存,译码选通对应模拟通道,在使用时,该信号常和 START 信号连在一起,以便同时锁存地址和启动 A/D 转换。

START:A/D 转换启动信号,正脉冲有效。加于该端的脉冲上的上升沿使用逐次逼近寄存器清零,下降沿开始 A/D 转换,如正在进行转换时又接到新的启动脉冲,则原来的转换进程被中止,重新从头开始。

EOC:转换结束信号,高电平有效,该信号在 A/D 转换过程中为低电平,其余时间为高电平。该信号可作为被 CPU 查询的状态信号,也可作为对 CPU 的中断请求信号。在需要对某个模拟量不断采样、转换的情况下,EOC 也可以作为启动信号反馈到 START 端,但在刚加电时需由外电路第一次启动。

OE:输出允许信号,高电平有效。当微处理器送出该信号时,ADC0808/0809 的输出三态门被打开,使转换结果通过数据总线被读取。在中断工作方式下,该信号往往是 CPU 发出的中断请求响应信号。

CLK:ADC0809 需要外接时钟,从此引脚接入。当 V_{CC} = +5 V 时,允许的最高时钟频率为 1 280 kHz,这时可达 tc = 50 μs 的最快的转换速度,其最低频率为 10 KHz。ADC0809 典型的时钟频率为 640 kHz,转换的时间是 100 μs。

(3)**工作时序和工作过程**

ADC0809 的工作时序如图 12.8 所示。

ADC0809 的工作过程:当通道选择地址有效时,ALE 信号一出现,地址便马上被锁存,这时转换启动信号紧随 ALE 之后(或与 ALE 同时)出现。START 的上升沿将逐次逼近寄存器复位,在该上升沿之后的 2 μs 加 8 个时钟周期内(不定),EOC 信号将变为低电平,以指示转换操作正在进行中,直到转换完成后,EOC 再变高电平。微处理器接到变为高电平的 EOC 信号后,便立刻送出 OE 信号,打开三态门,读取转换结果。

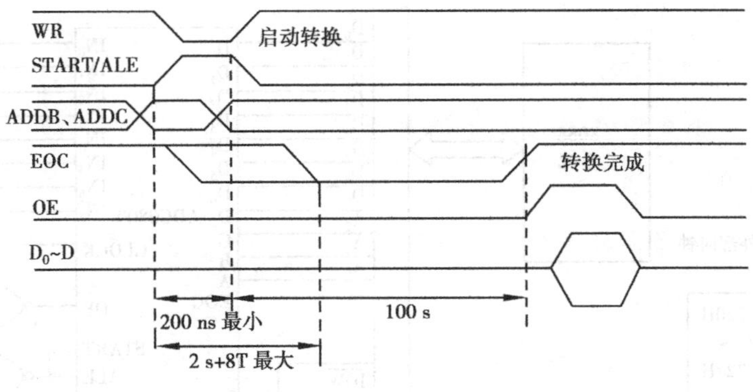

图 12.8　ADC0809 的工作时序

模拟输入通道的选择可以相对于转换开始操作独立地进行(当然,不能在转换过程中进行),通常是把通道选择和启动转换结合起来完成。这样可以用一条写指令,既选择模拟通道又启动转换。在与微机接口时,输入通道的选择可有两种方法,一种是通过地址总线选择,另一种是数据总线选择。

(4)A/D 转换器同微处理器的时间配合问题

ADC 同微处理器间的接口中,突出要解决的是时间配合问题。A/D 转换器从接口启动命令到完成转换结果数据总是需要一定的转换时间。通常最快的 A/D 转换时间都比大多数处理器的指令周期长。为了得到正确的转换结果,必须根据要求解决好启动转换和读取结果数据这两步操作时间配合问题,下面介绍解决这个问题的最常用的 3 种方法。

①固定延时等待法

启动→软件延时等待→进行输入(即无条件 I/O)。

②中断响应法

启动→CPU 转去执行其他程序并等待 A/D 转换完毕发出中断请求→A/D 转换完毕 CPU 提出中断请求→CPU 响应中断请求,并进行输入。(即中断 I/O)

③查询法

启动→CPU 对 EOC 进行状态采样,未准备好继续采样→进行 I/O。(即状态查询 I/O)。

(5)ADC0809 与 CPU 的连接

ADC0809 与 CPU 的连接如图 12.9 所示:

(6)A/D 转换器的应用

在使用 A/D0809 进行数据采集的时候,要注意启动相应的通道进行模数转换,最典型的启动指令是:

```
MOV    DX,PORTn    ;PORTn 为 n 通道的端口地址
OUT    DX,AL       ;AL 中数据不重要,是一次虚写
```

同时还要注意采集数据的方法,比如中断。对于 ADC0809 的具体应用,可以参看后面的实验和课程设计中的相关内容。

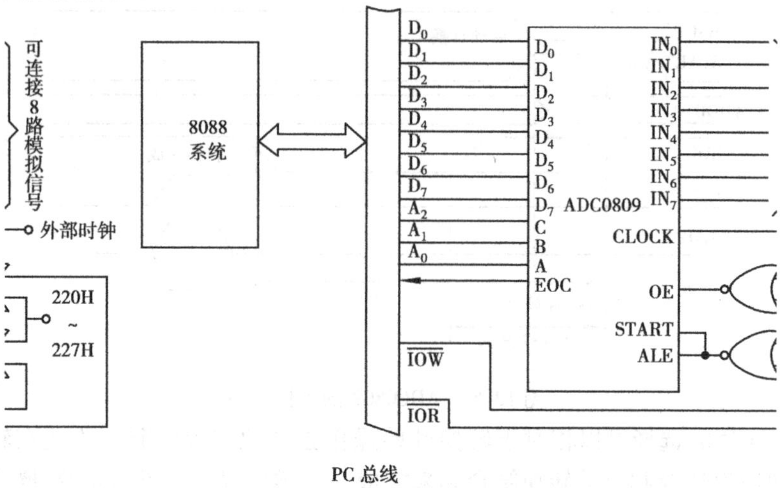

图 12.9　ADC0809 与 CPU 的连接

习题与思考题

1. 简述 D/A 转换的基本原理。
2. 简述 A/D 转换的基本原理。
3. 简述 A/D 转换的性能指标。
4. 利用 DAC0832 产生锯齿波,试画出硬件电路图,并编写有关程序。
5. 利用 ADC0809 和 8255A 设计一个病人血压监控系统,并编写汇编源程序,实现监控病人血压(用电压表示),当监测到血压超过 4 V 或低于 1 V 时,系统发出警报。

第 13 章 人机接口技术

人们是通过外围设备使用计算机的，因此，外围设备及其与主机接口也称人机接口。外围设备是一个很广泛的概念，通常把除 CPU 和内存储器以外的计算机系统的其他部件都看做外围设备。常把外围设备分为五大类，即输入设备、输出设备、外存设备、通信设备，其他设备，如图 13.1 所示。

- 外围设备
  - 输入设备
    - 键盘
    - 鼠标器
    - 光笔
    - 条形码、磁卡、IC 卡阅读器
    - 触摸屏
    - 数字化仪
    - 扫描仪
    - OCR（光学字符识别）器
    - 声音、图形、图像识别器
  - 输出设备
    - 显示器
    - 打印机
    - 绘图仪
  - 外存设备
    - 软盘存储器
    - 硬盘存储器
    - 光盘存储器
  - 通信设备
    - 终端
    - 调制解调器
    - 集线器、路由器等
  - 其他设备

图 13.1　计算机系统外围设备分类

当然，图中不可能列出所有的外设，而且，随着各种技术的发展，计算机外设会越来越丰富，并进一步向智能化、功能复合化方向发展。本章主要介绍微机系统中几种常用的人机接口设备的工作原理与接口技术。

13.1 键盘原理及其接口技术

键盘是人们向计算机输入命令、数据等信息的外部设备，通常叫计算机系统的标准输入设备。

13.1.1 键盘的分类

计算机键盘有几种分类方法，这里列出常用的两种。

(1)**按制作工艺可将键盘分为硬板键盘和软板键盘**。

硬板键盘：带弹簧的按键焊接在印刷电路板上所做成的键盘。

软板键盘：以导电橡胶作为接触材料放在以聚酯薄膜作为基底的印刷电路上所形成的键盘。

(2)**按工作原理可将键盘分为编码键盘和非编码键盘**。

编码键盘：主要用硬件实现对每个按键的定义与识别。

非编码键盘：主要用软件实现对每个按键的定义与识别。

计算机上的一个按键实际上就是一个开关。这些开关有不同的种类，不同种类的开关在灵敏程度，使用寿命及手感上都有差别。

13.1.2 键盘的工作原理

微机系统中最常用的键盘是非编码键盘，因此，我们以非编码键盘为例来介绍键盘的工作原理。非编码键盘又可分为线性键盘和矩阵键盘。

(1)**线性键盘**

如图13.2所示，每个键对应I/O端口的一位，没有按键闭合时，各位均处于高电位；当某键被按下时，对应位与地接通，则为低电位，而其他仍为高电位。因此，CPU通过读入I/O端口数据并判断哪一位为“0”，即可知是哪一个键被按下，从而转到相应功能的处理程序去执行。

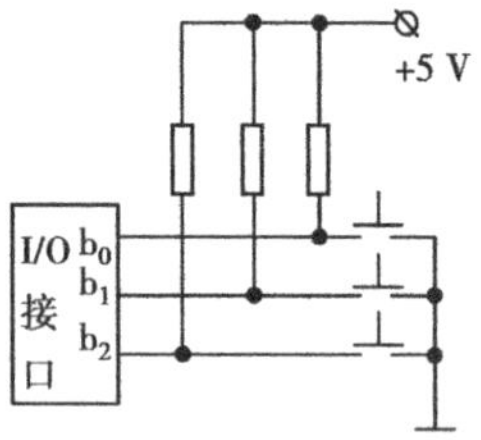

图13.2 线性键盘原理图

可见，线性键盘软、硬件简单，但只适用于按键不多的情况。若按键太多(十几个或几十个)，则占用I/O端口线过多，会造成系统硬件资源紧张。

(2)**矩阵键盘**

如图13.3所示。把若干个按键排列成矩阵形式，每一行和每一列都各占用I/O端口的一位。为简单起见，这里只画了4行、3列共12个按键。图中行线为$a_0 \sim a_3$，列线为$b_0 \sim b_2$。

对于矩阵键盘，按键的识别通常有两种方法。

- 行扫描法

硬件连接如图13.3。具体为：在键盘扫描程序中，每次使某一行为“0”，其余行为“1”，读回列线状态，并判断。若列线全为“1”，则无键按下；若列线不为全“1”，则说明为“0”的列线与为“0”的行线相交处的键被按下。行扫描法的键盘扫描流程图见图13.4(a)。

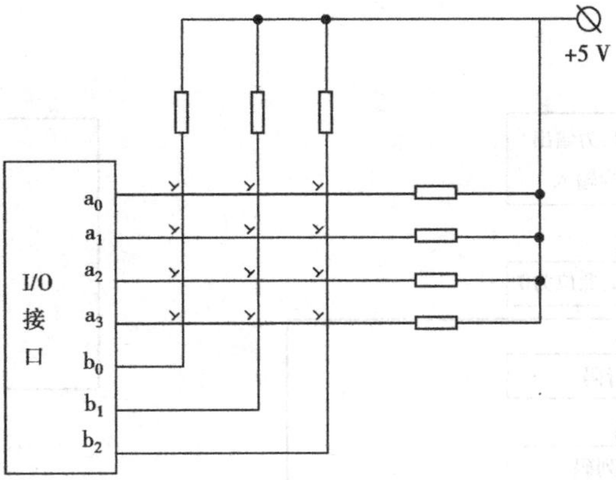

图 13.3　矩阵键盘原理图

• 行反转法

硬件连接如图 13.3。具体为：在键盘扫描程序中，首先使所有行线全输出"0"，然后读取列线状态，并判断。若列线全为"1"，则无键按下；若列线不全为"1"，则将刚读回的列线状态从列线输出，并读取行线状态，那么，说明为"0"的列线与为"0"的行线相交处的键被按下。最后，CPU 根据行列编码所构成的键值转相应功能程序执行。

行反转法的键盘扫描程序流程图见图 13.4(b)。

13.1.3　PC 系列键盘

PC 系列键盘不是由硬件电路输出按键所对应的 ASCII 码值，而是由扫描程序识别按键的位置，因此，属于非编码键盘。

(1) PC 系列键盘工作原理

PC 系列键盘主要由 8048 单片机、译码器和 16 行 ×8 列的键开关阵列三部分组成，见图 13.5。

8048 是有 40 个引脚的 8 位 CPU，内部有 1 024 ×8 位的 ROM、64 ×8 位的 RAM、8 位定时器/计数器等。8048 单片机承担了键盘扫描、消抖并生成扫描码、对扫描码进行并串转换，并将串行的键扫描码和时钟到主机等任务。

(2) PC 系列键盘接口

PC 键盘接口是安装在主板上，通过 5 芯插头座与键盘相连的，接口硬件逻辑见图 13.6。

它采用单片机 8042 作为智能接口，8042 是有 40 个引脚的 8 位微处理器，内部有 2 kB 的 ROM、128 B 的 RAM、两个 8 位 I/O 端口、一个 8 位定时器/计数器和时钟发生器。

键盘接口的功能有三个：接收键盘输出的键扫描码；输出缓冲器满时，产生键盘中断；接收并执行系统命令。

(3) PC 系列键盘中断

计算机系统通过一个是硬中断 09H 和一个是软中断 16H 与键盘发生联系。

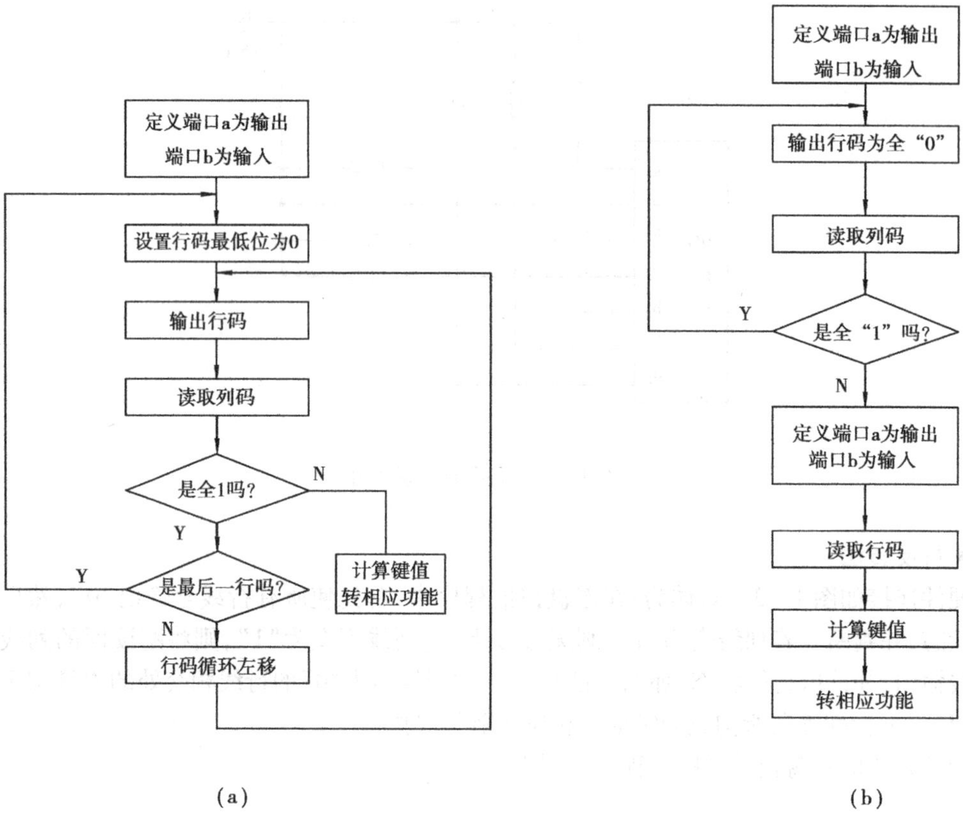

(a)行扫描法的键盘扫描流程图 (b)行反转法的键盘扫描流程图

图 13.4 矩阵键盘的键盘扫描程序流程图

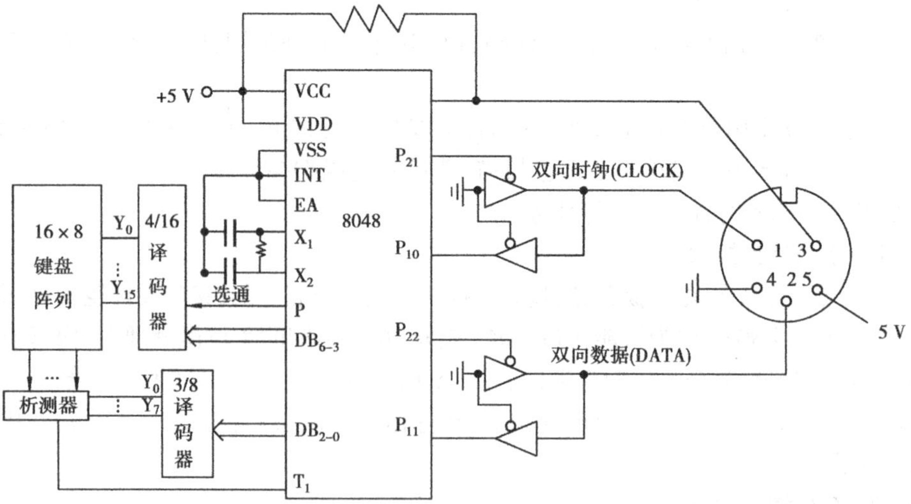

图 13.5 PC 键盘硬件逻辑图

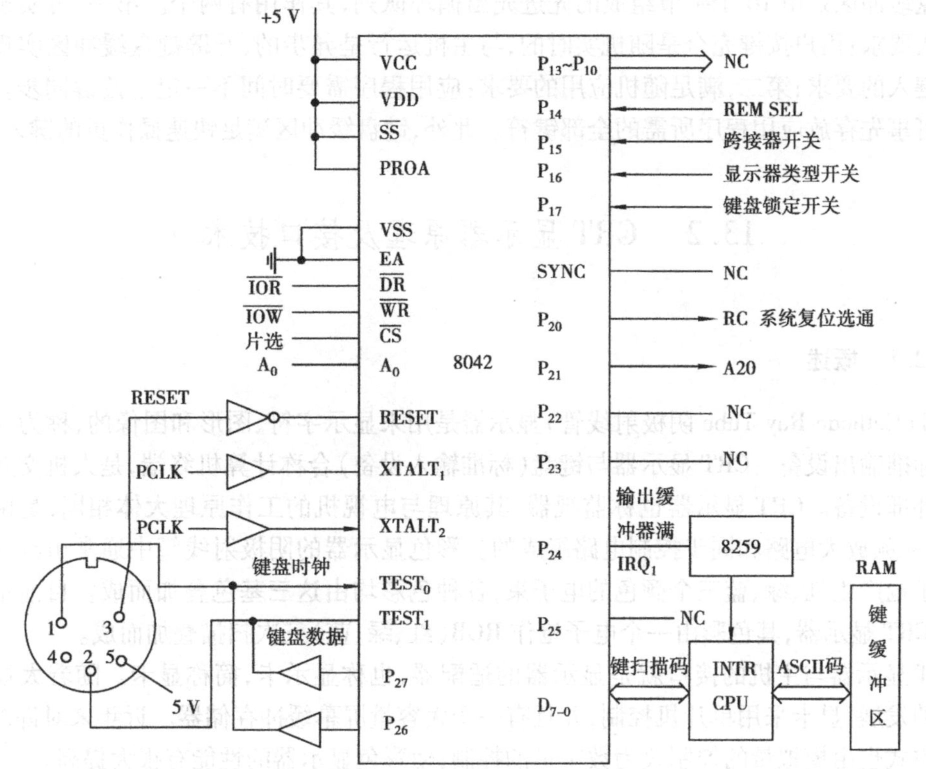

图13.6　PC键盘接口硬件逻辑图

●9号中断

9号中断是由按键动作引发的硬件中断，对键盘所有的键给予定义。它对键盘上的8个特殊键：CTRL，ALT，SHIFT-L，SHIFT-R，NUM LOCK，SCROLL LOCK，CAPS LOCK，INS只建立标志状态，控制后续键代码生成；对其他键均可以完成把键的扫描码转换为两字节的ASCII码或扩展码，送到内存BIOS数据区中的键盘缓冲区。9号中断完成两种转换：第一，把键的扫描码转换为ASCII码，则低字节为ASCII码，高字节为系统的扫描码。第二，把键的扫描码转换为扩展码，低字节为0，高字节对应值为0～255。

●BIOS　INT　16H

INT 16H软中断是用于检查是否有键输入，并完成从键盘缓冲区取出键值的操作。16H软中断共有三个子功能，见表13.1。

表13.1　INT　16H功能表

功能号	入口参数	出　口　参　数	说　明
0	AH=0	AX存放ASCII键或扩展码键符	从键盘读一个字符
1	AH=1	ZF=2无键符	检测输入字符是否准备好
2	AH=2	ZF=0有键符，存于AX中 AL=KB_FLAG（键标志）	取当前特殊键的状态

●键盘缓冲区的作用

键盘缓冲区是由16个字节组成的先进先出循环队列,其作用有两个。第一,可实现键盘实时输入要求:用户按键完全是随机实时的,与主机运行是异步的,开辟键盘缓冲区实现随机实时的键入的要求;第二,满足随机应用的要求:应用程序需要时间不一定与按键同步。键盘缓冲区可事先存放应用程序所需的全部键符。此外,键盘缓冲区满足快速操作员的键入要求。

13.2 CRT显示器原理及接口技术

13.2.1 概述

CRT(Cathode Ray Tube 阴极射线管)显示器是用来显示字符、图形和图像的,称为计算机系统的标准输出设备。CRT显示器与键盘(标准输入设备)合称计算机终端,是人机交互必不可少的外部设备。CRT显示器也称监视器,其原理与电视机的工作原理大体相同,是由阴极射线管、视频放大电路和同步控制电路组成的。彩色显示器的阴极射线管中通常由红、绿、蓝三个电子枪产生红、绿、蓝三个颜色的电子束,各种色彩均由这三基色叠加而成。目前也有单枪彩色CRT显示器,其色彩由一个电子枪作RGB(红、绿、蓝)三次扫描叠加而成。

CRT显示器与主机的接口就是显示器的适配器,也称显示卡,简称显卡。随着大规模集成技术的发展,显卡采用单片机控制,并且有一个大容量屏幕缓冲存储器。近年来对许多参数的控制方式也由模拟量的控制改为数字量的控制,使彩色显示器的性能有很大提高。

微机系统中常用的显卡有:

1)MDA适配卡:单色字符显示器接口。它支持25行×80列单色字符显示,适用于XT机。

2)CGA适配卡:彩色字符/图形显示器接口。它支持彩色字符和图形显示,但性能较差。图形方式下,当分辨率为640×200时,只能显示黑白两色,当分辨为320×200时可显示4色。它适用于XT机。

3)EGA适配卡:增强型图形显示接口。分辨率为640×350,可显示16色。它支持AT机、286,386系统。

4)VGA适配卡:视频图形阵列彩色显示接口。其颜色可达256种。当分辨率为800×600时,可显示16色,当分辨率为1 024×768时可显示8色。它支持386,486,586系统。

5)TVGA适配卡:全功能视频图形阵列显示接口。分辨率为1 024×768时,可显示高色彩或真色彩。它支持386,486,586系统。

13.2.2 CRT显示器工作原理

(1)基本结构

CRT显示器由阴极射线管、视频放大电路和同步扫描电路组成。如图13.7所示。

- 阴极射线管:由电子枪、偏转系统和荧光屏三部分组成。

其中,电子枪包括灯丝、阴极、栅极、加速极、高压极和聚焦极。由灯丝加热阴极,并在栅极作用下阴极发射电子,经加速极加速、聚焦极使这些电子汇聚成很细的红绿蓝三色的电子束。

- 视频放大驱动电路

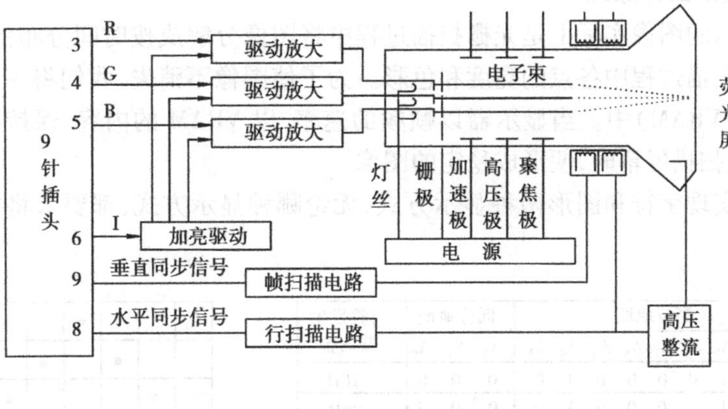

图13.7 CRT显示器结构框图

由显示器接口的9针插座的第3到6个引脚,将视频的R,G,B,I信号送至CRT的驱动放大电路。经驱动放大电路输出电流,驱动阴极射线管的阴极。加亮信号I经加亮驱动电路输出,参与控制R,G,B的放大驱动。使之当I=0时,形成8种正常色彩;当I=1时,形成8种加亮色彩。见表13.2:

表13.2 视频信号与显示的关系

	色彩	R G B		色彩	R G B
I=0	黑	0 0 0	I=1	灰	0 0 0
	蓝	0 0 1		浅蓝	0 0 1
	绿	0 1 0		浅绿	0 1 0
	青	0 1 1		浅青	0 1 1
	红	1 0 0		浅红	1 0 0
	品红	1 0 1		浅品红	1 0 1
	棕	1 1 0		浅棕	1 1 0
	白	1 1 1		浅白	1 1 1

• 同步扫描电路

由上述已知,当接口送来视频信号R,G,B,I经放大驱动,送至阴极射线管的阴极,阴极发射电子形成电子束,击到荧光屏上,只能形成一个彩点。若想将点展成线,再由线展成面,形成图像,则需要水平和垂直同步信号控制。接口输出的这两个同步信号经振荡电路和输出电路的处理,最后生成垂直锯齿波电流和水平锯齿波电流,分别驱动垂直偏转线圈和水平偏转线圈,形成磁场。

电子束轰击荧光屏之前进入该磁场,在磁场的控制下电子束作有规则的从左到右、从上到下的运动(称为扫描),这样不断重复水平和垂直扫描过程。在各自的回扫其间,消隐电路控制电子束的发射,使屏幕上看到的是一条条水平的扫描线,称之为光栅,光栅的扫描运动称为光栅扫描。在有规律的扫描过程中,只要将加在阴极上的视频信号R,G,B,I按照时间分布规律与同步扫描信号在时间上严格同步,就会在屏幕上出现稳定的图像。

(2)**视频显示工作原理**

屏幕上显示的图像实际上是光栅扫描过程中将图像分解成按时间分布的视频信号,用来控制电子束在扫描过程中各点的亮度和色彩。为了使图像不消失,我们将一贞视频信息存放在显示缓冲器(VRAM)中。当显示器以帧频的速率,以 VRAM 的内容,保持与水平同步和垂直同步,不断地扫描屏幕时,便形成稳定的图像。

显示器可实现字符和图形两种显示方式,无论哪种显示方式,都要求将视频信息存放在 VRAM 中。

高位地址								低位地址			字符发生器内容
A_{10}	A_9	A_8	A_7	A_6	A_5	A_4	A_3	A_2	A_1	A_0	
0	1	0	0	0	0	1	0	0	0	0	10H
0	1	0	0	0	0	1	0	0	0	1	28H
0	1	0	0	0	0	1	0	0	1	0	44H
0	1	0	0	0	0	1	0	0	1	1	82H
0	1	0	0	0	0	1	0	1	0	0	FEH
0	1	0	0	0	0	1	0	1	0	1	82H
0	1	0	0	0	0	1	0	1	1	0	82H
0	1	0	0	0	0	1	0	1	1	1	00H

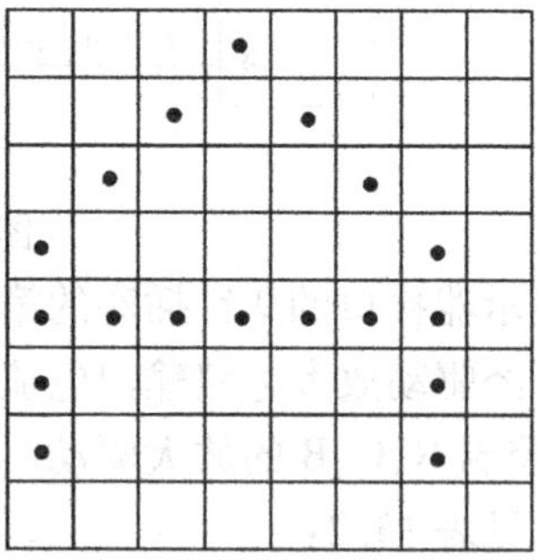

图 13.8　8×8 字符 A 点阵示意图

• 字符显示

屏幕上每个字符都是以点阵的光点形式显示的。每个字符一般由 5×7、8×8、7×9 或更多的点阵图形组成的。图 13.8 中表示的是字符 A 的点阵。图中的黑点为显示亮点,空白为暗点,这些亮、暗点分别对应二进制的 1、0 码。所有 ASCII 码字符点阵都存放在接口中的字符发生器 RAM 中。每个字符点阵占 8 个字节的 RAM 单元。

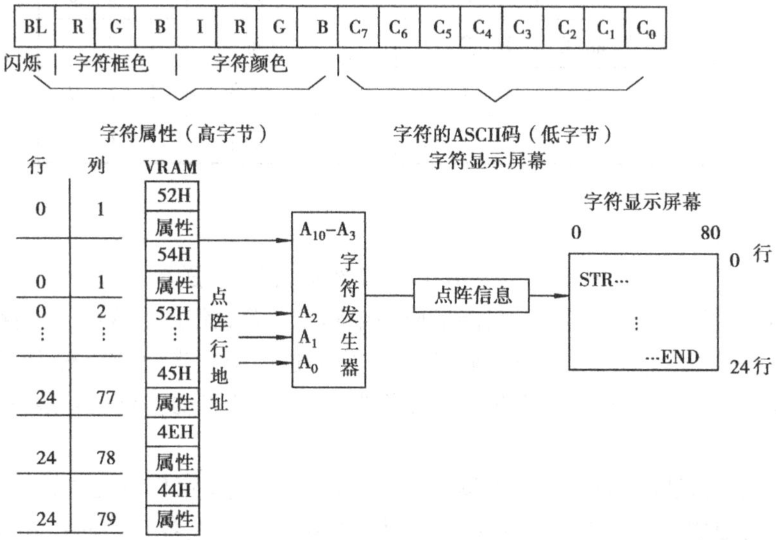

图 13.9　字符在 VRAM 中的存放及显示屏与 VRAM 的对应关系

待显示字符的 ASCII 码在 VRAM 中的顺序与屏幕显示的位置是一一对应的。VRAM 中的两个字节对应屏幕上的一个字符,其中,高字节为字符属性,低字节为该字符的 ASCII 码,送到字符发生器作为它的高位地址 $A_{10} \sim A_3$。字符发生器的低位地址由字符点阵行地址决定。字符在 VRAM 中的存放及显示屏与 VRAM 的对应关系见图 13.9。

• 图形显示

在图形显示方式下,VRAM 中存放的内容的顺序与屏幕图形信息的行、列位置是一一对应的。一个显示屏图形划分为几百个水平的点和几百个垂直的点,我们称这些点为像素。每个像素的位置是由该点的行、列地址来决定的。当像素在屏幕上的位置确定后,其在 VRAM 中存放的位置也随之确定。

13.2.3 显示器接口控制

显示器接口卡通过插座和系统总线相连,同时在卡的背面又通过 9 针 D 型插座与显示器连接。控制卡功能很强,它包括 CRT 控制器(CRTC)、定时器、RAM、ROM 等一整套控制电路。在计算机加电自检期间,系统完成了 CRTC 的初始化、建立显示方式、进行相应 VRAM 自检之后,CRT 接口在 CRT 控制器控制下,按照编程设置的工作方式独立控制显示器工作,为显示器提供所需的视频信号和同步信号。显示器接口逻辑见图 13.10。

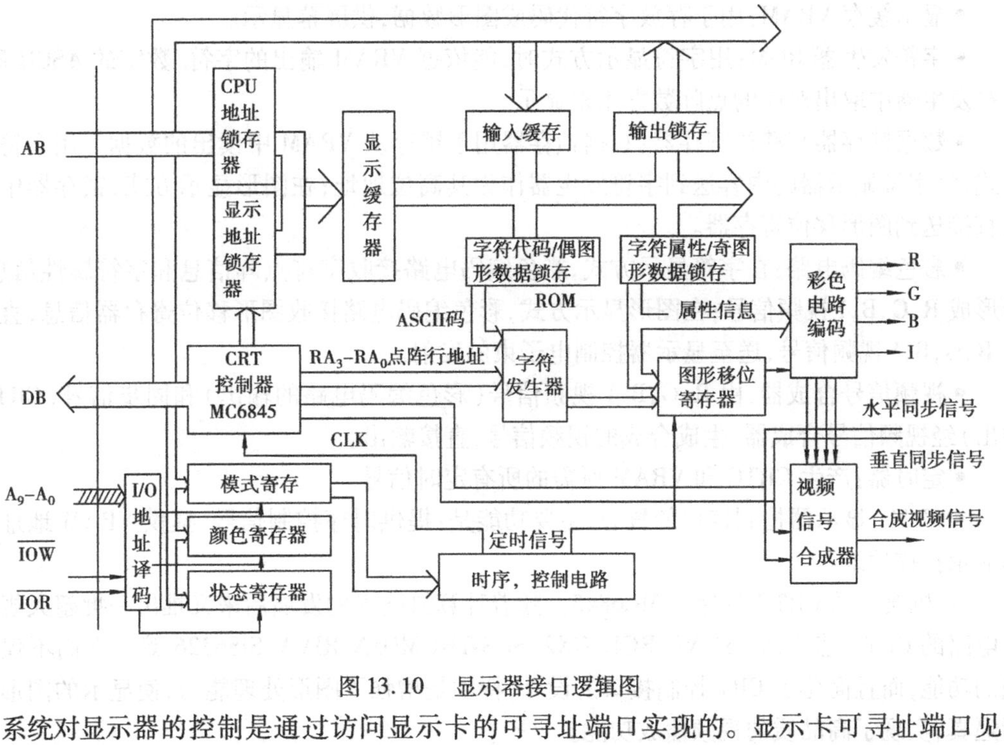

图 13.10 显示器接口逻辑图

系统对显示器的控制是通过访问显示卡的可寻址端口实现的。显示卡可寻址端口见表 13.3。VRAM 是双端口,CRTC 和 CPU 都可以访问它。CRTC 输出地址信号和时序控制信号来读取 VRAM 中的字符作为字符发生器的高位地址,字符点阵行地址作为低位地址,从字符发生器中读取字符点阵图像,从而完成显示字符的任务。CPU 只能往 VRAM 中写,以完成修改显示内容的工作。显示卡在 MC6845 芯片控制下按初始化时规定的方式工作,实现图形显示。

表 13.3　显示器可寻址端口

端口号	对应寄存器	端口号	对应寄存器
3D4	MC6845 地址索引寄存器	3DA	状态寄存器
3D5	MC6845 数据寄存器	3DB	清除光笔锁存器
3D8	方式选择寄存器	3DC	置位光笔锁存器
3D9	颜色选择寄存器		

显示控制卡主要逻辑部件及功能：

• 数据输入缓存器/数据输出锁存器：数据输入缓存器用于接收 CPU 写入的字符代码或图形数据，然后存入 VRAM 中，供 CRT 控制器读出并送屏幕显示。数据输出锁存器用于读取 VRAM 的内容或显示器的状态。

• 地址锁存器：CPU 地址锁存器用于接收 CPU 对 VRAM 的读/写访问地址，显示地址锁存器用于接收来自 CRTC 访问 VRAM 的地址。

• 显示缓存 VRAM：用于存放字符代码或图形数据，供屏幕显示。

• 字符发生器 ROM：用字符显示方式时，能依据 VRAM 输出的字符/数字的 ASCII 码，从字符发生器中取出对应的点阵数据用来显示。

• 数据锁存器和移位寄存器：数据锁存器用于锁存从 VRAM 中读出的数据。用字符显示方式，将字符显示器的内容送到字符发生器作为其高位地址；在图形显示方式，锁存器中的数据直接送到图形移位寄存器。

• 彩色编码电路：在字符显示方式，彩色编码电路接收字符点阵信息和字符属性信息，共同形成 R，G，B，I 视频信号；在图形显示方式，彩色编码电路接收图形移位寄存器信息，直接形成 R，G，B，I 视频信号，送至显示器控制电子束的发射。

• 视频信号合成器：由 R，G，B，I 视频信号（彩色编码电路的输出）和同步信号（CRTC 的输出）经视频信号合成器，生成合成的视频信号，直接输出。

• 定时器：产生 CRTC 和 VRAM 所需的所有定时信号。

• CRTC：显示器控制接口的核心，主要功能是：提供时序控制信号，提供 VRAM 地址和屏幕显示扫描地址。

PC 机典型的 CRTC 芯片是 MC6845。随着计算机技术的发展后来又推出一批超大规模集成电路的 CRTC 芯片，如 S3 VIARGE/GX2、SGS-THOMOSN RIVA，SIS6326 等。它们不仅有更强的功能，而且简化了 CRT 控制接口的设计，特别是增强了图形处理能力，使显示的图形更清晰逼真，实现了高品质的视频播放功能。

13.3 LED显示器原理及接口技术

在许多微机应用系统中,使用数码管显示字母和数字,因为它的工作原理和硬件连接都很简单,所以当系统不需显示图形且显示的信息不多时,选用LED作显示器可大大降低系统的造价,并能减小体积和重量等。一些工业测控系统甚至大系统的局部常用LED做显示器。

13.3.1 LED的工作原理

常用的LED器件:七段数码管和"米"字数码管,如图13.11所示。

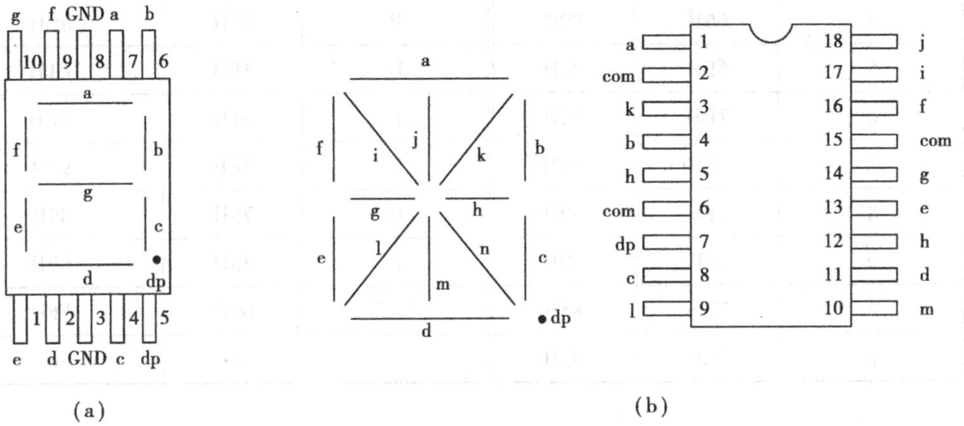

(a)七段LED外形图 (b)"米"字LED外形图

图13.11 LED外形图

它们是由若干只发光二极管放在一起构成的。图(a)为七段LED,图(b)为米字LED。

以七段数码管为例给出其组成原理图,如图13.12所示。其中,图(a)称为共阳极LED,图(b)为共阴极LED。若要使LED显示信息,那么对于共阳极LED,其公共端应接高电平(或+5 V),而对于共阴极LED,其公共端应接地。

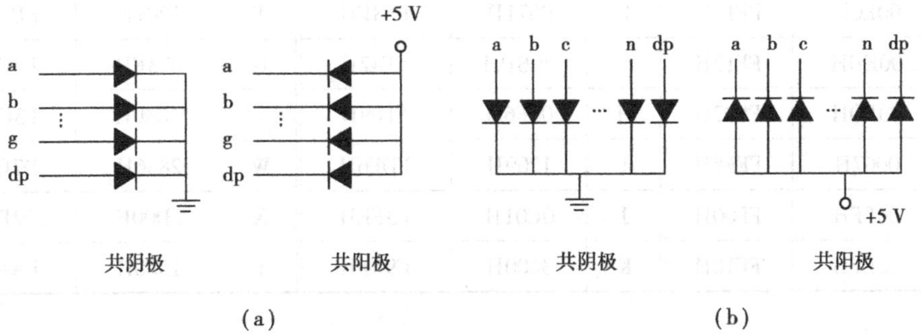

(a)七段LED原理图 (b)"米"字LED原理图

图13.12 典型LED器件原理图

给数码管的每个输入端(a,b,c,…,h)提供适当电平,使某几段发光二极管亮,而另外几段不亮,则可显示出数字或字母。八个输入端组成的二进制编码(简称段码或段选码)所对应的显示内容见表13.4和表13.5。

表13.4　七段LED字型码

显示字符	共阴极字型码	共阳极字型码	显示字符	共阴极字型码	共阳极字型码
0	3FH	C0H	C	39H	C6H
1	06H	F9H	D	5EH	A1H
2	5BH	A4H	E	79H	86H
3	4FH	B0H	F	71H	8EH
4	66H	99H	P	73H	8CH
5	6DH	92H	U	3EH	C1H
6	7DH	82H	F	31H	CEH
7	07H	F8H	Y	6EH	91H
8	7FH	80H	H	76H	89H
9	6FH	90H	L	38H	C7H
A	77H	88H	“灭”	00H	FFH
b	7CH	83H	…	…	…

表13.5　“米”字LED字型表

字符	共阴	共阳	字符	共阴	共阳	字符	共阴	共阳
0	003FH	FFCH	B	128FH	ED70H	P	00F3H	FF0CH
1	0006H	FFF9H	C	0039H	FFC6H	Q	203FH	DEC0H
2	00DH	FF24H	D	120FH	EDF0H	R	20F3H	DF0CH
3	00CFH	FF30H	E	0079H	FF86H	S	2109H	DEF6H
4	00E6H	FF19H	F	0071H	FF8EH	T	1201H	EDFEH
5	00EDH	FF12H	G	00BDH	FF42H	U	003EH	FFC1H
6	00FDH	FF02H	H	00F6H	FF09H	V	0C30H	F3CFH
7	0007H	FFF8H	I	1209H	FDF6H	W	2836H	D7C9H
8	00FFH	FF00H	J	0C01H	F3FEH	X	2D00H	D2FEH
9	00EFH	FF10H	K	3600H	C9FFH	Y	1500H	EAFFH

13.3.2　LED数码管在微机系统中的应用

由于CPU可向LED数码管输出任意二进制段码,故不像一般数字系统那样在LED前要接译码器，但在微机系统中 CPU 或接口的输出电流有限，不足以使 LED 发亮或亮度不够。因此，输出的段码需经过驱动才能送给 LED。图 13.13 表示了 LED 在微机系统中及一般数字系统中的连接。

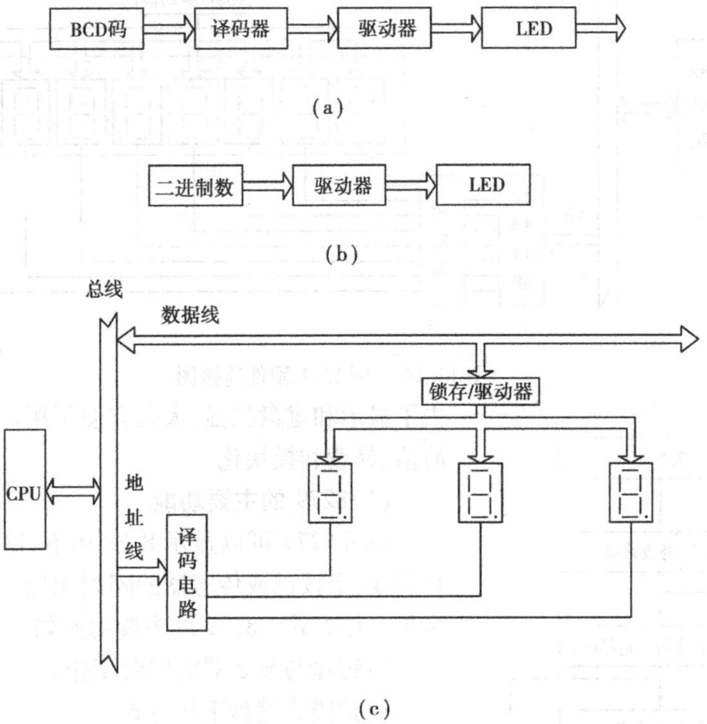

(a)LED 在一般数字系统中的连接　(b)LED 在微机系统中的连接　(c)微机系统中有多位 LED 时的原理图

图 13.13　LED 在系统中的连接

常用于 LED 的驱动器如：7407/7406 同向/反向驱动器，75452 二输入与非驱动器。锁存器可用 74LS273/373、74LS244 等集成电路。

另外系统中有多位 LED，则每次只能使一位 LED 显示信息，每位 LED 上有一选通端（公共端）。要想使哪位显示，就应给其公共端提供有效电平（共阳极为“1”，共阴极为“0”），而其他位的公共端提供无效电平。这样构成的二进制编码称为位码或位选码。

还须注意，在多位 LED 显示中，即要使每一位的显示信息有一个持续时间，可用循环延时程序实现，又要保证一遍一遍地进行循环显示时不出现闪烁，在软、硬件设计时就要考虑 LED 的位数不能太多，显示的延时要适中。

例 13.1　某 8088 系统中，使用 8 位 LED 显示时间，格式为时-分-秒，硬件连接如图13.14所示，软件流程图见图 13.15。

13.3.3　可编程键盘/显示接口芯片 8279

用锁存器或用 8155 都可以作键盘显示器的接口。但它们共同的缺点是，需要编制定时扫描显示和扫描键盘的程序，使整个系统软件变得比较复杂。而 Intel 8279 是一个专用的显示器键盘接口芯片，它用硬件完成对显示器和键盘的扫描。在硬件上它占用两个地址，在软件上省

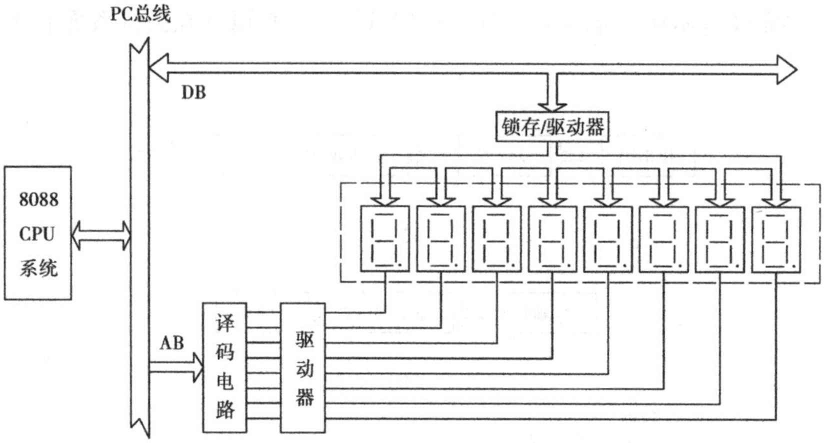

图 13.14　例 13.1 硬件连接图

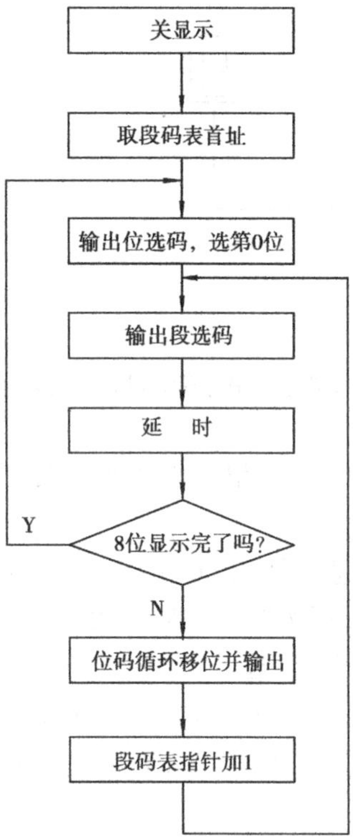

图 13.15　例 13.1 软件流程图

去了显示和键盘扫描,大大方便了用户,使用户程序变得简洁、易读和模块化。

(1)8279 **的主要功能**

Intel 8279 可以显示 8 或 16 位 LED 显示器,可以和具有 64 个按键或传感器的阵列相连,通过编程可以实现多种工作方式。8279 的主要功能如下:

1)键盘与显示器能同时工作;

2)扫描式键盘工作方式;

3)扫描式传感器工作方式;

4)用选通方式送入输入信号;

5)带有 8 字符的键盘先入先出存储器(FIFO);

6)触点回弹时两键封锁或 N 键巡回;

7)双排 8 字或单个 16 字的数字显示器;

8)可右入或左入的 16 字节显示器 RAM;

9)工作方式可由 CPU 编程;

10)可编程扫描定时、键盘送入时有中断输出。

(2)Intel 8279 **的管脚**

8279 采用 40 引脚封装,其管脚配置及逻辑符号如图 13.16 所示。其引脚功能分述如下:

$DB_0 \sim DB_7$:双向缓冲数据总线,与 CPU 总线连接,用于在 CPU 和 8279 之间传送命令,数据和状态信息。

CLK:时钟输入线,为 8279 提供内部定时时钟。

RESET:复位线,当输入高电平时,8279 复位。其复位状态为 16 个字符左入显示;编码扫描键盘双键封锁;时钟为 31 分频。

$\overline{CS}$:片选信号,当输入低电平时,允许对 8279 进行读写操作,否则禁止读写操作。

A_0:数据缓冲器地址输入线。$A_0=1$时,选择命令或状态寄存器,$A_0=0$时,选择数据寄存器。

$\overline{RD}$,$\overline{WR}$:读写控制线,低电平有效。

IRQ:中断请求线,高电平有效。在键盘工作方式下,当FIFO/传感器RAM有数据时(有键闭合),IRQ变为高电平向CPU请求中断。当CPU读出FIFO中的数据时,IRQ变低,若RAM中还有数据,IRQ在读出后又返回高电平,直至FIFO中数据被读完,该线复位。在传感器工作中,每当检测到传感器状态变化时,IRQ就出现高电平。

Vcc,Vss:电源线(+5V)、地线(图中未给出)。

$SL_0\sim SL_3$:行扫描输出线,用来扫描键盘和显示器。扫描分为译码方式和编码方式(通过编程设定)。图13.17分别给出了译码方式和编码方式的输出波形图。

从图13.17可以看出,在编码方式下,扫描线输出的是二进制编码信号。$SL_0\sim SL_3$四根线共输出16种不同的状态。对编码信号进行译码,可以得到16个译码信号,作为16个扫描信号线。

在译码方式下,$SL_0\sim SL_3$输出4个译码信号,即在同一时刻,只有一个输出为低电平,所以在这种方式下,

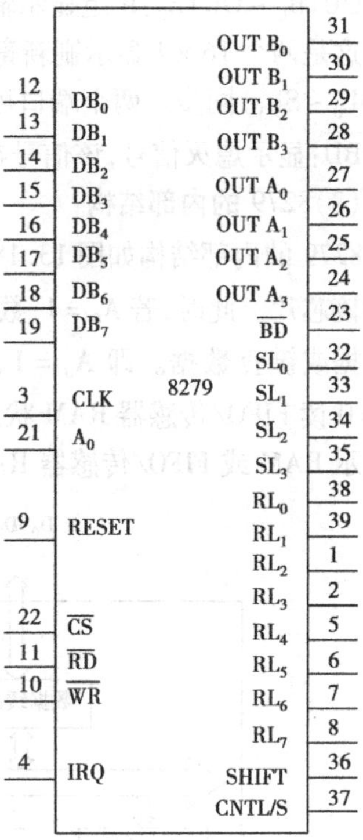

图13.16　8279逻辑符号及管脚图

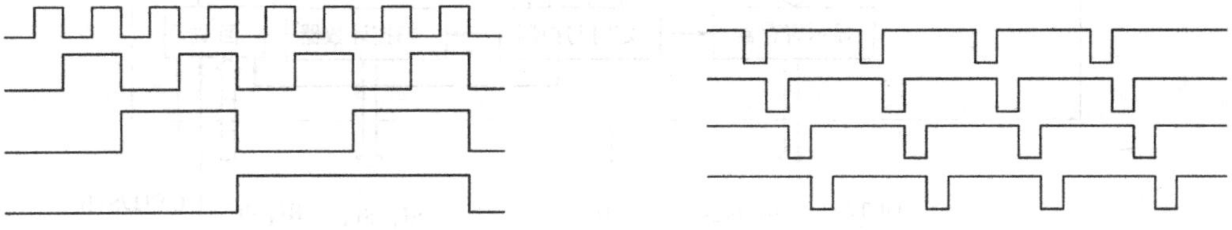

(a)　　　　　　　　　　　　(b)

(a)编码方式　(b)译码方式

图13.17　编码及译码方式

$SL_0\sim SL_3$可以直接作为扫描信号线。当需要扫描信号数不多于4个时,一般采用译码方式。当需要多于4个扫描信号时,则采用编码方式,并通过译码器获得多个(最多可到16个)扫描信号。

$RL_0\sim RL_7$:回送线,内部有有源提升电路,以保持高电平,有键闭合为低电平。在选通工作方式中,也可以作为一般的数据输入端。

SHIFT:字型变换输入线,在键盘方式时,用于扩充键的功能,可以用作键盘的上下档功能键。在传感器方式和选通方式下,该信号线无效。

CNTL/$\overline{STB}$:控制/选通输入线。在键盘方式时,通常用来扩充键的控制功能。在选通输入方式时,该信号的上升沿将锁存$RL_0\sim RL_7$的信号。在传感器方式,该线无用。

$OUTA_0\sim OUTA_3$:A组显示输出线(显示RAM高4位)。

$OUTB_0 \sim OUTB_3$:B 组显示输出线(显示 RAM 低 4 位)。

这是两个 16×4 显示刷新寄存器的输出端。依次显示 RAM 的内容送到端口上,并与扫描线($SL_0 \sim SL_3$)同步。两个端口可分别使用,也可合起来作为一个 8 位端口。

$\overline{BD}$:显示熄灭信号,该信号在数字切换或使用熄灭命令时,输出为低电平。

(3)**8279 的内部结构**

8279 的内部结构如图 13.18 所示。$DB_0 \sim DB_7$是数据线,与 CPU 总线相连。当$\overline{CS}=0$时,选中该芯片。此时,若 $A_0=1$,数据线上的信息是命令或状态。若 $A_0=0$,数据线上的信息是显示数据或键盘数据。即 $A_0=1$、$\overline{WR}=0$ 命令写到定时与控制寄存器去,对 8279 进行编程,$\overline{RD}=0$ 读 FIFO/传感器 RAM 状态寄存器的内容;$A_0=0$、$\overline{WR}=0$ 数据写到显示 RAM,$\overline{RD}=0$ 读显示 RAM 或 FIFO/传感器 RAM 的内容。

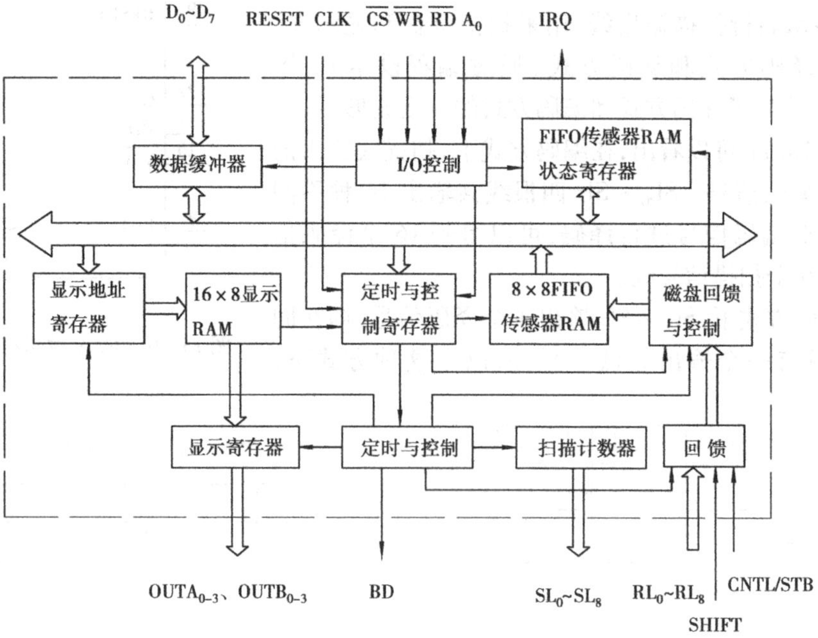

图 13.18　8279 结构框图

扫描计数器通过 $SL_0 \sim SL_3$输出扫描信号,扫描信号分为译码和编码两种(由编程决定)。显示寄存器通过 OUTA 和 OUTB 同步输出显示 RAM 的内容。这一过程是 8279 通过硬件自动完成,无需程序干预。

扫描输出和回扫线可以构成对键的一个扫描阵列。当有键按下时,该键在行列中的位置加上 SHIFT 和 CNTL 的状态一起被送到 FIFO 存储器中,同时使 IRQ 变高。FIFO/传感器 RAM 是一个 8×8RAM,在键盘和选通方式工作时,它是 FIFO 存储器,其输入或读出遵循先入先出的原则。此时 FIFO 状态寄存器存放 FIFO 存储器空、满、溢出等状态。当 FIFO 存储器有数据时,IRQ 信号变为高电平。在传感器矩阵方式工作时,这个存储器是传感器 RAM,它的每一位对应着一个传感器的状态。当传感器状态发生变化时,IRQ 信号变为高电平。

(4)**8279 编程命令**

8279 的工作方式是通过 CPU 对 8279 编程来设置的。当$\overline{CS}=0$,$A_0=1$,$\overline{WR}=0$,写入 8279

的数据是8279的编程命令。8279共有8条命令。

1)键盘显示器方式设置命令

此命令用于设置键盘与显示器的工作方式，其代码为：

D_7	D_6	D_5	D_4	D_3	D_2	D_1	D_0
0	0	0	D	D	K	K	K

其中 $D_7D_6D_5=000$ 是键盘显示方式设置命令的特征位，后五位是参数。

DD用来设定显示方式：

DD
00　8个字符显示，左端送入
01　16个字符显示，左端送入
10　8个字符显示，右端送入
11　16个字符显示，右端送入

在编码扫描方式下，如果是8个字符显示，扫描线只有 $SL_0\sim SL_2$ 起作用，显示RAM只用8个。如果是16个字符显示，则 $SL_0\sim SL_3$ 全部起作用，显示RAM用16个。

将显示数据写入显示RAM有两种不同的写入方式，即左端送入和右端送入。

在左端送入方式中，每个显示位置均直接和显示器RAM中的一个字节相对应，是一种最简单的显示形式。RAM的地址0构成最左边的显示字符，而地址15乃是显示器最右边的显示字符。在自动加1方式下，字符的进入从0位置开始，使显示器从左起填充。第17个字符又重新送入最左边的位置，并从此位置重新开始填入，见表13.6所示。

表13.6　左端送入方式(自动加1)

写入次数	RAM地址	显示位0	显示位1	显示位2	…	显示位12	显示位13	显示位14	显示位15
1	0	1							
2	1	1	2						
3	2	1	2	3					
⋮									
14	13	1	2	3		13	14		
15	14	1	2	3		13	14	15	
16	15	1	2	3		13	14	15	16
17	0	17	2	3		13	14	15	16
18	1	17	18	3	…	13	14	15	16

右端送入乃是大多数电子计算器所使用的方法。

第一次送入的被放在最右边的显示字符上；

第二次送入时，已送入的字符左移一位，其中最左边的字符被移出界外并丢失，最右端是第二次送入的字符；

……

最后字符送入时,已送入的字符仍然左移一位,其中最左边的字符被移出界外并丢失,最右端是最后送入的字符,详见表 13.7 所示。

注意复位后 DD = 01,即为 16 位字符左入显示方式。

KKK 用来设定键盘方式:

000　编码(外译码)扫描键盘双键互锁

001　译码(内译码)扫描键盘双键互锁

010　编码(外译码)扫描键盘 N 键巡回

011　译码(内译码)扫描键盘 N 键巡回

100　编码(外译码)扫描传感器阵列

101　译码(内译码)扫描传感器阵列

110　选通输入,编码显示扫描

111　选通输入,译码显示扫描

表 13.7　右端送入方式(自动加 1)

写入次数	RAM 地址	显示位 0	显示位 1	显示位 2	显示位 3	…	显示位 11	显示位 12	显示位 13	显示位 14	显示位 15
1	0										1
2	1									1	2
3	2								1	2	3
⋮											
14	13			1	2		10	11	12	13	14
15	14		1	2	3		11	12	13	14	15
16	15	1	2	3	4		12	13	14	15	16
17	0	2	3	4	5		13	14	15	16	17
18	1	3	4	5	6	…	14	15	16	17	18

①如果设定为扫描键盘,则 FIFO/传感器是先进先出存储器(FIFO 堆栈)。在双键互锁方式下,如果有两个以上的键先后按下,则先按下键被认为有效;如果有两个以上的键同时按下,则最后释放的键被认为有效,并将其信息存入 FIFO 存储器。在 N 键巡回方式下,有多个键按下时,按照键盘扫描时发现它们的顺序,将这些键的信息依次存入 FIFO 堆栈。

②如果是传感器方式,传感器 RAM 的每一位对应着的每一个传感器的状态(0 或 1)。

③选通输入方式中,$RL_0 \sim RL_7$的数据只有在 $CNTL/\overline{STB}$线上升沿时才进入 FIFO 堆栈。

④复位后 KKK = 000,即为编程扫描双键互锁方式。

2)时钟编程命令

该命令是将引脚 CLK 输入的时钟信号进行分频,代码为:

D_7	D_6	D_5	D_4	D_3	D_2	D_1	D_0
0	0	1	P	P	P	P	P

$D_7D_6D_5=001$ 为时钟编程命令特征位。

PPPPP 的值可在 2 到 31 的范围之内。

8279 典型的内部工作时钟为 100 kHz，如果输入时钟频率为 2 MHz，PPPPP 取 10100，即 20 分频，则时钟编程命令为 34H；输入时钟频率为 1 MHz，PPPPP 取 01010，即 10 分频，则时钟编程命令为 2AH。典型的内部工作时钟为 100 kHz 时，对 8 字符显示周期为 5.1 ms，16 字符为 10.3 ms。

复位后分频系数为 31。

3）读 FIFO/传感器 RAM 命令

代码为：

D_7	D_6	D_5	D_4	D_3	D_2	D_1	D_0
0	1	0	AI	×	A	A	A

$D_7D_6D_5=010$ 为该命令的特征位。

这条命令的目的是指定读 8279 的数据为 FIFO/传感器 RAM 的内容。

当 $A_0=0,\overline{RD}=0$ 时，对 8279 的读有两种情况，一是读 FIFO/传感器 RAM，一是读显示 RAM。如先设置这一命令，那么读数据就是 FIFO/传感器的内容，其中 AI 为自动加 1 标志，AAA 为 FIFO/传感器的地址。

如果 AI = 1，当读了一次 FIFO/传感器的内容，下一次的读就是 AAA + 1 的内容。如果 AI = 0，则读出 AAA 单元内容后，下一次的读仍是 AAA（地址固定为 AAA）的内容。

在扫描键盘时，对 FIFO RAM 的读总是按键送入的顺序读取，按先进先出的原则。

4）读显示器 RAM 命令

代码为：

D_7	D_6	D_5	D_4	D_3	D_2	D_1	D_0
0	1	1	AI	A	A	A	A

$D_7D_6D_5=011$，是该命令特征位。

当设置这条命令后，读 8279 数据（$A_0=0$）就是读显示 RAM 的内容，也就是当前显示的段码。其中 AI 为自动加 1 标志（如果 AI = 1，每读一次，RAM 地址自动加 1；AI = 0，则每次读取的是固定地址 AAAA），AAAA 为显示 RAM 地址。

5）写显示 RAM 命令

代码为：

D_7	D_6	D_5	D_4	D_3	D_2	D_1	D_0
1	0	0	AI	A	A	A	A

$D_7D_6D_5=100$，是该命令特征位。

这条命令是用来设置写显示 RAM 的地址。寻址方式和自动加 1 功能均与读显示 RAM 相同。

6)显示器屏蔽/熄灭命令

代码为:

D_7	D_6	D_5	D_4	D_3	D_2	D_1	D_0
1	0	1	×	IWA	IWB	BLA	BLB

$D_7D_6D_5=101$,是该命令特征位。

有时在应用中需要将 OUTA 和 OUTB 分别输出,可用 IW 位来屏蔽半字节。当 IWA = 1 时,OUTA 被屏蔽,从 CPU 送数据进入显示 RAM 时就不影响该端口。同样 IWB = 1 时,OUTB 被屏蔽。必须注意,$OUTB_0$对应显示 RAM 的 D_0 位,$OUTA_3$对应显示 RAM 的 D_7 位。BL 位是熄灭位,如果 BLA/BLB = 1,则 OUTA/OUTB 端口输出熄灭段码。段码(00H 或 FFH 或 20H)由清除命令决定。应注意到,为了使 8 位端口显示熄灭,两个 BL 位都应该置位。

7)清除命令

代码为:

D_7	D_6	D_5	D_4	D_3	D_2	D_1	D_0
1	1	0	CD_2	CD_1	CD_0	CF	CA

$D_7D_6D_5=110$,为该命令特征位。

这条命令用来清除显示 RAM 内容和 FIFO/传感器 RAM 的状态寄存器。

CD_2	CD_1	CD_0	
1	0	×	显示 RAM 全 00H(×:任意值)
1	1	0	显示 RAM 全 20H(00100000B)
1	1	1	显示 RAM 全 FFH
0	×	×	不清除显示 RAM(若 CA = 1,则 CD_1CD_0仍有效)

CD_2:为 1 时允许清除显示 RAM(或用 CA = 1)

CD_1、CD_0:用于确定显示 RAM 初始状态,即 $CD_1CD_0=0x$ 时,显示 RAM 清为全 00H;即 $CD_1CD_0=10$ 时,显示 RAM 清为全 20H;$CD_1CD_0=11$ 时,显示 RAM 清为全 FFH。

在显示器 RAM 被清除期间(160 μs)不能被写入,在此期间,FIFO 状态字的最高位被置"1",清除完毕时,该位自动复位。

CF:若 CF = 1,则清除 FIFO 状态寄存器,并将中断输出线复位,FIFO/传感器 RAM 的地址指示器也被清零。

CA:是总清位,它的功能相当于 CD_2与 CF 的结合。CA = 0,清除显示 RAM;CA = 1,清除显示 RAM 及 FIFO 状态字。

8)中断结束/出错方式设置命令

代码为:

D_7	D_6	D_5	D_4	D_3	D_2	D_1	D_0
1	1	1	E	×	×	×	×

$D_7D_6D_5=111$,为特征位。

对传感器阵列方式而言,此命令将 IRQ 线变低电平(即中断结束),并允许对 RAM 的进一步写入。在传感器阵列方式中,传感器开关的状态被直接送到传感器RAM中。用这一方法,传感器RAM将保持着传感器阵列中开关状态的"映像"。若在一次传感器阵列扫描的终了,检测出任何一只传感器的数值发生变化,IRQ线也变为高电平。如果自动加1标志被置为"0"(不自动加1),则IRQ由第一次读数据操作被复位为低电平。若自动加1标志为"1"(自动加1),则需要用中断结束命令来使IRQ线复位为低电平。即在传感器阵列方式自动加1状态下,当传感器开关的状态发生变化时,IRQ线变高,在此之后,传感器开关的状态发生变化,都将被阻止,不能写入RAM。只有通过写一次中断结束命令,使IRQ线复位为低电平之后,新的状态才能被写入RAM。

如果扫描键盘为N键巡回方式,当多个键同时按下时,8279将按照扫描时发现它们的顺序,将这些键的信息依次存入FIFO存储器。但如果设置成特殊出错方式,即置E=1,那么当巡回键时发现两个以上键同时按下,就建立出错标志。这一标志将阻止任何对FIFO的进一步写入,并设置中断。在此方式中,可用读FIFO状态字这条命令读取该出错标志,设置清除命令CF=1,就将该出错标志复位。

以上8种用于确定8279操作方式的命令,皆有$D_7D_6D_5$等三个特征位来定义,输入8279命令口($A_0=1$)后,能自动寻址相应的命令寄存器。

9)状态字

当$A_0=1,\overline{RD}=0$,是读FIFO的状态,FIFO状态寄存器的格式为:

D_7	D_6	D_5	D_4	D_3	D_2	D_1	D_0
DU	S/E	0	U	F	N	N	N

NNN:FIFO中的字符数(闭合键次数)。FIFO无字符(无闭合键)时,此数为000。

F:FIFO满标志,当FIFO有8个字符时,F=1,FNNN=1000。

U:读空标志,即当FIFO中无字符(FNNN=0000)时,去读FIFO,该位置1。

O:FIFO溢出标志,当FIFO已满(有8个字符),再送入一字符,该位置1。

S/E:在传感器方式时,若S/E=1,表示至少有一个开关闭合;在N键巡回,特殊出错方式下,S/E=1,表示有多键同时按下,该位用CF=1的清除命令复位。

DU:显示无效特征位。在显示器RAM被清除期间,该位置1。当显示器再度变为可用时即自动复位。

10)FIFO RAM的数据格式

①键盘工作时,FIFO RAM的数据格式为:

D_7	D_6	D_5	D_4	D_3	D_2	D_1	D_0
CNTL	SHIFT	扫描码			回送码		

$D_2\sim D_0$为$RL_7\sim RL_0$的编码值,$D_5\sim D_3$为$SL_3\sim SL_0$扫描计数器的值。

②在传感器阵列中,由于RAM的每一位对应一个传感器,AAA就是选择RAM的地址。若AI=1,则下一次读的是AAA+1的内容。数据格式为:

D7	D6	D5	D4	D3	D2	D1	D0
RL_7	RL_6	RL_5	RL_4	RL_3	RL_2	RL_1	RL_0

③在选通输入方式中,数据从回线进入 FIFO(用 CNTL/$\overline{STB}$线的上升沿进入)。数据格式为:

D7	D6	D5	D4	D3	D2	D1	D0
RL_7	RL_6	RL_5	RL_4	RL_3	RL_2	RL_1	RL_0

(5)8279 在微机系统中的连接应用

1)硬件连接

8279 管脚与 Intel CPU 兼容,可以很方便地与 8088 连接。图 13.19 给出了一个实际应用的实例,8279 与 8 个共阴极 LED 显示器和一个 22 键的小键盘连接。系统中 8279A 接口芯片及其相关电路完成键盘扫描和显示,本应用以查询方式获取键盘状态信息,读取键值,并将键值转换成显示代码供显示。

根据原理图 13.19,得到键名与键值对照表 13.8 和显示值与显示段码对照表 13.9。

表 13.8　键名与键值对照表

键名	0	1	2	3	4	5	6	7
键值	00H	01H	02H	03H	04H	05H	06H	07H
键名	8	9	A	B	C	D	E	F
键值	08H	09H	0AH	0BH	0CH	0DH	0EH	0FH

注:其他 6 个键的键值是大于 0FH。

表 13.9　显示值与显示段码对照表

显示值	0	1	2	3	4	5	6	7
显示段码	3FH	06H	5BH	4FH	66H	6DH	7DH	07H
显示值	8	9	A	B	C	D	E	F
显示段码	7FH	6FH	77H	7CH	39H	5EH	79H	71H

2)编程举例

试对 8279 编程完成以下的功能:刚开始没有按键时,在 LED 上显示“8279----”;当我们按下数字键“*”时,则在 LED 上将该数字显示即“8279----*”;当按下的非数字键,则在 LED 上显示 8279good。由于上电复位后,8279 即处于 16 个字符左输入显示,编码扫描键盘双键互锁方式,故此程序中不需要对 8279 进行初始化。下面我们给出完成该功能的流程图 13.20 和参考程序:

参考程序:

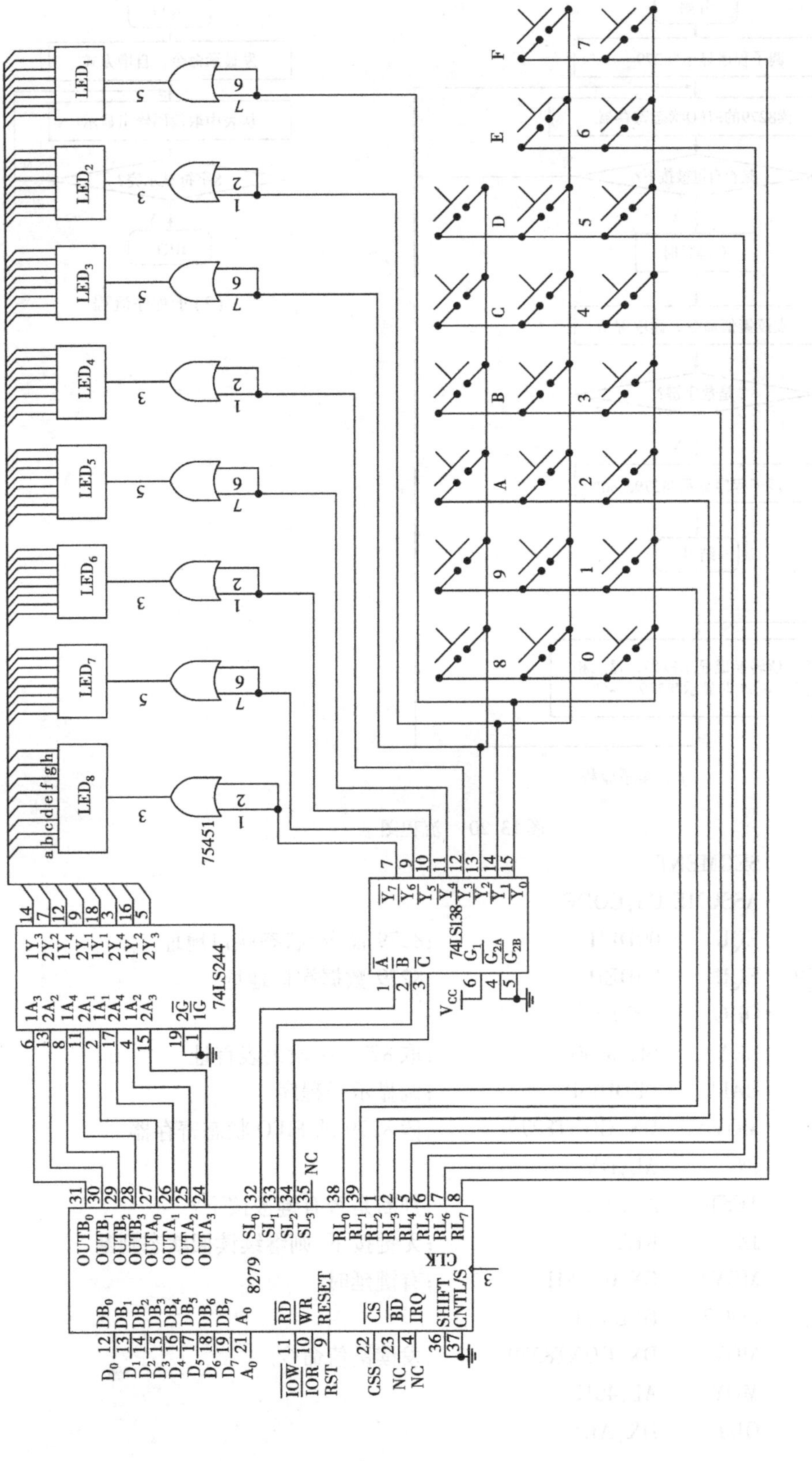
LED1
LED2
LED3
LED4
LED5
LED6
LED7
LED8
75451
74LS244
74LS138
8279
CLK
SHIFT
CNTL/S
RESET
IRQ
NC
VCC

图13.19 硬件原理图

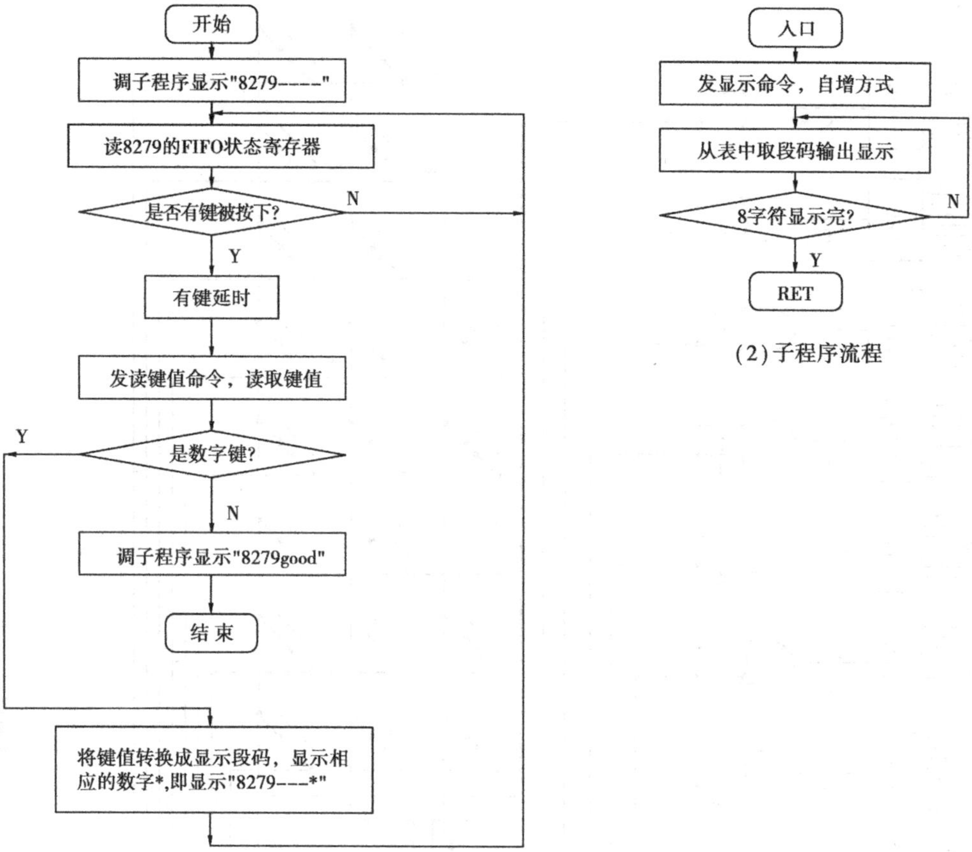

(1)主程序流程

(2)子程序流程

图 13.20　流程图

```
CODE        SEGMENT
            ASSUME CS:CODE
CONT8279    EQU     00DFH              ;8279 命令/状态端口地址
DATA8279    EQU     00DEH              ;8279 数据端口地址
            ORG     1000H
START:      LEA     SI,LED0            ;取 8279----段码表首址
            CALL    LEDDISP            ;调显示子程序
KEY:        MOV     DX,CONT8279        ;读 8279 的 FIFO 状态寄存器
            IN      AL,DX
            TEST    AL,07H             ;判断是否有键被按下?
            JZ      KEY                ;无键按下,则继续读回状态判断
            MOV     CX,0FFFH           ;有键延时
DELAY1:     LOOP    DELAY1
            MOV     DX,CONT8279        ;发读键值命令
            MOV     AL,40H
            OUT     DX,AL
```

```
          MOV    DX,DATA8279          ;读取键值
          IN     AL,DX
          MOV    DI,AX
          AND    AL,0F0H
          JNZ    KEYOUT               ;判断,如果不是数字键则转 KEYOUT
          MOV    AL,90H               ;写显示命令,自增方式
          MOV    DX,CONT8279
          OUT    DX,AL
          XOR    BH,BH                ;清 0
          MOV    AX,DI
          AND    AL,0FH               ;取键值的低 4 位
          MOV    BL,AL
          MOV    AL,CS:TAB[BX]        ;取表中对应的显示段码
          MOV    DX,DATA8279          ;输出显示
          OUT    DX,AL
          JMP    KEY
KEYOUT:   LEA    SI,LED1              ;取 8279good 段码表首址
          CALL   LEDDISP              ;调显示子程序
          HLT
LEDDISP:  MOV    AL,90H               ;写显示命令,自增方式
          MOV    DX,CONT8279
          OUT    DX,AL
          MOV    CX,8                 ;显示 8 位字符
          MOV    BX,0
LL:       MOV    AL,CS:[BX+SI]        ;从表中取数据送 8279
          MOV    DX,DATA8279
          OUT    DX,AL
          INC    BX
          LOOP   LL
          RET
LED0      DB     40H,40H,40H,40H,6FH,07H,5BH,7FH;置显示 8279----段码表
LED1      DB     5EH,5CH,5CH,6FH,6FH,07H,5BH,7FH;置显示 8279good 段码表
TAB       DB     3FH,06H,5BH,4FH,66H,6DH,7DH,07H
          DB     7FH,6FH,77H,7CH,39H,5EH,79H,71H;置 0-F 字符显示段码表
CODE      ENDS
          END    START
```

13.4 LCD 显示器原理及接口技术

液晶显示器 LCD 行销于世已有 20 年,它是一种极低功耗显示器,应用极其广泛,如电子表,计算器,袖珍式仪表,便携式微型计算机等都使用了液晶显示器。

13.4.1 LCD 的工作原理

液晶是一种介于液体与固体之间的热力学的中间稳定相。其特点是在一定的温度范围内既有液体的流动性和连续性,又有晶体的各向异性,其分子呈长棒形,长宽之比较大,分子不能弯曲,是一个刚性体,中心一般有一个桥链,分子两头有极性。

LCD 器件的结构如图 13.21(1)所示。由于液晶的四壁效应,在定向膜的作用下,液晶分子在正、背玻璃电极上呈水平排列,但排列方向互为正交,而玻璃间的分子呈连续扭转过渡,这样的构造能使液晶对光产生旋光作用,使光的偏振方向旋转 90°。

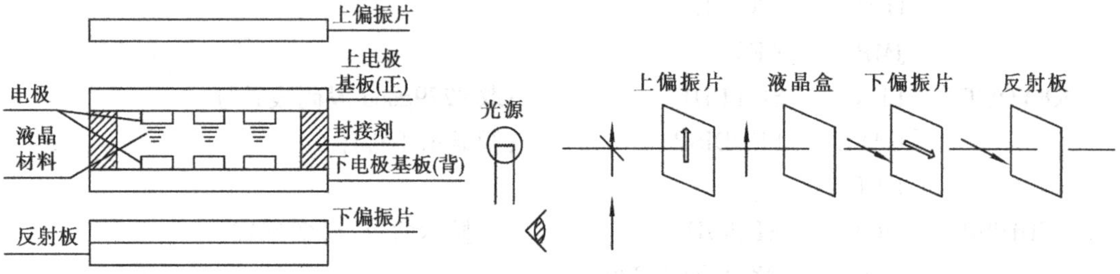

(1) LCD的基本构造

(2) LCD的工作原理

图 13.21 LCD 器件的结构及工作原理

图 13.21(2)表示了液晶显示器的工作过程。当外部光线通过上偏振片后形成偏振光,偏振方向成垂直方向,当此偏振光通过液晶材料之后,被旋转 90°,偏振方向成水平方向,此方向与下偏振片偏振方向一致,因此光线能完全穿过下偏振片而到达反射板,经反射后原路返回,从而呈现出透明状态。当在液晶盒的上、下电极加上一定的电压后,电极部分的液晶分子转成垂直排列,从而失去旋光性。因此,从上偏振片入射偏振光不被旋转,当此偏振光到达下偏振片时,因其偏振方向与下偏振片的偏振方向垂直,而被下偏振片吸收,无法到达反射板形成反射,所以呈现出黑色。根据需要,将电极做成各种文字、数字或点阵,就可获得所需的各种显示。

13.4.2 LCD 的驱动方式

液晶显示器的驱动方式由电极引线的选择方式确定,因此,在选择好液晶显示器之后,用户无法改变驱动方式。

液晶显示器的驱动方式一般有静态和时分割驱动两种。由于直流电压驱动 LCD 会使液晶体产生电解和电极老化,从而大大降低 LCD 的使用寿命,所以现用的驱动方式多属交流电压驱动。

(1)**静态驱动方式**

静态驱动回路及波形图如图 13.22 所示。图中 LCD 表示某个液晶显示字段，当此字段上两个电极的电压相位相同时，两电极之间的电位差为零，该字段不显示，当此字段上两个电极的电压相位相反时，两电极之间的电位差不为零，为二倍幅值的方波电压，该字段呈现出黑色显示。

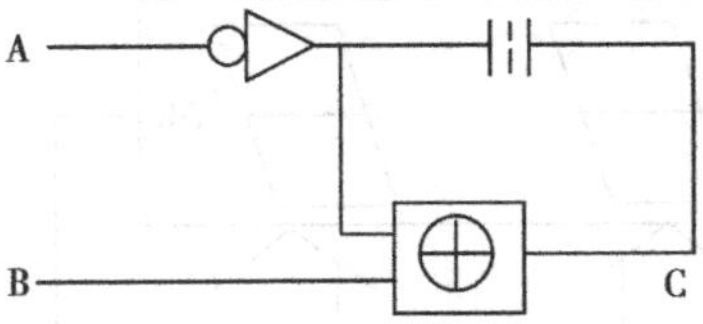

A	B	C
0	0	0
0	1	1
1	0	1
1	1	0

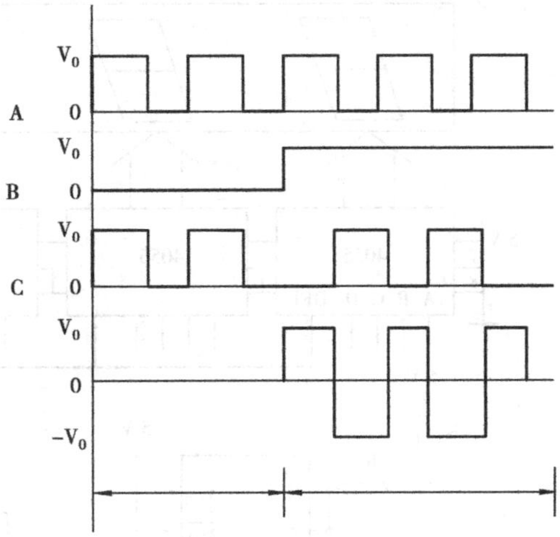

图 13.22　静态驱动回路及波形

液晶显示的驱动与 LED 的驱动有很大的不同，对于 LED，当在其两端加上恒定的导通或截止电压便可以控制其亮或暗。而对于 LCD，由于其两极不能加恒定的直流电压，因而给驱动带来复杂性。一般应在 LCD 的公共极（一般为背极）加上恒定的方波信号，通过控制前极的电压变化而在 LCD 两极间产生所需的零电压或二倍幅值的交流电压以达到 LCD 亮、灭的控制。目前已有许多 LCD 驱动集成芯片，这些芯片已将多个 LCD 驱动电路集成到一起，使用起来跟 LED 驱动芯片一样方便，而且形式非常相似。

图 13.23 是一个 7 段液晶显示器的电极配置和静态驱动电路图。7 段共用一个背极 BP，前极 a，b，c，d，e，f，g 相互独立，每段各加一个异或门进行驱动，显示字符同 LED。

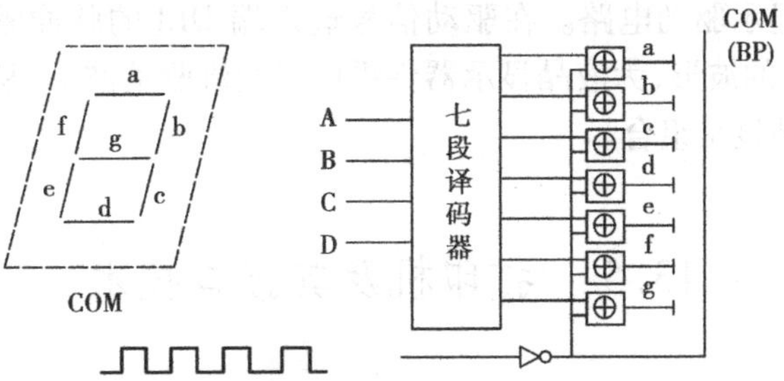

图 13.23　7 段 LCD 显示电路

(2)**时分割驱动**

当显示字段增多时，为减少引出线和驱动回路数，必须采用时分割驱动法。时分割驱动方式通常采用电压平均化法，其占空比有 1/2，1/8，1/16，1/32 等，偏比有 1/2，1/3，1/4，1/5 等。篇幅所限，时分割的具体驱动方法这里不予详述。

13.4.3 LCD 在微机系统中的应用

液晶显示器在微机系统中应用的关键是它的驱动电路和控制电路与 CPU 的接口问题。现在驱动电路和控制电路都做成集成块,如笔段式液晶显示器驱动器 CD4055,点阵式图形液晶显示器 HD61830 等。

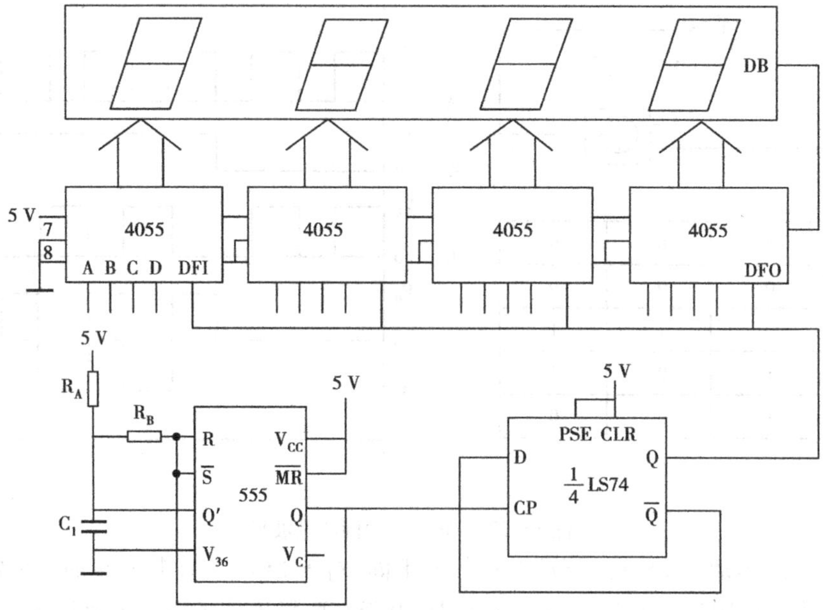

图 13.24 CD4055 四位驱动电路

HD61830 是点阵式液晶显示控制器,它可以接受来自 8 位处理器的数据,并产生点阵液晶驱动器信号。其驱动方式有两种:字符式和图形方式,作为微机外部接口,HD61830 通过数据总线接受来自 CPU 的指令和数据,从而产生指令参数和显示数据。

CD4055 是位 BCD—七段译码 LCD 驱动器,采用静态工作方式,CD4055 四位驱动电路见图 13.24 由 CPU 输出 BCD 码,通过数据输入端 D,C,B,A 到 CD4055,经其内部译码电路转换成七段字形数据进入显示驱动电路。在驱动信号输入端 DEI 的脉冲驱动下输入各段的显示驱动波形和背电极 BP 的波形,为液晶显示器件提供了交流驱动波形,从而实现了 0 ~ 9,L、H、P、R、—、"空"等十六种显示组合。

13.5 打印机及其接口技术

13.5.1 打印机的分类

打印机是微型计算机系统的常用输出设备,打印机有多种分类方法,常用的有:

(1)按与微机接口方式分类

按与微机接口方式可将打印机分为串行打印机和并行打印机。并行打印机通过并行接口与主机连接,其数据传输速率高,但传输距离较短,一般不超过 2 m。串行打印机通过串行接口与主机相连,目前主要采用RS-232c标准接口,其传输速率相对低,但有效传输距离较长,一般在15~20 m。

(2)**按印字原理分类**

按印字技术可将打印机分为击打式和非击打式两类。击打式打印机是用活字或钢针击打色带实现印字的,如24针打印机CR3240。非击打式打印机是利用静电感应、电灼式、热敏式等非机电手段实现印字的。如喷墨打印机、激光打印机等。

(3)**按印字方式分类**

按印字方式可将打印机分为行式和页式两类。行式打印机是指打印头在驱动机构的带动下,从左向右往复运动,打印出一行和若干行点阵,从而形成一行字符或图形。页式打印机主要指以页为单位印出字符或图形,主要是以非击打式印字技术实现的。

另外还可按打印纸宽度分为宽行打印机和窄行打印机;按打印颜色分为单色打印机和彩色打印机等。打印机的主要技术指标有分辨率、打印速度等。

13.5.2　打印机的工作原理

微机系统中使用最普遍的打印机是点阵式打印机、喷墨打印机和激光打印机。本节主要对这三种打印机的工作原理作一介绍。

(1)**点阵式打印机**

印字机构:点阵式打印机也叫针式打印机,它是通过一组钢针击打色带,透过色带在纸上印出由点阵构成的字符或图形来实现打印的。

打印进程为:直流电机拖动着装有打印头的小车做往复运动,打印头上的磁铁被打印数据脉冲电流所驱动(数据为1的打印针出击,数据为0的打印针不出击),而磁铁又控制钢针击打色带。从而打出一行行的点阵,组成字符和图形。步进电机控制纸轴旋转,达到走纸的目的。

控制系统:针式打印机的控制系统见图13.25。

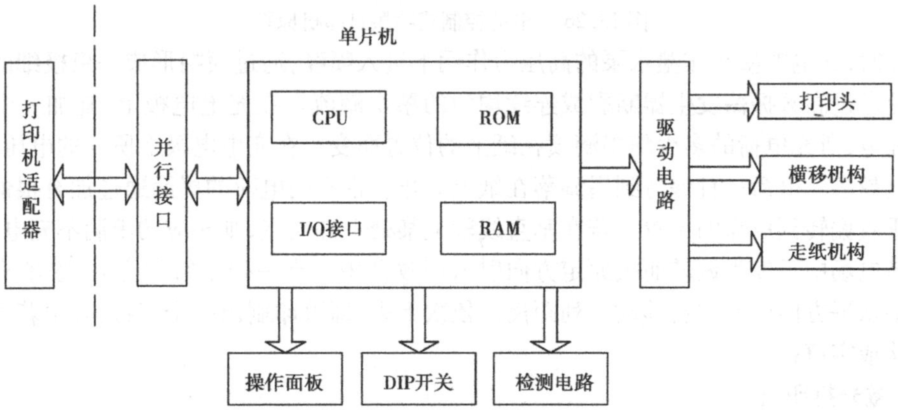

图13.25　针式打印机基本控制电路

目前各种点阵式打印机的控制系统都以微处理器为核心。根据对打印机性能的不同要求,控制方式分为单一微处理器控制系统和主从微处理器控制系统。前者采用一个高性能的单片机和优化的控制程序完成打印机全部控制任务。后者则是采用主处理器完成打印数据/

命令的传送和处理的主控任务，再有 1 个或 2 个从处理器负责横向往复运动、走纸、击打等动作的控制。

图 13.25 中，单片机的 ROM 存放监控程序和字库，RAM 作为数据工作区和行缓冲区，I/O 接口负责单片机数据/命令的传送；Centronics 并行接口负责与系统板上的打印机适配器通信；驱动电路完成各种打印动作的驱动；操作面板提供开关状态，控制打印机联机/脱机、换页、换行等操作。DIP 开关用来设置打印机参数（如打印格式、行距等）；检测电路用来检测字车的初始位置、当前位置、机盖状态、缺纸及送纸调整杆位置等状态。

（2）**喷墨打印机**

喷墨打印机靠喷出的微小墨点在纸上组成图形、字符、或汉字的，其主要技术环节是墨滴的形成及其充电和偏转。墨滴的控制方式很多，有电荷控制式、静电发射式和脉冲控制式等，限于篇幅，这里仅介绍电荷控制式喷墨打印机的工作原理。

电荷控制式喷墨打印机主要由喷墨头、字符发生器、充电电极、偏转电极、墨水供应与回收系统（包括墨水泵、墨水槽、过滤器、收集槽、回收器、管道等）以及相应的控制电路所组成。如图 13.26 所示。

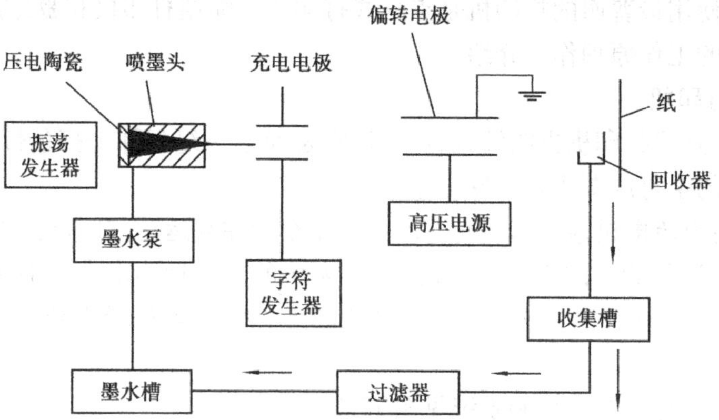

图 13.26　电荷控制式喷墨打印机原理

工作时，导电的墨水在墨水泵的高压力作用下进入喷嘴，通过喷嘴形成一束极细的高速射流。射流通过高频振荡发生器断裂成连续均匀的墨水滴流。在充电电极上，施加一个静电场给墨滴充电，所充电荷的多少随墨滴喷在纸上的位置而变。在充电电极上所加的电压越高，充电电荷就越多。电荷一直保持到墨滴落在纸上为止。带不同电荷的墨滴通过加有很恒定偏转电极后垂直偏转到所需的位置。若在垂直线段上某处不许喷点，则相应的墨滴不充电，这些墨滴在偏转电场中不发生偏转而按原定方向射入回收器中。当一列字符印完后，喷墨头以一定的速度沿水平方向由左向右移动一列距离。依次下去，即可印刷出一个字符，并由若干个字符加间隔构成字符行。

（3）**激光打印机**

激光打印机是一种高速度、低噪音的桌面印刷系统的输出设备，其打印质量比前两种都好。

激光打印机是用照相原理实现字符、图形和图像印刷的。因此，实际上应称为印字机，它主要由激光器和电子照相系统组成。由于目前半导体激光器成为印字机的主要光源，因此，这里主要讨论以半导体激光器为光源的激光印字机的工作原理。图 13.27 为激光印字机的组成框图,其印字机构如图13.28所示。

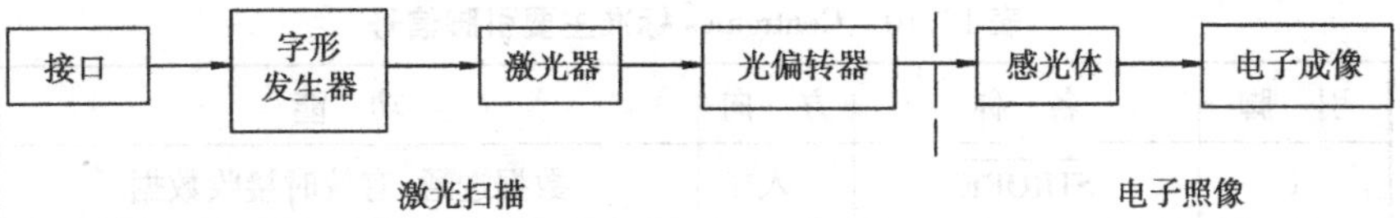

图13.27 激光印字机的组成框图

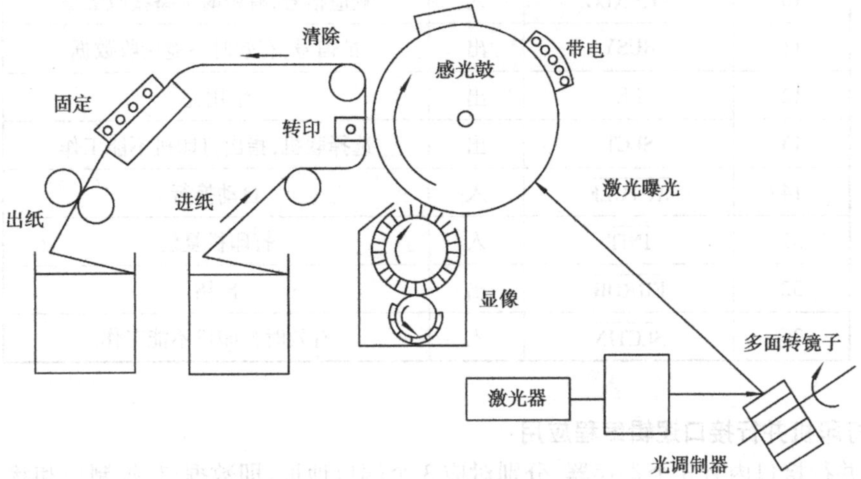

图13.28 激光印字机的印字机构

这种激光印字机的印字过程如下:

- 形成信息脉冲:计算机送来的打印字符或图形的编码经接口送字形发生器,取出字形信息脉冲,调制激光源的驱动电流。
- 充电:向充电电晕电极加高压,电晕放电,使感光鼓(也称硒鼓)表面带正(负)电荷。
- 曝光:激光照射感光鼓,使鼓表面曝光部分(即记录图像的点)电荷消失。感光鼓转动,不断曝光,在鼓表面生成静电潜像。
- 显影:用带负(正)电荷的载体和带正(负)电荷的着色剂(石墨粉)对潜影着色。由于静电感应,着色剂被吸附在放电鼓表面,使潜像变为可视图像。
- 转印:显影后的鼓面转动到转印电晕电极时,由于电晕电极使记录纸带负(正)电荷,鼓着色部分带正(负)电荷,这样显像后的图像就转印到纸上。
- 清洁:清除感光鼓表面的电荷和残留的着色剂。
- 定影:利用加热或加压使像固定在纸上。
- 输出:由摩擦辊将打印结果输出。

13.5.3 打印机接口技术

如前所述,打印机与主机的连接方式有两种,即串行和并行。由于目前绝大多数打印机采用并行接口方式,故本节主要介绍打印机的并行接口。打印机与主机之间通过一根电缆线连接,电缆线一头的插座为36芯,另一头的D型插座为25芯,与主机并行接口相连。

(1)并行打印机接口信号

目前并行打印机接口一般都是按照Centronics标准来定义插头座的引脚。表13.10中列出了 Centronics 标准中主要引脚信号的名称和功能。

表 13.10　Centronics 标准主要引脚信号

引　脚	名　称	方　向	功　能
1	$\overline{\text{STROBE}}$	入	数据选通,有效时接收数据
2～9	$DATA_1$～$DATA_8$	入	数据线
10	$\overline{\text{ACKNLG}}$	入	响应信号,有效时准备接收数据
11	BUSY	出	忙信号,有效时不能接收数据
12	PE	出	纸用完
13	SLCT	出	选择联机,指出打印机不能工作
14	$\overline{\text{AUTOLF}}$	入	自动换行
31	$\overline{\text{INIT}}$	入	打印机复位
32	$\overline{\text{ERROR}}$	出	出错
36	$\overline{\text{SLCTIN}}$	入	有效时打印机不能工作

(2)打印机并行接口逻辑编程应用

主机并行接口内有 3 个寄存器,分别对应 3 个端口地址,即数据口、控制口和状态口,主机可以分别对它们进行读/写操作。如图 13.29 所示。

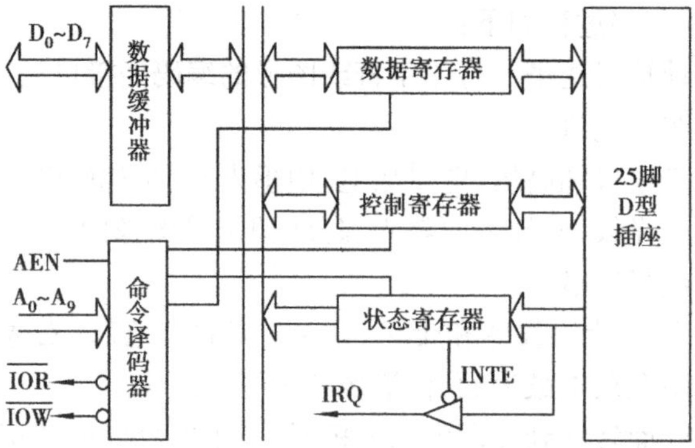

图 13.29　并行接口逻辑框图

控制寄存器和状态寄存器的格式见图 13.30。

对它们的编程如下:

```
           MOV    DX,378H        ;将打印字符送数据口
           OUT    DX,AL
           INC    DX             ;读状态
WAIT:      IN     AL,DX          ;检测 BUSY 位
           TEST   AL,8H          ;不忙则输出选通
           JNZ    NEXT_OUT       ;忙则等待
           JMP    WAIT
NEXT_OUT:MOV      AL,0DH
```

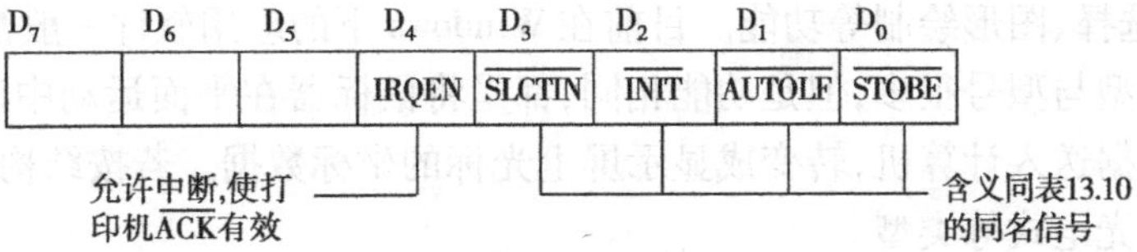

(a)

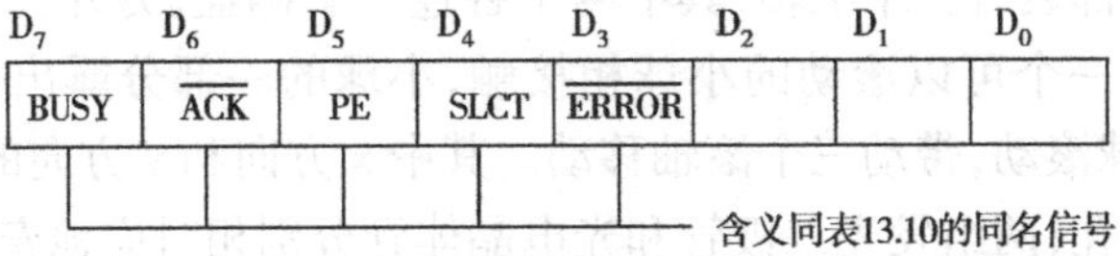

(b)

(a)控制寄存器格式 (b)状态寄存器格式

图 13.30 寄存器格式

```
INC     DX
OUT     DX,AL
MOV     AL,0CH
OUT     DX,AL                  ;在控制口写入,使选通有效
```

另外:PC 系列微机一般可配置三个打印机适配器 LPT1、LPT2 和单显/打印。打印机适配器的端口地址如表 13.11 所示,主机 CPU 可通过对这些 I/O 端口进行读/写来控制和管理打印机的工作。

表 13.11 打印机 I/O 端口地址

打印机接口	数据端口	状态端口	控制端口
LPT1	378H	379H	37AH
LPT2	278H	279H	27AH
单显/打印	3BCH	3BDH	3BEH

打印机 I/O 功能调用见有关书藉,这里不再介绍。

13.6 其他交互式人机接口及有关设备

随着科学技术的发展,计算机的外围设备越来越丰富,输入设备除键盘、还有鼠标器、触摸屏等许多种;输出设备除显示器、打印机,还有绘图仪等;另外还有外部存储设备,通讯设备及其他不能确切归属哪一种类的外部设备。本节我们介绍几种微机系统中常用的交互式输入和输出设备及它们的接口技术。

13.6.1 鼠标器

随着图形用户界面的发展,鼠标已经成为微机系统中的标准硬件设备。鼠标器由其形状而得名,英文名称为 Mouse。它用于控制屏幕上的光标移动,在多种系统软件的支持下可实现屏幕编辑、菜单选择、图形绘制等功能。目前在 Windows 下的应用软件一般都能使用鼠标器操作。鼠标器的类型与型号很多，但是功能相同，都是将鼠标器在平面运动中产生的 x 方向与 y 方向位移量的数据送入计算机，转变成显示屏上光标的坐标数据。若按结构划分，目前常用的鼠标有光机式和光电式等类型。

(1)**光机式鼠标器**

光机式鼠标器在其内部装有三个滚轴，其中两个各连一个码盘，另外一个未接码盘，仅起滚动作用。这三个滚轴与一个可以滚动的小球相接触，小球的一部分露出底部与桌面接触。鼠标在桌面上摩擦时，小球滚动，带动三个滚轴移动。其中 x 方向和 y 方向的滚轴带动码盘转动。码盘上均匀地刻着小孔，两组发光二极管和光电晶体管分别相对应地安装在码盘的两侧。当码盘转动时，使发光二极管射向光电晶体管的光束时通时断，从而产生两组脉冲序列，表示鼠标运动的方向和鼠标的位移量。其结构如图 13.31 所示。

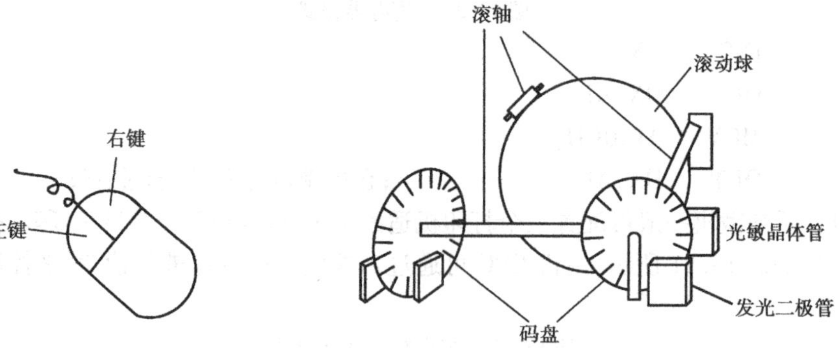

图 13.31　光机式鼠标器结构及鼠标器外形

另外还有一种轨迹式鼠标器，其工作原理和光机式鼠标器基本相同，区别仅在于轨迹球安放在鼠标器的上部，用手代替平板，拨动轨迹球运动。

(2)**光电式鼠标器**

光电式鼠标器是在其基座内装有两组发光二极管和光敏晶体管。这种鼠标器需在专门的滑动板上使用，滑动板是一种印有均匀小方格的反光板，当发光二极管发出的光线投射到滑动板上时会产生反射光线。反射光线经光学透镜聚焦投射到光敏晶体管上。当鼠标器在印有网格的滑动板上移动时，反射光线因受网格的影响而有强弱的变化，从而产生脉冲序列，表示出鼠标在 x 方向和 y 方向的位移量。

鼠标器的主要性能指标为分辨率，即每移动 1 英寸所能测试出的点数(ppi)，目前常用鼠标器的分辨率为 320 ~ 400 ppi.

(3)**鼠标器接口通信**

鼠标器按结构分类主要有串行通信式鼠标器和总线式鼠标器，目前使用较多的是串行通信式鼠标器。

- 串行通信鼠标器接口

串行通信鼠标器一般采用 RS-232C 标准接口进行通信。PC 系列微机上一般有 2 个串行通信接口 COM1 和 COM2。串行通信鼠标器不需要专门的电源线，而是由 RS-232C 串行通信接口线路中的 RTS 提供驱动，SGND 作为地线，使用 TxD 发送数据，DTR 作为联络信号线。在串行通信鼠标器控制板上配置有微处理器，其作用是判断鼠标器是否启动工作，工作时组织输出 x,y 方向串行位移数据。大多数鼠标采用7位数据位、1位停止位、无奇偶校验方式,以1 200/2 400 bps 的速率发送数据。其中 LB,RB 分别表示鼠标器的左键或者右键按下(Microsoft 鼠标器为二键式鼠标器)。X7—X0 和 Y7—Y0 均为8位带符号整数,表示相对于上次的位移量。位移量单位为米基,1 米基 =0.000 5 英寸,每个字节的 D6 表示字节间的时序关系。Logitech 三键式鼠标器的数据格式为5个字节。

• 总线式鼠标器

总线式鼠标器本身不带微处理器,但是需要在主机系统总线扩展槽中插一专用接口板。鼠标器与接口之间采用9针插头连接。接口板上配置有可编程器件,用来监视鼠标器的工作,置位内部数据寄存器,控制发送中断请求信号,调整对鼠标器信号采样的频率等。

(4)鼠标器驱动程序

目前与鼠标器配套的驱动程序有两种类型。第一种为设备驱动程序,文件名后缀为“.SYS”,必须在 CONFIG.SYS 中设置“DEVICE = MOUSE.SYS”。第二种是作为可执行文件,文件名后缀为“.COM”,可直接运行或写入批处理文件 AUTOEXEC.BAT 中。Microsoft 为鼠标器提供了一个软件中断指令 INT 33H,只要加载了支持该标准的鼠标器驱动程序,在应用程序中可直接调用,对鼠标器进行操作。INT 33H 有多种功能,可通过在 AX 中设置功能号来选择。

13.6.2 光笔、触摸屏和扫描仪

(1)光笔

光笔的外形与钢笔相似,只是其一端装有光敏件,另一端用导线接到计算机上,当光敏端的笔尖接触屏幕时,产生的光电信号经计算机处理即可知道它在屏幕上的位置,光笔通过与屏幕上的光标配合,在屏幕上画出或修改图形,这一过程与用钢笔在纸上画的过程相似。光笔主要用于计算机辅助设计,它常与图形终端配和以绘制复杂的工程图。

(2)触摸屏

触摸屏是一种代替键盘的定位设备,安装在计算机显示器前面。它通过一定的物理手段,使用户可以用手指或其他物体直接接触屏幕上的特定位置(对应着某一菜单)。当用户触摸到触摸屏时,所摸到的菜单实际上是以坐标值的形式被触摸屏控制器检测到,并通过串行口送至 CPU,从而确定用户所输入的信息。触摸屏根据采用的技术分为电阻式触摸屏,电容式触摸屏,表面超声波式触摸屏,红外扫描式触摸屏以及压感式触摸屏。

(3)扫描仪

扫描仪的工作原理是通过感光器件将所扫描的文件读入处理器,经过光电耦合将光信号转化为电信号,并利用扫描仪接口卡将信号送入计算机中。扫描仪没有问世前,图形、图像的输入相当困难。扫描仪的出现使问题得以解决,并且又促进了图形学及图像处理领域的发展。目前扫描仪已从单色、小幅画面发展到彩色、大幅面,扫描分辨率已经从几百 DPI(点/IN)发展到几千 DPI。

13.6.3 绘图仪

绘图仪是计算机系统中常用的一种图形输出设备,可以在纸上和其他材料上画出图形。绘图仪有一支或几支不同颜色的画笔,笔可以相对于纸在 X 方向和 Y 方向移动,并可以根据

需要抬起或落下，从而在纸上画出图形。因此又称为 X-Y 绘图仪。

绘图仪画图与人的手工画图有所不同。人在画图时，画直线用直尺，画圆或圆弧用圆规，并用曲线板画曲线。绘图仪的笔是由步进电机带动在 X，Y 方向移动的，每次可在正负方向移动一步或不移动，笔可以在八个方向移动。由于任何图形都可以由曲线和直线段组成，并且曲线又可以用直线段来逼近，因此，绘图仪画出的图形正是由这些水平的，垂直的或 45°的线组成的，是一些锯齿状的折线。当每个线段足够短时，这种锯齿形就不明显了，一般绘图仪的每步移动（称为步距）都很小，因此实际图形中的曲线是相当“光滑”的，以至人的眼睛觉察不出它们是一些折线。通常，绘图仪有平台式和滚动式两种。

（1）**平台式结构**

在平台式结构的绘图仪上，采用静电或真空吸附的方法将绘图纸平铺在平台上，而把绘图笔装在笔架上。笔架可以沿轨迹在 Y 方向滑动，滑轨又可以沿两边的导轨在 X 方向运动，因此，笔可以停在绘图仪的任何地方。笔可以在每个方向靠步进电机移动，对于每一个驱动信号，步进电机均会转过一定角度，以带动系统笔架进行转动，从而引起在 Y 方向（或使滑轨沿 X 方向）移动一个步距，带动笔做相应的移动。笔的这些微小的移动就会在纸上画出一系列微小线段。

（2）**滚动式结构**

在滚动式结构的绘图仪上，将绘图纸紧贴在滚筒上，而笔架在固定的滑轨上沿滚筒的轴向来回移动，这样，笔相对纸面在 X 方向移动，Y 方向的位置改变是由纸绕滚筒前后移动来实现的。滚筒式绘图仪较平台式绘图仪所占的空间要小，并且这种绘图仪所用的纸可以很长，纸卷可以长达几十米，一幅图的最大长度可为十几米。

绘图仪的笔多种多样，可以是加压或不加压的墨水笔，圆珠笔或其他特殊笔。绘图时，绘图仪接受主机来的命令。命令中至少应包括抬笔，落笔，笔向哪个方向移动等有关信息；如果有多支笔，还应有笔选择信息。命令放在一个寄存器中，由控制器根据命令发出 X 方向，Y 方向和抬笔或落笔等驱动信号。

绘图仪的每一步动作需要由命令预先加以规定。因此，即使画一条线也要许多命令才能实现。为此，常常把实现一些基本的绘图操作和产生公共的图形符号（如直线段、圆弧、字符等）的命令编成子程序，以供编写绘图应用程序时调用。

高性能的绘图仪包含有能画字符、直线、圆弧以及三次曲线的硬件，称为插补器。采用插补器可以大大减少对主机提供的数据量的要求。与其他计算机外部设备一样，绘图仪也越来越多地采用微处理器进行控制，这种控制提高了绘图的速度、效率和精度。

习题与思考题

1. 微机系统的键盘分为哪两类？它们的主要区别是什么？
2. 非编码键盘分为哪几种形式？各有何特点？
3. 矩阵式键盘扫描方法分为哪两种？试分别说明它们的工作原理。
4. 定义一个 8×4 矩阵键盘，并设计其键盘扫描程序。
5. 试说明光机式和光电式鼠标器的工作原理。

6. 简述针式打印机、喷墨打印机和激光打印机的工作原理。
7. 打印机是怎样与主机接口的？打印机的并行接口内部有哪几个端口？主机是怎样控制打印机工作的？
8. 简述七段 LED 的工作原理。
9. 在 8086 系统中设计能显示时、分、秒的 LED 显示器(可利用 8255A 作接口)，试画出硬件连接图，并绘制显示时间的软件流程图。
10. 简述 CRT 的工作原理。

第 14 章 高档微型计算机

从 1978 年到 1993 年仅 15 年时间，Intel 公司 86 系列微处理器先后推出了 8086/8088，80186，80286，80386，80486，Pentium 产品。它们的性能提高之快是人们始料不及的，而它们向上兼容的特点赢得了全球用户的青睐。近几年，随着计算机及相关技术的发展又将 Pentium 的档次提升为 Pentium Ⅱ，Pentium Ⅲ，Pentium Ⅳ等，其可支持的极其丰富的软、硬件更是给人们的生活带来深远的影响。本章对 80x86 系列微处理器作了简要介绍，着重介绍了 32 位典型微处理器 80386，然后对 Pentium 微处理器所采用的先进技术进行了阐述，还给出了 64 位微处理器 Itanium 的基本架构，最后介绍了高档微机存储器的扩展技术。通过对本章内容的学习，可对微处理器的发展有一个整体认识。

14.1 Intel 80x86 微处理器

14.1.1 8086/8088 微处理器

Intel 8086/8088 是 Intel 公司 1978 年推出的第三代微处理器，其基本系统结构、引脚功能和工作模式等已在第 2 章进行了详细的介绍，它是 40 个引脚，双列直插式集成电路；分为两大功能部件，即 BIU 和 EU；它有七类基本的寻址方式；所支持的数据类型有：8 位或 16 位无符号二进制整型数、8 位或 16 位有符号二进制整型数、16 位（偏移量）或 32 位（段地址与偏移量）地址、0 ~ 64 K 字节长度的字符串、压缩和非压缩的 BCD 数、ASCII 码。它的指令系统由 117 条基本指令组成，这些指令可分为数据传送指令、算术运算指令、逻辑运算指令、串操作指令、控制转移指令和处理器控制指令六大类；其中断系统可管理内部软件中断、内部硬件中断、外部可屏蔽硬中断、外部非屏蔽硬中断等几种类型共 256 个中断源。

14.1.2 80186 微处理器

- 内部结构与外部引脚

Intel 80186 是 Intel 公司 1982 年推出的高集成度 16 位微处理器，它是一个 68 位引脚的 VLSI 芯片，有三种封装形式。有三种频率的产品。即 6 MHz 的80186-6，8 MHz 的 80186-8 和

10 MHz 的 80186-10。80186 将 8086 所组成的微机系统中最通用的15～20 个器件集成在一个芯片上。即除了有与 8086 基本相同的 BIU 和 EU 部件外,还有时钟发生器,2 个独立的可编程 DMA 通道,可编程中断控制器,三个 16 位定时器通道的可编程定时器,可编程存储器和外设片选逻辑,可编程等待状态发生器,局部总线控制器等器件。

• 总线时序

与 8086 一样,标准的 80186 总线周期也是由 4 个时钟周期组成。典型总线操作有存储器(I/O)读,存储器(I/O)写,中断应答周期等。

• 指令系统

80186 的指令系统与 8086 在目标代码一级向上兼容,且增加了几条新指令,因此是 8086 指令系统的一个超集。其支持的寻址方式、数据类型都与 8086 相同。

增加的指令有:

PUSHA　把所有的寄存器内容按一定顺序压入堆栈

POPA　把所有的寄存器内容按一定顺序弹出堆栈

INTS　从 I/O 端口输入字或字节性数据(可以是字符串)

OUTS　向 I/O 端口输出字或字节性数据(可以是字符串)

ENTER　过程入口格式化堆栈

LEAVE　过程出口恢复堆栈

BOUND　检测数组下标是否越界

另外原 8086 的有些指令在 80186 中增加了操作模式或操作数类型。

• 中断系统

80186 的中断可以分为四种类型:外部非屏蔽中断,外部可屏蔽中断,软件指令中断,指令异常及内部中断。与 8086 一样,80186 的中断系统也可管理 256 个中断源。

• 80188 微处理器

80188 是 Intel 公司推出的为了与 8088 兼容的高性能准 16 位微处理器,它与 80186 的主要差别同 8086 与 8088 的差别基本相同。80186 和 80188 都支持 8087 协处理器。

14.1.3　80286 微处理器

80286 是 Intel 公司 1982 年推出的高性能或称增强型 16 位微处理器。

• 内部结构与外部引脚

80286 是一个 68 引脚的 VLSI 芯片,有 PGA 和 LCC 两种封装型式。它有四种频率的产品:4 MHz 的 80286-4,6 MHz 的 80286-6,8 MHz 的 80286-8 和 12.5 MHz 的 80286-12。80286 内部结构由总线接口部件 BIU、指令部件 IU、执行部件 EU 和地址部件 AU 这四大部件构成。这些部件可以独立异步地进行操作。从而实现处理其内部平行流水线作业。

80286 具有支持多任务操作系统的任务切换、存储器管理、特权保护等功能。其与 8086/8088、80186/80188 微处理器在源代码一级向上兼容。80286 采用独立的地址、数据总线,实际的存储器寻址空间达 16 MB,虚拟寻址空间可达每个任务 1 GB。80286 有两种工作方式:实地址方式和保护虚拟地址方式。在实地址方式下,它模拟 8086 的运行,相当于一个高速的 8086 微处理器;在保护虚拟地址方式下,具有对段寄存器和存储器的保护功能。

• 指令系统

80286 的指令系统是 8086/8088、80186/80188 指令系统的超集，所支持的寻址方式和数据类型也相同。另外 80286 增加了系统控制和访问权操作的指令功能。因此，80286 的指令系统可按兼容的处理器分成如下三级：基本的 8086 指令集；80186 的扩充指令集；80286 特有的系统控制和访问权操作指令集。

80286 增加的 16 条指令为：

CLTS　清除 80286 机器状态字寄存器的任务转换位。

LGDT　把全局描述符表的基地址和边界装入全局描述符表寄存器。

SGDT　把全局描述符表寄存器的内容存到寄存器中。

LIDT　把中断描述符表的基地址和边界装入中断描述符表寄存器

SIDT　把中断描述符表寄存器的内容存到寄存器中。

LLDT　把局部描述符表的基地址和边界以及它在全局描述符的索引号装入局部描述符表寄存器。

SLDT　把局部描述符表寄存器中选择器的内容存回 16 位寄存器或字存储单元中。

LTR　把全局描述符表中任务状态段描述符装入任务寄存器。

STR　把任务状态寄存器选择器字段的内容存回 16 位寄存器或字存储器操作数中。

LMSW　把 16 位寄存器或 2 字节的存储器内容装入机器状态字寄存器。

SMSW　把机器状态字寄存器内容存回 16 位寄存器或存储器中

LAR　加载访问权指令

LSL　加载段边界指令

ARPL　调整要求的特权级

VERR　读检验指令

VERW　写检验指令

- 工作方式

80286 有实地址和保护虚地址两种工作方式，二者可以通过将机器状态字寄存器中的 PE 位清零和置“1”来互相切换。

实地址方式：模拟一个高速的 8086 微处理器的运行。但二者的内部结构不同，故在中断处理、运行状态等方面存在差别。在实地址下把机器状态字寄存器中的 PE 位置“1”就切换到保护方式。

保护虚地址方式：它是充分发挥 80286 效能的工作方式。其寻址空间物理地址的形成方式和中断资源的使用等与实地址方式有所不同。在保护方式下，把机器状态字寄存器中的 PE 位清零就切换到实地址方式。物理地址的形成：图 14.1 是两种方式下物理地址形成过程示意图。(a)为实地址方式物理地址的形成，(b)为保护虚地址方式物理地址的形成。

- 中断系统

80286 在实方式下有 5 种中断源：外部非屏蔽中断、外部可屏蔽中断、协处理器异常中断、内部中断和指令中断。其中断结构与处理方式与 8086 相同。256 个中断类型中，前 32 个已被制造商占用或留用。

80286 在保护方式下的中断类型与实方式下相同，只是在中断向量表、中断结构、中断处理方式上与实地址方式有较大差别。

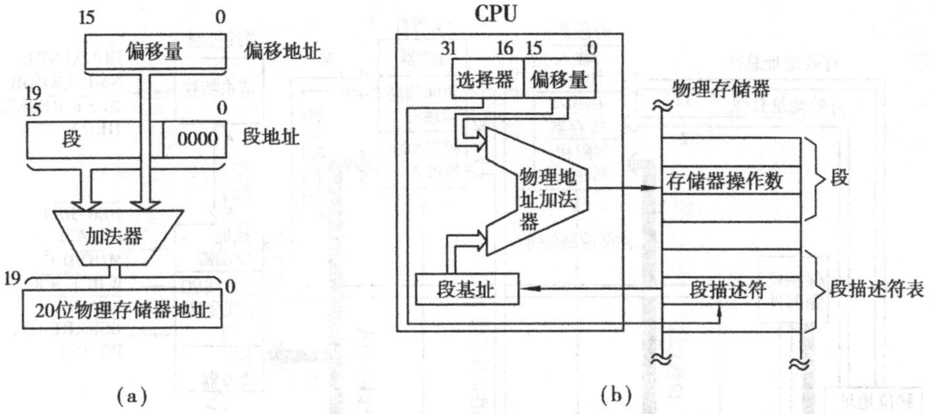

(a)实地址方式 20 位物理地址的形成　(b)保护虚地址方式 24 位物理地址的形成

图 14.1　80286 物理地址的形成

• 任务管理

支持多任务操作是保护虚地址方式下 80286 的主要特点之一。所谓任务,就是一个程序所具有完全独立的执行环境的基本功能块。它可以是一个程序,也可以是一个程序的一部分。80286 在保护方式下从处理开始到处理结束有多个任务多次进入和退出处理。而实方式下的单任务操作就是从处理开始到处理结束只有一个任务独占处理器的全部资源。工作在保护方式下的 80286 的每一个任务,都有一个相关联的任务状态段(TSS),它是一个保存任务状态的段,该段的大小可从 43 字节到 64 K 字节。任务的转换就是从一个正在执行的任务转去执行另一个任务。这可以通过直接访问 TSS 描述符来实现,也可以通过间接的访问任务门描述符所指向的 TSS 描述符来实现。当然,执行一个任务,必须首先定义任务。定义任务的过程就是在全局描述符 GDT 中定义任务的 TSS 描述符,任务所使用的局部描述符 LDT 以及在 GDT 或 LDT 中定义必要的段描述符和门描述符。

另外,80286 支持数值协处理器 80287。

80286 的总线操作有六种类型:存储器读,I/O 读,存储器写,I/O 写,中断应答和暂停/停机。数据传输的最大速率为 2 个时钟周期传送一个字。

14.1.4　80386 **微处理器**

80386 是 Intel 公司 1985 年推出的一种高性能 32 位微处理器,它采用先进的高速 CHMOS-Ⅲ工艺,几何精度达 1.5 μm,132 个引脚,陶瓷网格阵列封装,具有高的可靠性和紧密性。在目标代码级与 8086/8088、80186/80188、80286 向上兼容。

Intel 80386 的基本体系结构如图 14.2 所示。它由中央处理器部件,存储管理部件和总线接口部件组成,现分析如下。

(1)**中央处理部件**(CPU)

CPU 由指令部件和执行部件构成。

①指令部件:

指令部件包括指令预取器和指令译码器。

指令预取器负责预取指令,在总线空闲周期,把下面 4 个字节的指令读入 16 字节的指令

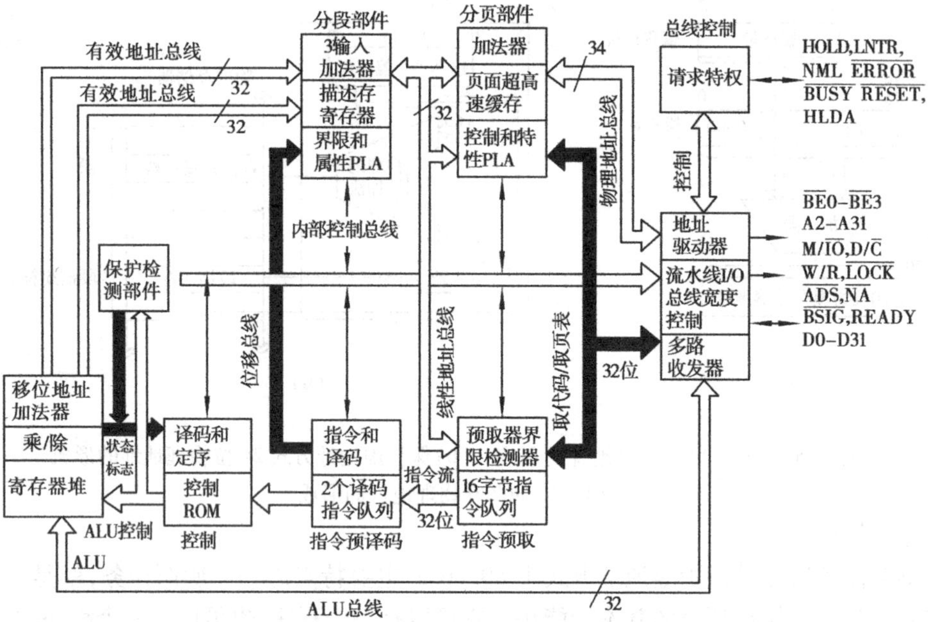

图 14.2　Intel 80386 的基本体系结构

预取队列,由指令译码器对操作码进行译码,并将其存入译码指令队列供执行部件使用。

②执行部件:

执行部件包括 8 个用于地址计算和数据操作的 32 位通用寄存器和一个以加速移位、循环移位、乘法和除法操作的 64 位桶形移位器。乘/除法器能在每个时钟周期内完成一位的乘/除法操作,最快在 40 个时钟周期内进行 32 位的乘法或除法。实际上,许多乘法不需要把所有 32 位都算完,所以,一次乘法运算平均时间约为 20 个时钟周期。

(2)存储管理部件

80386 的存储器管理部件(MMU)包括一个分段部件、一个分页部件和保护测试部件。所有的存储器管理保护和转换描述符都高速存入片上的存储管理部件,其中,分段部件根据执行部件的请求,完成有效地址的计算,以完成逻辑地址到线性地址的转换,同时完成总线周期分段的合法性检查(由保护测试部件来完成),然后将转换的线性地址随同总线周期事务处理信息发送到分页部件,再由分页部件负责请求总线接口部件的总线服务。分段部件通过提供一个额外的寻址器件对逻辑地址空间进行管理,既可以实现任务之间的隔离,也可以实现指令和数据的再定位。而分页部件则将分段部件或指令预取部件产生的线性地址转换成物理地址。每一页为 4 K 字节,每一段可以是一页,也可以是若干页。为了实现虚拟存储器系统,80386 对所有的页和故障都支持完整的再启动功能。

80386 的存储器由一个或多个可变长度的段组成,最大的段可为 4 G 字节。给定区域的线性地址空间(或一个段)可以有相应的属性。这些属性包括类型(堆栈、代码或数据)、位置、大小和保护特性。80386 上的每一个任务最多可以有 16 384 个段,每个段最大可达 4 G 字节,因此,可以为每个任务提供 64 T 字节的虚拟存储器。

分段部件为应用程序和操作系统之间的相互隔离和保护提供了 4 级保护。这种由硬件加强的保护使系统设计具有高度的完整性。

(3)**总线接口部件**

总线接口部件(BIU)提供 80386 及其外围器件之间的高速接口。其功能是在接收指令读取、数据传送、分段部件和分页部件的请求时优化编排这些请求级,以满足中央处理器进行外部总线传送的要求和最大限度的利用总线的带宽。同时,它还产生和处理执行当前总线周期的各种信号,这些信号包括用于读/写外部存储器和 I/O 端口的地址、数据及控制信号。总线接口部件还控制与其他总线主控设备以及协处理器的接口。

(4)**寄存器组**

Intel 80386 芯片内集成了 7 类寄存器,共 32 个。他们是通用寄存器、指令指针、标志寄存器、段寄存器、控制寄存器、系统地址寄存器、调试寄存器和测试寄存器。

以上寄存器是 8086,80186 和 80286 寄存器的一个超集,故所有 16 位的 8086,80186 和 80286 的寄存器都包括在 32 位的 80386 寄存器中。

其中的通用寄存器、段寄存器、指令指针寄存器和标志寄存器是 80386 的基本结构寄存器。它们的内容随任务而异,在任务转换操作后,这些寄存器就自动装入新的相关值。其他几类寄存器主要用来简化操作系统的设计和调试。

- 通用寄存器

80386 有 8 个 32 位的通用寄存器:EAX,EBX,ECX,EDX,ESI,EDI,EBP,ESP,见图 14.3。它们用来保存数据和地址,可以支持 1,8,16,32 和 64 位的数据操作。1～32 位的位字段以及 16 位和 32 位的地址操作数。

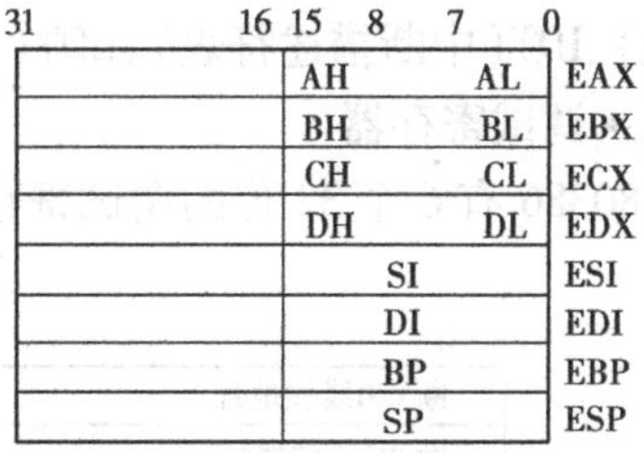

图 14.3　80386 的通用寄存器

- 指令指针和标志寄存器

80386 的指令指针被命名为 EIP,它是一个 32 位的寄存器,它用于保存下一条待预取的指令的偏移量。其低 16 位即为 8086 中的 IP,可单独用于存放 16 位地址操作数。

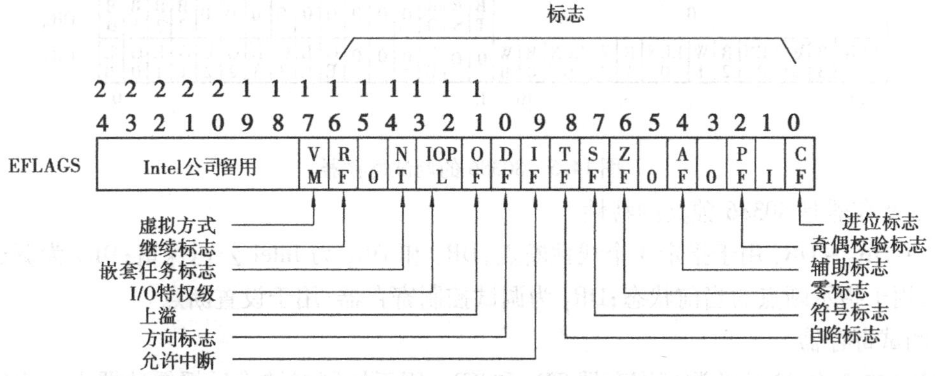

图 14.4　80386 的标志寄存器

80386 的标志寄存器被命名为 EFLAGS,也是一个 32 位的寄存器,如图 14.4 所示。标志可分为以下 3 类:

状态标志:反映执行一条指令后的状态与结果。它们是:OF,SF,ZF,AF,PF,CF,共 6 个。

控制标志:用于控制处理器的工作方式。如 DF。

系统标志:用于设置系统的工作方式等。它们是:IF,TF,IOPL,NT,VM,RF。其中 VM 和 RF 是为 80386 扩充的标志。它们的定义分别为:

VM——用于控制从保护方式转换到虚拟 8086 方式操作。

RF——指令在执行过程中发生异常中断时,RF = 1;指令成功地执行完毕时,RF = 0。

• 段寄存器

80386 有 6 个 16 位的段寄存器,它们用来保存识别当前可寻址段的段选择符。其中 CS 指定代码段,SS 指定堆栈段,DS,ES,FS 和 GS 指定现行数据段。

• 控制寄存器

80386 有 4 个 32 位的控制寄存器,被命名为 CR_0,CR_1,CR_2 和 CR_3。其中:CR_0 为机器控制寄存器,其低 16 位为 80286 的机器状态字 MSW,用于使 80386 与保护方式下的 80286 保持兼容。CR_1 为 Intel 公司保留,供将来处理器使用。CR_2 为页面故障线性地址。CR_3 为页面目录基地址。

• 系统地址寄存器

80368 有 4 个专用寄存器用来访问 80268/80368 保护方式所支持的表和段。这 4 个寄存器分别为:32 位的 GDTR 和 IDTR,16 位的 DTR 和 TR。他们访问的表和段是 GDT(全局描述符表)、IDT(中断描述符表)、LDT(局部描述符表)、TSS(任务状态段)。

• 调试寄存器

80386 有 6 个 32 位的调试寄存器 DR_0,DR_1,DR_2,DR_3,DR_6 和 DR_7,如图 14.5 所示。

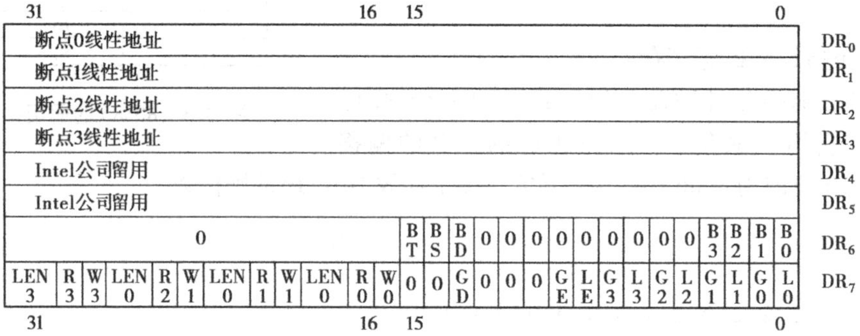

图 14.5　80386 的调试寄存器

调试寄存器是 80386 独具的特性。

其中:$DR_0 \sim DR_3$ 用于指定 4 个线性断点,DR_4 和 DR_5 为 Intel 公司保留;DR_6 为调试状态寄存器,用于指示断点的当前状态;DR_7 为调试控制寄存器;用于设置断点。

• 测试寄存器

80368 有 2 个 32 位的测试寄存器 TR_6 和 TR_7,用于控制对转换后援缓冲器中的内容可寻地址存储器的测试。

(5)80386 **的工作模式**

80386 有三种工作模式:实模式、保护模式和虚拟 8086 模式。前两种模式与 80286 相同,虚拟 8086 模式是 80386 新增加的,目的是使按 8086 编写的软件能在 80386 的任务环境下运行。这里主要介绍前两种工作模式。

①实模式

80386在RESET以后初始化时，进入实模式工作。工作在这种模式下的80386几乎与8086一样，只不过速度更快了一些，并多了几条指令及几个寄存器。80386的实模式可以访问32位通用寄存器和采用带有32位超越指令前缀的寻址模式。

除了那些在保护模式下专用的指令外，其他的80386指令皆可在实方式下使用。因而使用保护模式下专用指令会产生非法操作码异常中断（异常中断6）。此外，在实模式下比8086增加了一些新指令。

下面介绍一下一些与编程有关的重要问题。

• 实模式下的地址计算

实模式下地址计算与8086相同，在8086中，段寄存器内容乘以16（左移4个二进制位）再加上有效地址（有效地址是高4位为0，低16位为偏移地址构成的20位地址），就得到一个20位线性地址。80386的线性地址也是这样计算出来的，只有一点例外，即当8086或80386进行两个20位地址相加时，可能会产生进位，8086删去这个第21位，而80386却保留这个进位。

80386用32位指令前缀可以产生32位地址。由于8086存储器映射，计算的有效地址都必须小于0000FFFFH，以使它留在64 KB的界限之内，为了保留80286实模式的兼容性，如果有效地址超过了0—FFFFH这个范围，将会产生段溢出异常中断13和堆栈故障异常中断12。

• 进入、脱离和返回实模式

如果对CPU进行复位，则进入实模式下工作。此外，一个系统要进入保护模式，开始程序也要暂时进入实模式。系统复位就可以进入实模式，然后再用一条MOV至CR_0的指令将PE位置位，即切换到保护模式，从而离开实模式。为了保持与80286的兼容性，也可以用LMSW指令将PE置1，以实现实模式向保护模式的切换。

从保护模式返回实模式仍可以用MOV至CR_0指令将CR_0寄存器中的PE位复位来实现。但必须用合法的实模式数值。如果在分页管理状态下，首先要把控制传送到线性地址，它具有映射到一个相等物理地址的同一性，然后清除CR_0中的PG位，并且令CR_3为0，以便清除分页高速缓冲存储器。

只有把控制传送到在64 K界限的段内，才能保证CS寄存器用正确界限装入。SS，DS，ES，FS以及GS段寄存器应当装入一个选择子，选择子指向一个包含合适的实模式数值的描述子。

返回实模式的过程首先要禁止中断，对于可屏蔽中断请求可用CLI指令使IF＝0来禁止，对于不可屏蔽中断请求，可以通过外部电路来禁止，接着将PE位复位，并用一条远跳指令JMP使要执行的实模式代码被访问，远跳指令JMP将指令序列清除，并把合适的值放入CS寄存器的访问字节。最后用LIDT指令将实模式中断向量表的BASE（基址）和LIMIT（界限）装入，开放中断、装入段寄存器实方式所须代码。

②保护模式

在实模式中，最大的限制是存储器的容量只有1 MB。在80386中，只用A_{19}～A_2引脚及BE_3～BE_0地址线来对存储器寻址，因此可寻址1 MB的存储空间。在实模式中，线性地址就是物理地址，因为不允许分页。另一个限制是每段的容量限于64 KB以内。从实模式看，看不出80386比8086有什么明显的优点。只是80386可以处理32位的数据。只有在保护模式下才能看到 80386 的强大功能。

在保护模式下,80386 可以访问 2^{32} =4 GB 的物理存储器空间,段的长度是 2^{32} =4 GB,页功能是可以选择的。在这种模式下,可以引入虚拟存储器的概念,以扩充软件所占用的存储器空间,允许程序大到 64 T(2^{46} B)。并且 80386 提供了存储器管理和硬件辅助保护机构,它还提供了为多任务操作系统服务的指令。

保护模式是从实模式转变过来的,执行指令:

MOV　CR_0,(reg 或 men)

使 CR_0 中的保护允许位 PE 置 1,即进入保护模式。

• 保护模式地址计算

保护模式下,地址由两部分组成,一部分是段基地址,另一部分是 32 位偏移量,两者相加得到 32 位线性地址。80386 实模式和 80386 保护模式,获得段基地址的方法是不同的,在实模式下段寄存器的内容乘以 16 就得到段基地址。而保护模式下,段寄存器中的值是一个选择子,由它去访问一个段描述符,从段描述符中获得段基地址,在寻址过程中,描述符作为媒介物,提供段基地址、段界限(大小)及属性。其寻址过程如图 14.6 所示。

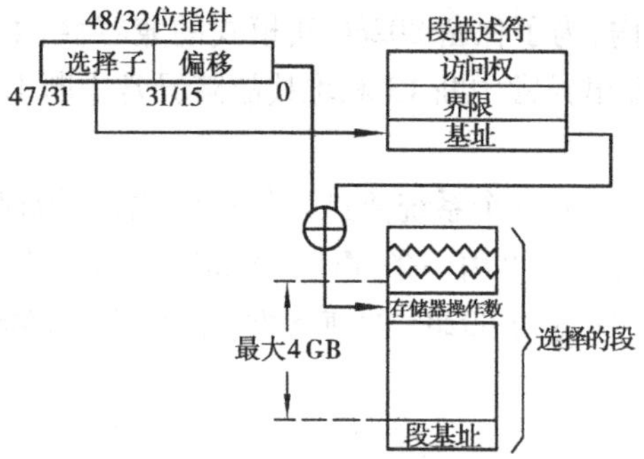

图 14.6　简化的保护方式下的寻址过程

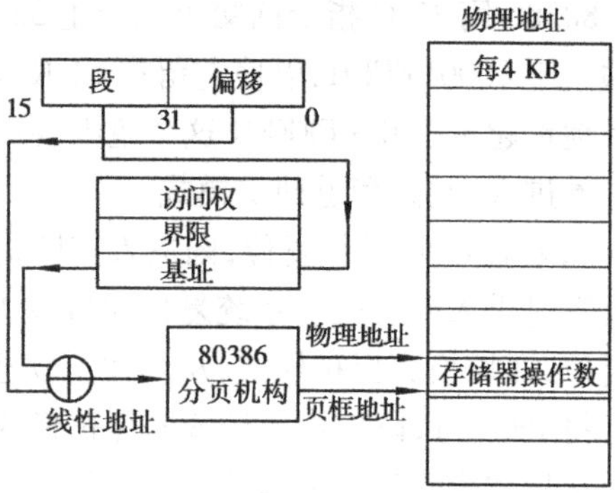

图 14.7　带分页的简化的保护方式下的寻址过程

计算出的线性地址,在没有分页机构的情况下可以直接用作物理地址,如图 14.7 所示;在有分页机构的情况下,需要通过分页机构映射形成物理地址,如图 14.7 所示。

• 描述符和描述符表

在 80386 中采用了分段存储器管理方法,分段提供了保护的基础。段是存储器的一个区域,在同一个段内存放的信息具有共同的属性。例如,一个给定的程序的所有代码都应包含在一个段内,或者一个操作系统表应该驻留在一个段内。而不同任务的程序或数据应该在不同的段内。

有关一个段的所有信息都被存放在一个由 8 个字节构成的描述符中。一个系统的所有描述符存放在一个表中,这个表叫描述符表,是由硬件识别的。

在 80386 中使用的所有段均由描述符表描述。描述符表共有三种,即全局描述符表(一张),局部描述符表(多张)和中断描述符表(一张)。每个类型的描述符表都是一个长度可变的存储器阵列,表的长度从 8 个字节到 64 K 字节,即从一个描述符到 8 K 个描述符之间,或者说,每个表最多可以保存 8 192 个 8 字节的描述符。为了选择这些描述符,段寄存器的内容(选择器)的高 13 位作为进入描述符表的索引。

每一个描述符表都有一个与之对应的寄存器,它们分别是全局描述符表寄存器(GDTR)、局部描述符表寄存器(LDTR)和中断描述符表寄存器(IDTR)。这些寄存器保存着相应的某个描述符的 32 位的段基地址和该段的 16 位界限。

80386 执行命令 LGDT,LLDT,LIDT 分别从表中将某个全局、局部和中断描述符的段基地址和界限装入相应的寄存器,而执行命令 SGDT,SLDT 和 SIDT,则将全局、局部和中断描述符寄存器中的内容存入相应的表中。这些指令都是特权指令,通常由操作系统操作,汇编程序不能把它们翻译为等效的机器码由 80386 执行。当需要用这些指令时,可以用宏指令来实现所需要的编码。

全局描述符表(GDT)含有可供系统所有任务使用的描述符。GDT 可以容纳除中断服务用的描述符即中断和自陷描述符之外的任一类型的描述符。每一个 80386 系统都有一个 GDT,一般说来 GDT 含有操作系统使用的代码段和数据段以及任务状态段和系统中各个 LDT 的描述符。

局部描述符(LDT)含有与一个给定的任务有关的描述符。通常在设计操作系统时使每项任务有一个独立的 LDT。LDT 可能只含有代码、数据、堆栈、任务门和调用门描述符。LDT 是一种将给定任务的代码段和数据段同操作系统其余部分隔离开来的机构。而 GDT 则是含有任务公用段的描述符。如果一个任务的描述符在 GDT 和 LDT 中都不存在,则该任务就不可能对此段进行访问。这就为任务的各段提供了隔离和保护。但仍然允许在任务之间共享全局数据。与含有基地址和界限的 6 字节 GDT 或 IDT 寄存器不同的是 LDT 寄存器的可见部分只含有一个 16 位的选择器,该选择器用来选择在 GDT 中的局部描述符表中的描述符。

中断描述符表是 80386 中所需要的第三个表。IDT 中包含有最多 256 个描述符。每个描述符为 8 个字节,包含相应的中断处理程序的入口地址和特性。IDT 中可能只含有任务门、中断门和陷阱门。IDT 至少应包含 256 个字节,包含为 INTER 公司保留的 32 个中断的描述符。系统中所用的每一个中断在 IDT 中都必须有一项。IDT 中的描述符是通过 INT 指令、外部向量和内部发生异常来访问的。

• 分段存储器管理

通过设置控制存储器中的允许保护位 PE 为 1,80386 进入保护存储器管理环境,在保护模式下,指针不能直接给出物理地址,而要通过分段部件的转换才能产生物理地址。这种转换过程使用了以存储器为基础的所谓段描述符表。段描述符表内含有一些描述符,每个描述符由 8 个字节组成,其中包括段的线性基地址和该段的界限(大小)以及段的一些属性。这些属性是:段的类型(代码段、数据段、堆栈段或者某些专用段)、段的特权级、段的单位长度、操作数的默认长度(16 位或 32 位)。

段选择符指向的目标叫做段描述符。段描述符含有线性地址空间中某一给定区域。(即一个段)有关属性的 8 个信息。

段描述符是一个记录,由 8 个字节构成。它包含的主要信息是段基(底)的线性地址和段界限(大小)及段允许的该段的访问类型。线性地址由逻辑地址构成,即偏移量加上线性基地址。如果地址超越了段的界限(由段长度规定)则发出段异常事故信号。遇到这种异常事故指令是完全可以重新启动的。这里有两个段表,每个段表有 8 192 项,所以总共有 16 383 个逻辑地址空间。全局描述符的零项是特殊情况,它指示一个零选择符。因此,这就是把二者之和 16 384 说成 16 383 的原因。也就是说,大约相当于 14 位的寻址能力。因为偏移量有 32 位寻址能力,所以 80386 全部逻辑地址空间提供 $14+32=46(2^{46})$ 的寻址能力。

段描述符中的存取控制字段提供许多不同类型的段，例如，可以定义一个只读数据段，以保存敏感的系统结构数据，或者产生只执行的代码段，以保证程序不会变坏。其他类型，像任务状态段类型，对于改善执行速度是有益的。由于执行应用程序的需要，操作系统还有动态生成段的自由。除再定位和保护外，描述符还给每个段提供若干项语意定义控制。每项任务16 384段与80386的32位偏移量的组合，为每项任务提供64 GB的逻辑地址空间。

(6)80386的引脚功能说明

80386CPU芯片有132条引脚，采用PGA(pin grid array)封装。引脚配置如图14.8所示。引脚信号功能如图14.9所示。表14.1列出各引脚的功能说明。

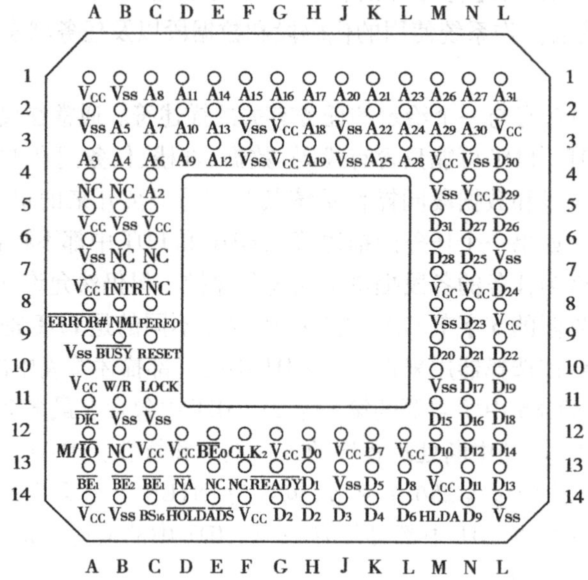

图14.8 80386 CPU芯片的引脚图

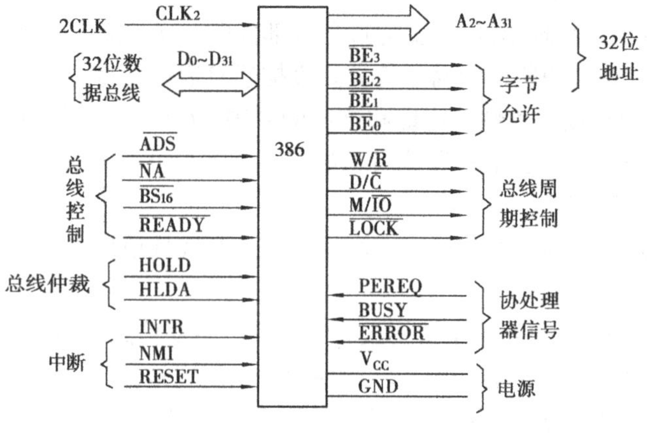

图14.9 80386 CPU芯片的引脚信号功能

IBM公司采用Intel公司生产的8086，8088和80286为CPU设计了PC，PC/XT机和PC/AT机。但并没有用Intel推出的80386CPU继续设计出一种同PC系列向上兼容的32位高档386微机，而是采用80386设计了PS/2系统，例如，PS/2-70，PS/2-80均是以80386为CPU

的高档微机，但 PS/2 采用微通道结构，与 PC 系列不兼容，而且 IBM 公司没有公布 PS/2 的技术资料。与 PC 系列兼容的 386 微机是生产 PC 系列兼容机的公司自行设计的，如 AST-386，EC-386，COMPAQ-386，C&T AT/386 和我国设计的 GW386（长城-386）。这些 386 微机系统的构成原理基本相同，但组成结构上，以及采用的支持芯片可能有差别。

表 14.1　80386 CPU 芯片各引脚的功能说明

信号名称	输入/输出	功能说明
CLK_2	输入	时钟
$D_{31} \sim D_0$	双向	数据总线
$A_{31} \sim A_2$	输出	地址总线
$\overline{BE_3} \sim \overline{BE_0}$	输出	字节允许
$W/\overline{R}$	输出	写/读控制
$D/\overline{C}$	输出	数据/控制指示
$M/\overline{IO}$	输出	存储器/IO 指示
$\overline{LOCK}$	输出	总线锁定指示
$\overline{ADS}$	输出	地址状态
$\overline{READY}$	输入	传送确认
$\overline{NA}$	输入	下一地址请求
$\overline{BS_{16}}$	输入	总线宽度 16
HOLD	输入	总线保持请求
HLDA	输出	总线保持响应
INTR	输入	可屏蔽中断请求
NMI	输入	非屏蔽中断请求
PEREQ	输入	协处理器请求
$\overline{BUSY}$	输入	处理器忙
$\overline{ERROR}$	输入	协处理器错误
RESET	输入	复　位

(7)**80386 微机主板系统结构及支持总线**

①386 微型计算机系统板简介

在 386 系统板上除 80386 主 CPU 外，还有 80387 和 80287 协处理器插座及其接口电路、高速缓存 Cache 及其控制电路、主存储器 DRAM 及其译码控制电路、ROM 及其译码和控制电路、总线控制及缓冲器电路、时钟发生器电路、外设控制器电路（包括中断控制器、DMA 控制器、定时器/计数器等）、AT 总线控制器电路，实时钟 CMOS RAM 及键盘接口电路等。有些型号的 386 系统板上将并口（打印机适配器）、串口适配器放到系统板上，因此，定义一个系统板到底应包括哪些电路和功能是困难的。

②386 微机系统支持芯片组简介

组成微机系统的支持芯片组是将功能相近的支持芯片，采用 VLSI 技术集成在一个芯片上。由于芯片组的出现，使组成微机系统的芯片数目减少，这就简化了微机系统硬件的设计，降低了制造成本，增加了硬件的可靠性。所以到386微机时代，几乎所有的386型微机厂家都采用386系统的支持芯片组技术来设计系统板。

生产386芯片组的厂家有很多，其中比较著名的有C&T公司的82C30芯片组OPTI公司的WB-386 PC/AT芯片组。

82C30芯片组的型号与功能是：

82C301：总线/时钟控制器。

82C302：页/交替存储控制器。

82C303：高位地址总线缓冲器。

82C304：低位地址总线缓冲器。

8CC305：存储器/AT总线数据缓冲器。

82C306：控制线缓冲器。

82C207：I/O控制器。

WB-386 PC/AT芯片组的型号与功能是：

82C391：系统控制器。

82C392：数据总线控制器。

14.1.5 80486 微处理器

Intel 80486是Intel公司1989年推出的新一代32位高性能微处理器，它以提高速度和面向多处理器系统结构为目标，采用了1.0 μm的CHMOS-Ⅳ工艺，片内含有存储管理部件(MMU)、浮点处理部件(FPU)和8 K字节的超高速缓存部件，使用RISC设计技术，提高了指令的执行速度。80486基本上沿用了80386的体系结构，保持了与86系列微处理器在代码级的向上兼容性。80486的性能比80386提高了3~4倍。

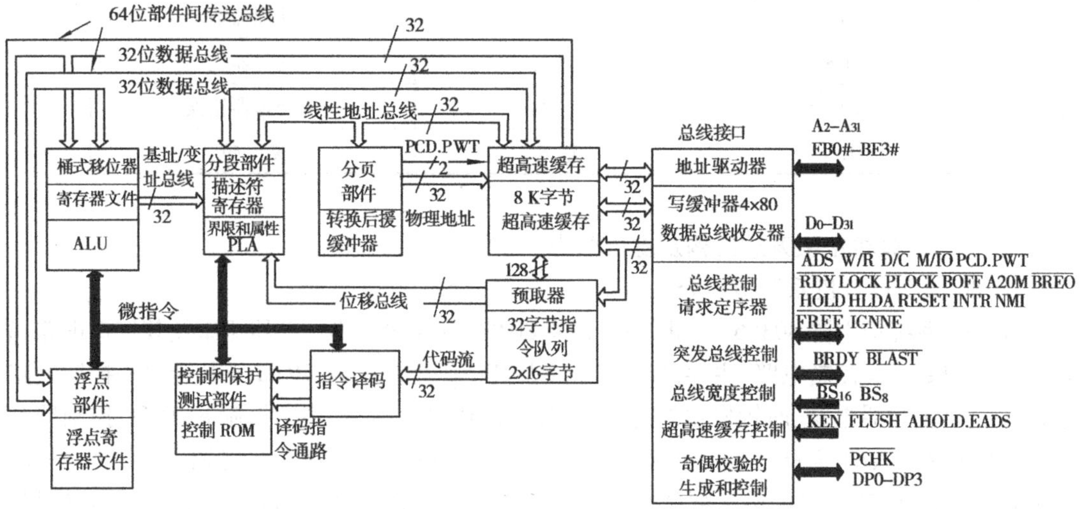

图14.10　80486内部结构图

• 内部结构与外部引脚：80486微处理器的体系结构，总线以及基本输入输出均与80386大致相同，只是由于扩充功能、提高可靠性的需要将协处理器、高速缓存等集成到处理器内并

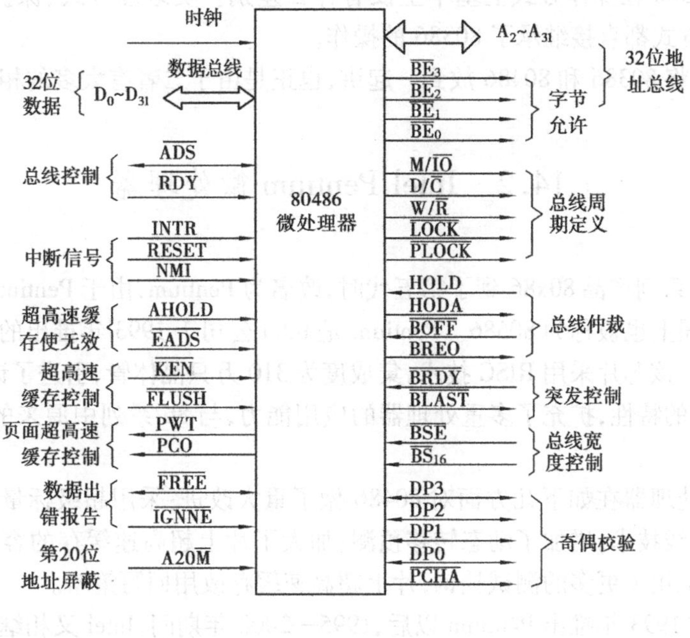

图 14.11　80486 引脚功能图

增加了一些新的引脚或具有一些新的特点。80486 微处理器的内部结构和引脚见图 14.10 和图 14.11。

由图可见，它与 80386 相比，增加了数据奇偶监视。总线突发控制，片上超高速缓存控制，地址屏蔽以及一些是用于多处理器系统的信号。增加了增强的总线仲裁功能，片上超高速缓存填充用的突发总线机构，行使无效机构以及奇偶校验的支持等功能。

• 指令系统

80486 的指令系统包括完整的 80386 的指令系统和 80486 扩充指令。采用 RISC 设计，减少了每条指令的平均占用时钟周期数。对于使用频率较高的基本指令由原来的微码控制改为硬件逻辑直接控制。

80486 的指令可分为 11 类：数据传送、算术运算、移位/环移、串处理、位处理、控制转移、高级语言支持、操作系统支持、处理器控制、浮点运算、浮点控制。所有指令都能处理 0,1,2,3 个操作权，其中一个操作数驻留在寄存器或存储单元中，也可以驻留在指令本身。大多数指令都占用一个字节。

80486 所支持的数据类型十分丰富，如不带符号的二进制数，可以是 8 位、16 位、32 位；带符号的二进制数，可以是 8 位、16 位、32 位或 64 位；浮点数据类型，可以是 32 位单精度实数，64 位双精度实数和 80 位临时精度实数；BCD 数据类型，可以是压缩和非压缩型的 BCD 数；串数据类型，可以是位、字节、字或双字序列；ASCII 数据类型；指针数据类型；可以是 32 位或 48 位。

• 中断和异常

80486 同样能够定义 256 个中断向量或异常处理程序，其中断处理与 80386 类似。另外浮点处理部件使用的中断类型为 7,13,16。

• 操作方式

80486 和 80386 在操作方式上基本上没有什么差别。实地址方式、保护方式和保护方式下的虚拟 8086 方式都直接继承了 80386 的操作。

本节之所以将 80386 和 80486 放到一起讲，也正是由于二者有太多的相似或相同之处。

14.2 Intel Pentium 微处理器

Intel 公司的系列产品 80x86 到了第五代时，改名为 Pentium，由于 Pentium 是继 80486 之后开发的，因此习惯上也被称为 80586。Pentium 是 Intel 公司于 1993 年推出的高性能 32 位结构的微处理器芯片，该芯片采用 RISC 技术，集成度为 310 万只晶体管，引进了诸如数据完态性在内的大型计算机的特性，扩充了多重处理器的应用能力，与 86 系列中原来的其他型号保持软件完全兼容。

Pentium 微处理器在如下几方面对 80486 做了重大改进：采用超级标量体系结构；浮点部件采用超级流水线技术；增加了动态转移预测；加大了片上超高速缓存的容量；较强的错误检测和报告功能；采用了更多的测试挂钩；片上超高速缓存改用回写策略。

Intel 公司在 1993 年推出 Pentium 以后，1995—2000 年期间，Intel 又相继推出 Pentium Pro，Pentium MMX，Pentium 2，Pentium 3，Pentium 4。在此过程中，CPU 的集成度和主频不断提高，每一个新的 CPU 的推出都带来重大的技术革新。

14.2.1 Pentium 微处理器

(1) Pentium 采用的先进技术及其技术特点

1) Pentium 采用的先进技术

①CISC 技术和 RISC 技术

复杂指令系统计算机技术(Complex instruction set computer，CISC)和精简指令系统计算机技术(Reduced instruction set computer，RISC)是基本不同理论和构思的两种 CPU 设计技术。Intel 公司在 Pentium 之前的 CPU 采用的 CISC 体系，从 Pentium 开始，将 CISC 和 RISC 结合，实现更高的性能。

采用 CISC 技术的 CPU 有以下特点：

- 指令系统中包含很多指令，既有常用指令，又有用得较少的复杂指令，复杂指令实现较复杂的功能，但指令码长，这使微处理器的译码部件负担加重，速度减慢；
- 访问内存是使用多种寻址方式；
- 多采用微程序机制，在 ROM 中存放了众多的微程序。

采用 RISC 技术的 CPU 有以下特点：

- 指令系统只含简单而常用的指令，指令长度短，并且每条指令的长度相同；
- 采用流水线机制来执行指令，按照这种机制，在指令 1 经过取指后进入译码阶段时，指令 2 便进入取指阶段，二在指令 1 进入执行阶段、指令 2 进入译码阶段时，指令 3 进入取指阶段……所以，流水线机制是一种指令级并行处理方式，在同样的时间段可以比非流水线机制下执行更多的指令。
- 大多数指令利用内部寄存器来执行，所以，只需要一个时钟周期，这不但提高了指令的执行速度,而且减少了对内存的访问,从而使内存的管理简化。

Pentium 的大多数指令是简化指令,但仍然保留了一部分复杂指令,而对这部分指令采用硬件来实现。所以,Pentium 吸取了两者之长。

②超标量流水线技术

超标量流水线是 Pentium 中最重要的创新技术。所谓超标量,就是一个处理器中有多条流水线。在 Pentium 中,采用 U 和 V 两条流水线,每条流水线均含有独立的 ALU 地址生成电路和连接数据高速缓存 Cache 的接口,由此可通过各自的接口对高速缓存存取数据,这称为高速缓存双端接口。双端接口使 Pentium 具有更高的速度。超标量流水线机制使得 Pentium 能够对应一个时钟周期执行两条整数运算指令,比相同频率的前一代 CPU 实际速度提高一倍。

不过,采用超标量流水线机制是有前提条件的,一是所有的指令基本上都是简化指令,二是 V 流水线总能接受 U 流水线的下一条指令。可见,超标量流水线技术是和 RISC 技术密不可分的。

③分支预测技术

在创新设计中,分支转移指令用得非常多,通常分支转移指令在执行前,不能确定转移是否发生。而指令预取缓冲器是顺序取指令的。这样,如果产生转移,指令预取缓冲器中取得的后续指令全部无效,从而造成流水线断流,流水线性能下降。为此,希望在转移指令执行前,能够预测转移是否发生,以确定以后执行哪一段程序。

Pentium 用分支目标缓冲器(branch target buffer,BTB)执行预测功能,这种功能基于一个重要的分支规律。

2)Pentium 的技术特点

除了采用 CISC 和 RISC 相结合的技术、超标量流水线技术和分支预测技术外,Pentium 还有以下特点:

①外部采用 64 位总线,大大提高了数据的传输率。Pentium 内部总线和 80386/80486 一样是 32 位的,但和存储器相连的外部总线为 64 位,这使得在一个总线周期中,数据传输量提高一倍。

②设置了相互独立的片内指令高速缓存和数据高速缓存。高速缓存是速度非常高、容量较小的存储器。高速缓存技术通过一种映像机制,使 CPU 在运行程序时,将原先需要访问的主存储器的操作大部分转换为访问高速缓存的操作,有效减少了 CPU 访问相对速度较低的主存储器的次数,因此提高了速度。Pentium 采用了两个独立的高速缓存,使得总体性能得到显著提高。

③对 ADD,MUL,INC,DEC,PUSH,POP,JMP,CALL 和 LOAD 等常用指令采用硬件(组合逻辑)来实现,使这些常用指令的执行速度大大提高。

④在实地址方式、保护方式和虚拟 8086 方式基础上增加了系统管理方式(system manage mode,SMM)。SMM 能增强对系统的管理,比如对操作系统的管理、对正在运行的程序的管理、对电源的管理等,并为 RAM 子系统提供很好的安全性。SMM 还提供软件关机功能。

(2)Pentium 的原理结构

1)Pentium 的主要部件

Pentium 内部主要部件包括总线接口部件、U 流水线和 V 流水线、指令高速缓存、数据缓存、指令预取部件、指令译码器、浮点出来部件 FPU、分支目标缓冲器 BTB、控制 ROM 和寄存器组。

2)原理结构

Pentium 处理器中,总线接口部件实现 CPU 于系统总线的连接,包括 64 位数据线、32 位地址线和若干控制信号线,以此实现相互间的信号交流,并产生相应的总线周期信号。

Pentium 采用两条流水线 U 和 V。流水线均有独立的 ALU,两者独立运行,U 流水线可执行所有的整数运算指令,V 流水线只能执行简单的整数运算指令和数据交换指令。每条流水线含有五级:取指、译码、生成地址、执行指令和回写。回写是指一些运算指令将运算结果写回存储器。

高速缓存是容量小、速度高的可读写 RAM,存放 CPU 最近要使用的数据和指令可以加快 CPU 存取数据的速度,减轻总线负担。高速缓存中的数据其实是主存中一小部分数据的复制品。

在 Pentium 中,指令高速缓存和数据高速缓存两者分开,从而减少了指令预取和数据操作之间可能发生的冲突,并可提高命中率。命中高速缓存是指读取数据时,此数据正好在高速缓存中,使存取速度很快,所以,命中率成为高速缓存的一个重要指标。两个高速缓存分别配置了专用的转换检测缓冲器(translation look-aside buffer,TLB),用来将线性地址转换成为高速缓存的物理地址。Pentium 的数据丛有两个端口,分别用于两条流水线,以便能在相同的时间段中分别和两个独立的流水线进行数据交换。

指令预取部件每次取两条指令,若为简单指令,且后一条指令不依赖于前一条指令的执行结果,则指令预取部件便将两条指令分别送到 U 流水线和 V 流水线独立执行。

指令高速缓存、指令预取部件将原始指令送到指令译码器,分支目标缓冲器则在遇到分支转移指令时用来预测是否发生转移。

Pentium 内部还含有一个增强浮点处理部件(floating processor unit,FPU)。在 FPU 中,采用快速硬件来实现浮点加、乘、除运算,使浮点运算速度大为提高。

控制 ROM 中,含有 Pentium 的微代码,控制部件直接控制流水线。

(3)**Pentium 的寄存器**

Pentium 处理器配备的寄存器种类和数量非常多,可分为如下几类:

1)基本寄存器组　包含通用寄存器、指令指针寄存器、标志寄存器、段寄存器。

2)系统级寄存器组　包含系统地址寄存器、Pentium 控制寄存器。

3)调试寄存器组　比如调试寄存器 $DR_0 \sim DR_3$。

4)浮点寄存器组　Pentium 内部有浮点处理部件 FPU,与之相关的寄存器有:数据寄存器、标记字寄存器、状态字寄存器、控制寄存器、指令指针和数据指针寄存器。

14.2.2　Pentium MMX

1996 年底 Intel 公司推出 Pentium MMX 处理器,它是对 Pentium 处理器基本型的改进基础上得到的。Pentium MMX 集成了 450 万个晶体管,它所采用的 MMX 技术是 Intel 最新发明的一项多媒体增强指令技术。它的指令系统新增了 57 条 MMX 指令,所以被称为“多媒体扩展指令系统”。通过这些指令,可以大大加快多媒体程序的运行速度,使 Pentium MMX 在多媒体处理方面有独到长处。此外它在 CPU 的体系结构上也做了一些改进,比如 Pentium MMX 处理器内的片内 Cache(一级 Cache)扩展到 32 KB,指令 Cache 和数据 Cache 都由原来的 8 KB 扩展到 16 KB。但是,一般认为 Pentium MMX 与 Pentium 基本型在体系结构上没有太大的区别,同属 P5 架构。

14.2.3　Pentium Pro

与 Pentium 基本型相比,Intel 公司于 1996 年推出的 Pentium Pro 在多方面都有较大的变化。一般认为,它与 Pentium 基本型已经不属于同一个架构,而与 Intel 公司后来推出的 Pentium Ⅱ和 Pentium Ⅲ同属于 P6 架构。

Pentium Pro 内部集成 550 万只晶体管,内部始终频率为 133 MHz。片内 Cache 规模大小为 16 KB,其中指令 Cache 为 8 KB,数据 Cache 为 8 KB。Pentium Pro 芯片内部还包括一个大小 256 KB 的二级 Cache 芯片。两个芯片之间用高宽带的内部通信总线互连,二级 Cache 与 Pentium Pro 处理器在相同的时钟频率下运行,使得 Pentium Pro 处理器的性能达到了最高的水平。

Intel 公司在开发 Pentium Pro 高性能处理器过程中也采用 RISC 技术。该处理器不但是一代卓越的超标量处理器(在一个时钟周期内能处理 3 条 X86 指令,而 Pentium 基本型在 1 个时钟周期内只能处理 2 条指令),而且是超级流水线型的,它的流水线深度比 Pentium 基本型更深,它使用一种乱序执行操作方式来完成其超级流水线的操作过程。

14.2.4　Pentium Ⅱ

1997 年推出的 Pentium Ⅱ内部含有 750 万个晶体管,最高频率达 500 MHz,它汇总了 Pentium Pro 和 Pentium MMX 二者之长,不但支持多媒体指令集 MMX,而且除了 16 KB 的一级指令高速缓存和 16 KB 的数据高速缓存外,还含有 512 KB 的内部二级高速缓存。在结构上,用一块印刷电路板使 CPU 和二级高速缓存装在一起,再用外壳封装。此后,Intel 又推出了只配置 128 KB 二级高速缓存的 Pentium Celeron(赛扬),这种 CPU 减少了二级高速缓存的容量,价格显著降低。

Pentium Ⅱ最重要的创新技术是增加了由多分支预测技术、数据统计分析技术和推测执行技术相结合而实现的动态执行机制。多分支预测技术类似于 Pentium 基本型的分支预测技术,其思想是 CPU 读取指令时在遇到多分支情况下通过查看前面的历史状态来预测程序的流程走向;数据统计分析技术着重分析哪些指令依赖于其他指令的执行结果,从而建立优化的指令执行队列;推测执行技术通过数据相关情况分析和程序执行过程分析,更正确更有效地提高流水线的执行效率。

14.2.5　Pentium Ⅲ

Intel 于 1999 年 2 月推出了内部集成了 950 万个晶体管的 Pentium Ⅲ处理器,它是为提高用户的互联网计算能力、音视频信号而设计的处理器,其时钟频率可达 800 MHz,它的芯片内部集成了 2 810 万个晶体管,体积小、耗能低、性能好。

Pentium Ⅲ除了一级高速缓存以外,还有 512 KB 的二级高速缓存,最大寻址空间达 64 GB。它通过 8 个 64 位 MMX 寄存器和 8 个 128 位的 SSE 寄存器,达到既支持 MMX 指令集,又可执行 71 条互联网流式单指令多设计的指令集(streaming SIMD(single-instruction multiple-data) extension,SSE)。

SSE 有 8 条连续设计流优化指令，这种指令通过新的数据流预取技术减少了处理如音频、视频这些连续数据的中间环节，大大提高了 CPU 处理连续数据的效率；SSE 中还有 50 条多数据浮点运算指令，采用改进的算法，显著提高了视频处理和图片处理的质量。

14.2.6 Pentium Ⅳ

2001 年，最新的 Pentium Ⅳ走向市场，其内部含有 4 200 万个晶体管，市场上的 Pentium Ⅳ主频高达 3.6 GHz。他采用一系列新技术面向网络功能和图像功能，具体如下：

①超长流水线技术。Pentium Ⅳ将指令流划分为 20 级，而 Pentium Ⅲ的指令流水线只有 10 级。指令流水线的级数越多，会使每级的执行过程越简单，每一步可以更快完成，对应电路结构越简化，有利于提高时钟频率，使系统的其他环节速度加快，从而提高总体速度。

②跟踪性指令高速缓存技术。这种技术将指令和数据高速缓存彻底分开，并且只把数据高速缓存作为一级高速缓存。将指令高速缓存作为二级高速缓存，并采用跟踪性机制，在分支预测出错时，可很快从指令高速缓存取址重建指令流水线。

③采用双沿指令快速执行机制。Pentium Ⅳ采用时钟缓冲电路，使 ALU 在时钟的上升沿和下降沿都可以进行运算，即采用双沿机制，对应半个时钟周期就可以完成一次算术运算，总体运算速度显著提高。

④能执行 SSE2 指令集。SSE2 指令集含 144 条指令，在 SSE 指令集的基础上进一步提升了多媒体性能。

14.3 IA-64 体系架构

IA 是英语"Intel 体系/Intel Architecture"的缩写，人们将 Intel 生产的 CPU 统称为 Intel 体系(IA)CPU。从 80386 开始，桌面 PC 使用的 CPU，包含目前的 Pentium Ⅳ处理器都是 32 位架构的 CPU，所以都被列为 IA-32。为进一步提高处理器的总体性能，要求处理器不仅要能更快地执行指令，而且还要在每个周期中执行更多的指令，以处理更多的信息，即通常所说的"并行执行"。而传统 IA-32 微处理器架构存在一些基本的性能限制。因此，美国 HP 和 Intel 公司几年前开始合作开发 IA-64 架构的处理器。Intel 最新一代的 Itanium 处理器——"安腾"，是 Intel IA-64 系列的第一个 64 位处理器产品，时钟频率为 800 MHz。IA-64 是 Intel64 位处理器的指令集架构 ISA 的名字，Itanium 是依据微架构设计，并对 IA-64 特定硬件实现的 CPU。Itanium 处理器通过把 RISC 和超长指令字 VLIW 技术结合起来，在微处理器级上改进性能，以增加指令级上的并行性。

在该构架中定义了一种新的被称作"显式并行指令计算"的全新系统架构技术。每个指令周期可执行 20 条指令，大致是 RISC 指令集的 4 倍，是 CISC(复杂指令结构)指令集的 5 倍。此技术能在原有的条件下获得最大限度的并行能力(即并行工作的潜力)，并以明显的方式传达给硬件。同时，在 EPIC 技术的基础上定义了一种新的 64 位指令架构(ISA)。新的 64 位 ISA 采用全新的方式，把显式并行性能与推理和判断技术结合起来，打破了传统架构的顺序执行限制和局限性(如错误预测分支、存储等待等)，使并行能力达到了新的水平。

IA-64 很像其他的 64 位 RISC CPU：指令的长度是固定的，由一个指令、两个输入和一个输出寄存器组成;指令只对寄存器操作;超标量,具有多个不同的流水线或执行单元,能够并行执行许多指令。具体来说,IA-64 主要特性表现在以下几个方面:

(1) IA-64 结构把三种指令捆绑成 128 位长的单一指令,处理速度更快

IA-64 属于 VLIW(超长指令集)架构,VLIW 的架构简单,他将超标量芯片的协调并行工作所必需的一部分控制电路交由编译器处理,从而简化了 CPU 的结构。

(2) 位模板控制并行指令的执行

每个 128 位 IA-64 捆绑指令包含一个由几位组成的模板,它通过编译程序明确告诉 CPU 可以并行执行的指令。因此,CPU 就不必仓促分析运行时的指令流来找出隐含的并行性,并把这种信息装入机器代码。每一种指令包括三个通用寄存器(GPR)字段,并且这种字段是整数和浮点(FP)运算指令特有的。这就是说,IA-64 处理器将具有 128 个整数指令寄存器和 128 个浮点指令寄存器。所有的寄存器都是可编程的随机存取寄存器;而 x86 只有 8 个整数指令寄存器和 8 个浮点指令栈。IA-64 处理器由于不存在寄存器不足的问题,指令位更宽,寄存器等候时间更少。

(3) 预测指令消除错误预测

IA-64 编译程序将利用预测技术来消除错误预测分支指令引起的不良后果,并要求跳过超出分支指令的代码块。当 CPU 在运行时遇到一个预测的分支指令,它将沿着分支指令的所有目的地开始执行该代码,从而尽可能多地利用并行性。当 CPU 发现实际分支指令执行结果时,保存有效结果而放弃无效结果。

(4) 推测性装入指令

IA-64 编译程序扫描源代码,从寄存器中发现即将到来的指令装入,并加上推测装入指令和推测检校指令。在运行时,第一个指令在编译程序要求数据之前,推测装入指令确定从寄存器装入数据。在让编译程序使用数据之前,推测检校指令检查装入。推测装入有助于消除存储器存取时间长的问题,并帮助提高并行性。

IA-64 系统使用基于 Infiniband 技术的总线结构,它以交换式系统总线代替目前的共享式总线为核心,将 NGIO 和 FutureIO 两种技术合二为一,使系统总线、内存总线带宽和 I/O 总线带宽都将大大提高。IA-64 系统带宽在 2 GB/s 以上,而目前的 IA-32 架构的典型系统带宽是 1.06 GB/s,PCI 带宽一般是 0.4 GB/s。

另外,IA-64 还包括一系列的内置特征,以延长计算机的正常运转时间,减少宕机时间。机器检测体系在内存和数据路径中提供了错误恢复和纠错能力,能让 IA-64 平台从预先导致系统失败的错误中恢复过来。

总之,与传统的体系结构相比,基于 IA-64 的处理器可以提供更高的指令级并行性(ILP)。这是通过使用推测和预测等先进技术,并辅以大量的内部硬件资源来实现的。这些技术使编译器能够发挥最大效能来安排指令执行,而同时使处理器亦发挥最佳效能来执行指令。这种编译器和处理器间的合力也正是 IA-64 有别于其他体系结构的优势所在。

14.4 高档微机存储器的扩展技术

计算机中存储系统设计的总目标就是速度高、容量大、价格低。为了达到这个目标，设计者们不断改进存储器管理和扩展技术，现代微机引入了虚拟存储和高速缓存等技术，使得从计算机用户的角度看，计算机存储器具有高速缓存的速度、主存甚至是辅存的容量、辅存的价格。本节首先简要介绍 80286 以上 PC 微机存储系统中的主要扩展技术：高速缓冲存储器(Cache)、虚拟存储技术、磁盘高速缓冲区(磁盘 Cache)和虚拟磁盘技术。而后着重介绍 32 位微机中的高速缓存技术。

14.4.1 PC 微机存储器扩展技术概述

(1)**高速缓冲存储器**(Cache)

80386,80486 尤其是 Pentium,Pentium Pro 等高性能微处理器有很高的工作频率和很强的处理能力，相对而言微机系统中主存储器存取速度较慢，这样 CPU 在访问主存储器时常常必须插入等待周期，CPU 的处理能力因而不能得到充分发挥。为了缩小 CPU 和存储系统工作速度上的差距，同时拥有一个好的系统性能价格比，一种解决方案就是使用高性能的 SRAM 芯片组成高速小容量的缓存器，再使用低廉价格的 DRAM 芯片组成大容量的主存储器作为高速缓冲存储器的后备存储。这种存储系统的层次设计，既使存储器系统价格下降，又使 CPU 访问存储器时不需要或仅需要很少的等待时间。

高速缓冲存储器(Cache)的设计利用了程序访问的局部性原理，即程序有较大的概率再一次访问新近被访问过的指令和数据。在没高速缓存器的情况下，高速 CPU 访问低速主存储器时通常需要等待。在有高速缓存器的情况下，当 CPU 对某个存储单元进行第一次访问时，CPU 需要等待将主存储器的存储内容存到高速缓存器中；而再次访问该存储单元时，CPU 就可以直接访问高速缓存器，不必要访问低速的主存储器，这样使 CPU 访问存储器的等待时间接近于 0。由于高速缓存器容量比起低速大容量的主存储器来要小得多，当高速缓存器已全部装满或发生高速缓存器组成冲突时，需要对新地址内低速大容量主存储器的内容进行访问，以替换高速缓存器相应位置上的陈旧内容。

(2)**虚拟存储技术**

现代高性能计算机系统中普遍采用虚拟存储技术，下面对虚拟存储器的工作原理以及 80x86 微机中的虚拟存储技术进行概要介绍。

- 虚拟存储器的工作原理

80x86 微处理器的不断升级，使机器指令可寻址的地址空间越来越大。如果仅用增加实际内存容量的方法来满足程序设计中对存储空间的需求，则成本高而且利用率低。虚拟存储技术提供了一个经济、有效的解决方案：通过存储器管理部件和操作系统将“主存—辅存”组成的存储层次重新统一编址，从而提供一个比实际内存大得多的虚拟存储器。虚拟存储器的地址称为虚地址，虚地址向物理地址的转换由存储器管理部件自动实现。编程人员在写程序时，可以访问比实际配置大得多的存储空间，而不必考虑地址转换的具体过程。

在虚拟存储器中，通常只将虚拟地址空间的小部分映射到主存储器，虚拟地址空间的大部分是映射到辅助存储器(如大容量硬盘或光盘)上。当虚地址访问虚拟存储器时,存储器管理部件首先查看该虚地址所对应单元内容是否已在主存中,若已在主存中,就自动将虚地址转换为主存物理地址,对主存进行访问;若不在主存中,就通过操作系统将程序或数据由辅存调入主存(同时,可能将一部分程序或数据从主存送回到辅存),然后再进行访问。因此,每次访问虚拟存储器都必须进行虚地址向物理地址的转换。

为了便于虚地址向物理地址的转换以及主存和辅存之间信息交换,虚拟存储器一般采用二维或三维的虚拟地址格式。在二维地址格式下,虚拟地址空间划分为若干段或页,每个段或页由若干地址连续的存储单元组成。在三维地址格式下,虚拟地址格式不同,虚拟存储器分为"段式虚拟存储器"、"页式虚拟存储器"和"段页式虚拟存储器"三种。这三种虚拟存储器的虚地址格式分别为:

段式虚拟存储器虚地址格式:

段　号	段内地址

页式虚拟存储器虚地址格式:

页　号	页内地址

段页式虚拟存储器虚地址格式:

段　号	页　号	页内地址

- 80x86 微机系统中的虚拟存储技术

80x86 微机共有三种工作方式:实地址方式、虚地址方式和虚拟 8086 方式。8086/8088 只支持实地址方式,80286 支持实地址方式和虚地址保护方式,80386 和 80486 则支持实地址方式、虚地址保护方式和虚拟 8086 方式。

实地址方式下,使用低位地址线($A_0 \sim A_{19}$),寻址空间 1 MB。任何一个实际物理单元的地址由段地址和段内偏移量两部分组成。段地址是由某个段寄存器的值(16 位)左移 4 位而形成 20 位的段基地址。然后 20 位的段基地址与 16 位的段内偏移量相加形成某一物理单元的实际地址。在实地址方式下,系统有两个保留存储区域:在 0FFFF0H ~ 0FFFFFH 保留的是系统初始化区,在此存放一条段间无条件转移指令,这样,每次系统复位时,自动转移到系统初始化程序入口处执行上电自检和自举程序。在 00000H ~ 003FFH 保留的是中断向量表,为 256 个中断服务程序提供入口。

虚拟地址保护方式下,80286,80486 可实现虚拟存储和保护功能。80286 采用的是段式虚拟存储技术:在 80286 中,程序中可能用到的各种段(如代码段、数据段、堆栈段、附加段)的段基地址和其他段的属性信息集中在一起,成为驻留在存储器中的描述符表。80286 段寄存储器中存储的不再是段基地址,而段描述符的选择器。由段寄存储器中的选择器从描述符表中取出相应的段描述符,得到 24 位段基地址,再与 16 位偏移量相加形成寻址单元的物理地址。80286 虚地址保护方式下存储器寻址如图 14.12 所示。

80386,80486 采用的上段页式虚拟存储技术,虚拟地址到物理地址转换过程如图 14.13 所示。首先作用分段机制,由段寄存储器中存储的段描述符选择器从段描述符表中得到段基地址,与偏移量相加形成一个中间地址称为线性地址。当分页机制被禁止时,线性地址就物理地址;否则再分页机制把线性地址转换为物理地址。

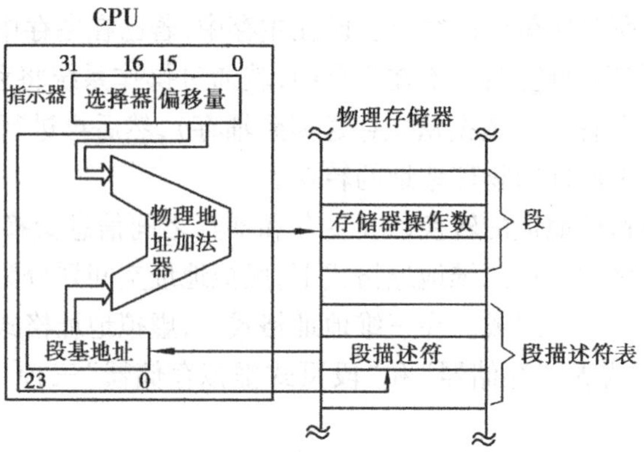

图 14.12　80286 虚地址保护方式下存储器寻址

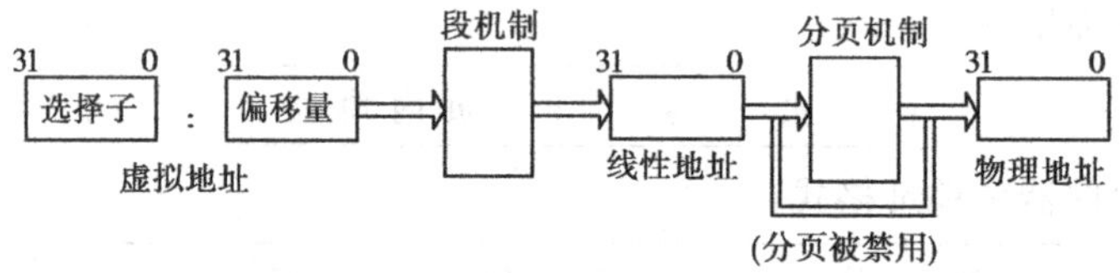

图 14.13　80386,80486 虚地址挂号信方式下的地址转移

80286～80486 的保护功能包括两个方面:一是任务间的保护,即给每一个任务分配不同的虚地址空间,合不同的任务彼此隔离;二是任务内的保护,即通过设置特权级别,保护操作系统不被应用程序所破坏。

虚拟 8086 方式是 80386,80486 一种新的工作方式,这种工作方式可以在有存储管理机制、保护和多任务环境下,创建一个虚拟的 8086 工作环境,从而可以运行 8086 的各种软件。在虚拟 8086 方式下,各种 8086 的任务可以与 80386,80486 的其他任务同时运行,相互隔离并受到保护。

(3)磁盘高速缓存区(磁盘 Cache)和虚拟磁盘技术

在 80386 以上微机系统中,为了加快对辅助存储器(硬盘)的访问速度,通常采用建立磁盘高速缓存区(磁盘 Cache)和设置虚拟磁盘的技术。下面结合 DOS 5.0 以上版本提供的存储器管理程序,简要介绍磁盘 Cache 和虚拟磁盘中软硬件技术的配合。

建立磁盘 Cache 就是把一部分主存储器作为磁盘的缓存区,将最近磁盘读写的数据保存在这个磁盘的缓存区中。根据局部性原理,程序对磁盘中数据的读写,有较大的概率可以直接访问磁盘 Cache(主存储器的一部分),而不必访问低速的硬盘,从而大大减少对硬盘的访问时间。DOS 提供磁盘 Cache 的安装程序 SMARTDRV.EXE,格式为:

SMARTDRV[Drive][InitCacheSize[WinCache　Size]]…

此外,DOS 还提供 RAMDRIVE 驱动程序,设置虚拟磁盘。虚拟磁盘是用主存的一部分,模拟一个物理磁盘。由于虚拟磁盘避免了磁盘的机械动作,因而速度快。但是只要关掉电源,存于虚拟磁盘中的所有数据都会丢失,因此只适合于存放临时性文件。

RAMDRIVE 设置格式为:

DEVICE = RAMDRIVE.[SYS][SECTOR][FILE]…

其中,SIZE 是虚拟磁盘的大小;SECTOR 是虚拟磁盘每个扇区的大小;DILE 是虚拟磁盘所能容纳文件的最大数目。关于和 RAMDRIVE 的详细用法,请查阅 DOS 最新版本的使用手册。

14.4.2　32 位微机的高速缓存技术

32 位微型计算机系统普遍采用了高速缓存(Cache)技术。在 80386 系统中,Cache 是在 CPU 片外,对 80486 和 Pentium 来说,则采用 CPU 片内 Cache 技术。

(1)Cache **系统的结构**

一个 Cache 系统中包含了 3 个部分:

- Cache 模块,即 CPU 和慢速主存之间的 SRAM;
- 主存,即慢速 DRAM;
- Cache 控制器,用来对 Cache 系统进行控制。

图 14.14 就是 Cache 系统的简单框图。

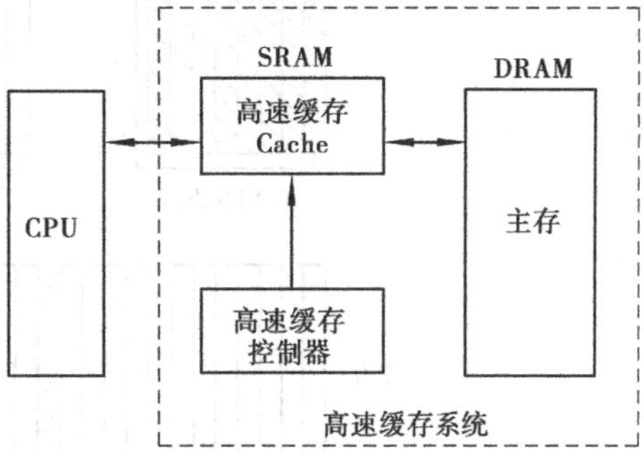

图 14.14　Cache 系统的结构框图

在 Cache 系统中,主存保存所有的数据,Cache 中保存主存的部分副本。当 CPU 访问存储器时,首先检查 Cache。如果要存取的数据已经在 Cache 中,CPU 就能很快完成访问,这种情况称为命中 Cache;如果数据不在 Cache 中,那么,CPU 必须从主存中提取数据。Cache 控制器决定哪一部分存储块移入 Cache,哪一部分移出 Cache,移入与移出都是在 SRAM 和 DRAM 之间进行。

按照良好的组织方式,通常程序所用的大多数的数据都可在 Cache 中找到,即大多数情况下能命中 Cache。Cache 的命中率取决于 Cache 的容量、Cache 的控制算法和 Cache 的组织方式,当然还和所运行的程序有关。在 80386 系统中,使用组织较好的 Cache 系统,命中率可达 95%。这样的系统,从速度上已经很接近全部由 SRAM 组成的存储系统了。实际上,大部分软件对存储器的访问并不是任意的、随机的,而是有着明显的区域性。也就是说,存在着一个区域性定律(Principle of Locdity),这表现在两方面:

- 时间区域性。即存储体中某一个数据被存取后,可能很快又被存取。
- 空间区域性。存储体中某个数据被存取了,附近的数据也很快被存取。

正是这个区域性定律导致了存储体设计的层次结构,即把存储体分为几层。我们将最接近 CPU 的层次称为最上层,当然最上层是最小且最快的。Cache 就是最上层的存储器部分。通常可以把正在执行的指令附近的一部分指令或数据从主存调入 Cache,供 CPU 在一段时间内使用。这样做,大大减少了 CPU 访问容量较大、速度较慢的主存的次数,对提高存储器存取速度、从而提高程序运行速度非常有效。

(2)Cache **的组织方式**

在 Cache 系统中,主存总是以区块为单位映像到 Cache。在 32 位微机系统中,通常用的区块长度为 4 字节,即一个双字。CPU 访问 Cache 时,如果所需要的字节不在 Cache 内,则 Cache

控制器会把此字节所在的整个区块从主存复制到 Cache。

按照主存和 Cache 之间的映像关系，Cache 有 3 种组织方式。即：

①全相联方式（fully associative）。按这种方式，主存的一个区块可能映像到 Cache 的任何一个地方。

②直接映像方式（direct mapped）。在这种方式下，主存的一个区块可能映像到 Cache 的一个对应的地方。

③组相联方式（set associative）。即主存的一个区块可以映像到 Cache 的有限的地方。具体说，在这种方式下，一个 Cache 分为许多组，在一个组里有两个或多个区块，主存的区块映像到某个对应的组中，但是这个区块可能出现在这个组内的任何地方。

我们用图 14.15 来说明 Cache 的 3 种组织方式。

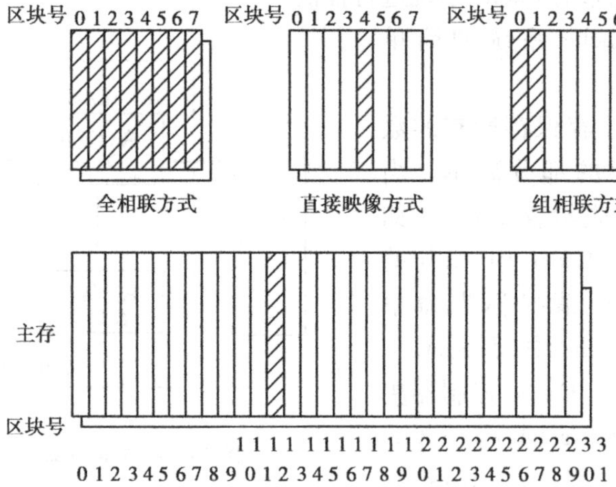

图 14.15　Cache 的 3 种组织方式

在图 14.12 中，设 Cache 有 8 个区块（实际可能有几千个），而主存有 32 个区块（实际可能有几十万个），按组相联方式时有四个组，每个组内有 2 个区块。

我们来看主存第 12 块映像到 Cache 中哪一块。

在全相联方式，主存第 12 块可以映像在 Cache 8 个区块的任何一个。在直接映像方式，主存第 12 区块只能映像在 Cache 的区块 4（12 ÷ 8 的余数），以组相联方式，主存第 12 区块则映像在 Cache 的第 0 组（12 ÷ 4 的余数）中，既可能在区块 0，也可能在区块 1。

Cache 的访问过程和组织方式密切相关。我们仍然用主存第 12 区块在 Cache 中怎样检索作例子。在全相联方式，所有的区块都被平等地检索，在直接映像方式，则只对区块 4（12 ÷ 8 的余数）进行检索，而在组相联的方式，仅对组 0（12 ÷ 4 的余数）中的两个区块进行检索。

下面，我们结合具体例子比较这三种组织方式的优缺点。

图 14.16 是一个全相联 Cache 的例子。设每个区块为 4 个字节，主存为 16 MB。由于用这种方式时，Cache 中所有区块的地址之间没有任何联系，所以，Cache 中除了存储数据块外，还要存储对应于每个区块的完整地址。这里，用 22 位作为区块的地址，另加上 2 位以区分区块内的 4 个字节。每当一个区块从主存复制到 Cache 时，同时也把 22 位区块地址存入 Cache。如果 Cache 中有 128 个区块放数据，则应有相应的 22 × 128 位放区块地址，所以，Cache 中共用 4 096（32 × 128）位存放数据，用 2 816 位存放地址。

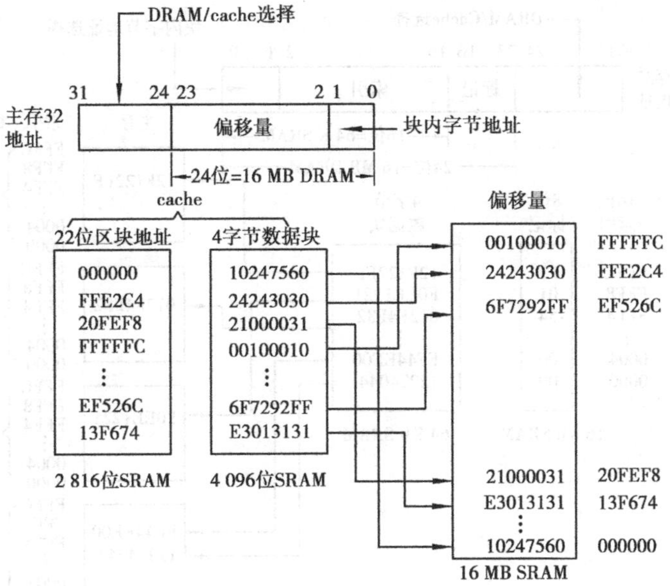

图 14.16　一个全相联 Cache 的例子

可见，虽然全相联 Cache 结构为映像主存的区块提供了很大的灵活性。但是，当 CPU 访问存储器时，为了确定所需要的数据是否在 Cache 中，Cache 控制器必须把所需数据块的地址和 Cache 中的每个区块地址比较，自然，这个过程是很慢的。

和全相联方式不同，用直接映像方式时，只需要一次地址比较，就能确定 CPU 所需要的数据是否在 Cache 中。因为按这种方式，主存中的区块映像到 Cache 中时，对每个区块而言只有唯一的可能位置。为了实现这一点，将 Cache 的地址分为两部分。第一部分叫索引，用来表示一个区块的位置；第二部分叫标记，用来选择 Cache 子系统。

例如，主存为 16 MB，配备一个 64 KB 的 Cache，每个区块为 4 字节，这样，Cache 中可容纳 16 KB 的区块，索引部分含 14 位，用来选择 16 KB 个区块中的一个，另加 2 位用来区分区块内的 4 个字节，共 16 位。按 64 KB Cache 的容量，16 MB 主存就有 256 个这样的 64 KB 空间，故用 8 位标记选择 Cache 子系统。

如图 14.17 所示。

设现在要访问地址为 54FFF5H 的单元，系统将按如下步骤进行操作：

①Cache 控制器根据索引即 FFF5H 的高 14 位 FFF4H 确定缓存中要检索的区块位置。

②Cache 控制器将根据地址高 8 位 54H 和标记部分比较，确定此字节是否在 Cache 中。

③如果此字节在 Cache 中，则读出。

④如果此字节不在 Cache 中，则从主存读取由 54FFF4H 开始的 4 字节区块（即 54FFF4H ~ 54FFF7H）装入 Cache 的 FFF4H 区块位置，替换掉原来的区块，此外，Cache 控制器将存放在 FFF4H 处的标记改为 54H。然后，CPU 从 Cache 新区块读取所需要字节。

这个例子中，主存内索引为 FFF4H 的 256 个区块中的任何一个都可以装到 Cache 的 FFF4H 位置，但是通过标记，Cache 控制器只要做一次比较，就可确定所需要的区块是否在 Cache 中，而且，比较时只用到 8 位标记，而并不需要顾及 16 位索引，这样做，显然速度很快。

但是，直接映像也有不足之处。比如，假定 CPU 频繁交替访问主存 54FFF5H 和 21FFF6H

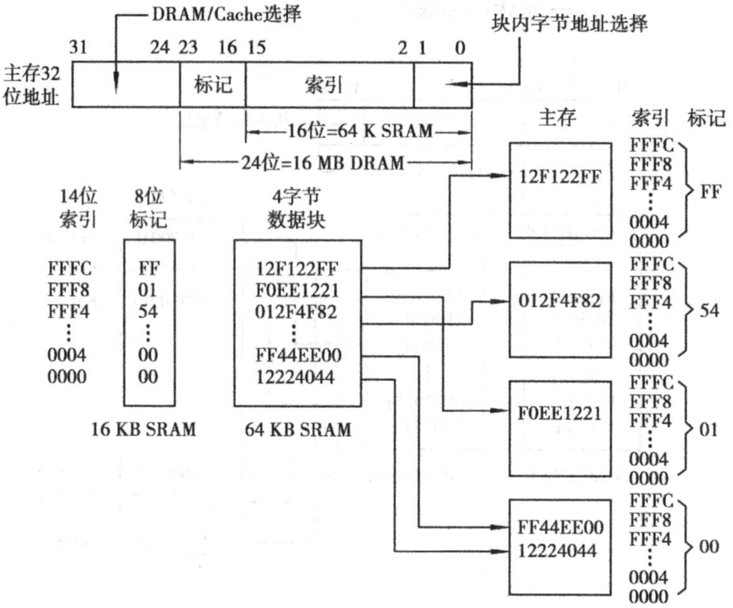

图 14.17 直接映像 Cache 的例子

单元,而这两个单元的区块索引都是 FFF4H,它们只能有一个在 Cache 子系统中,因此,就会出现 Cache 经常不命中的情况。不过,由于大多数程序符合区域性定律,所以,这种情况一般很少发生。

组相联方式中,通常将 2 个区块或 4 个区块作为一组,分别称为双路相联方式或 4 路相联方式。

图 14.18 是一个组相联的例子,这里,Cache 的容量也是 64 KB, 但是, 将每 2 个区块作为

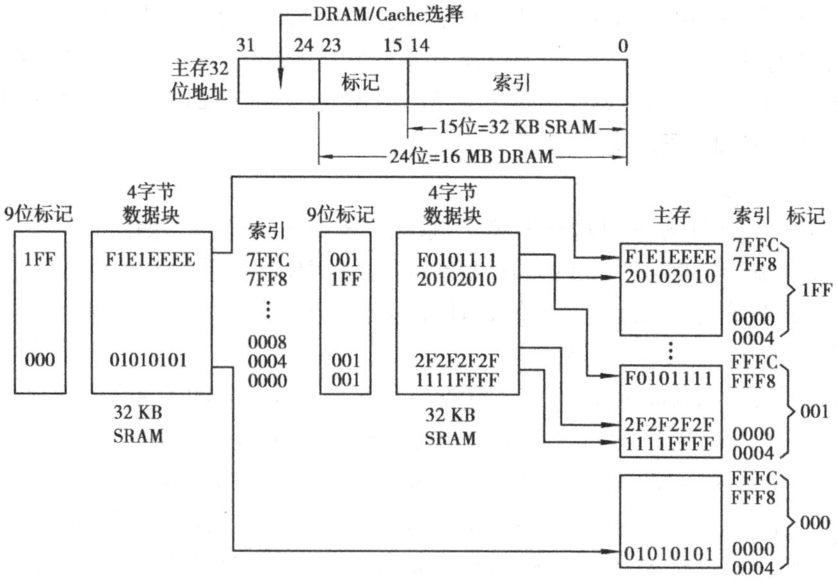

图 14.18 组相联 Cache 的例子

一组(注意:同组的 2 个区块分别在两个 32 KB SRAM 中的同一位置),组的数目是区块总数的一半,现在用 13 位作为索引,9 位标记。

在这个例子中,主存的每个区块在 Cache 中可以有 2 个可能的映像位置,因此,判断一个区块是否在 Cache 中,Cache 控制器要作 2 次地址比较。从另一个角度讲,组相联 Cache 所用的标记域比直接映像 Cache 大,因此,标记要用去较多的 SRAM。此外,当进行区块映像时,还要决定映像到一个组内的哪一个区块。

对最后一个问题,一般可以有 3 种解决方法。第一种是由 Cache 控制器决定替换"最近最少使用"的区块,简称 LRU 方式,当然,为实现这一点,Cache 控制器中要设置相应位反映使用情况;第二种是按先进先出(FIFO)的方法替换掉 Cache 中保存时间最长的区块;第三种方法是随意选择。

组相联 Cache 的优点是命中率比直接映像方式稍高,缺点是标记占用较多的 SRAM,另外,Cache 控制器比较复杂。

(3)Cache 的数据更新方法

在 Cache 系统中,同样一个数据可能既存在于 Cache 中,也存在于主存中。这样,当数据更新时,可能前者已更新,而后者未更新,这种情况会造成数据丢失。另外,在有 DMA 控制器的系统、和多处理器系统中,有多个部件可访问主存,这时,可能其中有些部件是直接访问主存的,也可能每个 DMA 部件和处理器配一个 Cache,这样,主存的一个区块可能在多个 Cache 中都有一个对应的区块。于是,又会产生主存中的数据被某个总线主部件更新过,而某个 Cache 中的内容未更新,这种情况造成 Cache 中数据过时。不管是数据丢失还是数据过时,都导致主存和 Cache 的数据不一致。如果不能保证数据一致性,那么,往下的程序运行就要出现问题。

对前一种一致性的问题,有 3 个解决办法:

- 直写式(Write through)

如果用这种方法,那么,每当 CPU 把数据写到 Cache 中时,Cache 控制器会立即把数据写入主存对应位置。所以,主存随时跟踪 Cache 的最新版本,从而,也就不会有主存将新的数据丢失这样的问题。此方法的优点是简单,但缺点也显而易见,就是每次 Cache 内容有更新,就有对主存的写入操作,这样,造成总线活动频繁,系统速度较慢。

- 缓冲直写式(buffered Write through)

这种方法是在主存和 Cache 之间加一个缓冲器,每当 Cache 中作数据更新,也对主存作更新。但是,要写入主存的数据先存在缓冲器中,在 CPU 进入下一个操作时,缓冲器中的数据写入主存,这样,避免了直写式速度较低的缺点。不过用此方式,缓冲器只能保持一次写入数据,如果有两次连续的写操作,CPU 还是要等待。

- 回写式(Write back)

用这种方式时,Cache 每一个区块的标记中都要设置一个更新位,CPU 对 Cache 中的一个区块写入后,如未更新相应的主存区块,则更新位置 1。在每次对 Cache 写入时,Cache 控制器须先检查更新位,如为 0,则可直接写入,反之,则 Cache 控制器先把 Cache 现有内容写入主存相应位置,再对 Cache 进行写入。

用回写式时,如果 Cache 中更新一个数据,此后又不是立即被再次更新,那么就不会写入主存,这样,真正写入主存的次数可能少于程序的写入次数,从而,可以提高效率。但是,用这种方式,Cache 控制器比较复杂。

对后一种一致性问题即出现主存块更新而 Cache 未更新的情况，一般有四种防止方法。即：

- 总线监视法

在这种方法中，由 Cache 控制器随时监视系统的地址总线，如其他部件将数据写到主存，并且写入的主存区块正好是 Cache 中的区块对应的位置，那么，Cache 控制器会自动将 Cache 中的区块标为“无效”。下一节要讲述的 Cache 控制器 82385 就是用这种方式来保护 Cache 内容的一致性。

- 硬件监视法

我们把主存映像到 Cache 的区块称为已映像区块，硬件监视法就是通过外加硬件电路，使 Cache 本身能观察到主存中已映像区块的所有存取操作。要达到这个目的，最简单的办法是所有部件对主存的存取都通过同一个 Cache 完成。另一个办法是每个部件配备各自的 Cache，当一个 Cache 有写操作时，新数据既拷贝到主存，也拷贝到其他 Cache，从而防止数据过时，这种方法也称为广播式。

- 划出不可高速缓存存储区法

按这种方式，要在主存中划出一个区域作为各个部件共享区，这个区域中的内容永远不能取到 Cache，因此，CPU 对此区域的访问也必须是直接的，而不是通过 Cache 来进行的。用这种方法，便可避免主存中一个区块映像到多个 Cache 的情况，于是也避免了数据过时问题。

- Cache 清除法

这种方法是将 Cache 中所有已更新的数据写回到主存，同时清除 Cache 中的所有数据。如果在进行一次这样的主存写入时，系统中所有的 Cache 作一次大清除，那么，Cache 中自然不会有过时的数据。

衡量 Cache 最主要的指标就是命中率，这除了和 Cache 的组织方式、Cache 的容量有关外，还有一个重要因素，就是 Cache 和主存之间的数据一致性，当然，另外也和当前运行的程序本身有关。

(4) Cache **控制器** 82385

我们已经知道 Cache 系统主要由 Cache 和 Cache 控制器组成。Cache 中存放 CPU 常用的代码和数据，Cache 控制器会拦截 CPU 的每次访存操作，并且检查 CPU 所需要的信息是否也在 Cache 中。由于 Cache 是由高速的 SRAM 组成，所以，CPU 可以用很高的速度存取其中的信息。如果 CPU 所需要的信息不在 Cache 中，即 Cache 未命中，则再访问主存。在此，我们向大家介绍一个专为 80386 系统设计的性能优良的 Cache 控制器 82385。它对 Cache 系统的管理体现于以下几个方面：

- Cache 和主存的映像关系处理；
- 未命中 Cache 时的处理；
- Cache 的数据更新。

80386 的高速缓存系统如图14.19所示，其中 82385 是它的控制核心。

82385 通过片内的 Cache 目录使外部的 32 KB Cache 和 4 GB 的主存之间实现映像，可以采用常用的映像方式，即直接映像方式和双路组相联映像方式。前者比较简单，而后者较复杂。82385 芯片有一个引腿 2W/D 专门用于这两种方式的选择。当此端接地时，82385 工作于直接映像方式，接高电位时，则工作于双路组相联方式。下面我们来说明 82385 工作于这两种方式时的原理和技术特点。

● 82385 控制的直接映像方式 Cache 系统。

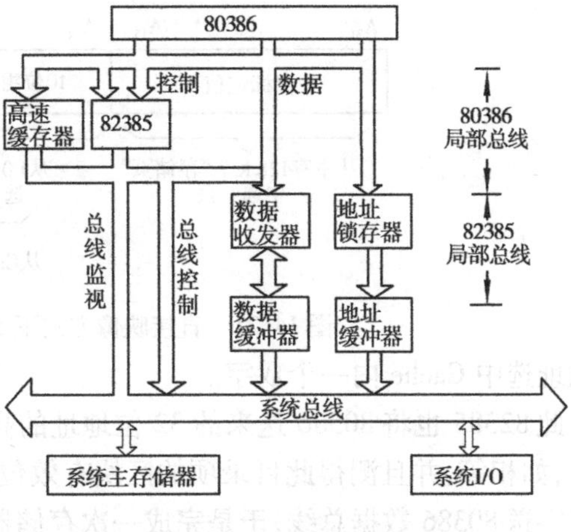

图 14.19　80386 高速缓存系统

图 14.20 表示了直接映像方式系统中，82385 内部的 Cache 目录、外部 Cache 和 80386 的4 GB主存三者之间的关系。

为了便于理解，我们将 4 GB 的主存空间看成由一系列 32 KB（8 KB 个双字）的存储页组成（注意：这和虚拟存储系统中的页不同）。每"页"的大小正好和 Cache 的容量一样。再把 Cache 看成 1 024个组，每组含 32 个字节（8 个双字）。另外，将主存和 Cache 中的每个双字称为一个区块，这样，一个组内含 8 个区块，而一个区块正好是主存和 Cache 之间一次传输的信息量。

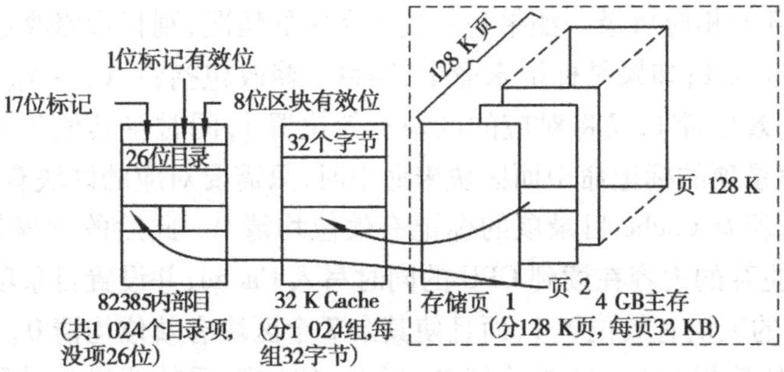

图 14.20　82385 工作于直接映像方式

Cache 的每一组都对应于一个 26 位的目录项，所有的目录项都包含在 82385 内部，1 024 个目录项组成一个 Cache 总目录。Cache 目录项中包含 17 位的"标记"，1 位"标记有效位"，8 位"区块有效位"。"标记"的值就是 32 KB 的"存储页"的页号。比如，第 4"存储页"的第 6 区块目前已映像在 Cache 中，但是按照直接映像方式的原理，主存中每一个"存储页"的第 6 区块都可以映像到 Cache 的第 6 区块。对这个 4 GB 的系统来说，相当于有 4 GB ÷ 32 KB = 128 K 个主存第 6 区块。因此，标记要用 17 位来指出，在 128 K 个"存储页"中，是哪一页的第 6 区块映像到了 Cache。"标记有效位"表示 Cache 中这一组的值是否有效，如为 0，则整个组内 8 个区块的值均无效，只有此值为 1 时，这一组内的区块值才可能有效。而一个区块值是否的确有效，还要看区块有效位的值，此值 8 位分别对应本组内 8 个区块中一个。

82385 把来自 80386 引脚 $A_{31} \sim A_2$ 的地址分为三部分，其中 $A_{31} \sim A_{15}$ 对应 17 位标记，$A_{14} \sim A_5$ 构成 10 位组地址，$A_4 \sim A_2$ 则作为组内的区块选择。组地址和区块选择合成 Cache 的一个区块地址，从 Cache 中选一个区块，如图 14.21 所示。

在 80386 进行一次读操作时，82385 便以 10 位组地址从其内部 1 024 个目录项中选择一个，现假设为 SS，再根据 3 位区块选择值从组内 8 个区块中选择一块。就是说，用这 13 位组成

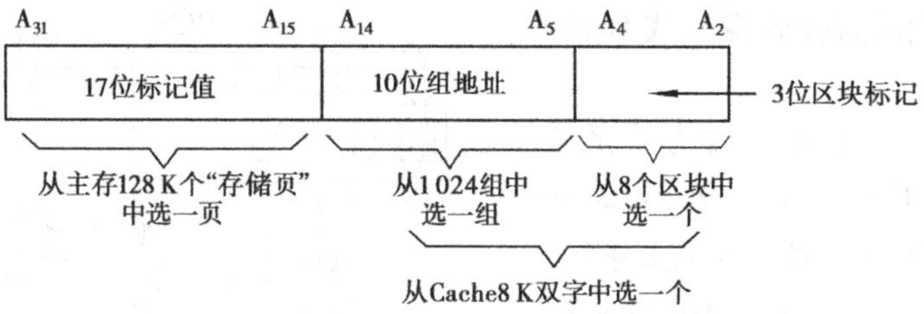

图 14.21　直接映像方式下 82385 从 Cache 中选一个区块

的地址选中 Cache 内一个双字。

此 82385 也将 80386 送来的 32 位地址的高 17 位和刚才所选定的目录 SS 中的 17 位标记比较,如相等,并且测得此目录项的区块有效位为 1,则断定 Cache 命中,从而使 Cache 中选定的双字送 80386 数据总线,于是完成一次存储器读操作。如果 Cache 未命中,那么可能出于两种原因。

一种是区块未命中,即 80386 的高 17 位地址和 Cache 目录标记相等,而且标记有效位为 1,但区块有效位为 0。

另一种是标记未命中,即高 17 位地址和所选目录的标记值不同,或者标记有效位为 0。接着修改 82385 内部的相应目录。如果是区块未命中的情况,则目录修改过程很简单,只是将对应的区块有效值改为 1;如果是标记未命中,则目录修改包括将 $A_{31} \sim A_{15}$ 的值写入目录项的标记中,再将标记有效位置 1,又将对应的区块有效位置 1,同时将其他 7 个区块有效位置 0。以后,再遇到这个目录项的标记命中而区块未命中时,只需要对应的区块有效位置 1 即可。

在系统复位时,所有 Cache 目录项的标记有效位均清 0。此后的读操作往往产生标记未命中的情况,因此,主存的内容在读到 CPU 的同时写入 Cache,并设置目录项的标记,将标记有效位置 1,也将相应的区块有效位置 1,而且使其余 7 个区块有效位均清 0。由于读操作(尤其是为取指令而进行的读操作)一般是连续的,因此,往往随后的读操作使附近的区块依次写入,从而同一目录项中的区块有效位依次为 1,然后又用到另一个目录项……,就这样,使 Cache 中填上了最近常用的数据,同时 Cache 目录也依次填满了有效的内容。

在写入操作时,如果写入主存的区块已经映像到 Cache 中,则 Cache 命中,这种情况下,Cache 的内容和主存内容同时更新。

• 82385 控制的双路组相联方式 Cache 系统。

图 14.22 表示工作于双路组相联方式的 82385 中 Cache 目录、Cache 和主存之间的关系。设主存仍为 4 GB,Cache 为 32 KB,我们将 32 KB Cache 分为 A 路和 B 路,每路 16 KB。将 32 字节作为一组,这样每路有 512 组,每组含 8 个双字,每个双字即一个区块。我们也将主存分为一系列"存储页",每页 16 KB,4 GB 空间分为 256 K 个"存储页"。82385 内部的 Cache 目录中,共含 512 × 2 个目录项。每个目录项 27 位,其中,18 位作为标记,以区分 256 K 个"存储页",所以,标记值即"存储页"号,并设 1 位作标记有效位,另外 8 位为区块有效位。

按照双路组相联结构的思想,主存每个"存储页"上处于相同位置的区块对应于 Cache 中两路内的各一个区块。与这种机制相对应,82385 为对应于 A 路和 B 路的每一对目录配置一位"最近最少使用位"LRU,通过此位,82385 在未命中处理时判断新写入的数据存入 A 路还是 B 路的区块。

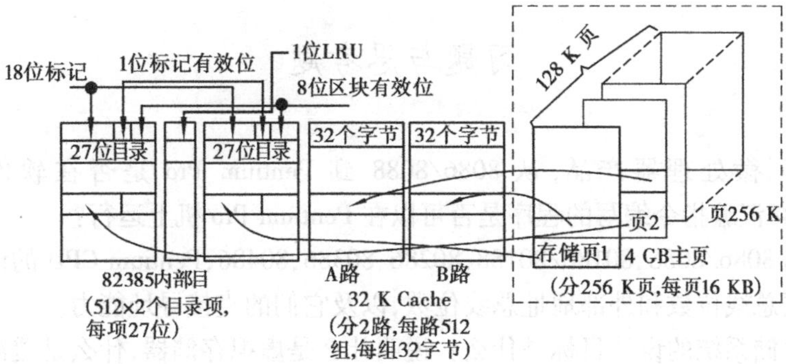

图 14.22　82385 工作于双路组相联方式的中 Cache 目录、Cache 和主存之间的关系

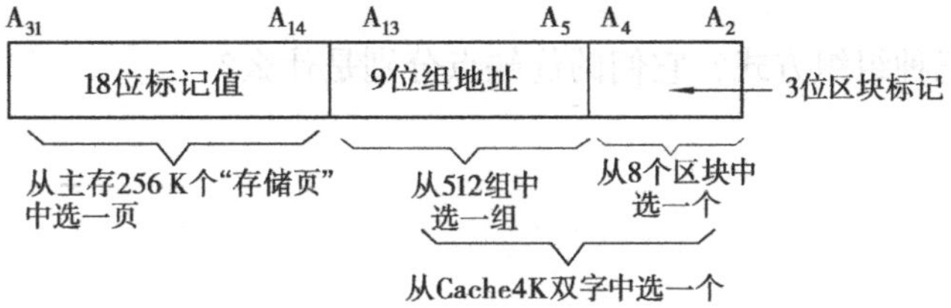

图 14.23　双路组相联方式下 82385 从 Cache 中选一个区块

图 14.23 表示双路组相联方式下,82385 如何从 Cache 中选一个区块。

在双路组相联方式的系统中,82385 进行读操作时,根据 80386 的 A_{13} 到 A_5 共 9 位从 512 ×2个目录中选用一对,暂且称为 SS1 和 SS2,它们对应于两路 Cache 中的各一个组。然后,82385 用 A_{31} 到 A_{14} 和两个所选目录项的标记比较,并检查两个目录项的标记有效位和区块有效位,对这两个目录项的比较和检测是同时进行的。如果检测到有一个目录项符合命中要求,那么,82385 会使对应的一路 Cache 中的一个双字送到系统数据总线。如果数据在 A 路 Cache 中,则这一对目录项 LRU 位指向 B,反之,则 LRU 位指向 A。

和直接映像方式一样,双路组相联方式的未命中也源于标记未命中和区块未命中两种情况。在刚才的例子中,标记未命中时,A_{31} 到 A_{14} 的值 SS1,SS2 目录的标记值都不同,设此时 LRU 位指向 A 路,则数据从主存读出后,会同时写入 A 路的对应区块,并且,82385 根据 A_{31} 到 A_{14} 修改 A 路对应的目录项标记,再使标记有效位置 1,对应的区块有效位置 1,其他 7 个区块有效位清 0,然后,使 LRU 指向 B 路,表示这一对目录项所对应的一对 Cache 组中,A 路的那组是最近最常用的,而 B 路的那一组则是最近最少用的。

如果 80386 紧接着读下一个区块,那么,这一次可能是标记命中而区块未命中,当然,也可能此区块属下一个组而又遇到一次标记未命中。在区块未命中的情况下,当数据从主存读取后,同时写入 Cache。而目录项的修改则仅仅是使对应的区块有效位置 1,同时使 LRU 位指向另一路。但刚才的一次操作已使 LRU 位指向另一路,所以,这个动作也省去了。

在 80386 进行写操作时,如果写入主存的区块已经映像到 Cache 中,则产生 Cache 写入命中。这时,Cache 相应区块和主存一起更新内容。如果 A 路 Cache 命中,则更新 A 路的区块,且使 LRU 位指向 B 路;如果 B 路命中,则更新 B 路的 Cache,并使 LRU 位指向 A 路。复位时,目录中所有的标记有效位清 0。

习题与思考题

1. Intel 系列微处理器产品，从 8086/8088 到 Pentium Pro 是否在软件上兼容？用 8086/8088汇编指令编写的程序是否可以在 Pentium Pro 机上运行？
2. 分别指出 8086/8088，80186/80188，80286，80386，80486，Pentium CPU 的内部总线位数、外部数据总线位数和外部地址总线位数，以及它们的直接寻址能力。
3. 计算机存储系统的设计目标是什么？说明什么是虚拟存储器，什么是缓冲存储器？
4. 指出 80386 高速缓存控制器 82385 的主要功能。
5. 画出 80386 中的标志寄存器，并说明它比 8086 增加了哪些标志？这些标志的含义是什么？
6. Cache 有哪三种组织方式？它们的优缺点分别是什么？

第2部分

实验指导

第 1 章

软件部分

实验1　32 位二进制数乘法实验

【实验内容】

用乘法指令实现 32 位二进制数的乘法运算。

【实验目的】

1. 熟悉指令;

2. 熟悉汇编语言的上机过程;

3. 掌握汇编语言顺序结构程序的设计方法。

【实验说明】

32 位二进制数就是双字长数。设被乘数两个字用 a,b 表示,乘数用 c,d 表示。双字相乘的乘积是 64 位,即 4 字长。而乘法指令本身只能完成单字乘法。为了实现双字相乘,可按图 1.1 的处理过程编写程序。设两个乘数和乘积的低字存放在高地址,高字存放在低地址。

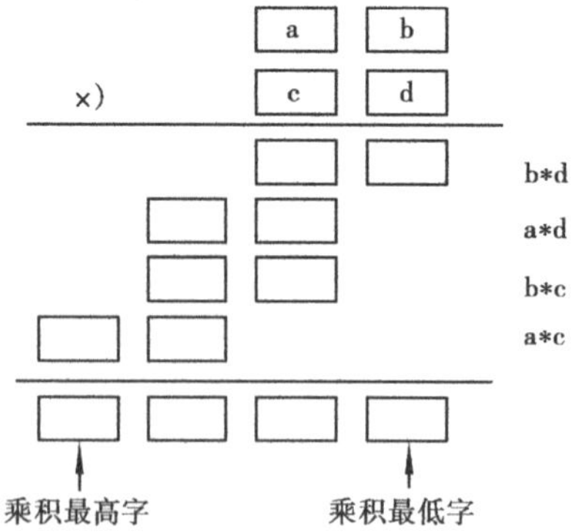

图 1.1　双字长数相乘示意图

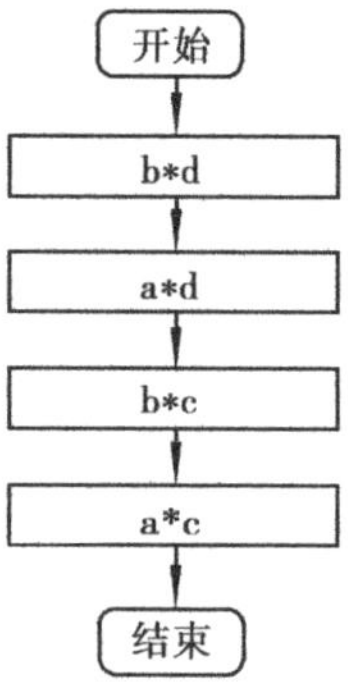

图 1.2　双字长数相乘流程图

【流程图】

本实验流程见图 1.2。

【参考程序】

```
DATA    SEGMENT
        VARX    DW  42E5H,76F7H
        VARY    DW  851FH,0ACBEH
        RESULT  DW  4  DUP(0)          ;存放乘积
DATA    ENDS
CODE    SEGMENT
        ASSUME  CS:CODE,DS:DATA
BEGIN:  MOV     AX,DATA
        MOV     DS,AX
        MOV     AX,VARY+2
        MUL     VARX+2                 ;完成b*d
        MOV     RESULT+6,AX
        MOV     RESULT+4,DX
        MOV     AX,VARY+2
        MUL     VARX                   ;完成a*d
        ADD     RESULT+4,AX
        ADC     RESULT+2,DX
        ADC     RESULT,0
        MOV     AX,VARY
        MUL     VARX+2                 ;完成b*c
        ADD     RESULT+4,AX
        ADC     RESULT+2,DX
        ADC     RESULT,0
        MOV     AX,VARY
        MUL     VARX                   ;完成a*c
        ADD     RESULT+2,AX
        ADC     RESULT,DX
        MOV     AH,4CH
        INT     21H
CODE    ENDS
        END     BEGIN
```

实验2 折半查找算法实验

【实验内容】

在数据段中,从首地址 ARRAY 开始存放着一个按从小到大顺序排列的无符号整数数组,现要求在该数组中查找无符号整数 N,如果找到则输出“Find successfully!”,否则输出“Find unsuccessfully!”。

【实验目的】

1. 掌握汇编语言分支结构程序的编写；

2. 掌握折半查找算法在汇编语言程序中实现的方法。

【实验说明】

说到查找，可能大家通常使用最多的是顺序查找，然而在本实验中，因为我们查找的是一个已经排好顺序的数组，所以我们可以采用“折半查找算法”来提高查找的效率。具体实现过程为：首先取有序数组的中间元素与查找值进行比较，如果相等，则表示查找成功；如果查找值小于中间元素，则再取低半部的中间元素与查找值进行比较；如果查找值大于中间元素，则再取高半部的中间元素与查找值进行比较；如此重复查找，直到成功或者失败！折半查找算法，对于长度为 n 的数组，顺序查找平均要作 n/2 次比较，而折半查找算法的平均比较次数为 $\log_2 n$。

【流程图】

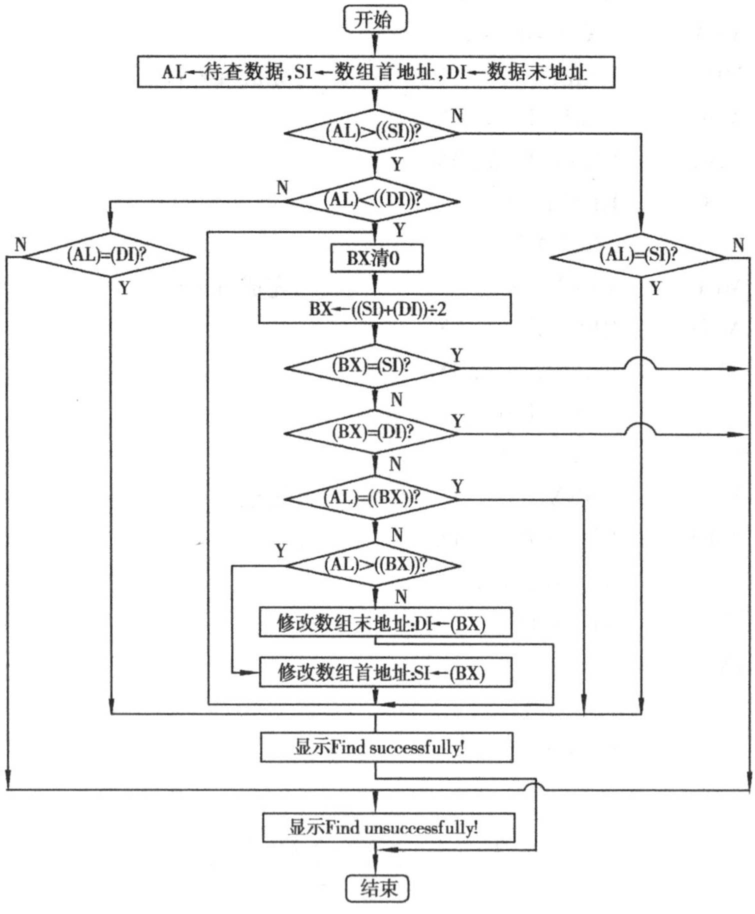

图 1.3　折半查找算法流程图

【参考程序】

```
DATA    SEGMENT
        ARRAY   DB      12,34,42,43,54,56,57,58,59,60,74,76,77,78,79,80
        SUCC    DB      "Find successfully!",0DH,0AH,"$"
        FAIL    DB      "Find unsuccessfully!",0DH,0AH,"$"
        N       EQU     79
DATA    ENDS
CODE    SEGMENT
        ASSUME  CS:CODE,DS:DATA
BEGIN:  MOV     AX,DATA
        MOV     DS,AX
        MOV     AL,N            ;将查找的数据送给 AL
        LEA     SI,ARRAY        ;取数组的首地址送给 SI
        LEA     DI,SUCC
        DEC     DI              ;取数组最后一个元素的偏移地址送给 DI
        CMP     AL,[SI]         ;与数组的第一个元素比较
        JA      NEXT
        JE      SUCC1           ;相等则转 SUCC1
        JMP     FAIL1
NEXT:   CMP     AL,[DI]         ;与数组的最后一个元素比较
        JB      SEARCH
        JE      SUCC1           ;相等则转 SUCC1
        JMP     FAIL1
SEARCH: XOR     BX,BX           ;BX 清 0
        ADD     BX,SI
        ADD     BX,DI
        SHR     BX,1            ;取“数组”的中间元素的偏移地址
        CMP     BX,SI           ;比较(BX)是否与“数组”首地址(SI)相等?
        JZ      FAIL1
        CMP     BX,DI           ;比较(BX)是否与“数组”末地址(DI)相等?
        JZ      FAIL1
        CMP     AL,[BX]
        JE      SUCC1           ;相等则转 SUCC1
        JA      BOVE
        MOV     DI,BX           ;修改“数组”的末地址
        JMP     SEARCH
BOVE:   MOV     SI,BX           ;修改“数组”的首地址
        JMP     SEARCH
SUCC1:  MOV     DX,OFFSET  SUCC  ;显示符号串 Find successfully!
```

```
        MOV     AH,9
        INT     21H
        JMP     EXIT1
FAIL1:  MOV     DX,OFFSET  FAIL    ;显示符号串 Find unsuccessfully!
        MOV     AH,9
        INT     21H
EXIT1:  MOV     AH,4CH             ;返回 DOS
        INT     21H
CODE    ENDS
        END     BEGIN
```

实验3　冒泡排序算法实验

【实验内容】

在数据段中,有一个首地址为 ARRAY 开始的无序的无符号整型数组,试编程使该数组中的数据按从大到小的次序排列!

【实验目的】

1. 掌握汇编语言循环结构程序的编写;

2. 掌握冒泡排序算法在汇编语言程序中实现的方法。

【实验说明】

通常说到排序,可能大家首先就会想到的是冒泡排序算法!当然在汇编语言的排序实验中也不例外。值得一提的是冒泡排序算法的实现过程,即:从第一个数据开始依次对相邻两个数据进行比较,如次序对则不做任何改变;如次序不对则使两个数据交换位置。

【流程图】

本实验流程见图 1.4。

【参考程序】

```
DATA    SEGMENT
            ARRAY   DB    12H,23H,21H,54H,34H,60H,33H
            COUNT   EQU   $-ARRAY          ;数组元素个数
    DATA    ENDS
    STACK   SEGMENT  PARA  STACK
            DW  10H  DUP(?)
    STACK   ENDS
    CODE    SEGMENT
            ASSUME  CS:CODE,DS:DATA,SS:STACK
    BEGIN:  MOV     AX,DATA
            MOV     DS,AX
            MOV     CX,COUNT-1             ;初始化初次比较次数
```

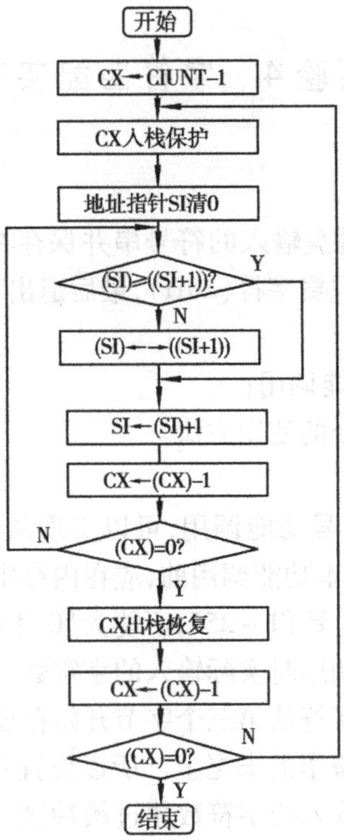

图 1.4　冒泡排序法流程图

```
LOP1:   PUSH    CX
        XOR     SI,SI                   ;SI 清 0
LOP2:   MOV     AL,ARRAY[SI]
        CMP     AL,ARRAY[SI+1]          ;相邻两个数据比较
        JGE     NEXT
        XCHG    AL,ARRAY[SI+1]          ;交换数据
        MOV     ARRAY[SI],AL
NEXT:   INC     SI                      ;修改地址指针 SI
        LOOP    LOP2                    ;循环比较
        POP     CX
        DEC     CX                      ;比较次数减 1
        JNZ     LOP1                    ;比较结束退出循环
        MOV     AH,4CH                  ;返回 DOS
        INT     21H
CODE    ENDS
        END     BEGIN
```

实验4　字符匹配实验

【实验内容】

采用DOS功能调用,先接收键盘输入的符号串并保存在某一缓冲区中,然后用串搜索指令在该缓冲区中寻找是否输入了空格字符(20H),最后退出程序并给出是否找到的信息。

【实验目的】

1. 进一步学习和使用DOS功能调用;

2. 掌握汇编语言中串操作指令的使用方法。

【实验说明】

1. 利用DOS功能调用的0AH号功能调用,可以实现从键盘读入一串字符并把它存入用户定义的缓冲区中。所以,在使用本功能调用前,应在内存中建立一个输入缓冲区。缓冲区第一个字节存放它能保存的最大字符数(1~255,不能为'0'!),该值由用户程序自己事先设置。缓冲区第二个字节存放用户本次调用时实际输入的字符数(回车键除外),这个数由DOS返回时自动填入。用户从键盘输入的字符从第三个字节开始存放,直到用户输入回车键为止,并将回车键码(0DH)加在刚才输入字符串的末尾上。所以设置缓冲区最大长度时,要比所希望输入的最多字符数多三个字节。若输入的字符数超过缓冲区最大容量,则后面输入的字符被略去,且响铃,直到输入一个回车键才结束。在调用时,用DS:DX寄存器指向输入缓冲区的段基值:偏移量。

2. 8086中用于字符串搜索的指令为SCASB/SCASW,用AL中的字节或者AX中的字与位于ES段由DI寄存器所指的内存单元的字节或字相比较。通过前缀的控制,可以实现在DI所指的字符串中,寻找第一个与AL(或AX)的内容相同的字节(或字)。

3. 对于所有的串操作指令,都要注意方向标志的设置。指令CLD使方向标志DF清0,从而使SI和DI作自动增量修改。指令STD使DF置1,从而使SI和DI作自动减量修改。

【流程图】

本实验流程见图1.5。

【参考程序】

```
CRLF    MACRO                          ;回车换行宏指令
        MOV     DL,0DH
        MOV     AH,02H
        INT     21H
        MOV     DL,0AH
        MOV     AH,02H
        INT     21H
ENDM
DATA    SEGMENT
        CHAR    DB  31
                DB  ?
```

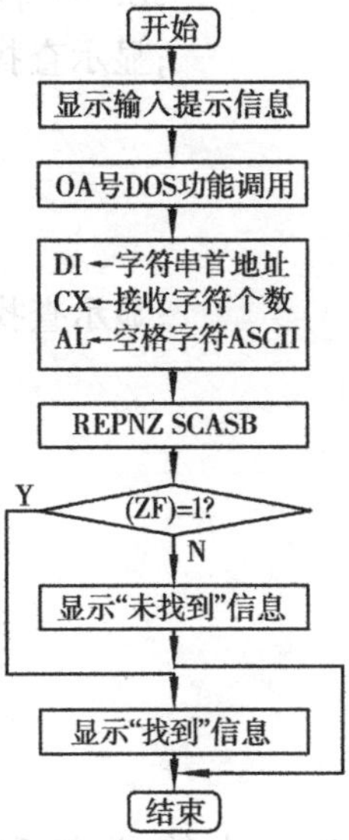

图1.5　字符匹配流程图

```
                DB    31   DUP(0)
        MESS1   DB         'INPUT  THE  STRING:',0DH,0AH,'$'
        MESS2   DB         'NO SPACE CHARACTER!$'
        MESS3   DB         'OK! HAS FOUND!$'
DATA    ENDS
CODE    SEGMENT
        ASSUME  CS:CODE,DS:DATA,ES:DATA
START:  MOV     AX,DATA
        MOV     DS,AX
        MOV     ES,AX
        LEA     DX,MESS1            ;显示提示输入信息
        MOV     AH,09H
        INT     21H
        LEA     DX,CHAR             ;将缓冲区首地址送 DX
        MOV     AH,0AH              ;调用0AH 号接收符号串
        INT     21H
        CRLF                        ;宏调用
        LEA     DI,[CHAR+2]         ;取缓冲区实际接收的第一个字符的偏移量
        CLD                         ;DF 清 0
        XOR     CH,CH
        MOV     CL,[CHAR+1]         ;取缓冲区中实际接收的字符个数
        MOV     AL,20H              ;将空格的 ASCII 码送 AL
        REPNZ   SCASB               ;串搜索指令
```

```
        JZ      FOUND           ;ZF=1 转 LOP1
        LEA     DX,MESS2        ;显示查找失败信息
        MOV     AH,09H
        INT     21H
        JMP     EXIT1
FOUND:  LEA     DX,MESS3        ;显示查找成功信息
        MOV     AH,09H
        INT     21H
EXIT1:  MOV     AH,4CH
        INT     21H
CODE    ENDS
            END     START
```

实验5 计算机钢琴实验

【实验内容】

编写程序,程序运行时使PC机成为一架可弹奏的“钢琴”。当按下数字键1~8时,依次发出1,2,3,4,5,6,7,i八个音调。按CTRL-C则退出“钢琴”状态。

【实验目的】

1. 掌握利用PC机扬声器发出不同频率声音的方法;

2. 学习利用系统功能调用从键盘上读取字符的方法。

【实验说明】

1. PC机扬声器驱动原理图如图1.6所示,通过给8254定时器装入不同的计数值,可以使其输出不同频率的波形。当与门打开后,经过放大器的放大作用,便可驱动扬声器发出不同频率的音调。为使该音调的声音持续一段时间,要插入一段延时程序,之后再将扬声器切断(关闭与门)。

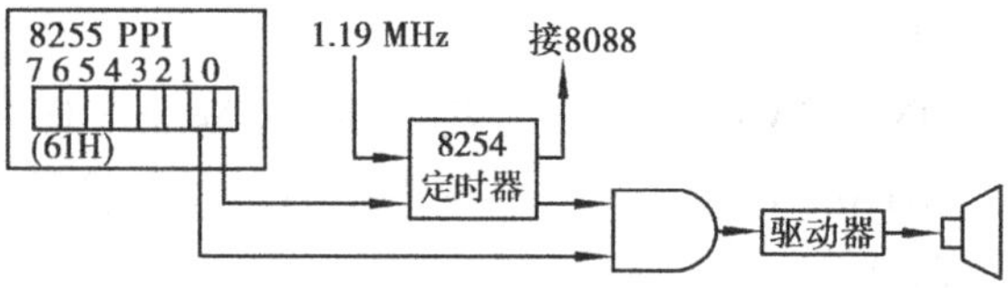

图1.6 扬声器驱动原理图

2. 要使计算机成为可弹奏的钢琴,需要使用系统调用的01H功能以接收键入字符,并且要建立一张表,使键入字符与频率值构成一个对应关系,具体对应关系如表1.1所示。

表1.1　字符与频率对应表

键入字符	1	2	3	4	5	6	7	8
音符	1	2	3	4	5	6	7	i
频率(Hz)	262	294	330	347	392	440	494	523

【流程图】

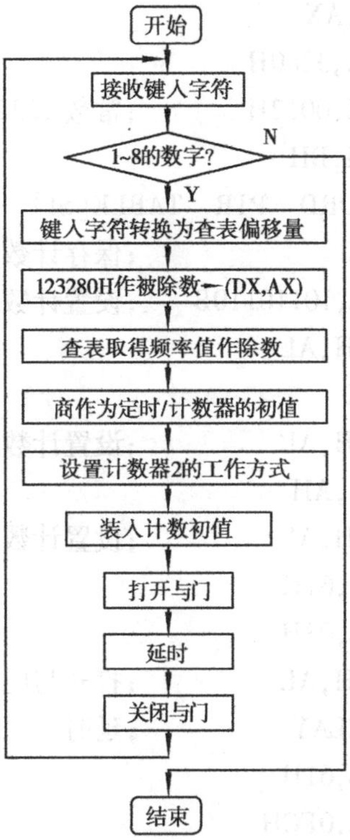

图1.7　计算机钢琴程序流程图

【参考程序】

```
DATA      SEGMENT
      TABLE     DW   262,294,330,347,392,440,494,523
      DATA      ENDS
      STACK     SEGMENT   PARA   STACK
            DB   20   DUP(0)
      STACK     ENDS
      CODE      SEGMENT
            ASSUME   CS:CODE,DS:DATA,SS:STACK
      START:    MOV      AX,DATA
                MOV      DS,AX
      LOP:      MOV      AH,07                 ;接收键入字符
                INT      21H
                CMP      AL,31H                ;判断是否是1~8的数字键
```

```
            JB      EXIT
            CMP     AL,38H
            JA      EXIT
            SUB     AL,31H
            SHL     AL,01               ;转化为查表偏移量
            XOR     AH,AH
            MOV     SI,AX
            MOV     AX,3280H
            MOV     DX,0012H            ;常数 123280H 作为被除数
            XOR     BH,BH
            DIV     WORD  PTR  TABLE[SI]
            PUSH    AX                  ;保存计数初值
            MOV     AL,10110110B        ;设置计数器的控制字
            OUT     43H,AL
            POP     AX
            OUT     42H,AL              ;设置计数器 2 计数初值低 8 位
            MOV     AL,AH
            OUT     42H,AL              ;设置计数器 2 计数初值高 8 位
            IN      AL,61H
            OR      AL,03H
            OUT     61H,AL              ;打开与门
            CALL    DELAY               ;延时
            IN      AL,61H
            AND     AL,0FCH
            OUT     61H,AL              ;关闭与门
            JMP     LOP                 ;循环
EXIT:       MOV     AH,4CH              ;返回 DOS
            INT     21H
DELAY       PROC    NEAR                ;延时子程序
            MOV     AX,02H
LOP1:       MOV     CX,0FFFFH
LOP2:       DEC     CX
            JNZ     LOP2
            DEC     AX
            JNZ     LOP1
            RET
DELAY       ENDP
CODE        ENDS
     END        START
```

第 2 章 硬件部分

实验 1　8255A 转弯灯实验

【实验内容】

8255A 的 C 端口作为输入口，PC_0，PC_1 分别接 K1，K2；B 端口作为输出口，PB_0，PB_1 分别接发光二极管 L4，L5；K1 作为左转弯开关，K2 作为右转弯开关。L4 作为左转弯灯，L5 作为右转弯灯。要求编写程序实现如下功能：合上开关 K1 时 L4 以一定频率闪烁，合上开关 K2 时 L5 以一定频率闪烁，K1，K2 同时合上或断开，发光二极管灭。

【实验目的】

学习和掌握 8255A 的编程原理。

【实验说明】

1. 根据实验的内容，可以确定 8255A 的方式选择控制字，使三个端口均工作于方式 0，C 口输入，B 口输出。

2. 延时的实现问题

实现延时的方法通常有两种：硬件延时和软件延时。由于硬件延时内容将在后面的 8253 定时器实验中涉及，所以这里只简单介绍一下软件延时。软件延时的方法通常就是编写延时子程序（即用指令循环来实现），CPU 通过执行它来达到延时的目的。对于延时子程序：

```
DELAY:    MOV     CX,0FFFFH
DELAY1:   LOOP    DELAY1
          RET
```

查指令表可知：上面的 MOV 指令需要执行 1 个时钟周期（即 1 T），LOOP 指令需要执行 5 个时钟周期（即 5 T），RET 指令需要执行 2 个时钟周期（即 2 T），现假设本实验系统中 8088 的时钟频率为 4.77 MHz，则一个机器周期 $T=1\div(4.77\times10^6)$ 秒，则可写出下列等式：

延时子程序延时的时间为：$t=T+5\ T\times65\ 535+2\ T$

代入 T 的值，求出未知数 t = 0.069 秒

3. 8255A 的 A 端口地址为：70H，B 端口地址为：71H，C 端口地址为：72H，控制口地址

为:73H。

4. 开关合上为高电平,反之为低电平;各 LED 发光二极管共阳极,低电平使它点亮。

5. 本章所有硬件实验均在启东 DVCC—8086JH 实验开发系统中调试通过。

【实验原理图】

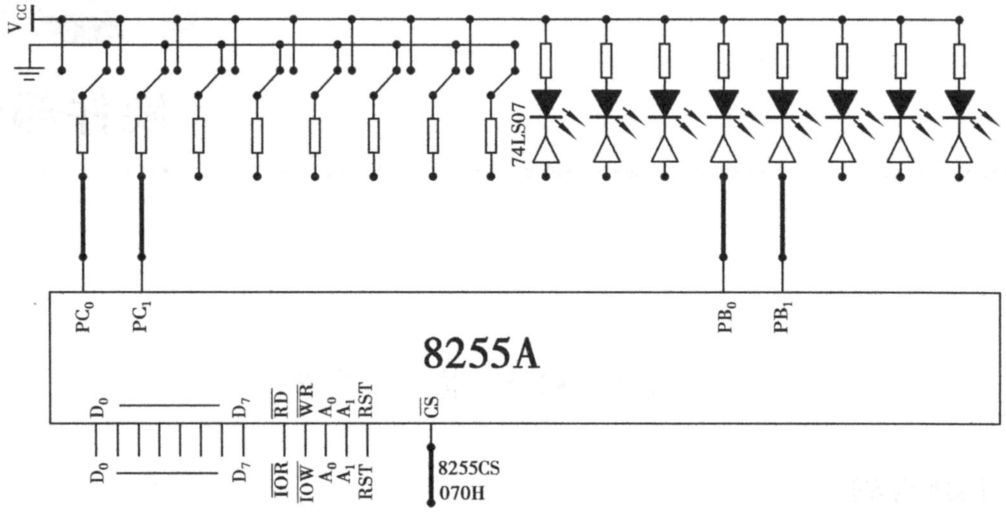

图 2.1　8255A 转弯灯原理图

【实验连线】

1. PC_0,PC_1 分别接 K1,K2;

2. PB_0,PB_1 分别接发光二极管 L4,L5;

3. 8255CS 插孔接译码输出 070H ~ 07FH 插孔。

【流程图】

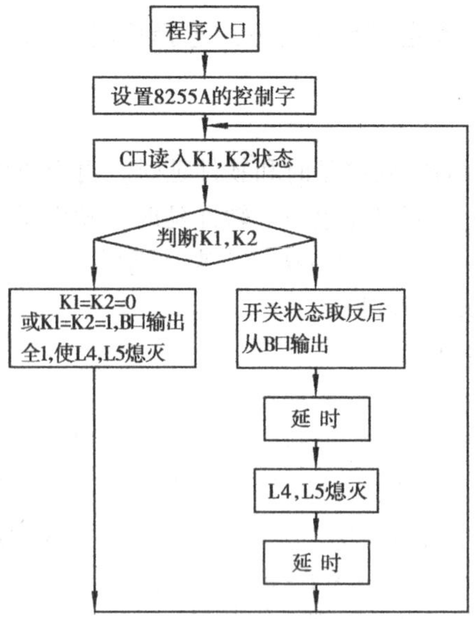

图 2.2　8255A 转弯灯流程图

【参考程序】

```
CODE      SEGMENT
          ASSUME     CS:CODE
B8255A    EQU    0071H        ;8255A 的 B 端口地址
C8255A    EQU    0072H        ;8255A 的 C 端口地址
K8255A    EQU    0073H        ;8255A 的控制口地址
ORG    1000H
START:    MOV    AL,89H       ;设置 8255A 的控制字,各端口均工作于方式 0
          MOV    DX,K8255A
          OUT    DX,AL
LL:       MOV    DX,C8255A    ;C 口读入开关 K1,K2 状态
          IN     AL,DX
          AND    AL,03H
          CMP    AL,3         ;若为 3,则说明 K1,K2 均合上,转 LL1
          JZ     LL1
          CMP    AL,0         ;若为 0,则说明 K1,K2 均没有合上,转 LL1
          JZ     LL1
          NOT    AL           ;取反,以使开关合上时发光二极管亮
          MOV    DX,B8255A    ;B 口输出数据,控制发光二极管闪烁
          OUT    DX,AL
          CALL   DELAY        ;延时
          MOV    AL,0FFH      ;熄灭
          OUT    DX,AL
          CALL   DELAY        ;延时
          JMP    LL
LL1:      MOV    DX,B8255A
          MOV    AL,0FFH      ;熄灭
          OUT    DX,AL
          CALL   DELAY
          JMP    LL
DELAY     PROC   NEAR
          MOV    CX,0FFFFH    ;延时子程序
DELAY1:   LOOP   DELAY1
          RET
DELAY     ENDP
CODE      ENDS
          END    START
```

实验2　8255A 模拟交通灯实验

【实验内容】

利用 8255A 可编程并行接口芯片,控制发光二极管亮灭,模拟交通灯管理过程。

【实验目的】

进一步学习和掌握 8255A 的编程原理。

【实验说明】

1. 要完成本实验,首先必须要了解交通灯的亮灭规律,其规律如下:设有一个十字路口,1,3 为南北方向,2,4 为东西方向,初始为四个路口的红灯全亮,之后,1,3 路口的绿灯亮,2,4 路口的红灯亮,1,3 路口方向通车;延时一段时间后,1,3 路口的绿灯熄灭,而 1,3 路口的黄灯开始闪烁,闪烁若干次以后,1,3 路口红灯亮,而同时 2,4 路口的绿灯亮,2,4 路口方向通车;延时一段时间后,2,4 路口的绿灯熄灭,而黄灯开始闪烁,闪烁若干次以后,再切换到 1,3 路口方向,之后重复上述过程。

2. 本实验用 8255A 的 C 端口控制 6 个发光二极管的亮和灭(输出为 0 则亮,输出为 1 则灭)来模拟交通灯管理。用发光二极管 L3,L2,L1 代表“东西”路口的红灯、黄灯、绿灯,分别用 PC_5,PC_6,PC_7 控制;发光二极管 L6,L5,L4 代表“南北”路口的红灯、黄灯、绿灯,分别用 PC_0,PC_1,PC_2 控制。

3. 根据实验的内容,可以确定 8255A 的方式选择控制字,使 C 端口工作于方式 0,输出。

4. 采用编写延时子程序的方法来实现交通灯的延时,让黄灯亮一段短时间和灭一段短时间来实现它的闪烁。

【实验原理图】

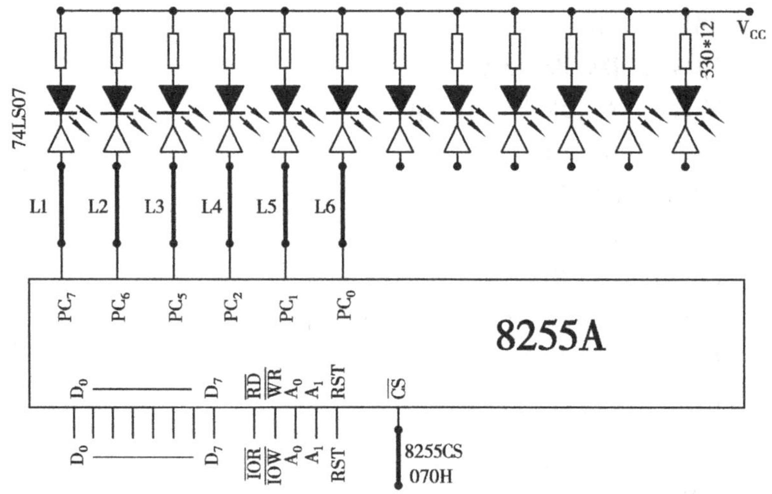

图 2.3　8255A 模拟交通灯原理图

【实验连线】

1. PC_7, PC_6, PC_5 分别接发光二极管 L1,L2,L3;

2. PC_2, PC_1, PC_0 分别接发光二极管 L4,L5,L6;

3. 8255CS 插孔接译码输出 070H ~ 07FH 插孔。

【流程图】

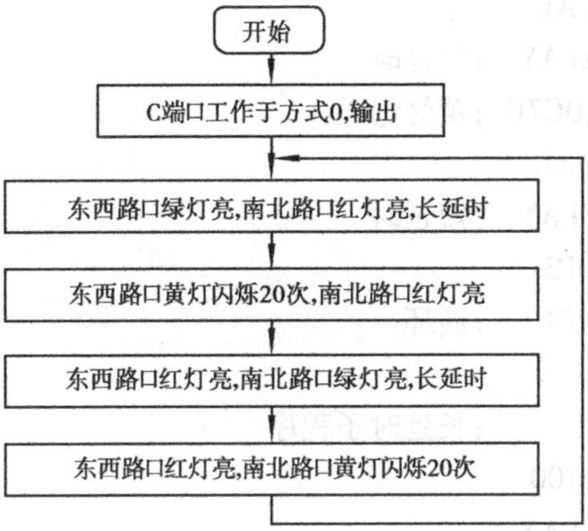

图 2.4 8255A 模拟交通灯流程图

【参考程序】

```
CODE    SEGMENT
        ASSUME   CS:CODE
C8255A  EQU   0072H    ;8255A 的 C 端口地址
K8255A  EQU   0073H    ;8255A 的控制口地址
        ORG   1000H
START:  MOV   AL,80H   ;设置 8255A 的控制字,各端口均工作于方式 0,C 口输出
        MOV   DX,K8255A
        OUT   DX,AL
        MOV   DX,C8255A
LOOP1:  MOV   AL,66H   ;东西路口绿灯亮,南北路口红灯亮
        OUT   DX,AL
        CALL  LDELAY   ;长延时
        MOV   CX,20    ;东西路口黄灯闪烁,南北路口红灯亮
LOOP2:  MOV   AL,0A6H;黄灯亮
        OUT   DX,AL
        CALL  SDELAY   ;短延时
        MOV   AL,0E6H  ;黄灯熄灭
        OUT   DX,AL
        CALL  SDELAY   ;短延时
        LOOP  LOOP2
```

```
        MOV   AL,0C3H ;东西路口红灯亮,南北路口绿灯亮
        OUT   DX,AL
        CALL  LDELAY  ;长延时
        MOV   CX,20   ;东西路口红灯闪烁,南北路口黄灯闪烁
LOOP3:  MOV   AL,0C5H ;黄灯亮
        OUT   DX,AL
        CALL  SDELAY  ;短延时
        MOV   AL,0C7H ;黄灯熄灭
        OUT   DX,AL
        CALL  SDELAY  ;短延时
        LOOP  LOOP3
        JMP   LOOP1   ;循环
LDELAY  PROC
        PUSH  CX      ;长延时子程序
        MOV   CX,100
DEL1:   CALL  SDELAY
        LOOP  DEL1
        POP   CX
        RET
LDELAY  ENDP
SDELAY  PROC
        PUSH  CX      ;短延时子程序
        MOV   CX,0BA53H
DEL2:   LOOP  DEL2
        POP   CX
        RET
SDELAY  ENDP
CODE    ENDS
        END   START
```

实验 3　8279 控制 LED 显示实验

【实验内容】

试编写程序使实验台上的 8 个 LED 数码管上从左往右分别显示“8279---1”。

【实验目的】

1. 了解七段数码管显示数字的原理;

2. 学习 8279 与微机 8086 系统的接口方法,掌握 8279 键盘、显示电路的编程方法。

【实验说明】

1. LED数码管显示器有两种工作方式，即静态显示方式和动态显示方式。

在静态显示方式下，每位数码管的a～h端与一个8位的I/O口相连。要在某一位数码管上显示字符时，只要从对应的I/O口输出并锁存其显示代码即可。其特点是：数码管中的发光二极管恒定的导通或截止，直到显示字符改变为止。

在动态显示方式下，各位数码管的a～h端并连在一起，与微机系统的一个I/O口相连，从该I/O口中输出显示代码。每位数码管的共阳极或共阴极则与另一个I/O口相连，控制被点亮的位。动态显示的特点是：每一时刻只能有一位数码管被点亮，各位依次被轮流点亮；对于每一位来说，每隔一段时间点亮一次。为了每位数码管能够充分被点亮，二极管应持续发光一段时间。利用发光二极管的余辉和人眼的驻留效应，通过适当地调整每位数码管被点亮的时间间隔，可以观察到稳定的显示输出。

2. 8279命令/状态端口地址：00DFH；8279数据端口地址：00DEH

3. 本实验用8279控制LED显示，通过实验原理图可以得到显示值和显示段码对照表2.1。

表2.1 显示值与显示段码对照表

显示值	0	1	2	3	4	5	6	7
显示段码	3FH	06H	5BH	4FH	66H	6DH	7DH	07H
显示值	8	9	A	B	C	D	E	F
显示段码	7FH	6FH	77H	7CH	39H	5EH	79H	71H

【实验原理图】

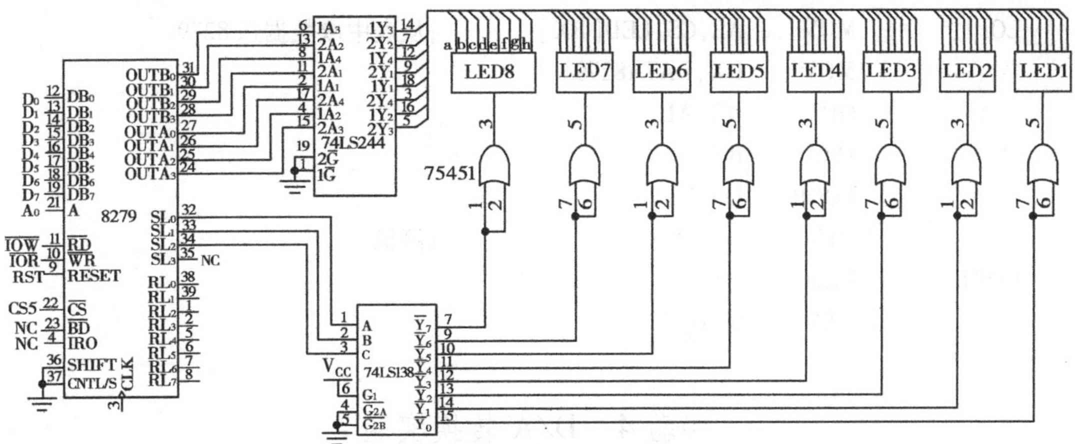

图2.5 8279控制LED显示实验原理图

【实验连线】

实验箱上的线全部已经连好，所以不需要任何的连线。

【流程图】

本实验流程见图2.6。

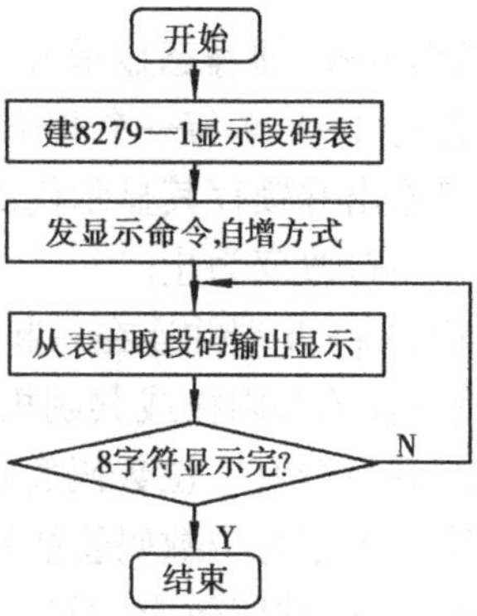

图2.6　8279控制LED显示实验流程图

【参考程序】

```
CONT8279   EQU     00DFH                       ;8279命令/状态端口地址
DATA8279   EQU     00DEH                       ;8279数据端口地址
CODE       SEGMENT
           ASSUME    CS:CODE
           ORG     1000H
LED        DB      06H,40H,40H,40H,6FH,07H,5BH,7FH;8279---1显示段码表
START:     MOV     AL,10010000B                ;写显示命令,自增方式
           MOV     DX,CONT8279
           OUT     DX,AL
           MOV     CX,8                        ;显示8位字符
           MOV     BX,0
LOP1:      MOV     AL,CS:LED[BX]               ;从表中取数据送8279
           MOV     DX,DATA8279
           OUT     DX,AL
           INC     BX
           LOOP    LOP1
           HLT                                 ;停机
CODE       ENDS
           END     START
```

实验4　D/A转换实验

【实验内容】

利用DAC0832,从AOUT端输出正弦波。

【实验目的】

1.了解D/A转换的基本原理以及它与8086的接口方法;

2. 掌握 DAC0832 的性能及编程方法；

3. 学习 8086 系统中扩展 D/A 转换的基本方法。

【实验说明】

1. D/A 转换是把数字量转换成模拟量的变换，从 D/A 转换器输出的是模拟电压信号。要产生正弦波，较简单的方法是造一张正弦数字量表，取值范围是一个周期，采样点越多，精度越高；

2. DAC0832 有 3 种工作方式：双缓冲方式、单缓冲方式、直通方式，在不同的实验系统中，由于线路接法的不一样就导致工作方式的不一样。

比如清华大学计算机工厂开发的“TPC—1 型十六位微机实验培训系统”中，它就工作于双缓冲方式，内部的输入寄存器占偶地址端口 PORTIN，DAC 寄存器占较高的奇地址端口 PORTDAC。两个寄存器均对数据独立进行锁存。因此，要把一个数据通过 0832 输出，需经过两次锁存。典型程序段如下：

```
MOV     DX,PORTIN      ;输入寄存器的端口地址
MOV     AL,DATA
OUT     DX,AL
MOV     DX,PORTDAC     ;DAC 寄存器的端口地址
OUT     DX,AL
```

其中第二次 I/O 写是一个虚拟写过程，其目的只是产生一个 WR 信号，启动 D/A 转换。

而在启东计算机厂生产的 DVCC—8086JH 实验开发系统中，DAC0832 工作于单缓冲方式，它的 ILE 接 +5 V，/CS 和/XFER 相接后作为 0832 芯片的片选 0832CS，所以对 DAC0832 执行一次写操作就把一个数据直接写入 DAC 寄存器、模拟量输出随之而变化。典型的程序段如下：

```
MOV     DX,PORTDAC     ;DAC 寄存器的端口地址
OUT     DX,AL
```

本实验针对后者进行的编程。

【实验原理图】

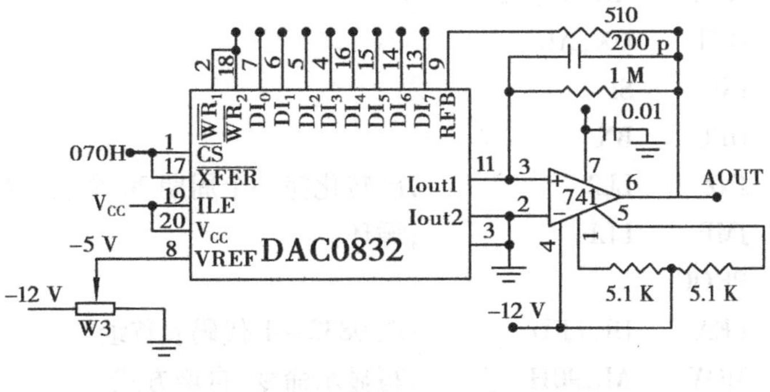

图 2.7　D/A 转换实验原理图

【实验连线】

将 0832 片选信号 0832CS 插孔与译码输出 070H ~ 07FH 插孔相连。

【流程图】

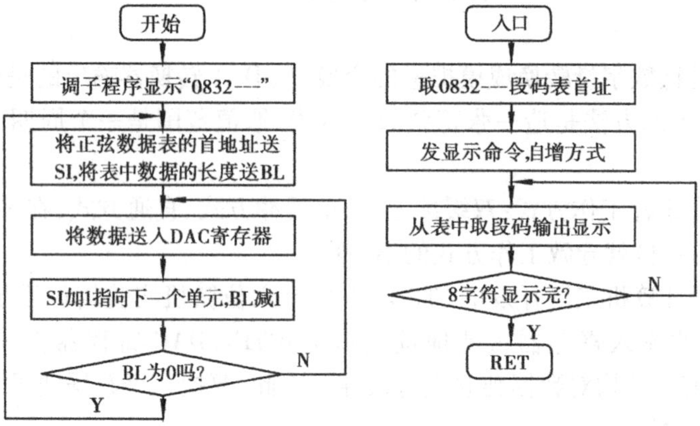

(1)主程序流程图　　(2)显示子流程图

图 2.8　D/A 转换实验流程图

【参考程序】

```
CODE        SEGMENT
            ASSUME    CS:CODE
DAC0832     EQU    0070H        ;0832 的 DAC 寄存器地址
CONT8279    EQU    00DFH        ;8279 命令/状态端口地址
DATA8279    EQU    00DEH        ;8279 数据端口地址
COUNT       EQU    0014H        ;正弦函数表中的数据个数
            ORG    1000H
START:      CALL   LEDDISP      ;调显示子程序
LL1:        LEA    SI,TAB
            MOV    BX,COUNT
LL2:        MOV    DX,DAC0832   ;正弦波产生
            MOV    AL,CS:[SI]
            OUT    DX,AL
            INC    SI
            DEC    BX
            JNZ    LL2          ;已转化完一个周期 20 个点的数据?
            JMP    LL1          ;循环
LEDDISP     PROC
            LEA    DI,LED       ;取 0832---1 代码表首址
            MOV    AL,90H       ;写显示命令,自增方式
            MOV    DX,CONT8279
            OUT    DX,AL
            MOV    CX,8         ;显示 8 位字符
            MOV    BX,0
```

```
LL3:        MOV     AL,CS:[BX+DI];从表中取数据送8279
            MOV     DX,DATA8279
            OUT     DX,AL
            INC     BX
            LOOP    LL3
            RET
LEDDISP     ENDP                    ;显示0832---1段码表
LED         DB      06H,40H,40H,40H,5BH,4FH,7FH,3FH
;产生正弦波的数据表
TAB         DB      80H,58H,35H,18H,6H,00H,6H,18H,35H,58H,80H
            DB      0A8H,0CBH,0E8H,0FAH,0FFH,0FAH,0E8H,0CBH,0A8H
CODE        ENDS
            END     START
```

实验5　A/D 转换实验

【实验内容】

利用实验台上的 ADC0809 做 A/D 转换实验,实验台上的电位器提供模拟量输入,编制程序,将模拟量转换为数字量,并用 LED 显示。

【实验目的】

1. 掌握 A/D 转换与 8086 的接口方法。
2. 掌握 ADC0809 转换性能及编程方法。
3. 通过实验了解 8086 如何进行数据采集。

【实验说明】

1. A/D 转换器大致分为三类:一是双积分 A/D 转换器,优点是精度高,抗干扰性好,价格便宜,但速度慢;二是逐次逼近法 A/D 转换器,特点是精度、速度、价格适中;三是并行 A/D 转换器,特点是速度快,价格也昂贵。

本实验用的 ADC0809 属第二类,是 8 位 A/D 转换器。ADC0809 在 START 上升沿时,所有内部寄存器清零,在下降沿时,开始进行 A/D 转换,此期间 START 应保持低电平。需要注意的是,在 START 下降沿后 10 μs 左右,转换结束信号 EOC 变为低电平,EOC 为低电平时,表示正在转换,再变为高电平时,表示转换结束。所以用软件查询的方法采集数据。由于 START 端为 A/D 转换启动信号,ALE 端为通道选择地址的锁存信号。实验电路中将其相连,以便同时锁存通道地址并开始 A/D 采样转换,故启动 A/D 转换只需如下三条指令:

```
MOV     AX,0
MOV     DX,ADCPORT      ;ADC0809 某通道的端口地址
OUT     DX,AL
```

AL 中内容是不重要的,这只是一次虚拟写,目的就是启动 A/D 转换。

由于 A/D 转换结束后会自动产生 EOC 信号,所以用中断方式采集数据,将它与 8259A 的

任意一个中断请求引脚(IR0～IR7)相接,作为中断请求信号。中断处理程序则可完成取数工作,并且可使用如下指令读取 A/D 转换结果:

```
MOV     DX,ADCPORT    ;ADC0809 某通道的端口地址
IN      AL,DX
```

2. ADC0809 的 8 个通道值端口地址分别为 60H,61H,62H,63H,64H,65H,66H,67H。本实验提供的参考程序分别采用了软件延时和中断方式采集数据。

【实验原理图】

在本实验原理图 2.9 中省略了 LED 显示部分的电路,不清楚这部分原理的可以参看 8279 控制 LED 显示实验;当用中断方式采集数据时,本实验原理图就还少了 8259 管理中断部分的电路,不清楚这部分原理的可以参看 8259 中断实验。

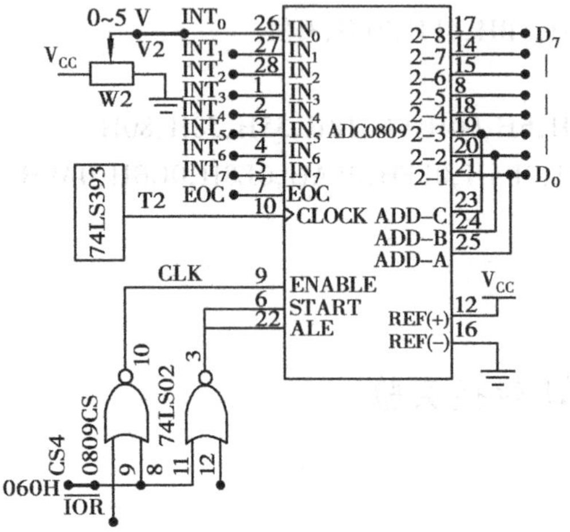

图 2.9　A/D 转换原理图

【实验连线】

1. 软件延时方式采集数据时:

(1) IN0 插孔连 W2 的输出 V2 插孔;

(2) 0809CS 连译码输出 060H～06FH 插孔。

2. 中断方式采集数据时:

(1) IN0 插孔连 W2 的输出 V2 插孔;

(2) 0809CS 连译码输出 060H～06FH 插孔;

(3) 0809 的 EOC 输出插孔连 8259A 的 IR3 插孔。

【流程图】

实验流程见图 2.10。

【参考程序】

1. 中断方式

```
AD0809      EQU     0060 H          ;0809IN0 通道的端口地址
CONT8279    EQU     00DFH           ;8279 命令/状态端口地址
DATA8279    EQU     00DEH           ;8279 数据端口地址
INT82590    EQU     0020H           ;8259A 的偶地址
INT82591    EQU     0021H           ;8259A 的奇地址
CODE        SEGMENT
            ASSUME      CS:CODE
            ORG         1000H
START:      CALL    LEDDISP         ;调用显示子程序
            CALL    ZRIR3           ;调用中断向量装入中断向量表子程序
;8259 初始化
            MOV     AL,13H          ;写 ICW1,电平触发方式、单片使用、需 ICW4
            MOV     DX,INT82590
```

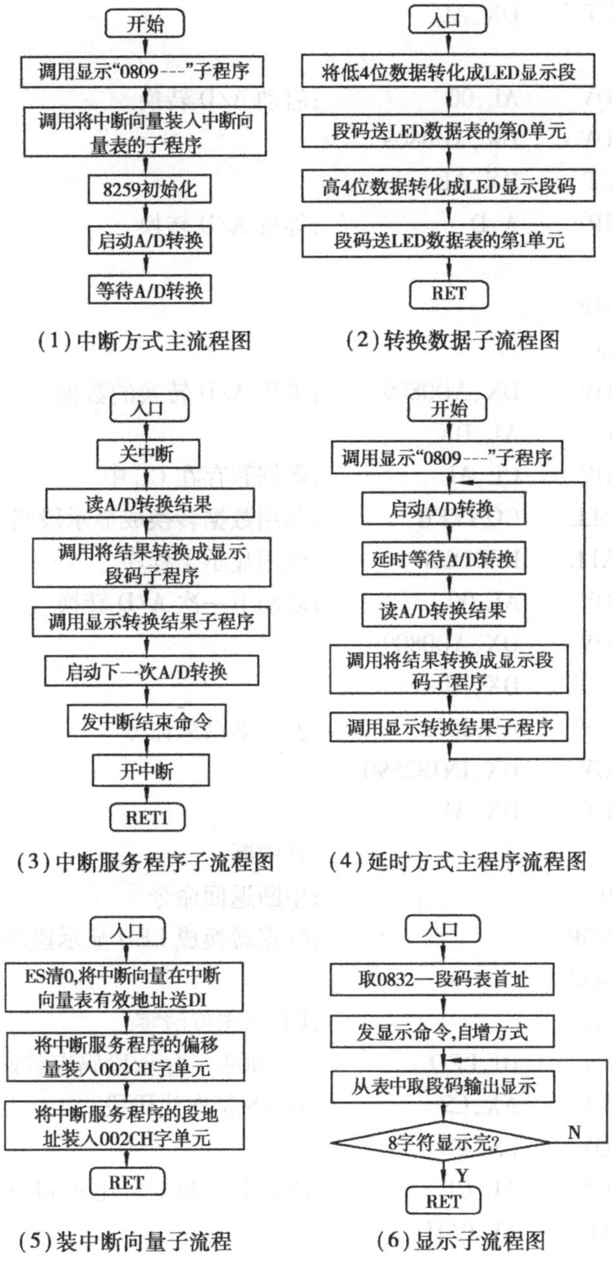

(1)中断方式主流程图　(2)转换数据子流程图

(3)中断服务程序子流程图　(4)延时方式主程序流程图

(5)装中断向量子流程　(6)显示子流程图

图 2.10　A/D 转换流程图

```
OUT     DX,AL
MOV     AL,08H          ;写 ICW2,确定中断类型号的高五位
MOV     DX,INT82591
OUT     DX,AL
MOV     AL,09H          ;写 ICW4,缓冲方式、一般嵌套、8088 模式
OUT     DX,AL
```

```
            MOV     AL,0F7H         ;允许 8259A 的 IR3 中断
            OUT     DX,AL
            STI
            MOV     AL,00           ;启动 A/D 转换
            MOV     DX,AD0809
            OUT     DX,AL
A_D:        JMP     A_D             ;等待 A/D 转换
;中断服务程序
INTERUPT    PROC
            CLI
            MOV     DX,AD0809       ;采集 A/D 转换的数据
            IN      AL,DX
            MOV     CL,AL           ;数据暂存在 CL 中
            CALL    CONVER          ;调用数据转换成显示段码子程序
            CALL    LEDDISP         ;调用显示子程序
            MOV     AL,00           ;启动下一次 A/D 转换
            MOV     DX,AD0809
            OUT     DX,AL
            MOV     AL,20H          ;发中断结束命令
            MOV     DX,INT82590
            OUT     DX,AL
            STI                     ;开中断
            IRET                    ;中断返回命令
INTERUPT    ENDP                    ;数据转换成 LED 显示段码子程序
CONVER      PROC
            CLD                     ;DF 标志位清零
            LEA     DI,LED          ;取 0809----显示段码表首址
            MOV     AX,CS           ;将 ES 指向代码段
            MOV     ES,AX
            MOV     AL,CL           ;将低 4 位数据转化成 LED 显示段码
            AND     AL,0FH
            XOR     BH,BH
            MOV     BL,AL
            MOV     AL,CS:TAB[BX]
            STOSB                   ;段码送 LED 数据表的第 0 单元
            MOV     AL,CL           ;将高 4 位数据转化成 LED 显示段码
            MOV     CL,04H
            SHR     AL,CL
            MOV     BL,AL
```

```
          MOV     AL,CS:TAB[BX]
          STOSB                    ;段码送 LED 数据表的第 1 单元
          RET                      ;子程序返回
CONVER    ENDP                     ;中断向量装入中断向量表子程序
ZRIR3     PROC
          CLD
          MOV     AX,0H
          MOV     ES,AX
          MOV     DI,002CH         ;IR3 中断向量地址 002CH(即 0BH×4)
          LEA     AX,INTERUPT      ;中断服务程序偏移量
          STOSW
          MOV     AX,CS            ;中断服务程序段地址
          STOSW
          RET
ZRIR3     ENDP                     ;显示子程序
LEDDISP   PROC
          LEA     DI,LED           ;取 0809----显示段码表首址
          MOV     AL,90H           ;写显示命令,自增方式
          MOV     DX,CONT8279
          OUT     DX,AL
          MOV     CX,8             ;显示 8 位字符
LOP1:     MOV     AL,CS:[DI]       ;从表中取数据送 8279
          MOV     DX,DATA8279
          OUT     DX,AL
          INC     DI
          LOOP    LOP1
          RET
LEDDISP   ENDP                     ;0809----显示段码表
LED       DB      40H,40H,40H,40H,6FH,3FH,7FH,3FH
;置 0-F 字符显示代码表
TAB       DB      3FH,06H,5BH,4FH,66H,6DH,7DH,07H
          DB      7FH,6FH,77H,7CH,39H,5EH,79H,71H
CODE      ENDS
          END     START
```

2. 查询方式

```
AD0809    EQU     0060H            ;0809IN0 通道的端口地址
CONT8279  EQU     00DFH            ;8279 命令/状态端口地址
DATA8279  EQU     00DEH            ;8279 数据端口地址
CODE      SEGMENT
```

```
            ASSUME    CS:CODE
            ORG       1000H
START:      CALL      LEDDISP           ;调用显示子程序
A_D:        MOV       AL,00             ;启动 A/D 转换
            MOV       DX,AD0809
            OUT       DX,AL
            MOV       CX,0060H          ;延时等待 A/D 转换结束
DELAY:      LOOP      DELAY
            MOV       DX,AD0809
            IN        AL,DX             ;采集 A/D 转换结果
            MOV       CL,AL
            CALL      CONVER
            CALL      LEDDISP
            JMP       A_D               ;数据转换成 LED 显示段码子程序
CONVER:     CLD                         ;DF 标志位清零
            LEA       DI,LED            ;取 0809----显示段码表首址
            MOV       AX,CS             ;将 ES 指向代码段
            MOV       ES,AX
            MOV       AL,CL             ;将低 4 位数据转化成 LED 显示段码
            AND       AL,0FH
            XOR       BH,BH
            MOV       BL,AL
            MOV       AL,CS:TAB[BX]
            STOSB                       ;段码送 LED 数据表的第 0 单元
            MOV       AL,CL             ;将高 4 位数据转化成 LED 显示段码
            MOV       CL,04H
            SHR       AL,CL
            MOV       BL,AL
            MOV       AL,CS:TAB[BX]
            STOSB                       ;段码送 LED 数据表的第 1 单元
            RET                         ;子程序返回
LEDDISP:    LEA       DI,LED            ;取 0809----显示段码表首址
            MOV       AL,90H            ;写显示命令,自增方式
            MOV       DX,CONT8279
            OUT       DX,AL
            MOV       CX,8              ;显示 8 位字符
LOP1:       MOV       AL,CS:[DI]        ;从表中取数据送 8279
            MOV       DX,DATA8279
            OUT       DX,AL
```

```
            INC     DI
            LOOP    LOP1
            RET                     ;0809----显示段码表
LED         DB      40H,40H,40H,40H,6FH,3FH,7FH,3FH
;置0~F字符显示代码表
TAB         DB      3FH,06H,5BH,4FH,66H,6DH,7DH,07H
            DB      7FH,6FH,77H,7CH,39H,5EH,79H,71H
CODE        ENDS
            END     START
```

实验6　8259A 中断实验

【实验内容】

每按一次 AN 按钮就产生一次中断，每中断一次，就让与8255A 的 C 端口相连接的一个发光二极管点亮，如果连续地按 AN 按钮，就能实现 L1～L8 循环点亮的效果。

【实验目的】

1. 掌握8259A 中断控制器的工作原理，熟悉实验中涉及中断屏蔽寄存器 IMR 和中断服务寄存器 ISR 的使用方法；

2. 掌握8259A 中断控制器的接口方法和初始化编程方法；

3. 掌握中断服务程序的编写方法。

【实验说明】

1. 本系统中有一片8259A 中断控制芯片，工作于主片方式，8 个中断请求输入端 IR0～IR7 对应的中断型号为 8～F（即 ICW2 = 00001 × × ×），IR3 的中断类型号是 0BH，则它所对应的中断向量在中断向量表中的有效地址是 0BH × 4 = 2CH；

2. 本系统中8259A 地址：　偶地址　　20H

　　　　　　　　　　　　　奇地址　　21H

3. 对8259A 要进行初始化编程时，采用电平触发方式、单片使用、缓冲方式、一般嵌套、非自动中断结束方式、8086 模式；

4. 注意要使8086 响应可屏蔽中断请求，首先要开放中断即 STI；要使它能响应 IR_3 申请的中断，还得发操作命令字 OCW1，来开放 IR_3 申请中断（实际上，在初始化命令写入以后，OCW1 处于全开放状态）。

5. 编程时，要设置 IR_3 对应的中断向量，以便使它指向我们自己写的中断服务程序。

6. 该实验中所涉及8255 的实验原理图可参考硬件实验1、实验2。

【实验原理图】

本实验原理见图2.11。

【实验连线】

1. 8259A 的 IR_3 插孔和 SP 插孔相连；

2. PC_0～PC_7 分别接发光二极管 L1～L8；

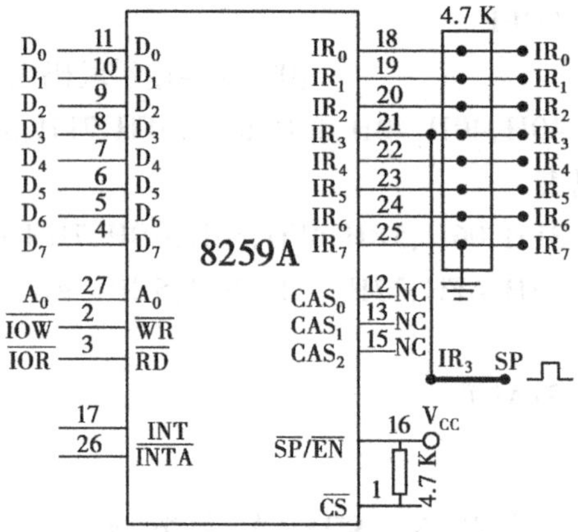

图 2.11　8259A 中断实验原理图

3. 8255CS 插孔接译码输出 070H ~ 07FH 插孔。

【流程图】

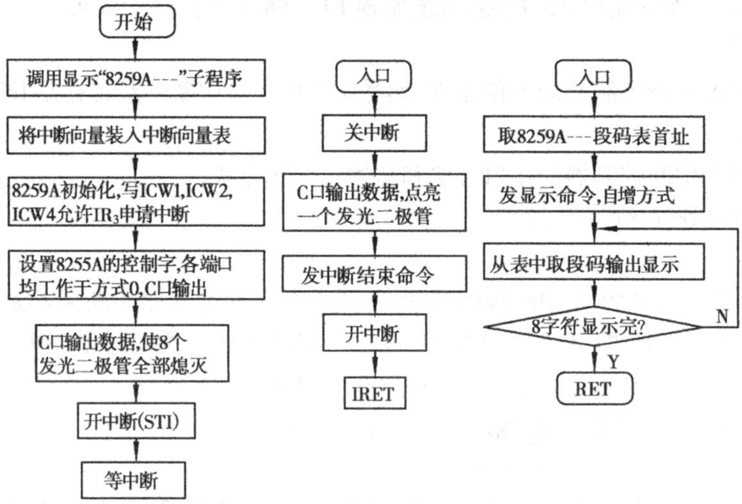

(1) 主程序流程图　(2) 中断服务程序流程图　(3) 显示子程序流程图

图 2.12　8259A 中断实验流程图

【参考程序】

```
CONT8279    EQU    00DFH        ;8279 命令/状态端口地址
DATA8279    EQU    00DEH        ;8279 数据端口地址
C8255A      EQU    0072H        ;8255A 的 C 端口地址
K8255A      EQU    0073H        ;8255A 的控制口地址
INT82590    EQU    0020H        ;8259A 的偶地址
INT82591    EQU    0021H        ;8259A 的奇地址
CODE        SEGMENT
            ASSUME    CS:CODE
```

```
            ORG     1000H
START:      CALL    LEDDISP         ;调用子程序显示 8259----
            CLD                     ;DF 标志位清 0
            MOV     AX,0H
            MOV     ES,AX
            MOV     DI,002CH        ;IR3 中断向量地址 002CH(即 0BH ×4)
            LEA     AX,INTERUPT     ;中断服务程序有效地址
            STOSW
            MOV     AX,CS           ;中断服务程序段地址
            STOSW
            ;8259A 初始化
            MOV     AL,13H          ;写 ICW1,电平触发方式、单片使用、需 ICW4
            MOV     DX,INT82590
            OUT     DX,AL
            MOV     AL,08H          ;写 ICW2,确定中断类型号的高五位
            MOV     DX,INT82591
            OUT     DX,AL
            MOV     AL,09H          ;写 ICW4,缓冲方式、一般嵌套、8086 模式
            OUT     DX,AL
            MOV     AL,0F7H         ;允许 8259A 的 IR3 中断
            OUT     DX,AL
            MOV     AL,80H          ;设置 8255A 的控制字,各端口均工作于方式 0,
                                     C 口输出
            MOV     DX,K8255A
            OUT     DX,AL
            MOV     AL,0FFH         ;使 8 个发光二极管全部熄灭
            MOV     DX,C8255A
            OUT     DX,AL
            MOV     AL,07FH         ;AL 赋初值,控制二极管亮和灭
            STI                     ;开中断
WATING:     JMP     WATING          ;等中断
INTERUPT    PROC
            CLI
            ROL     AL,1            ;AL 循环左移 1 位
            MOV     DX,C8255A
            OUT     DX,AL           ;C 口输出,点亮一个发光二极管
            PUSH    AX              ;入栈
            MOV     AL,20H          ;发中断结束命令
            MOV     DX,INT82590
```

```
            OUT     DX,AL
            POP     AX              ;出栈
            STI                     ;开中断
            IRET                    ;中断返回
INTERUPT    ENDP
LEDDISP     PROC
            LEA     DI,LED          ;取 8259A----显示段码表首址
            MOV     AL,90H          ;写显示命令,自增方式
            MOV     DX,CONT8279
            OUT     DX,AL
            MOV     CX,8            ;显示 8 位字符
LOP1:       MOV     AL,CS:[DI]      ;从表中取数据送 8279
            MOV     DX,DATA8279
            OUT     DX,AL
            INC     DI
            LOOP    LOP1
            RET
LEDDISP     ENDP
;8259A----显示段码表
LED     DB      40H,40H,40H,40H,6FH,6DH,5BH,7FH
CODE        ENDS
            END     START
```

实验 7　8253 定时器/计数器实验

【实验内容】

用 8253 定时器 2 对 1 MHz 的输入频率进行最大分频,输出约 15 Hz 的方波,并用示波器观察输出波形。

【实验目的】

掌握 8253 定时器/计数器的使用和编程方法。

【实验说明】

8253 定时/计数器各端口的地址分别如下:

定时器 0 的地址为:48H

定时器 1 的地址为:49H

定时器 2 的地址为:4AH

控制端口的地址为:4BH

【实验原理图】

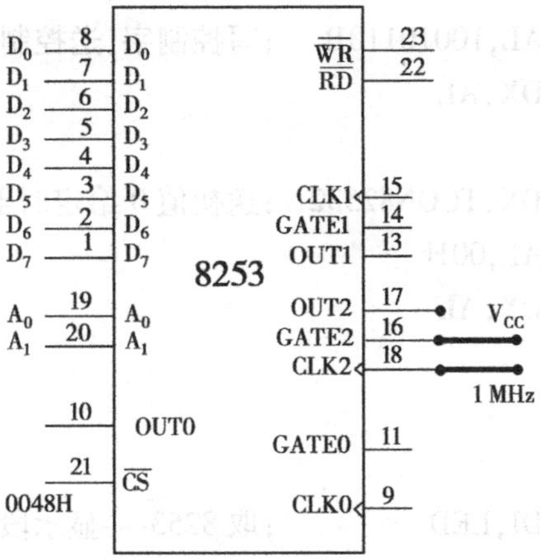

图 2.13 8253 定时器/计数器实验原理图

【实验连线】

1. 8253A 芯片的 CLK2 引出插孔连分频输入插孔 1 MHz；

2. 8253A 的 GATE2 接 +5 V。

【流程图】

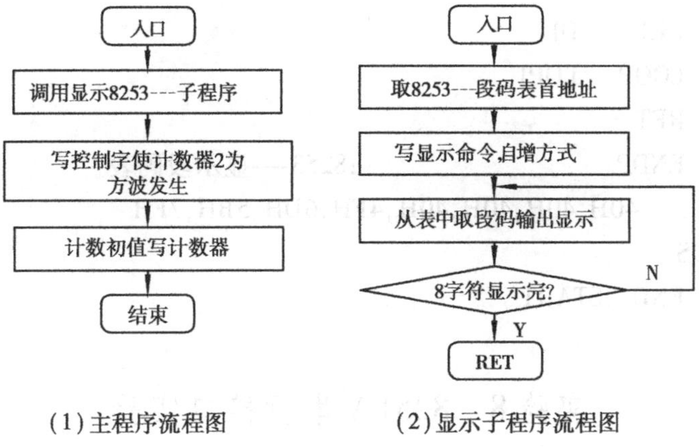

（1）主程序流程图　　（2）显示子程序流程图

图 2.14 8253 定时器/计数器实验流程图

【参考程序】

```
CONT8279    EQU     00DFH          ;8279 命令/状态端口地址
DATA8279    EQU     00DEH          ;8279 数据端口地址
TCON8253C   EQU     004BH          ;8253 控制端口地址
TCON82532   EQU     004AH          ;8253 通道 2 端口地址
CODE        SEGMENT
            ASSUME    CS:CODE
            ORG    1800H
```

```
START:      CALL   LEDDISP           ;调用显示子程序
            MOV    DX,TCON8253C
            MOV    AL,10010110B      ;写控制字,送控制端口
            OUT    DX,AL

            MOV    DX,TCON82532      ;送初值 0 给定时器 2
            MOV    AL,00H
            OUT    DX,AL
            HLT

LEDDISP     PROC
            LEA    DI,LED            ;取 8253----显示段码表首地址
            MOV    AL,90H            ;写显示命令,自增方式
            MOV    DX,CONT8279
            OUT    DX,AL
            MOV    CX,8              ;显示 8 位字符
LOP1:       MOV    AL,CS:[DI]        ;从表中取数据送 8279
            MOV    DX,DATA8279
            OUT    DX,AL
            INC    DI
            LOOP   LOP1
            RET
LEDDISP     ENDP                     ;8253----显示段码表
LED     DB      40H,40H,40H,40H,4FH,6DH,5BH,7FH
CODE    ENDS
            END   START
```

实验 8　8251A 串行接口实验

【实验内容】

本实验利用 8251A 发送字符(即一个数据帧包含 1 个起始位(0),8 个数据位(D0 在前),1 个停止位(1)),发送数据为 01010101B,反复发送,用示波器观察发送数据信号端 TXD 的波形。

【实验目的】

掌握用 8251A 接口芯片实现微机间的同步和异步通信。

【实验说明】

1. 8251A 的片选地址为 050H ~ 05FH,8251A 的 $C/\overline{D}$ 接 A_0,因此 8251A 的数据口地址为 050H,命令/状态口地址是 051H。

2. 8251A 的 CLK 接系统时钟的 2 分频输出 PCLK(2. 385 MHz)，实验原理图中接收时钟$\overline{\text{RxC}}$和发送时钟$\overline{\text{TxC}}$连在一起接到 8253A 的 OUT1，8253A 的 OUT1 输出频率不小于79. 5 kHz。

3. 本实验采用 8251A 异步方式发送，波特率为 9 600，因此 8251A 发送器时钟输入端$\overline{\text{TxC}}$输入一个 153. 6 kHz 的时钟(9 600 × 16)。这个时钟就有 8253A 的 OUT_1 产生。8253A 的 CLK_1 接 1. 843 2 MHz，它的 12 分频正好是 153. 6 kHz，故 8253A 计数器 1 设置为工作方式 3，其计数初值为 000CH。

4. 用查询 8251A 状态字的第 0 位(TxRDY)来判断 1 个数据是否发送完毕，当 TxRDY = 1 时，发送数据缓冲器空。

【实验原理图】

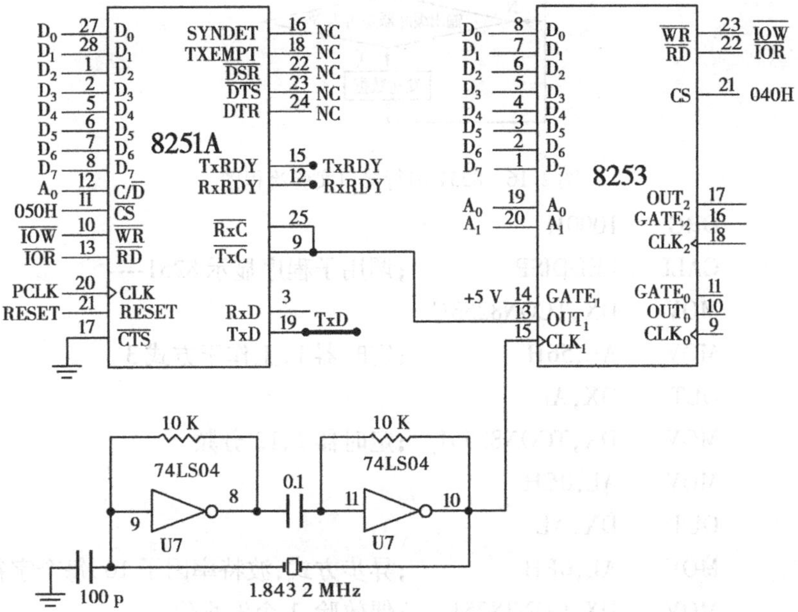

图 2. 15　8251 串行接口实验原理图

【实验连线】

将 8251A 的 TxD 端接示波器。

【流程图】

本实验流程见图 2. 16。

【参考程序】

```
CONT8279    EQU     00DFH        ;8279 命令/状态端口地址
DATA8279    EQU     00DEH        ;8279 数据端口地址
SECOPORT    EQU     0051H        ;8251A 命令/状态端口地址
SEDAPORT    EQU     0050H        ;8251A 数据端口地址
TCON82531   EQU     0049H        ;8253 定时器 1 端口地址
TCON8253C   EQU     004BH        ;8253 控制端口地址
CODE        SEGMENT
            ASSUME  CS:CODE
```

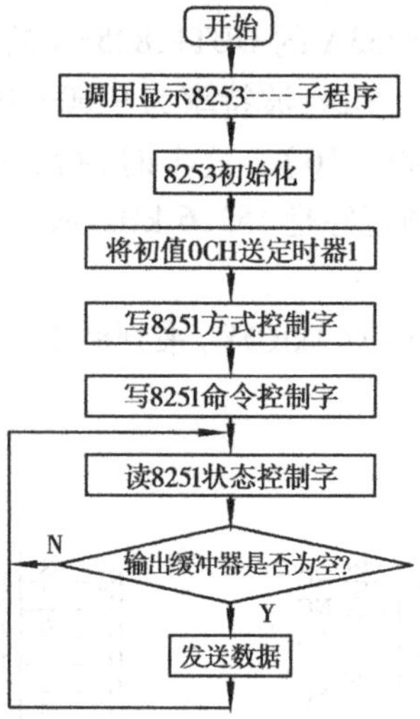

图 2.16　8251 串行接口实验流程图

```
            ORG     1000H
START:      CALL    LEDDISP         ;调用子程序显示 8251----
            MOV     DX,TCON8253C
            MOV     AL,56H          ;定时器 1,工作于方式 3
            OUT     DX,AL
            MOV     DX,TCON82531    ;定时器 1,12 分频
            MOV     AL,0CH
            OUT     DX,AL
            MOV     AL,6EH          ;异步方式,波特率因子 16,每个字符 8 位数据
            MOV     DX,CONT8251     ;偶效验,1 个停止位
            OUT     DX,AL
            MOV     DX,CONT8251     ;输出操作命令字,发送和接收允许,DTR = 1
            MOV     AL,37H
            OUT     DX,AL
WAITTXD:    MOV     DX,SECOPORT     ;读 8251A 状态端口
            IN      AL,DX
            TEST    AL,01H          ;测试发送缓冲器是否为空?
            JZ      WAITTXD         ;ZF = 1,则表示未准备好等待
            MOV     AL,01010101B    ;准备好,则将数据送 8251A 数据端口
            MOV     DX,SEDAPORT
            OUT     DX,AL
            JMP     WAITTXD         ;循环
LEDDISP     PROC
            LEA     DI,LED          ;取 8251A----显示段码表首地址
```

```
            MOV     AL,90H          ;写显示命令,自增方式
            MOV     DX,CONT8279
            OUT     DX,AL
            MOV     CX,8            ;显示 8 位字符
LOP1:       MOV     AL,CS:[DI]      ;从表中取数据送 8279
            MOV     DX,DATA8279
            OUT     DX,AL
            INC     DI
            LOOP    LOP1
            RET
LEDDISP     ENDP
;8251A----显示段码表
LED         DB      40H,40H,40H,40H,06H,6DH,5BH,7FH
CODE        ENDS
            END     START
```

实验9 继电器控制实验

【实验内容】

利用 8255A 的 I/O 端口线 PC_0 输出高低电平,控制继电器的开合,以实现对外部装置的控制。

【实验目的】

掌握用继电器控制的基本方法和编程。

【实验说明】

现代自动化控制设备中,都存在一个电子电路与电气电路的互相连接问题,一方面要使电子电路的控制信号能够控制电气电路的执行元件(电动机、电磁铁、电灯等),另一方面又要为电子电路的电气电路提供良好的电隔离,以保护电子电路和人身的安全。电子继电器便能完成这一桥梁功能。

本实验所用继电器,型号为 JDC-3F,控制电压为直流 +5 V,控制端为 JIN 插孔,当 JIN 为高电平时,继电器不动作,为低电平时继电器动作(常闭触点断开,常开触点闭合)。

【实验原理图】

本实验原理见图 2.17。

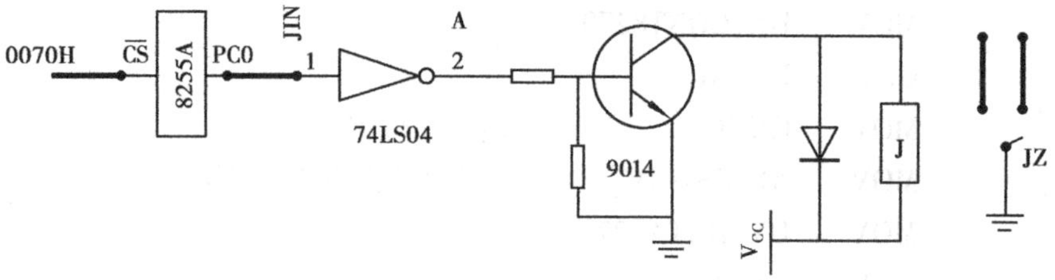

图 2.17　继电器控制实验原理图

【实验连线】

1. 8255A 的 PC0 连 JIN 插孔；

2. 继电器常开触点 JK 接 L1，常闭触点 JB 接 L3，中心抽头 JZ 接地；

3. 将 8255CS 连到 0070H。

【流程图】

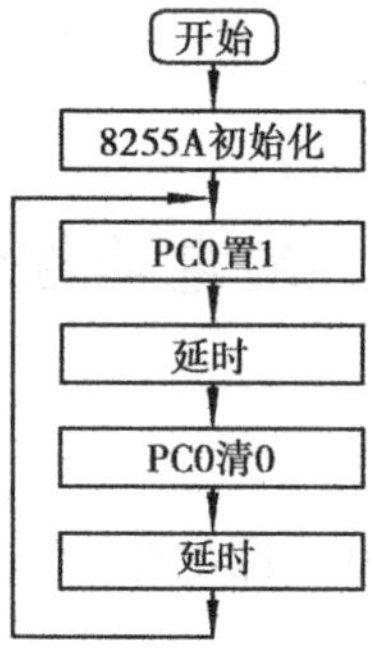

图 2.18　继电器控制实验流程图

【参考程序】

```
K8255A    EQU     0073H          ;8255A 控制端口地址
C8255A    EQU     0072H          ;8255A 的 C 端口地址
CODE      SEGMENT
          ASSUME      CS:CODE
          ORG     1000H
START:    MOV     AL,80H         ;8255A 初始化控制字
          MOV     DX,K8255A
          OUT     DX,AL
          MOV     DX,C8255A
LOP1:     MOV     AL,01H         ;PC0 置 1
          OUT     DX,AL
          CALL    DELAY          ;延时
          MOV     AL,00H         ;PC0 置 0
          OUT     DX,AL
          CALL    DELAY          ;延时
```

```
            JMP     LOP1          ;循环
DELAY       PROC
            MOV     CX,0FFFFH     ;延时子程序
DEL:        LOOP    DEL
            RET                   ;子程序返回
DELAY       ENDP
CODE        ENDS
            END     START
```

实验10 直流电机调速实验

【实验内容】

1. 用DAC0832D/A转换电路的输出，经放大后驱动直流电机。

2. 编制程序，改变DAC0832输出经放大后的方波信号的占空比来控制电机转速。

【实验目的】

1. 了解直流电机的驱动原理；

2. 掌握直流电机调速的编程方法。

【实验说明】

直流电机实验原理图中有一个+5 V直流电机以及相关的驱动电路，小直流电机的转速是由加到其输入端DJ的脉冲电平占空比决定的，正向占空比越大它的转速就越快，反之就越慢；而不清楚DAC0832的可参看D/A转换实验就可以了。

【实验原理图】

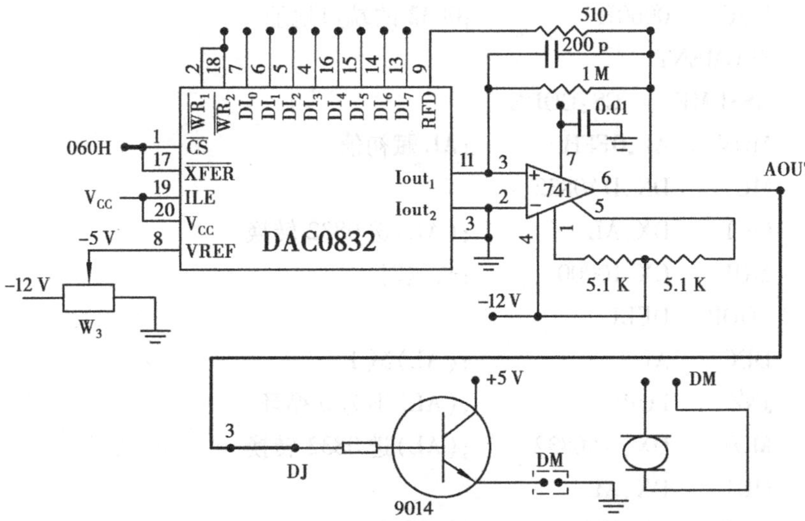

图2.19 直流电机调速实验原理图

【实验连线】

1. DAC0832 的片选信号 0832CS 连到译码输出 060H ~ 06FH；

2. 直流电机的 DM 插头插到实验仪的 DM 插座上；

3. 将 0832 输出经放大后的模拟电压输出端 OUT 连到 DM 插座旁边的 DJ 插孔上。

【流程图】

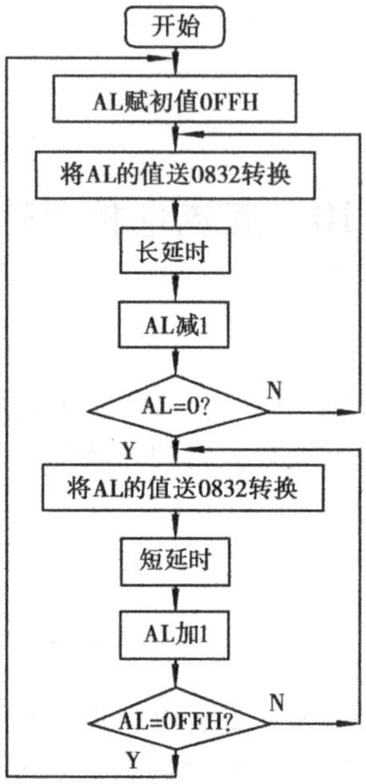

图 2.20　直流电机调速实验流程图

【参考程序】

```
DA0832    EQU     0060H           ;0832 的端口地址
CODE      SEGMENT
          ASSUME    CS:CODE
START:    MOV     AL,0FFH         ;AL 赋初值
LOP1:     MOV     DX,DA0832
          OUT     DX,AL           ;(AL)送 0832 转换
          MOV     CX,10000        ;长延时
DEL1:     LOOP    DEL1
          DEC     AL              ;(AL)减 1
          JNZ     LOP1            ;(AL)不为 0 循环
LOP2:     MOV     DX,DA0832       ;(AL)送 0832 转换
          OUT     DX,AL
          MOV     CX,100          ;短延时
DEL2:     LOOP    DEL2
          INC     AL              ;(AL)加 1
```

```
        CMP    AL,0FFH
        JNZ    LOP2          ;(AL)不为0FFH循环
        JMP    START
CODE    ENDS
        END    START
```

第3部分

课程设计指导

第 1 章 概 述

1.1 微型计算机原理及应用课程设计应达到的目标

微型计算机原理及应用课程设计是学生综合运用所学知识,全面掌握微型计算机及其接口的工作原理、编程和使用方法的重要实践环节。通过独立或协作提出并论证设计方案,进行软、硬件调试,最后获得正确的运行结果,可加深和巩固对理论教学和实验教学内容的掌握,进一步建立计算机系统整体概念,初步掌握微机硬件开发方法,为以后进行实际的计算机软、硬件应用开发打下良好的基础。

1.2 微型计算机原理及应用课程设计的主要内容

微型计算机原理及应用课程设计主要包括:微型计算机原理及应用课程设计的一般步骤和微型计算机原理及应用课程设计报告的要求。给出了 30 个微机原理及应用课程设计的题目与相应要求,题目包括两个方面,即 CPU 系统与存储器扩展设计、接口技术应用设计。最后还给出了几个微型计算机原理及应用课程设计实例,包括 CPU 系统与存储器扩展设计实例和接口技术应用设计实例。

1.3 微型计算机原理及应用课程设计的一般步骤

微型计算机原理及应用课程设计是一种实践性的教学环节,是对本门课程所学理论的验证,是软、硬件的综合运用。其难度和工作量介于实验和毕业设计之间。

本门课程设计的一般步骤如下:

1)选择并了解课程设计题目,最好有一定的选择范围,以便学生根据自己的基础,兴趣等选择最适合自己的题目。本书所列题目分为两大类,即 CPU 系统与存储器扩展设计,接口技术应用设计。

题目要求包括:该设计应完成的具体功能,所使用的主要设备和器件(或器材),是否要求调试以及对设计报告的要求等。所用设备和器材可以部分指定或完全指定,也可以自选。

2)设计软、硬件方案

根据提供的条件与环境,以及题目要求提出软、硬件的初步方案。

硬件方案包括,选定器材后,画出工作原理框图,进而画出详细电路图,并辅以必要的说明和其他文字叙述。软件方案主要是软件流程图及其说明,当然,流程不能太粗,较详细的流程图会给编程带来方便。

3)编写程序

根据运行环境,硬件资源和软件流程图编写程序。可以用汇编语言,也可以用高级语言来编程。

4)软件调试

单独的软件调试主要指通过汇编、连接、编译等排除语法错误或是明显的逻辑错误,因为许多逻辑错误是在软、硬件连调时才能发现的。况且本门课程的设计不会是单独的软件设计,所编程序总是建立在硬件原理和资源基础上的。

5)硬件连接

按照原理电路图在实验设备上连接线路。若没有实验设备或在实验设备上不能实现的部分,要在面板上连线,有条件的还可制作插件卡在主机上调试。

连接硬件时要特别注意电源的正确连接,否则容易损坏机器或烧毁器件。

6)软、硬件连调

软件调试生成了可执行文件,硬件连接好以后就为软、硬件统调(也称连调)做好了准备,这时可运行程序观察执行情况。若实现了预期的功能,则调试结束。但一般来讲都不容易一次成功,这时要从几个方面来查找问题。

首先,检查硬件连接是否正确,是否接触良好。若有问题应及时排除。若硬件连接没有问题或问题不好查找,应考虑采用单步调试或设置断点调试。

所谓单步调试就是每执行一条指令就自动停止执行,并显示累加器和其他有关寄存器的内容以及断点地址。调试环境可选用 DEBUG,在该环境中可查看指定的存储单元和寄存器的内容。这样,便可确定该条指令执行结果是否正确,若不正确则可初步确定该条指令或与执行该指令有关的硬件有故障。若执行结果正确,则继续执行下一条指令。

所谓断点调试,是指在程序适当位置设置断点,使程序运行到此处自动停止执行,同时显示有关寄存器的内容。断点的选择有一定技巧,若选择不好也许会造成死循环或死机等问题。例如不要在等中断处设置断点,若某段程序的指令之间联系十分密切,则应在其后设置断点。即可将程序分成若干逻辑段,一段一段地进行调试。也可将单步和断点两种方法结合起来使用。还可以把硬件划分成若干功能单元,一个单元一个单元地调试(可专门编写测试程序调试硬件)。如此既可以发现硬件故障,也可以找出软件的逻辑错误。直到运行整个程序得到设计所要求的结果,统调才算完成。接下来就是认真总结,撰写设计报告。

1.4 微型计算机原理及应用课程设计报告的要求

课程设计报告类似实验报告,但不像实验报告那么简单,它也类似于科研课题的技术报告,但又不像课题技术报告那样全面深入。微型计算机原理及应用课程设计报告的内容包括:设计题目、设计要求,所用设备与器材、硬件方案、软件方案、方案论证、调试过程、运行结果及收获体会。下面对上述主要内容进行具体说明。

1.4.1 所用设备与器材

1)使用仪器设备的名称、型号、规格。如 DT—830 数字三用表。

2)选用器件的名称、型号。如可编程并行接口芯片 8255A。

3)连接导线。如 0.55 mm 单总线若干条(这项也可不写在报告上)。

1.4.2 硬件方案

1)设计思想。可用文字叙述。

2)原理框图。可将硬件设计按功能划分若干部分或单元,每一部分用一个方框表示,将各部分之间的逻辑关系用带方向的线连接起来(表示信息流向等)。

3)阐述工作原理

结合原理框图,用文字和图形(如波形图等)将工作原理阐述清楚。

4)原理电路图

原理电路图与原理框图是两个不同的概念,框图描述的是各功能单元之间的逻辑关系,而电路图描述的是各元器件之间的实际连接关系。因此,画电路图要注意详尽。应画出各元、器件之间的所有引脚,至少应画出本设计中所使用到的元器件的引脚(包括电源和接地);应画出各元器件之间的所有连接关系(包括电源线,地线的连接,以及电源滤波电容等);标出所有元器件编号和型号。这里的编号指的是在图中对元器件的编号,如电容编号 C1,C2;电阻编号 R1,R2;集成芯片编号 U1,U2;开关编号 K1,K2;指示灯编号 L1,L2 等。标出所有引脚序号和名称;标出元件的标称值,如电容的容量,电阻的阻值等。画电路图应注意规范,最好用电路 CAT 软件(如 PROTEL)绘制。另外,若使用课程没有学过的器件,还需对它们的功能进行单独说明。

1.4.3 软件方案

软件方案包括程序流程图和程序清单:

1)程序流程图

软件的设计思路用流程图描述可以一目了然。流程图的绘制要力求规范,如处理为矩形框,判断为棱形框等。学过程序设计的人都应该知道程序流程图的规范格式。

流程图不易太粗,要能清楚地描述软件思路,并且以文字说明来阐述软件工作原理。

2)程序清单

课程设计报告应给出完整的程序清单,并加注释,个别较重要的程序还要特别加说明,如体现关键功能的程序段,使用了某些技巧的程序段,有独到之处或有所创新的程序段等。

1.4.4 方案论证

方案论证部分有两种写法。一种是针对一种方案来谈,阐述为什么要采用这种方案,它有什么优势。另一种是提出两种以上方案,通过比较它们的优缺点,确定一种方案。

方案论证部分在设计报告中的位置也不是固定的,根据需要可以放在阐述方案之后,可以先提出方案,较粗略地论证方案,再详细阐述所确定方案的工作原理等,也可以放在阐述方案工作原理之中,边论证边阐述该方案的工作原理。

1.4.5 调试过程

调试过程包括使用什么仪器设备以及在怎样的环境下进行软件调试的,用什么方法调试(如单步,断点等)。调试过程中遇到了什么问题,是如何解决的。

1.4.6 运行过程

用文字或图表等形式表达出运行结果,并加以分析说明,如是否与设计要求的结果一致,若不一致,说明为什么等。需要说明的是,课程设计报告最好是在计算机上撰写和打印,所有图表及程序清单也都应在计算机系统上绘制并打印。

第2章 课程设计的题目与要求

微机计算机原理及应用课程设计应有硬件设备，若没有专用设备可借用该课程的实验设备，后者是绝大多数院校能做到的。但目前各大专院校所用的实验设备不统一。因此，本章所列题目中器材选用一项都有两种要求，一种主要是针对启东计算机厂生产的 DVCC—8086JH 实验开发系统所提出的要求，另一种是使用其他设备或没有实验设备所提出的要求，教学时可根据具体情况选用或参考。

2.1 CPU 系统与存储器扩展设计

2.1.1 简单微型计算机设计

1）设计内容：以微处理器为核心，设计一台简单的微型计算机。

2）设备与器材：PC 机一台，选用 8086/8088，时钟发生器 8253/8254，地址锁存器 74LS273/74LS373 或 74LS244 数据总线收发器 74LS245，EPROM2716 ~ 27512，SRAM6264 或 6116，E^2PROM2817A，可编程并行接口 8255A，可编程串行接口 8251A，中断控制器 8259A，LED 数码管若干只，其他器件任选。

3）设计要求

①能完成对存储器，I/O 接口的读/写操作；

②能响应中断请求；

③编写监控程序，并对存储器和 I/O 接口芯片进行初始化；

④显示提示符“—”。

2.1.2 扩展存储器

1）设计内容：扩展 256 KB 存储器，其中 RAM128 K，寻址空间为：A0000H ~ BFFFFH，ROM128 K，空间为 C0000H ~ DFFFFH。

2）设备与器材：PC 机一台，清华大学计算机工厂生产的 TPC—1 实验箱一个，（或 8253 —

片,8237A 一片),存储器芯片自选,其他器件任选。

3)设计要求:

①按上述要求设计硬件连接线路。

②编程实现各片存储器的读/写操作。

③用 8237A 完成将 ROM 的内容传输到 RAM 空间的操作,具体要求,每隔 1 秒钟传送 1 K 字节,当 128 K 传送完后,停止 1 分钟,然后又重新开始传送。

2.2　接口技术应用设计

2.2.1　音乐彩灯的设计与实现

1)设计内容:设计并实现随音乐伴奏而按某种规律显示的彩灯。

2)设备与器材:PC 机一台,DVCC—8086JH 实验箱一个(或并行接口芯片 8255A,彩色发光二极管 8 只以上),其他器材任选。

3)设计要求:

①使扬声器演奏音乐。提示:利用 8253 Timer2 使扬声器发声。

②使不同颜色的发光二极管按一定规律发光。提示:使实验箱上的 8255A 作为输出接口,驱动二极管发光。所用端口工作在方式 0,输出即可。

③编制程序使扬声器发声和二极管发光有规律地配合。另外,若为其他实验箱或无实验箱,可参考上述要求,对设计功能进行增删。

2.2.2　基于 PC 机的函数发生器设计与开发

1)设计内容:以 PC 微机为基础设计并开发能输出多种波形且频率可变的函数发生器。

2)设备与器材:PC 机一台,DVCC—8086JH 实验箱一个(或数/模转换器芯片 DAC0832,运算放大器 LF3516),其他器件任选。

3)设计要求:

①能输出正弦波,三角波,锯齿波,脉冲波。

②能根据键盘命令进行波形切换。

③能根据键盘命令和“+”、“-”号对输出波形的频率进行控制和调节。

另外,若没有实验箱,可将电路制作成插件卡,若时间来不及也可在面板上进行调试。

2.2.3　检测与报警系统的设计与开发

1)设计内容:设计并开发能检测模拟信号,并能产生报警信号的系统。

2)设备与器材:PC 机一台,DVCC—8086JH 实验箱一个(或模/数转换器芯片 ADC0809 一个,可编程并行接口芯片 8255A 一片,发光二极管 1 只),其他器件任选。

3)设计要求:

①能对输入的 0 ~5 V 模拟电压信号进行检测。

②能判断所检测的信号是否超界。

③若信号超界则进行声(扬声器),光(发光二极管)报警。

说明:其界限值是自行设定的(如2.5 V),其所对应的数字量为((2.5/5) * 255 = 127.5 = 80H),事先将其存在某寄存器或存储单元。

2.2.4 多路循环数据采集与控制系统的设计与开发

1)设计内容:设计并开发能对8路0~5 V模拟电压信号进行采集,并当超限时输出适当模拟控制信号的系统。

2)设备与器材:PC机一台,DVCC—8086JH实验箱一个(或模/数转换器芯片ADC0809一个,数/模转换器件DAC0832一片,运算放大器LF3516一只),其他器件任选。

3)设计要求:

①能循环采集8路模拟电压信号,每路连续采集8次,取平均值。

②能判断是否超出上、下限。

③当超出上限时(大于上限),输出一个0 V的模拟控制信号,当超出下限时(小于下限),输出一个5 V的模拟控制信号。

说明:这里的上限和下限是自行设定的(如下限为1 V,上限为4 V)。

2.2.5 庆回归图样显示与实现

1)设计内容:设计并实现"1997.7.1"和""(长城图样)的显示。

2)设备与器材:PC机一台,DVCC—8086JH实验箱一个(或并行接口芯片8255A一片,数/模转换器DAC0832一片,LED数码管6只或8只),其他器件任选。

3)设计要求

①使8255A为输出接口,用6只数码管显示"1997.7.1"或用8只LED数码管显示"1997.7.1"。

②让DAC0832每隔100秒输出一次不同的数据,在屏幕上显示的波形高度相差1 V,到0 V后不再改变数据,则显示的为长城图样。

③使人眼看上去上述两者是同时显示的。

2.2.6 频率及持续时间自动控制的数据采集系统

1)设计内容:设计一个每秒采样次数和采样持续时间能用软件自动控制的数据采集系统。

2)设备与器材:PC机一台,DVCC—8086JH实验箱一个(或并行接口芯片8255A一片,定时器/计数器8253一片,模/数转换器ADC0809一片,开关1个),时钟源频率自定,其他器材任选。

3)设计要求

①外来时钟信号送8253的CLK 2,GATE 2由开关控制。

②A/D转换器采集的数据由CPU读入并送去存储,AD采用中断或查询方式工作。

③通过改变定时器的计数初值控制采样频率和采样持续时间。

2.2.7　实时日历/时钟的设计与实现

1)设计内容:设计并实现以实时交替显示日期和时间的实时日历/时钟。

2)设备与器材:PC 机一台,DVCC—8086JH 实验箱一个(或 LED 数码管 6 ~ 8 只,定时器/计数器 8253 一片),锁存器/驱动器等自选,其他器件任选。

3)设计要求

①按一定规律交替显示日期和时间(如每分钟显示一次日期,持续 10 秒,其余显示时间)。

②显示格式:　年　月　日　时　分　秒

③每秒钟更换 40 次显示数据。

2.2.8　双机串行通信的设计与实现

1)设计内容:设计通过串行口实现两台 PC 机之间串行通信的硬件和软件。

2)设备与器材:PC 机两台,DVCC—8086JH 实验箱两个(或串行通信接口 8251A 两片,串行发送器 MC1488 和串行接收器 MC1489 各两片),其他器件任选。

3)设计要求

①能实现在甲机键盘上输入的字符,在乙机 LED 上显示,反之亦然。

②波特率自定,发送格式自定。

③若接收的数据无误,则发送方 LED 上显示"OK"。否则发回发送方并在 LED 上显示所发出的字符。

2.2.9　双机并行通信的设计与实现

1)设计内容:利用并行接口实现两台 PC 机之间的通信。

2)设备与器材:PC 机两台,DVCC—8086JH 实验箱两个(或并行接口芯片 8255A 两片),其他器材任选。

3)设计要求

①用 8255A 实现甲机并行发送在键盘上输入的字符,乙机接收并显示在双方的 LED 上。

②8255A 工作在方式 1。

2.2.10　电子跑表的设计与功能实现

1)设计内容:设计与实现用微机控制的电子跑表的功能。

2)设备与器材:PC 机一台,DVCC—8086JH 实验箱一个(或 LED 数码管 6 只,8 位锁存器/驱动器两片,定时器/计数器 8253 一片),其他器件任选。

3)设计要求:

①显示格式:　分　秒　1/10 秒。

②定义实验箱上的小键盘上的某几个键控制计时开始、停止和清零。

③用 8253 实现计时,误差小于 1/10 秒。

2.2.11 十字路口电子交警的设计与功能实现

1)设计内容:设计用微机控制的十字路口交通灯及撞红灯报警,并用微机实现这些功能。

2)设备与器材:PC 机一台,DVCC—8086JH 实验箱一个(或并行接口芯片 8255A 一片,发光二极管红、绿、黄三色各 4 个,E^2PROM 存储器 2817A 一片,ADC0809 一片),其他器件任选。

3)设计要求:

①用 8255A 驱动三种颜色的十二只发光二极管,用软件使它们模拟十字路口交通灯的功能。

②当某一方向的红灯亮时,若有车辆通过,则用扬声器发声报警。撞红灯的信号可用传感器采集并转换成数字量,这里以采集到一个 3 ~5 V 的模拟量表示。

2.2.12 智能工业供水系统的设计与模拟

1)设计内容:某工业供水系统中有水网供水和大(30 kW)、小(22 kW)两个水泵从地下抽水 3 种方式。为保证供水和节约用水,需设计一个控制系统,根据水网水压在 3 种方式之间自动切换。

2)设备与器材:PC 机一台,DVCC—8086JH 实验箱一个(或 8255A 一片,LED 数码管一只,A/D 转换器 ADC0809 一片,D/A 转换器 DAC0832 一片),其他器件任选。

3)设计要求:

①随时检测水网水压(这里用 0 ~5 V 模拟信号代替)当该信号低于 3 V 时,打开小水泵抽水,当该信号低于 2 V 时,打开大水泵抽水。

②当某一水泵电机过热时(由 0 ~5 V 模拟信号表示发热程度,如该信号大于 4 V 时,表示过热),自动切换到另一泵上,并且显示过热水泵泵号,若两泵电机均过热,则报警,两泵编号交替显示,并切换到水网供水。

③输出的控制信号可用 8255A 的输出或 DAC0832 的输出模拟。

2.2.13 基于 PC 的分频器设计与实现

1)设计内容:设计一个能用微机键盘控制的脉冲信号分频器,并编程实现其功能。

2)设备与器材:PC 机一台,DVCC—8086JH 实验箱一个(或定时器/计数器 8253 一片,LED 数码管一只),其他器件任选。

3)设计要求:

①能对 2 M 以下的脉冲信号进行分频。

②分频系数由小键盘输入(2 ~1 000)。

③由 LED 显示分频系数。

2.2.14 夜班防睡控制、记录器的设计与功能实现

1)设计内容:在 PC 机上实现对值夜班人员的防睡控制和记录睡着时间与次数的功能。

2)设备与器材:PC 机一台,DVCC—8086JH 实验箱一个(或并行接口 8255A 一片,定时器/计数器 8253 一片,LED 数码管 4 只,发光二极管 2 只(红、黄各一只)),其他器件任选。

3)设计要求:

①每10分钟用较柔和的声音提醒一次值班者，值班者按某一按键后复位，计时重新开始。

②若计到11分钟时无人按复位键，则以较急促的声音报警，黄灯闪烁，并每隔10分钟计数器加1。

③当到60分钟时红灯闪烁，并以尖锐的声音持续报警。以LED显示分和秒。显示格式：分　秒。

2.2.15　并行打印机接口的应用设计

1)设计内容：利用PC机的并行打印机接口设计一打印机驱动程序。

2)设备与器材：PC机一台。

3)设计要求：

①送出一个字符打印一个字符。

②每送出一个字符前都要查询打印机状态。当不忙时输出打印数据。

③对打印字符进行计数。

2.2.16　DMA控制器及DMA技术的应用设计

1)设计内容：利用DMA方式对内存某区域定时清零，并将扩展的存储器内容按数据块传送方式传送到清零后的内存储区。

2)设备与器材：PC机一台，DVCC—8086JH实验箱一个(或DMA控制器8237A一片，定时器/计数器8253一片，中断控制器8259A一片)，其他器件任选。

3)设计要求：

①每隔30 ms用DMA方式清除一次某内存区(区域自定)。

②清除的区域立即用扩展的存储器数据填充。

③当收到中断请求信号时，在屏幕上显示，新更换的内存数据。

2.2.17　铁道路口交通管理自动控制系统的设计与功能实现

1)设计内容：设计一个铁道与公路交叉路口的自动交通管理系统。

2)设备与器材：PC机一台，DVCC—8086JH实验箱一个(或ADC0809一片，DAC0832一片，8255A一片，红色和绿色发光二极管各一只)，其他器件任选。

3)设计要求：

①当检测到铁轨振动(火车将到)时，自动发出警报信号，并控制关闭栅栏，同时公路方向红灯亮。

②火车将到时(关闭栅栏后)，当检测到铁路上有物体时，自动发出紧急刹车信号，并以急促的声音报警，同时红灯闪烁。

③当铁轨振动信号由大到小达到一定程度(火车已过)时，自动解除报警，同时打开栅栏门，公路方向绿灯亮。

提示：铁轨振动信号可由振动传感器检测，这里用模拟电压代替，输出的报警信号可用PC机内部的扬声器发声代替，指示灯可由发光二极管代替，关栅栏门信号由输出开头信号表示，输出的紧急刹车信号由DAC0832的输出模拟信号代替。

2.2.18 危重病人护理监测系统的功能实现

1)设计内容:设计一个基于 PC 机的危重病人护理监测系统,并实现相应基本功能。

2)设备与器材:PC 机一台,DVCC—8086JH 实验箱一个(或 ADC0809 一片,DAC0832 一片,8255A 一片,发光二极管 2 只,LED 数码管 6 只),其他器件任选。

3)设计要求:

①监测病人心脏跳动和呼吸,危险时报警,红灯闪烁,并显示房间号和病床号。

②监测病人大小便,大小便后报警,以便及时处理,并显示房间号和病床号。

③病人有紧急需要时按键响铃,呼叫护理人员,并显示房间号和病床号。

提示:心跳,呼吸,大小便都由相应传感器检测。经转换后变为数字信号送入计算机,这里这些检测信号均由模拟电压表示。

2.2.19 事件触发延时处理系统的设计与功能实现

1)设计内容:设计由某外部事件触发后延时一段时间再根据事件性质进行处理的系统,并实现相应功能。

2)设备与器材:PC 机一台,DVCC—8086JH 实验箱一个(或中断控制器 8259A 一片,定时器/计数器 8253 一片,并行接口 8255A 一片,发光二极管 8 只,开关 8 只,LED 数码管一只),其他器件任选。

3)设计要求:

①8259A 的 8 个中断请求输入对应 8 个外部事件,当某一事件触发(申请中断)时,按设定值延迟一段时间,然后读取对应开关状态,根据开关状态控制发光二极管发亮或闪烁等。

②各通道的延迟时间由键盘输入。

③外部事件触发时,用 LED 显示其通道序号。开关闭合时,对应通道二极管亮,开关断开时,对应通道二极管闪烁。

2.2.20 基于 PC 机的智能抢答器的设计与功能实现

1)设计内容:设计基于 PC 机的抢答器,并编程实现其功能。

2)设备与器材:PC 机一台,DVCC—8086JH 实验箱一个,另增加中断控制器 8259A 一片(或 8259A 一片,并行接口 8255A 一片,定时器/计数器 8253 一片,发光二极管 16 只,(红、绿各 8 只),LED 数码管若干只,按钮或按键 10 个),其他器件任选。

3)设计要求:

①1 ~8 号选手中先按下按钮者,LED 数码管显示其选手号码(后按下无效),且计时开始,1 分钟停止计时。

②由裁判掌握,若回答正确,该选手对应绿灯亮,否则红灯亮。

③回答正确时,计分牌加 10 分,不正确减 10 分(满分 100 分)。

提示:由 8259A 接收抢答按钮信号,并设置循环优先级,裁判控制的两个按钮由 8255A 读入,发光二极管及 LED 由 8255A 驱动,计时由 8253 完成。

2.2.21　主从式微机系统的设计与开发

1）设计内容：以 PC 机为主机，单片机为从机，通过串行接口构成主从系统，设计其串行通信的基本功能，并编程实现。

2）设备与器材：PC 机一台，DVCC—8086JH 实验箱一个（或串行接口 8251A 一片，MC1488，MC1489 各一片），单片机 CPU 一片，其他器件任选。

3）设计要求：

①主机能接收从机发来的数据，并显示于屏幕。

②从机能接收主机发来的命令（实际上也是以数据形式出现）。

③上电后两机握手成功，在主机屏幕上显示"OK"。

2.2.22　微机与单片机并行通信的设计与实现

1）设计内容：设计利用并行接口 8255A 实现 PC 机和单片机之间并行通信的硬件，并编程完成双方的简单通信。

2）设备与器材：PC 机一台，DVCC—8086JH 实验箱一个（或并行接口 8255A 两片），单片机 CPU 一片，其他器件任选。

3）设计要求：

①双方上电握手成功后在主机上显示"READY"。

②PC 机能接收单片机的数据，并显示于屏幕上。

③单片机能接收 PC 机的数据，并回答接收成功信号，在 PC 机屏幕上显示"OK"。

2.2.23　步进电机控制系统设计与开发

1）设计内容：设计用微机对四相步进电机的运行方式、方向及速度的自动控制系统，编写汇编程序实现要求的动作。

2）设备与器材：PC 机一台，四相步进电机一个，DVCC—8086JH 实验箱一个（并行接口 8255A 一片，DAC0832 一片，发光二极管 1 只），其他器材任选。

3）设计要求：

①设计控制系统硬件电路。

②编写驱动程序，实现步进电机来回走 100 步，然后微机扬声器发声 10 次，从任意点开始先慢走 50 步，扬声器响两声，停留 50 秒，扬声器再响两声，最后快速退回原处。

2.2.24　电子恐龙动作控制系统设计与功能实现

1）设计内容：设计控制电子恐龙基本动作对触摸、障碍物反应的控制系统，并编程实现相应功能。

2）设备与器材：PC 机一台，DVCC—8086JH 实验箱一个（或模/数转换器 ADC0809 一片，数/模转换器 DAC0832 一片，并行接口 8255A 一片，定时器/计数器 8253 一片，发光二极管两只），其他器件任选。

3）设计要求：

①能四条腿协调动作行走。

②遇到障碍物,停止前行,并鸣叫三声,20 s 后退回。

③当有人触摸其尾巴时,鸣叫三声,眼发红光,且摆尾六次。

提示:恐龙的眼睛用红色发光二极管充当。行走等动作控制信号使用 8255A 输出。对障碍物和触摸的认别由传感器检测信号给出,这里用 ADC0809 的输入信号表示(可自己设定表示是否遇到障碍物或触摸的模拟电压幅值),摆尾控制信号由 DAC0832 输出代替。

2.2.25 天然气燃具定时报告及泄漏报警控制系统设计与实现

1)设计内容:设计对天然气泄漏检测报警和按设定时间进行报告的控制系统,并编程实现相应功能。

2)设备与器材:PC 机一台,DVCC—8086JH 实验箱一个(或模/数转换器 ADC0809 一片,并行接口 8255A 一片,定时器/计数器 8253A 一片,中断控制器 8259A 一片,蜂鸣器一个),其他器件任选。

3)设计要求:

①检测天然气是否有泄漏,若有(到一定浓度,即探测器的灵敏度能够分辨的浓度),则蜂鸣器报警。可设定两个界限值。

②设定燃气开关开启时间(如蒸饭设定 1 小时),到时间后自动报告主人(用蜂鸣器),并自动关闭。

③应至少能控制两个燃具。

提示:检测燃烧现象要用温度传感器,光传感器同时检测,当它们同时满足条件才是燃烧。用相应传感器检测这些信息,这里用 ADC0809 的输入模拟电压代替。控制开关的开和关可用 8255A 和 8259A 实现。

2.2.26 广告屏的设计与开发

1)设计内容:用发光二极管阵列组成大屏幕,用并行接口输出信号,控制其显示字符,汉字及图形。

2)设备与器材:PC 机一台,DVCC—8086JH 实验箱一个,另加发光二极管若干只,并行接口 8255A 若干片(或并行接口 8255A 若干片,中断控制器 8259A 一片,定时器/计数器 8253 一片,发光二极管若干只),其他器材任选。

3)设计要求:

①发光二极管阵列小于 6×8。

②编写驱动程序实现,动态显示 1~2 个简单汉字和 1 个较简单的图形。

③汉字和图形可移动,可闪烁,可交替显示。

2.2.27 音乐喷泉控制系统的设计与开发

1)设计内容:设计随音乐节拍变化的喷泉控制系统,并编程实现其相应功能。

2)设备与器材:PC 机一台,DVCC—8086JH 实验箱一个(或并行接口 8255A 若干片,定时器/计数器 8253 一片,中断控制器 8259A 一片,数/模转换器 DAC0832 若干片),其他器件任选。

3）设计要求：

①用 PC 机扬声器弹奏音乐。

②按音乐节拍快慢等变化控制喷泉的各喷头水柱高低变化、有无变化，以构成各种造型。

提示：对水柱的控制用 DAC0832 的输出信号，而 DAC0832 的输入数字另用 8255A 各端口提供。8253 用于各种定时和定时申请中断，8259A 用于接收并管理中断。

2.2.28　手势翻译控制器设计与开发

1）设计内容：设计将聋哑人的手势经计算机翻译在屏幕上显示汉字的控制系统，并实现简单功能。

2）设备与器材：PC 机一台，DVCC—8086JH 实验箱一个（或中断控制器 8259A 一片，模/数转换器 ADC0809 一片），其他器件任选。

3）设计要求：

①采集 5 个手指的动作变化信号。

②判断动作，组合成有效手势。

③根据动作编号查表翻译成汉字编码并送显示。

④以某个手势为例编写程序。

提示：手指动作用相应传感器检测，转换成模拟电压，再经 A/D 变成数字信号。这里直接电 0 ~5 V 模拟电压代替。一个手势可能包含几个动作，因此，要将 5 个手指的动作综合起来才能判断是什么手势。

2.2.29　多路闭环数据采集与控制系统设计与开发

1）设计内容：用 ADC0809 对 8 路模拟信号进行采集，其中 4 路的输入为外来模拟电压，另外 4 路为 DAC0832 输出经运放得到的模拟电压，同时将 DAC0832 的输出接外部电路，作为对前 4 路被采集对象的控制信号。

2）设备与器材：PC 机一台，DVCC—8086JH 实验箱一个，另加 3 片 DAC0832（或模/数转换器 ADC0809 一片，数/模转换器 DAC0832 一片，中断控制器 8259A 一片，定时器/计数器 8253 一片），其他器材任选。

3）设计要求：

①能对 8 个通道循环采集。

②能对前 4 个通道循环采集。

③能按指定通道采集。

④定义 3 个按键或设置 3 个开关控制系统工作在 3 种方式之一。

2.2.30　家电照明综合控制系统设计与功能实现

1）设计内容：用家庭电脑统一控制所有家电及照明，并编程实现综合的自动控制功能。

2）设备与器材：PC 机一台，DVCC—8086JH 实验箱一个（或并行接口 8255A 一片，中断控制器 8259A 一片，定时器/计数器 8253 一片，数/模转换器 DAC0832 若干片，模/数转换器 ADC0809 若干片），其他器材任选。

3)设计要求:

①能对电视、冰箱、微波炉、空调等自动开关、换挡;

②照明灯、排气分组分区控制;

③定时关闭电器、电灯等。

提示:此题目所实现的功能目前只是一种设想,要真正完成这些功能要用到许多其他专业技术,且要考虑许多方面的问题。这里仅是一种简单的控制系统的模拟,因此,仅按给定条件输出控制信号就行了。如:室内温度达到30度时输出空调制冷控制信号,且设定所需温度,当室内温度达10度时,输出空调制热信号,且设定所需温度(用键盘输入数字表示)。

检测温度等信号用传感器实现,但这里用模拟电压代替,经A/D转换成数字信号,由计算机读入。

第3章 课程设计实例

3.1 CPU 系统设计实例

1)设计内容:设计一个 8088 系统,要求接成最大模式。地址锁存器选用 74LS373,数据总线收发器选用 74LS245,时钟发生器选用 8284,中断控制器选用 8259A,总线控制器选用 8288。

2)设备与器材

8086/8088 开发机一台,8088CPU 一片,74LS373 三片,74LS245 一片,8259A 一片,8284 一片。

3)设计方案

①原理框图:

整个 CPU 系统以 8088 微处理器为核心,扩充外围支持芯片后形成三总线(地址总线,数据总线,控制总线)结构,这就是 CPU 系统。若总线上挂接上 ROM,RAM 和 I/O 接口,就构成微机了。这个 CPU 系统的原理框图如图3.1所示。

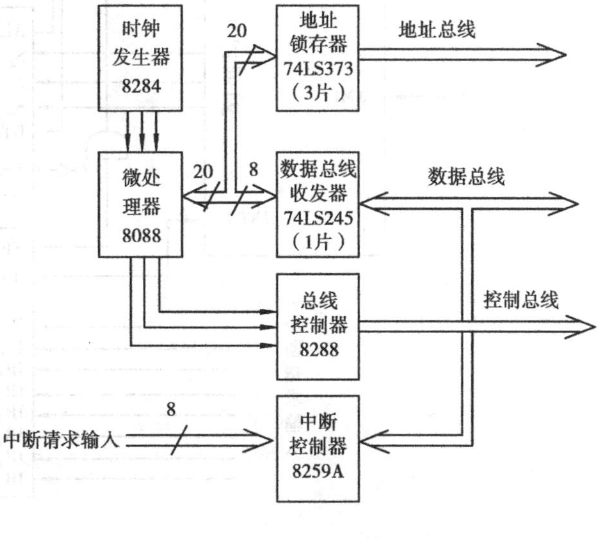

图 3.1　CPU 系统原理图

②原理电路图:

图 3.2 为 CPU 系统原理电路图。其中,8284 有三条线与 CPU 连接:CLK 为主频率信号,由外部晶体振荡器产生,经 8284 内部三分频送给 8088,作为整个系统定时的基准。RESET 为复位信号,由外电路提供(如上电或按钮),

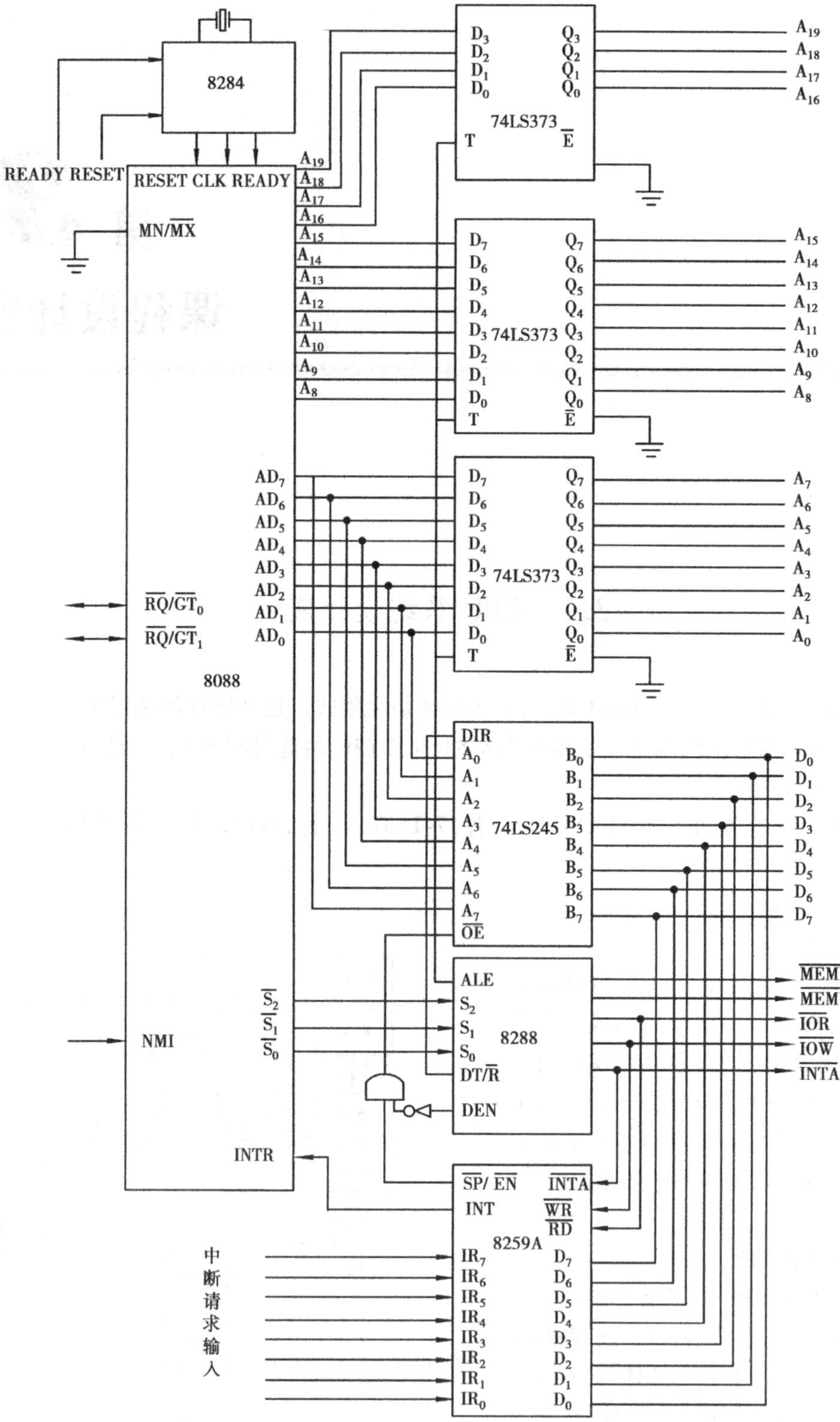

图 3.2　CPU 系统原理电路图

经8284整理和同步送8088作为系统复位。READY为准备好的信号，由外电路提供，经8284整理和同步送8088，它是当外设或低速存储器跟不上CPU速度时向CPU发出的联络信号，即READY为低电平时CPU在执行总线周期中插入等待状态，当READY变为高电平后，CPU退出等待状态，执行信息传送操作。

将8088的MN/$\overline{MX}$引脚接成低电平（这里直接接地），就使其工作在最大模式。

RQ/$\overline{GT_0}$和RQ/$\overline{GT_1}$，一般接其他总线模块，如数值协处理器8087，输入/输出协外处理器8089，DMA控制器8237A等。

8088的NMI引脚是外部非屏蔽中断，在系统中它应接外部非屏蔽中断逻辑的输出。INTR是外部可屏蔽中断输入引脚，系统用8259A管理可屏蔽中断。因此，8259A的中断请求输出接8088的可屏蔽中断请求输入INTR。

三片地址锁存器74LS373在地址锁存信号ALE的控制下将20位地址锁存，形成20位的地址总线。在最大模式下，ALE信号由总线控制器8288产生。74LS373的能使端E直接接地。

数据总线收/发器74LS245在DIR信号控制下实现数据双向传输，即当DIR为高电平时，数据由A组传向B组，而当DIR为低电平时，数据由B组传向A组。这个DIR信号恰好可由8288的DT/$\overline{R}$（数据收/发控制信号）提供，DT/$\overline{R}$=1时，数据由CPU写出，DT/$\overline{R}$=0时，数据由CPU读入提供。74LS245的使能端$\overline{OE}$由两个信号产生，一个是8288的数据允许信号DEN，另一个是8259A将对应的中断类型码经数据总线送到CPU，这时8259A会自动从$\overline{SP}$/$\overline{EN}$引脚输出一低电平信号。图中8288的DEN经反向后同8259A的$\overline{SP}$/$\overline{EN}$一起送二输入与门输入端，其输出接74LS245的$\overline{OE}$。

8288与CPU之间有三条状态线S_2，S_1，S_0相连，根据这三条线的不同状态，8288会输出不同的控制信号，如I/O读周期（$S_2S_1S_0$=001），8288自动输出$\overline{IORC}$=0，DT/$\overline{R}$=0，DEN=1以及ALE信号，内存写周期（$S_2S_1S_0$=110），8288自动输出$\overline{MWTC}$=0，DT/$\overline{R}$=1，DEN=1，以及ALE信号。中断响应周期（$S_2S_1S_0$=000），8288会自动输出INTA=0，DT/$\overline{R}$=0信号。

4）方案论证（略）

5）调试过程（略）

6）收获体会（略）

3.2 存储器扩展设计实例

1）内容：以例1的CPU系统为基础扩展64 KB动态RAM，64 KB静态RAM，8 KB EPROM，4 KB E^2PROM。

2）设备与器材：8088开发机一台，存贮器4164八片，62256两片，2764一片，2817A两片，74LS138两片，二输入或门三片，8255A一片，反相器74LS04一片。

3）设计要求：

①将它们的地址空间分别安排在：

动态RAM：00000H—0FFFFH

静态RAM：10000H—1FFFFH

EPROM:20000H—21FFFH

E^2PROM:30000H—30FFFH

②实现所有存贮单元的读功能和除 EPROM 以外的写功能。

③编程实现将 EPROM 的数据传输到静态 RAM 的对应单元。

提示:实现第 3 点要求时,可将 64 KB 静态 RAM 分为 8 组,每组 8 KB。

4)设计方案:

①硬件原理框图

按本题要求,硬件原理框图如图 3.3 所示。

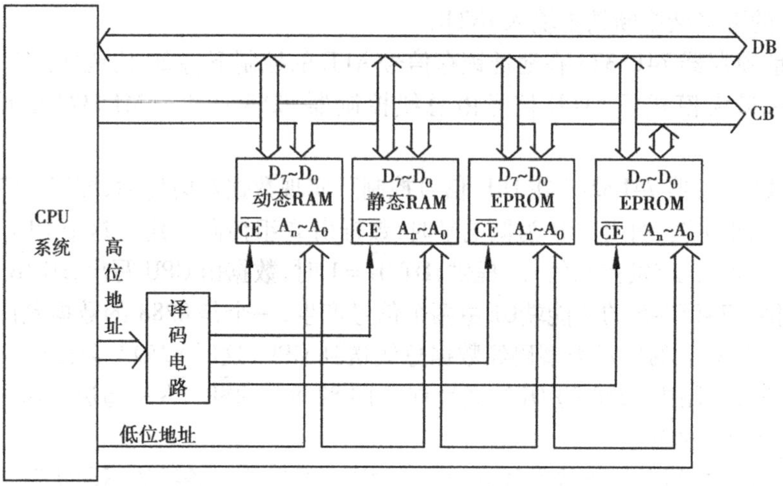

图 3.3　存储器扩展原理图

②原理电路图

不同的半导体存储器芯片,在引脚上有所差别,具体连接时要注意这些引脚的使用。本题原理电路见图 3.4。

关于图 3.4,说明如下:

4164 是 64 K×1 的动态 RAM,需要 8 片通过扩展构成 64 K×8 的容量,由于是位扩展,这 8 片的片选信号是接到一起的,即 8 片同时选中,才算选中其中的一个单元。

静态 RAM62256 是 32 K×8 的,需要两片通过字扩展组成 64 K×8 的 RAM 空间,这两片使用不同的片选信号,但要保证地址是连续的,从所设计的译码电路看满足了这一要求。

2817A 是 2 K×8 的容量,需要两片通过字扩展构成 4 K×8 的 E^2PROM 存储空间,它们使用不同的片选信号,而寻址空间设计成连续的。另外,2817A 写入数据时输出一个状态信号给 CPU,这里通过 8255A 的 B 端口读入。

4164 的 16 位地址分两次输入到该芯片内,当$\overline{RAS}$有效时,送行地址 A_7 ~ A_0,当$\overline{CAS}$有效时送列地址 A_{15} ~ A_8,这里使用四组二选一数据选择器 74LS158,在$\overline{RAS}$和$\overline{CAS}$的控制下分别选送行、列地址,当选择控制端 S=0 时,选通 A 组。当 S=1 时,选通 B 组,这里将 S 接$\overline{CAS}$,G 是使能端,这里由$\overline{MEMR}$和$\overline{MEMW}$相与产生 G。

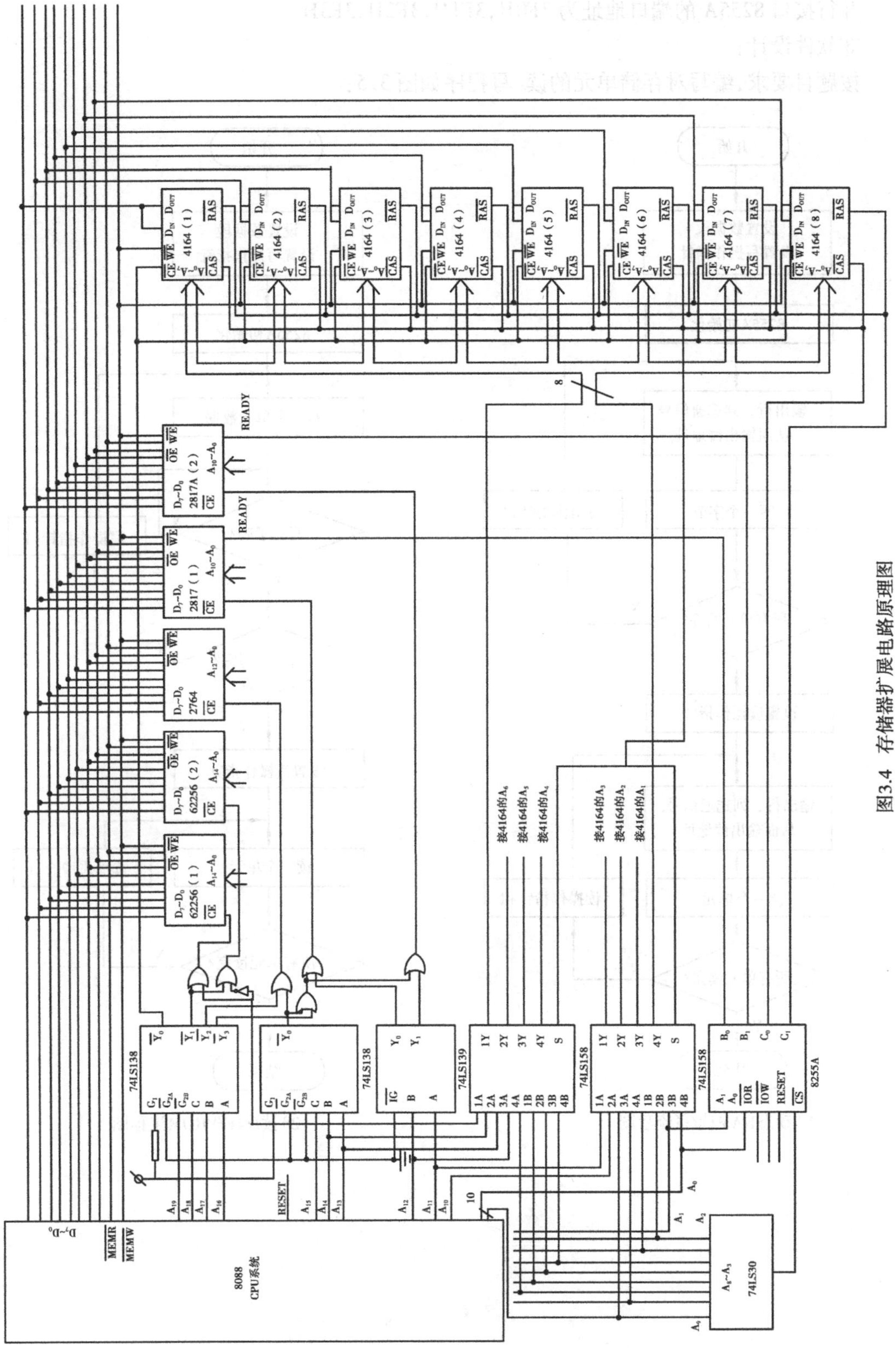

图3.4 存储器扩展电路原理图

并行接口 8255A 的端口地址为 3F0H,3F1H,3F2H,3F3H。

③软件设计:

按题目要求,编写对存储单元的读/写程序如图 3.5:

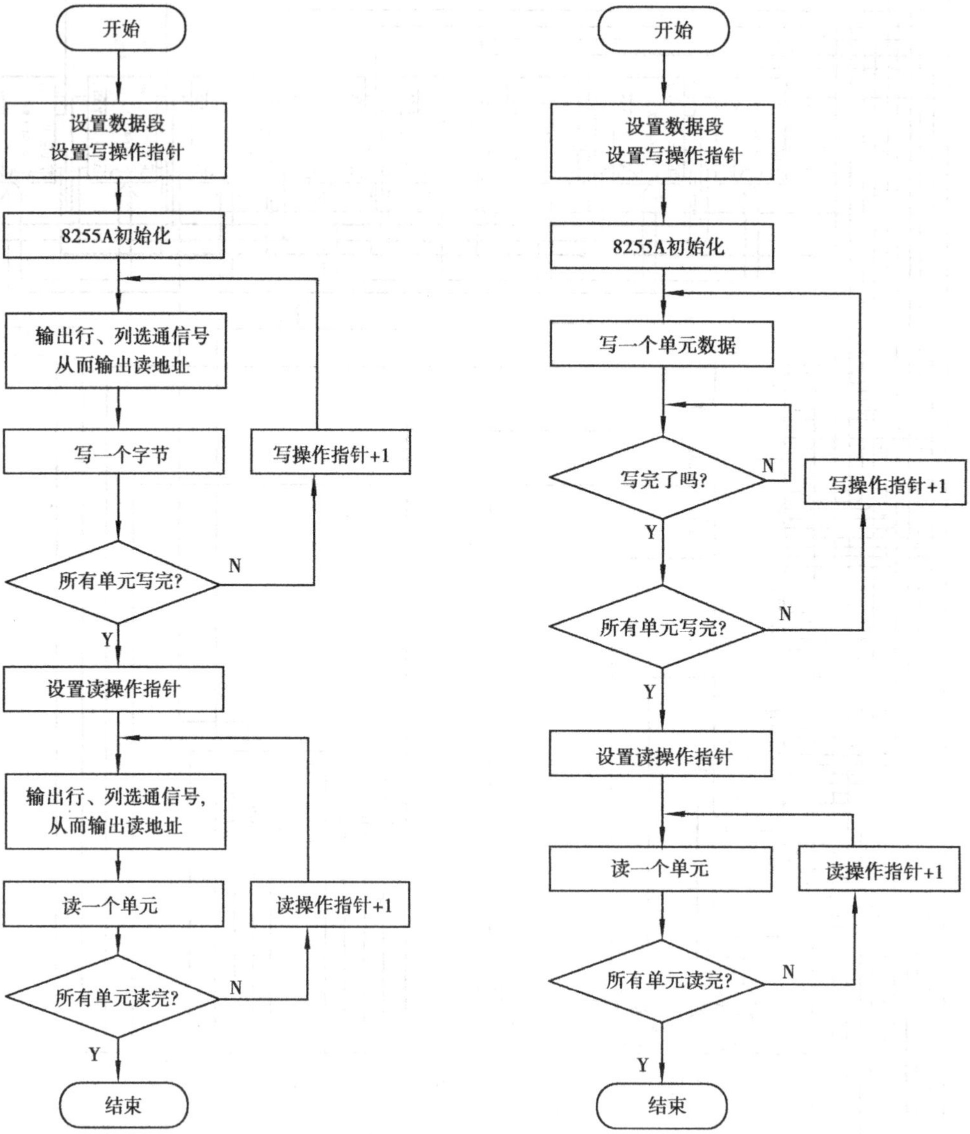

(1)动态RAM读/写流程图　　(2)读/写E^2PROM流程图

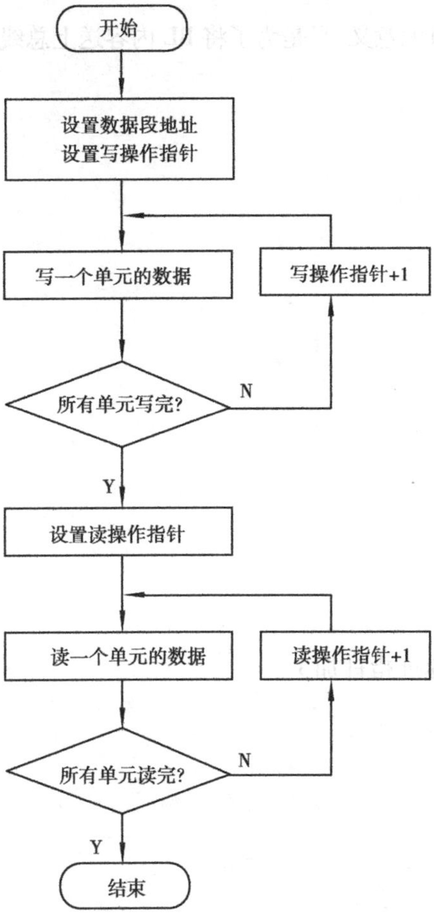

(3)静态RAM读/写流程图

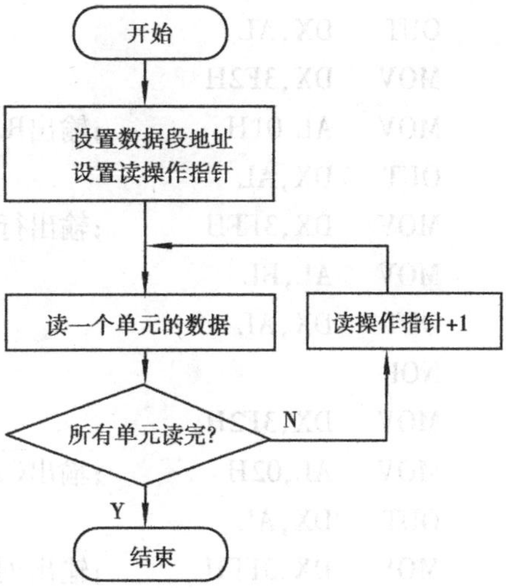

(4)读EPROM流程图

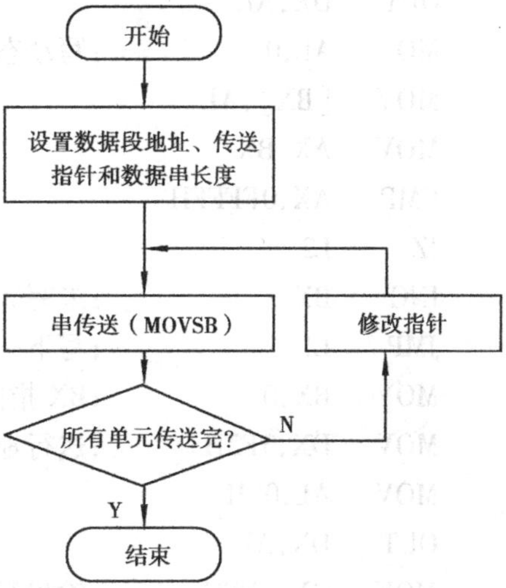

(5)EPROM到静态RAM传送流程图

图 3.5　存储器读/写流程图

程序清单：

;读/写动态 RAM 程序：

```
CODE   SEGMENT
       ASSUME  CS:CODE
START: PUSH   DS            ;设置返回地址
       MOV    AX,0
       PUSH   AX
       MOV    DS,AX         ;DS 指向现行数据段
       MOV    BX,AX         ;设置读/写操作地址指针
       MOV    DX,3F3H       ;8255A 初始化
       MOV    AL,82H
```

```
        OUT   DX,AL
L1:     MOV   DX,3F2H
        MOV   AL,01H        ;输出RAS信号
        OUT   DX,AL
        MOV   DX,3FFH       ;输出行地址(此端口无意义,只是为了将 BL 内容送上总线)
        MOV   AL,BL
        OUT   DX,AL
        NOP
        MOV   DX,3F2H
        MOV   AL,02H        ;输出CAS信号
        OUT   DX,AL
        MOV   DX,3FFH       ;输出列地址
        MOV   AL,BH
        OUT   DX,AL
        MOV   AL,0          ;写动态 RAM 单元
        MOV   [BX],AL
        MOV   AX,BX
        CMP   AX,0FFFFH
        JZ    L2
        INC   BX            ;未写完所有单元,地址指针加 1
        JMP   L1            ;写下一单元
L2:     MOV   BX,0          ;BX 指向基地址
L3:     MOV   DX,3F2H       ;送行地址选通信号
        MOV   AL,01H
        OUT   DX,AL
        MOV   DX,3FFH       ;输出行地址
        MOV   AL,BL
        OUT   DX,AL
        NOP
        MOV   DX,3F2H       ;送列地址选通信号
        MOV   AL,02H
        OUT   DX,AL
        MOV   DX,3FFH       ;输出列地址
        MOV   AL,BH
        OUT   DX,AL
        MOV   AL,[BX]       ;读动态 RAM 单元
        MOV   AX,BX         ;所有单元都读完了吗?
        CMP   AX,0FFFFH
        JZ    L4            ;读完了返回 DOS
```

```
        INC     BX              ;未读完指针加 1
        JMP     L3              ;读下一单元
L4:     MOV     AX,4C00H        ;返回 DOS
        INT     21H
CODE    ENDS
        END     START
```

;读写静态 RAM 程序:

```
CODE    SEGMENT
        ASSUME  CS:CODE
START:  PUSH    DS              ;设置返回地址
        MOV     AX,0
        PUSH    AX
        MOV     AX,1000H        ;设置现行数据段地址
        MOV     DS,AX
        MOV     BX,0            ;设置读/写基地址
L1:     MOV     [BX],AL         ;写静态 RAM 单元
        MOV     AX,BX
        CMP     AX,0FFFFH       ;所有单元都写完了吗?
        JZ      L2              ;写完了转去执行读操作
        INC     BX              ;地址加 1
        JMP     L1              ;写下一单元
L2:     MOV     BX,0            ;设置基地址指针
L3:     MOV     AL,[BX]         ;读静态 RAM 单元
        MOV     AX,BX           ;读完所有单元了吗?
        CMP     AX,0FFFFH
        JZ      L4              ;读完了返回 DOS
        INC     BX              ;否则指向下一单元
        JMP     L3              ;读下一单元
L4:     MOV     AX,4C00H        ;返回 DOS
        INT     21H
CODE    ENDS
        END     START
```

;读 EPROM 程序:

```
CODE    SEGMENT
        ASSUME  CS:CODE
START:  PUSH    DS              ;设置返回地址
        MOV     AX,0
```

```
        PUSH   AX
        MOV    AX,2000H        ;设置现行数据段地址
        MOV    DS,AX
        MOV    BX,0            ;设置地址指针
L1:     MOV    AL,[BX]         ;读 EPROM 单元
        MOV    AX,BX
        CMP    AX,1FFFH        ;是否读完所有单元?
        JZ     L2              ;读完返回 DOS
        INC    BX              ;否则地址加 1
        JMP    L1              ;读下一单元
L2:     MOV    AX,4C00H        ;返回 DOS
        INT    21H
CODE    ENDS
        END    START

;读/写 E²PROM 程序:
CODE    SEGMENT
        ASSUME   CS:CODE
START:  PUSH   DS              ;设置返回地址
        MOV    AX,0
        PUSH   AX
        MOV    DX,3F3H         ;8255A 的初始化
        MOV    AL,82H
        OUT    DX,AL
        MOV    AX,3000H        ;设置现行数据段地址
        MOV    DS,AX
        MOV    BX,0            ;设置地址指针
L0:     MOV    [BX],AL         ;写数据
        MOV    AX,BX
        CMP    AX,07FFH        ;是否写完前 2 K
        JZ     L2              ;写完前 2 K,转去判断是否写完后 2 K
        MOV    DX,3F1H         ;未写完前 2 K,则读入 2817A(1)的状态
L1:     IN     AL,DX           ;READY = 1?
        TEST   AL,2
        JZ     L1              ;READY = 0,等待
        INC    BX              ;READY = 1,地址加 1
        JMP    L0              ;写下一单元
L2:     CMP    AX,0FFFH        ;是否写完后 2 K?
        JZ     L4              ;写完转去执行读操作
```

```
        MOV     DX,3F1H         ;否则,读入 2817A(2)的状态
L3:     IN      AL,DX
        TEST    AL,1            ;READY =1 吗?
        JZ      L3              ;READY =0,则等待
        INC     BX              ;READY =1,则写下一单元
        JMP     L0
L4:     MOV     BX,0            ;BX 指向 E²PROM 起始地址
L5:     MOV     AL,[BX]         ;读 E²PROM 单元
        MOV     AX,BX           ;所有单元都读完了吗?
        CMP     AX,0FFFH
        JZ      L6              ;读完了返回 DOS
        INC     BX              ;否则地址加 1
        JMP     L5              ;读下一单元
L6:     MOV     AX,4C00H        ;返回 DOS
        INT     21H
CODE    ENDS
        END     START

;将 EPROM 的内容传送到静态 RAM 的程序:
CODE    SEGMENT
        ASSUME  CS:CODE
START:  PUSH    DS              ;设置返回地址
        MOV     AX,0
        PUSH    AX
        MOV     ES,AX           ;ES 指向 0000H
        MOV     SI,AX           ;设置源串指针
        MOV     DI,AX           ;设置目的指针
L0:     MOV     DS,AX           ;DS 指向现行数据段
        MOV     CX,1FFFH        ;设置串长度
        MOVSB                   ;串传送
        MOV     AX,DI           ;64 K 传完了吗(8 组都传完了吗)?
        CMP     AX,0FFFFH
        JZ      L1              ;传完了返回 DOS
        MOV     AX,0            ;否则传送下一组
        JMP     L0
L1:     MOV     AX,4C00H
        INT     21H
CODE    ENDS
        END     START
```

3.3 接口技术应用设计实例

3.3.1 数据采集与控制

1)设计内容:对八路0~5 V的模拟电压进行循环采集,超出界限时指示灯闪烁,且能输出控制信号进行调节。

2)设备与器材:PC机一台,DVCC—8086JH实验箱一个。

3)设计要求:

①对8路模拟输入实行循环采集,每路连续采集16次,取平均值。

②分别设定每一路的上限值,若采集的平均值超过该界限值,则对应通道的指示灯闪烁10次以后一直亮,以示警告。

③对于第0路,则设定一个下限和一个上限,当采集的平均值小于下限时,输出一个较大的模拟信号作为向大的方向的调节控制信号;当采集的平均值大于上限时,输出一个较小的模拟信号作为向小的方向调节的控制信号,且两种超限指示灯均闪烁10次后亮。

④CPU以软件延时方式读取采集数据。

4)设计方案:

实验箱上本来就有A/D转换电路,它以ADC0809为核心,输出数字量直接与PC总线的数据线连接,可通过短接线将输入与电位器可调端相接,作为0~5 V模拟量输入。利用D/A转换器DAC0832(实验箱上具有一个D/A转换电路)经运算放大器转换后的电压输出作为输出的控制信号,也可以作为ADC0809的输入。

①硬件原理框图,见图3.6。

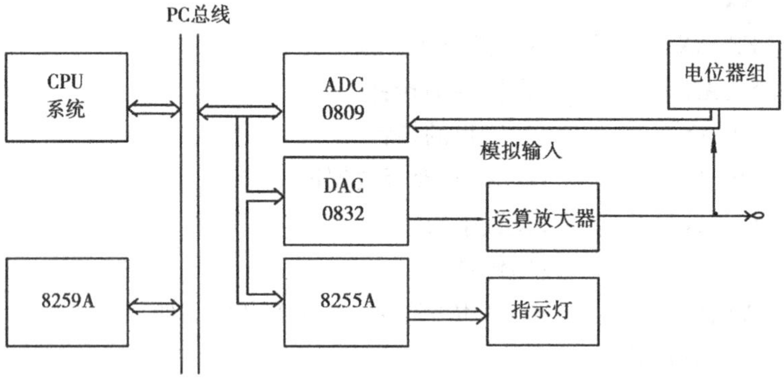

图3.6 数据采集与控制系统原理图

②原理电路图,见图3.7。

说明:ADC0809的8路模拟输入分别由W_1,W_2,W_3和DAC0832产生由于实验箱上只有两个电位器和一个DAC0832,所以按图中接法,IN_0由W_1提供,IN_1和IN_2由W_2提供,IN_3和IN_4由W_3提供,IN_5,IN_6,IN_7由DAC0832提供。同时,DAC0832的输出又作为调节IN_0的控制信号。

ADC0809采用软件延时的方式工作。CPU将转换数据读到累加器,然后存入存储单元。

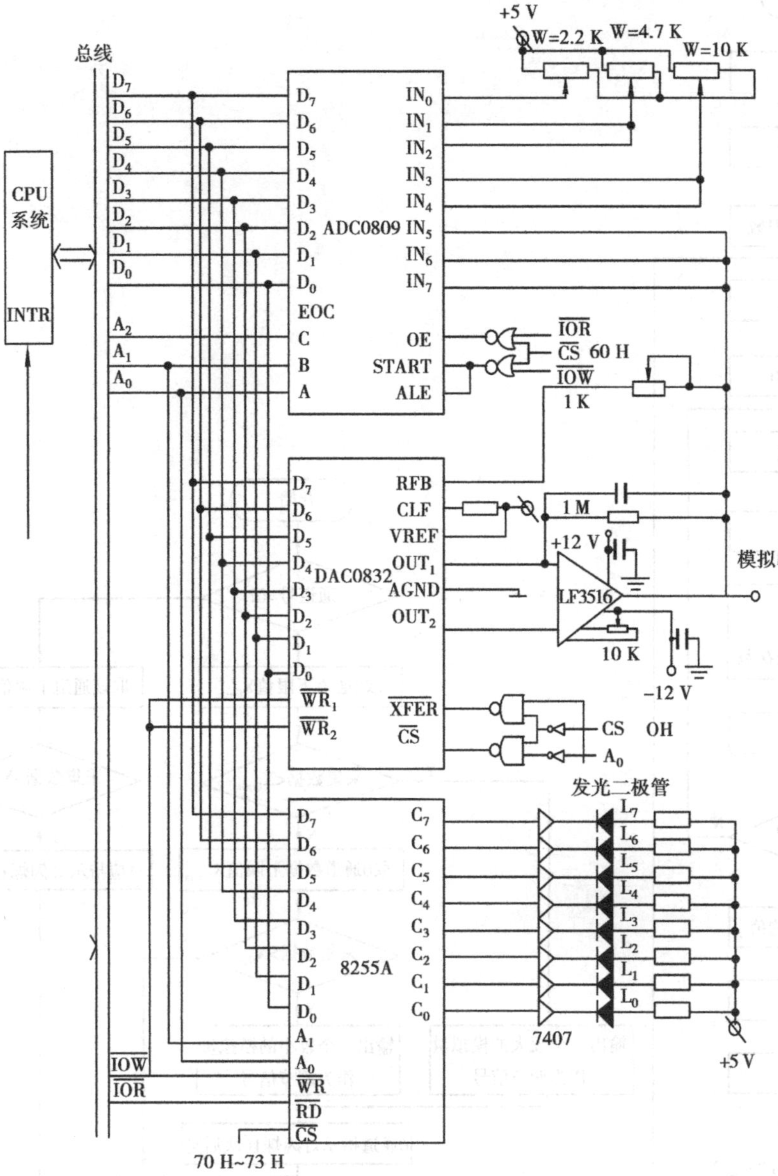

图3.7 数据采集与控制系统原理图

启动ADC0809转换时,首先要向对应通道(由C,B,A端编码决定)发出写操作信号。这包括3个意思:发出C,B,A编码和CS信号,它们共同决定选中的通道;使ALE信号为高电平,锁存C,B,A编码(通道地址低3位);使START信号为高电平,启动转换。这与写操作的内容是无关的。按图中接法,只要对这个地址发出写动作就可以了。

时钟信号是由实验箱上的2 MHz振荡源经分频后得到的脉冲。

DAC0832的输入是由软件产生的。

③软件流程图,见图3.8。

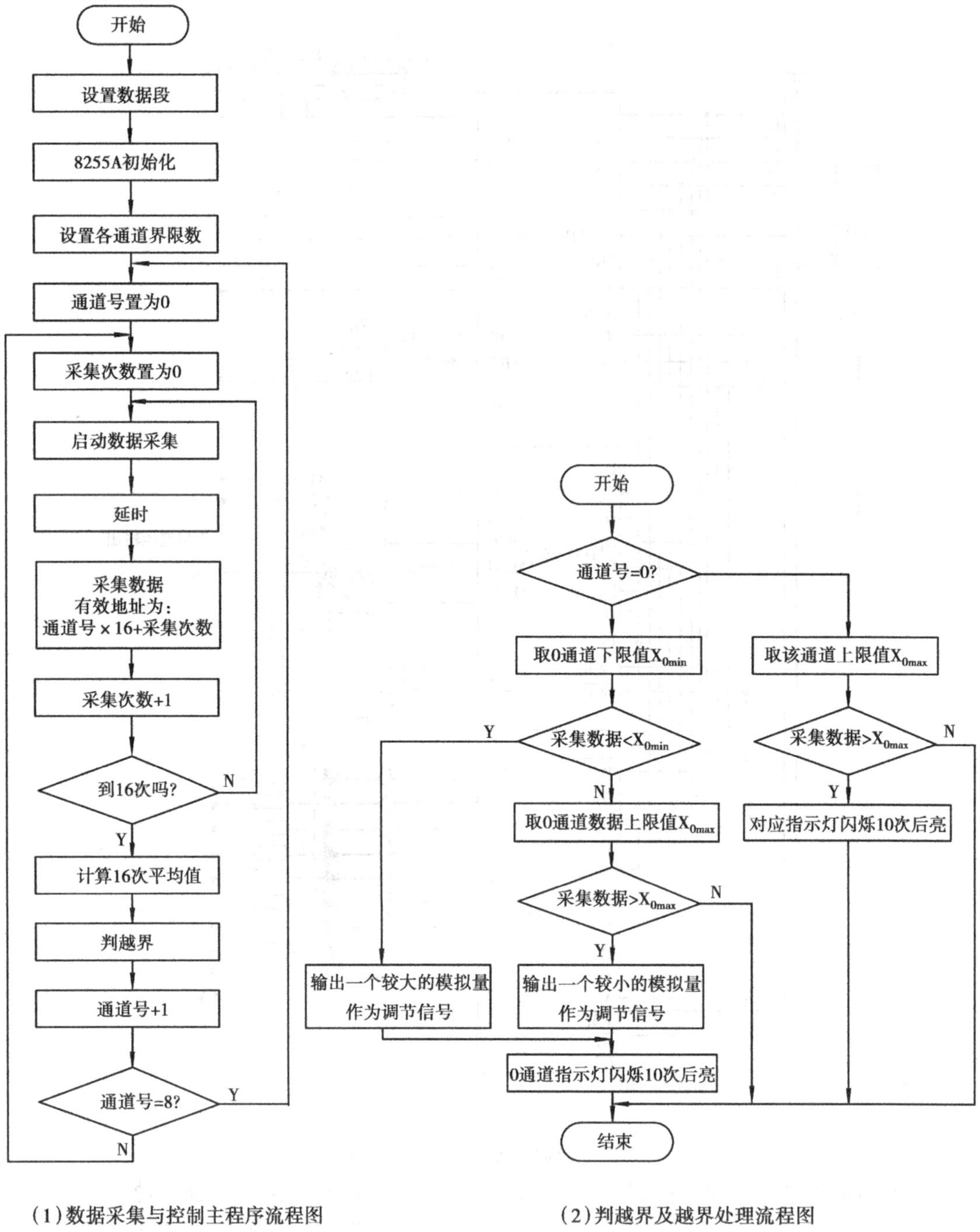

图 3.8　数据采集与控制系统流程图

④程序清单

主程序:

```
CODE SEGMENT
ASSUME CS:CODE
```

```
        ORG 1000H
        CONTPORT   EQU   00DFH      ;8279 的控制端口地址
        DATAPORT   EQU   00DEH      ;8279 的数据端口地址
        DATA1      EQU   0580H      ;待显示数据放在这个地方
        DATA2      EQU   0500H      ;这是显示数据的转换表格,不能修改
                                    ;可显示的数据为 0 ~ F,可显示的位置为 0 ~ 7
        P8255A     EQU   70H        ;定义各接口芯片的端口地址
        P8255B     EQU   71H
        P8255C     EQU   72H
        P8255CN    EQU   73H
        P8259O     EQU   21H
        P8259E     EQU   20H
        INTPORT1   EQU   0020H
        INTPORT2   EQU   0021H
        P08090     EQU   60H
        P0832      EQU   0H
        BUFF       EQU   700H       ;定义数据采集缓冲区
        AVER       EQU   800H       ;保留各通道平均值单元
        X0MIN      EQU   DS:[610H]  ;保留各通道界限值单元
        X0MAX      EQU   DS:[611H]
        X1MAX      EQU   DS:[612H]
        X2MAX      EQU   DS:[613H]
        X3MAX      EQU   DS:[614H]
        X4MAX      EQU   DS:[615H]
        X5MAX      EQU   DS:[616H]
        X6MAX      EQU   DS:[617H]
        X7MAX      EQU   DS:[618H]
        LED EQU BYTE PTR DS:[619H]
MAIN:
        MOV        AX,0             ;使 DS 指向现行数据段
        MOV        DS, AX
        MOV        SS,AX
        MOV        SP,900H          ;使 SP 指向栈顶
        CALL       INIT8279
DATA:
        MOV        DX,P8255CN       ;8255A 初始化,端口 A,B,C 均工作于方式 0,输出
        MOV        AL,80H
        OUT        DX,AL
        MOV        AL,0FFH
```

```
        MOV     DX,P8255B
        OUT     DX,AL
        MOV     AL,10H          ;设置 0 通道的下限值
        MOV     X0MIN ,AL
        MOV     AL,80H          ;设置 0 通道的上限值
        MOV     X0MAX,AL
        MOV     AL,90H          ;设置 1 通道的上限值
        MOV     X1MAX,AL
        MOV     AL,0A0H         ;设置 2 通道的上限值
        MOV     X2MAX,AL
        MOV     AL,0B0H         ;设置 3 通道的上限值
        MOV     X3MAX,AL
        MOV     AL,0C0H         ;设置 4 通道的上限值
        MOV     X4MAX,AL
        MOV     AL,0D0H         ;设置 5 通道的上限值
        MOV     X5MAX, AL
        MOV     AL,0E0H         ;设置 6 通道的上限值
        MOV     X6MAX, AL
        MOV     AL,0F0H         ;设置 7 通道的上限值
        MOV     X7MAX ,AL

L0:     MOV     LED,0
        MOV     SI, 0           ;通道号置为 0
        MOV     DX,60H
L1:     MOV     CX,0            ;采集次数置为 0
L2:     MOV     AL,0
        MOV     DX,60H
        OUT     DX,AL           ;启动数据采集
        PUSH    CX
        MOV     CX,500
        LOOP     $
        POP     CX
        IN      AL,DX
        MOV     DI,AX
        MOV     AX,SI           ;取通道号
        MOV     BL,16           ;通道号 ×16
        MUL     BL
        ADD     AX,CX           ;(通道号 ×16 + 采集次数) = 存储器单元地址
        MOV     BX,AX           ;存储单元地址送 BX
```

```
        ADD     BX,BUFF
        MOV     AX,DI               ;取采集数据
        MOV     [BX],AL             ;存采集数据
        INC     CX                  ;采集次数加 1
        CMP     CX,16               ;到 16 次了吗?
        JNE     L2                  ;没到 16 次转 L2
        PUSH    AX                  ;到 16 次,则取平均值
        PUSH    CX
        MOV     AX,0
        MOV     CX,15
        MOV     AL,[BX]
L3:     DEC     BX
        ADD     AL,[BX]
        JNC     L4
        INC     AH
L4:     LOOP    L3
        PUSH    BX
        MOV     BL,16
        DIV     BL
        POP     BX
        CALL    PYJ
        INC     SI                  ;通道号加 1
        INC     DX
        CMP     SI,8                ;通道号 =8?
        JNE     L1                  ;≠8 转 L1(采集下一通道)
        JMP     L0                  ; =8 转 L0(进行下一轮采集)
ADINT:  PUSH    AX                  ;中断服务程序,保护现场
        IN      AL,DX               ;读采集数据
        MOV     DI,AX               ;保存
        POP     AX                  ;恢复现场
        MOV     AL,20H              ;发中断结束命令
        OUT     20H ,AL
        IRET                        ;中断返回
PYJ     PROC    NEAR                ;定义过程(判越界)
        CALL    DELAY
        PUSH    AX
        MOV     AH,3
        CALL    FORMAT
        MOV     AX,SI
```

```
        MOV     AH,6
        CALL    FORMAT
        CALL    DISP
        POP     AX
        CMP     SI,0            ;是0通道吗?
        JNZ     L9
        CMP     AL,X0MIN        ;与0通道下限值比较
        JC      L8              ;<X0MIN转L8
        CMP     AL,X0MAX        ;否则与0通道上限值比较
        JNA     L7
        MOV     AL,0            ;输出一较小模拟调节信号
        MOV     DX,P0832
        OUT     DX,AL
L6:     OR      LED,80H
        JMP     BJ

L7:     RET
L8:     PUSH    DX              ;输出一较大模拟调节信号
        MOV     DX,P0832
        MOV     AL,0FFH
        OUT     DX,AL
        POP     DX
        JMP     L6
L9:     MOV     BX,SI           ;取通道号
        CMP     BL,1            ;是1通道吗?
        JZ      L10             ;是转L10
        CMP     BL,2            ;是2通道吗?
        JZ      L11             ;是转L11
        CMP     BL,3            ;是3通道吗?
        JZ      L12             ;是转L12
        CMP     BL,4            ;是4通道吗?
        JZ      L13             ;是转L13
        CMP     BL,5            ;是5通道吗?
        JZ      L14             ;是转L14
        CMP     BL,6            ;是6通道吗?
        JZ      L15             ;是转L15
        CMP     AL, X7MAX       ;与X7MAX比较
        JNA     L7              ;不越界转L7
        OR      LED,1H
```

```
        JMP     BJ
L10:    CMP     AL,X1MAX        ;与 X1MAX 比较
        JNA     L7              ;不越界转 L7
        OR      LED,40H
        JMP     BJ
L11:    CMP     AL,X2MAX
        JNA     L7
        OR      LED,20H
        JMP     BJ
L12:    CMP     AL,X3MAX
        JNA     L7
        OR      LED,10H
        JMP     BJ
L13:    CMP     AL,X4MAX
        JNA     L7
        OR      LED,8H
        JMP     BJ
L14:    CMP     AL,X5MAX
        JNA     L7
        OR      LED,4H
        JMP     BJ
L15:    CMP     AL,X6MAX
        JNA     L151
        OR      LED,2H
        JMP     BJ
L151:   RET
BJ:                             ;灯闪烁 10 次后常亮
        PUSH    AX
        PUSH    DX
        PUSH    CX
        PUSH    BX
        MOV     AH,0
        MOV     AL,LED
        CALL    FORMAT
        CALL    DISP
        MOV     AL,LED
        MOV     BX,AX
        MOV     CX,2
        MOV     DX,P8255B       ;越界,对应指示灯闪烁 10 次后亮
```

```
        NOT     BX
L101:   MOV     AL,BL
        OUT     DX,AL
        CALL    DELAY
        MOV     AL,0FFH
        OUT     DX,AL
        CALL    DELAY
        LOOP    L101
        MOV     AX,BX
        OUT     DX,AL
        POP     BX
        POP     CX
        POP     DX
        POP     AX
        RET
PYJ     ENDP

DELAY PROC      NEAR
        PUSH    CX
        MOV     CX,0FFFFH
D1:     LOOP    D1
        POP     CX
        RET
DELAY ENDP

WRINTVER:MOV    AX,0H
        MOV     ES,AX
        MOV     DI,002CH
        LEA     AX,ADINT
        STOSW
        MOV     AX,CS
        STOSW
        MOV     DI,003CH
        LEA     AX,ADINT
        STOSW
        MOV     AX,CS
        STOSW
        MOV     AL,13H
        MOV     DX,INTPORT1
```

```
        OUT     DX,AL
        MOV     AL,08H
        MOV     DX,INTPORT2
        OUT     DX,AL
        MOV     AL,09H
        OUT     DX,AL
        MOV     AL,0F7H
        OUT     DX,AL
        RET
```

;*************** 以下为函数库：*******************

READKEY：　;这是一个读键盘的函数，入口参数为 BL，如 BL=1，则这个函数将等待一个按键才返回，如果 BL=0，则函数直接检测是否有键，没有按键就直接返回. ;读到的键值放在 AL 中，高 4 位为 0 就是数字键，高 4 位为 1 就是功能键，AL=10H 就是 MON 键\

```
        PUSH    BX
        PUSH    DX
READ:   MOV     DX,CONTPORT         ;读状态
        IN      AL,DX
        TEST    AL,07H
        JZ      K_WAIT
        MOV     CX,0FFFH            ;有键
D_KEY:  LOOP    D_KEY
        MOV     DX,CONTPORT
        MOV     AL,40H
        OUT     DX,AL               ;发读键命令
        MOV     DX,DATAPORT
        IN      AL,DX               ;读键　高 4 位为 0 就是数字键
        JMP     K_EXIT              ;高 4 位为 1 就是功能键,AL=10H 就是 MON 键
K_WAIT: CMP     BL,0
        JZ      K_EXIT
        JMP     READ
K_EXIT:
        POP     DX
        POP     BX
        POP     AX
        RET
FORMAT:                             ;这个函数用于将数据放到显示缓冲区中
                                    ;入口参数 AL 中为要显示的数字,AH 中为显示的位置
```

```
        PUSH    AX
        PUSH    BX
        PUSH    CX
        PUSH    SI
        MOV     DS:[601H],AX
        MOV     BX,DATA2
        AND     AX,000FH
        MOV     SI,AX
        MOV     AL,[BX+SI]
        MOV     CL,AL
        MOV     AX,DS:[601H]
        AND     AX,00F0H
        PUSH    CX
        MOV     CL,4
        SHR     AX,CL
        POP     CX
        MOV     SI,AX
        MOV     CH,[BX+SI]
        MOV     BX,DATA1
        MOV     AX,DS:[601H]
        MOV     AL,AH
        AND     AX,00FFH
        MOV     SI,AX
        MOV     [BX+SI],CL
        MOV     [BX+SI+1],CH
        POP     SI
        POP     CX
        POP     BX
        POP     AX
        RET
DISP:                           ;这个函数用于将显示缓冲区中的数据发到8279显示
        PUSH    AX
        PUSH    BX
        PUSH    DX
        PUSH    SI
        MOV     BYTE PTR DS:[0600H],00
LED1:   CMP     BYTE PTR DS:[0600H],07H
        JA      LED2
        MOV     BL,DS:[0600H]
```

```
        MOV     BH,0H
        MOV     AL,DS:[BX + DATA1]
        MOV     DX,DATAPORT
        OUT     DX,AL
        ADD     BYTE PTR DS:[0600H],01H
        JNZ     LED1
LED2:
        POP     SI
        POP     DX
        POP     BX
        POP     AX
        RET

INIT8279:                               ;这个函数用于初始化8279
        MOV     AL,90H
        MOV     DX,CONTPORT
        OUT     DX,AL
        MOV     BX,DATA1
        MOV     AL,0
        MOV     CX,8
F_LOOP:MOV      [BX],AL
        INC     BX
        LOOP    F_LOOP
        MOV     BX,0
        MOV     WORD PTR DS:[BX +0500H],063FH      ; 3F :00111111:0:HGFEDCBA
        ADD     BX,2
        MOV     WORD PTR DS:[BX +0500H],4F5BH
        ADD     BX,2
        MOV     WORD PTR DS:[BX +0500H],6D66H
        ADD     BX,2
        MOV     WORD PTR DS:[BX +0500H],077DH
        ADD     BX,2
        MOV     WORD PTR DS:[BX +0500H],6F7FH
        ADD     BX,2
        MOV     WORD PTR DS:[BX +0500H],7C77H
        ADD     BX,2
        MOV     WORD PTR DS:[BX +0500H],5E39H
        ADD     BX,2
        MOV     WORD PTR DS:[BX +0500H],7179H
```

```
        RET
CODE    ENDS
        END        MAIN
```

说明：

①各芯片端口地址分配

ADC0809：60H

DAC0832：0H

8255A：　70H-73H

8259A：　DEH-DFH

②各通道数据存贮区分配：

IN0：　700H ~ 70FH

IN1：　710H ~ 71FH

IN2：　720H ~ 72FH

IN3：　730H ~ 73FH

IN4：　740H ~ 74FH

IN5：　750H ~ 75FH

IN6：　760H ~ 76FH

IN7：　770H ~ 77FH

③各通道采集数据平均值存贮单元分配：

IN0 ~ IN7　分别对应 800 ~ 807H

④各通道界限值存储单元分配：

IN0：　下限值 X0min 占用 610H

IN0：　下限值 X0min 占用 611H

IN1 ~ IN7　的上限值分别保存在 612 ~ 618H 单元

5)方案论证：

本方案使用实验箱完成，这是因为它所提供的资源完全能满足题目要求，并且连接可靠，调试方便。

①对 ADC0809 提供模拟输入的方法是有效利用实验箱的硬件资源，而没有外加电路。因为这既不影响对 ADC0809 的掌握，又熟悉了 DAC0832 的使用，同时还简化了设计。

②ADC0809 以软件延时方式工作，延时结束 CPU 读入转换数据。

③DAC0832 有三种工作方式，这里接成单缓冲方式。

④用实验箱上的可编程并行接口芯片 8255A 直接驱动发光二极管作为各模拟输入通道的指示灯，也可以用简单接口，如锁存器/驱动器 74LS373 等，但那样要另加电路，而且也不灵活。

总之，本设计方案最简单易行。

6)调试过程(略)

7)运行结果(略)

8)收获体会(略)

3.3.2 基于PC机的函数发生器设计与开发

1)设计内容:以PC资源为基础,利用D/A转换器,编程产生锯齿波、脉冲波、正弦波、三角波、直流信号五种输出波形。

2)设备与器材:PC机一台,DVCC—8086JH实验箱一个。

3)设计要求:

①能输出上述五种波形;

②启动时输出直流电压;

③按1键输出脉冲波,按2键输出锯齿波,按3键输出三角波,按4键输出正弦波;

④按小键盘输入频率值最大频率为5位正整数;

⑤在LED上显示输出信号频率;

⑥按任意键返回②。

4)设计方案:

①硬件原理框图

硬件原理框图,如图3.9所示:

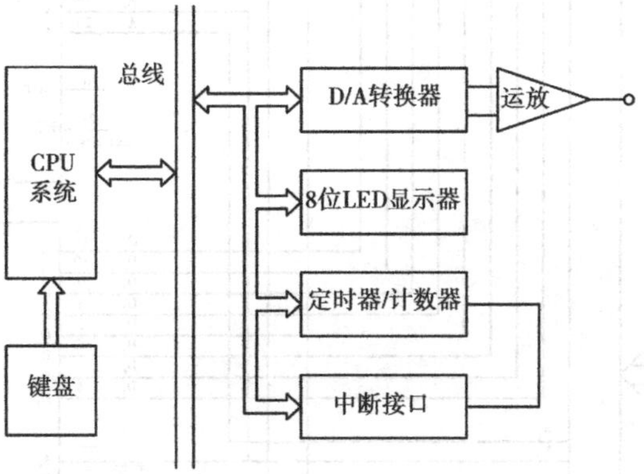

图3.9 函数发生器原理图

说明:本设计方案选用实验箱完成,利用实验箱上的资源可以很方便地实现设计要求。

D/A转换器使用实验箱上的DAC0832,其后接运算放大器,将输出的电流信号转换为电压信号。8位LED数码管使用实验箱上的七段数码显示器,用于显示输出信号频率等信息。定时器/计数器使用实验箱上的8253,根据键盘上的输入数字写入不同的计数初值,从而完成频率调节。键盘为实验箱的小键盘,用于输入数据和命令。

②原理电路图

函数发生器的原理电路图,如图3.10所示:

工作原理说明:

CPU从键盘上接收命令,开始是输出直流电压。具体实现方法是先后给DAC0832写入同一个数字量(如FFH)。CPU继续扫描键盘,且LED显示"S ——————"。当按下波形代号1~4中的一个数字键后,显示"代号——————",然后输入设定频率值(2-5位十进制),并将代号后的"——————"替换成频率值。通过改变定时器/计数器8253的计数初值来调节频率。获得输出波形的具体方法是:8253的分频输出接8259,用做定时中断,按不同波形的规律,每个中断发

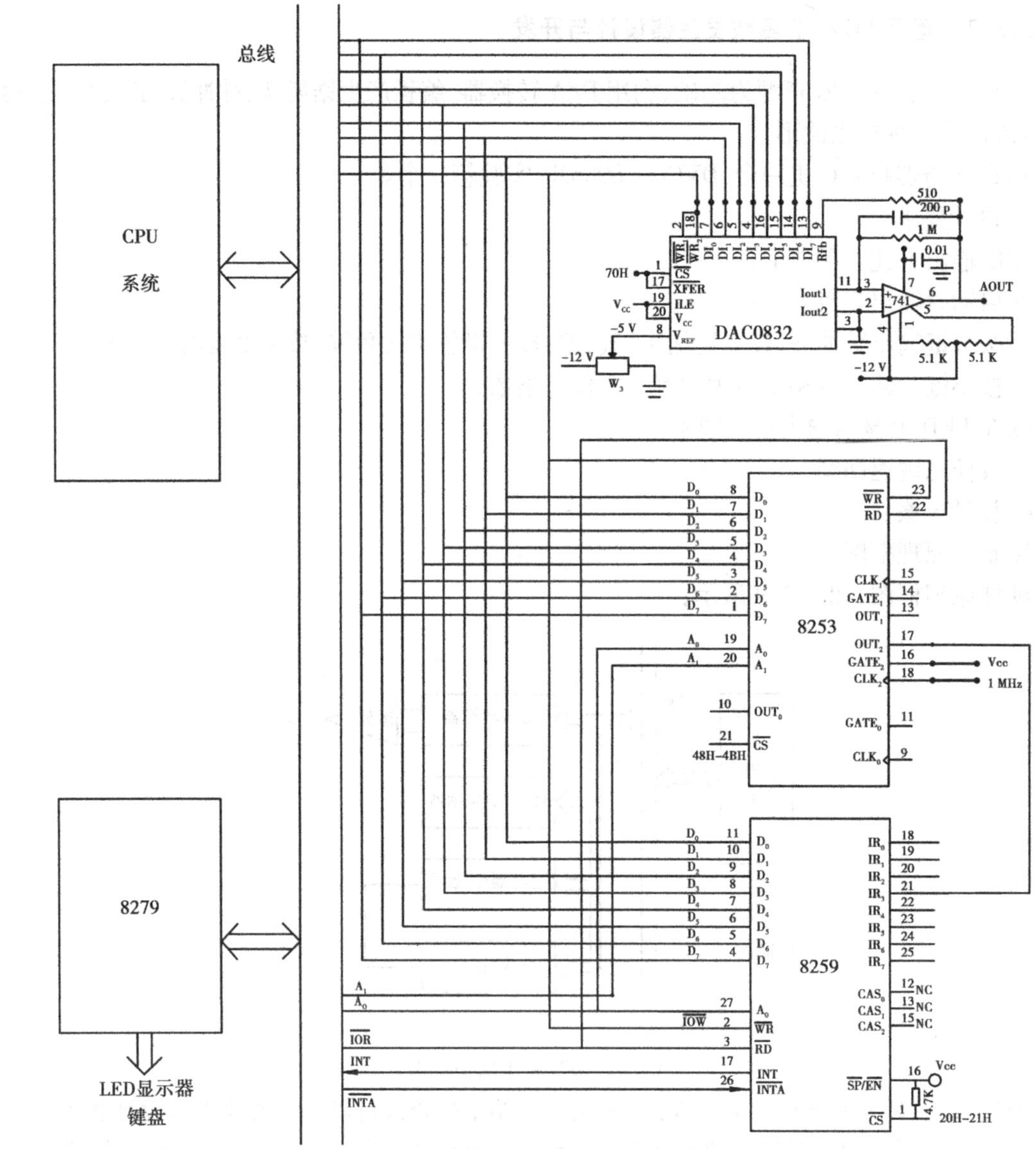

图 3.10　函数发生器原理电路图

生时给 DAC0832 写入一个不同的数字量，即可在输出端经运算放大器转换得到所需波形的模拟电压信号。在任何时刻接收到任意键则返回初始状态，显示"S ——————"。

各器件端口地址的产生由实验箱上的译码电路得到：DAC0832 的端口地址为 0H。8253 的端口地址为 48H ~ 4bH。8259A 在 PC 机内部，其地址为 20H ~ 21H。驱动 LED 显示器的 8279 地址为 deH ~ dfH。

③软件流程图

上述工作原理实际上也表明了软件的整体思路，现将主程序及各模块的流程图绘制如图 3.11 所示。

说明：

主程序中的初始化包括定义 8259 和 8279 的工作方式，定义波形数据区、计数值、有关标

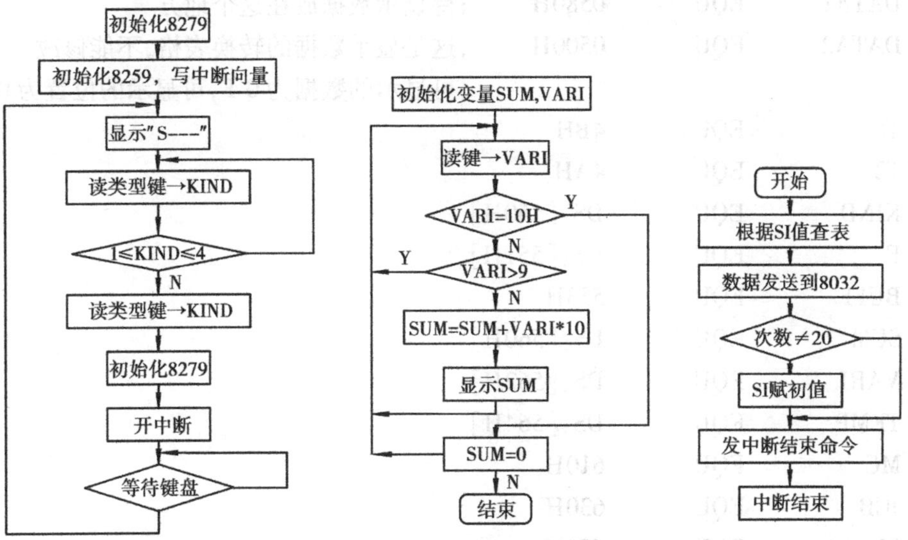

(1)主程序流程图　(2)读键盘子程序流程图　(3)中断服务程序流程图

图3.11　函数发生器软件流程图

志、键入信息缓冲区、显示信息数据表等。其中8279控制显示与键盘。8253的OUT2接8259的IRQ2,产生定时中断。DAC0832接成单缓冲方式。

为了简化编程,规定除了直流电压和脉冲电压外,其他波形的每个周期由20个点的数据构成,即每个周期有20个点的时间间隔,它们的数据表如下:

锯齿波:0,10,20,30,40,50,60,70,80,90,100,110,120,130,140,150,160,170,180,190,200

三角波:0,20,40,60,80,100,120,140,160,180,200,180,160,140,120,100,80,60,40,20,0

正弦波:128,88,53,24,6,0,6,24,53,88,128,168,203,232,250,255,250,232,203,168,128

各波形两相邻数据点之间的时间间隔可由键入的频率值计算得到:键入频率f取倒数除以20,即1/20f。设8253的输入频率为F,则可以确定8253的初值为:初值N=输入频率/输出频率=F/20f。若N≤65 536,则定时器0和定时器1的计数初值写1,定时器2的初值写N;若65 536≤N≤65 536^2,则定时器0的计数初值写1,定时器2的初值写N,定时器1的初值写N/65 536;若65 536^2≤N≤65 536^3,则定时器2和定时器1的初值写65 536,定时器0的初值写N/65 536^2。以上初值的计算可以由程序判断和实现。

④程序清单

主程序:

```
CODE        SEGMENT
            ASSUME     CS:CODE
ORG         1000H
CONTPORT    EQU        00DFH      ;8279的控制端口地址
DATAPORT    EQU        00DEH      ;8279的数据端口地址
```

```
        DATA1       EQU     0580H       ;待显示数据放在这个地方
        DATA2       EQU     0500H       ;这是显示数据的转换表格,不能修改
                                        ;可显示的数据为0-F,可显示的位置为0-7
        TC          EQU     4BH
        T2          EQU     4AH
        KIND        EQU     DS:[550H]
        F           EQU     DS:[551H]
        BUFF        EQU     553H
        SUM         EQU     DS:[560H]
        VARI        EQU     DS:[562H]
        TEMP        EQU     DS:[564H]
        MC          EQU     610H
        JCB         EQU     630H
        SJ          EQU     650H
        ZX          EQU     670H
        INTPORT1    EQU     0020H
        INTPORT2    EQU     0021H
        P0832       EQU     0H

MAIN:   CLI
        MOV         AX,0                ;使DS指向现行数据段
        MOV         DS, AX
        MOV         SS,AX
        MOV         SP,900H             ;使SP指向栈顶
        CALL        INIT8279
        CALL        DISP
        CALL        WRINTVER

SSS:                                    ;显示S
        MOV         AH,7
        MOV         AL,0FH              ;S
        CALL        PRINTS
        MOV         AH,0
        MOV         AL,0EH
        MOV         CX,7
SSS1:
        CALL        PRINTS
        INC         AH
        LOOP        SSS1
```

```
R:                                  ;读键再读频率值
        MOV     BL,1
        CALL    READKEY
        CMP     AL,1
        JB      R
        CMP     AL,4
        JA      R
        MOV     KIND,AL
        MOV     AH,7
        CALL    PRINTS
        CALL    READF               ;读频率值
        MOV     F,AX
        CALL    INIT53
        MOV     AL,KIND
        CMP     AL,1
        JZ      INT1
        CMP     AL,2
        JZ      INT2
        CMP     AL,3
        JZ      INT3
        CMP     AL,4
        JZ      INT4
        JMP     INTEND
INT1:
        MOV     BX,MC
        JMP     INTEND
INT2:
        MOV     BX,JCB
        JMP     INTEND
INT3:
        MOV     BX,SJ
        JMP     INTEND
INT4:
        MOV     BX,ZX
INTEND:
        MOV     CX,0
        MOV     SI,BX
        MOV     TEMP,BX
        MOV     AL,0FFH
```

```
        OUT     P0832,AL
        STI
        MOV     BL,1
        CALL    READKEY
        CLI
        MOV     AL,0FFH
        OUT     P0832,AL
        JMP     SSS
READF:                                  ;读键盘得到频率值
        MOV     AX,0
        MOV     SUM,AX                  ;SUM 为字变量
        MOV     VARI,AX                 ;VARI 为字变量
        MOV     DI,BUFF
        MOV     SI,BUFF
READF1:
        MOV     BL,1
        CALL    READKEY
        CMP     AL,10H
        JZ      READF2
        CMP     AL,9H
        JA      READF1
        MOV     CL,AL
        MOV     CH,0
        MOV     AX,SUM
        MOV     BX,10
        MUL     BX
        ADD     AX,CX
        MOV     SUM,AX
        MOV     [SI],CL
        INC     SI
        MOV     CX,VARI
        INC     CX
        MOV     VARI,CX
        MOV     AH,CL
READP:                                  ;显示
        MOV     AL,[DI]
        CALL    PRINTS
        DEC     AH
        INC     DI
```

```
        LOOP        READP
        MOV         DI,BUFF
        JMP         READF1
READF2:
        MOV         AX,SUM
        AND         AX,AX
        JZ          READF1

        RET
ADINT:                                  ;中断服务程序
        PUSH        SI
        PUSH        CX
        MOV         AL,[SI]
        INC         SI
        INC         CX
        OUT         P0832,AL
        CMP         CX,20
        JNZ         ADINT2
        SUB         SI,CX
        XOR         CX,CX
ADINT2:
        MOV         AL,20H
        OUT         20H,AL
        POP         CX
        POP         SI
        IRET
        PUSH        AX
        PUSH        BX
        PUSH        SI
        MOV         BX,TEMP
        MOV         AL,[BX]
        INC         BX
        MOV         TEMP,BX
        OUT         P0832,AL
        INC         CX
        CMP         CX,20
        JNZ         ADINT1
        MOV         BX,SI
```

```
        MOV         TEMP,BX
        MOV         CX,0
ADINT1:
        POP         SI
        POP         BX
        POP         AX
ADINTEND:IRET
;*************** 以下为函数库 *******************
```

READKEY: ;这是一个读键盘的函数,入口参数为 BL,如 BL=1,则这个函数将等待一个按键才返回;如果 BL=0,则函数直接检测是否有键,没有按键就直接返回.;读到的键值放在 AL 中,高 4 位为 0 就是数字键,高 4 位为 1 就是功能键,AL=10H 就是 MON 键\

```
        PUSH        BX
        PUSH        DX
READ:   MOV         DX,CONTPORT         ;读状态
        IN          AL,DX
        TEST        AL,07H
        JZ          K_WAIT
        MOV         CX,0FFFH            ;有键
D_KEY:LOOP          D_KEY
        MOV         DX,CONTPORT
        MOV         AL,40H
        OUT         DX,AL               ;发读键命令
        MOV         DX,DATAPORT
        IN          AL,DX               ;读键高 4 位为 0 就是数字键
        JMP         K_EXIT              ;高 4 位为 1 就是功能键,AL=10H 就是 MON 键
K_WAIT:CMP          BL,0
        JZ          K_EXIT
        JMP         READ
K_EXIT:
        POP         DX
        POP         BX
        RET
PRINT:  CALL        FORMAT
        CALL        DISP
        RET
PRINTS:CALL   FORMATS
        CALL        DISP
        RET
```

```
FORMATS:                  ;入口参数 AL 中为要显示的数字,AH 中为显示的位置,单个数字
        PUSH    AX
        PUSH    BX
        PUSH    CX
        PUSH    SI
        MOV     DS:[601H],AX
        MOV     BX,DATA2
        AND     AX,00FFH
        MOV     SI,AX
        MOV     AL,[BX+SI]
        MOV     CL,AL
        MOV     BX,DATA1
        MOV     AX,DS:[601H]
        MOV     AL,AH
        AND     AX,00FFH
        MOV     SI,AX
        MOV     [BX+SI],CL
        POP     SI
        POP     CX
        POP     BX
        POP     AX
        RET
FORMAT:                   ;这个函数用于将数据放到显示缓冲区中;入口参数 AL 中为要显示的数字(两位十六进制),AH 中为显示的位置
        PUSH    AX
        PUSH    BX
        PUSH    CX
        PUSH    SI
        MOV     DS:[601H],AX
        MOV     BX,DATA2
        AND     AX,000FH
        MOV     SI,AX
        MOV     AL,[BX+SI]
        MOV     CL,AL
        MOV     AX,DS:[601H]
        AND     AX,00F0H
```

```
        PUSH    CX
        MOV     CL,4
        SHR     AX,CL
        POP     CX
        MOV     SI,AX
        MOV     CH,[BX+SI]
        MOV     BX,DATA1
        MOV     AX,DS:[601H]
        MOV     AL,AH
        AND     AX,00FFH
        MOV     SI,AX
        MOV     [BX+SI],CL
        MOV     [BX+SI+1],CH
        POP     SI
        POP     CX
        POP     BX
        POP     AX
        RET
DISP:                                   ;这个函数用于将显示缓冲区中的数据发到
                                         8279 显示
        PUSH    AX
        PUSH    BX
        PUSH    DX
        PUSH    SI
        MOV     BYTE PTR DS:[0600H],00
LED1:   CMP     BYTE PTR DS:[0600H],07H
        JA      LED2
        MOV     BL,DS:[0600H]
        MOV     BH,0H
        MOV     AL,DS:[BX+DATA1]
        MOV     DX,DATAPORT
        OUT     DX,AL
        ADD     BYTE PTR DS:[0600H],01H
        JNZ     LED1
LED2:
        POP     SI
        POP     DX
        POP     BX
        POP     AX
```

```
        RET

INIT8279:                                    ;这个函数用于初始化8279
        MOV         AL,90H
        MOV         DX,CONTPORT
        OUT         DX,AL
        MOV         BX,DATA1
        MOV         AL,0
        MOV         CX,8
F_LOOP:MOV          [BX],AL
        INC         BX
        LOOP        F_LOOP
        MOV         BX,0
        MOV         WORD PTR DS:[BX+0500H],063FH    ; 3F :00111111:0:HGFEDCBA
        ADD         BX,2
        MOV         WORD PTR DS:[BX+0500H],4F5BH
        ADD         BX,2
        MOV         WORD PTR DS:[BX+0500H],6D66H
        ADD         BX,2
        MOV         WORD PTR DS:[BX+0500H],077DH
        ADD         BX,2
        MOV         WORD PTR DS:[BX+0500H],6F7FH
        ADD         BX,2
        MOV         WORD PTR DS:[BX+0500H],7C77H
        ADD         BX,2
        MOV         WORD PTR DS:[BX+0500H],5E39H
        ADD         BX,2
        MOV         WORD PTR DS:[BX+0500H],6D40H   ;S  01101101  -  01000000
        ;MOV        WORD PTR DS:[BX+0500H],7179H   ;71 01110001   E F
;MC DB 0,0,0,0,0,0,0,0,0,0,1,1,1,1,1,1,1,1,1,1
;JCHB   DB   0,10,20,30,40,50,60,70,80,90,100,110,120,130,140,150,160,170,180,
190,200
;SJAB   DB   0,20,40,60,80,100,120,140,160,180,200,180,160,140,120,100,80,60,40,
20,0
;ZHXB   DB   128,88,53,24,6,0,6,24,53,88,128,168,203,232,250,255,250,232,203,
168,128
        MOV         BX,0                    ;脉冲
        MOV         WORD PTR DS:[BX+0610H],0H
        ADD         BX,2
```

```
MOV     WORD PTR DS:[BX +0610H],0H
ADD     BX,2
MOV     WORD PTR DS:[BX +0610H],0H
ADD     BX,2
MOV     WORD PTR DS:[BX +0610H],0H
ADD     BX,2
MOV     WORD PTR DS:[BX +0610H],0H
ADD     BX,2
MOV     WORD PTR DS:[BX +0610H],0FFFFH
ADD     BX,2
MOV     WORD PTR DS:[BX +0610H],0FFFFH
ADD     BX,2
MOV     WORD PTR DS:[BX +0610H],0FFFFH
ADD     BX,2
MOV     WORD PTR DS:[BX +0610H],0FFFFH
ADD     BX,2
MOV     WORD PTR DS:[BX +0610H],0FFFFH

MOV     BX,0                    ;锯齿
MOV     WORD PTR DS:[BX +0630H],0A00H
ADD     BX,2
MOV     WORD PTR DS:[BX +0630H],2820H
ADD     BX,2
MOV     WORD PTR DS:[BX +0630H],3830H
ADD     BX,2
MOV     WORD PTR DS:[BX +0630H],4840H
ADD     BX,2
MOV     WORD PTR DS:[BX +0630H],5850H
ADD     BX,2
MOV     WORD PTR DS:[BX +0630H],6860H
ADD     BX,2
MOV     WORD PTR DS:[BX +0630H],7870H
ADD     BX,2
MOV     WORD PTR DS:[BX +0630H],8880H
ADD     BX,2
MOV     WORD PTR DS:[BX +0630H],9890H
ADD     BX,2
MOV     WORD PTR DS:[BX +0630H],0A8A0H
ADD     BX,2
```

```
MOV     BX,0                    ;三角
MOV     WORD PTR DS:[BX+0650H],1000H
ADD     BX,2
MOV     WORD PTR DS:[BX+0650H],3020H
ADD     BX,2
MOV     WORD PTR DS:[BX+0650H],5040H
ADD     BX,2
MOV     WORD PTR DS:[BX+0650H],7060H
ADD     BX,2
MOV     WORD PTR DS:[BX+0650H],9080H
ADD     BX,2
MOV     WORD PTR DS:[BX+0650H],B0A0H
ADD     BX,2
MOV     WORD PTR DS:[BX+0650H],9080H
ADD     BX,2
MOV     WORD PTR DS:[BX+0650H],7060H
ADD     BX,2
MOV     WORD PTR DS:[BX+0650H],5040H
ADD     BX,2
MOV     WORD PTR DS:[BX+0650H],3020H
ADD     BX,2

MOV     BX,0                    ;正弦
MOV     WORD PTR DS:[BX+0670H],88*256+128
ADD     BX,2
MOV     WORD PTR DS:[BX+0670H],24*256+53
ADD     BX,2
MOV     WORD PTR DS:[BX+0670H],0*256+6
ADD     BX,2
MOV     WORD PTR DS:[BX+0670H],24*256+6
ADD     BX,2
MOV     WORD PTR DS:[BX+0670H],88*256+53
ADD     BX,2
MOV     WORD PTR DS:[BX+0670H],168*256+128
ADD     BX,2
MOV     WORD PTR DS:[BX+0670H],232*256+203
ADD     BX,2
MOV     WORD PTR DS:[BX+0670H],255*256+250
ADD     BX,2
```

```
        MOV     WORD PTR DS:[BX +0670H],232 * 256 +250
        ADD     BX,2
        MOV     WORD PTR DS:[BX +0670H],168 * 256 +203
        ADD     BX,2
        RET
WRINTVER:
        MOV     AX,0H
        MOV     ES,AX
        MOV     DI,002CH
        LEA     AX,ADINT
        STOSW
        MOV     AX,CS
        STOSW
        MOV     DI,003CH
        LEA     AX,ADINT
        STOSW
        MOV     AX,CS
        STOSW
        MOV     AL,13H
        MOV     DX,INTPORT1
        OUT     DX,AL
        MOV     AL,08H
        MOV     DX,INTPORT2
        OUT     DX,AL
        MOV     AL,09H
        OUT     DX,AL
        MOV     AL,0F7H
        OUT     DX,AL
        RET

INIT53  PROC    NEAR                    ;初始化 8253
        MOV     DX,1
        MOV     AX,86A0H
        MOV     BX,F
        DIV     BX
        MOV     BX,AX
        MOV     DX,TC
        MOV     AL,0B6H                 ;设置 8253 控制字,工作在方式 3,二进制计数
        OUT     DX,AL
```

```
        MOV     DX,T2           ;写定时器2的计数初值
        MOV     AX,BX
        OUT     DX,AL
        MOV     AL,AH
        OUT     DX,AL
        RET
INIT53  ENDP
CODE    ENDS
        END     MAIN
```

5)方案论证

本设计在硬件上充分利用了 PC 机和实验箱的资源,使系统简单、可靠。但在软件实现上,为简化起见没有要求在屏幕上显示波形和改变幅度等,若在课程设计时条件和时间允许可增加这些功能。

6)调试过程:略

7)收获体会:略

3.3.3　串行通信的实现

1)设计内容:用可编程串行接口芯片 8251A 实现串行通信。

2)设备与器材:PC 机两台,DVCC—8086JH 实验箱两个。

3)设计要求:

①单机自发自收串行通信。接收键入字符,从 8251A 的发送端发送,而由同一片 8251A 的接收端接收,然后在 LED 上显示出来。

②双机串行通信。在一台实验箱的键盘上键入字符,通过 8251A 发送给另一台实验箱,另一台实验箱的 8251A 接收该字符,并在 LED 上显示出来。

4)设计方案:

①硬件原理图

图 3.12 为自发自收原理图。其中,8251A 的发送端 TxD 和接收端 RxD 短接,$\overline{CTS}$接地。其他联络信号可不用。图 3.13 是双机串行通信原理图。这是最简单的连接方法(即三线连接),将甲机的发送端 TxD 接到乙机的接收端 RxD,而将乙机的发送端 TxD 接到甲机的接收端 RxD,两机地线相连并和$\overline{CTS}$端一起接地。

无论是自发自收还是双机通信,都用定时器/计数器 8253 的 OUT_2提供发送时钟和接收时钟。因此,OUT_2与$\overline{TxC}$和$\overline{RxC}$相连。

其中,可编程串行接口 8251A 和定时器/计数器 8253 是实验箱上的接口芯片。

②软件流程图

约定:8253 定时器 2 的输入时钟频率为 $FDK_2 = 1.843\ 2$ MHz,通信波特率 BPS = 1 200,波特率因子 FAC = 16。

定时器 2 的初值 N = FDK_2/(BPS × 波特率因子)。

信息格式:8 个数据位,一个停止位。

数据传送方式:查询方式发送,查询方式接收。

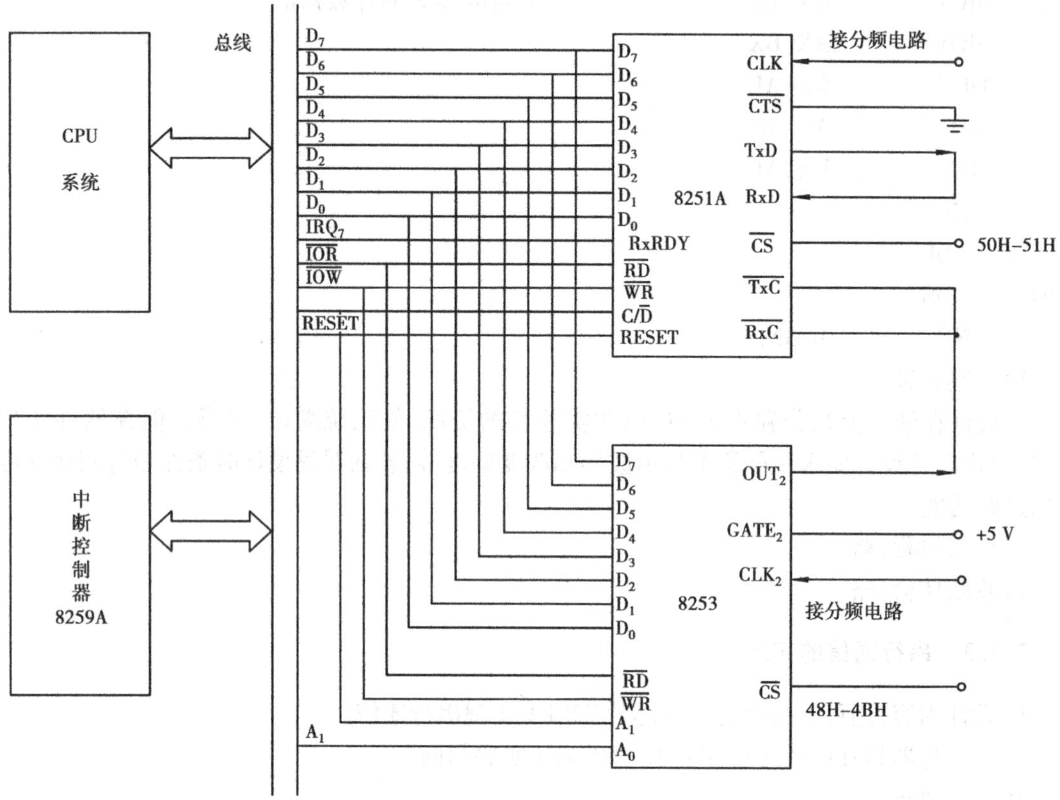

图 3.12　自发自收硬件原理图

程序流程图见图 3.14。

③通信源程序清单

自发自收串行通信源程序:

```
CODE    SEGMENT
        ASSUME      CS:CODE,DS:CODE
        D51         EQU     50H         ;8251A 数据端口地址
        C51         EQU     51H         ;8251A 控制端口地址
        T1          EQU     4AH         ;8253 定时器 2 端口地址
        TC          EQU     4BH         ;8253 控制端口地址
        BPS         EQU     9600        ;波特率 1200
        FAC         EQU     16          ;波特率因子 16
        ORG         1000H
        CONTPORT    EQU     00DFH       ;8279 的控制端口地址
        DATAPORT    EQU     00DEH       ;8279 的数据端口地址
        DATA1       EQU     0580H       ;待显示数据放在这个地方
        DATA2       EQU     0500H       ;这是显示数据的转换表格,不能修改
                                        ;可显示的数据为 0-F,可显示的位置为 0-7
START:
```

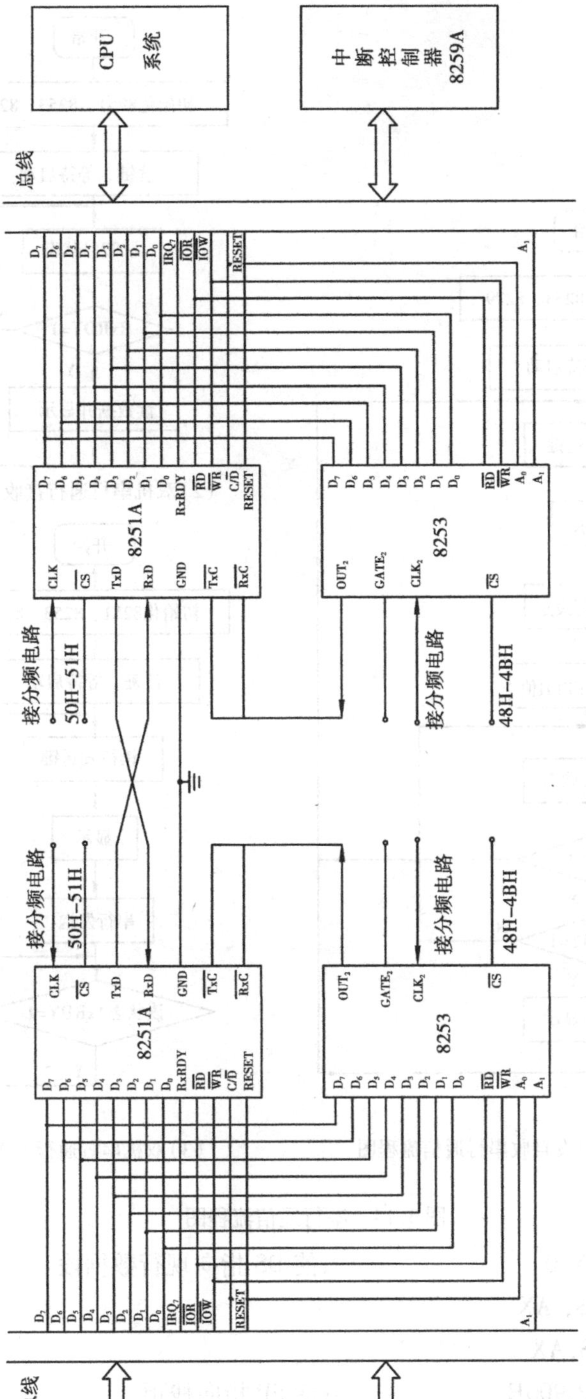

图3.13　双机串行通信原理图硬件原理图

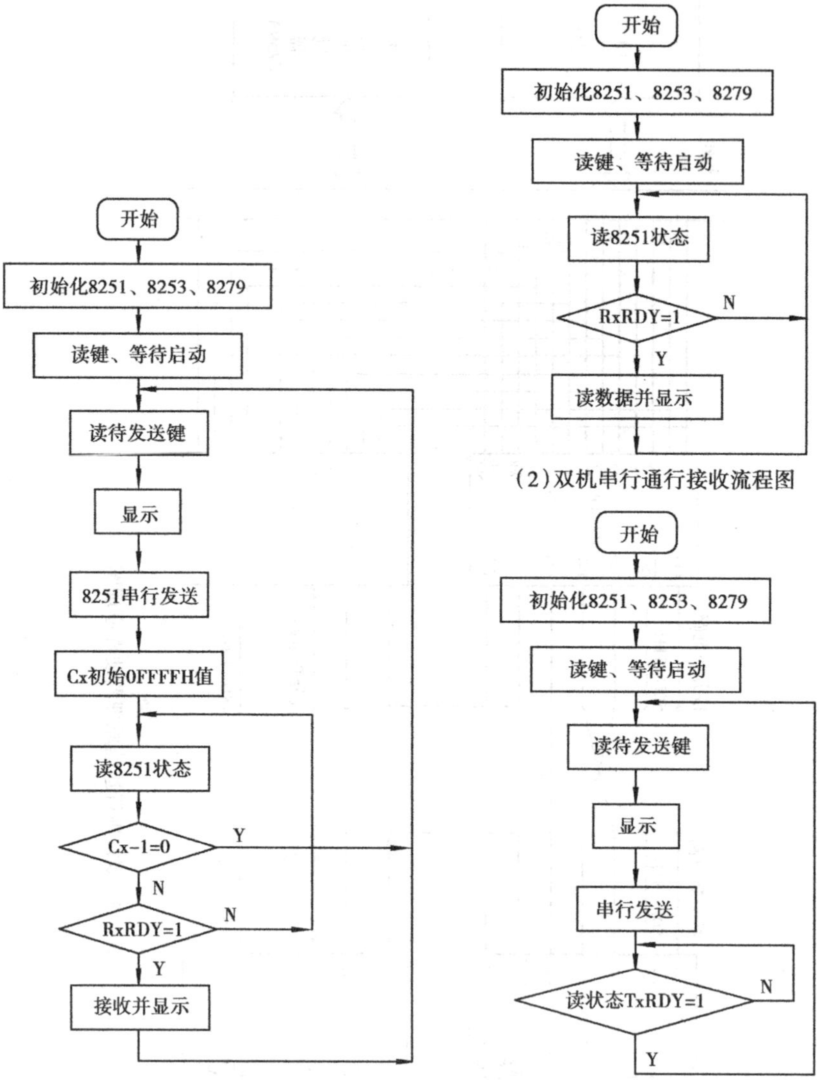

(1)PC机自发自收串行通信流程图

(2)双机串行通行接收流程图

(3)双机串行通行发送流程图

图3.14　串行通信流程图

```
MOV     AX,0          ;使 DS 指向现行数据段
MOV     DS, AX
MOV     SS,AX
MOV     SP,900H       ;使 SP 指向栈顶
CALL    INIT8279
CALL    INIT53
MOV     BL,1
CALL    READKEY       ;等待按键,启动发送与接收
CALL    INIT51
```

```
N:      MOV     BL,1
        CALL    READKEY            ;读键,用作发送的数据
        MOV     AH,0
        CALL    FORMAT
        CALL    DISP
        MOV     BL,AL
        MOV     DX,D51             ;为 1,则从 8251A 数据口输出数据
        MOV     AL,BL
        OUT     DX,AL
        MOV     CX,0FFFFH
REC:    MOV     DX,C51
        IN      AL,DX
        DEC     CX                 ;如长时间收不到数据,转到发送
        JZ      N
        TEST    AL,02H             ;等待收到一个数据
        JZ      REC
        MOV     DX,D51
        IN      AL,DX
        MOV     AH,6
        CALL    FORMAT
        CALL    DISP
        JMP     N
INIT51  PROC    NEAR               ;8251A 初始化
        MOV     DX,C51
        XOR     AX,AX
        MOV     CX,3
L1:     CALL    COUT
        LOOP    L1
        MOV     AL,40H
        CALL    COUT
        MOV     AL,4EH             ;设置模式字,异步方式,8 个数据位,一个停止
                                    位,波特率因子 16
        CALL    COUT
        MOV     AL,27H             ;设置控制字,启动发送器和接收器
        CALL    COUT
        RET
        INIT51  ENDP
COUT    PROC    NEAR
        OUT     DX,AL
```

```
        PUSH    CX
        MOV     CX,2
GG:     LOOP    GG
        POP     CX
        RET
COUT    ENDP

INIT53  PROC    NEAR                ;初始化 8253
        MOV     DX,0
        MOV     AX,2000H            ;1843200 = 1C2000H
        MOV     DX,1CH
        MOV     BX,BPS
        DIV     BX                  ;计算定时器 2 计数初值
        MOV     BX,FAC
        DIV     BX
        MOV     BX,AX
        MOV     DX,TC
        MOV     AL,0B6H             ;设置 8253 控制字,工作在方式 3,二进制计数
        OUT     DX,AL
        MOV     DX,T1               ;写定时器 2 的计数初值
        MOV     AX,BX
        OUT     DX,AL
        MOV     AL,AH
        OUT     DX,AL
        RET
INIT53  ENDP
;*************** 以下为函数库 ******************
```

READKEY: ;这是一个读键盘的函数,入口参数为 BL,如 BL = 1,则这个函数将等待一个按键才返回,如果 BL = 0,则函数直接检测是否有键,没有按键就直接返回. ;读到的键值放在 AL 中,高 4 位为 0 就是数字键,高 4 位为 1 就是功能键,AL = 10H 就是 MON 键\

```
        PUSH    BX
        PUSH    DX
READ:   MOV     DX,CONTPORT         ;读状态
        IN      AL,DX
        TEST    AL,07H
        JZ      K_WAIT
        MOV     CX,0FFFH            ;有键
D_KEY:LOOP      D_KEY
        MOV     DX,CONTPORT
```

```
        MOV     AL,40H
        OUT     DX,AL               ;发读键命令
        MOV     DX,DATAPORT
        IN      AL,DX               ;读键　高 4 位为 0 就是数字键
        JMP     K_EXIT              ;高 4 位为 1 就是功能键,AL = 10H 就是 MON 键
K_WAIT:CMP      BL,0
        JZ      K_EXIT
        JMP     READ
K_EXIT:
        POP     DX
        POP     BX
        POP     AX
        RET
FORMAT:                             ;这个函数用于将数据放到显示缓冲区中
                                    ;入口参数 AL 中为要显示的数字,AH 中为显示
                                     的位置,
        PUSH    AX
        PUSH    BX
        PUSH    CX
        PUSH    SI
        MOV     DS:[601H],AX
        MOV     BX,DATA2
        AND     AX,000FH
        MOV     SI,AX
        MOV     AL,[BX + SI]
        MOV     CL,AL
        MOV     AX,DS:[601H]
        AND     AX,00F0H
        PUSH    CX
        MOV     CL,4
        SHR     AX,CL
        POP     CX
        MOV     SI,AX
        MOV     CH,[BX + SI]
        MOV     BX,DATA1
        MOV     AX,DS:[601H]
        MOV     AL,AH
        AND     AX,00FFH
        MOV     SI,AX
```

```
        MOV     [BX+SI],CL
        MOV     [BX+SI+1],CH
        POP     SI
        POP     CX
        POP     BX
        POP     AX
        RET
DISP:                                   ;这个函数用于将显示缓冲区中的数据发到
                                         8279显示
        PUSH    AX
        PUSH    BX
        PUSH    DX
        PUSH    SI
        MOV     BYTE PTR DS:[0600H],00
LED1:   CMP     BYTE PTR DS:[0600H],07H
        JA      LED2
        MOV     BL,DS:[0600H]
        MOV     BH,0H
        MOV     AL,DS:[BX+DATA1]
        MOV     DX,DATAPORT
        OUT     DX,AL
        ADD     BYTE PTR DS:[0600H],01H
        JNZ     LED1
LED2:
        POP     SI
        POP     DX
        POP     BX
        POP     AX
        RET

INIT8279:                               ;这个函数用于初始化8279
        MOV     AL,90H
        MOV     DX,CONTPORT
        OUT     DX,AL
        MOV     BX,DATA1
        MOV     AL,0
        MOV     CX,8
F_LOOP: MOV     [BX],AL
        INC     BX
```

```
        LOOP        F_LOOP
        MOV         BX,0
        MOV         WORD PTR DS:[BX+0500H],063FH    ; 3F :00111111:0:HGFEDCBA
        ADD         BX,2
        MOV         WORD PTR DS:[BX+0500H],4F5BH
        ADD         BX,2
        MOV         WORD PTR DS:[BX+0500H],6D66H
        ADD         BX,2
        MOV         WORD PTR DS:[BX+0500H],077DH
        ADD         BX,2
        MOV         WORD PTR DS:[BX+0500H],6F7FH
        ADD         BX,2
        MOV         WORD PTR DS:[BX+0500H],7C77H
        ADD         BX,2
        MOV         WORD PTR DS:[BX+0500H],5E39H
        ADD         BX,2
        MOV         WORD PTR DS:[BX+0500H],7179H
        RET
CODE    ENDS
        END         MAIN
```

双机通信发送源程序:

```
CODE    SEGMENT
        ASSUME      CS:CODE,DS:code
        D51         EQU     50H         ;8251A 数据端口地址
        C51         EQU     51H         ;8251A 控制端口地址
        T1          EQU     4AH         ;8253 定时器 2 端口地址
        TC          EQU     4BH         ;8253 控制端口地址
        BPS         EQU     9600        ;波特率 1200
        FAC         EQU     16          ;波特率因子 16
        ORG         1000H
        CONTPORT    EQU     00DFH       ;8279 的控制端口地址
        DATAPORT    EQU     00DEH       ;8279 的数据端口地址
        DATA1       EQU     0580H       ;待显示数据放在这个地方
        DATA2       EQU     0500H       ;这是显示数据的转换表格,不能修改
                                        ;可显示的数据为 0-F,可显示的位置为 0-7
START:
        MOV         AX,0                ;使 DS 指向现行数据段
        MOV         DS, AX
```

```
        MOV     SS,AX
        MOV     SP,900h         ;使 SP 指向栈顶
        CALL    INIT8279
        CALL    INIT53
        MOV     BL,1
        CALL    READKEY         ;等待按键,启动发送与接收
        CALL    INIT51
N:      MOV     BL,1
        CALL    READKEY         ;读键,用作发送的数据
        MOV     AH,0
        CALL    FORMAT
        CALL    DISP
        MOV     BL,AL
        MOV     DX,D51
        MOV     AL,BL
        OUT     DX,AL
M1:     MOV     DX,C51
        IN      AL,DX           ;测试状态位 TXRDY 是否为 1
        TEST    AL,1
        JZ      M1              ;不为 1,继续测试
        JMP     N

INIT51  PROC    NEAR            ;8251A 初始化
        MOV     DX,C51
        XOR     AX,AX
        MOV     CX,3
L1:     CALL    COUT
        LOOP    L1
        MOV     AL,40H
        CALL    COUT
        MOV     AL,4EH          ;设置模式字,异步方式,8 个数据位,一个停止
                                 位,波特率因子 16
        CALL    COUT
        MOV     AL,27H          ;设置控制字,启动发送器和接收器
        CALL    COUT
        RET
INIT51  ENDP

COUT    PROC    NEAR
```

```
        OUT     DX,AL
        PUSH    CX
        MOV     CX,2
GG:     LOOP    GG
        POP     CX
        RET
COUT    ENDP

INIT53  PROC    NEAR                ;初始化 8253
        MOV     DX,0
        MOV     AX,2000h            ;1843200 = 1c2000h
        MOV     DX,1CH
        MOV     BX,BPS
        DIV     BX                  ;计算定时器 2 计数初值
        MOV     BX,FAC
        DIV     BX
        MOV     BX,AX
        MOV     DX,TC
        MOV     AL,0B6H             ;设置 8253 控制字,工作在方式 3,二进制计数
        OUT     DX,AL
        MOV     DX,T1               ;写定时器 2 的计数初值
        MOV     AX,BX
        OUT     DX,AL
        MOV     AL,AH
        OUT     DX,AL
        RET
INIT53  ENDP
;*************** 以下为函数库 *******************
READKEY:  ;这是一个读键盘的函数,入口参数为 BL,如 BL =1,则这个函数将等待一个按键才返回,如果 BL =0,则函数直接检测是否有键,没有按键就直接返回. ;读到的键值放在 AL 中,高 4 位为 0 就是数字键,高 4 位为 1 就是功能键,AL =10H 就是 MON 键\
        PUSH    BX
        PUSH    DX
READ:   MOV DX,CONTPORT             ;读状态
        IN      AL,DX
        TEST    AL,07H
        JZ      K_WAIT
        MOV     CX,0FFFH            ;有键
D_KEY:LOOP      D_KEY
```

```
        MOV     DX,CONTPORT
        MOV     AL,40H
        OUT     DX,AL               ;发读键命令
        MOV     DX,DATAPORT
        IN      AL,DX               ;读键   高 4 位为 0 就是数字键
        JMP     K_EXIT              ;高 4 位为 1 就是功能键,AL = 10H 就是 MON 键
K_WAIT:CMP      BL,0
        JZ      K_EXIT
        JMP     READ
K_EXIT:
        POP     DX
        POP     BX
        POP     AX
        RET

FORMAT:                             ;这个函数用于将数据放到显示缓冲区中
                                    ;入口参数 AL 中为要显示的数字,AH 中为显示
                                     的位置,
        PUSH    AX
        PUSH    BX
        PUSH    CX
        PUSH    SI
        MOV     DS:[601H],AX
        MOV     BX,DATA2
        AND     AX,000FH
        MOV     SI,AX
        MOV     AL,[BX + SI]
        MOV     CL,AL
        MOV     AX,DS:[601H]
        AND     AX,00F0H
        PUSH    CX
        MOV     CL,4
        SHR     AX,CL
        POP     CX
        MOV     SI,AX
        MOV     CH,[BX + SI]
        MOV     BX,DATA1
        MOV     AX,DS:[601H]
        MOV     AL,AH
```

```
        AND     AX,00FFH
        MOV     SI,AX
        MOV     [BX+SI],CL
        MOV     [BX+SI+1],CH
        POP     SI
        POP     CX
        POP     BX
        POP     AX
        RET

DISP:                                   ;这个函数用于将显示缓冲区中的数据发到
                                        8279显示
        PUSH    AX
        PUSH    BX
        PUSH    DX
        PUSH    SI
        MOV     BYTE PTR DS:[0600H],00
LED1:   CMP     BYTE PTR DS:[0600H],07H
        JA      LED2
        MOV     BL,DS:[0600H]
        MOV     BH,0H
        MOV     AL,DS:[BX+DATA1]
        MOV     DX,DATAPORT
        OUT     DX,AL
        ADD     BYTE PTR DS:[0600H],01H
        JNZ     LED1
LED2:
        POP     SI
        POP     DX
        POP     BX
        POP     AX
        RET

INIT8279:                               ;这个函数用于初始化8279
        MOV     AL,90H
        MOV     DX,CONTPORT
        OUT     DX,AL
        MOV     BX,DATA1
        MOV     AL,0
```

```
        MOV       CX,8
F_LOOP:MOV        [BX],AL
        INC       BX
        LOOP      F_LOOP
        MOV       BX,0
        MOV       WORD PTR DS:[BX+0500H],063FH   ; 3F :00111111:0:HGFEDCBA
        ADD       BX,2
        MOV       WORD PTR DS:[BX+0500H],4F5BH
        ADD       BX,2
        MOV       WORD PTR DS:[BX+0500H],6D66H
        ADD       BX,2
        MOV       WORD PTR DS:[BX+0500H],077DH
        ADD       BX,2
        MOV       WORD PTR DS:[BX+0500H],6F7FH
        ADD       BX,2
        MOV       WORD PTR DS:[BX+0500H],7C77H
        ADD       BX,2
        MOV       WORD PTR DS:[BX+0500H],5E39H
        ADD       BX,2
        MOV       WORD PTR DS:[BX+0500H],7179H
        RET

CODE    ENDS
        END       MAIN
```

双机通信接收源程序:

```
CODE    SEGMENT
        ASSUME    CS:CODE,DS:CODE
        D51       EQU    50H       ;8251A 数据端口地址
        C51       EQU    51H       ;8251A 控制端口地址
        T1        EQU    4AH       ;8253 定时器 2 端口地址
        TC        EQU    4BH       ;8253 控制端口地址
        BPS       EQU    9600      ;波特率 1200
        FAC       EQU    16        ;波特率因子 16
        ORG       1000H
        CONTPORT  EQU    00DFH     ;8279 的控制端口地址
        DATAPORT  EQU    00DEH     ;8279 的数据端口地址
        DATA1     EQU    0580H     ;待显示数据放在这个地方
        DATA2     EQU    0500H     ;这是显示数据的转换表格,不能修改
```

```
                                        ;可显示的数据为0-F,可显示的位置为0-7

START:
        MOV     AX,0                    ;使 DS 指向现行数据段
        MOV     DS, AX
        MOV     SS,AX
        MOV     SP,900h                 ;使 SP 指向栈顶
        CALL    INIT8279
        CALL    INIT53
        MOV     BL,1
        CALL    READKEY                 ;等待按键,启动发送与接收
        CALL    INIT51
REC:    MOV     DX,C51
        IN      AL,DX
        TEST    AL,02H                  ;等待收到一个数据
        JZ      REC
        MOV     DX,D51
        IN      AL,DX
        MOV     AH,6
        CALL    FORMAT
        CALL    DISP
        JMP     REC

INIT51  PROC    NEAR                    ;8251A 初始化
        MOV     DX,C51
        XOR     AX,AX
        MOV     CX,3
L1:     CALL    COUT
        LOOP    L1
        MOV     AL,40H
        CALL    COUT
        MOV     AL,4EH                  ;设置模式字,异步方式,8 个数据位,一个停止
                                         位,波特率因子 16
        CALL    COUT
        MOV     AL,27H                  ;设置控制字,启动发送器和接收器
        CALL    COUT
        RET
INIT51  ENDP
COUT    PROC    NEAR
```

```
        OUT     DX,AL
        PUSH    CX
        MOV     CX,2
GG:     LOOP    GG
        POP     CX
        RET
COUT    ENDP

INIT53  PROC    NEAR                ;初始化 8253
        MOV     DX,0
        MOV     AX,2000h            ;1843200 = 1c2000h
        MOV     DX,1CH
        MOV     BX,BPS
        DIV     BX                  ;计算定时器 2 计数初值
        MOV     BX,FAC
        DIV     BX
        MOV     BX,AX
        MOV     DX,TC
        MOV     AL,0B6H             ;设置 8253 控制字,工作在方式 3,二进制计数
        OUT     DX,AL
        MOV     DX,T1               ;写定时器 2 的计数初值
        MOV     AX,BX
        OUT     DX,AL
        MOV     AL,AH
        OUT     DX,AL
        RET
INIT53  ENDP
;*************** 以下为函数库 *******************
READKEY: ;这是一个读键盘的函数,入口参数为 BL,如 BL = 1,则这个函数将等待一个按键才返回,如果 BL = 0,则函数直接检测是否有键,没有按键就直接返回. ;读到的键值放在 AL 中,高 4 位为 0 就是数字键,高 4 位为 1 就是功能键,AL = 10H 就是 MON 键\
        PUSH    BX
        PUSH    DX
READ:   MOV     DX,CONTPORT         ;读状态
        IN      AL,DX
        TEST    AL,07H
        JZ      K_WAIT
        MOV     CX,0FFFH            ;有键
D_KEY:LOOP      D_KEY
```

```
        MOV     DX,CONTPORT
        MOV     AL,40H
        OUT     DX,AL           ;发读键命令
        MOV     DX,DATAPORT
        IN      AL,DX           ;读键　高4位为0就是数字键
        JMP     K_EXIT          ;高4位为1就是功能键,AL=10H就是MON键
K_WAIT:CMP      BL,0
        JZ      K_EXIT
        JMP     READ
K_EXIT:
        POP     DX
        POP     BX
        POP     AX
        RET

FORMAT:                         ;这个函数用于将数据放到显示缓冲区中
                                ;入口参数AL中为要显示的数字,AH中为显示
                                 的位置,
        PUSH    AX
        PUSH    BX
        PUSH    CX
        PUSH    SI
        MOV     DS:[601H],AX
        MOV     BX,DATA2
        AND     AX,000FH
        MOV     SI,AX
        MOV     AL,[BX+SI]
        MOV     CL,AL
        MOV     AX,DS:[601H]
        AND     AX,00F0H
        PUSH    CX
        MOV     CL,4
        SHR     AX,CL
        POP     CX
        MOV     SI,AX
        MOV     CH,[BX+SI]
        MOV     BX,DATA1
        MOV     AX,DS:[601H]
        MOV     AL,AH
```

```
        AND     AX,00FFH
        MOV     SI,AX
        MOV     [BX+SI],CL
        MOV     [BX+SI+1],CH
        POP     SI
        POP     CX
        POP     BX
        POP     AX
        RET
DISP:                                   ;这个函数用于将显示缓冲区中的数据发到
                                        8279显示
        PUSH    AX
        PUSH    BX
        PUSH    DX
        PUSH    SI
        MOV     BYTE PTR DS:[0600H],00
LED1:   CMP     BYTE PTR DS:[0600H],07H
        JA      LED2
        MOV     BL,DS:[0600H]
        MOV     BH,0H
        MOV     AL,DS:[BX+DATA1]
        MOV     DX,DATAPORT
        OUT     DX,AL
        ADD     BYTE PTR DS:[0600H],01H
        JNZ     LED1
LED2:
        POP     SI
        POP     DX
        POP     BX
        POP     AX
        RET

INIT8279:                               ;这个函数用于初始化8279
        MOV     AL,90H
        MOV     DX,CONTPORT
        OUT     DX,AL
        MOV     BX,DATA1
        MOV     AL,0
        MOV     CX,8
```

```
F_LOOP:MOV    [BX],AL
       INC    BX
       LOOP   F_LOOP
       MOV    BX,0
       MOV    WORD PTR DS:[BX+0500H],063FH   ; 3F:00111111:0:HGFEDCBA
       ADD    BX,2
       MOV    WORD PTR DS:[BX+0500H],4F5BH
       ADD    BX,2
       MOV    WORD PTR DS:[BX+0500H],6D66H
       ADD    BX,2
       MOV    WORD PTR DS:[BX+0500H],077DH
       ADD    BX,2
       MOV    WORD PTR DS:[BX+0500H],6F7FH
       ADD    BX,2
       MOV    WORD PTR DS:[BX+0500H],7C77H
       ADD    BX,2
       MOV    WORD PTR DS:[BX+0500H],5E39H
       ADD    BX,2
       MOV    WORD PTR DS:[BX+0500H],7179H
       RET
CODE   ENDS
       END   MAIN
```

5)方案论证:略

6)调试运行:略

7)收获体会:略

附　录

附录 1　ASCII(美国信息交换标准码)字符表(7 位码)

LSD \ MSD		0 000	1 001	2 010	3 011	4 100	5 101	6 110	7 111
0	0000	NUL	DLE	SP	0	@	P	、	p
1	0001	SOH	DC1	!	1	A	Q	a	q
2	0010	STX	DC2	“	2	B	R	b	r
3	0011	ETX	DC3	#	3	C	S	c	s
4	0100	EOT	DC4	$	4	D	T	d	t
5	0101	ENQ	NAK	%	5	E	U	e	u
6	0110	ACK	SYN	&	6	F	V	f	v
7	0111	BEL	ETB	`	7	G	W	g	w
8	1000	BS	CAN	(	8	H	X	h	x
9	1001	HT	EM	)	9	I	Y	i	y
A	1010	LF	SUB	*	:	J	Z	j	z
B	1011	VT	ESC	+	;	K	[	k	{
C	1100	FF	FS	`	<	L	\	l	|
D	1101	CR	GS	–	=	M	]	m	}
E	1110	SO	RS	.	>	N	↑	n	~
F	1111	SI	US	/	?	O	←	o	DEL

控制符号的定义表

NUL	空	DLE	数据链换码
SOH	标题开始	DC1	设备控制 1
STX	正文结束	DC2	设备控制 2
ETX	本文结束	DC3	设备控制 3
EOT	传输结束	DC4	设备控制 4
ENQ	询问	NAK	否定
ACK	承认	SYN	空转同步
BEL	报警符(响铃)	ETB	信息组传送结束
BS	退一格	CAN	作废
HT	横向列表	EM	纸尽
LF	换行	SUB	减
VT	垂直制表	ESC	换码
FF	走纸控制	FS	文字分隔符
CR	回车	GS	组分隔符
SO	移位输出	RS	记录分隔符
SI	移位输入	US	单元分隔符
SP	空格	DEL	作废(删除)

附录2 8086/8088 指令对状态标志位的影响

指令类别	指令操作码	状态标志位					
		OF	CF	AF	SF	EF	PF
数据传送指令	POPF	↑	↑	↑	↑	↑	↑
	SAHF	·	↑	↑	↑	↑	↑
算术运算指令	ADD,ADC	↑	↑	↑	↑	↑	↑
	SUB,SBB	↑	↑	↑	↑	↑	↑
	CMP,NEG	↑	↑	↑	↑	↑	↑
	INC,DEC	↑	·	↑	↑	↑	↑
	MUL,IMUL	↑	↑	×	×	×	×
	DIV,IDIV	×	×	×	×	×	×
	DAA,DAS	×	↑	↑	↑	↑	↑
	AAA,AAS	×	↑	↑	×	×	×
	AAM,AAD	×	×	×	↑	↑	↑
逻辑运算指令	AND,OR	0	0	×	↑	↑	↑
	XOR,TEST	0	0	×	↑	↑	↑
	SHL,SHR(1 次)	↑	↑	×	↑	↑	↑
	SHL,SHR(CL)	×	↑	×	↑	↑	↑
	SAR	↑	↑	×	↑	↑	↑
	ROL,ROR(1 次)	↑	↑	·	·	·	·
	ROL,ROR(CL)	×	↑	·	·	·	·
	RCL,RCR(1 次)	↑	↑	·	·	·	·
	RCL,RCR(CL)	×	↑	·	·	·	·
串操作指令	CMPS,SCAS	↑	↑	↑	↑	↑	↑
控制转移指令	IRET	↑	↑	↑	↑	↑	↑
处理器控制指令	STC	·	1	·	·	·	·
	CLC	·	0	·	·	·	·
	CMC	·	$\overline{CF}$	·	·	·	·

符号说明：

↑—根据结果设置；×—无定义；·—不影响；0—标志位清 0；1—标志位置 1；$\overline{CF}$—CF 标志位取反。

参考文献

[1] 雷航,王茜编著. 现代微处理器及总线技术. 北京:国防工业出版社,2006

[2] Muhammad Ali Mazidi 等著(美),张波等译. 80x86 IBM PC 及兼容计算机(卷Ⅰ& 卷Ⅱ):汇编语言、设计与接口技术(第4版). 清华大学出版社,2004

[3] 郑初华. 汇编语言、微机原理及接口技术. 北京:电子工业出版社,2003

[4] 周明德. 微型计算机原理及应用(第四版). 北京:清华大学出版社,2003

[5] 陈启美,吴守兵,周洋,张盛编著. 微机原理. 外设. 接口. 北京:清华大学出版社,2002

[6] 史新富等. 32 位微型计算机原理,接口技术及应用. 西安:西北工业大学出版社,2000

[7] 张志明等. 汇编语言程序设计. 重庆:重庆大学出版社,2000

[8] 王正智编著. 8086/8088 宏汇编语言程序设计教程(修订版). 北京:电子工业出版社,1999

[9] 王路敬等. 高档微机硬件实用技术基础. 北京:中国水利水电出版社,1999

[10] 陈建锋等. 32 位微型计算机原理及与接口技术. 北京:高等教育出版社,1998

[11] Barry B. Brey 著(美). 陈谊等译. Intel 系列微处理器结构、编程和接口技术大全——80x86、Pentium 和 Pentium Pro. 北京:机械工业出版社,1998

[12] 吴延海. 微型计算机接口技术. 重庆:重庆大学出版社,1997

[13] 沈美明,温冬婵编著. IBM-PC 汇编语言程序设计. 北京:清华大学出版社,1997

[14] 朱庆保. 微型计算机系统及接口应用技术. 南京:南京大学出版社,1997

[15] 王克义等. 微型计算机基础原理与应用. 北京:北京大学出版社,1997

[16] 戴梅萼等. 微型计算机技术及应用——从 16 位到 32 位. 北京:清华大学出版社,1996

[17] 艾德才等. 微型计算机总线. 北京:电子工业出版社,1996

[18] 刘显庆等. 微型总线规范. 北京:机械工业出版社,1995

[19] 潘名莲等. 微机原理与应用. 成都:电子科技大学出版社,1995

[20] 程卫东. IBM PC 系列微机总线手册. 福建:福建科学技术出版社,1994

[21] 吴秀清,周荷琴编著. 微型计算机原理与接口技术. 合肥:中国科学技术大学出版社,2004

[22] 李华. MCS——51 系列单片机实用接口技术. 北京:北京航空航天大学出版社,1993

[23] www. intel. com
[24] www. amd. com
[25] www. via. com